統計学とデータ解析の基礎

Basics of Statistics and Data Analysis

田中 勝・藤木 淳・青山崇洋・天羽隆史 [共著]

学術図書出版社

まえがき

　本書は統計学やデータ解析に触れたことのない読者から統計学の考えにある程度慣れた読者まで，幅広い読者層を想定している。特に，高校で学んだ数学がある程度身に付いていれば，高度な数学を必要とする部分の証明などを省くことで，統計学およびデータ解析の幅広いアイデアと基礎を身に付けることができるであろう。

　本書内の問の解答例およびいくつかの証明については別冊をこしらえて下記サポートページにおいた。データ解析の基礎や正規母集団の理解を深めるのに必要な線形代数の知識を概説した資料もおいてある。この資料では行列の演算等にある程度慣れていることを想定しているが「一次独立性」「部分空間」や「基底」などの初学者には比較的抽象度の高い概念には触れずに解説している。本書ではそれで「ほぼ」十分であるが，体系的な「線 ‘型’ 代数学」の習得のためにはこういった抽象的な概念の理解を避けて通れない。これについてはぜひ他書で学んでほしい[*1]。これに加えて，モノクロ印刷された本書では読み取りにくい挿入図のカラー図版や，データ解析や Bayes 統計の実践に役立つであろう資料もまたサポートページにあるから，必要と思ったタイミングで各自ダウンロードして利用してみてほしい。

`https://www.gakujutsu.co.jp/text/isbn978-4-7806-1157-1/`

　本書で断りなく使用する記号については最初の記号表にまとめてあるが，第 1 章では，それだけでなく記法や少し解説が必要と思われる関数や付随する概念についてまとめた。

　第 2 章は，2022 年度から開始された高等学校における新指導要領の変更に伴い数学 B で履修することになった「統計的な推測」の復習およびその少しの延長となる内容を解説したものである。これらは大学における統計への入門的講義でも標準的にカバーされる箇所である。正規母集団の標本調査において現れる統計量の性質については，上のように高校数学や大学での統計への入門的講義で触れられる内容ではあるが，実はその証明には比較的分厚い数学的基盤が必要となる。これらの基盤については後章で準備していく。このように高校や大学で触れる数学や統計の基本的事項をまとめつつ，後の章に繋がるような事項を少し付け加えた。

　第 3 章では，後章での解説のために必要となる数学的事実をいくつかまとめている。

　第 4 章では，重回帰分析・主成分分析・線形判別分析・k-平均法といった，多変量解析を代表するデータ解析の手法の動機・アイデアから理論に至るまでを解説した。データ解析は理論を身に付けるだけでは，ありがたみが半減してしまうから，理論を読んで終わるのではなく，サポートページに用意した資料等を通して実践して身につけてほしい。

　第 5 章では，確率分布に関する基礎をまとめた。前半では正規分布・t 分布・χ^2 分布・多変量正規分布に関する数学的事実をまとめている。これと線形代数の知識とを併せて，第 2 章で

[*1] 例えば，佐武 一郎 (1974)『線型代数学』裳華房/ 齋藤 正彦 (1966)『線型代数入門』東京大学出版会/ 新井 仁之 (2006)『線形代数 基礎と応用』日本評論社/ 長谷川 浩司 (2015)『線型代数』日本評論社など。

紹介した正規母集団の標本調査に関する数学的事実を証明する道具が揃い，ここで証明を与える。後半では，条件付き期待値や，確率変数の分布に対する抽象的な表記法を紹介した。これらの記法を正しく身に付けることは，統計学だけでなく確率論の学習にも役立つであろう。

　第 6 章では，Poisson 過程とその拡張である複合 Poisson 過程について深く解説している。Poisson 過程とは Brown 運動と双璧を成す代表的な連続時間確率過程の一つである。Brown 運動が連続空間上のある点の不規則な動きを捉える確率過程モデルであることに対し，Poisson 過程とは不規則に発生する事象の件数を捉える確率過程モデルとして生産開発，物流，金融商品等様々な方面に多大なる影響を与えている。本書では Poisson 過程の定義のみならず，それらを実践する際に流用される順序統計量を用いた構成方法についても触れている。また，Poisson 過程を応用した複合 Poisson 過程についても紹介しているので，より実践的な内容を求める読者はぜひ参考にしてほしい。

　第 7 章では，統計モデルとその考え方を導入する。統計学を扱う専門書はすでにありふれており，その中にも「統計モデル」という用語は何度も登場するのだが，統計学の中で基盤となる「統計モデル」という用語に最低限の定義を与えている書籍は果たしてどれくらいあるだろうか。特に統計モデルの「正則性」という用語・概念は文脈や研究の深度に応じて様々に解釈されているようであるが，本書ではそれらの中でもおそらくミニマルな概念として解釈して扱う。また最尤推定量や，最終章の主役となる Kullback–Leibler divergence の出現・性質を解説している。細かな数学的事実のみに囚われず，全体像を意識して読んでほしい。

　第 8 章では Bayes 統計学の考え方を概観する。Bayes 統計学を用いた推測法の理論的流れ自体はそれほど長く煩雑なものではないため，ある程度まで読み終えた後は，サポートページの資料を通して Bayes 統計学を実践して体得してみてほしい。Bayes 統計学において明示的な計算は非常に難しいことが多く，また理論的に数式を追うだけで事後分布の形についてすぐに知見を得ることは現実的でないことも多い。しかしながら，とりあえずは計算機を通して推測結果や事後分布の性質をグラフィカルに得られることは実践的な Bayes 統計学の醍醐味とも言えるであろう。この Bayes 統計学を計算機に実装する際には，MCMC 法といった細かなテクニックが必要となるが，PyMC[*2]等のモジュールを用いればその部分は表面上それほど気にする必要はないため，本書では MCMC 法についての解説を省いた。1980 年代までに性能が向上してきた計算機の方が待ち望んでいたかのように S. Geman, D. Geman, A.E. Gelfand, A.F.M. Smith らによって顕現した MCMC 法は，Bayes 統計学を絡めずともそれだけで分厚い専門書ができてしまうほどの一大分野であるから，必要に応じて他書で学ぶとよい。本書で学習する上では，Bayes 統計学の枠組みをしっかりと定着させ，さらに事前分布の選び方についてはいくつかの例を通してその直感を磨いてほしいと思う。本書で紹介する枠組みをしっかり定着させることは，他書でより発展的な内容について学ぶ際に役立つであろう。

　第 9 章では，第 7 章に現れた Kullback–Leibler divergence が統計学においてもつ役割のいくつかを示す。これを通して，この Kullback–Leibler divergence が統計学において中心的な役割を果たし，逆にこれから統計学の様々なストーリーが展開できるのではないかという著者

---

*2 PyMC, all versions: DOI 10.5281/zenodo.4603970

の (あるいは多くの研究者の?) 考えに共感していただければ幸いである。本書の柱の 1 つである Kullback–Leibler divergence を中心として統計学を眺めるというアイデアは著者の一人である田中勝先生によるものであり，類書をみない構成になる予定であったが，執筆中急逝されたため，そのアイデアのすべてを盛り込むことができなかった。しかしすでに形になったアイデアだけでも読者に非常に有用であると考え，ほぼそのままの形で掲載することにした。

統計学に興味のある読者全般をターゲットにおいた本書では，関数の微分可能性や可積分性，微分と積分の交換など数学的に厳密な記述についてはあえていい加減にした部分もある。すべてが厳密でなければ気が済まない読者はより格式高い他書を参考にするのもよいし，厳密なものとするために必要な最低限の仮定を自分で探すのも良い演習問題となる。そうすれば，広範な範囲にある対象を範疇に含めなければならない使命をもつ統計学[*3]を弥縫策でなく抜本的な仮定の下に演繹的に展開することの難しさに改めて気づくこともあるのではないかと思う。

最後に，本書は TeX 組版システムで書かれており，その際，装飾等に関しては `ascolorbox.sty`[*4] を使用しました。素晴らしいスタイルファイルを開発し公開されている Yasunari Yoshida 氏に感謝いたします。また編集と出版にあたり，学術図書出版社の貝沼稔夫氏に終始お世話になりました。ここに心から感謝の意を表します。

2023 年 5 月 著者一同

[*3] 英語では「statistics」であり，国家の意味をもつ「state」と同じ語源をもつという。幕末に日本に輸入され「スタチスチック」と読まれたこの単語は，本来このような重々しい語感を纏っているのである。柳河春三 (1832–1870) により「統計」と訳されたと言われており，その後 箕作麟祥がフランスのある原著の訳本に『統計学』(1874 年) と名付けて以降浸透していった「統計」にはそのような語感が失われており，会計簿記と誤解されると感じた日本近代統計の祖・初代統計局長の杉享二 (1828–1917) は「寸多知寸知久」から成る創作漢字を使用したという。

[*4] version 1.0.3 https://github.com/Yasunari/ascolorbox

目次

記号表

以下に表に現れる記号については，本書内で断りなく用いる。

記号	意味・定義
$\displaystyle\sum_{k=1}^{n} a_k$	数列 $\{a_k\}_{k=1}^{n}$ の総和 $a_1 + a_2 + \cdots + a_n$ のこと。$\displaystyle\sum_{k=1,2,\ldots,n} a_k$ とも表す。
$\displaystyle\lim_{n\to\infty} a_n = \alpha$	数列 $\{a_n\}_{n=1}^{\infty}$ は数 α に収束する。「$n \to \infty$ のとき $a_n \to \alpha$」とも。より正確には「どんなに小さな正数 ε をとっても，ある番号 N 以降のすべての n に対して $\alpha - \varepsilon < a_n < \alpha + \varepsilon$ が成り立つ」こと。
$y \to x+$ $y \downarrow x$	数直線上の変数 y が実数 x に，大きい方から限りなく近づく。
$y \to x-$ $y \uparrow x$	数直線上の変数 y が実数 x に，小さい方から限りなく近づく。
$\displaystyle\uparrow\lim_{n\to\infty} a_n = \alpha$	数列 $\{a_n\}_{n=1}^{\infty}$ が単調増加かつ $\displaystyle\lim_{n\to\infty} a_n = \alpha$ であること。「$a_n \uparrow \alpha$」と表すこともある。
$n!$	n 個の相異なるものを一列に並べる並べ方の総数 $= \begin{cases} 1 & (n = 0 \text{ のとき}) \\ \overbrace{n(n-1)\cdots 2 \cdot 1}^{n \text{ 個の積}} & (n \geqq 1 \text{ のとき}) \end{cases}$
$_n\mathrm{C}_k$	$\dfrac{n!}{(n-k)!\,k!}$ のこと。$\dbinom{n}{k}$ とも表す。n 個の相異なるものから，k 個からなる組み合わせを選ぶ場合の総数。 **二項係数** (binomial coefficient, "n choose k") ともいう。
e^x	指数関数。$\exp(x)$ とも表す。$\mathrm{e}^x = 1 + x + \dfrac{x^2}{2} + \dfrac{x^3}{3!} + \cdots + \dfrac{x^n}{n!} + \cdots$。
$\log x$	正数 x の自然対数。$\log_{\mathrm{e}} x$ や $\ln x$ と表されることもある。上の指数関数とは次の関係にある。すべての正数 y について $\exp(\log y) = y$，すべての実数 x について $\log \mathrm{e}^x = x$。
$\min A$	A に属する要素の中で最も小さい数。（ただし $A \subset \mathbb{R}$ とする。）この定義より $\min A$ は A の要素となる。
$\max A$	A に属する要素の中で最も大きい数。（ただし $A \subset \mathbb{R}$ とする。）この定義より $\max A$ は A の要素となる。

記号	意味・定義
$\{a_1, a_2, a_3, \ldots\}$	'もの' $a_1, a_2, a_3, \ldots$ をすべての要素とする集合 (外延的記法)。
$\{x : P(x)\}$	文章 $P(x)$ が真であるような，すべての 'もの' x からなる集合 (内包的記法)。
$\{x \in A : P(x)\}$	$\{x : x \in A$ かつ $P(x)\}$ の略記。
$A \setminus B$	$\{x \in A : x \notin B\}$ $(= \{x : x \in A$ かつ $x \notin B\})$ のこと。
$\mathbb{N}$	$\{1, 2, 3, \ldots\}$ のこと。すべての自然数からなる集合。
$\mathbb{Z}$	$\{\ldots, -2, -1, 0, 1, 2, \ldots\}$ のこと。すべての整数からなる集合。
$\mathbb{Q}$	すべての有理数からなる集合。
$\mathbb{R}$	すべての実数からなる集合。
$\varnothing$	**空集合**(empty set)。要素を一つももたない集合。あるいは空事象。
(a, b)	$\{x \in \mathbb{R} : a < x < b\}$
$[a, b)$	$\{x \in \mathbb{R} : a \leqq x < b\}$
$(a, b]$	$\{x \in \mathbb{R} : a < x \leqq b\}$
$[a, b]$	$\{x \in \mathbb{R} : a \leqq x \leqq b\}$
$A \subset B$	集合 A は集合 B の部分集合である。
$B \supset A$	B は A を部分集合として含む。
$A = B$	$A \subset B$ かつ $B \subset A$ が成り立つこと。
$\#A$	集合 A の異なる要素の個数。(ただし A の要素の個数が有限個のときのみ用いる。)
$\mathbb{R}^n$	n 個の実数を縦か横に並べた組のすべてからなる集合。$$\left\{ \begin{pmatrix} x_1 \\ x_2 \\ \vdots \\ x_n \end{pmatrix} : x_1, x_2, \ldots, x_n \text{ はすべて実数である} \right\}$$ もしくは $$\{(x_1, x_2, \ldots, x_n) : x_1, x_2, \ldots, x_n \text{ はすべて実数である}\}$$ のこと。
$\left\langle \begin{pmatrix} x_1 \\ x_2 \end{pmatrix}, \begin{pmatrix} y_1 \\ y_2 \end{pmatrix} \right\rangle$	$\begin{pmatrix} x_1 \\ x_2 \end{pmatrix}, \begin{pmatrix} y_1 \\ y_2 \end{pmatrix} \in \mathbb{R}^2$ に対して $x_1 y_1 + x_2 y_2$ のこと。(標準) **内積**とよばれる。

1 準備

高校数学の他に，第 2 章の内容を理解する上で必要となる
数学の基本的な概念をここにまとめた。

▌ 1.1 関数の考え方に慣れよう

　高校までの数学で，例えば「二次関数 $f(x) = x^2$ $(x \geqq 0)$ を考える」というような文章をみ
たであろう。この類の文言に慣れ親しんだほとんどの読者は，この式を見たとき (無意識のうち
に?) 以下のように理解するよう訓練されたのではないか：(a) 「$f(\bullet)$」の $\bullet$ の部分に位置する
x という文字が「値が変化していく数 (= 変数) を考え，それに『x』と名前をつけた」ことを
意味し，(b) 「$x \geqq 0$」という但し書きは，その変数 x が動く範囲を指定したものであり，(c)
「$f(x) = x^2$」は「その範囲を動く x に対して，$f(x)$ の値が x^2 である」ことを表している。

　では，ここに登場する「$f(x)$」というよりも「f そのもの」の意味を考えたことはあるだろ
うか? 以降では上の (c) を次のように，もう少し詳細に理解するよう訓練していこう。

(c)$'$ 「$f(x) = x^2$」は「その範囲を動く x に対して，x^2 を割り当てる**規則そのものに『f』と**
　　いう名前がついており，その規則 f の下で x に割り当てられている x^2 のことを『$f(x)$』
　　と表している」ということを表している。

ここまで来れば「関数」の考え方まであと一歩である。

▶ 定義 1.1　写像・定義域・関数

　A と B を空でない二つの集合とする。A の各要素 x に対し，B の要素 y を一つだけ割り
当てる (対応させる・紐付ける) 規則そのものを A から B への**写像** (mapping) とよぶ。この写
像に f と名付けたとき「f は A から B への写像である」という文章を「$f : A \to B$」と表
す。この規則 f の下で x に対応する B の要素 y を記号 $f(x)$ により表し，「$y = f(x)$」のよ
うにかく。

　この記号の下で，A を f の**定義域** (domain)，B を f の**終域** (codomain) とよぶ。写像 f
は，その終域が $\mathbb{R}$ の部分集合 (つまり $B \subset \mathbb{R}$) であるとき，**関数** (function) とよばれる。

<u>写像に関する言い回しと注意</u>

写像 $f : \underset{\text{定義域}}{A} \to \underset{\text{終域}}{B}$ が与えられたとき,

(1)「写像 f の定義域が A である」ことを指して「**写像 f は A で定義されている**」という。

(2) 対応のさせ方を具体的に記すときは 「$f : A \ni x \mapsto f(x) \in B$」のようにも表現する。

→ これによると本節冒頭の二次関数は $f : [0, +\infty) \ni x \mapsto x^2 \in [0, +\infty)$ と表現できる。より一般に「(何らかの規則の下で) x に y が割り当てられている」ことを指して $x \mapsto y$ とかく。

(3) $y = f(x)$ のとき, f の定義域を動く変数 x の値に応じて終域を動く y の値も変化していく。このことを指して「**y は x の関数である**」といい, これを強調させて「$y = y(x)$」とかくこともある。ただし, この右辺の「y」の実体は関数 f そのもののことである。

(4) 定義 1.1 の文中の「<u>だけ</u>」は, 形式的には次の条件を意図したもの：f の定義域 A から, 二つの要素 x, x' をとるとき 「 $\underbrace{x = x'}$ $\implies$ $\underbrace{f(x) = f(x')}$ 」。この条件

① 一見異なるように見えたとしても... ② 実は同じものなら... ③ 規則 f の下でそれぞれに割り当てられたものも等しくなければならない。

の要請こそが, 数学に現れる計算において計算過程には色々なアプローチがあっても答えはたった一つに定まることを保証する機構となる。(例 1.3 ❖ p. 3)

(5)「$f : A \to B$」の矢印は極限移行を表す記号「$\to$」とは意味が異なることに注意。

例 1.2　　**対応が何でも写像になるわけではありません!**

次のラインナップをもつ自販機がある。

商品	A	B	C	D	E
金額	120 円	130 円	130 円	150 円	150 円

このとき $x \in \{100, 120, 150\}$ に対して $x \mapsto (x$ 円入れて購入できる商品) という規則は, 次の理由で $\{100, 120, 150\}$ から $\{A, B, C, D, E\}$ への写像とはよべない。

○ 100 円入れて購入できる商品はない。

← 100 には $\{A, B, C, D, E\}$ の要素が一つも割り当てられないことを意味する。

○ 150 円入れると, 5 つの商品すべてが購入できてしまう。

← 150 には $\{A, B, C, D, E\}$ の要素が 2 個以上 (すべて) 割り当てられてしまう!

実数 x に対して, $|x| = \max\{x, -x\}$ を x の**絶対値** (absolute value) という。これは $\mathbb{R} \ni x \mapsto |x| \in \mathbb{R}$ の対応により関数を定める。定義より $|x| = |-x|$ が成り立ち, また二つの実数 x, y に対して, $\max\{x, y\} = \dfrac{x + y + |x - y|}{2}$ や**三角不等式** $||x| - |y|| \le |x \pm y| \le |x| + |y|$ が成り立つ。

例 1.3   **写像であることの機能**

証明は省略するが，次の対応は関数となる。

$$f : \{0,1,2\} \ni x \mapsto \underbrace{\left(\begin{array}{c} (3 \text{ で割って } x \text{ 余る数) を} \\ \text{二乗して } 3 \text{ で割った余り} \end{array} \right)}_{= f(x)} \in \{0,1,2\}$$

例えば $f(1)$ を計算してみよう。3 で割って $x = 1$ 余る数は無数にあり，例えば 4 や 7 がそうである。これらの値を用いれば，$f(1)$ が次の二通りの方法で計算できる。

$$f(1) = f(4 \text{ を } 3 \text{ で割った余り}) = (4^2 {\scriptstyle (= 5 \times 3 + 1)} \text{ を } 3 \text{ で割った余り}) = 1,$$
$$f(1) = f(7 \text{ を } 3 \text{ で割った余り}) = (7^2 {\scriptstyle (= 16 \times 3 + 1)} \text{ を } 3 \text{ で割った余り}) = 1$$

このように，対応 f が関数であることが保証されていれば，$f(1)$ の値の計算方法に色々なアプローチが許容されるのである。

写像 $f : A \to B$ が与えられたとき，B の要素 y を主語にもつ文章「y は，うまく $x \in A$ を選ぶことで $y = f(x)$ と表現される」が真となるような，y のすべてからなる集合

$$\{ y \in B : y \text{ は，うまく } x \in A \text{ を選ぶことで } y = f(x) \text{ と表現される} \}$$

を考えることができる。別の表現をすれば「集合 A 内のすべてに渡って x を動かすと，これに伴って $f(x)$ は B 内を動いて様々な要素となりうるが，このようにして得られる $f(x)$ たちをかき集めたもの」と言い表すこともでき，この集合は通常 $\{ f(x) : x \in A \}$ と略記される（$\mathbb{R}^n$ の定義 ➔ p. viii の記法はこの略記に基づいている）。この考え方は，プログラミング言語において**内包表記**とよばれる箇所などに広く使われている。

$\mathbb{R}^n$ の部分集合 A を定義域とする関数 $f : A \to \mathbb{R}$ が与えられたとき，すべての $x = (x_1, \ldots, x_n) \in A$ に渡って点 $(x_1, \ldots, x_n, f(x))$ を $\mathbb{R}^{n+1}$ 内にプロットしたものを関数 f の**グラフ** (graph) とよぶ。

練習問題 1.4   グラフを描いてみよう

次の関数のグラフの概形を考え，手計算やコンピュータなどを用いて確認せよ。

(1) x を実数として $f(x) = \left| \left| \left| |x-1| - 2 \right| - 3 \right| - 4 \right|,$

$$f(x) = \frac{2|x| + |x-2| + |x-4|}{4}, \quad f(x) = \frac{2x^2 + (x-2)^2 + (x-4)^2}{4}$$

$S^1 = \{ (x,y) \in \mathbb{R}^2 : x^2 + y^2 = 1 \}$ とするとき，$(x,y) \in S^1$ に対して，

(2) $f(x,y) = \sin \left(\begin{array}{c} \text{点 } (x,y) \text{ の偏角} \\ \text{の } 4 \text{ 倍} \end{array} \right)$.   (3) $f(x,y) = \left\langle \begin{pmatrix} x \\ y \end{pmatrix}, \begin{pmatrix} 1 & 2 \\ 2 & 5 \end{pmatrix} \begin{pmatrix} x \\ y \end{pmatrix} \right\rangle$

また $(x,y) \in \mathbb{R}^2$ に対して

(4) $f(x,y) = 2x + y + 1$,   (5) $f(x,y) = x^2 + y^2 + 1$,   (6) $f(x,y) = x^2 - y^2 + 10$

解答例

(1)

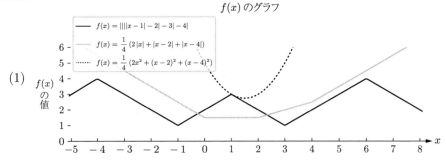

二つ目と三つ目の関数 $f(x)$ は，どのような x において最小値をとるであろうか。

(2)

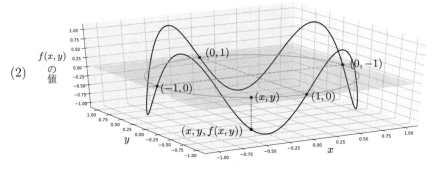

偏角を 4 倍しているのに伴って，山が四つあることがわかる。

(3)

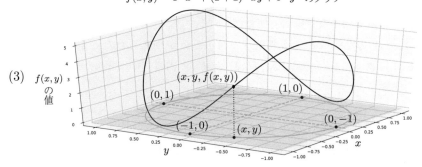

内積を展開すると $f(x,y) = x^2 + 4xy + 5y^2$ である。このグラフを見ると，$f(x,y)$ の最小値を与える点 (x,y) が二つあることが見てとれる。最大値を与える点についても同様であるが，これらは $\frac{\pi}{2}$ おきに S^1 上に並んでいるようにも見える。

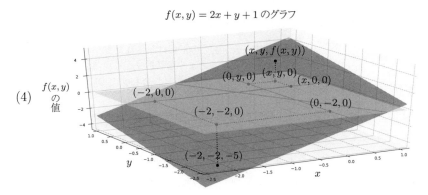

$f(x, y) = 2x + y + 1$ のグラフ

(4)

このグラフを見ると，平面となっていることがわかる。xy 平面には x 軸と y 軸，それから xy 平面とグラフの交わりとして現れる直線を描いた。

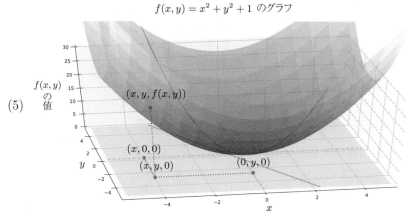

$f(x, y) = x^2 + y^2 + 1$ のグラフ

(5)

お椀型のグラフとなる。立体になると認識が難しいため，xy 平面に適当に直線を描き，その直線に沿ったグラフも一緒に表示することで，多少なりとも様子がわかりやすくなるようにした。

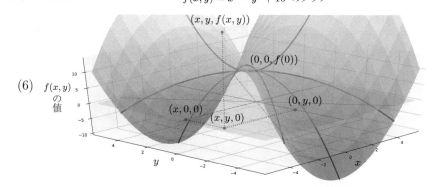

$f(x, y) = x^2 - y^2 + 10$ のグラフ

(6)

馬の鞍のような形が見てとれる。これも認識が難しいグラフであるから，xy 平面内に適当に直線を何本か引き，それらに沿ったグラフを線で表示している。上に開いた放物線と下に開いた放物線が見てとれるであろう。これらが共通の頂点 $(0, 0, f(0, 0)) = (0, 0, 10)$ において交わっているが，このような点は**鞍点** (saddle point) とよばれる。

変数 x を主語にもつ文章 $P(x)$ と関数 $f(x)$ に対して次の記号を用いる。

$$\sum_{x:\,P(x)} f(x) = \left(\begin{array}{c} \text{変数 } x \text{ が「}\Sigma\text{」の下部に記された}\\ \text{文章 } P(x) \text{ が真であるような範囲を動くとき,}\\ \text{その } x \text{ にわたって } f(x) \text{ を足し合わせたもの} \end{array}\right)$$

この $P(x)$ に加えて「変数 x が集合 A 内を動く」という制約をつけた,x を主語にもつ文章「$x \in A$ かつ $P(x)$」を考える場合,上の記法に従うと下の①のようにかくことになるが,この場合「Σ」下方の文章が長くなってしまうこともあり,②のように工夫して書いたり,あるいは③のように略記することもある。

$$\underbrace{\sum_{x:\,x \in A\,\text{かつ}\,P(x)} f(x)}_{①},\qquad \underbrace{\sum_{\substack{x:\\ x \in A;\\ P(x)}} f(x)}_{②},\qquad \underbrace{\sum_{\substack{x \in A:\\ P(x)}} f(x)}_{③}$$

上の記法の下で $\displaystyle\sum_{x:\,x \in A} f(x)$ を $\displaystyle\sum_{x \in A} f(x)$ のように略記することもある。また数列 $\{a_k\}_{k=1}^n$ に対して $\displaystyle\sum_{k=1}^n a_k$ や $\displaystyle\sum_{k=1,2,\ldots,n} a_k$ は,上の記法③に従うと,$\displaystyle\sum_{\substack{k \in \mathbb{N}:\\ 1 \le k \le n}} a_k$ のように表すことになるが,文脈上 k が自然数であることは明らかなので「k は自然数」という断りを省略して $\displaystyle\sum_{1 \le k \le n} a_k$ のように略記することもある。

1.2 関数の微分・積分・漸近挙動に関する記号

1 変数の微分や積分,および数列や関数の漸近挙動については,次の記号を用いる。

記号	意味・定義
$f'(a)$	関数 $f(x)$ の,点 $x=a$ における微分係数 $\displaystyle\lim_{b \to a}\frac{f(b)-f(a)}{b-a}$。次のいずれのようにも表す。 $\underbrace{f'(a),\quad \dfrac{\mathrm{d}f}{\mathrm{d}x}(a),}_{\text{これらの記法を用いるには,関数 } y=f(x) \text{ そのものに「}f\text{」という名前がついていなければならない。}}$ $\underbrace{\left.\dfrac{\mathrm{d}}{\mathrm{d}x}\right|_{x=a} f(x),\quad \left.\dfrac{\mathrm{d}}{\mathrm{d}x}\right|_a f(x)}_{f(x) \text{ の値が決まっていれば,関数 } y=f(x) \text{ そのものに「}f\text{」という名前がついていなくても,これらの記法を用いることができる。}}$ $f(x)$ の導関数 $f'(x)$ は,$(f(x))'$ と表すこともある。例: $(x^2+2x)'$
$\displaystyle\int_a^b f(x)\,\mathrm{d}x$	閉区間 $[a,b]$ における関数 $f(x)$ の定積分。
$a_n \approx b_n$	$\displaystyle\lim_{n \to \infty}\frac{a_n}{b_n}=1$。

Landau の記号

上の記号に加えて，Landau (ランダウ) の記号を次のように導入しておく。

記号	意味・定義
$a_n = O(b_n)$	ある正数 K をとれば，十分大きなすべての n で $-K\lvert b_n\rvert \leqq a_n \leqq K\lvert b_n\rvert$。「$n \to \infty$ のとき，a_n は $\lvert b_n\rvert$ の定数倍の範囲に収まる程度」
$a_n = o(b_n)$	$\displaystyle\lim_{n\to\infty}\left\lvert\frac{a_n}{b_n}\right\rvert = 0$。特に，$a_n = o(1)$ ならば $\displaystyle\lim_{n\to\infty} a_n = 0$ である。 $b_n = o(1)$ なら「$n \to \infty$ のとき，a_n は b_n より速く 0 に近づく」
$x \to a$ のとき，$f(x) = O(g(x))$	ある正数 δ と $K > 0$ をとれば，すべての x について $$\lvert x - a\rvert < \delta \Rightarrow -K\lvert g(x)\rvert \leqq f(x) \leqq K\lvert g(x)\rvert。$$ 「$x \to a$ のとき，$f(x)$ は $\lvert g(x)\rvert$ の定数倍の範囲に収まる程度」
$x \to a$ のとき，$f(x) = o(g(x))$	$\displaystyle\lim_{x\to a}\left\lvert\frac{f(x)}{g(x)}\right\rvert = 0$。特に，$f(x) = o(1)$ ならば $\displaystyle\lim_{x\to a} f(x) = 0$ である。 $g(x) = o(1)$ なら「$x \to a$ のとき，$f(x)$ は $g(x)$ より速く 0 に近づく」

広義積分

関数 $(0,1] \ni x \mapsto \dfrac{1}{\sqrt{x}} \in [1,\infty)$ は，区間 $(0,1]$ の左端 $x = 0$ において有限の値が定まらない (定義されていない)。このようなとき，$0 < \varepsilon < 1$ として閉区間 $[\varepsilon, 1]$ 上の定積分 $\displaystyle\int_\varepsilon^1 \frac{1}{\sqrt{x}}\,\mathrm{d}x$ を考えたのち $\varepsilon \to 0+$ とする，つまり $\displaystyle\int_0^1 \frac{1}{\sqrt{x}}\,\mathrm{d}x = \lim_{\varepsilon\to 0+}\int_\varepsilon^1 \frac{1}{\sqrt{x}}\,\mathrm{d}x$ により「区間 $(0,1]$ 上の積分」を考えることがある。考える関数によってこの手続きは様々であるが，閉区間上の定積分を考えたのち，その閉区間の左端や右端を動かした極限として現れるものを総称して**広義積分**という。他にも，例えば次のような計算がある。

$$\int_{-\infty}^{\infty} \underbrace{x\,\mathrm{e}^{-x^2}}_{\substack{x = \pm\infty \text{ において} \\ \text{定義されていない}}}\,\mathrm{d}x = \lim_{R\to\infty} \underbrace{\int_{-R}^{R} x\,\mathrm{e}^{-x^2}\mathrm{d}x}_{\substack{\text{区間 } [-R, R] \text{ 上の} \\ \text{定積分}}}$$

Taylor の定理

一次関数や二次関数などの多項式関数は，指定した四則演算のみで関数がとる値を計算できるため，特にコンピュータに計算をさせる場合に都合が良い。しかし三角関数や指数関数などは多項式関数ではなく，例えば $\sin 1$ や e^5 といった値は四則演算だけでは計算できない。そこで与えられた関数 $f(x)$ を，四則演算のみで計算できる多項式関数により近似するという試みがあり，この代表的なものが次の Taylor の定理である。

命題 1.5（**Taylor の定理**）

関数 $f(x)$ が点 $x = a$ のまわりで滑らかであるとする。このとき，すべての自然数 n について $x \to a$ のとき

$$f(x) = f(a) + f'(a)(x-a) + \frac{f''(a)}{2}(x-a)^2 + \cdots + \frac{f^{(n)}(a)}{n!}(x-a)^n + o(|x-a|^n)$$

である。ただし，$f^{(n)}(x)$ は関数 $f(x)$ の n 階導関数を表す。

上の Taylor の定理において $o(|x-a|^n)$ により表された部分は $\displaystyle\int_a^x \frac{f^{(n+1)}(t)}{n!}(x-t)^n \, dt$ の表示をもつことが知られており，これは Taylor の定理を用いた関数の評価においてしばしば有用である。指数関数 $f(x) = \mathrm{e}^x$ が $(\mathrm{e}^x)' = \mathrm{e}^x$ という性質をもつことを思い出すと，$a = 0$ のときに得られる Taylor の定理から等式

$$\mathrm{e}^x = 1 + x + \frac{x^2}{2} + \frac{x^3}{3!} + \cdots + \frac{x^n}{n!} + \cdots = \sum_{n=0}^{\infty} \frac{x^n}{n!}$$

の成立が期待されるが，これは実際に正しく，統計学でしばしば現れる。

区分求積法

区間 $[a, b]$ 上で定義された連続関数 $f(x)$ の定積分を考える。自然数 m を大きくとり，区間 $[a, b]$ を m 等分したときの分割点を $a = a_0 < a_1 < \cdots < a_{k-1} < a_k < \cdots < a_m = b$ とする。ただし，$a_k = a + k \cdot \dfrac{b-a}{m}$ である。また $c_k = \dfrac{a_{k-1} + a_k}{2}$ とすると，定積分 $\displaystyle\int_a^b f(z) \, dx$ は下のように近似計算することができ，この近似精度は m が大きいほど良い。これは連続型確率変数に対する期待値の概念 (❷ p. 53) を定義する際の動機付けとなる。

$$\underbrace{\int_a^b f(x) \, dx}_{\substack{\text{関数 } f(x) \text{ が } a \leqq x \leqq b \text{ の} \\ \text{範囲で囲む部分の面積}}} \quad \fallingdotseq \quad \sum_{k=1}^{m} \underbrace{f(c_k)(a_k - a_{k-1})}_{\substack{\text{区間 } [a_{k-1}, a_k] \text{ を底辺とする} \\ \text{高さが } f(c_k) \text{ の長方形の面積}\ldots}}$$

$$\ldots \text{を } k \text{ について和を取ったもの。}$$

2

統計学の初歩

統計学の基礎を解説する。まず統計学における問題設定および統計学の目標を確認し，その際に中心極限定理の用いられ方 (2.4.4 項 ➡ p. 66) や，その結果現れる正規母集団に特化した統計的事実・手法を紹介する。

　調査や考察などをするとき，その全体的な性質や傾向について知ろうとしている対象の全体を**母集団**(population) とよぶ (以下，p に対応するギリシャ文字 Π (π の大文字) で表すことが多い)。母集団 Π は有限個の要素からなることもあるし，身長や体重など連続的な値をとるデータを扱う場合には，母集団として実数全体 $\mathbb{R}$ をとることもある。母集団から取り出された要素の集まりを**標本**(sample) といい，標本をなすひとつひとつの要素を**標本点**(sample point) という。標語的には，これらの関係を次のように表すことができる。

$$標本点 \in 標本 \subset 母集団$$

また標本点の列 (重複することもありうる) を標本とよぶこともある。標本をなす標本点の個数を，その標本の**大きさ** (size) という。母集団から標本を取り出して調査する一連の作業を**標本調査**(sampling) という。

　一回の標本調査において複数個の標本点を一つずつ選び，それらをまとめて一つの標本と考えよう。その際，母集団から**無作為**に選ばれた一つの標本点は取り去ることなくその都度母集団に戻すことにする。この形式を**復元抽出法**(sampling with replacement) といい，本書では基本的にこの復元抽出法を採用することを念頭におく。ここで「各回で選ばれる標本点が何であるかは，他の回で選ばれる標本点が何であるかに影響を与えない」という意味で独立に複数個の標本点を選ぶことを想定している。こうして抽出される大きさ n の標本を，大きさ n の**無作為標本**とよぶ。複数回の標本調査では複数の標本を得ることになるが，そうして得られた標本のセット数を**標本数** (number of samples) という。

　この本では主に，大きな標本を一つとることを考える (標本数は一つだが，その標本の大きさが大きい場合を考えるということ)。設定するべき母集団は，いま何を知りたいのか・どういった標本調査をするのか，という文脈に応じてアレンジしなければならない。

　いま，10 人からなるクラス

> **例 2.1**　　**推測統計学における全数調査の位置づけ**

いま，10 人からなるクラス

$$\Pi = \{①, ②, ③, ④, ⑤, ⑥, ⑦, ⑧, ⑨, ⑩\}$$

(標本点 $①$ は，出席番号が i の学生と考えればよい) を対象に，5 点満点のあるテストの成績を調べたいとしよう。テストを一回行ったときに，k 点である人が何人いるのかは毎回同じとは限らない。「誰が何点取ったか」ではなく「何点取った人が何人いたか」ということに興味があるとすれば，例えば次のように，取った点数ごとに学生を分けて見ることになる。

$$C_k = \underbrace{\{① \in \Pi : \text{学生 } ① \text{ の取った点数は } k \text{ 点 }\}}_{k \text{ 点を取った学生全体を表している}}, \quad k = 0, 1, 2, 3, 4, 5 \text{ (点)}$$

これら各 C_k は階級とよばれ，この階級をなす学生の数 $\#C_k$ は度数とよばれる (定義 2.4 ➡ p. 13)。

　テストをする際は，学生 $①$ を無作為に選んで行うものではなく全員を対象に一斉に行うから，**テストを行う行為そのものは「母集団 Π から無作為に標本点を選んで一つの標本を作ること」というようには理解できない。**今回のように母集団 Π の全体を調査対象とする形式を Π の全数 (悉皆) 調査という。

　そこで「**各階級 C_k を特定するものは数値 k そのものである**」(つまり k の値さえわかっていれば階級 C_k が復元できる) と考えて，C_k というよりは，学生が取り得る各点数 k からなる「母集団」$\Pi' = \{0, 1, 2, 3, 4, 5\}$ を考えてみる。このとき，**一回テストをするということは…**

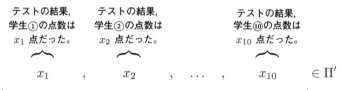

テストの結果，学生①の点数は x_1 点だった。　テストの結果，学生②の点数は x_2 点だった。　テストの結果，学生⑩の点数は x_{10} 点だった。

$$x_1, \quad x_2, \quad \cdots, \quad x_{10} \quad \in \Pi'$$

学力は学生間で関係がないと思えば，これらの数値は「独立に」振る舞うはず。この状況は，母集団 Π' から大きさ 10 の標本を得る標本調査を行ったことに他ならない。

母集団 Π' から大きさ 10 の標本を得る標本調査を行うことに他ならず，その結果として Π' の各標本点 k は $\#C_k$ 回選ばれたことになる。このようにして，(各個体というよりは) 数値そのものからなる母集団は現れる。

　まずは標本調査の結果，数値として得られるデータを整理する手法について解説する。

2.1　1 次元データの取り扱い

「身長」「体重」「100 回のコイン投げで表が出る回数」など，母集団から**選ばれる個体・起こりうる現象の結果**などに応じて変化する値を**変量** (variate) という。よく大文字のアルファベット X, Y, Z などを用いて表す。実際に個体が選ばれたり，現象を観測したときに変量が取った値 (数値) を**データ**という。通常データを収集する際は，複数個の個体や複数通りの結果を観察するため，それらに適当に番号をつけておく。

n 個の個体を選んだとき，変量 X に関して個体番号 i が取ったデータを x_i と表すことにする。実際の調査や観測の結果，x_i には具体的な数値が入る。

定義 2.2　1 次元データ・平均値

変量 X に関して得られるデータの列 $x = (x_1, x_2, \ldots, x_n)$ を **1 次元データ**という。また $\overline{x} = \dfrac{1}{n} \displaystyle\sum_{i=1}^{n} x_i$ を x の**平均値**(mean) という。

定義 2.3　中央値

1 次元データ $x = (x_1, x_2, \ldots, x_n)$ を昇順に並べて次のようになったとする。

$$a_1 \leqq a_2 \leqq \cdots \leqq a_n$$

(1) n **が奇数のとき**，ある自然数 m により $n = 2m + 1$ と表すと次のように並ぶ。

$$\underbrace{a_1 \leqq \cdots \leqq a_m}_{m \text{ 個のデータが並んでいる。}} \leqq a_{m+1} \leqq \underbrace{a_{m+2} \leqq \cdots \leqq a_{2m+1}}_{m \text{ 個のデータが並んでいる。}}$$

このとき $Q_2(x) = a_{m+1}$ と定め，x の**中央値**(median) とよぶ。また $(a_1, \ldots, a_m)$ を x の**下位のデータ**，$(a_{m+2}, \ldots, a_{2m+1})$ を x の**上位のデータ**という。

(2) n **が偶数のとき**，ある自然数 m により $n = 2m$ と表すと次のように並ぶ。

$$\underbrace{a_1 \leqq \cdots \leqq a_m}_{m \text{ 個のデータが並んでいる。}} \leqq \underbrace{a_{m+1} \leqq \cdots \leqq a_{2m}}_{m \text{ 個のデータが並んでいる。}}$$

このとき $Q_2(x) = \dfrac{a_m + a_{m+1}}{2}$ と定め，x の**中央値**とよぶ。また $(a_1, \ldots, a_m)$ を x の**下位のデータ**，$(a_{m+1}, \ldots, a_{2m})$ を x の**上位のデータ**という。

(3) x の下位のデータの中央値と上位のデータの中央値をそれぞれ**第 1 四分位数**(the first quartile)，**第 3 四分位数** (the third quartile) とよび，それぞれ $Q_1(x)$, $Q_3(x)$ により表す。

(4) x の最小値と最大値をそれぞれ $Q_0(x)$, $Q_4(x)$ により表す。

第 1 四分位数や第 3 四分位数といった名前に倣い，中央値 $Q_2(x)$ を**第 2 四分位数** (the second quartile) ともよぶ。なお，中央値は**刈り込み平均**の一種とみなすことができる (**◯** p. 62)。

───　データが受ける損失の考え方　───

　与えられたデータのおよその位置を表すと考えられる数値 a を見つけるための方策を考えてみよう。

▌**定義 2.4　偏差**

　1 次元データ $x = (x_1, x_2, \ldots, x_n)$ と数値 a が与えられたとき，$x_i - a$ を**データ** x_i **の** a **からの偏差**(deviation) という。

　1 次元データ $x = (x_1, x_2, \ldots, x_n)$ と数値 a について

$$|x_i - a| \text{ は } \begin{cases} x_i \text{ が } a \text{ から離れるほど大きい。} \\ x_i \text{ が } a \text{ に近いほど小さくなる。} \end{cases}$$

特に，$|x_i - a| = 0$ のときに a はデータ x_i の位置を表すことになるが，このとき他のデータ x_j に関しては $|x_j - a|$ の値が大きくなるかもしれない。そこで $|x_i - a|$ を「**データ** x_i **が** a **から被る損失の大きさ**（の素点）」と捉えてみよう。数値 a がデータ全体のおよその位置を表すためには，この損失の合計が小さいことが必要であろう。そこで，すべてのデータに渡る損失を計上した次のような量が小さければ a はデータのおよその位置を表すといえるであろう。

(1) a に対する各損失の平均 $L_1(a) = \dfrac{1}{n} \displaystyle\sum_{i=1}^{n} |x_i - a|$

(2) a に対する損失の 2 乗損失の平均 $L_2(a) = \dfrac{1}{n} \displaystyle\sum_{i=1}^{n} (x_i - a)^2$

　このように数値 a の損失を計上した $L_1(a)$ や $L_2(a)$ などを総称して**損失関数** (loss function) という。このことを考える主体や状況によって様々な損失関数がありうるが，ここでは上の二つの損失関数のもつ性質を紹介しよう。

───　損失最小化としての中央値と平均値　───

定理 2.5　(証明 ➡ 付録) 1 次元データ $x = (x_1, x_2, \ldots, x_n)$ について次が成り立つ。

(1) $L_1(a) = \dfrac{1}{n} \displaystyle\sum_{i=1}^{n} |x_i - a|$ は $a = Q_2(x)$ において最小値をとる。

(2) $L_2(a)$ について次の等式が成り立つ。

$$L_2(a) = (a - \overline{x})^2 + \frac{1}{n}\sum_{i=1}^{n}(x_i)^2 - (\overline{x})^2$$

　　特に，$L_2(a)$ は $a = \overline{x}$ において最小値をとる。

　このような背景から，第 1，2，3，4 四分位数や平均値は総称して，1 次元データ x の**代表値**とよばれる。

2.1.1　データの整理術

▌**定義 2.6　階級・度数分布表・ヒストグラム・箱ひげ図**

1 次元データ $x = (x_1, x_2, \ldots, x_n)$ と，$a_0 < a_1 < a_2 < \cdots < a_b$ をみたす数列 $(a_0, a_1, \ldots, a_b)$ が与えられたとする。各 $k = 1, 2, \ldots, b$ に対して，

(1) $C_k = \{i : a_{k-1} \leqq x_i < a_k\}$ を**階級**(class) とよぶ (ただし，最後の $k = b$ の場合のみ a_{b-1} 以上 a_b 以下とする)。これを意図して「$a_{k-1} \overset{\text{から}}{\sim} a_k$」とかくこともある。$a_k - a_{k-1}$ を階級 C_k の**階級幅**(class width) という。階級 C_k に属するデータ番号の個数 $\#C_k$ を**度数**(frequency)，$\dfrac{\#C_k}{n}$ を**相対度数**(relative frequency) とよぶ。

(2) 各階級とその度数を左下図のようにまとめたものを**度数分布表**という。また右下のように各階級の度数を棒グラフで表したものを**ヒストグラム** (histogram) という。棒の底辺が表す区間を**ビン** (bin) という。棒グラフの高さを，度数でなく $\dfrac{(\text{相対度数})}{(\text{階級幅})} = \dfrac{(\text{度数})}{n \cdot (\text{階級幅})}$ (これを**密度**(density) という) としてヒストグラムを描画することを，ヒストグラムの**正規化**(normalization) という。

(3) 5 数 $Q_0(x)$, $Q_1(x)$, $Q_2(x)$, $Q_3(x)$, $Q_4(x)$ を最下図のように表現したものを**箱ひげ図**という。また図全体の幅 $Q_4(x) - Q_0(x)$ を**範囲**(range)，箱の幅 $Q_3(x) - Q_1(x)$ を**四分位範囲**(interquartile range, IQR) という。

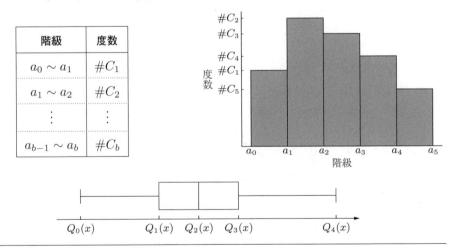

データのまとめ方について，上に度数分布表・ヒストグラム・箱ひげ図の三つを紹介したが，これらの間の関係について把握しておくことが大事である。ヒストグラムには視覚に訴えかけるという強みがあるが，度数分布表とヒストグラムはデータのまとめ方としては同等のものである。では，ヒストグラムと箱ひげ図の関係はどうであろうか。これについて考えよう。

2.1.2　ヒストグラムから箱ひげ図を作ってみよう!

　1 次元データ $x = (x_1, x_2, \ldots, x_n)$ そのものではなく,そのヒストグラムから大まかに x の箱ひげ図を描く方法を考える。ただし,階級幅は一定で細かく階級分けされているとする。箱ひげ図を描くには,

$$Q_0(x), Q_1(x), Q_2(x), Q_3(x), Q_4(x)$$

の 5 つの値が必要であるから,これらをヒストグラムから見積もる方法を考えればよい。

　ヒストグラムの各階級における各ビンの高さは,その階級の度数を表す。ゆえに階級幅を h とすると

$$\left(\begin{array}{c} \textbf{(各階級の度数)} \times \boldsymbol{h} \text{ をすべての階級} \\ \text{に渡って足し合わせたもの} \end{array} \right) = (\textbf{ヒストグラムの面積})$$

となるから,逆にヒストグラムを面積が等しくなるように縦に分割すれば,分割されたそれぞれに属するデータの個数が概ね等しいということになる。そこで以下のようにヒストグラムから対応する箱ひげ図を「目算で大雑把に」描く方法が考えられる。

ヒストグラムから大まかな箱ひげ図の作り方

① ヒストグラムの左端と右端から,$Q_0(x)$ と $Q_4(x)$ の位置に見当をつける。

② ヒストグラムの面積を半分にするような縦線を目算で引き,横軸に下ろした点を $Q_2(x)$ とする。

③ 二分されたそれぞれの面積をまた等分するような縦線を目算で引き,横軸に下ろした点を左から $Q_1(x)$, $Q_3(x)$ とする。

④ 得られた $Q_0(x), Q_1(x), Q_2(x), Q_3(x), Q_4(x)$ を用いて箱ひげ図を描く。

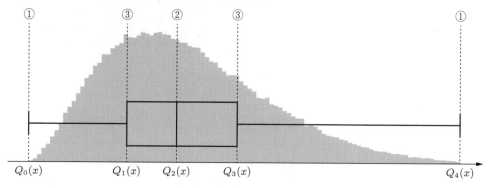

　箱ひげ図はデータをたったの 5 数に要約したものであるから,データの個数が多い場合,上とは逆向きに箱ひげ図からヒストグラムの正確な形を窺うことは難しい。とはいえ階級幅が小さく,上のように山が一つだけからなるヒストグラムしか考えない場合には,箱ひげ図のみを見て,ヒストグラムを大まかに区別することができるようである。

練習問題 2.7　ヒストグラムと箱ひげ図の関係

　次のヒストグラムは階級幅が十分に小さいとはいえないが，あえて本項の内容に沿って大まかに箱ひげ図を作成せよ。

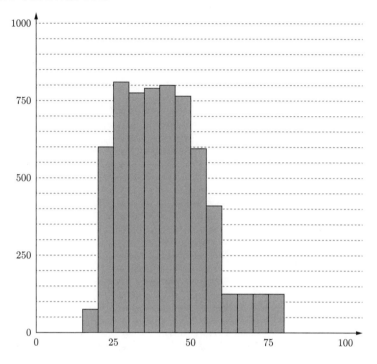

解答例　本項の内容に沿ってヒストグラムの面積を大まかに4等分すると，下右図が得られる。ちなみに，各階級内のすべてのデータがたまたま階級の左端に位置していた場合，地道に度数を数えて箱ひげ図を描くと下左図のようになり，各階級内のすべてのデータがたまたま階級の真中に位置していた場合は下中図のようになる。

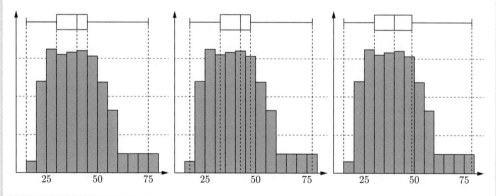

2.1.3　中央値と平均値のもつ性質の比較

　1 次元データ $x = (x_1, x_2, \ldots, x_n)$ (ただし $n \geqq 3$ としておく) に 1 個のデータ x_* を付け加えると，新たな 1 次元データ $x' = (x_1, x_2, \ldots, x_n, x_*)$ が得られる。このとき「x の中央値 $Q_2(x)$ と x' の中央値 $Q_2(x')$」「x の平均値 $\overline{x}$ と x' の平均値 $\overline{x'}$」というように，それぞれで二値を比較してみる。

中央値の頑健性

　極端な場合を考えるため，**付け加えるデータ x_* が x の最大値を超える場合**を考える。$x = (x_1, x_2, \ldots, x_n)$ を並び替えて $a_1 \leqq a_2 \leqq \cdots \leqq a_n$ とする。

　n が奇数のとき，ある自然数 m を用いて $n = 2m+1$ とかける。新しい 1 次元データ x' を小さい順に並べると次のようになる。

$$\underbrace{a_1 \leqq \cdots \leqq a_m \leqq a_{m+1}}_{(m+1)\,個} \leqq \underbrace{a_{m+2} \leqq \cdots \leqq a_{2m+1} \leqq x_*}_{(m+1)\,個}$$

ゆえに $Q_2(x) = a_{m+1} \leqq \dfrac{a_{m+1} + a_{m+2}}{2} = Q_2(x')$ であり，その変動 $Q_2(x') - Q_2(x) = \dfrac{a_{m+1} + a_{m+2}}{2} - a_{m+1} = \dfrac{a_{m+2} - a_{m+1}}{2}$ は付け加えた大きなデータ x_* にはよらない。n が偶数のときも同様に $Q_2(x') - Q_2(x)$ は付け加えた大きなデータ x_* にはよらないことがわかる。

　x_* が極端に小さなデータである場合も同様であり，結局，**元のデータから極端に離れた新たなデータを一つ付け加えたときの中央値の変動は元のデータだけから決まり，付け加えた新たなデータから大きな影響は受けない**。このことを指して，中央値は外れ値に対して**頑健性** (robustness) があるという。

平均値のブレやすさ

　一方で平均値の変動を見てみると，$\overline{x'} - \overline{x} = \dfrac{x_* - \overline{x}}{n+1}$ となる。ゆえに平均値の変動は付け加えたデータ x_* の値に左右される。付け加えた x_* が極端に大きければ新しい平均値 $\overline{x'}$ の値も大きくなり，x_* の値が極端に小さければ $\overline{x'}$ の値も小さくなる。

ヒストグラムの形状とデータの代表値の関係

　1 次元データ y のヒストグラムの山が一つで左側に寄って見える (黒色の山) とき，平均値 $\overline{y}$ と中央値 $Q_2(y)$ がどのような位置関係にあるかを考えよう。そこで便宜的に図のように左右対称な山 (灰色) を考え，これをヒストグラムとする 1 次元データを x とする。この山の左右対称性により，$\overline{x}$ と $Q_2(x)$ は共に山の天辺の真下にあり，ほぼ $\overline{x} = Q_2(x)$ が成り立つ。図より黒色の山をヒストグラムにもつ 1 次元データ y は，x よりも比較的大きな値からなるデータを付け加えて得られることがわかる。中央値の頑健性より，$\overline{y} - \overline{x}$ よりも $Q_2(y) - Q_2(x)$ の方が小さいことが期待され，ゆえに $Q_2(y) < \overline{y}$ である傾向にあることがわかる。

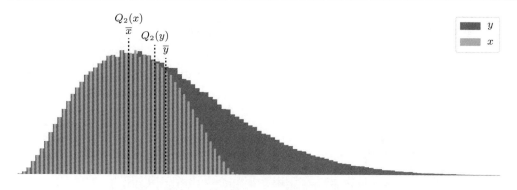

また下図のように 1 次元データ y のヒストグラムの山が一つで右側に寄って見える (黒色の山) ときも，同様に考えることで $\overline{y} < Q_2(y)$ となる傾向にあることがわかる。

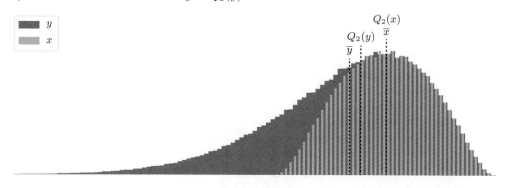

☕ **コラム**

身近にある「階級」

　男子プロボクシングでは体重に応じた 17 階級がある。階級 (体重)：ミニマム級 (〜 47.62 kg，〜 105 £ᵖᵒⁿᵈ), ライト・フライ級 (47.62 kg 〜 48.97 kg，105 £ 〜 108 £)，フライ級 (48.97 kg 〜 50.80 kg，108 £ 〜 112 £)，...，スーパー・ミドル級 (72.57 kg 〜 76.20 kg，160 £ 〜 168 £)，ライト・ヘビー級 (76.20 kg 〜 79.38 kg，16 £ 〜 175 £)，クルーザー級 (79.38 kg 〜 90.72 kg，175 £ 〜 200 £)，ヘビー級 (90.72 kg 〜，200 £ 〜) (https://www.jbc.or.jp/info/howtobox/kiso.html)

　他にも体重で階級が分けられているスポーツが多くある。アマチュアレスリングでは，ボクシングと同様の名前の階級が用いられることもあるが，オリンピックでは「女子 55kg 級」と階級値そのものが種目名となっている。

　ぴったり同じ体格の人を集めるのは難しいから，競技者を体重でグループ分けをして試合を組むことになるが，そのグループそれぞれを階級とよび，そのグループに属する人の体重がおよそどれぐらいであるかを表すのが階級値である。階級値は通常階級の真ん中の値をとることが普通であるが，例えばヘビー級の場合，その階級に属する体重には上限がないため階級値は階級の真ん中の値にはならない。

練習問題 2.8 ヒストグラムの形・箱ひげ図・平均値の関係

　二つの 1 次元データ $x = (x_1, x_2, \ldots, x_n)$, $y = (y_1, y_2, \ldots, y_n)$ についてヒストグラムを描くと次のようになった。左側の山が x に関するもので，右側が y に関するものである。

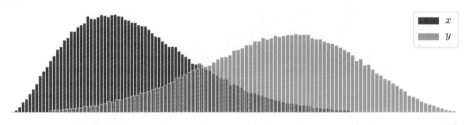

このとき，$Q_3(x)$ と $Q_1(y)$ の大小関係，x と y それぞれの四分位範囲の大小関係，および $Q_2(y) - Q_2(x)$ と $\overline{y} - \overline{x}$ の大小関係について考察を与えよ。

解答例　それぞれのヒストグラムについて，大まかな箱ひげ図を描くと次のようになる。

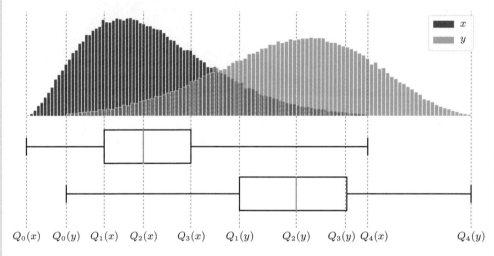

　これによると $Q_3(x) < Q_1(y)$ であるように見える。上の図は大まかに描いたものとはいえ，$Q_3(x)$ と $Q_1(y)$ の間には大きな差があるため，実際にこれが成り立つと期待できる。

　また x の四分位範囲 $Q_3(x) - Q_1(x)$ よりも，かろうじて y の四分位範囲 $Q_3(y) - Q_1(y)$ の方が広く見える。描いた箱ひげ図は大まかなものであるためこの断定に注意を要するが，x よりも y のヒストグラムの方がなだらかであるから，実際に y の四分位範囲の方が広いと期待するのも自然であろう。

　最後に x のヒストグラムは裾野が右側に広いため $Q_2(x) < \overline{x}$，y のヒストグラムは裾野が左側に広いため $\overline{y} < Q_2(y)$ であることが期待される。ゆえに $Q_2(y) - Q_2(x) > \overline{y} - \overline{x}$ が成り立っているであろう。

2.1.4　データ分布の形がもつ情報量

1 次元データ $x = (x_1, x_2, \ldots, x_n)$ の平均値 $\overline{x}$ は L_2 という損失関数を最小化するのであった (定理 2.5 ➲ p. 12)。この最小値 $L_2(\overline{x}) = \dfrac{1}{n} \displaystyle\sum_{i=1}^{n} (x_i - \overline{x})^2$ は，データ 1 個あたりが被る 2 乗損失の平均値を表すが，この値には以下のように名前をつけておく。

定義 2.9　分散

1 次元データ $x = (x_1, x_2, \ldots, x_n)$ に対して，$v = \dfrac{1}{n} \displaystyle\sum_{i=1}^{n} (x_i - \overline{x})^2$ を**分散**(variance) という。もとになる 1 次元データが x であることを強調するときには，v_x とも表す。

分散 v は非負の数 $(x_i - \overline{x})^2$ を足し合わせて n で割ったものであるから，常に $v \geqq 0$ が成り立つ。また定理 2.5–(2) (➲ p. 12) より，次の公式が容易に確かめられる。

公式 2.10　(分散公式)　　　　　　　　$v = \dfrac{1}{n} \displaystyle\sum_{i=1}^{n} (x_i)^2 - (\overline{x})^2$

分散 v は常に非負であるから，この分散公式により不等式 $(\overline{x})^2 \leqq \dfrac{1}{n} \displaystyle\sum_{i=1}^{n} (x_i)^2$ が得られる。

分散公式を移項や分母を払うなどして変形すると，$\displaystyle\sum_{i=1}^{n} (x_i)^2$ の次の分解式が得られる。

$$\sum_{i=1}^{n} (x_i)^2 = n \cdot (\overline{x})^2 + \underbrace{\sum_{i=1}^{n} (x_i - \overline{x})^2}_{= \, n \cdot v}$$

ここで $\displaystyle\sum_{i=1}^{n} (x_i)^2$ を 1 次元データ $x = (x_1, x_2, \ldots, x_n)$ の「情報量」と考えることにしよう。右辺第 1 項の $n \cdot (\overline{x})^2$ は平均 $\overline{x}$ を n 個並べた $(\overline{x}, \overline{x}, \ldots, \overline{x})$ の情報量である。一方で右辺第 2 項に現れた $n \cdot v$ はもとの 1 次元データ x から $\overline{x}$ を差し引いて得られる新たな 1 次元データ

$$(x_1 - \overline{x}, x_2 - \overline{x}, \ldots, x_n - \overline{x})$$

の情報量であるが，この 1 次元データから平均をとるなどの操作を通して $\overline{x}$ の情報を取り出すことはできないことに注意しよう。つまり上の分解は，一方がもう一方の情報を含むことなくきれいに分解されていることを表しているのである。

1 次元データを一斉に数値 a だけ平行移動して得られる 1 次元データ $y = (x_1 - a, x_2 - a, \ldots, x_n - a)$ の平均値は $\overline{y} = \overline{x} - a$ となり a だけ変化するが，分散は $v_y = v_x$ となり変化しない。データの平行移動の下で変わらないものとして，ヒストグラムの形そのものが思いつく。つまりデータの平行移動によってヒストグラムは平行移動するだけで形は変わらない。この考察により，**データの分散はヒストグラムの形そのものに関する情報をつかむ**と考えられる。では，例えば分散の大小はヒストグラムの形をおよそどのように決めるのであろうか。

ヒストグラムと分散の関係

分散 $v = \dfrac{1}{n} \sum_{i=1}^{n} (x_i - \overline{x})^2$ の値が**大きいとき**，データ $x_1, x_2, \ldots, x_n$ のうち $\overline{x}$ から遠くに位置しているものの個数が小さくないことが見込まれる。これは平均値から遠くにある階級の度数が小さくないということであり，ゆえに**ヒストグラムの裾野が広くなる**傾向にある。

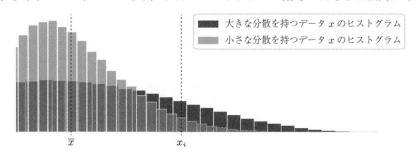

大きな分散を持つデータ x のヒストグラム
小さな分散を持つデータ x のヒストグラム

$\overline{x}$ x_i

　分散 v が**小さいとき**，$\overline{x}$ から遠くに位置しているデータの個数が少ないことが見込まれる。つまり，平均値から遠くにある階級の度数が小さく，ゆえに**ヒストグラムの裾野が狭くなる**傾向にある。極端な場合として $v = 0$ のとき，すべての i について $(x_i - \overline{x})^2 = 0$，つまり $x_1 = x_2 = \cdots = x_n = \overline{x}$ となり，すべてのデータは一点に集中している。

問 2.11   解答例 ➲ 付録

　一般に，階級 $a_{k-1} \sim a_k$ に対して，$\dfrac{a_{k-1} + a_k}{2}$ を**階級値**といい，最も度数の大きい階級の階級値を**最頻値** (mode) という。いま，1 次元データ $x = (x_1, x_2, \ldots, x_n)$ のヒストグラムを描くと，両端が切り立った崖ではなく，下図のように麓から比較的滑らかに傾斜の変化する一つの山型となった。またこのヒストグラムに基づいて大まかに箱ひげ図を描いたものを共に図示している。

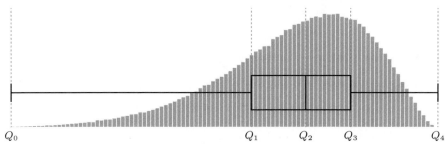

Q_0 Q_1 Q_2 Q_3 Q_4

x の最頻値を $\mathrm{mode}(x)$ により表す。この箱ひげ図とヒストグラムを眺めると，$Q_2 < \mathrm{mode}(x) < Q_3$ が成り立つようである。このとき，不等式

$$|\overline{x} - Q_2| \leqq \sqrt{v}, \quad |\overline{x} - \mathrm{mode}(x)| \leqq \sqrt{2}\,\sqrt{v}$$

の成立の有無について考察を与えよ。

2.2 ２次元データの取り扱い

2.2.1 ２次元データの整理

定義 2.12 ２次元データ・散布図

二つの１次元データ $x = (x_1, x_2, \ldots, x_n)$, $y = (y_1, y_2, \ldots, y_n)$ の組を **２次元データ** といい，座標平面上に各点 (x_i, y_i) をプロットしたものを **散布図** (scatter plot) という。また $(x_i - \overline{x})(y_i - \overline{y})$ を (x_i, y_i) の **偏差積** という。

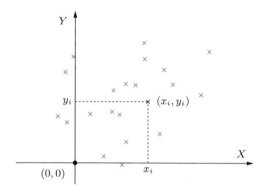

点 $(\overline{x}, \overline{y})$ を中心にして右図のように四つの象限を作り，データ (x_i, y_i) がそれぞれの領域に属するときに $(x_i - \overline{x})(y_i - \overline{y})$ の符号を調べると右図のようになる。このように領域に応じて符号が変化する偏差積 $(x_i - \overline{x})(y_i - \overline{y})$ をすべてのデータに渡って平均を取ったものを導入する。

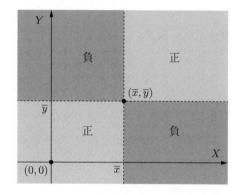

定義 2.13 共分散・２次元データの相関

二つの１次元データ $x = (x_1, x_2, \ldots, x_n)$, $y = (y_1, y_2, \ldots, y_n)$ の **共分散** (covariance) を

$$s_{x,y} = \frac{1}{n} \sum_{i=1}^{n} (x_i - \overline{x})(y_i - \overline{y})$$

により定める。($s_{x,x} = v_x$ となる！ ◉ 定義 2.5, p. 19) また

(1) $s_{x,y} > 0$ のとき，x と y は **正の相関をもつ** (positively correlated) という。

(2) $s_{x,y} < 0$ のとき，x と y は **負の相関をもつ** (negatively correlated) という。

(3) $s_{x,y} = 0$ のとき，x と y は **無相関である** (uncorrelated) という。

散布図の様子と相関の関係

　散布図が「何となく右上がり」に見えるとき，これは ▨ の領域にたくさんのデータ (x_i, y_i) が属しているからであろう。そしてこれらのデータに関しては $(x_i - \overline{x})(y_i - \overline{y}) > 0$ である。ゆえに全体の平均値である $s_{s,y}$ は正の数であることが期待される。この考え方を基に，**散布図が「何となく右上がり」に見える二つの 1 次元データは正の相関をもつ** ということもある。

　同様に，**散布図が「何となく右下がり」に見える二つの 1 次元データは負の相関をもつ** ということもある。

データの演算・変換と平均値・分散の関係

　二つの 1 次元データ $x = (x_1, x_2, \ldots, x_n)$, $y = (y_1, y_2, \ldots, y_n)$ と実数 a に対して，新たな 1 次元データ $x + y$ と $a\,x$ を次のように定義することができる。

$$x + y = (x_1 + y_1, x_2 + y_2, \ldots, x_n + y_n),$$
$$a\,x = (a\,x_1, a\,x_2, \ldots, a\,x_n)$$

この定義より，1 次元データ x, y および実数 a, b に対して次のような計算ができる。

$$a\,x + b\,y = (a\,x_1 + b\,y_1, a\,x_2 + b\,y_2, \ldots, a\,x_n + b\,y_n)$$

数値 1 が n 個並んだ 1 次元データを $1_n = (\underbrace{1, 1, \ldots, 1}_{n \text{ 個}})$ により表す。このとき

$$b\,x + a\,1_n = (b\,x_1 + a, b\,x_2 + a, \ldots, b\,x_n + a)$$

となる。この形のデータを 1 次元データ x の**アファイン変換** (affine transformation) とよび，1_n を省略して $b\,x + a$ と表すこともある。このうち b を**尺度因子** (scale factor)，a を**シフト因子** (shift factor) とよぶ。

> **公式 2.14**　二つの 1 次元データ $x = (x_1, x_2, \ldots, x_n)$, $y = (y_1, y_2, \ldots, y_n)$ および実数 a, b に対して次が成り立つ。
>
> (1) $\overline{a\,x + b\,y} = a\,\overline{x} + b\,\overline{y}$,　　$\overline{b\,x + a} = b\,\overline{x} + a$
>
> (2) $v_{ax+by} = a^2 \cdot v_x + 2ab \cdot s_{x,y} + b^2 \cdot v_y$,　　$v_{bx+a} = b^2 \cdot v_x$

公式 2.14 の証明 (1) $\overline{a\,x} = \dfrac{1}{n} \sum_{i=1}^{n} a x_i = a \dfrac{1}{n} \sum_{i=1}^{n} x_i = a\,\overline{x}$ と $\overline{x + y} = \dfrac{1}{n} \sum_{i=1}^{n} (x_i + y_i) = \dfrac{1}{n} \sum_{i=1}^{n} x_i + \dfrac{1}{n} \sum_{i=1}^{n} y_i = \overline{x} + \overline{y}$ より，$\overline{a\,x + b\,y} = \overline{a\,x} + \overline{b\,y} = a\,\overline{x} + b\,\overline{y}$ が成り立つ。二つ目の式については，これと $\overline{1_n} = \dfrac{1}{n} \sum_{i=1}^{n} 1 = 1$ であることより従う。

(2) 尺度因子が 1 のアファイン変換 $x+a$ に対して $\overline{x+a}=\overline{x}+a$ であることから，$v_{x+a}=v_x$，つまり分散はデータの平行移動に関して不変であることに注意しよう。すると

$$ax+by = a(x-\overline{x})+b(y-\overline{y})+(a\overline{x}+b\overline{y}),$$

$$\overline{a(x-\overline{x})+b(y-\overline{y})} = a\overline{x-\overline{x}}+b\overline{y-\overline{y}} = 0$$

であることから，

$$v_{ax+by} = v_{a(x-\overline{x})+b(y-\overline{y})} = \frac{1}{n}\sum_{i=1}^{n}(a(x_i-\overline{x})+b(y_i-\overline{y}))^2$$

$$= a^2 \cdot \underbrace{\frac{1}{n}\sum_{i=1}^{n}(x_i-\overline{x})^2}_{=\,v_x} + 2ab \cdot \underbrace{\frac{1}{n}\sum_{i=1}^{n}(x_i-\overline{x})(y_i-\overline{y})}_{=\,s_{x,y}} + b^2 \cdot \underbrace{\frac{1}{n}\sum_{i=1}^{n}(y_i-\overline{y})^2}_{=\,v_y}$$

$$= a^2 \cdot v_x + 2ab \cdot s_{x,y} + b^2 \cdot v_y 。$$

$1_n - \overline{1_n} = (0,0,\ldots,0)$ より $s_{x,1_n}=0$ と $v_{1_n}=0$ であり，いま上の等式より二つ目の式は従う。 □

> **問 2.15** 解答⊙付録
>
> 二つの 1 次元データ $x=(x_1,x_2,\ldots,x_n)$，$y=(y_1,y_2,\ldots,y_n)$ に対して次式を示せ。
>
> $$s_{x,y} = \frac{1}{n^2}\sum_{\substack{i,j=1,2,\ldots,n:\\ i<j}}(x_i-x_j)(y_i-y_j)$$

2.2.2 回帰直線

二つの変量が「およそ $Y=\beta X+\alpha$」の関係にある世界

興味のある二つの変量 X，Y が互いに依存し合うとする。適切な二つの数 α と β を取れば，これらがおよそ $Y=\beta X+\alpha$ という関係で記述されると考えたとき，適切だと考えられる α と β の値を知りたい。

このために，変量 X と Y についてデータ $x=(x_1,x_2,\ldots,x_n)$ と $y=(y_1,y_2,\ldots,y_n)$ を得たとしよう。

得られたデータが右図のように $v_x=0$，すなわち $x_1=x_2=\cdots=x_n=\overline{x}$ である状況だとすると，X と Y の関係を表す考えるべき直線の方程式は $X=\overline{x}$ であり，これは $Y=\beta X+\alpha$ の形では書けない。そこで x の分散について $v_x=0$ **となる場合を除外しておく。**

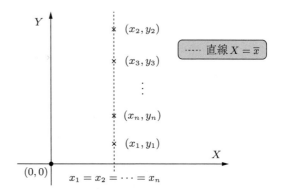

データが (α, β) から受ける損失の数え方

仮に適切な α と β の値がわかったとしても，およそ $Y = \beta X + \alpha$ が成り立つだけであって，得られたすべてのデータ (x_i, y_i) についてぴったり $y_i = \beta x_i + \alpha$ が成り立っているとは限らない。ゆえに変量 $\beta X + \alpha$ は変量 Y そのものを表すわけではなく，あくまで変量の Y におよそ近いものを表すにすぎない。そこで変量 $\beta X + \alpha$ には新たに $\widehat{Y}$ と名前をつけ，本当の変量 Y に対する予測値としての意味を担わせることにす

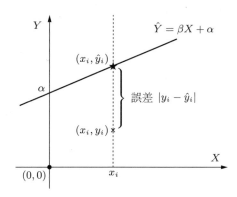

る。これに対応して，y_i の予測値として $\hat{y}_i = \beta x_i + \alpha$ と名前をつけておく。

個体番号 i の，変量 Y に関する実際のデータ y_i とその予測値としての $\hat{y}_i$ の間には **誤差** (error) が生じうる。そこで，

$$|y_i - \hat{y}_i| = |y_i - (\beta x_i + \alpha)|$$

をデータ (x_i, y_i) が (α, β) から被る損失の値だと考えてみよう。

さて，およそ $Y = \beta X + \alpha$ が成り立つということは，(α, β) から各データ (x_i, y_i) が被る損失が概ね小さいということであろう。このとき，例えば損失の一つの総計法である

$$L_2(\alpha, \beta) = \frac{1}{n}\sum_{i=1}^{n}(y_i - \hat{y}_i)^2 = \frac{1}{n}\sum_{i=1}^{n}\left\{y_i - (\beta x_i + \alpha)\right\}^2 \tag{2.2.1}$$

が概ね小さいはずであり，こうして損失関数 $L_2(\alpha, \beta)$ を最小化する (α, β) こそが適切であるという考えに至る。

回帰直線の方程式

公式 2.16 二つの 1 次元データ $x = (x_1, x_2, \ldots, x_n)$, $y = (y_1, y_2, \ldots, y_n)$ について $v_x \neq 0$ ならば，$L_2(\alpha, \beta)$ について次式が成り立つ。

$$L_2(\alpha, \beta) = v_x\left(\beta - \frac{s_{x,y}}{v_x}\right)^2 + (\overline{y} - \beta\,\overline{x} - \alpha)^2 + \frac{v_x v_y - (s_{x,y})^2}{v_x} \tag{2.2.2}$$

特に，$L_2(\alpha, \beta)$ を最小化する $(\alpha, \beta) = (\hat{\alpha}, \hat{\beta})$ は次式で与えられる。

$$\hat{\beta} = \frac{(x \text{ と } y \text{ の共分散})}{(x \text{ の分散})}\left(= \frac{s_{x,y}}{v_x}\right), \quad \hat{\alpha} = \overline{y} - \hat{\beta}\,\overline{x}$$

こうして変量 X の値から変量 Y の予測値 $\widehat{Y}$ を立てる式 $\widehat{Y} = \hat{\beta}X + \hat{\alpha}$ を **回帰直線** という。この式において，X を **説明変数** (独立変数とも)，Y を **目的変数** (従属変数とも) とよぶ。

公式 2.16 の証明. 分散公式 (⊙ p. 19) より，$v_{y-\beta x-\alpha} = \dfrac{1}{n}\sum_{i=1}^{n}(y_i - \beta x_i - \alpha)^2 - \overline{(y - \beta x - \alpha)}^2$ であり，この右辺第 1 項は $L_2(\alpha, \beta)$ に他ならない。そこでこの式を移項すると次の式変形が得られる。

$$L_2(\alpha, \beta) = v_{y-\beta x-\alpha} + \overline{(y - \beta x - \alpha)}^2$$

公式 2.14
(⊙ p. 22)
$$= \underbrace{v_y - 2\beta \cdot s_{x,y} + \beta^2 \cdot v_x} + (\overline{y} - \beta\overline{x} - \alpha)^2$$

次にこの部分を
β について平方完成する。

$$= v_x\left(\beta - \frac{s_{x,y}}{v_x}\right)^2 + (\overline{y} - \beta\overline{x} - \alpha)^2 + \frac{v_x v_y - (s_{x,y})^2}{v_x}$$

ゆえに $L_2(\alpha, \beta)$ が最小となるのは，平方完成された部分が共に 0，つまり $\beta - \frac{s_{x,y}}{v_x} = 0$ かつ $\overline{y} - \beta\overline{x} - \alpha = 0$ のときである。これをみたす $(\alpha, \beta) = (\hat{\alpha}, \hat{\beta})$ は $\hat{\beta} = \frac{s_{x,y}}{v_x}$, $\hat{\alpha} = \overline{y} - \hat{\beta}\overline{x}$ により与えられる。　□

　損失関数 $L_2(\alpha, \beta)$ は定義 (⊙ 式 (2.2.1)) より非負の関数であるから，特にその最小値 $L_2(\hat{\alpha}, \hat{\beta})$ もまた非負である。これと式 (2.2.2) より，$0 \leqq L_2(\hat{\alpha}, \hat{\beta}) = \frac{v_x v_y - (s_{x,y})^2}{v_x}$ である。これを整理すると $(s_{x,y})^2 \leqq v_x v_y$ であり，この両辺の平方根を取って整理すると次の不等式が成り立つことが確かめられる。

$$-1 \leqq \frac{s_{x,y}}{\sqrt{v_x}\sqrt{v_y}} \leqq 1$$

定義 2.17　相関係数

　二つの 1 次元データ $x = (x_1, x_2, \ldots, x_n)$, $y = (y_1, y_2, \ldots, y_n)$ の分散が共に 0 でないとき，$r = \dfrac{s_{x,y}}{\sqrt{v_x}\sqrt{v_y}}$ を x と y の**相関係数** (correlation coefficient) とよぶ。

　座標平面や 3 次元空間の一般化として，n 次元空間を考えることができる。n の値が 4 以上の場合，これ図示することはできないが，互いに直交するような軸が n 本あるような空間を便宜的に考えるのである。このとき 1 次元データ $x = (x_1, x_2, \ldots, x_n)$, $y = (y_1, y_2, \ldots, y_n)$ や $\overline{x}1_n = (\overline{x}, \overline{x}, \ldots, \overline{x})$, $\overline{y}1_n = (\overline{y}, \overline{y}, \ldots, \overline{y})$ はこの n 次元空間内の 4 点を表す (これは 2 次元データ $(x_1, y_1), (x_2, y_2), \ldots, (x_n, y_n)$ の散布図ではない)。これらを順に点 $\mathrm{X}(x)$, $\mathrm{Y}(y)$, $\overline{\mathrm{X}}(\overline{x}1_n)$, $\overline{\mathrm{Y}}(\overline{y}1_n)$ により表しておく。このとき $\overrightarrow{\overline{\mathrm{X}}\mathrm{X}}$ と $\overrightarrow{\overline{\mathrm{Y}}\mathrm{Y}}$ のなす角を θ (ただし $0 \leqq \theta \leqq \pi$) とおくと，平面ベクトルや 3 次元空間ベクトルのときと同様に $\cos\theta$ は次式により与えられる。

$$\cos\theta = \frac{\overrightarrow{\overline{\mathrm{X}}\mathrm{X}} \cdot \overrightarrow{\overline{\mathrm{Y}}\mathrm{Y}}}{|\overrightarrow{\overline{\mathrm{X}}\mathrm{X}}||\overrightarrow{\overline{\mathrm{Y}}\mathrm{Y}}|} = \frac{\sum_{i=1}^{n}(x_i - \overline{x})(y_i - \overline{y})}{\sqrt{\sum_{i=1}^{n}(x_i - \overline{x})^2}\sqrt{\sum_{i=1}^{n}(y_i - \overline{y})^2}} \overset{\text{分子·分母を}\,n\,\text{で割る}}{=} \frac{s_{x,y}}{\sqrt{v_x}\sqrt{v_y}} = r$$

つまり，相関係数は n 次元空間内で二つのベクトル $x - \overline{x}$, $y - \overline{y}$ のなす角の余弦という意味をもつのである。

2 次元データ (x_i, y_i) $(i = 1, 2, \ldots, n)$ に基づく,変量 Y の X への回帰直線 $\hat{Y} = \hat{\beta} X + \hat{\alpha}$ を考える。この回帰直線による,データ y_i の予測値を $\hat{y}_i = \hat{\beta} x_i + \hat{\alpha}$ により表す。この回帰直線は点 $(\overline{x}, \overline{y})$ を通り,また

$$\overline{y} = \overline{\hat{\beta} x + \hat{\alpha}} \overset{\substack{\text{公式 2.16} \\ (\bigcirc \text{p. 24})}}{=} \hat{\beta} \overline{x} + \hat{\alpha} = \hat{\beta} \overline{x} + (\overline{y} - \hat{\beta} \overline{x}) = \overline{y} \tag{2.2.3}$$

であることから「平均的には」2 次元データ $(x_1, y_1), (x_2, y_2), \ldots, (x_n, y_n)$ をよく表現しているといえる。もう一歩踏み込んでこの精度を見るために,次は分散に注目する。

▌定義 2.18 全変動・回帰変動・残差変動

(1) $\mathrm{SST} = \displaystyle\sum_{i=1}^{n} (y_i - \overline{y})^2$ を**全変動** (sum of squares total) という。

(2) $\mathrm{SSR} = \displaystyle\sum_{i=1}^{n} (\hat{y}_i - \overline{y})^2$ を**回帰変動** (sum of squares regression) という。

(3) $\mathrm{SSE} = \displaystyle\sum_{i=1}^{n} (y_i - \hat{y}_i)^2$ を**残差変動** (sum of squares error) という。

---

1 次元データ y の偏差平方和である $\mathrm{SST} = n \cdot v_y$ は $y - \overline{y}$ がもつ情報量を,SSE は回帰直線による予測 $\hat{y}$ から見た実際のデータ y との**残差** (residual) $\varepsilon = y - \hat{y}$ のもつ情報量を表し,$\mathrm{SSE} = n \cdot v_\varepsilon$ と表せる。残る SSR の解釈は式 (2.2.3) より $\hat{y}$ の偏差 $\hat{y} - \overline{\hat{y}}$ の情報量,つまり $\mathrm{SSR} = n \cdot v_{\hat{y}}$ といってもよいが,元の y を背景にした意味が次の事実より明らかになる。

命題 2.19 (全変動) = (回帰変動) + (残差変動),つまり $\mathrm{SST} = \mathrm{SSR} + \mathrm{SSE}$

この式により SSR は $y - \overline{y}$ のもつ情報のうち,予測 $\hat{y}$ が説明する部分の情報量 $\mathrm{SST} - \mathrm{SSE}$ を表すことがわかる。逆に,SSE は y のもつ情報のうち予測 $\hat{y}$ が説明できていない部分の情報量 $\mathrm{SST} - \mathrm{SSR}$ を表すのである。両辺を n で割ると「$v_y = v_{\hat{y}} + v_\varepsilon$」と述べることもできる。

証明. まず公式 2.14 ($\bigcirc$ p. 22) の証明と同様にすると,一般に三つの 1 次元データ x, y, z および実数 c について,共分散に関する次の等式を確かめることができる。

$$s_{x,y} = s_{y,x}, \quad s_{x+y,z} = s_{x,z} + s_{y,z}, \quad s_{x+c,y} = s_{x,y}, \quad s_{cx,y} = c \cdot s_{x,y}$$

これを用いると,全変動 SST は次のように変形できる。

$$\mathrm{SST} = n \cdot v_y = n \cdot v_{\hat{y}+\varepsilon} \overset{\substack{\text{公式 2.14} \\ (\bigcirc \text{p. 22})}}{=} \underbrace{n \cdot v_{\hat{y}}}_{= \mathrm{SSR}} + 2n \cdot s_{\hat{y},\varepsilon} + \underbrace{n \cdot v_\varepsilon}_{= \mathrm{SSE}}$$

ゆえに $s_{\hat{y},\varepsilon} = 0$ を示せば十分。これは関係式 $\hat{y} = \hat{\beta} x + \hat{\alpha}$,$\varepsilon = y - (\hat{\beta} x + \hat{\alpha})$ と上に紹介した共分散の性質を用いて,この共分散を x と y の共分散や分散にまで分解して計算することで $s_{\hat{y},\varepsilon} = s_{\hat{\beta} x + \hat{\alpha}, y - (\hat{\beta} x + \hat{\alpha})} = \hat{\beta} \big(s_{x,y} - \underbrace{\hat{\beta}}\, v_x \big) = 0$ のように確かめられる。 □

‖ 公式 2.16 ($\bigcirc$ p. 24)
$s_{x,y} / v_x$

定義 2.20 決定係数

予測 $\hat{y}$ が説明した部分の情報量が，y のもつ情報量に占める割合

$$\frac{\text{SST} - \text{SSE}}{\text{SST}} = \frac{\text{SSR}}{\text{SST}} = \frac{\displaystyle\sum_{i=1}^{n}(\hat{y}_i - \overline{y})^2}{\displaystyle\sum_{i=1}^{n}(y_i - \overline{y})^2} = \frac{v_{\hat{y}}}{v_y}$$

を**決定係数** (coefficient of determination) とよぶ。

つまり決定係数は，回帰直線による y の予測 $\hat{y}$ がどの程度データを説明しているかを数値化したものである。この値が 1 に近いほど，うまくデータを説明していると考えられる。決定係数を少し計算すると，次の式変形を得る。

$$\frac{v_{\hat{y}}}{v_y} = \frac{v_{\hat{\beta}x+\hat{\alpha}}}{v_y} \overset{\substack{\text{公式 2.14}\\(\text{❸ p. 22})}}{=} (\hat{\beta})^2 \frac{v_x}{v_y} \overset{\substack{\text{公式 2.16}\\(\text{❸ p. 24})}}{=} \left(\frac{s_{x,y}}{v_x}\right)^2 \frac{v_x}{v_y} = \frac{(s_{x,y})^2}{v_x v_y} = r^2$$

つまり，次の公式が得られる。

命題 2.21 x と y の相関係数を r とおくと，(決定係数)$= r^2$ が成り立つ。

ゆえに 2 次元データ $(x_1, y_1), (x_2, y_2), \ldots, (x_n, y_n)$ の相関係数 r が ± 1 に近い値であるほど決定係数という尺度では回帰直線のデータへの適合度が高いといえる。しかし決定係数 r^2 あるいは相関係数 r が具体的にどの程度であれば，見た目にも回帰直線が散布図にフィットするかについて一概にいうことは難しい。感覚を養うために，いくつかの例を図示しておこう。

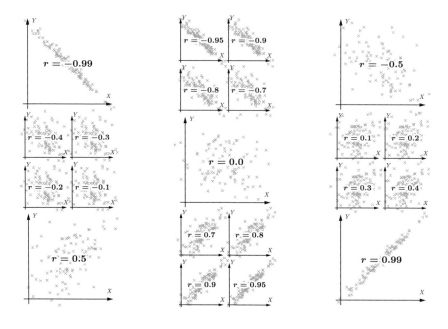

2.3 「ランダム」に慣れるための確率論

2.3.1 事象の扱い方を身につけるための確率論

確率を割り当てることのできる事柄を**事象**(event) という。事象 A に割り当てられる確率を $\mathbf{P}(A)$ により表し「**事象 A が起こる確率**」と読む。そもそも起こり得ない事象は $\varnothing$ により表し，その確率は $\mathbf{P}(\varnothing) = 0$ と考える。この $\varnothing$ を**空事象**(empty event) という。一方，考えうる最も大きな事象を Ω により表し，**全事象**(certain event) とよぶ。二つの事象 A, B に対して，新しい二つの事象 $A \cap B$, $A \cup B$ を

$$A \cap B = (A \ と \ B \ が同時に起こる事象), \quad A \cup B = \left(\begin{array}{c} A \ と \ B \ のうち，少なく \\ とも一方は起こる事象 \end{array} \right)$$

と定める。「A が起こるとき必ず B も起こる」ことを $A \subset B$ と表す。このとき $\varnothing \subset A \subset \Omega$ が成り立つ。「確率」という概念には，暗黙のうちに以下の性質 (a), (b) を仮定している。

> **要点 2.22**
> (a) $\mathbf{P}(\Omega) = 1$ が成り立つ。
> (b) 二つの事象 A, B が**排反**(disjoint)，つまり $A \cap B = \varnothing$ のとき，$\mathbf{P}(A \cup B) = \mathbf{P}(A) + \mathbf{P}(B)$ が成り立つ。

事象 A に対して「A が起こらない」という事柄もまた一つの事象となる。これを A^c で表し，A の**余事象**(complementary event) とよぶ。この定義より A と A^c は排反であり，$A \cup A^c = \Omega$（A と A^c のどちらか一方は必ず起こるということ）となるから，$\mathbf{P}(A) + \mathbf{P}(A^c) = 1$ が成り立つ。

> **定義 2.23　事象の独立性・条件付き確率**
> (i) n 個の事象 $A_1, A_2, \ldots, A_n$ が**独立**(independent) であるとは，
>
> $$\mathbf{P}(A_1 \cap A_2 \cap \cdots \cap A_n) = \mathbf{P}(A_1)\mathbf{P}(A_2) \cdots \mathbf{P}(A_n)$$
>
> が成り立つことをいう。
> (ii) 二つの事象 A と B について $\mathbf{P}(B) > 0$ のとき，$\mathbf{P}(A \mid B) = \dfrac{\mathbf{P}(A \cap B)}{\mathbf{P}(B)}$ を**事象 B が起こる条件の下での A の条件付き確率**という。

次の事実は定義より簡単に確かめられるであろう。

> **命題 2.24**　二つの事象 A と B に対して，$\mathbf{P}(B) > 0$ のとき，次の二条件は同値。
> (1) 事象 A と B は独立である。　　　(2) $\mathbf{P}(A \mid B) = \mathbf{P}(A)$

条件付き確率の定義から $\mathbf{P}(A \cap B) = \mathbf{P}(B)\mathbf{P}(A \mid B)$ となるが，この変形を繰り返すことで，一般に事象列 $A_1, A_2, \ldots, A_n$ に対して次の等式が成り立つことが確かめられる。

$$\mathbf{P}(A_1 \cap A_2 \cap \cdots \cap A_n)$$
$$= \mathbf{P}(A_1) \times \mathbf{P}(A_2 \mid A_1) \times \mathbf{P}(A_3 \mid A_1 \cap A_2) \times \cdots \times \mathbf{P}(A_n \mid A_1 \cap A_2 \cap \cdots \cap A_{n-1})$$

練習問題 2.25　誕生日問題

クラスにいる r 人の学生のうち，どの二人も誕生日が異なる確率を求めよ。ただしどの学生も閏年に生まれたものではないとする。

解答例　r 人の学生には $\boxed{1}$, $\boxed{2}$, $\ldots$, $\boxed{r}$ と番号をつけておき，これらの学生の誕生日を調べることを，一年 365 日 $\{1, 2, 3, \ldots, 365\}$ のうちから大きさ n の無作為標本を取り出すことと考える。各学生について，学生の誕生日が x $(x = 1, 2, 3, \ldots, 365)$ である確率は x によらず，すべて等しいとする。

$$\mathbf{P}(\text{学生 } \boxed{i} \text{ の誕生日が } x \text{ である}) = \frac{1}{365}, \quad i = 1, 2, \ldots, r, \quad x = 1, 2, \ldots, 365$$

これらの事象 $\{$ 学生 $\boxed{i}$ の誕生日が x である $\}$ は，どの誕生日が言及されていたとしても，異なる学生 $\boxed{i}$ の間で独立であると考えよう。つまり，誕生日がいつであるかは学生の間で関係がないと考えるのである。

対象としている事象 $\{$ どの二人も誕生日が異なる $\}$ は次のように表すことができる。

$$\{ \text{どの二人も誕生日が異なる} \}$$
$$= \{ \boxed{1} \text{ がいずれかの誕生日をもつ} \}$$
$$\cap \{ \boxed{2} \text{ の誕生日は } \boxed{1} \text{ と異なる} \}$$
$$\cap \{ \boxed{3} \text{ の誕生日は } \boxed{1}, \boxed{2} \text{ と異なる} \}$$
$$\cap \cdots \cap \{ \boxed{r} \text{ の誕生日は } \boxed{1}, \boxed{2}, \ldots, \boxed{r-1} \text{ と異なる} \}$$

この表示より，確率は次のように計算できる。

$$\mathbf{P}(\text{どの二人も誕生日が異なる})$$
$$= \mathbf{P}(\boxed{1} \text{ がいずれかの誕生日をもつ})$$
$$\times \mathbf{P}\left(\begin{matrix} \boxed{2} \text{ の誕生日は} \\ \boxed{1} \text{ と異なる} \end{matrix} \;\middle|\; \begin{matrix} \boxed{1} \text{ がいずれかの} \\ \text{誕生日をもつ} \end{matrix} \right)$$
$$\times \mathbf{P}\left(\begin{matrix} \boxed{3} \text{ の誕生日は} \\ \boxed{1}, \boxed{2} \text{ と異なる} \end{matrix} \;\middle|\; \underbrace{\begin{matrix} \boxed{2} \text{ の誕生日は} \\ \boxed{1} \text{ と異なる} \end{matrix}} \right)$$
$$\Leftrightarrow \boxed{1} \text{ と } \boxed{2} \text{ の誕生日は異なる}$$
$$\times \mathbf{P}\left(\begin{matrix} \boxed{4} \text{ の誕生日は} \\ \boxed{1}, \boxed{2}, \boxed{3} \text{ と異なる} \end{matrix} \;\middle|\; \underbrace{\begin{matrix} \boxed{2} \text{ の誕生日は} \\ \boxed{1} \text{ と異なる} \end{matrix} \;;\; \begin{matrix} \boxed{3} \text{ の誕生日は} \\ \boxed{1}, \boxed{2} \text{ と異なる} \end{matrix}} \right)$$
$$\Leftrightarrow \boxed{1}, \boxed{2}, \boxed{3} \text{ の誕生日は異なる}$$
$$(\text{以降，この言い換えを続ける})$$
$$\times \cdots \times \mathbf{P}\left(\begin{matrix} \boxed{r} \text{ の誕生日は} \\ \boxed{1}, \boxed{2}, \ldots, \boxed{r-1} \text{ と異なる} \end{matrix} \;\middle|\; \begin{matrix} \boxed{1}, \boxed{2}, \ldots, \boxed{r-1} \text{ の} \\ \text{誕生日は異なる} \end{matrix} \right)$$

ゆえにこの確率は次式により与えられる。

$$\frac{365}{365} \times \frac{364}{365} \times \frac{363}{365} \times \cdots \times \frac{365 - r + 1}{365}$$

コメント 上の計算と不等式 $1 - x \leqq e^{-x}$ より

$$\mathbf{P}(どの二人も誕生日が異なる)$$
$$= \left(1 - \frac{1}{365}\right) \times \left(1 - \frac{2}{365}\right) \times \cdots \times \left(1 - \frac{r-1}{365}\right)$$
$$\leqq e^{-\frac{1}{365}} \times e^{-\frac{2}{365}} \times \cdots \times e^{-\frac{r-1}{365}} = e^{-\frac{1+2+\cdots+(r-1)}{365}} = e^{-\frac{r(r-1)}{2 \cdot 365}}$$

となる。{ 同じ誕生日の学生が一組以上いる } = { どの二人も誕生日が異なる }^{c} であることに注意すると，次が成り立つ。

$$\mathbf{P}(同じ誕生日の学生が一組以上いる)$$
$$= 1 - \mathbf{P}(どの二人も誕生日が異なる) \geqq 1 - e^{-\frac{r(r-1)}{2 \cdot 365}}$$

例えばこのクラスに $r = 30$ 人の学生がいた場合，

$$\mathbf{P}(同じ誕生日の学生が一組以上いる) \geqq 1 - e^{-\frac{30 \cdot 29}{2 \cdot 365}} \fallingdotseq 0.70 = 70\,\%$$

という見積もりができるのである (思った以上に高いと感じなかったでしょうか?)。

練習問題 2.26　三人の嘘つき問題

A，B，C の三人は発言するとき $\frac{2}{3}$ の確率で嘘をつき，$\frac{1}{3}$ の確率で真実を語る。ある事柄について A が発言し，B がその発言についてコメントをし，そのコメントに対して C がコメントする。

「『A が嘘をついた』ことを B が肯定した」ことを C が否定する

とき，A が真実を話したという条件付き確率を求めよ。

解答例 求めるのは次の条件付き確率である。

$$\mathbf{P}\left(A が真実を語った \,\middle|\, \begin{array}{c} \text{「『A が嘘をついた』ことを B が肯定した」} \\ \text{ことを C が否定する} \end{array} \right)$$

A の発言が嘘であったか真実であったかの場合に分けて，起こりうるシナリオを，時系列的に見ていく。

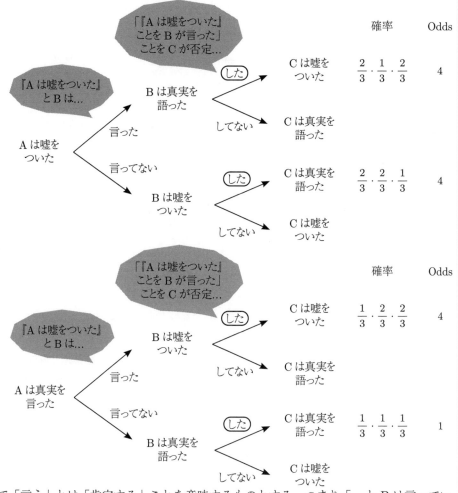

ここで「言う」とは「肯定する」ことを意味するものとする。つまり「... とBは言っていない」とは「... のことに関してBが否定した」こと，さらに「Cが否定していない」とは「Cが肯定した」と読み替えるのである。また求める条件付き確率における条件が成立している部分，つまり「『Aが嘘をついた』ことをBが肯定した」ことをCが否定した シナリオのみを取り出せばよいので，その部分にしか確率を書き込んでいない。「**Odds**」はそれらの確率の比を簡単にしたものである。ゆえに求める確率は

$$\mathbf{P}\left(\text{Aが真実を語った} \mid \begin{array}{c}\text{「『Aが嘘をついた』ことをBが肯定した」}\\ \text{ことをCが否定する}\end{array}\right)$$

$$= \frac{4+1}{(4+1)+(4+4)} = \frac{5}{5+8} = \frac{5}{13}$$

次の事実は，条件付き確率の定義から直ちに従う。

定理 2.27（Bayes の定理）

事象 $H_1, H_2, \ldots, H_n$ が $\mathbf{P}(H_i) > 0 \ (i = 1, 2, \ldots, n)$ をみたすとき，$\mathbf{P}(K) > 0$ なる任意の事象 K に対して

$$\mathbf{P}(H_i \mid K) \propto \mathbf{P}(K \mid H_i)\mathbf{P}(H_i) \tag{2.3.1}$$

が成り立つ。ここで「$\propto$」は $i = 1, 2, \ldots n$ の関数として比例するという意味である。事象 $H_1, H_2, \ldots, H_n$ が互いに排反であり，かつ $H_1 \cup H_2 \cup \cdots \cup H_n = \Omega$ をみたすとき，比例関係 (2.3.1) は等式として次のように表すことができる。

$$\mathbf{P}(H_i \mid K) = \frac{\mathbf{P}(K \mid H_i)\mathbf{P}(H_i)}{\sum_{j=1}^{n} \mathbf{P}(K \mid H_j)\mathbf{P}(H_j)}, \quad i = 1, 2, \ldots, n$$

詳しくは第 8 章（**◯** p. 217）で学ぶことであるが，Bayes 統計学とよばれる文脈ではこの式を拠り所とした推論を行う。この文脈では各 H_i は**仮説**とよばれ，一方で K はこれから観測がなされる事象を想定している。Bayes 統計学では，あらかじめそれぞれの仮説 H_i が正しいと（自分，あるいは多くの人が）考える確率 $\mathbf{P}(H_i)$（事前確率）と，仮説 H_i が正しいときに事象 K がどれくらいの確率で起こりうるかを表す $\mathbf{P}(K \mid H_i)$（尤度）を設定しておく。実際に事象 K が観測されたとき，上の Bayes の定理より「K が観測された」という事実に照らし合わせて，仮説 H_i が正しいと考える確率に関して修正が加わった $\mathbf{P}(H_i \mid K)$（事後確率）が導かれる。

$$\underbrace{\mathbf{P}(H_i \mid K)}_{\text{事後確率}} \quad \propto \quad \underbrace{\mathbf{P}(K \mid H_i)}_{\text{尤度}} \quad \times \quad \underbrace{\mathbf{P}(H_i)}_{\text{事前確率}}$$

③ K が観測された状況に整合するように　② H_i が正しいときに K が起こる確率　① 仮説 H_i が正しい確率
　仮説 H_i が正しい確率として修正された値。　　（として考えている値）。　　　　　（として考えている値）。

事前確率 $\mathbf{P}(H_i)$ から事後確率 $\mathbf{P}(H_i \mid K)$ へと更新しながら，仮説 H_i が正しい本当の確率に迫ろうというのが基本的なスタンスである。

練習問題 2.28　疾患検査問題

ある病気について，100 人に一人がその疾患をもつという。この病気についての検査は 90 ％ の**精度**をもつという。この精度とは次を意味する用語である。

$$\frac{\left(\begin{array}{c}\text{疾患のある人の中で}\\\text{検査によって陽性と}\\\text{判定される人数}\end{array}\right)}{(\text{疾患のある人数})} = 90\,\%, \quad \frac{\left(\begin{array}{c}\text{疾患のない人の中で}\\\text{検査によって陽性と}\\\text{判定される人数}\end{array}\right)}{(\text{疾患のない人数})} = 10\,\%$$

ある人が無作為に選ばれ，検査をすると陽性判定がでた。この人が本当に疾患をもつ確率を求めよ。

解答例　無作為に選ばれた人を X さんとし，次の二つの仮説（事象）を考えよう。

$$H_1 = \{X \text{ は疾患をもっていない}\}, \quad H_2 = \{X \text{ は疾患をもっている}\}$$

この病気に関する事前情報により $\mathbf{P}(H_1) = \frac{99}{100}$, $\mathbf{P}(H_2) = \frac{1}{100}$ らしきことがわかる。そして観測された事象は次の事柄である。

$$K = \{X \text{ の検査結果は陽性である}\}$$

いま，求める確率は

$$\mathbf{P}(X \text{ は疾患をもっている} \mid X \text{ の検査結果は陽性}) = \mathbf{P}(H_2 \mid K)$$

に他ならない。事象 K について，検査の精度が 90% であることから次のことがわかる。

$$\mathbf{P}(K \mid H_1) = \mathbf{P}(X \text{ の検査結果は陽性} \mid X \text{ は疾患をもたない}) = 10\% = \frac{1}{10},$$

$$\mathbf{P}(K \mid H_2) = \mathbf{P}(X \text{ の検査結果は陽性} \mid X \text{ は疾患をもつ}) = 90\% = \frac{9}{10}$$

以上から Bayes の定理を用いて各仮説に対する事後確率を次の表のようにして計算できる。

仮説 H	事前確率 $\mathbf{P}(H) \propto$	尤度 $\mathbf{P}(K \mid H) \propto$	事後確率 $\mathbf{P}(H \mid K) \propto$	Odds	事後確率 $\mathbf{P}(H \mid K) =$
H_1	99	1	$99 \times 1 = 99$	11	$\frac{11}{11+1} = \frac{11}{12}$
H_2	1	9	$1 \times 9 = 9$	1	$\frac{1}{11+1} = \frac{1}{12}$

Bayes の定理を用いて事後分布に比例する量を計算する際，$\mathbf{P}(H)$, $\mathbf{P}(K \mid H)$ の値は正確な値というよりも，これらに比例する量が与えられれば十分であるから，それぞれ分母の $\frac{1}{100}$ および $\frac{1}{10}$ は省略して書いた。ここに現れた「**Odds**」とは「**事後確率** $\mathbf{P}(H \mid K) \propto$」の欄に書かれた量の割合を簡単にしたものを表す。最後に $H_1 \cup H_2 = \Omega$, $H_1 \cap H_2 = \varnothing$ であることから $\mathbf{P}(H_1 \mid K) + \mathbf{P}(H_2 \mid K) = \mathbf{P}(\Omega \mid K) = 1$ が成り立ち，ゆえに $\mathbf{P}(H_2 \mid K) = \frac{1}{11+1} = \frac{1}{12}$ と計算されるのである。

2.3.2 コイン投げの確率論

　さいころ振りやコイン投げなどの**試行** (trial, experiment) の結果，値が明らかになる変数を**確率変数**(random variable) とよぶ。特に母集団から抽出される標本点に応じて変化する量を変量とよんだが，標本調査を一種の「試行」と考えることで変量を確率変数とみなすことができる場合には，統計学を確率論の一部として記述することができるようになる。

　本書では，確率変数を表すのに，主に $X, Y, Z, W, \ldots$ などアルファベットの大文字や，ギリシャ文字の大文字を用いる。

　母集団 Π から無作為に標本点 X を一つ得ることを考えるとき，実際に**標本調査を実施する前の段階では**，それがどのような数値を与えるかはわからない。そこでこの X を確率変数と考えるのである。

定義 2.29　実現値

試行や標本調査の結果，確率変数 X が取った値を X の**実現値**という。

確率変数を大文字のアルファベットで表し，その確率変数の実現値を一般に記号で表す際には，対応する小文字のアルファベット (またはそれに準じる文字) で表す習慣がある。例えば，確率変数を X で表すとき，その実現値は x もしくはそれに準じる $x_1, x_2, x_3, \ldots$ で表すなど。確率変数 X について $\mathbf{P}(-\infty < X < \infty) = \mathbf{P}(\Omega) = 1$ が成り立つことに注意しよう。

最も簡単な確率変数を導入することから始める。

定義 2.30　指示確率変数

事象 E に対して**指示確率変数** $\mathbf{1}_E$ を次で定める。

$$\mathbf{1}_E = \begin{cases} 1 & (E \text{ が起きたとき}), \\ 0 & (E \text{ が起きなかったとき}) \end{cases}$$

指示確率変数 $\mathbf{1}_E$ の値は事象 E が起こったのか，あるいは起こらなかったのかを見届けるまで，0 と 1 どちらの値をとるかわからない。この意味で $\mathbf{1}_E$ は確率変数となっているのである。

特に $E = \varnothing$, Ω の場合には，それぞれ $\mathbf{1}_\varnothing = 0$ (空事象 $\varnothing$ が起こることはない), $\mathbf{1}_\Omega = 1$ (全事象 Ω は必ず起こる) が成り立つが，これらも確率変数の範疇として考える。二つの確率変数について，それらの四則演算はそれぞれが取った値についての四則演算を実行することで定義する。二つの事象 E と F の積事象 $E \cap F$ について $\mathbf{1}_{E \cap F} = \mathbf{1}_E \cdot \mathbf{1}_F$ が成り立つ。これは E と F のそれぞれが起きる場合と起きない場合の計 4 通りについて $\mathbf{1}_{E \cap F}$ の値と $\mathbf{1}_E \cdot \mathbf{1}_F$ の値を並べた次の表を見比べれることで確かめられる。

$\mathbf{1}_{E \cap F}$ の値	F	F^c
E	1	0
E^c	0	0

$\mathbf{1}_E \cdot \mathbf{1}_F$ の値	F	F^c
E	$1 \cdot 1 = 1$	$1 \cdot 0 = 0$
E^c	$0 \cdot 1 = 0$	$0 \cdot 0 = 0$

同様に考えると，E と F が排反ならば和事象 $E \cup F$ について $\mathbf{1}_{E \cup F} = \mathbf{1}_E + \mathbf{1}_F$ が成り立つことがわかる。

試行の結果に応じて真偽が変わる文章 S に対して「文章 S が真である事象」を $\{S\}$ と表すが，この記法の下で次が成り立つ。

$$\{\mathbf{1}_E = 1\} = (\text{確率変数 } \mathbf{1}_E \text{ が 1 をとる事象}) = E,$$
$$\{\mathbf{1}_E = 0\} = (\text{確率変数 } \mathbf{1}_E \text{ が 0 をとる事象}) = E^c$$

例えば，コインを一回投げるとき「表が出る」事象 { 表が出る } の指示確率変数は，次のようにかくことができる。

$$\mathbf{1}_{\{ \text{表が出る} \}} = \begin{cases} 1 & (\text{表が出たとき}), \\ 0 & (\text{裏が出たとき}) \end{cases}$$

この確率変数は「表が出る」事象の生起を数値へと変換する役割を担う。以下で見るように，

この類の確率変数は何度もコイン投げをする試行を考える際に表が出た回数を数えるための端的な数学的表現を可能にしてくれるのである。

これから，確率変数の確率的な振る舞いについて簡単な例から紹介する。

例 2.31　**指示確率変数の確率的な振る舞い:** Bernoulli(p)

事象 E に対して $p = \mathbf{P}(E)$ とおき，$0 < p < 1$ であるとする。このとき $X = \mathbf{1}_E$ について $\{X = 1\} = E$, $\{X = 0\} = E^c$ であるから，次が成り立つ。

$$\mathbf{P}(X = 1) = p, \quad \mathbf{P}(X = 0) = 1 - p, \quad 0 < p < 1 \tag{2.3.2}$$

一般に確率変数 X が式 (2.3.2) をみたすとき「$X \sim$ Bernoulli(p)」と表し，「X はパラメータ p の**Bernoulli分布に従う**」と読む。Bernoulli 分布に従う確率変数 X は 0 か 1 のどちらかの値しかとり得ず，$E = \{X = 1\}$ とおけば $\mathbf{1}_E = X$ と表すことができるため，何らかの事象に関する指示確率変数を表している。また式 (2.3.2) の最初の二つの式は，まとめて

$$\mathbf{P}(X = x) = p^x (1 - p)^{1-x}, \quad x = 0, 1$$

と表せることに注意しよう。

表が出る確率が p のコインを一回投げるとき，$\mathbf{1}_{\{ \text{表が出る} \}} \sim$ Bernoulli(p) である。

例 2.32　**n 回のコイン投げにおける表の数:** binomial(n, p)

表が出る確率が p (ただし $0 < p < 1$ とする) のコインを n 回投げるとき，表が出る回数 S の確率的な振る舞いについて調べてみよう。

まず確率変数 $X_1, X_2, \ldots, X_n$ を次のように定める。

$$X_i = \mathbf{1}_{\{ \text{第 } i \text{ 回目に表が出る} \}}, \quad i = 1, 2, \ldots, n$$

このとき，例 2.31 より $X_i \sim$ Bernoulli(p) $(i = 1, 2, \ldots, n)$ であり，表が出る回数は

$$S = X_1 + X_2 + \cdots + X_n$$

と表すことができる。各回のコイン投げの結果は他の回の結果に影響を及ぼさないことを想定すれば，0 か 1 のいずれかの値からなる列 $x_1, x_2, \ldots, x_n$ に対して n 個の事象 $\{X_1 = x_1\}, \{X_2 = x_2\}, \ldots, \{X_n = x_n\}$ は独立であると仮定するのは自然であろう。このとき

$$\begin{aligned}
&\mathbf{P}(X_1 = x_1; X_2 = x_2; \cdots; X_n = x_n) \\
&= \mathbf{P}(X_1 = x_1) \times \mathbf{P}(X_2 = x_2) \times \cdots \times \mathbf{P}(X_n = x_n) \\
&= p^{x_1}(1-p)^{1-x_1} \times p^{x_2}(1-p)^{1-x_2} \times \cdots \times p^{x_n}(1-p)^{1-x_n} \\
&= p^{\sum_{i=1}^{n} x_i} (1-p)^{n - \sum_{i=1}^{n} x_i}
\end{aligned}$$

となる。確率変数 S は 0 から n までの非負整数を取り得るが，$k = 0, 1, \ldots, n$ に対して

$S = k$ となる確率は次のように計算できる。

$$
\begin{aligned}
\mathbf{P}(S = k) &= \mathbf{P}(X_1 + X_2 + \cdots + X_n = k) \\
&= \sum_{\substack{x_1, x_2, \ldots, x_n \in \{0,1\}: \\ x_1 + x_2 + \cdots + x_n = k}} \mathbf{P}(X_1 = x_1; X_2 = x_2; \cdots; X_n = x_n) \\
&= \sum_{\substack{x_1, x_2, \ldots, x_n \in \{0,1\}: \\ x_1 + x_2 + \cdots + x_n = k}} p^{\sum_{i=1}^{n} x_i} (1-p)^{n - \sum_{i=1}^{n} x_i} \\
&= p^k (1-p)^{n-k} \sum_{\substack{x_1, x_2, \ldots, x_n \in \{0,1\}: \\ x_1 + x_2 + \cdots + x_n = k}} 1 = {}_n\mathrm{C}_k \cdot p^k (1-p)^{n-k}
\end{aligned}
$$

ゆえに次が成り立つ。

$$
\mathbf{P}(S = k) = {}_n\mathrm{C}_k \cdot p^k (1-p)^{n-k}, \quad k = 0, 1, 2, \ldots, n \tag{2.3.3}
$$

　一般に確率変数 X が式 (2.3.3) において S を X に置き換えた式をみたすとき「$X \sim$ binomial(n, p)」と表し，「X **はパラメータ** (n, p) **の二項分布に従う**」と読む。上のようにして現れたように，二項分布 binomial(n, p) は「表が出る確率が p のコインを n 回投げたときに表が出る回数」の確率的な振る舞いを表す。

例 2.33　　**初めて表が出るまでのコイン投げの回数:** geometric(p)

　表が出る確率が p (ただし $0 < p < 1$ とする) のコインを投げ続ける。$X_1, X_2, X_3, \ldots$ を例 2.32 (◉ p. 35) のように定める。このとき次に定義される確率変数 T を考える。

$$
T = (初めて表が出るまでのコイン投げの回数)
$$

この T は 1 以上のどの整数をも取り得るが，$T = 1 \Leftrightarrow X_1 = 1$ であるから $\mathbf{P}(T = 1) = \mathbf{P}(X_1 = 1) = p$ であり，$n = 2, 3, \ldots$ に対しては

$$
\begin{aligned}
T = n &\iff (n-1) \ 回目までずっと裏で，n \ 回目に表が出る \\
&\iff X_1 = X_2 = \cdots = X_{n-1} = 0 \ かつ \ X_n = 1
\end{aligned}
$$

であるから，$T = n$ となる確率は次のように計算できる。

$$
\begin{aligned}
\mathbf{P}(T = n) &= \mathbf{P}(X_1 = 0; X_2 = 0; \cdots; X_{n-1} = 0; X_n = 1) \\
&= \mathbf{P}(X_1 = 0) \cdot \mathbf{P}(X_2 = 0) \cdot \cdots \cdot \mathbf{P}(X_{n-1} = 0) \cdot \mathbf{P}(X_n = 1) \\
&= (1-p) \cdot (1-p) \cdot \cdots \cdot (1-p) \cdot p = (1-p)^{n-1} p
\end{aligned}
$$

以上をまとめて次を得る。

$$
\mathbf{P}(T = n) = (1-p)^{n-1} p, \quad n = 1, 2, 3, \ldots \tag{2.3.4}
$$

　一般に確率変数 X が式 (2.3.4) において T を X に置き換えた式をみたすとき「$X \sim$ geometric(p)」と表し，「X **はパラメータ** p **の幾何分布に従う**」と読む。上のようにして現れたように，幾何分布 geometric(p) は「表が出る確率が p のコインを投げ続けるとき，初めて表が出るまでのコイン投げの回数」の確率的な振る舞いを表す。

　　これまでの例 2.31 (❷ p. 35), 2.32 (❷ p. 35), 2.33 (❷ p. 36) において，確率変数の振る舞い方の種類である Bernoulli(p), binomial(n, p), geometric(p) の三つを導入した。これだけにとどまらないが，このようにして記述される確率変数の振る舞い方は一般に**確率分布** (probability distribution)，あるいは単に**分布** (distribution) とよばれる。復習として，この三つの確率分布を次のようにまとめておこう。

$X \sim ...$	X が表すもの	X が取りうる値 x	$\mathbf{P}(X = x)$
Bernoulli(p)	表が出る確率が p のコインを投げたときの表の生起（表が出たら 1，裏なら 0）	$x = 1, 0$	$p^x (1-p)^{1-x}$
binomial(n, p)	上のコインを n 回投げるときの，表が出る回数	$x = 0, 1, 2, \ldots, n$	${}_n\mathrm{C}_x \cdot p^x (1-p)^{n-x}$
geometric(p)	上のコインを投げ続けるとき，表が出るまでのコイン投げの回数	$x = 1, 2, 3, \ldots$	$(1-p)^{x-1} p$

問 2.34　解答❷付録
　　確率変数 X が上の表に示された確率分布に従うそれぞれの場合において，

$$\sum_{x: \, X \text{ が取り得る値}} \mathbf{P}(X = x) = 1$$

が成り立つことを示せ。

　　次に，幾何分布 (geometric(p)) の無記憶性とよばれる重要な性質に触れておこう。

練習問題 2.35　　geometric(p) の無記憶性

　　確率変数 $T \sim$ geometric(p) のとき，すべての自然数 k, n について次の等式を示せ。

$$\mathbf{P}(T > n + k \mid T > n) \quad = \quad \mathbf{P}(T > k)$$

① 時間 n だけ待っても　　　③ 最初から時間 k だけ待っても
時刻 T が訪れないとき…　　　時刻 T が訪れない確率に等しい。

② さらに時間 k だけ待っても時刻 T が訪れない確率は…

解答例　　確率変数 $T \sim$ geometric(p) は，表が出る確率が p のコインを投げ続けるとき，初めて表が出るまでのコイン投げの回数を表すのであった。まず条件付き確率の定義より，左辺は次のように書ける。

$$\mathbf{P}(T > n + k \mid T > n) = \frac{\mathbf{P}(T > n + k \, ; \, T > n)}{\mathbf{P}(T > n)}$$

ここで $T > n + k \Rightarrow T > n$ であるから，この分子の事象について

$$T > n + k \text{ かつ } T > n \iff T > n + k \iff (n + k) \text{ 回目までずっと裏}$$

ゆえに $\mathbf{P}(T > n + k ; T > n) = \mathbf{P}((n + k)$ 回目までずっと裏$) = (1 - p)^{n+k}$ である。分母についても同様に $\mathbf{P}(T > n) = \mathbf{P}(n$ 回目までずっと裏$) = (1 - p)^n$ であるから，

$$\mathbf{P}(T > n + k \mid T > n) = \frac{(1 - p)^{n+k}}{(1 - p)^n} = (1 - p)^k = \mathbf{P}(T > k)$$

コメント　確率変数 $T \sim \mathrm{geometric}(p)$ は，表が出る確率が p のコインを投げ続けるとき，初めて表が出るまでのコイン投げの回数を表すのであった。各回のコイン投げの間のインターバルを 1 単位時間と考えれば，T は最初に表が出る「時刻」とみなすことができる。このとき上の等式は「『時間 n だけ待っても時刻 T が訪れない』とき，さらに時間 k だけ待っても T が訪れない確率は，始めから時間 k だけ待っても T が訪れない確率に等しい」ことを表す。つまり T の**分布** $\mathrm{geometric}(p)$ は「それまで時刻 T が訪れるのを時間 n だけ待った」ことを忘れてしまうのである。

一般に，先の表にまとめたような飛び飛びの値のみを取りうる確率変数を考えよう。

定義 2.36　離散型の確率変数

確率変数 X が**離散型**(discrete) であるとは，次の二条件をみたすような相異なる実数 $x_1, x_2, \ldots$ が存在することをいう。(i) すべての $k = 1, 2, \ldots$ に対して $f_k = \mathbf{P}(X = x_k) > 0$，(ii) $\sum_{k=1,2,\ldots} f_k = 1$。このとき，この $f = (f_1, f_2, \ldots)$ を X の**確率質量関数**(probability mass function, **p.m.f.**) とよぶ。

ここまで，確率変数の振る舞いを事象として表現し，それらが独立である状況を多く扱ってきた。この状況をなす性質を，下に定義するように確率変数の独立性とよぶことにしよう。

定義 2.37　確率変数列の独立性

n 個の確率変数 $X_1, X_2, \ldots, X_n$ が**独立** (independent) であるとは，すべての実数 $a_1, a_2, \ldots, a_n,\ b_1, b_2, \ldots, b_n$ (ただし $\pm\infty$ も許す) に対して次が成り立つことをいう。(下の「;」は「かつ」の意味。)

$$\mathbf{P}(a_1 \leqq X_1 \leqq b_1 ; a_2 \leqq X_2 \leqq b_2 ; \cdots ; a_n \leqq X_n \leqq b_n)$$
$$= \mathbf{P}(a_1 \leqq X_1 \leqq b_1) \mathbf{P}(a_2 \leqq X_2 \leqq b_2) \cdots \mathbf{P}(a_n \leqq X_n \leqq b_n)$$

練習問題 2.38　離散型確率変数の独立性について

n 個の離散型確率変数 $X_1, X_2, \ldots, X_n$ について，次が同値であることを示せ。ただし，確率変数 X_j は相異なる実数 $x_{1,j}, x_{2,j}, \ldots$ (ただし $x_{1,j} < x_{2,j} < \cdots$ とする。) について $\sum_{i=1,2,\ldots} \mathbf{P}(X_j = x_{i,j}) = 1$ をみたすとする。
  (1) $X_1, X_2, \ldots, X_n$ は独立である。
  (2) 可能な範囲を動くすべての添字 $k_1, k_2, \ldots, k_n$ について，n 個の事象 $\{X_1 = x_{k_1,1}\}, \{X_2 = x_{k_2,2}\}, \ldots, \{X_n = x_{k_n,n}\}$ が独立である。

解答例 (1)⇒(2): $X_1, X_2, \ldots, X_n$ が独立であるとし,添字 $k_1, k_2, \ldots, k_n$ を任意に固定する。各 $j = 1, 2, \ldots, n$ に対して $a_j = b_j = x_{k_j,j}$ と定めると $\{a_j \leqq X_j \leqq b_j\} = \{X_j = x_{k_j,j}\}$ が成り立つから,次のようにして n 個の事象 $\{X_1 = x_{k_1,1}\}, \{X_2 = x_{k_2,2}\}, \ldots, \{X_n = x_{k_n,n}\}$ の独立性が確かめられる。

$$\mathbf{P}\left(\bigcap_{j=1}^{n}\{X_j = x_{k_j,j}\}\right) = \mathbf{P}\left(\bigcap_{j=1}^{n}\{a_j \leqq X_j \leqq b_j\}\right)$$

$$\overset{\substack{X_1, X_2, \ldots, X_n \\ \text{の独立性}}}{=} \prod_{j=1}^{n}\mathbf{P}(a_j \leqq X_j \leqq b_j) = \prod_{j=1}^{n}\mathbf{P}(X_j = x_{k_j,j})$$

(2)⇒(1): 任意の添字 $k_1, k_2, \ldots, k_n$ に対して,n 個の事象 $\{X_1 = x_{k_1,1}\}, \{X_2 = x_{k_2,2}\}, \ldots, \{X_n = x_{k_n,n}\}$ が独立であるとし,実数列 $a_1, a_2, \ldots, a_n,\ b_1, b_2, \ldots, b_n$ ($\pm\infty$ をとることを許す) を任意とする。まず事象 $\{a_j \leqq X_j \leqq b_j\}$ を次のように分解する。

$$\{a_j \leqq X_j \leqq b_j\} = \bigcup_{\substack{k_j=1,2,\ldots: \\ a_j \leqq x_{k_j,j} \leqq b_j}}\{X_j = x_{k_j,j}\}$$

$a_j > b_j$ のとき上式に現れる事象はすべて空事象である。これは互いに排反な事象への分解であるが,これをさらに $j = 1, 2, \ldots, n$ に関して積事象をとると,次式を得る。

$$\{a_1 \leqq X_1 \leqq b_1 ; a_2 \leqq X_2 \leqq b_2 ; \cdots ; a_n \leqq X_n \leqq b_n\}$$
$$= \bigcup_{\substack{k_1=1,2,\ldots: \\ a_1 \leqq x_{k_1,1} \leqq b_1}}\bigcup_{\substack{k_2=1,2,\ldots: \\ a_2 \leqq x_{k_2,2} \leqq b_2}}\cdots\bigcup_{\substack{k_n=1,2,\ldots: \\ a_n \leqq x_{k_n,n} \leqq b_n}}\{X_1 = x_{k_1,1} ; X_2 = x_{k_2,2} ; \cdots ; X_n = x_{k_n,n}\}$$

これは互いに排反な事象への分解であることに注意して両辺の確率を計算すると,

$$\mathbf{P}(a_1 \leqq X_1 \leqq b_1 ; a_2 \leqq X_2 \leqq b_2 ; \cdots ; a_n \leqq X_n \leqq b_n)$$
$$= \sum_{\substack{k_1=1,2,\ldots: \\ a_1 \leqq x_{k_1,1} \leqq b_1}}\sum_{\substack{k_2=1,2,\ldots: \\ a_2 \leqq x_{k_2,2} \leqq b_2}}\cdots\sum_{\substack{k_n=1,2,\ldots: \\ a_n \leqq x_{k_n,n} \leqq b_n}}\underbrace{\mathbf{P}(X_1 = x_{k_1,1} ; X_2 = x_{k_2,2} ; \cdots ; X_n = x_{k_n,n})}_{\substack{\parallel \text{事象の独立性} \\ \mathbf{P}(X_1 = x_{k_1,1})\mathbf{P}(X_2 = x_{k_2,2})\cdots\mathbf{P}(X_n = x_{k_n,n})}}$$
$$= \left(\sum_{\substack{k_1=1,2,\ldots: \\ a_1 \leqq x_{k_1,1} \leqq b_1}}\mathbf{P}(X_1 = x_{k_1,1})\right)\left(\sum_{\substack{k_2=1,2,\ldots: \\ a_2 \leqq x_{k_2,2} \leqq b_2}}\mathbf{P}(X_2 = x_{k_2,2})\right)\cdots\left(\sum_{\substack{k_n=1,2,\ldots: \\ a_n \leqq x_{k_n,n} \leqq b_n}}\mathbf{P}(X_n = x_{k_n,n})\right)$$
$$= \mathbf{P}\left(\bigcup_{\substack{k_1=1,2,\ldots: \\ a_1 \leqq x_{k_1,1} \leqq b_1}}\{X_1 = x_{k_1,1}\}\right)\mathbf{P}\left(\bigcup_{\substack{k_2=1,2,\ldots: \\ a_2 \leqq x_{k_2,2} \leqq b_2}}\{X_2 = x_{k_2,2}\}\right)\cdots\mathbf{P}\left(\bigcup_{\substack{k_n=1,2,\ldots: \\ a_n \leqq x_{k_n,n} \leqq b_n}}\{X_n = x_{k_n,n}\}\right)$$
$$= \mathbf{P}(a_1 \leqq X_1 \leqq b_1)\mathbf{P}(a_2 \leqq X_2 \leqq b_2)\cdots\mathbf{P}(a_n \leqq X_n \leqq b_n)$$

以上で $X_1, X_2, \ldots, X_n$ の独立性が示された。

▌ **定義 2.39 離散型確率変数の期待値**

離散型確率変数 X が,相異なる実数 $x_1, x_2, \ldots$ について $\sum_{k=1,2,\ldots} \mathbf{P}(X = x_k) = 1$ をみたすとき,関数 $g(x)$ に対して確率変数 $g(X)$ の**期待値**(expectation) を次で定める。

$$\mathbf{E}\big[\, g(X)\,\big] = \sum_{k=1,2,\ldots} g(x_k) \cdot f_k$$

ただし,$f_k = \mathbf{P}(X = x_k)$ は X の p.m.f. である。

特に $g(x) \equiv x$ のとき $g(X) = X$ であるから,**X の期待値は $\mathbf{E}[X] = \sum_{k} x_k \cdot \mathbf{P}(X = x_k)$ により計算される**が,期待値の定義は唐突すぎて受け入れにくいと感じるかもしれない。期待値とよばれるものの定義がこのようになる直感的な説明をつけておく。

統計学からの問題意識としては,本当に知りたい何らかの「理論値」μ の存在が想定されている (例えばコイン投げにおいて表が出る確率の「真の値」など)。これを何らかの方法で観測するときには微小ながらも予期せぬ誤差がつきものであり,このランダムに見える誤差が μ に伴ったものを X と表して「確率変数」と考える。この μ についてより詳しく調べるために,X とまったく同様に μ を何度も観測することで得られる観測結果 $X_1, X_2, \ldots, X_n$ を得ようと考えるのは自然なことであろう (これを大きさ n の無作為標本と考える)。本書ではこのような状況を「$X_1, X_2, \ldots, X_n$ を代表して X と表す」あるいは「$X_1, X_2, \ldots, X_n$ は X の **i.i.d. コピー**」と表現することがある[*1]。さらに,n を大きくすると,これから観測されるデータ $X_1, X_2, \ldots, X_n$ の平均値 $\dfrac{1}{n} \sum_{i=1}^{n} X_i$ は μ に近づいていくと考えるのは自然な直感ではないか[*2]。

いま X が定義 2.14 (⊙ p. 38) の意味で離散型である場合を考える。これは (ゆえに $X_1, X_2, \ldots, X_n$ のどれもが) 相異なる実数 $x_1, x_2, \ldots$ を取りうるのであった。そこで添字集合の分解

$$\{1, 2, \ldots, n\} = \bigcup_k \underbrace{\{i = 1, 2, \ldots, n : X_i = x_k\}}_{\substack{X_i = x_k \text{ であるような} \\ \text{添字 } i \text{ からなる集合}}}$$

[*1] 'i.i.d.' は「独立同分布」を意味する 'independent and identically distributed' の頭文字をとったものである。

[*2] 例えば,コインを投げ続けるときに $X_i = \mathbf{1}_{\{\text{第 } i \text{ 回目は表が出る}\}}$ とすると,コイン投げの回数 n に対する,表が出る回数 $S_n = X_1 + X_2 + \cdots + X_n$ の割合 $\dfrac{S_n}{n} = \dfrac{1}{n} \sum_{i=1}^{n} X_i$ は,n を大きくすると一回のコイン投げで表が出る確率の「真の値」に近づいていくと誰もが考えるのではないか。

に合わせて，次のような $\dfrac{1}{n}\sum_{i=1}^{n}X_i$ の変形を考える。

$$\frac{1}{n}\sum_{i=1,2,\dots,n}X_i=\frac{1}{n}\sum_k\sum_{\substack{1\le i\le n:\\X_i=x_k}}X_i=\frac{1}{n}\sum_k\sum_{\substack{1\le i\le n:\\X_i=x_k}}x_k=\frac{1}{n}\sum_k x_k\underbrace{\sum_{\substack{1\le i\le n:\\X_i=x_k}}1}$$

$X_i=x_k$ であるような添字 i の
個数を数えていることに他ならない!

$$=\sum_k x_k\frac{\#\{i=1,2,\dots,n:X_i=x_k\}}{n}$$

最後の式に現れた $\dfrac{\#\{i=1,2,\dots,n:X_i=x_k\}}{n}$ は $X_i=x_k$ が成り立つような添字 i の個数の n に対する割合を表しており，前段と同じ考え方によりこれは $n\to\infty$ のとき「$X=x_k$ が成り立つ確率 $\mathbf{P}(X=x_k)$」に近づいていくと直感するであろう。(そしてこれは後に紹介する大数の法則 (● p. 51) とよばれる数学的事実によって裏付けられる正しい直感である。)

こうして n が大きいとき $\mu\approx\dfrac{1}{n}\sum_{i=1}^{n}X_i\approx\sum_k x_k\cdot\mathbf{P}(X=x_k)$ となることが期待されるが，最左辺と最右辺は n によらない量であるから $\mu=\sum_k x_k\cdot\mathbf{P}(X=x_k)$ となり，この右辺は $\mathbf{E}[X]$ の定義そのものである。つまり X **の期待値** $\mathbf{E}[X]$ **は，データとして** X **を得る際に観測しようとしている，大元の理論値としての意味をもつものとして現れるのである。**また $\mathbf{E}[X]$ は X の i.i.d. コピー $X_1,X_2,\dots,X_n$ について，n を大きくしながら平均値 $\dfrac{1}{n}\sum_{i=1}^{n}X_i$ を取り続けた先に辿り着く値としての意味をもつこともわかる。実際，期待値 $\mathbf{E}[X]$ を確率変数 X の**平均** (mean) とよぶこともある。

以下に示すように，定義 2.16 (● p. 40) に現れた関数 $g(x)$ を取り替えることで様々な期待値を考えることができる。

(1) $g(x)=c$ (定数関数) の場合は $g(X)=c\,(=c\cdot 1_\Omega)$ となり，この期待値は c である。

$$\mathbf{E}[c]=\mathbf{E}[g(X)]=\sum_k g(x_k)\cdot f_k=\sum_k c\cdot f_k=c\sum_k f_k=c$$

(2) $g(x)=x$ の場合は $g(X)=X$ となり，この期待値は前述の通りである。

$$\mathbf{E}[X]=\mathbf{E}[g(X)]=\sum_k g(x_k)\cdot f_k=\sum_k x_k\cdot f_k$$

(3) $g(x)=x^2$ の場合は $g(X)=X^2$ となり，この期待値は次のように計算される。

$$\mathbf{E}[X^2]=\mathbf{E}[g(X)]=\sum_k g(x_k)\cdot f_k=\sum_k (x_k)^2\cdot f_k$$

(4) $g(x)=(x-c)^2$ (ただし c は定数) の場合は $g(X)=(X-c)^2$ となり，この期待値は

$$\mathbf{E}[(X-c)^2]=\mathbf{E}[g(X)]=\sum_k g(x_k)\cdot f_k=\sum_k (x_k-c)^2\cdot f_k$$

となる。ここに現れた平方を展開して上の計算を用いると，この期待値は次のように変形することもできる。

$$\begin{aligned}
\mathbf{E}[\,(X-c)^2\,] &= \sum_k ((x_k)^2 - 2cx_k + c^2) \cdot f_k \\
&= \underbrace{\sum_k (x_k)^2 \cdot f_k}_{=\,\mathbf{E}[X^2]} - 2c \underbrace{\sum_k x_k \cdot f_k}_{=\,\mathbf{E}[X]} + c^2 \underbrace{\sum_k f_k}_{=\,1} \\
&= \mathbf{E}[X^2] - 2c \cdot \mathbf{E}[X] + c^2
\end{aligned}$$

上のような計算に加えて，実は次のような計算が可能である。これは後の定義 5.2 (🟢 p. 152) とその直前の注意を用いて示すことができる。

命題 2.40（期待値の線形性）

確率変数 X, Y, 定数 a, b および関数 $g(x)$, $h(y)$ に対して次が成り立つ。

$$\mathbf{E}[\,a \cdot g(X) + b \cdot h(Y)\,] = a \cdot \mathbf{E}[\,g(X)\,] + b \cdot \mathbf{E}[\,h(Y)\,]$$

試行の結果を見届けるまで確率変数 X の値はわからない。そこでこの X がとる値を数 c として予想するとしたら，c としてどの値を取ればよいだろうか。X と c の差が可能な限り小さければよいから，例えば関数

$$l(c) = \mathbf{E}[\,(X-c)^2\,]$$

を最小にするような c をとることが思いつくであろう。上の (4) の計算より $l(c)$ は c の二次関数であり，平方完成すると $l(c) = (c - \mathbf{E}[X])^2 + \mathbf{E}[X^2] - (\mathbf{E}[X])^2$ となるから，$l(c)$ は $c = \mathbf{E}[X]$ のときに最小値をとる。以上から「**期待値 $\mathbf{E}[X]$ は X の予測値としての一面を備えている**」のである。

さて，先の表 (🟢 p. 37) にまとめた確率分布について，期待値を計算してみよう。まずは確率分布として最も基本的な Bernoulli(p) から始める。

例 2.41　$X \sim$ Bernoulli(p) **の期待値 / 確率を期待値で表現する式「$\mathbf{P}(A) = \mathbf{E}[\mathbf{1}_A]$」**

確率変数 $X \sim$ Bernoulli(p) の期待値は次のように計算できる。

$$\mathbf{E}[X] = \sum_{x=0,1} x \cdot \mathbf{P}(X=x) = 0 \cdot \underbrace{\mathbf{P}(X=0)}_{=1-p} + 1 \cdot \underbrace{\mathbf{P}(X=1)}_{=p} = p$$

特に，事象 A の指示確率変数 $\mathbf{1}_A$ ($\sim$ Bernoulli($\mathbf{P}(A)$) (🟢 p. 35)) の期待値について $\mathbf{E}[\mathbf{1}_A] = \mathbf{P}(A)$ が成り立つ。

練習問題 2.42 $X \sim \mathrm{binomial}(n, p)$ **の期待値**

確率変数 $X \sim \mathrm{Bernoulli}(p)$ に対して $\mathbf{E}[X] = np$ であることを示せ。

解答例 1 期待値の定義に従うと,

$$
\mathbf{E}[X] = \sum_{x=0,1,\dots,n} x \cdot \underbrace{\mathbf{P}(X = x)}_{= {}_n\mathrm{C}_x \cdot p^x (1-p)^{n-x}} = \sum_{x=0,1,\dots,n} x \cdot {}_n\mathrm{C}_x \cdot p^x (1-p)^{n-x}
$$

となる。最後の式に現れた和は,$x = 0, 1, 2, \dots, n$ に渡り $x \cdot {}_n\mathrm{C}_x \cdot p^x (1-p)^{n-x}$ を足し合わせたものであるが,特に $x = 0$ に応じた項は 0 であるから,この和を計算するには $x = 0$ を除いた $x = 1, 2, \dots, n$ のみに渡って足し合わせればよい。ゆえに

$$
\mathbf{E}[X] = \sum_{x=1,2,\dots,n} x \cdot {}_n\mathrm{C}_x \cdot p^x (1-p)^{n-x}
$$

$$
= \sum_{x=1,2,\dots,n} x \cdot \underbrace{\frac{n!}{x!(n-x)!}}_{= n \frac{(n-1)!}{(x-1)!(n-x)!}} \underbrace{p^x}_{= p \cdot p^{x-1}} (1-p)^{n-x}
$$

$$
= np \sum_{x=1,2,\dots,n} \frac{(n-1)!}{(x-1)!(n-x)!} p^{x-1} (1-p)^{n-x}
$$

ここで $n - x = (n-1) - (x-1)$ であることに注意すると,これは次のように変形できる。

$$
\mathbf{E}[X] = np \sum_{x=1,2,\dots,n} {}_{n-1}\mathrm{C}_{x-1} \cdot p^{x-1} (1-p)^{(n-1)-(x-1)}
$$

$$
\underset{\substack{x-1=y \\ \text{と変数変換}}}{=} np \underbrace{\sum_{y=0,1,\dots,n-1} {}_{n-1}\mathrm{C}_y \cdot p^y (1-p)^{(n-1)-y}}_{\underset{=}{\text{二項定理}} (p+(1-p))^{n-1} = 1} = np
$$

解答例 2 $X \sim \mathrm{binomial}(n, p)$ は,表が出る確率が p のコインを n 回投げるときの表が出る回数を表すのであった。つまり $Y_i = \mathbf{1}_{\{i\,回目に表が出る\}} \sim \mathrm{Bernoulli}(p)$ $(i = 1, 2, \dots, n)$ とおいたとき,$X = Y_1 + Y_2 + \dots + Y_n$ と表される場合を考えればよい。

このとき,命題 2.40 (**⊙** p. 42) と例 2.41 (**⊙** p. 42) より,$\mathbf{E}[X]$ は次のように計算できる。

$$
\mathbf{E}[X] = \mathbf{E}[Y_1 + Y_2 + \dots + Y_n] = \underbrace{\mathbf{E}[Y_1]}_{= p} + \underbrace{\mathbf{E}[Y_2]}_{= p} + \dots + \underbrace{\mathbf{E}[Y_n]}_{= p} = np
$$

このように,二項分布 $\mathrm{binomial}(n, p)$ の確率質量関数が具体的に何であるかだけでなく,この確率分布が,より基本的な確率分布からどのように構成されるかを把握しておくことで,期待値の性質を用いてより簡単な計算に帰着できることがある。

次に幾何分布 $\mathrm{geometric}(p)$ について考えてみよう。

練習問題 2.43　　$X \sim \mathrm{geometric}(p)$ の期待値

確率変数 $X \sim \mathrm{geometric}(p)$ に対して $\mathbf{E}[X] = \dfrac{1}{p}$ であることを示せ。

解答例 1　　$q = 1 - p \ (< 1)$ とおく。期待値の定義に従うと

$$
\mathbf{E}[X] = \sum_{x=1,2,3,\dots} x \cdot \underbrace{\mathbf{P}(X = x)}_{= q^{x-1}p} = p \sum_{x=1,2,3,\dots} x \cdot q^{x-1} \tag{2.3.5}
$$

そこで最後の式に現れた $c = \displaystyle\sum_{x=1,2,3,\dots} x \cdot q^{x-1} = 1 + 2q + 3q^2 + \cdots$ を計算しておく。これを q 倍すると $q \cdot c = q + 2q^2 + 3q^3 + \cdots$ であるから，次が成り立つ。

$$
\begin{aligned}
c - q \cdot c &= 1 + q + q^2 + q^3 + \cdots \\
&= \lim_{n \to \infty} (1 + q + q^2 + \cdots + q^{n-1}) \\
&= \lim_{n \to \infty} \frac{1 \cdot (1 - q^n)}{1 - q} = \frac{1}{1 - q}
\end{aligned}
$$

ゆえに $c = \dfrac{1}{(1-q)^2} = \dfrac{1}{p^2}$ であり，これと式 $(2.3.5)$ より $\mathbf{E}[X] = p \cdot \dfrac{1}{p^2} = \dfrac{1}{p}$ となる。

（式 $(2.3.5)$ の右辺を $p \cdot \dfrac{\mathrm{d}}{\mathrm{d}q} \displaystyle\sum_{x=1,2,3,\dots} q^x = p \cdot \dfrac{\mathrm{d}}{\mathrm{d}q} \dfrac{1}{1-q} = p \cdot \dfrac{1}{(1-q)^2} = \dfrac{1}{p}$ と計算してもよいが，大して手間の変わらぬ本質的に同じ計算である。)

解答例 2　　$X \sim \mathrm{geometric}(p)$ は，表が出る確率が p のコインを投げ続けるとき，初めて表が出るまでのコイン投げの回数を表すのであった。これを練習問題 2.35 (→ p. 37) のときのように，各回のコイン投げの間のインターバルを 1 単位時間と考えて，**X を最初に表が出るまでの時間とみなす**。このとき，幾何分布の無記憶性を背景とする直感を用いると，次のような計算ができる。

$$
\underbrace{\mathbf{E}[X]}_{\substack{\text{① 初めて表が出るまでの} \\ \text{平均時間 } \mathbf{E}[X] \text{ を待つには…}}} \quad = \quad \underbrace{1}_{\substack{\text{② 最初のコイン投げの分} \\ \text{の時間 1 を数えた上で,} \\ \text{そのコイン投げの結果が…}}} \quad + \quad \underbrace{0 \cdot p}_{\substack{\text{③ 表なら, 時刻 } X \text{ が} \\ \text{訪れたことになるから,} \\ \text{それ以上待つ必要もないし…}}} \quad + \quad \underbrace{\mathbf{E}[X] \cdot q}_{\substack{\text{④ 裏が出たなら} \\ \text{そこから改めて平均時間 } \mathbf{E}[X] \\ \text{だけ待たなければならない。}}}
$$

$$\tag{2.3.6}$$

これを $\mathbf{E}[X]$ について解くと，$\mathbf{E}[X] = \dfrac{1}{1-q} = \dfrac{1}{p}$ となる。

（式 $(2.3.6)$ は $\mathrm{geometric}(p)$ の無記憶性を背景に呼び起こされる直感に訴えた計算であるが，$Y_i = \mathbf{1}_{\{i\, \text{回目に表が出る}\}}$ $(i = 1, 2, 3, \dots)$ をとおいたとき，この計算は $Z_n = Y_1 + Y_2 + \cdots + Y_n$ を n を時刻と考えた確率過程の「**Markov 性**」とよばれる性質を用いて正当化することができる。この点について本書では深く立ち入らないが，この解答例のような考え方により確率や期待値に対する直感を磨くことは，厳密に物事を進めていくことと同等に重要なことである。)

コイン投げに現れる最も基本的な確率分布 Bernoulli(p) から始めて，そこから派生する確率分布を考えてきたが，これだけでもいくつかの面白い考え方が得られることを以下に紹介し

よう。実は，次の問題は本書の主題となる「統計モデル」の考え方との最初の出会いとなる。

練習問題 2.44　いつまで店を開けておけばよい?

1 分間あたり平均して λ 人の客がランダムに訪れる店がある。この店のオーナーは「C 分間連続して客が入らなかったらそのときを閉店時間にしよう」と考えている。このオーナーは平均して，どれくらい長く店を開けることになるだろうか?

....

解答例　ここでは次のように考えてみよう。(他の考え方については 6 章を参照 (◉ p. 177)。)

自然数 N をとる。時刻 0 から考えて，時間幅 $\delta = \frac{1}{N}$ (単位は分) ごとの各時点 δ，2δ，3δ，$\ldots$ において，神様が表が出る確率が p のコインを投げる。

コイン投げの結果，

表が出たなら，その時刻に客はこない。　　　　(確率 p で起こる。)
裏が出たなら，その時刻に客が一人やってくる。　(確率 $q = 1 - p$ で起こる。)

このような設定で考えてみよう。

各 $i = 1, 2, 3, \ldots$ に対して $X_i = \mathbf{1}_{\{i \text{ 回目は裏が出る}\}} \sim \mathrm{Bernoulli}(q)$ とおくと，最初の 1 分間 ($= N\delta$ 分間) の客数は $S = X_1 + X_2 + \cdots + X_N \sim \mathrm{binomial}(N, q)$ と表すことができ，この平均が λ であるから $\lambda = \mathbf{E}[S] = Nq$，ゆえに p と q はそれぞれ次式により与えられることになる。

$$p = 1 - \frac{\lambda}{N}, \quad q = \frac{\lambda}{N}$$

前段の内容は自然数 N を決めるごとに異なる設定を与えるが，特に $N > \lambda$ をみたす場合にしか問題の状況に整合する上の設定は存在しないことがわかる。(さもなければ q が 1 を超えてしまう。)

オーナーは C 分間連続して客が入らなかったら店を閉めると考えているが，いまの設定の下では「CN 回連続して表が出たときに店を閉める」と言い換えることができる。そこで一般に，n 回連続して表が出るまでの平均回数 y_n〔回〕を求めてみよう。

初めて表が出るまでのコイン投げの回数 T は，無記憶性をもつ確率分布 $\mathrm{geometric}(p)$ に従う (◉ p. 37) ことを思い出そう。あえて表現すれば，この T は 1 回「連続」して表が出るまでのコイン投げの回数と言い換えることもできる。ゆえに $y_1 = \mathbf{E}[T] = \frac{1}{p}$ である。$n \geqq 2$ の場合にも，n 回連続して表が出るまでのコイン投げの回数を表す確率分布が，「無記憶性」にあたる性質をもつことが想像つく。この直感を働かせれば，次の式変形が成り

立つと期待できよう。

$$
\underbrace{y_n}_{\substack{\text{① } n \text{ 回連続して} \\ \text{表が出るまで} \\ \text{数えるには…}}} = \underbrace{y_{n-1}}_{\substack{\text{② } (n-1) \text{ 回連続} \\ \text{して表が出るのを} \\ \text{待ったあと…}}} + \underbrace{1}_{\substack{\text{③ 次に投げる} \\ \text{コイン投げの} \\ \text{結果が…}}} + \underbrace{0 \cdot p}_{\substack{\text{④ 表なら, } n \text{ 回連続} \\ \text{して表が出たこと} \\ \text{になるから終了。}}} + \underbrace{y_n \cdot q}_{\substack{\text{⑤ 裏が出たなら} \\ \text{それまでの記録は忘れて} \\ \text{改めて平均 } y_n \text{ 回を} \\ \text{数えなければならない。}}}
$$

これは初項 $y_1 = \frac{1}{p}$ の数列 $\{y_n\}$ の漸化式であるが，これは次のように変形できる。

$$
q \cdot y_n + 1 = \frac{q \cdot y_{n-1} + 1}{p}
$$

ゆえに $\{q \cdot y_n + 1\}$ は初項が $q \cdot y_1 + 1 = \frac{1}{p}$，公比が $\frac{1}{p}$ の等比数列であり，その一般項は $q \cdot y_n + 1 = \frac{1}{p^n}$ である。ゆえに

$$
y_n = \frac{1}{q}\left(\frac{1}{p^n} - 1\right) \quad \text{〔回〕}
$$

オーナーが店を閉めるまでのコイン投げの平均回数 y_{CN}〔回〕の単位を〔分〕に直すと，

$$
\begin{pmatrix} \text{オーナーが店を閉める} \\ \text{までの平均時間} \end{pmatrix} = \frac{y_{CN}}{N} = \frac{1}{Nq}\left(\frac{1}{p^{CN}} - 1\right) = \frac{1}{\lambda}\left(\frac{1}{\left(1 - \frac{\lambda}{N}\right)^{CN}} - 1\right) \quad \text{〔分〕}。
$$

これを解答としてもよいであろう。

前段の解答はコイン投げの時間間隔 $\delta = \frac{1}{N}$ を固定して導出したものであったが，この時間間隔に拘る理由が特にあるわけではない。そこで $N \to \infty$ として神様が無限に細かい時間間隔でコイン投げをする状況でオーナーが店を閉めるまでの平均時間を考えてもよいであろう。この場合，上の式において $N \to \infty$ とすることで

$$
\begin{pmatrix} \text{オーナーが店を閉める} \\ \text{までの平均時間} \end{pmatrix} = \lim_{N \to \infty} \frac{1}{\lambda}\left(\frac{1}{\left(1 - \frac{\lambda}{N}\right)^{CN}} - 1\right) = \frac{e^{C\lambda} - 1}{\lambda} \quad \text{〔分〕}
$$

を得る。この解答によると $\lambda = 0.14$，$C = 30$ の場合，平均 $\frac{e^{30 \cdot 0.14} - 1}{0.14} \fallingdotseq 469$〔分〕，つまり平均して 7 時間 49 分に渡り，オーナーは店を開けておくことになる。

練習問題 2.45　　**世界中の疾患人数の分布:** $\text{Poisson}(\lambda)$

ある病気について，各個人にその疾患がある確率 p は皆等しく，疾患の有無は他人に影響されないという。また世界の全人口のうち，平均 λ 人がその疾患を持っているという。このとき非負整数 k に対して，疾患を持っている人数が k である確率を求めよ。

解答例　世界の人口を n 人としておこう。各個人に 1 から n までの番号を振ったとして，$X_k = \mathbf{1}_{\{k \text{ 番目の人が疾患をもつ}\}} \sim \text{Bernoulli}(p)$ $(k = 1, 2, \ldots, n)$ とおく。このとき全人口のうち，疾患をもっている人数は $S = X_1 + X_2 + \cdots + X_n$ と表せる。平均 λ 人がその疾患

をもっていることから，$\lambda = \mathbf{E}[S] = \mathbf{E}[X_1] + \mathbf{E}[X_2] + \cdots + \mathbf{E}[X_n] = np$，ゆえに

$$p = \frac{\lambda}{n}$$

でなければならない。疾患の有無は他人に影響されないということから，0 か 1 の数列 $x_1, x_2, \ldots, x_n$ に対して，事象列 $\{X_1 = x_1\}$，$\{X_2 = x_2\}$，$\ldots$，$\{X_n = x_n\}$ は独立と考えてよいであろう。ゆえに例 2.32 (**○ p. 35**) より $S = X_1 + X_2 + \cdots + X_n \sim \mathrm{binomial}(n, p)$ である。したがって求める確率は次のように計算できる。

$$\mathbf{P}(\text{疾患のある人数は } k) = \mathbf{P}(S = k) = {}_n\mathrm{C}_k\, p^k (1-p)^{n-k}$$

$$= {}_n\mathrm{C}_k \left(\frac{\lambda}{n}\right)^k \left(1 - \frac{\lambda}{n}\right)^{n-k}$$

　もちろんこれも一つの解答となり得るが，よく考えてみると，地球だけで考えてみても n は数十億の値をとるから，k が程々の大きさの場合に ${}_n\mathrm{C}_k$ の値を計算することは難しい。例えば，${}_{80\text{億}}\mathrm{C}_{1\text{万}}$ のような値を計算するのは手計算ではもちろん，並の計算機ではほとんど不可能であろう。

　そこで次のように考えてみよう。n の値は非常に大きいから，上の確率において思い切って $n \to \infty$ のときを計算してみるのである。これが極限として記述できれば，その式には n が現れないから，残る k に具体的な数値を入れて比較的容易に計算しやすくなるのではないか。

　とにかく，次のように計算してみる。

$$\mathbf{P}(S = k) = \underbrace{\frac{n!}{k!(n-k)!}}_{= \frac{n(n-1)\cdots(n-k+1)}{k!}} \frac{\lambda^k}{n^k}\left(1 - \frac{\lambda}{n}\right)^{n-k}$$

$$= \underbrace{\left(\frac{n}{n}\right)}_{\substack{\| \\ 1}} \underbrace{\left(\frac{n-1}{n}\right)}_{\substack{\downarrow \\ 1}} \cdots \underbrace{\left(\frac{n-k+1}{n}\right)}_{\substack{\downarrow \\ 1}} \frac{\lambda^k}{k!} \underbrace{\left(1 - \frac{\lambda}{n}\right)^n}_{\substack{\downarrow \\ e^{-\lambda}}} \underbrace{\left(1 - \frac{\lambda}{n}\right)^{-k}}_{\substack{\downarrow \\ 1}} \longrightarrow \frac{\lambda^k}{k!}e^{-\lambda}$$

（「$\to$」はすべて「$n \to \infty$ のときに近づいていく」という意味である。）こうして全人口をあたかも無限大のように考えるとき，疾患のある人数が k である確率は $\dfrac{\lambda^k}{k!}e^{-\lambda}$ と表すことができることがわかった。(そして新たな確率分布が現れた。)

・・・

コメント　一般に，λ を正数として確率変数 N が $\mathbf{P}(N = k) = \dfrac{\lambda^k}{k!}e^{-\lambda}$ $(k = 0, 1, 2, \ldots)$ をみたすとき「N は**パラメータ λ の Poisson 分布に従う**」といい，「$N \sim \mathrm{Poisson}(\lambda)$」により表す。このとき $\displaystyle\sum_{k=0,1,2,\ldots} \mathbf{P}(N = k) = e^{-\lambda} \underbrace{\sum_{k=0,1,2,\ldots} \frac{\lambda^k}{k!}}_{= e^\lambda} = e^{-\lambda}e^\lambda = 1$ であるから，N は非負整数のみを取り

得る。今回の練習問題で本質的に示したことを標語的にいうと

$$\lceil \text{binomial}(n,p) \overset{\substack{np=\lambda\, \text{を}\\ \text{保ちながら}\\ n\to\infty}}{\longrightarrow} \text{Poisson}(\lambda)\rfloor$$

であり，これは **Poisson の少数の法則** (Poisson's law of small numbers) とよばれている。これにより直感的に Poisson(λ) は「起こる確率が，大きな集団の中に消散されたために生起が極めて稀となった事象が起こる回数」の分布を表すのである。

Poisson 分布については次の性質が成り立ち，練習問題 2.45 (⊙ p. 46) の文脈において，極限操作を通した後も「世界の全人口のうち平均 λ 人がその疾患をもっている」という状況が保たれていることがわかる。

問 2.46 解答 ⊙ 付録
　確率変数 $N \sim \text{Poisson}(\lambda)$ について $\mathbf{E}[N] = \lambda$ であることを確かめよ。

練習問題 2.47　**連続時間における待ち時間:** E(rate λ)
　1 分間あたり平均 λ 回ある事象が起こるという。時刻 0 から見てこの事象が初めて起こる時刻を T〔分〕としたとき，任意に指定した時刻 t の周辺で T が訪れる確率を調べよ。

解答例　練習問題 2.44 (⊙ p. 45) のときのような設定で考えてみよう。すなわち自然数 n を取り，時刻 0 から考えて時間幅 $\delta = \frac{1}{n}$ (単位は分) ごとの各時点 δ, 2δ, 3δ, ... において表が出る確率が p のコインを神様が投げる。コイン投げの結果,

　　　表が出たなら，その事象が起こる。　　(確率 p で起こる。)
　　　裏が出たなら，その事象は起こらない。　(確率 $q = 1-p$ で起こる。)

この設定では，事象が初めて起こるのはコイン投げで初めて表が出るときである。つまり，

$$G = (\text{初めて表が出るまでのコイン投げの回数}) \overset{\substack{\text{例 2.33}\\(⊙\,\text{p. 36})}}{\sim} \text{geometric}(p)$$

とおくと $T = G\delta$〔分〕にその事象が初めて起こる。

　この設定で $X_i = \mathbf{1}_{\{i\,\text{回目は表が出る}\}} \sim \text{Bernoulli}(p)$ $(i=1,2,3,\ldots)$ とおく。1〔分〕= $n\delta$〔分〕であるから，コインは 1 分間あたり n 回投げられるが，最初の 1 分間で表が出た回数は $S = X_1 + X_2 + \cdots + X_n \sim \text{binomial}(n,p)$ と表すことができる。この事象は 1 分間あたり平均 λ 回起こるのだから $\lambda = \mathbf{E}[S] = np$, ゆえに次式が成り立つ。

$$p = \frac{\lambda}{n}, \quad q = 1 - \frac{\lambda}{n}$$

　いま，正の時刻 t を任意に固定する。不等式 $a\delta < t \le (a+1)\delta$ をみたす自然数 a は n に依存するから，これを a_n により表すと，区間 $(a_n\delta, (a_n+1)\delta]$ は時刻 t を含む，コイン投げの時刻間のインターバルを表す (これが「時刻 t の周辺」の一つの表現方法)。いま「インターバル $(a_n\delta, (a_n+1)\delta]$ の間にその事象が初めて起こる」確率は次のように計算で

きる。

$$\mathbf{P}(\underbrace{T \in (a_n\delta, (a_n+1)\delta]}_{\Leftrightarrow\, a_n\delta < G\delta \leqq (a_n+1)\delta}) = \mathbf{P}(\underbrace{a_n < G \leqq a_n+1}_{\substack{\Leftrightarrow\, \lceil G > a_n \rceil \text{ だが} \\ \lceil G > a_n+1 \rceil \text{ でない}}})$$

$$= \mathbf{P}(\underbrace{G > a_n}_{\substack{\Leftrightarrow\ \text{最初の } a_n \text{ 回} \\ \text{はすべて裏}}}) - \mathbf{P}(\underbrace{G > a_n+1}_{\substack{\Leftrightarrow\ \text{最初の } (a_n+1) \text{ 回} \\ \text{はすべて裏}}})$$

$$= q^{a_n} - q^{a_n+1} = q^{a_n}(1-q) = \left(1 - \frac{\lambda}{n}\right)^{a_n}\frac{\lambda}{n}$$

　この段階で一つの解答としてもよいかもしれないが，練習問題 2.44 (◐ p. 45) のときと同じように，コイン投げの時間間隔が $\frac{1}{n}$ であることに拘る理由は特にないから，この式を $n \to \infty$ としたときのことも考えてみよう。

　このためにまず，この確率を単位区間あたりに直すと

$$\frac{\mathbf{P}(T \in (a_n\delta, (a_n+1)\delta])}{(\text{区間 } (a_n\delta, (a_n+1)\delta] \text{ の長さ})} = \frac{\left(1 - \frac{\lambda}{n}\right)^{a_n}\frac{\lambda}{n}}{1/n} = \lambda\left(1 - \frac{\lambda}{n}\right)^{a_n}$$

であり，不等式 $a_n\delta < t \leqq (a_n+1)\delta$ において $n \to \infty$ とすると $a_n\delta \to t$ となるから，$a_n \approx nt$ となることがわかる。これより，求める確率の一つの表現は次のように書ける。

$$\frac{\mathbf{P}(T \in (a_n\delta, (a_n+1)\delta])}{(\text{区間 } (a_n\delta, (a_n+1)\delta] \text{ の長さ})} \approx \lambda\left(1 - \frac{\lambda}{n}\right)^{nt} \xrightarrow{n\to\infty} \lambda\mathrm{e}^{-\lambda t} \tag{2.3.7}$$

コメント　式 (2.3.7) において，$n \to \infty$ のとき区間 $(a_n\delta, (a_n+1)\delta]$ は時刻 t を含む「微小区間」となるが，これを「dt」と表そう (これもまた「時刻 t の周辺」の一つの表現方法)。さらに無限小であるこの長さ $|dt|$ をも単に「dt」により表すと，上の式 (2.3.7) は形式的に

$$\left\lceil \frac{\mathbf{P}(T \in dt)}{dt} = \lambda\mathrm{e}^{-\lambda t} \right\rfloor \quad \text{あるいは} \quad \left\lceil \mathbf{P}(T \in dt) = \lambda\mathrm{e}^{-\lambda t}dt \right\rfloor$$

(ただし $t > 0$) のように表すのが妥当であろう。この意味で，**時刻 t を含む微小区間 dt の間に時刻 T が訪れる確率は $\lambda\mathrm{e}^{-\lambda t}dt$ により与えられる**。このことを「$T \sim \mathrm{E}(\mathtt{rate}\,\lambda)$」と表し，「**$T$ はパラメータ λ の指数分布に従う**」と読む。この練習問題において示した本質を標語的にいえば

$$\left\lceil \frac{\mathrm{geometric}(p)}{n} \xrightarrow[\substack{np = \lambda \text{ を} \\ \text{保ちながら} \\ n \to \infty}]{} \mathrm{E}(\mathtt{rate}\,\lambda) \right\rfloor$$

ということになる。本書内で「dt」や「$\mathbf{P}(T \in dt)$」といった記号の厳密な定義は与えないが，比較的直感に即した記法に見えるはずである。

　実数直線の正の部分にある区間 (a, b) を取ったとき，区間 (a, b) 内の微小区間 dt に渡って微小な確率 $\mathbf{P}(T \in dt)$ を無限にたくさん足し合わせる (積分する) と，$\mathbf{P}(T \in (a,b)) = \mathbf{P}(a < T < b)$ が得られることが想像できるであろう。この意味で次のようにかく。

$$\mathbf{P}(a < T < b) = \int_{(a,b)} \mathbf{P}(T \in dt) = \int_a^b \lambda\mathrm{e}^{-\lambda t}dt$$

特に $0 \leqq \mathbf{P}(T = t) \leqq \mathbf{P}(t - \varepsilon < T < t + \varepsilon) = \int_{t-\varepsilon}^{t+\varepsilon} \lambda \mathrm{e}^{-\lambda t} \mathrm{d}t \xrightarrow{\varepsilon \to 0} 0$ であるから，確率変数 T が任意に固定された時刻 t をぴたり示す確率は $\mathbf{P}(T = t) = 0$ となる。これは離散型確率変数には見られない性質であり，これまでの枠組みに収まらない確率変数・確率分布が現れたことになる。

問 2.48   解答⊙付録

　A くんはあるバス停に向かっている。このバス停には 1 分間あたり平均 λ 台のバスが到着することは知っているが，具体的な時刻表は知らない。A くんがバス停に到着した (この時刻を 0 とする) とき，バスは見えなかった。
　一般に，前のバスが出発した後に次のバスが到着するまでの時間間隔を 'typical gap' とよぶことにしよう。この typical gap と，その中でも時刻 0 をまたぐ typical gap の確率分布の間にどのような関係があるか調べよ。

上のコメントに現れた $\mathrm{E}(\mathrm{rate}\,\lambda)$ のような，離散型の確率分布としては捉えられない確率分布を包括的に考えるために，連続型確率変数とよばれる枠組みを導入する。

定義 2.49　連続型の確率変数

確率変数 X が**連続型**(continuum) であるとは，$a < b$ なるすべての実数 a と b について

$$\mathbf{P}(a \leqq X \leqq b) = \int_a^b f(x)\, \mathrm{d}x = \left(\begin{array}{c} \text{関数 } f(x) \text{ が } a \sim b \\ \text{で囲む部分の面積} \end{array} \right)$$

をみたす非負の関数 $f(x)$ が存在することをいう。この $f(x)$ を X の**確率密度関数**(probability density function, **p.d.f.**) という。

練習問題 2.47 (⊙p. 48) のコメントでも述べたように，このような連続型確率変数 X が，任意に指定した一つの値をとる確率は $\mathbf{P}(X = x) = 0$ となる。ゆえに次の等式が成り立つ。

$$\mathbf{P}(a \leqq X \leqq b) = \mathbf{P}(a \leqq X < b) = \mathbf{P}(a < X \leqq b) = \mathbf{P}(a < X < b)$$

練習問題 2.50　$\mathrm{E}(\mathrm{rate}\,\lambda)$ の無記憶性

　確率変数 $X \sim \mathrm{E}(\mathrm{rate}\,\lambda)$ とすべての正数 s, t について次の等式を示せ。

$$\mathbf{P}(X > s + t \mid X > s) = \mathbf{P}(X > t)$$

解答例　まず練習問題 2.47 (⊙p. 48) のコメントから，$T \sim \mathrm{E}(\mathrm{rate}\,\lambda)$ は連続型であり，その p.d.f. は次式により与えられる。

$$f(x) = \begin{cases} \lambda \mathrm{e}^{-\lambda x} & (x > 0 \text{ のとき}) \\ 0 & (x \leqq 0 \text{ のとき}) \end{cases}$$

条件付き確率の定義より，左辺は次のように書ける。

$$\mathbf{P}(X > s + t \mid X > s) = \frac{\mathbf{P}(X > s + t \,;\, X > s)}{\mathbf{P}(X > s)}$$

ここで $X > s + t \Rightarrow X > s$ に注意すると $\{X > s + t \,; X > s\} = \{X > s + t\}$ であり，ゆえに分子の確率は次のように計算できる。

$$\mathbf{P}(X > s + t \,; X > s) = \mathbf{P}(X > s + t)$$

$$= \int_{s+t}^{\infty} \lambda \mathrm{e}^{-\lambda x} \mathrm{d}x = \lambda \left[-\frac{\mathrm{e}^{-\lambda x}}{\lambda} \right]_{x=s+t}^{x=\infty} = \mathrm{e}^{-\lambda(s+t)} = \mathrm{e}^{-\lambda s}\mathrm{e}^{-\lambda t}$$

分母についても同様に $\mathbf{P}(X > s) = \displaystyle\int_{s}^{\infty} \lambda \mathrm{e}^{-\lambda x}\mathrm{d}x = \mathrm{e}^{-\lambda s}$ であるから，

$$\mathbf{P}(X > s + t \mid X > s) = \frac{\mathrm{e}^{-\lambda s}\mathrm{e}^{-\lambda t}}{\mathrm{e}^{-\lambda s}} = \mathrm{e}^{-\lambda t} = \mathbf{P}(X > t)$$

ここで，統計学における多くの考察の拠り所となる大数の法則を紹介しよう。

定理 2.51 (大数の法則, **Law of Large Numbers**)

確率変数 X とその i.i.d. コピー $X_1, X_2, X_3, \ldots$ をとるとき，$a < b$ なるすべての実数 a と b に対して次の関係式が確率 1 で成り立つ。

$$\mathbf{P}(a \leqq X < b) = \lim_{n \to \infty} \frac{\#\{i \leqq n : a \leqq X_i < b\}}{n} \tag{2.3.8}$$

この定理の設定の下で考える。大きさ n の無作為標本 $X_1, X_2, \ldots, X_n$ に対する正規化されたヒストグラムを考える際，先に階級分けを指定する必要があるが，特に実数直線の全体を階級分けしておき，そのうちいくつかの階級

$$a = c_0 \sim c_1, \quad c_1 \sim c_2, \quad \ldots, \quad c_{m-1} \sim c_m = b$$

の合併により広い階級 $a \sim b$ が表されている状況を考えよう。このとき，このヒストグラムのうち，階級 $a \sim b$ の部分の面積は

$$\sum_{k=1}^{m} (\text{階級 } c_{k-1} \sim c_k \text{ の部分の棒の面積})$$

$$= \sum_{k=1}^{m} \underbrace{(\text{階級 } c_{k-1} \sim c_k \text{ の部分の棒の高さ})}_{= \frac{(\text{階級 } c_{k-1} \sim c_k \text{ の相対度数})}{(\text{階級 } c_{k-1} \sim c_k \text{ の階級幅})}} \times \underbrace{(\text{階級 } c_{k-1} \sim c_k \text{ の部分の棒の底辺の長さ})}_{=(\text{階級 } c_{k-1} \sim c_k \text{ の階級幅})}$$

$$= \sum_{k=1}^{m} \underbrace{(\text{階級 } c_{k-1} \sim c_k \text{ の相対度数})}_{= \frac{(\text{階級 } c_{k-1} \sim c_k \text{ の度数})}{n}}$$

$$= \frac{1}{n}\sum_{k=1}^{m}(\text{階級 } c_{k-1} \sim c_k \text{ の度数}) = \frac{(\text{階級 } a \sim b \text{ の度数})}{n} = \frac{\#\{i \leqq n : a \leqq X_i < b\}}{n}$$

と表せる。ゆえに式 (2.3.8) は次のように表すことができる。

$$
\mathbf{P}(a \leqq X < b) = \lim_{n \to \infty} \left(\begin{array}{c} X_1, X_2, \ldots, X_n \text{ に対する} \\ \text{正規化されたヒストグラムに} \\ \text{おいて階級 } a \sim b \text{ が占める面積} \end{array} \right)
$$

確率変数 X が連続型の場合，連続関数 $g(x)$ に対して $g(X)$ の「理論値」にあたる値はどのように表せるであろうか。これを離散型の場合と同じように考えてみよう。

まず X の i.i.d. コピー $X_1, X_2, X_3, \ldots$ をとる。また自然数 m を取り，$a_k = \frac{k}{m}$ $(k \in \mathbb{Z})$ とおくと，次のような階級分けが考えられる。

$$
\cdots < a_{-2} < a_{-1} < a_0 < a_1 < a_2 \cdots < a_k < \cdots
$$

このとき標本の添字 $i = 1, 2, \ldots, n$ を次のように分解する。

$$
\{1, 2, \ldots, n\} = \bigcup_{k \in \mathbb{Z}} \{i = 1, 2, \ldots, n : a_k \leqq X_i < a_{k+1}\}
$$

これは「まず各階級に属する標本点 X_i の番号 i を集めた後に，それらをすべての階級に渡って集約すれば，すべての番号 $1, 2, \ldots, n$ が得られる」ことを表す。この分解に合わせて，$\frac{1}{n} \sum_{i=1}^{n} g(X_i)$ は次のように計算できる。

$$
\frac{1}{n} \sum_{i=1,2,\ldots,n} g(X_i) = \frac{1}{n} \sum_{k \in \mathbb{Z}} \sum_{\substack{i=1,2,\ldots,n: \\ a_k \leqq X_i < a_{k+1}}} g(X_i)
$$

この左辺と違って，右辺は m に依存する表現であることに注意しよう。そこで $m \to \infty$ の状況を考えると，階級 $a_k \sim a_{k+1}$ に属する X_i はその階級値 $\frac{a_k + a_{k+1}}{2}$ に近い値となるから，$g(x)$ の連続性より $g(X_i) \approx g(\frac{a_k + a_{k+1}}{2})$ となる。すると次のように近似的な変形ができる。

$$
\frac{1}{n} \sum_{i=1}^{n} g(X_i) \approx \frac{1}{n} \sum_{k \in \mathbb{Z}} \sum_{\substack{i=1,2,\ldots,n: \\ a_k \leqq X_i < a_{k+1}}} g\left(\frac{a_k + a_{k+1}}{2} \right)
$$

$$
= \frac{1}{n} \sum_{k \in \mathbb{Z}} g\left(\frac{a_k + a_{k+1}}{2} \right) \underbrace{\sum_{\substack{i=1,2,\ldots,n: \\ a_k \leqq X_i < a_{k+1}}} 1}_{\substack{= (\text{階級 } a_k \sim a_{k+1} \text{ の度数}) \\ = \#\{i=1,2,\ldots,n : a_k \leqq X_i < a_{k+1}\}}} = \sum_{k \in \mathbb{Z}} g\left(\frac{a_k + a_{k+1}}{2} \right) \frac{\#\{i : a_k \leqq X_i < a_{k+1}\}}{n}
$$

確率変数 X の p.d.f. を $f(x)$ とすると，大数の法則 (p. 51) より，最後の式に現れた階級

$a_k \sim a_{k+1}$ の相対度数について次が成り立つ。

$$\frac{\#\{i : a_k \leqq X_i < a_{k+1}\}}{n} \xrightarrow{n \to \infty} \mathbf{P}(a_k \leqq X < a_{k+1}) \overset{\substack{\text{定義 2.17} \\ (\bullet\text{p. 50})}}{=} \int_{a_k}^{a_{k+1}} f(x)\,\mathrm{d}x$$

$$\overset{\substack{m \text{ が大} \\ \text{のとき}}}{\approx} f\left(\frac{a_k + a_{k+1}}{2}\right) \cdot \underbrace{(a_{k+1} - a_k)}_{= \frac{1}{m}}$$

以上より，次の関係を得る。

$$\frac{1}{n}\sum_{i=1}^{n} g(X_i) \overset{\substack{m \text{ が大} \\ \text{のとき}}}{\approx} \sum_{k \in \mathbb{Z}} g\left(\frac{a_k + a_{k+1}}{2}\right)\frac{\#\{i : a_k \leqq X_i < a_{k+1}\}}{n}$$

$$\xrightarrow{n \to \infty} \sum_{k \in \mathbb{Z}} g\left(\frac{a_k + a_{k+1}}{2}\right)\mathbf{P}(a_k \leqq X < a_{k+1})$$

$$\overset{\substack{m \text{ が大} \\ \text{のとき}}}{\approx} \sum_{k \in \mathbb{Z}} g\left(\frac{a_k + a_{k+1}}{2}\right)f\left(\frac{a_k + a_{k+1}}{2}\right)\frac{1}{m} \overset{\substack{m \text{ が大} \\ \text{のとき}}}{\approx} \int_{-\infty}^{\infty} g(x)f(x)\,\mathrm{d}x$$

特に最左辺と最右辺は m によらないから，$n \to \infty$ のとき $\dfrac{1}{n}\sum_{i=1}^{n} g(X_i) \to \displaystyle\int_{-\infty}^{\infty} g(x)f(x)\,\mathrm{d}x$ であることが期待できるのである[*3]。こうして現れた「理論値」を以下のように $g(X)$ の期待値とよぶことにする。

> ◤ **定義 2.52　連続型確率変数の期待値**
>
> 連続型確率変数 X の p.d.f. を $f(x)$ とする。関数 $g(x)$ に対して，確率変数 $g(X)$ の**期待値**(expectation) あるいは**平均** (mean) を $\mathbf{E}[g(X)] = \displaystyle\int_{-\infty}^{\infty} g(x)f(x)\,\mathrm{d}x$ により定める。

連続型確率変数 X を扱う場合にも，命題 2.40 (◎ p. 42) の意味での線形性が成り立ち，ゆえに命題 2.40 の直後の説明にあったように，$\mathbf{E}[X]$ は X の予測値としての一面をもっている。この根拠は，X のとる値を c と予測したときの誤差を測る指標として用いた

$$l(c) = \mathbf{E}[(X-c)^2] = (c - \mathbf{E}[X])^2 + \mathbf{E}[X^2] - (\mathbf{E}[X])^2$$

が $c = \mathbf{E}[X]$ において最小値をとることであった。この最小値には次のように名付ける。

[*3] もちろんここではアイデアを述べただけで，この議論を厳密に正当化するにはいくつもの壁がある。例えば，最初に和の取り方をアレンジしたが，これは $n \to \infty$ の極限において一致するかどうかは非自明であるし，$g(X_i) \approx g(\frac{a_k + a_{k+1}}{2})$ の近似には暗に関数 $g(x)$ の連続性を仮定している。さらにはこの近似をしたときの k に関する無限和がまた近似となっていることを保証することも ($g(x)$ の一様連続性があれば十分とはいえ) 難しい。現代確率論では抜本的に異なる方法で証明がなされ，結果的に $g(x)$ は連続でなくとも (!)，条件 $\displaystyle\int_{-\infty}^{\infty} |g(x)|f(x)\,\mathrm{d}x < \infty$ さえみたせば確率 1 で $\dfrac{1}{n}\sum_{i=1}^{n} g(X_i) \to \displaystyle\int_{-\infty}^{\infty} g(x)f(x)\,\mathrm{d}x$ となることが保証されている。これが一般の**大数の強法則**として知られているものである。

┃ **定義 2.53　確率変数の分散**

確率変数 X の**分散**(variance) を $\mathrm{Var}(X) = \mathbf{E}\big[(X - \mathbf{E}[X])^2\big]$ により定める。

関数 $l(c)$ は $c = \mathbf{E}[X]$ において最小値 $\mathrm{Var}(X)$ をとるから，次の分散公式が成り立つ。

$$\mathrm{Var}(X) = \mathbf{E}[X^2] - (\mathbf{E}[X])^2$$

命題 2.54　確率変数 $X_1, X_2, \ldots, X_n$ が独立ならば，次が成り立つ。

$$\mathbf{E}[X_1 X_2 \cdots X_n] = \mathbf{E}[X_1]\,\mathbf{E}[X_2]\,\cdots\,\mathbf{E}[X_n]$$

証明. 記号の煩雑さを避けるために $n = 2$ の場合を示すが，一般の n の場合も同様にして示すことができる。一般に確率変数 X について $\Omega = \{X > 0\} \cup \{X \leq 0\}$ は排反な事象の和であるから，$1 = \mathbf{1}_\Omega = \mathbf{1}_{\{X>0\}} + \mathbf{1}_{\{X\leq 0\}}$。ゆえに X を次のように分解することができる。

$$\begin{aligned} X = X \cdot 1 &= X\mathbf{1}_{\{X>0\}} + X\mathbf{1}_{\{X\leq 0\}} \\ &= X\mathbf{1}_{\{X>0\}} - (-X\mathbf{1}_{\{X\leq 0\}}) \end{aligned}$$

そこで $X^+ = X\mathbf{1}_{\{X>0\}}$，$X^- = -X\mathbf{1}_{\{X\leq 0\}}$ と定めると，$X^\pm$ は共に非負の確率変数であり，$X = X^+ - X^-$ をみたす。

　二つの確率変数 X と Y に対して

$$\begin{aligned} XY &= (X^+ - X^-)(Y^+ - Y^-) \\ &= X^+Y^+ - X^+Y^- - X^-Y^+ + X^-Y^- \end{aligned}$$

であるから，$\mathbf{E}[XY] = \mathbf{E}[X]\,\mathbf{E}[Y]$ を示すには，$\mathbf{E}[X^\pm Y^\pm] = \mathbf{E}[X^\pm]\,\mathbf{E}[Y^\pm]$ (複合同順) であることを示せば十分。

　X と Y は独立と仮定する。まず $X^\pm$ と $Y^\pm$ からの組み合わせを選んだとき，これらは独立であることが確かめられる。以下これを改めて X, Y と表して議論する。この X, Y は共に非負の確率変数である。実数直線上の区間 A において 1，その他では 0 をとる関数を $\mathbf{1}_A$ と表すことにすると，$X = \int_0^X \mathrm{d}x = \int_0^\infty \mathbf{1}_{[0,X]}(x)\mathrm{d}x$ であり，Y も同様であるから次の式変形を得る。

$$XY = \left(\int_0^\infty \mathbf{1}_{[0,X]}(x)\,\mathrm{d}x\right)\left(\int_0^\infty \mathbf{1}_{[0,Y]}(y)\,\mathrm{d}y\right) = \int_0^\infty\left(\int_0^\infty \mathbf{1}_{[0,X]}(x)\mathbf{1}_{[0,Y]}(y)\,\mathrm{d}x\right)\mathrm{d}y$$

この被積分関数について，$x \geq 0$ のとき $\mathbf{1}_{[0,X]}(x) = \mathbf{1}_{\{x\leq X\}}$，$Y$ の方についても同様であるから，$x, y \geq 0$ のとき $\mathbf{1}_{[0,X]}(x)\mathbf{1}_{[0,Y]}(y) = \mathbf{1}_{\{x\leq X\}}\mathbf{1}_{\{y\leq Y\}} = \mathbf{1}_{\{X\geq x\,;\,Y\geq y\}}$。したがって次式を得る。

$$\mathbf{E}[XY] = \mathbf{E}\big[\int_0^\infty\left(\int_0^\infty \mathbf{1}_{[0,X]}(x)\mathbf{1}_{[0,Y]}(y)\,\mathrm{d}x\right)\mathrm{d}y\big] = \int_0^\infty\left(\int_0^\infty \underbrace{\mathbf{E}[\mathbf{1}_{\{X\geq x;Y\geq y\}}]}_{=\mathbf{P}(X\geq x;Y\geq y)}\,\mathrm{d}x\right)\mathrm{d}y$$

X と Y の独立性より $\mathbf{P}(X \geq x\,;\,Y \geq y) = \mathbf{P}(X \geq x)\,\mathbf{P}(Y \geq y) = \mathbf{E}[\mathbf{1}_{\{X\geq x\}}]\mathbf{E}[\mathbf{1}_{\{Y\geq y\}}]$。ゆえに

$$\mathbf{E}[XY] = \int_0^\infty\left(\int_0^\infty \mathbf{E}[\mathbf{1}_{\{X\geq x\}}]\mathbf{E}[\mathbf{1}_{\{Y\geq y\}}]\,\mathrm{d}x\right)\mathrm{d}y = \left(\int_0^\infty \mathbf{E}[\mathbf{1}_{\{X\geq x\}}]\,\mathrm{d}x\right)\left(\int_0^\infty \mathbf{E}[\mathbf{1}_{\{Y\geq y\}}]\,\mathrm{d}y\right)$$

最後に，$\int_0^\infty \mathbf{E}[\mathbf{1}_{\{X\geq x\}}]\mathrm{d}x = \mathbf{E}[\int_0^\infty \mathbf{1}_{\{X\geq x\}}\mathrm{d}x] = \mathbf{E}[\int_0^\infty \mathbf{1}_{[0,X]}(x)\mathrm{d}x] = \mathbf{E}[X]$，同様にして $\int_0^\infty \mathbf{E}[\mathbf{1}_{\{Y\geq y\}}]\mathrm{d}y = \mathbf{E}[Y]$ であるから，以上を合わせて $\mathbf{E}[XY] = \mathbf{E}[X]\,\mathbf{E}[Y]$ である。　　　　$\square$

命題 **2.55** 確率変数 $X_1, X_2, \ldots, X_n$ が独立ならば，任意の実数 $c_1, c_2, \ldots, c_n$ に対して次が成り立つ。

$$\mathrm{Var}\left(\sum_{i=1}^{n} c_i X_i\right) = \sum_{i=1}^{n} (c_i)^2 \mathrm{Var}(X_i)$$

証明. 記号の煩雑さを避けるために，$n = 2$ の場合に示す。確率変数 X_1 と X_2 は独立とし，$\mu_1 = \mathbf{E}[X_1]$，$\mu_2 = \mathbf{E}[X_2]$ とおく。このとき，定義に従って $X_1 - \mu_1$ と $X_2 - \mu_2$ が独立であることが確かめられる。

いま，実数 c_1 と c_2 を任意とすると，$\mathbf{E}[c_1 X_1 + c_2 X_2] = c_1 \mu_1 + c_2 \mu_2$ であるから，

$$\mathrm{Var}(c_1 X_1 + c_2 X_2) = \mathbf{E}\left[\left((c_1 X_1 + c_2 X_2) - (c_1 \mu_1 + c_2 \mu_2)\right)^2\right]$$

$$= \mathbf{E}\left[\left(c_1(X_1 - \mu_1) + c_2(X_2 - \mu_2)\right)^2\right]$$

$$= (c_1)^2 \underbrace{\mathbf{E}[(X_1 - \mu_1)^2]}_{=\mathrm{Var}(X_1)} + 2c_1 c_2 \mathbf{E}[(X_1 - \mu_1)(X_2 - \mu_2)] + (c_2)^2 \underbrace{\mathbf{E}[(X_2 - \mu_2)^2]}_{=\mathrm{Var}(X_2)}$$

最後の第 2 項について，$X_1 - \mu_1$ と $X_2 - \mu_2$ は独立であるから，命題 2.54 より

$$\mathbf{E}[(X_1 - \mu_1)(X_2 - \mu_2)] = \mathbf{E}[X_1 - \mu_1]\,\mathbf{E}[X_2 - \mu_2] = (\mathbf{E}[X_1] - \mu_1)(\mathbf{E}[X_2] - \mu_2) = 0。$$

ゆえに $\mathrm{Var}(c_1 X_1 + c_2 X_2) = (c_1)^2 \mathrm{Var}(X_1) + (c_2)^2 \mathrm{Var}(X_2)$。 □

練習問題 2.56　i.i.d. 列の和の分散

(1) $X \sim \mathrm{Bernoulli}(p)$ のとき，$\mathrm{Var}(X)$ を計算せよ。

(2) $S \sim \mathrm{binomial}(n, p)$ のとき，$\mathrm{Var}(S)$ を計算せよ。

(3) $T \sim \mathrm{E}(\mathtt{rate}\,\lambda)$ のとき，$\mathbf{E}[T]$ と $\mathrm{Var}(T)$ を計算せよ。

解答例　(1) $X \sim \mathrm{Bernoulli}(p)$ のとき $\mathbf{E}[X] = p$ である (例 2.41 ➡ p. 42) から，$\mathrm{Var}(X) = (0 - p)^2(1 - p) + (1 - p)^2 p = p(1 - p)$。

(2) $X \sim \mathrm{Bernoulli}(p)$ の i.i.d. コピー $X_1, X_2, \ldots, X_n$ に対して $S = X_1 + X_2 + \cdots + X_n$ とおくと $S \sim \mathrm{binomial}(n, p)$ である (例 2.32 ➡ p. 35) から，命題 2.55 より $\mathrm{Var}(S) = \sum_{i=1}^{n} \mathrm{Var}(X_i) = np(1 - p)$。

(3) $T \sim \mathrm{E}(\mathtt{rate}\,\lambda)$ のとき

$$\mathbf{E}[T] = \int_0^\infty \underbrace{t \cdot \lambda\,\mathrm{e}^{-\lambda t}}_{=(-t)(\mathrm{e}^{-\lambda t})'}\,\mathrm{d}t = \left[-t\,\mathrm{e}^{-\lambda t}\right]_0^\infty + \int_0^\infty \mathrm{e}^{-\lambda t}\,\mathrm{d}t = \frac{1}{\lambda}$$

であり，さらに $\mathrm{Var}(T) = \mathbf{E}[T^2] - (\mathbf{E}[T])^2$ であることを用いると

$$\mathrm{Var}(T) = \int_0^\infty \underbrace{t^2 \cdot \lambda\,\mathrm{e}^{-\lambda t}}_{=(-t^2)(\mathrm{e}^{-\lambda t})'}\,\mathrm{d}t - \frac{1}{\lambda^2} = \frac{2}{\lambda}\underbrace{\int_0^\infty t \cdot \lambda\,\mathrm{e}^{-\lambda t}\,\mathrm{d}t}_{=\lambda^{-1}} - \frac{1}{\lambda^2} = \frac{1}{\lambda^2}。$$

2.4 標本分布

2.4.1 母集団分布

　公正なコインを使ってコイン投げをするとき，表と裏の現れやすさについて調べたいとしよう。このとき母集団を例えば $\Pi = \{$ 表, 裏 $\}$，大きさ n の無作為標本 $X_1, X_2, \ldots, X_n$ を次のように設定する。

$$X_i = \begin{cases} 1 & (i \text{ 回目のコイン投げで表が現れたとき}), \\ 0 & (i \text{ 回目のコイン投げで裏が現れたとき}), \end{cases} \quad i = 1, 2, \ldots, n$$

　これらは確率変数となる。実際に n 回のコイン投げをすると，$X_1, X_2, \ldots, X_n$ が実際に取った値からなる 1 次元データ $x = (x_1, x_2, \ldots, x_n)$ が得られることになり，この x に対するヒストグラムを考えると，例えば右図のような具合になる (右図は $n = 10$ の場合)。

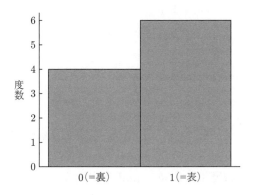

　この調子で n を大きくすると，縦軸の値がとてつもなく大きくなるため，すぐに視界に収まらなくなることが想像できるであろう。そこでヒストグラムの総面積が 1 になるよう，右下式のように各階級の度数を $n \times$ (階級幅) で割った値を縦軸にとる。(ここでは階級幅は 1，つまり各ビンの (底辺の長さ) $= 1$ としている。) すると，左下図が得られる。

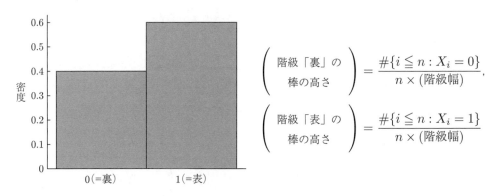

$$\begin{pmatrix} \text{階級「裏」の} \\ \text{棒の高さ} \end{pmatrix} = \frac{\#\{i \leqq n : X_i = 0\}}{n \times (\text{階級幅})},$$

$$\begin{pmatrix} \text{階級「表」の} \\ \text{棒の高さ} \end{pmatrix} = \frac{\#\{i \leqq n : X_i = 1\}}{n \times (\text{階級幅})}$$

　この操作をヒストグラムの**正規化**(normalization) という。縦軸は $\dfrac{(\text{度数})}{(\text{標本の大きさ}) \times (\text{階級幅})}$ を表すが，各階級においてこの値を**密度**(density) とよぶこともある。このとき，n の値を大きくすると下のように，各ビンの高さがいずれ 0.5 に近づいていき，表と裏が出る確率はそれぞれ $\frac{1}{2}$ という経験的認識と整合する結果となることが想像付くであろう。こうしてヒストグラムの挙動について，母集団の性質に由来しない運やタイミングといった要因が濾されていくのである。n を大きくしていく際の途中で二つのビンの高さは決まったシナリオで変化するわけではなく，次に同じ試行を行うと途中の様子は異なる。しかし，いずれ二つのビンの高さが $\frac{1}{2}$ に近づいていくという運命だけは変わらないのである。

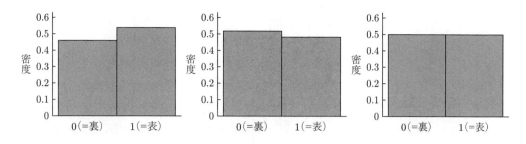

連続的に値をとる無作為標本の(正規化された)ヒストグラム

　ヒストグラムを作る際は与えられたデータを階級分けしておく必要がある。起こりうる実現値のすべてがわかっているような，離散的な値をとる無作為標本に対するヒストグラムを描くには，上で見たように，それらの値で仕切られた階級を考えることで，最も詳しいヒストグラムが描けることになる。

　しかし，母集団から**無作為に取り出した標本点が連続的**(れんぞくてき)**な値を取りうる場合**，大きさnの無作為標本$X_1, X_2, \ldots, X_n$に対する正規化された**ヒストグラムを描くための適切な階級分けがあるわけではない**。それでもやはりヒストグラムを描くことはデータの分布に関して理解の助けになるから，とりあえず最初は適当に階級分けして，標本の大きさnを大きくしていきながら正規化されたヒストグラムを描き続けることにしよう。

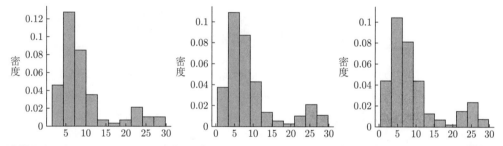

(上図は左から$n = 100, 500, 1000$個のデータ$X_1, X_2, \ldots, X_n$を10個の階級に分けたもの。) 得られる無作為標本の数nが大きくなるにつれ，ヒストグラムに大きな変化が見られなくなり，ある一定の形に落ち着いていく。ヒストグラムの形や変化していく途中の様子は標本調査の折や結果に応じて変わるが，結局落ち着いていく形そのものはそれらの要因にはよらないのである。ゆえにこの形は，考えている母集団やそこから無作為に選ばれる標本点の性質や傾向を直接的に反映していると期待できるのである。

　この段階でも母集団から無作為に選ばれた標本点の傾向をある程度つかんでいると考えられるが，先程固定した階級分けに拘(こだわ)る理由がない。それに考えている無作為標本は各階級幅の中でも色々な値を取っているかもしれない。このことをより詳しく見るために，階級の数を増やして(=**階級幅**(かいきゅうはば)**を小さくして**)みよう。すると，無作為標本の性質がより顕著(けんちょ)に現(あらわ)れる。

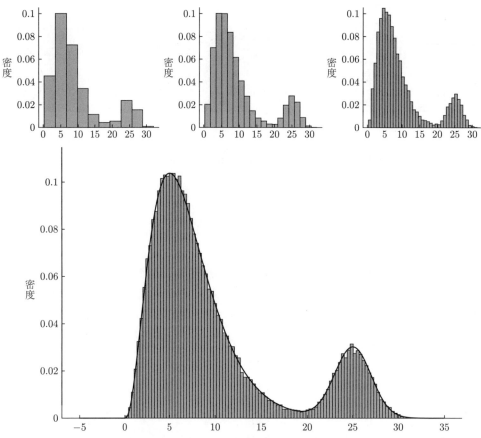

(上図は左上から $n = 10000$ 個のデータを $10, 20, 40, 100$ 個の階級に分けたもの。) このようにして，最終的にヒストグラムの形状にフィットする曲線が姿を現す。このようにして現れる曲線の形を，この母集団 Ⅱ の**母集団分布**といい，この曲線をグラフにもつ関数を，母集団分布の**確率密度関数** (probability density function, **p.d.f.**) という。

■■□
　Point!

　　　階級分けを固定するごとに...

　　　　　　n 個の無作為標本に対する正規化されたヒストグラムの形

　　　　　　　　⎰ n の値に応じて変化しうる。
　　　　→　⎱ 次の標本調査の機会にまた同じ数だけの
　　　　　　　　無作為標本を取って描いても変化しうる。

　　　　　　n を大きくするにつれて落ち着いていく正規化されたヒストグラムの形

　　　　　　→　次の標本調査の機会に同じことをしても変わらない。

　　無作為標本が連続的な値を取りうる場合「n を大きくする」と同時に「階級分けを細かくする」につれて落ち着いていく正規化されたヒストグラムの形は標本調査の折によらず，考えている母集団に固有のものとなる。

　　　　→　特に，母集団分布やその確率密度関数は母集団に固有のもの。

こうして，連続的に値を取り得る無作為標本に対して母集団分布とよばれる曲線が現れたが，これがどのように無作為標本の確率的な振る舞いと関係するのかを把握しておくことが重要である。母集団 Π から抽出する無作為標本 $X_1, X_2, X_3, \ldots$ が連続的な値を取りうるとし，これらを代表して X により表す。これらを母集団分布を p.d.f. にもつ連続型確率変数 (定義 2.17 ❍ p. 50) と考えて大数の法則 (❍ p. 51) を適用すると，このとき任意の $a < b$ に対して，確率 1 で次の関係が成り立つ。

$$\mathbf{P}(a \leqq X \leqq b) = \lim_{n \to \infty} \frac{\#\{i \leqq n : a \leqq X_i \leqq b\}}{n} = \left(\begin{array}{c} \textbf{母集団分布の p.d.f. が} \\ a \sim b \textbf{ で囲む部分の面積} \end{array} \right)$$

母集団分布の p.d.f. を $f(x)$ と表せば，この値は $\displaystyle\int_a^b f(x)\,\mathrm{d}x$ と表すことのできる量である。

2.4.2 統計学の目標

定義 2.57 種々の統計量

母集団から大きさ n の無作為標本 $X_1, X_2, \ldots, X_n$ を抽出するとき，

$$\overline{X}_n = \frac{1}{n}\sum_{i=1}^n X_i, \quad V_n = \frac{1}{n}\sum_{i=1}^n (X_i - \overline{X}_n)^2, \quad U_n = \frac{1}{n-1}\sum_{i=1}^n (X_i - \overline{X}_n)^2$$

をそれぞれ**標本平均**(sample mean)，**標本分散**(sample variance)，**不偏標本分散**(unbiased sample variance) とよぶ。また $\sqrt{V_n}$ は**標本標準偏差**とよばれる。

標本平均や標本分散などのように，大きさ n の無作為標本から作られる量を**統計量** (statistics, ❍ p. 192) とよび，統計量の分布は**標本分布**とよばれる。統計量 U_n の名称に接頭辞「不偏」を冠するのは，まもなく紹介する命題 2.59 (❍ p. 61) に因む。より大きな全体像を明確に意識した一般の「不偏推定量」(定義 7.4 ❍ p. 192) の概念に基づく理由は問 7.7 (❍ p. 192) にて触れる。

上の標本平均 $\overline{X}_n$ や標本分散 V_n は，1 次元データ $x = (x_1, x_2, \ldots, x_n)$ に対する平均値 $\overline{x}$ や分散 v と同じ形をしている。記述統計ではこの 1 次元データに具体的な数値が与えられていることを想定するのに対して，無作為標本 $X_1, X_2, \ldots, X_n$ にはまだ具体的な数値が入っておらず，ゆえに $\overline{X}_n$ や V_n もまた具体的な数値として決まっていない。

実際に標本調査の結果を参照することで $X_1, X_2, \ldots, X_n$ の実現値の列が 1 次元データ $x = (x_1, x_2, \ldots, x_n)$ として得られたとき，$\overline{x}$ と v はそれぞれ $\overline{X}_n$ と V_n の実現値となるのである。つまり $\overline{X}_n$ や V_n の値は，実施する標本調査のたびに異なる値を取りうることになり，この意味で $\overline{X}_n$ や V_n は**確率変数**なのである。

統計学を用いて知りたい量

前項 (⊙ p. 56) のように n を大きくして, 階級幅を小さくするにつれヒストグラムの形状が一定の形に落ち着いていくのに伴い, 典型的な状況下で標本平均 $\overline{X}_n$ と標本分散 V_n もそれぞれ ($\overline{X}_n$ や V_n とは違って標本調査の結果によらない) ある一定の数 μ と σ^2 に近づく。

$$n \to \infty \text{ のとき,} \quad \overline{X}_n \to \mu, \quad V_n \to \sigma^2$$

この μ と σ^2 を, それぞれ母集団の**母平均**, **母分散**とよび, これらを総称して**母数**(parameter) という。このとき, 不偏標本分散 U_n についても $U_n \to \sigma^2$ が成り立つことが確かめられる。

定義 2.18 (⊙ p. 53) 直前の説明から, 母集団分布の p.d.f. を $f(x)$ とおくと, μ と σ^2 はそれぞれ次のように表されることがわかる。

$$\mu = \int_{-\infty}^{\infty} x \cdot f(x)\,\mathrm{d}x = \mathbf{E}[X], \quad \sigma^2 = \int_{-\infty}^{\infty} (x - \mu)^2 \cdot f(x)\,\mathrm{d}x = \mathrm{Var}(X) \tag{2.4.1}$$

ここで, X はこの母集団から無作為に抽出する標本点である。

▎**定義 2.58　母平均からの偏差二乗平均**

母平均が μ の母集団から大きさ n の無作為標本 $X_1, X_2, \ldots, X_n$ を抽出するとき, $\widehat{\Sigma}_n^2 = \frac{1}{n}\sum_{i=1}^{n}(X_i - \mu)^2$ と定める。

母平均が μ, 母分散が σ^2 の母集団から大きさ n の無作為標本 $X_1, X_2, \ldots, X_n$ を抽出するとき, 次の関係が想定されている。

$$\mathbf{E}[X_1] = \mathbf{E}[X_2] = \cdots = \mathbf{E}[X_n] = \mu,$$
$$\mathrm{Var}(X_1) = \mathrm{Var}(X_2) = \cdots = \mathrm{Var}(X_n) = \sigma^2$$

このとき $\mathbf{E}[\widehat{\Sigma}_n^2] = \frac{1}{n}\sum_{i=1}^{n}\mathbf{E}[(X_i - \mu)^2] = \frac{1}{n}\sum_{i=1}^{n}\mathrm{Var}(X_i) = \sigma^2$ であるから, $\widehat{\Sigma}_n^2$ の値に注目することは母分散 σ^2 について知見を得るのに役立ちそうである。

母平均 μ の値が既知の場合, 標本調査の結果 $\widehat{\Sigma}_n^2$ がとる値 $\hat{\sigma}^2$ は, $X_1, X_2, \ldots, X_n$ の実現値 $x_1, x_2, \ldots, x_n$ を用いて計算できるが, 母平均 μ の値が不明である場合は同様に計算しても依然として不明な μ が残るために $\hat{\sigma}^2$ を具体的な数値として取得することができず, 統計量としてはあまり役に立たない。

統計量 $\widehat{\Sigma}_n^2$ の次に母分散の値に関する知見が得られそうな統計量として自然に思いつくのは標本分散 V_n であろう。無作為標本 $X_1, X_2, \ldots, X_n$ を 1 次元データとみなしたとき, 2 乗損失関数 $L_2(a) = \frac{1}{n}\sum_{i=1}^{n}(X_i - a)^2$ (⊙ p. 12) は, 定理 2.5 (⊙ p. 12) より $a = \overline{X}_n$ のときに最小値をとり, その最小値は $L_2(\overline{X}_n) = V_n$ である (⊙ p. 19)。また $\widehat{\Sigma}_n^2 = L_2(\mu)$ であることに注意しよう。このとき

$$\sigma^2 = \mathbf{E}[\widehat{\Sigma}_n^2] = \mathbf{E}[L_2(\mu)] \geqq \mathbf{E}[L_2(\overline{X}_n)] = \mathbf{E}[V_n]$$

であるから，$\widehat{\Sigma}_n^2$ とは違い，V_n は期待値が σ^2 に等しくなることが保証できず，σ^2 を下回るかもしれない。そこで期待値が σ^2 に等しくなるように V_n を補正することを考えよう。このために $\mathbf{E}[V_n]$ を計算して σ^2 の式で表す。$\mathbf{X} = (X_1, X_2, \ldots, X_n)$ を 1 次元データとみなして公式 2.14 (◗ p. 22) を用いると，次の式変形が得られる。

$$V_n = v_{\mathbf{X}} = v_{(\mathbf{X}-\mu)+\mu} = v_{\mathbf{X}-\mu} \overset{\overset{\text{分散公式}}{\text{(◗ p. 19)}}}{=} \underbrace{\frac{1}{n}\sum_{i=1}^n (X_i - \mu)^2}_{=\widehat{\Sigma}_n^2} - \underbrace{\left(\frac{1}{n}\sum_{i=1}^n (X_i - \mu)\right)^2}_{=\overline{X}_n - \mu}$$

ここで $\mathbf{E}[\overline{X}_n] = \dfrac{1}{n}\sum_{i=1}^n \mathbf{E}[X_i] = \mu$ より，上式の期待値をとると次式が得られる。

$$\mathbf{E}[V_n] = \mathbf{E}[\widehat{\Sigma}_n^2] - \mathrm{Var}(\overline{X}_n)$$

この右辺第 1 項は先に見たように $\mathbf{E}[\widehat{\Sigma}_n^2] = \sigma^2$，第 2 項については命題 2.55 (◗ p. 55) を用いて

$$\mathrm{Var}(\overline{X}_n) = \mathrm{Var}\left(\frac{1}{n}\sum_{i=1}^n X_i\right) = \left(\frac{1}{n}\right)^2 \sum_{i=1}^n \mathrm{Var}(X_i) = \frac{\sigma^2}{n}.$$

したがって次式を得る。

$$\mathbf{E}[V_n] = \sigma^2 - \frac{\sigma^2}{n} = \frac{n-1}{n}\sigma^2$$

ゆえに V_n を $\dfrac{n}{n-1} (> 1)$ 倍した $\dfrac{n}{n-1}V_n = \dfrac{1}{n-1}\sum_{i=1}^n (X_i - \overline{X}_n)^2$ ならば所望の補正となる。

これは不偏標本分散 U_n (定義 2.20 ◗ p. 59) に他ならず，以上が，偏差平方和 $\sum_{i=1}^n (X_i - \overline{X}_n)^2$ を n で割った V_n とは別に $(n-1)$ で割った U_n を考える理由となる。こうして，次の事実が得られた。

> **命題 2.59** 母分散が σ^2 の母集団から大きさ n の無作為標本を抽出するとき，その不偏標本分散 U_n について次が成り立つ。
> $$\mathbf{E}[U_n] = \sigma^2$$

さて，1 次元データ $x = (x_1, x_2, \ldots, x_n)$ の平均値 $\overline{x}$ と分散 v がそれぞれデータの「およその位置」と「ヒストグラムの形そのもの」の情報をもつ (◗ p. 19) から，μ と σ^2 はそれぞれ母集団分布のおよその位置と母集団分布の形そのものがもつ情報を表すと期待できそうである。ところが，統計学の問題設定として母集団分布 $f(x)$ の正体は不明であることが通常であり，母数に関する知見を得るためにこの式 (2.4.1) そのものを適用することはあまり望めない。

そこで，母数に関する知見を得るための代わりとなるアプローチを以下に紹介する。

━ 📖 コラム ━

5 段階評価 2000 年頃までの内申点は主に相対評価であった。つまり総合点の順位がよい順番に 5 点から 1 点までつけるのである。内申点の評定の割合はほぼ決まっていた。理想的な成績分布は正規分布であると考え，偏差値について 65 以上なら内申点 5，55〜65 なら内申点 4，45〜55 なら内申点 3，35〜45 なら内申点 2，35 未満なら内申点 1 という目安であった。正規分布において偏差値と順位を対応させると，上位から 7% が内申点 5，7〜31% が内申点 4，31〜69% が内申点 3，69〜93% が内申点 2，93% 未満が内申点 1 となり，実際には偏差値ではなく順位によって内申点をつけるのが一般的であった。いまは絶対評価が中心となっており，2020 年の千葉県の調査では主要 5 教科の内申点が 2 以下の割合は，各教科とも 2 割を下回っており，相対評価の場合の 3 割強に比べると内申点が上がっていた。

スタナイン尺度 スタナイン尺度 (stanine scale) は先程の 5 段階評価を 9 段階にしたもので，大学入学共通テストではスタナイン尺度を用いた得点分布の段階表示換算表を公開している。スタナイン尺度では，理想的な成績分布は正規分布であると考えて，偏差値

$$32.5, \quad 37.5, \quad 42.5, \quad 47.5, \quad 52.5, \quad 57.5, \quad 62.5, \quad 67.5$$

を境目として 9 個の群に分け，下位の 1 段階から 9 段階まで表示する。5 段階評価と同様に実際は偏差値ではなく順位によって段階表示する。このとき各段階の割合は，1 段階から順に，およそ 4，7，12，17，20，17，12，7，4〔%〕となっている。

段階	点数範囲
9 段階	92〜100
8 段階	83〜91
7 段階	73〜82
6 段階	63〜72
5 段階	52〜62
4 段階	42〜51
3 段階	33〜41
2 段階	23〜32
1 段階	0〜22

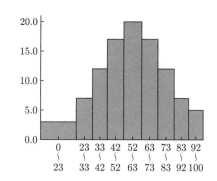

令和 3 年度大学入学共通テスト数学 I・A の得点分布

━ 📖 コラム ━

刈り込み平均 オリンピックのフィギュアスケートでは，審査員の採点結果そのまま平均をとるのではなく，最も高い点数と最も低い点数を取り除いて平均をとったもをの得点とする。審査員が n 人いたとき，採点結果が $a_1 \leqq a_2 \leqq \cdots \leqq a_n$ であれば $\dfrac{a_2 + a_3 + \cdots + a_{n-1}}{n-2}$ を得点とするのである。このような平均を**刈り込み平均**[4](trimmed mean) という。これは贔屓して実力以上の採点をしたり，敵対的に不当に低い採点をしたりする影響を軽減させるために導入されている。

より一般的に刈り込み平均は大きい方から m 個 $(2m < n)$，小さい方から m 個の計 $2m$ 個を取り除いて平均をとった $\dfrac{a_{m+1} + \cdots + a_{n-m}}{n-2m}$ として一般化される。上下から割合 $\alpha = \dfrac{m}{n}$ ずつ刈り込んだこの刈り込み平均は α 刈り込み平均[5]とよばれる。最大の m を選んだときの刈り込み平均は，n が奇数のときは真ん中の 1 個の平均，n が偶数のときは真ん中 2 個の平均となるから，これは中央値となる。

---

[4] ネットだと刈り込み平均をトリム平均と表記していることも多い。

[5] **注意)** excel の TRIMMEAN 関数は割合を 2α で指定し，n 個のデータがあったとき，$n - 2 * \lfloor n\alpha \rfloor$ 個の平均値を返す（$\lfloor x \rfloor$ は x 以下の最大の整数を意味する Gauss 記号）。例えば TRIMMEAN(A1 : A10, 0.3) の場合，10 個のデータから 30% のデータを削除して平均をとる命令だが，$10 - 2 * \lfloor 1.5 \rfloor = 8$ 個の平均値を返すので実際は 20% 刈り込んでいることになる。

2.4.3　中心極限定理

定理 2.60　(**中心極限定理**, Central Limit Theorem)

母平均 μ, 母分散 σ^2 $(0 < \sigma < \infty)$ の母集団から大きさ n の無作為標本 $X_1, X_2, \ldots, X_n$ を抽出するとき, $a < b$ なる任意の a, b に対して次が成り立つ.

$$\lim_{n \to \infty} \mathbf{P}\left(a \leqq \frac{\overline{X}_n - \mu}{\sqrt{\sigma^2/n}} \leqq b\right) = \text{この面積！}$$

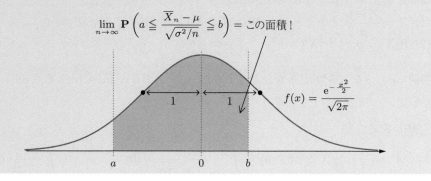

$$f(x) = \frac{\mathrm{e}^{-\frac{x^2}{2}}}{\sqrt{2\pi}}$$

上の図中で示した a と b の位置は便宜的なものであり, これらは 0 をまたいでもよいし, 0 よりも右側に位置してもよい.

事象間の等式として $\left\{ -\infty < \dfrac{\overline{X}_n - \mu}{\sqrt{\sigma^2/n}} < \infty \right\} = \Omega$ が成り立つことに注意すると, 右辺に現れるグラフが全体で囲む面積は $\displaystyle\lim_{n \to \infty} \mathbf{P}\left(-\infty < \dfrac{\overline{X}_n - \mu}{\sqrt{\sigma^2/n}} < \infty \right) = \lim_{n \to \infty} \mathbf{P}(\Omega) = 1$ となっている (このことは後に例 5.7 ◉ p. 155 でも確かめる).

この中心極限定理に現れる確率密度関数をもつ分布には, 次の名前がついている.

▌**定義 2.61　正規分布** (normal distribution), $\mathrm{N}(\mu, \sigma^2)$

実数 μ と正数 $\sigma > 0$ に対して, 確率変数 X が平均 μ, 分散 σ^2 の**正規分布** $\mathrm{N}(\mu, \sigma^2)$ に従うとは, $a < b$ なる任意の a, b に対して次をみたすことをいう.

$$\mathbf{P}(a \leqq X \leqq b) = \text{この面積！}$$

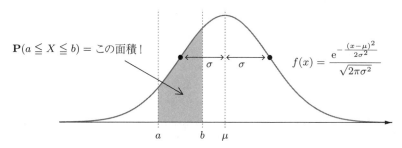

$$f(x) = \frac{\mathrm{e}^{-\frac{(x-\mu)^2}{2\sigma^2}}}{\sqrt{2\pi\sigma^2}}$$

このことを「$X \sim \mathrm{N}(\mu, \sigma^2)$」とも表す. 特に, $\mathrm{N}(0, 1)$ を**標準正規分布** (standard normal distribution) という.

標準正規分布 $\mathrm{N}(0, 1)$ は, 中心極限定理 (定理 2.60 ◉ p. 63) に現れた分布である. 先に紹介した指数分布 $\mathrm{E}(\mathbf{rate}\,\lambda)$ (練習問題 2.47 ◉ p. 48) や正規分布の他にも連続型確率変数の p.d.f. が描く様々な形 (確率分布) が知られており, そのうちいくつかは公式 2.66 (◉ p. 68) で, 他の代表的な例は 5.2 節 (◉ p. 154) と 5.3 節 (◉ p. 163) にて紹介する.

　　上図の関数 $f(x)$ のグラフは $x = \mu$ において最大かつ左右対称なグラフ (ベル型) であり，さらに $x = \mu \pm \sigma$ を変曲点 (凹凸が逆になる) にもつ。

練習問題 2.62　　$\mathrm{N}(\mu, \sigma^2)$ の平均と分散

　確率変数 $X \sim \mathrm{N}(\mu, \sigma^2)$ について次を示せ。

(1) $Z = \dfrac{X - \mu}{\sigma}$ とおくと $Z \sim \mathrm{N}(0, 1)$ であり，$\mathbf{E}[Z] = 0$，$\mathrm{Var}(Z) = 1$。

(2) $\mathbf{E}[X] = \mu$，$\mathrm{Var}(X) = \sigma^2$。

....

解答例　　$a < b$ なる実数 a, b を任意とすると，$a \leqq Z \leqq b \Leftrightarrow \sigma a + \mu \leqq X \leqq \sigma b + \mu$ であるから，

$$\mathbf{P}(a \leqq Z \leqq b)$$

$$= \mathbf{P}(\sigma a + \mu \leqq X \leqq \sigma b + \mu) = \int_{\sigma a + \mu}^{\sigma b + \mu} \frac{\mathrm{e}^{-\frac{(x-\mu)^2}{2\sigma^2}}}{\sqrt{2\pi\sigma^2}}\, \mathrm{d}x \overset{\substack{z = \frac{x-\mu}{\sigma} \\ \text{と変数変換}}}{=} \int_a^b \frac{\mathrm{e}^{-\frac{z^2}{2}}}{\sqrt{2\pi}}\, \mathrm{d}z$$

ゆえに $Z \sim \mathrm{N}(0, 1)$ である。また Z の期待値は次のように計算される。

$$\mathbf{E}[Z] = \int_{-\infty}^{\infty} z \cdot \underbrace{\frac{\mathrm{e}^{-\frac{z^2}{2}}}{\sqrt{2\pi}}}_{z \text{ の奇関数}}\, \mathrm{d}z = 0$$

次に Z の分散は，上の計算により $\mathbf{E}[Z] = 0$ であることから，

$$\mathrm{Var}(Z) = \mathbf{E}[(Z - 0)^2] = \mathbf{E}[Z^2] = \int_{-\infty}^{\infty} z^2 \cdot \frac{\mathrm{e}^{-\frac{z^2}{2}}}{\sqrt{2\pi}}\, \mathrm{d}z。$$

この被積分関数について $z^2 \cdot \dfrac{\mathrm{e}^{-\frac{z^2}{2}}}{\sqrt{2\pi}} = (-z)\left(-z \cdot \dfrac{\mathrm{e}^{-\frac{z^2}{2}}}{\sqrt{2\pi}}\right) = (-z)\left(\dfrac{\mathrm{e}^{-\frac{z^2}{2}}}{\sqrt{2\pi}}\right)'$ であるから，上の積分を次のように部分積分して計算することができる。

$$\mathrm{Var}(Z) = \underbrace{\lim_{R \to \infty}\left[(-z)\frac{\mathrm{e}^{-\frac{z^2}{2}}}{\sqrt{2\pi}}\right]_{z=-R}^{z=R}}_{=0} + \underbrace{\int_{-\infty}^{\infty} \frac{\mathrm{e}^{-\frac{z^2}{2}}}{\sqrt{2\pi}}\, \mathrm{d}z}_{\substack{= \mathbf{P}(-\infty < Z < \infty) \\ = \mathbf{P}(\Omega) = 1}} = 1$$

(2) $X = \sigma Z + \mu$ であるから，$\mathbf{E}[X] = \sigma \mathbf{E}[Z] + \mu = \mu$，$\mathrm{Var}(X) = \sigma^2 \mathrm{Var}(Z) = \sigma^2$。

....

コメント　　(2) の性質のために $\mathrm{N}(\mu, \sigma^2)$ を「平均 μ，分散 σ^2 の」正規分布とよぶのである。

この練習問題と同様に考えることで，次が示される。

> **命題 2.63**（正規分布のもつ性質）
>
> 実数 μ と正数 $\sigma > 0$ に対して次が成り立つ。
>
> (a) $X \sim \mathrm{N}(\mu, \sigma^2)$ かつ $a \in \mathbb{R}$ ならば $X + a \sim \mathrm{N}(\mu + a, \sigma^2)$
>
>   ← このことを「$\mathrm{N}(\mu, \sigma^2) + a = \mathrm{N}(\mu + a, \sigma^2)$」と表しておく。
>
> (b) $X \sim \mathrm{N}(\mu, \sigma^2)$ かつ $a \neq 0$ ならば $aX \sim \mathrm{N}(a\mu, a^2\sigma^2)$
>
>   ← このことを「$a\,\mathrm{N}(\mu, \sigma^2) = \mathrm{N}(a\mu, a^2\sigma^2)$」と表しておく。

標準正規分布 $\mathrm{N}(0,1)$ の分布表

標準正規分布 $\mathrm{N}(0,1)$ を例に挙げて説明する。まず，数 α を $0 < \alpha < 1$ となるように選んでおく。このとき，下左図のように「そこから右側の部分の面積（＝確率）が $\frac{\alpha}{2}$（$= 100 \times \frac{\alpha}{2}$％）となる」ような x-軸上の点を $z_{\frac{\alpha}{2}}$ と表す。

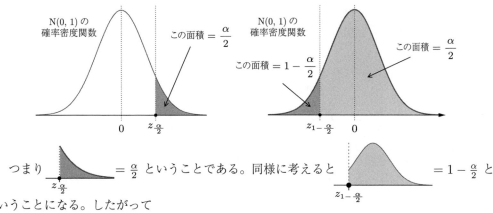

つまり $=\frac{\alpha}{2}$ ということである。同様に考えると $= 1 - \frac{\alpha}{2}$ ということになる。したがって

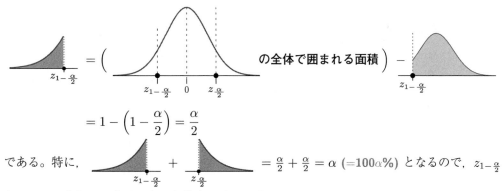

$$= 1 - \left(1 - \frac{\alpha}{2}\right) = \frac{\alpha}{2}$$

である。特に， $+$ $= \frac{\alpha}{2} + \frac{\alpha}{2} = \alpha$ （$=100\alpha$％）となるので，$z_{1-\frac{\alpha}{2}}$ と $z_{\frac{\alpha}{2}}$ にはまとめて次のように名前をつけておく。

> **定義 2.64　両側 100α ％点**
>
> 上に現れた $z_{1-\frac{\alpha}{2}}$ を**左側 $100\frac{\alpha}{2}$ ％点**，$z_{\frac{\alpha}{2}}$ を**右側 $100\frac{\alpha}{2}$ ％点**とよび，これらをまとめて $\mathrm{N}(0,1)$ の**両側 100α ％点**とよぶ。

α の値を 0.05，0.02，0.01 などととることで，両側 5% 点，右側 1% 点，両側 1% 点などを考えることができる。他の分布に関しても，これまでの考え方は同じである。

標準正規分布 $\mathrm{N}(0,1)$ の場合は分布の山の形が $x=0$ を軸に対称であり，ゆえに $z_{1-\frac{\alpha}{2}} = -z_{\frac{\alpha}{2}}$ が成り立つ。したがって，標準正規分布に対する両側 100α% 点を求めるには $z_{\frac{\alpha}{2}}$ のみを求めれば十分である。様々な α の値に対する $z_{\frac{\alpha}{2}}$ の値をまとめた**正規分布表**とよばれるものがあり，大抵の統計の教科書に載っているし，本書のサポートページにもある。これを用いれば特段の計算をすることなく $z_{\frac{\alpha}{2}}$ の値 (の近似値) を見つけることができる。

正規分布表を用いた $\mathbf{P}(a \leqq X \leqq b)$ の計算手順

$\mathrm{N}(0,1)$ の分布表を用いて，$X \sim \mathrm{N}(\mu, \sigma^2)$ に対する確率 $\mathbf{P}(a \leqq X \leqq b)$ ($a=-\infty$，$b=+\infty$ の場合も含む) を計算するためには，次の手順に従えばよい。

(1) 標準正規分布に直す。つまり，$Z = \dfrac{X-\mu}{\sigma}$ と変換すると $Z \sim \mathrm{N}(0,1)$ であり (練習問題 2.62➲ p. 64)，これに合わせて $\alpha = \dfrac{a-\mu}{\sigma}$，$\beta = \dfrac{b-\mu}{\sigma}$ とおくと，X に関する確率は等式 $\mathbf{P}(a \leqq X \leqq b) = \mathbf{P}(\alpha \leqq Z \leqq \beta)$ により Z に関する確率へと書き直せる。

(2) $\mathrm{N}(0,1)$ の p.d.f. を $f(z) = \dfrac{\mathrm{e}^{-\frac{z^2}{2}}}{\sqrt{2\pi}}$ とおき，また $\Phi(\alpha) = \displaystyle\int_{\alpha}^{\infty} f(z)\,\mathrm{d}z$ とおくと，

$$\mathbf{P}(\alpha \leqq Z \leqq \beta) = \int_{\alpha}^{\beta} f(z)\,\mathrm{d}z = \int_{\alpha}^{\infty} f(z)\,\mathrm{d}z - \int_{\beta}^{\infty} f(z)\,\mathrm{d}z = \Phi(\alpha) - \Phi(\beta)。$$

(3) 正規分布表を参照して $\Phi(\alpha)$，$\Phi(\beta)$ の (近似) 値を探し，$\Phi(\alpha) - \Phi(\beta)$ を計算する。通常この表には $z > 0$ に対する $\Phi(z)$ の値が羅列されている。$z < 0$ の場合はグラフの対称性から得られる式 $\Phi(z) = 1 - \Phi(|z|)$ を用いて計算することができる。

2.4.4 正規母集団の出現

よくわからない母集団から大きな無作為標本を取り出すとき，この母集団の母平均と母分散を調べることを，概形がよくわかっている母集団分布 $\mathrm{N}(\mu, \frac{\sigma^2}{n})$ に概ね従う無作為標本の平均と分散を調べることに帰着させるための方策を以下に示す。これにより「無作為に抽出される標本点が正規分布に従うような母集団を便宜的に考えておけば，物事がより簡単になり詳しいことがわかるのではないか」という考えに至り，これが次項への動機付けとなる。

いま，未知の母集団 Π がもつ母平均 μ や母分散 σ^2 を調べるために，

① 大きさ $m \times n$ の無作為標本 (X_{ij}) をとることを考える。

② 標本平均 $\overline{X}_{mn} = \dfrac{1}{mn}\displaystyle\sum_{i=1}^{m}\sum_{j=1}^{n} X_{ij}$ は μ に近くなるはず (➲ p. 60)。

③ 一方で各 $i = 1, 2, \cdots, m$ に対して $Y_i = \dfrac{1}{n}\displaystyle\sum_{j=1}^{n} X_{ij}$ とおいてみる。

④ 式変形 $Y_i = \dfrac{\sigma}{\sqrt{n}} \dfrac{(\sum_{j=1}^n X_{ij})/n - \mu}{\sqrt{\sigma^2/n}} + \mu$ に注意すれば，n が大きいとき**概ね**

$$Y_i = \frac{\sigma}{\sqrt{n}} \frac{(\sum_{j=1}^n X_{ij})/n - \mu}{\sqrt{\sigma^2/n}} + \mu \overset{\substack{\text{中心極限定理}\\ (\text{\textcircled{•}}\,p.\,63)}}{\sim} \frac{\sigma}{\sqrt{n}} N(0,1) + \mu \overset{\substack{\text{命題 2.63}\\ (\text{\textcircled{•}}\,p.\,65)}}{=} N(\mu, \tfrac{\sigma^2}{n})$$

➔ もともとの無作為標本 X_{ij} の分布は未知だったにも関わらず，各 Y_i の分布は概ね $N(\mu, \frac{\sigma^2}{n})$ とわかっているのである。

⑤ $Y_1, Y_2, \cdots, Y_m$ を「仮想的な母集団からの無作為標本」であると考えてみる。

⑥ これらの「標本平均」$\overline{Y}_m = \dfrac{1}{m} \displaystyle\sum_{i=1}^m Y_i$ を考えても...

⑦ 当然，もともとの標本平均 $\overline{X}_{mn}$ の値に等しい。

➔ つまり，μ の近似値としてオリジナルの無作為標本からとった標本平均 $\overline{X}_{mn}$ の実現値は，概ね $N(\mu, \frac{\sigma^2}{n})$ に従う「無作為標本」$Y_1, Y_2, \cdots, Y_m$ の標本平均で代替しても同じ。

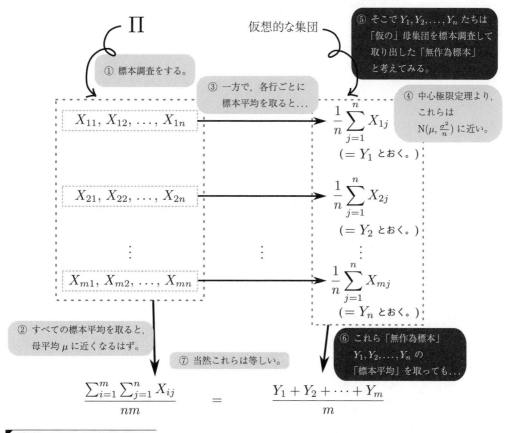

定義 2.65　正規母集団

母集団 Π が母平均 μ，母分散 σ^2 の**正規母集団**（せいきぼしゅうだん）であるとは，Π から無作為に選ばれた標本点が平均 μ，分散 σ^2 の正規分布に従うことをいう。母平均 μ，母分散 σ^2 の正規母集団は $N(\mu, \sigma^2)$ とも表される。

2.4.5   正規母集団の標本調査

　母集団から大きな無作為標本を抽出する標本調査においては，母集団分布が不明な場合であったとしても，前項のようにして中心極限定理を援用して考えることで正規母集団の標本調査に帰着できる。さらに前項での思惑通り，母集団分布の概形がよくわかっているこの正規母集団の標本調査においては，様々な統計量についてその分布 (標本分布) が具体的に記述できることを紹介する。

推測統計学の手法を支える大事な公式

公式 2.66 (証明 ➡ 第 5 章, p. 151) 正規母集団 $N(\mu, \sigma^2)$ から抽出される大きさ n の無作為標本 $X_1, X_2, \ldots, X_n$ について次が成り立つ。

(1) $\dfrac{\overline{X}_n - \mu}{\sqrt{\sigma^2/n}}$ は**標準正規分布**に従う：任意の $a < b$ に対して次が成り立つ。

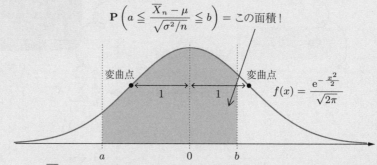

(2) $n \geqq 2$ ならば $\dfrac{\overline{X}_n - \mu}{\sqrt{U_n/n}}$ は**自由度**（じゆうど）$(n-1)$ **の** t (ティー) **分布**に従う：任意の $a < b$ に対して次が成り立つ。

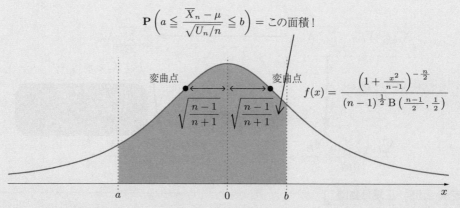

(3) $\dfrac{n \cdot \widehat{\Sigma}_n^2}{\sigma^2}$ は**自由度** n **の** χ^2 (カイにじょう) **分布**に従う：任意の $0 < a < b$ に対して，確率 $\mathbf{P}\left(a \leqq \dfrac{n \cdot \widehat{\Sigma}_n^2}{\sigma^2} \leqq b\right)$ は，n の値に応じて以下の塗りつぶされた部分の面積に等しい。

➔ $n=1$ のとき

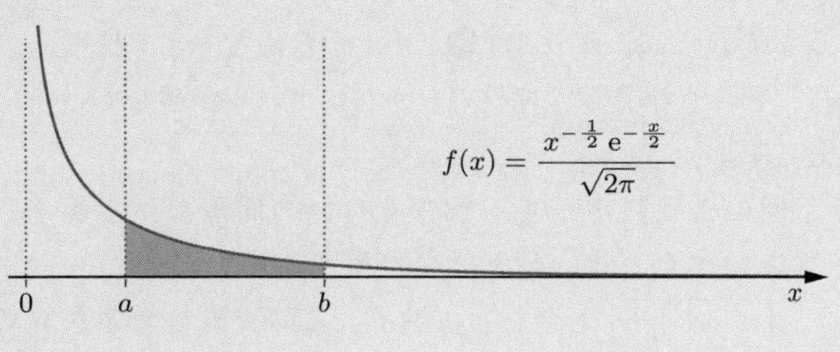
$f(x) = \dfrac{x^{-\frac{1}{2}} e^{-\frac{x}{2}}}{\sqrt{2\pi}}$
0
a
b
x

➔ $n=2$ のとき

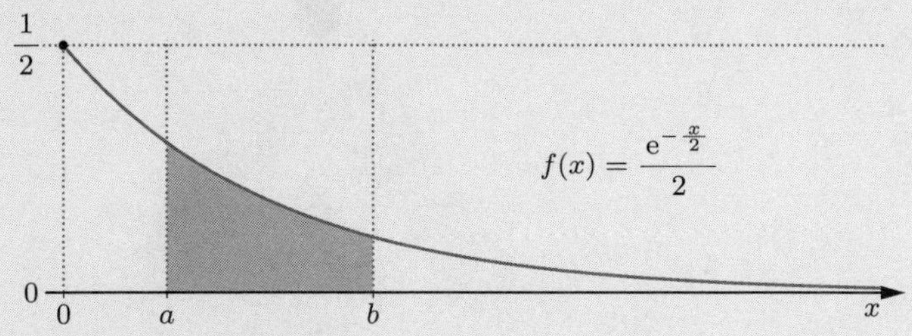
$\frac{1}{2}$
$f(x) = \dfrac{e^{-\frac{x}{2}}}{2}$
0
0
a
b
x

➔ $n \geqq 3$ のとき

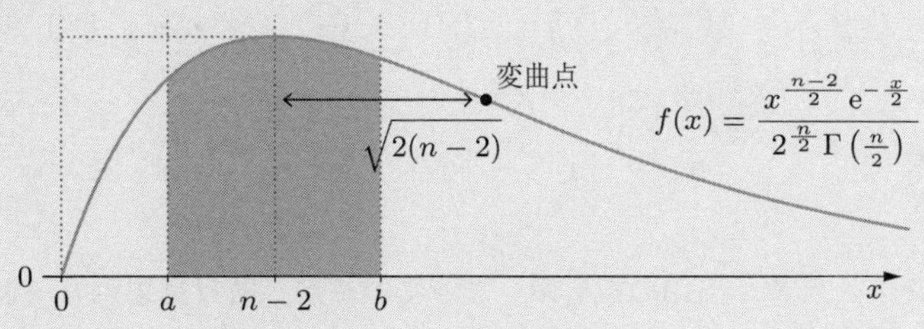
変曲点
$\sqrt{2(n-2)}$
$f(x) = \dfrac{x^{\frac{n-2}{2}} e^{-\frac{x}{2}}}{2^{\frac{n}{2}} \Gamma\left(\frac{n}{2}\right)}$
0
0
a
$n-2$
b
x

(4) $n \geqq 2$ ならば $\dfrac{n \cdot V_n}{\sigma^2}$ は**自由度** $(n-1)$ **の** χ^2 **分布**に従う：任意の $0 < a < b$ に対して，確率 $\mathbf{P}\left(a \leqq \dfrac{n \cdot V_n}{\sigma^2} \leqq b\right)$ は (3) における n を $n-1$ に取り替えて該当する図内で塗りつぶされた部分の面積に等しい。

それぞれの場合において，グラフに添えられた数式 $f(x)$ は，そのグラフを表す関数である。特に (2) に現れる $\mathrm{B}(u,v)$ はベータ関数 (➲ p. 154)，(3) に現れる $\Gamma(s)$ はガンマ関数 (➲ p. 154) とよばれる。現段階で証明まで気にする必要はないが，取り急ぎ重要になることは，各分布の名前と，分布の形を把握しておくことである。

2.4.6　Galton Board —中心極限定理 (定理 2.60 **➋** p. 63) を目で見る—

　右図のような杭 ($\otimes$) に，ボール ($\bullet$) が上から落ちてきて杭に
ぶつかった後，それぞれ確率 $\frac{1}{2}$ で杭の左か右にボールが落ちてい
く状況を考えてみよう。

　この杭を下図のようにボール一個分くらいの間隔で，でき
るだけたくさん並べたとき，最下段に位置する出口に左から
$\boxed{0}, \boxed{1}, \boxed{2}, \ldots, \boxed{n-1}, \boxed{n}$ と名付けておく。この装置を**大きさ n の Galton Board**（ガルトン　ボード）とよ
ぶことにする。

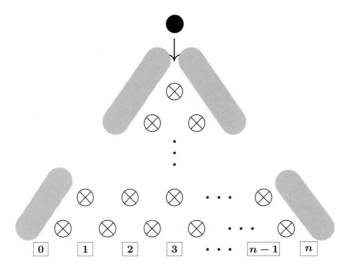

　$n \to \infty$ としたとき，出口の数も多くなっていくが，**放り込まれた一個のボールは，どの出
口からどれくらいの確率に従って出てくるだろうか。**

　このために，各 $k = 0, 1, 2, \ldots, n$ に対して

$$a_n(k) = \left(\begin{array}{c} \text{大きさ } n \text{ の Galton Board に} \\ \text{一個のボールを放り込んだとき,} \\ k \text{ 番目の出口に落ちてくる確率} \end{array} \right) = \frac{{}_n\mathrm{C}_k}{2^n}$$

を考えてみる。このまま k を一つ固定して単純に $n \to \infty$ としてしまうと，n は k よりはる
かに大きくなってしまい，(ほとんど) 一番左側の出口からボールが出てくる確率を考えている
ことになるため，これは (直感的にも) 明らかに 0 となり面白くない。

問 2.67 中心極限定理との兼ね合い

大きさ n の Galton Board に放り込まれた一個のボールの第 i 回目の分岐について

$$X_i = \begin{cases} 0 & (\text{左側に落ちたとき}), \\ 1 & (\text{右側に落ちたとき}), \end{cases} \quad i = 1, 2, \ldots, n$$

とおいたとき，以下の事項を確かめよ．

(1) $K = X_1 + X_2 + \cdots + X_n$ とおくと，大きさ n の Galton Board の最下段においてボール
    が出てくる出口は $\boxed{K}$ であり，特に $\mathbf{P}(K = k) = a_n(k)$ である．

(2) $\mu = \mathbf{E}[X_k] = \frac{1}{2}$, $\sigma^2 = \mathrm{Var}(X_k) = \frac{1}{4}$ であり，いまの文脈では中心極限定理 (定
    理 2.60 ➡ p. 63) に現れる統計量について次が成り立つ．

$$\frac{\overline{X}_n - \mu}{\sqrt{\sigma^2/n}} = \frac{\left(\begin{array}{c} \text{ボールが出てくる} \\ \text{出口の番号} \end{array} \right) - \frac{n}{2}}{\frac{\sqrt{n}}{2}}$$

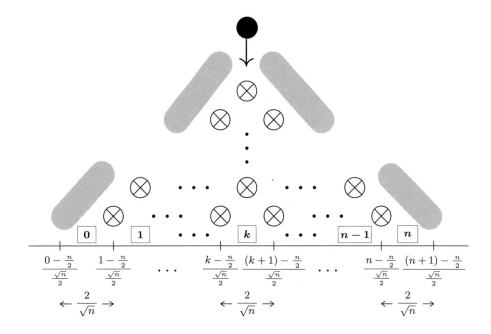

そこで上図のように大きさ n の Galton Board の出口 $\boxed{k}$ の左側にある杭 (もしくは壁) を数直
線上の点 $\dfrac{k - \frac{n}{2}}{\frac{\sqrt{n}}{2}}$ に位置させることを考えよう．これは次のことを行うという意味である．

- 大きさ n の Galton Board 最下段の中心を数直線の原点に位置させる．
- 各隣接する杭は，数直線の中で距離 $\dfrac{2}{\sqrt{n}}$ だけ離して置き直す．(杭の間隔に合わせて
  ボールの大きさも変更する．)

このとき $n \to \infty$ とする操作は Galton Board を大きくしていくこととなるが，n の大き
さに合わせて杭を数直線内に**再配置するというこの操作は，その度合いに合わせて遠目で
Galton Board を見ることに相当する**．こうして遠目で見る ($n \to \infty$ とする) ときに Galton
Board がどのように見えるかというと，

○ 隣接する杭の間隔 $\dfrac{2}{\sqrt{n}}$ (= (一個の出口の幅)) は 0 に近づいていく。

○ 最も左にある壁 (出口 $\boxed{0}$ の左壁) の位置 $\dfrac{0 - \frac{n}{2}}{\frac{\sqrt{n}}{2}}$ は負の無限大へ発散していく。

○ 最も右にある壁 (出口 $\boxed{n}$ の右壁) の位置 $\dfrac{(n + 1) - \frac{n}{2}}{\frac{\sqrt{n}}{2}}$ は正の無限大へ発散していく。

つまり「$n \to \infty$ のとき Galton Board の下段は数直線を埋め尽くしていき，しかもボールが落ちていく出口の幅は 0 に近づいていく」から，この極限において数直線内の点 x にボールが落ちてくる「確率」のようなものがあるであろうという気がしてくる (だろうか?)。

そこで，十分大きな n をとるごとに，出口 $\boxed{k}$ の両側の杭 (もしくは壁) が点 x を挟むような $k = k_n$ をとっておこう。これは次の不等式をみたす整数 $k = k_n$ を取ったということに他ならない。

$$\underbrace{\frac{k_n - \frac{n}{2}}{\frac{2}{\sqrt{n}}}}_{\substack{\text{出口 } \boxed{k} \text{ の左杭 (壁)} \\ \text{の数直線内での位置}}} \leqq x \leqq \underbrace{\frac{(k_n + 1) - \frac{n}{2}}{\frac{2}{\sqrt{n}}}}_{\substack{\text{出口 } \boxed{k} \text{ の右杭 (壁)} \\ \text{の数直線内での位置}}}$$

確率 $a_n(k)$ は出口 $\boxed{k}$ からボールが落ちてくる確率を表すのであったが，これは数直線の世界の言葉でいえば $a_n(k_n) = \left(\substack{\text{区間 } \left[\frac{k_n - \frac{n}{2}}{\frac{2}{\sqrt{n}}}, \frac{(k_n + 1) - \frac{n}{2}}{\frac{2}{\sqrt{n}}} \right] \text{ に} \\ \text{ボールが落ちてくる確率}} \right)$ と解釈でき，これを単位区間あたりの確率に換算すれば

$$\frac{\left(\substack{\text{区間 } \left[\frac{k_n - \frac{n}{2}}{\frac{2}{\sqrt{n}}}, \frac{(k_n + 1) - \frac{n}{2}}{\frac{2}{\sqrt{n}}} \right] \text{ に} \\ \text{ボールが落ちてくる確率}} \right)}{\left(\substack{\text{区間 } \left[\frac{k_n - \frac{n}{2}}{\frac{2}{\sqrt{n}}}, \frac{(k_n + 1) - \frac{n}{2}}{\frac{2}{\sqrt{n}}} \right] \text{ の長さ}} \right)} = \frac{\sqrt{n}}{2} a_n(k_n)$$

となる。ここで次の事実を使ってみよう (本項の内容を一通り読み終わるまでこの問の内容は一旦認めること!)。

問 2.68　De Moivre–Laplace の局所極限定理 (証明 ➡ 付録)
数直線上の点 x に対する上の n と $k = k_n$ の取り方の下で，次を示せ。

$$\frac{\sqrt{n}}{2} a_n(k_n) \xrightarrow{n \to \infty} \frac{e^{-\frac{x^2}{2}}}{\sqrt{2\pi}}$$

ゆえに問 2.68 のことを用いれば

$$
\frac{\left(\begin{array}{c}\text{区間}\left[\frac{k_n-\frac{n}{2}}{\frac{2}{\sqrt{n}}},\frac{(k_n+1)-\frac{n}{2}}{\frac{2}{\sqrt{n}}}\right]\text{に}\\ \text{ボールが落ちてくる確率}\end{array}\right)}{\left(\text{区間}\left[\frac{k_n-\frac{n}{2}}{\frac{2}{\sqrt{n}}},\frac{(k_n+1)-\frac{n}{2}}{\frac{2}{\sqrt{n}}}\right]\text{の長さ}\right)}\xrightarrow{n\to\infty}\frac{e^{-\frac{x^2}{2}}}{\sqrt{2\pi}}\tag{2.4.2}
$$

ということになる。つまり，$n\to\infty$ のときボールは点 x に標準正規分布 N$(0,1)$ の確率 (密度) $(2\pi)^{-1/2}\exp\left(-\frac{x^2}{2}\right)$ で落ちてくるというわけである。

これで当初の疑問には一つの解答を与えて一段落したわけであるが，話はまだ終わりではない。$a_n(k)$ は，大きさが n の Galton Board にボールを一個放り込んだとき，左から k 番目の出口から出てくる確率を表すのであった。このとき大数の法則 (定理 2.51 ● p. 51) は次の事実を確率 1 で保証している。

$$
\frac{1}{N}\left(\begin{array}{c}\text{大きさ }n\text{ の Galton Board に}\\ N\text{ 個のボールを放り込んだとき}\\ \text{出口 }\boxed{k}\text{ から出てきたボールの個数}\end{array}\right)=\frac{1}{N}\#\left\{i\leqq N:\begin{array}{c}\text{大きさ }n\text{ の Galton Board に}\\ \text{放り込んだ }i\text{ 番目のボールが}\\ \text{出口 }\boxed{k}\text{ から出てきた}\end{array}\right\}
$$

$$
\overset{\substack{\text{大数の法則}\\(\text{● p. 51})\\N\to\infty}}{\to}\mathbf{P}\left(\begin{array}{c}\text{大きさ }n\text{ の Galton Board に}\\ \text{放り込んだ一個のボールが}\\ \text{出口 }\boxed{k}\text{ から出てくる}\end{array}\right)=a_n(k)\tag{2.4.3}
$$

ここで重要なことの一つは，$a_n(k)$ の値は実験によってその近似値を得ることができるということである。つまり (2.4.2) と (2.4.3) から，十分大きな n (**Galton Board の大きさ**) と N (放り込むボールの数) を取れば

$$
\left(\begin{array}{c}\text{大きさ }n\text{ の Galton Board に}\\ N\text{ 個のボールを放り込んだ}\\ \text{とき }k_n\text{ 番目の出口から出て}\\ \text{きたボールの個数}\end{array}\right)\quad\text{が}\quad\frac{2N}{\sqrt{n}}\frac{e^{-\frac{x^2}{2}}}{\sqrt{2\pi}}\quad\text{に十分近い}
$$

ことになるわけであるが，これは実際に実験してみれば (つまり大きな Galton Board を作って，たくさんのボールを放り込んでみれば) 目で見て確認できるのである! ただし，出口から出てきたボールの個数を数えるのは大変であるから，各出口に積み重なったボールの高さを見ることによりボールの個数を数えたことにしよう。

問 2.69　実験結果の確認
動画サイトで「Galton Board」を検索してその実験結果を確認せよ。

Galton Board にたくさんのボールを放り込んだとき，ボールが山型に堆積していくことは想像に容易いが，これまでの内容から，この山の形が概ね $\exp\left(-\frac{x^2}{2}\right)$ の定数倍として書ける，というわけなのである。

2.5 検定

正規母集団 $N(\mu, \sigma^2)$ の母数 μ と σ^2 のうち，知りたい方に注目しよう。提示された勝手な数 b に対して，

$$仮説 \mathrm{H}_1: \boxed{\text{知りたい母数}} \neq \boxed{b} \quad が成り立つ$$

を検討するとき，この典型的な流れは以下の通りである。

両側検定の手順

正規母集団 $N(\mu, \sigma^2)$ から大きさ n の無作為標本 $X_1, X_2, \ldots, X_n$ を抽出するとき，状況に応じて T を次のように定め，これを**検定統計量**とよぶ。

$$
T = \begin{cases}
\dfrac{\overline{X}_n - \boxed{b}}{\sqrt{\sigma^2/n}} & (\text{知りたい母数が}\ \boxed{\mu}\ \text{で，かつ}\ \sigma^2\ \text{が既知のとき}) \\[2.5ex]
\dfrac{\overline{X}_n - \boxed{b}}{\sqrt{U_n/n}} & (\text{知りたい母数が}\ \boxed{\mu}\ \text{で，かつ}\ \sigma^2\ \text{が未知のとき}) \\[2.5ex]
\dfrac{n \cdot \widehat{\Sigma}_n^2}{\boxed{b}} & (\text{知りたい母数が}\ \boxed{\sigma^2}\ \text{で，かつ}\ \mu\ \text{が既知のとき}) \\[2.5ex]
\dfrac{n \cdot V_n}{\boxed{b}} & (\text{知りたい母数が}\ \boxed{\sigma^2}\ \text{で，かつ}\ \mu\ \text{が未知のとき})
\end{cases}
$$

← $\boxed{\text{知りたい母数}}$ と比較している $\boxed{b}$ が，T に忍ばされていることに注意せよ。

(1) **帰無仮説** H_0: $\boxed{\text{知りたい母数}} = \boxed{b}$ を仮定する。

(2) 目標に応じて $0 < \alpha < 1$ を指定しておく。この**帰無仮説の下では**，公式 2.66 (❯ p. 68) より T の分布がわかるから，対応する分布表を見て両側 $100\alpha\%$ 点 $z_{1-\frac{\alpha}{2}}$, $z_{\frac{\alpha}{2}}$ をとる。

$$\mathbf{P}(E) = \alpha, \quad ただし\ E = \{T \leqq z_{1-\frac{\alpha}{2}}\} \cup \{z_{\frac{\alpha}{2}} \leqq T\}$$

(3) 実際に標本調査を行って大きさ n の無作為標本 $X_1, X_2, \ldots, X_n$ の実現値からなる 1 次元データ $x = (x_1, x_2, \ldots, x_n)$ を得たとき，これらを用いて T の一つの実現値 t を得る。このとき

(3a) t が区間 $(-\infty, z_{1-\frac{\alpha}{2}}]$ もしくは $[z_{\frac{\alpha}{2}}, \infty)$ に含まれるなら仮説 H_0 を棄却する (これは $100\alpha\%$ で起こりうるシナリオ)。

→ $\boxed{\text{知りたい母数}} = \theta$ であるような世界を $\mathrm{World}(\theta)$ とかくことにすれば，「我々は $\mathrm{World}(b)$ にはいないであろう」という判断に $100(1-\alpha)\%$ の「自信」をもつことになる。

(3b) t が区間 $(z_{1-\frac{\alpha}{2}}, z_{\frac{\alpha}{2}})$ に含まれるなら仮説 H_0 を棄却しない (これは $100(1-\alpha)\%$ で起こりうるシナリオ)。

　この流れから，もし (3a) を経由して H_1 を結論したとき，これは統計的に比較的強い根拠をもつであろう。**事象 E が仮説 H_0 の下で起こりにくいほど** (つまり α が 0 に近いほど)，**この統計的な根拠は強まる**。(3b) を経由して得られる結論は「事象 E に着目する分には仮説 H_0 を否定する十分な根拠は無かった」という程度であるから，(3a) のときよりも統計的な根拠は弱い。ゆえにこの類の検定の使用者として適切なのは，(3a) を経由して仮説 H_0 を否定することで H_1 を結論したい，つまり **H_1 が正しいことを期待する者**である。

定義 2.70　帰無仮説・対立仮説

　このように，否定することを目的として立てる仮説 H_0 を**帰無仮説** (null hypothesis) といい，主張したい仮説 H_1 を**対立仮説** (alternative hypothesis) とよぶ。

　上の手続きを「**対立仮説 H_1 に対する帰無仮説 H_0 の両側(仮説)検定**」という。

定義 2.71　有意水準・信頼度・棄却域

　H_1 に対する H_0 の両側検定 (「H_0 vs. H_1」とも表す) において，

(i) α を**危険率**あるいは**有意水準**(level of significance)，$1 - \alpha$ を**信頼度**とよぶ。

(ii) 上の手順 (3a) に現れる領域 $(-\infty, z_{1-\frac{\alpha}{2}}] \cup [z_{\frac{\alpha}{2}}, \infty)$ を帰無仮説の**棄却域**(critical region) とよぶ。

練習問題 2.72　母平均の検定—母分散が既知の場合—

　とある清涼飲料を充填する機械について，充填する量は，そのばらつきが標準偏差 20 〔ml〕の正規分布に従うことがわかっている。この充填機によって充填され，500 〔ml〕入り清涼飲料として販売された商品を無作為に 100 本購入してその容量を測定したところ，その平均は 495 〔ml〕であった。この清涼飲料の充填量は 500 〔ml〕に設定されているといえるかどうか，次に示す有意水準で仮説検定せよ。

(1) 有意水準 5%　　　　(2) 有意水準 1%

- -

解答例　母分散が $\sigma^2 = 20^2$ 〔ml^2〕として既知の場合の母平均の検定である。

　無作為に選んで購入する 100 本の内容量を $X_1, X_2, \ldots, X_{100} \sim \mathrm{N}(\mu, \sigma^2)$ とし，帰無仮説を $H_0 : \mu = 500$ 〔ml〕，対立仮説を $H_1 : \mu \neq 500$ 〔ml〕とする。$T = \dfrac{\overline{X}_{100} - 500}{\sqrt{20^2/100}}$ とおくと，H_0 の下では $T = \dfrac{\overline{X}_{100} - \mu}{\sqrt{20^2/100}} \sim \mathrm{N}(0, 1)$ である。有意水準が $100\alpha\%$ のとき，$\mathrm{N}(0, 1)$ の両側 $100\alpha\%$ 点を $\pm z_{\frac{\alpha}{2}}$ とおくと，棄却域は $(-\infty, -z_{\frac{\alpha}{2}}] \cup [z_{\frac{\alpha}{2}}, \infty)$ である。

　購入した 100 本の容量を調べて得られた $X_1, X_2, \ldots, X_{100}$ の実現値を $x = (x_1, x_2, \ldots, x_{100})$ とおくと $\overline{x} = 495$ 〔ml〕であるから，この調査の結果得られた T の実現値 t は $t = \dfrac{\overline{x} - 500}{\sqrt{20^2/100}} = \dfrac{495 - 500}{\sqrt{20^2/100}} = -2.5$。以下，有意水準を決めるごとに t が棄却域にあるかないかを調べる。

(1) 有意水準が $100\alpha\% = 5\%$ のとき $\alpha = 0.05$ である。$z_{\frac{\alpha}{2}} = z_{0.025} \fallingdotseq 1.96$ であるから，棄却域は $(-\infty, -1.96] \cup [1.96, \infty)$。$t = -2.5$ は棄却域にあるから H_0 は棄却され，有意水準 5% ではこの清涼飲料の充填量が 500〔ml〕に設定されていないと結論される。

(2) 有意水準が $100\alpha\% = 1\%$ のとき $\alpha = 0.01$ である。$z_{\frac{\alpha}{2}} = z_{0.005} \fallingdotseq 2.58$ であり，棄却域は $(-\infty, -2.58] \cup [2.58, \infty)$。$t = -2.5$ は棄却域の外にあるから H_0 は棄却できず，有意水準 1% ではこの清涼飲料の充填量が 500〔ml〕に設定されていないとはいえない。

練習問題 2.73　母平均の検定—母分散が未知の場合—

500〔ml〕入り清涼飲料として販売された商品を無作為に 100 本購入してその容量を測定したところ，その平均は 495〔ml〕，標準偏差は 20〔ml〕であった。この清涼飲料の充填量は 500〔ml〕に設定されているといえるか，次に示す有意水準で仮説検定せよ。ただし，この商品の内容量は正規分布に従うとみなせるものとする。

(1) 有意水準 5%　　　　(2) 有意水準 1%

解答例　母分散 σ^2〔ml^2〕が未知の場合の母平均の検定である。

無作為に選んで購入する 100 本の内容量を $X_1, X_2, \ldots, X_{100} \sim N(\mu, \sigma^2)$ とし，帰無仮説を $H_0: \mu = 500$〔ml〕，対立仮説を $H_1: \mu \neq 500$〔ml〕とする。$T = \dfrac{\overline{X}_{100} - 500}{\sqrt{U_{100}/100}}$ とおくと，H_0 の下では $T = \dfrac{\overline{X}_{100} - \mu}{\sqrt{U_{100}/100}} \sim t_{99}$ である。有意水準が $100\alpha\%$ のとき，t_{99} の両側 $100\alpha\%$ 点を $\pm z_{\frac{\alpha}{2}}$ とおくと，棄却域は $(-\infty, -z_{\frac{\alpha}{2}}] \cup [z_{\frac{\alpha}{2}}, \infty)$ である。

購入した 100 本の内容量を調べて得られた $X_1, X_2, \ldots, X_{100}$ の実現値を $x = (x_1, x_2, \ldots, x_{100})$ とおくと $\overline{x} = 495$〔ml〕，$v_x = 20^2$〔ml^2〕であるから，関係式 $U_{100} = \dfrac{100}{99} V_{100}$ を用いて調査の結果得られた T の実現値 t を計算すると

$$t = \frac{\overline{x} - 500}{\sqrt{\left(\frac{100}{99} v_x\right)/100}} = \frac{495 - 500}{\sqrt{\left(\frac{100}{99} 20^2\right)/100}} \fallingdotseq -2.49.$$

以下，有意水準を決めるごとに t が棄却域にあるかないかを調べる。

(1) 有意水準が $100\alpha\% = 5\%$ のとき $\alpha = 0.05$。$z_{\frac{\alpha}{2}} = z_{0.025} \fallingdotseq 1.98$ であるから，棄却域は $(-\infty, -1.98] \cup [1.98, \infty)$。$t \fallingdotseq -2.49$ は棄却域にあるから H_0 は棄却され，有意水準 5% ではこの清涼飲料の充填量が 500ml に設定されていない結論する。

(2) 有意水準が $100\alpha\% = 1\%$ のとき $\alpha = 0.01$。$z_{\frac{\alpha}{2}} = z_{0.005} \fallingdotseq 2.63$ であるから，棄却域は $(-\infty, -2.63] \cup [2.63, \infty)$。$t \fallingdotseq -2.49$ は棄却域の外にあるから H_0 は棄却できず，有意水準 1% ではこの清涼飲料の充填量が 500〔ml〕に設定されていないとはいえない。

コメント　正規母集団の仮定のもとでは上のように t 分布を用いる方が正確ではあるものの，99 個という標本の大きさはそれなりに大きいため，標準正規分布と自由度 99 の t 分布の差異は小さく，標準正規分布により近似しても棄却域はそれほど違わないことがわかる。

練習問題 2.74　母分散の検定

　銘菓「さといもの村」を作る機械は 1 個あたり平均 4.00〔g〕，重さのばらつきは標準偏差 0.20〔g〕で作るように設定されている。さといもの村 20 個を無作為に取り出して重さを測定したところ，平均 4.20〔g〕，標準偏差 0.15〔g〕であった。なお，このお菓子の 1 個あたりの重量は正規分布に従うとみなせるという。

(1) 平均重量が 4.00〔g〕となるように正しく作られているかを危険率 5 ％で検定せよ。

(2) 重さのばらつきは標準偏差 0.20〔g〕であるという宣伝文句に疑いが生じた。重さのばらつきが本当に標準偏差 0.20〔g〕であるかどうかを危険率 5 ％で仮説検定せよ。

- -

コメント 1　(1) は母分散が $\sigma^2 = (0.20)^2$〔g^2〕と既知の場合の母平均の仮説検定であり，(2) は本当の母分散 σ^2〔g^2〕を未知と考えた仮説検定を意図したものである。

- -

解答例　無作為に選ぶ 20 個のさといもの村の重さを $X_1, X_2, \ldots, X_{100} \sim \mathrm{N}(\mu, \sigma^2)$ とする。調査の結果得られた $X_1, X_2, \ldots, X_{20}$ の実現値を $x = (x_1, x_2, \ldots, x_{20})$ とおくと $\overline{x} = 4.20$〔g〕，$\sqrt{v_x} = 0.15$〔g〕であったというのが設定である。

　(1) 帰無仮説 $\mathrm{H}_0 : \mu = 4.00$〔g〕を対立仮説 $\mathrm{H}_1 : \mu \neq 4.00$〔g〕に対して危険率 5 ％で検定する。母分散は $\sigma^2 = (0.20)^2$〔g^2〕と既知であるから $T = \dfrac{\overline{X}_{20} - 4.00}{\sqrt{\sigma^2/20}}$ とおく。

　H_0 を仮定する。このとき $T = \dfrac{\overline{X}_{20} - \mu}{\sqrt{\sigma^2/20}} \sim \mathrm{N}(0, 1)$ であり，$\mathrm{N}(0, 1)$ の両側 5 ％点を $\pm z_{0.025}$ とおくと「$T \leq -z_{0.025}$ または $z_{0.025} \leq T$」が成り立つ確率は 5 ％と小さい。今回の調査の結果，T の実現値 t は $t = \dfrac{\overline{x} - 4.00}{\sqrt{\sigma^2/20}} = \dfrac{4.20 - 4.00}{\sqrt{(0.15)^2/20}} \fallingdotseq 5.96$。一方 $z_{0.025} \fallingdotseq 1.96$ であるから棄却域は $(-\infty, -1.96] \cup [1.96, \infty)$。$t \fallingdotseq 5.96$ の値は棄却域にあるから H_0 は棄却され，さといもの村は平均重量が 4.00〔g〕となるよう作られていないと結論する。

　(2) $\mathrm{H}_0 : \sigma = 0.20$〔g〕を $\mathrm{H}_1 : \sigma \neq 0.20$〔g〕に対して危険率 5 ％で検定するために $T = \dfrac{20 \cdot V_{20}}{(0.20)^2}$ とおく。

　H_0 を仮定する。このとき $T = \dfrac{20 \cdot V_{20}}{\sigma^2} \sim \chi_{19}^2$ であり，χ_{19}^2 の両側 5 ％点を $z_{0.975}$, $z_{0.025}$ とおくと「$T \leq z_{0.975}$ または $z_{0.025} \leq T$」が成り立つ確率は 5 ％と小さい。今回の調査の結果，T の実現値 t は $t = \dfrac{20 \cdot v_x}{\sigma^2} = \dfrac{20 \cdot (0.15)^2}{(0.20)^2} = 11.25$。一方 $z_{0.975} \fallingdotseq 8.91$, $z_{0.025} \fallingdotseq 32.5$ であるから棄却域は $(-\infty, 8.91] \cup [32.5, \infty)$。$t \fallingdotseq 11.25$ は棄却域の外にあるから H_0 は棄却できず，有意水準 5 ％では重さのばらつきは標準偏差 0.20〔g〕であることを否定できない。

- -

コメント 2　(2) のように非負の値をとる統計量を用いる場合は，$(-\infty, z_{1-\frac{\alpha}{2}}] \cup [z_{\frac{\alpha}{2}}, \infty)$ というよりも $(0, z_{1-\frac{\alpha}{2}}] \cup [z_{\frac{\alpha}{2}}, \infty)$ を実質的な棄却域と考えてもよい。

練習問題 2.75　尤度比検定への導入

正規母集団 $N(\mu, \sigma^2)$ の母分散 μ について知見を得たい。この正規母集団から大きさ n の無作為標本 $\mathbf{X} = (X_1, X_2, \ldots, X_n)$ を抽出する。標本調査の結果，明らかになった $\mathbf{X}$ の実現値を $\mathbf{x}^{\mathrm{obs}} = (x_1^{\mathrm{obs}}, x_2^{\mathrm{obs}}, \ldots, x_n^{\mathrm{obs}})$ とする。次に指定される θ を未知の母数と考える。

(a) $\theta = \mu$ は未知，σ^2 が既知である場合。$\theta = \mu$ の範囲は実数の全体と考える。

(b) $\theta = (\mu, \sigma^2)$ は未知である場合。$\theta = (\mu, \sigma^2)$ の範囲は，μ は実数全体，σ^2 は正数の全体と考える。

この θ が動く範囲内の一点 θ_0 をとる。(a) の場合はこの θ_0 を μ_0 と表し，(b) の場合は θ_0 を (μ_0, σ_0^2) と表す。

(1) 上の (a) と (b) のそれぞれの場合において，仮説検定「$H_0: \theta = \theta_0$ vs. $H_1: \theta \neq \theta_0$」で用いる検定統計量を T，$\mathbf{x}^{\mathrm{obs}}$ に基づく T の実現値を t_{obs} とするとき，次の二条件が同値であることを示せ。

　(i) 有意水準 α で H_0 は棄却される。　　(ii) $\mathbf{P}(|T| \geqq |t_{\mathrm{obs}}|) \leqq \alpha$

この正規母集団 $N(\mu, \sigma^2)$ の p.d.f. を $f(x)$ により表す。関数 $f(x)$ は実数 μ と正数 σ^2 をパラメータにもつことに注意せよ。一般に，1 次元データ $\mathbf{x} = (x_1, x_2, \ldots, x_n)$ に対して，$f_n(\mathbf{x}) = f(x_1) f(x_2) \cdots f(x_n)$ と定める。$\mathbf{x}$ の平均を $\overline{x}$，分散を $v_{\mathbf{x}}$ により表す。

(2) $f_n(\mathbf{x})$ について，次の二通りの表示を確かめよ。

$$f_n(\mathbf{x}) = \left((2\pi\sigma^2)^n \exp\left\{ \frac{n \cdot \hat{\sigma}^2}{\sigma^2} \right\} \right)^{-\frac{1}{2}} \qquad \text{ただし } \hat{\sigma}^2 = \frac{1}{n}\sum_{i=1}^n (x_i - \mu)^2$$

$$= \left(\exp\left\{ \left(\frac{\overline{x} - \mu}{\sqrt{\sigma^2/n}} \right)^2 \right\} \right)^{-\frac{1}{2}} \left((2\pi\sigma^2)^n \exp\left\{ \frac{n \cdot v_{\mathbf{x}}}{\sigma^2} \right\} \right)^{-\frac{1}{2}}$$

次に $\mathrm{lr}(\mathbf{x}) = \dfrac{\max\limits_{\theta} f_n(\mathbf{x})}{\max\limits_{\theta:\, \mu = \mu_0} f_n(\mathbf{x})}$ と定め，$\mathrm{LR} = \mathrm{lr}(\mathbf{X})$ とおく。

(3) 上の (a) と (b) のそれぞれの場合に前問 (1) で用いた統計量 T およびその実現値 t_{obs} について次の二条件の同値性を確かめよ。

　(iii) $|T| \geqq |t_{\mathrm{obs}}|$　　　　(iv) $\mathrm{LR} \geqq \mathrm{lr}(\mathbf{x}^{\mathrm{obs}})$

解答例　1 次元データ $\mathbf{x}^{\mathrm{obs}}$ の平均，分散，不偏分散，$\hat{\sigma}^2$ の値をそれぞれ $\overline{x}_{\mathrm{obs}}$, v_{obs}, u_{obs}, $\hat{\sigma}_{\mathrm{obs}}^2$ により表す。

(1) (a) の場合 $T = \dfrac{\overline{X}_n - \mu}{\sqrt{\sigma^2/n}} \sim N(0, 1)$, $t_{\mathrm{obs}} = \dfrac{\overline{x}_{\mathrm{obs}} - \mu}{\sqrt{\sigma^2/n}}$ である。$N(0, 1)$ の両側 $100\alpha\%$ 点を $\pm z_{\frac{\alpha}{2}}$ とおくと，(i) $\Longleftrightarrow |t_{\mathrm{obs}}| \geqq z_{\frac{\alpha}{2}} \Longleftrightarrow \mathbf{P}(|T| \geqq |t_{\mathrm{obs}}|) \leqq \mathbf{P}(|T| \geqq z_{\frac{\alpha}{2}}) = \alpha$。最後の条件は (ii) に他ならない。(b) の場合は $T = \dfrac{\overline{X}_n - \mu}{\sqrt{U_n/n}} \sim t_{n-1}$, $t_{\mathrm{obs}} = \dfrac{\overline{x}_{\mathrm{obs}} - \mu}{\sqrt{u_{\mathrm{obs}}/n}}$ であるが，残りは (a) の場合と同様である。

(2) 単純な計算であるから，解答は省略する。

(3) $\mathbf{x}$ を固定して θ の関数 $f_n(\mathbf{x})$ を最大値を求めると，(a) の場合は $\theta = \overline{x}$ のとき最大値

$$\max_{\theta} f_n(\mathbf{x}) = \left((2\pi\sigma^2)^n \exp\left\{\frac{n \cdot v_{\mathbf{x}}}{\sigma^2}\right\} \right)^{-\frac{1}{2}}$$

をとる。(b) の場合，$\theta = (\mu, \sigma^2)$ の関数 $f_n(\mathbf{x})$ についてまず σ^2 に関して最大化した後，μ に関して最大化すると，$\theta = (\overline{x}, v_{\mathbf{x}})$ のときに最大値 $\max_{\theta} f_n(\mathbf{x}) = (2\pi e \cdot v_{\mathbf{x}})^{-\frac{n}{2}}$ をとることがわかる。また μ を μ_0 に固定して σ^2 について最大化すると

$$\max_{\theta:\, \mu=\mu_0} f_n(\mathbf{x}) = \left((2\pi e \cdot v_{\mathbf{x}}) \exp\left\{ \left(\frac{\overline{x} - \mu_0}{\sqrt{v_{\mathbf{x}}}} \right)^2 \right\} \right)^{-\frac{n}{2}}$$

である。ゆえに次式を得る。

$$\text{(a):} \quad \mathrm{lr}(\mathbf{x}) = \exp\left\{ \frac{1}{2} \left(\frac{\overline{x} - \mu_0}{\sqrt{\sigma^2/n}} \right)^2 \right\}, \quad \text{(b):} \quad \mathrm{lr}(\mathbf{x}) = \exp\left\{ \frac{1}{2} \left(\frac{\overline{x} - \mu_0}{\sqrt{v_{\mathbf{x}}/n}} \right)^2 \right\}$$

(b) の場合，

$$(\text{iv}) \iff \left(\frac{\overline{X}_n - \mu_0}{\sqrt{V_n/n}} \right)^2 \geqq \left(\frac{\overline{x}_{\mathrm{obs}} - \mu_0}{\sqrt{v_{\mathrm{obs}}/n}} \right)^2 \iff \left| \frac{\overline{X}_n - \mu_0}{\sqrt{V_n/n}} \right| \geqq \left| \frac{\overline{x}_{\mathrm{obs}} - \mu_0}{\sqrt{v_{\mathrm{obs}}/n}} \right|$$

であり，最後の条件について $V_n = \dfrac{n-1}{n} U_n$，$v_{\mathrm{obs}} = \dfrac{n-1}{n} u_{\mathrm{obs}}$ を用いて整理すると $|T| = \left| \dfrac{\overline{X}_n - \mu_0}{\sqrt{U_n/n}} \right| \geqq \left| \dfrac{\overline{x}_{\mathrm{obs}} - \mu_0}{\sqrt{u_{\mathrm{obs}}/n}} \right| = |t_{\mathrm{obs}}|$ であり，これは条件 (iii) に他ならない。(a) の場合も同様である。

コメント (2) の $f_n(\mathbf{x})$ の式に検定統計量の「型」となる項 $\dfrac{n \cdot \hat{\sigma}^2}{\sigma^2}$，$\dfrac{\overline{x} - \mu}{\sqrt{\sigma^2/n}}$，$\dfrac{n \cdot v_{\mathbf{x}}}{\sigma^2}$ があることに気づく。注目する母数を選択するごとに LR を計算すると，$\mathrm{lr}(\mathbf{x})$ が比で定義されていることから，状況に対応する検定統計量がむき出しで現れる。この $\mathrm{lr}(\mathbf{x}^{\mathrm{obs}})$ は**尤度比** (◐ p. 284) とよばれ，母集団の p.d.f. と仮説を指定するだけで定義できるだけでなく，仮説検定の手続きを「$\mathbf{P}(\mathrm{LR} \geqq \mathrm{lr}(\mathbf{x}^{\mathrm{obs}})) \leqq \alpha$ のとき H_0 を棄却する」手続きへと一般化する方向性を提供してくれるのである。この点で，状況に応じた特別な検定統計量 T を考え出す必要がないというメリットがある。このように尤度比に基づく検定を尤度比検定といい，この理論的な側面の一部は 9.6.1 項 (◐ p. 283) で紹介する。

ちなみに μ ではなく $\theta = \sigma^2$ について知見を得たいとき，μ が既知の場合は χ_n^2 の右側 $100\alpha\%$ 点 z_α を用いて次の同値性が得られる。

$$\frac{n \cdot \hat{\sigma}_{\mathrm{obs}}^2}{\sigma^2} \geqq z_\alpha \iff \mathbf{P}\left(\underbrace{\frac{n \cdot \widehat{\Sigma}_n^2}{\sigma^2} \geqq \frac{n \cdot \hat{\sigma}_{\mathrm{obs}}^2}{\sigma^2}}_{\Leftrightarrow\, \mathrm{LR} \,\geqq\, \mathrm{lr}(\mathbf{x}^{\mathrm{obs}})} \right) \leqq \alpha$$

母平均 μ の値が未知の場合も z_α を χ_{n-1}^2 の右側 $100\alpha\%$ 点として，$\dfrac{n \cdot \widehat{\Sigma}_n^2}{\sigma^2}$，$\dfrac{n \cdot \hat{\sigma}_{\mathrm{obs}}^2}{\sigma^2}$ をそれぞれ $\dfrac{n \cdot V_n}{\sigma^2}$，$\dfrac{n \cdot v_{\mathrm{obs}}}{\sigma^2}$ に置き換えることで同様の同値性が得られる。この文脈で尤度比検定は

「$\dfrac{n \cdot \hat{\sigma}^2_{\text{obs}}}{\sigma^2} \geqq z_\alpha$ のとき H_0 を棄却する」ことへと翻訳できる。この翻訳後の手続きを踏む検定手法を有意水準 α の**右側検定**という。

　(2) の式は，枠組みが少し異なる Bayes 統計学の文脈で正規母集団の母数に対する信用区間が，2.6.2 項（● p. 81）で紹介する信頼区間に一致する事実（練習問題 8.8 ● p. 230，練習問題 8.9 ● p. 233，練習問題 8.11 ● p. 238）の背後に関わっているように見えるが，はっきりとした描像を捉えた数学的な主張はどのように記述できるだろうか。

2.5.1　他の統計量を用いた検定

練習問題 2.76　母比率の検定

　F 市の新生児 100 人を無作為に抽出したところ，男子は 61 人，女子は 39 人であった。F 市では男女ほぼ半々に産まれるとみなせるかについて，次の有意水準で検定せよ。

　(1) 有意水準 5 ％　　　　　　(2) 有意水準 1 ％

コメント　F 市で男子が産まれる確率を p とおき，無作為に選んだ一人が男子なら 1，女子なら 0 をとる確率変数を X とおくと $X \sim \text{Bernoulli}(p)$ である（例 2.31 ● p. 35）。つまり $\text{Bernoulli}(p)$ は F 市における出生性別に対する母集団分布と考えることができる。この類の状況で，p は**母比率**（**population proportion**）とよばれる。この母集団から大きさ n の無作為標本 $X_1, X_2, \ldots, X_n$ を抽出したとき，選ばれた男子の人数 S_n について $S_n = n \cdot \overline{X}_n = X_1 + X_2 + \cdots + X_n \sim \text{binomial}(n, p)$ が成り立つ（例 2.32 ● p. 35）。また母集団分布 $\text{Bernoulli}(p)$ の母平均 μ と母分散 σ^2 について $\mu = \mathbf{E}[X] = p,\ \sigma^2 = \text{Var}(X) = p(1-p)$ であるから，統計量 $\dfrac{S_n - np}{\sqrt{np(1-p)}}$ について中心極限定理（● p. 63）より

$$\frac{S_n - np}{\sqrt{np(1-p)}} = \frac{\overline{X}_n - p}{\sqrt{p(1-p)/n}} = \frac{\overline{X}_n - \mu}{\sqrt{\sigma^2/n}} \overset{\substack{n \text{ が大の} \\ \text{とき概ね}}}{\sim} \text{N}(0, 1).$$

ゆえに n が十分に大きいと考えられる場合，これを基に検定統計量を考えることができる。

解答例　上のコメントを踏まえて，仮説検定「H_0: $p = 0.5$ vs. H_1: $p \neq 0.5$」を行う。検定統計量を

$$T = \frac{S_{100} - 100 \cdot 0.5}{\sqrt{100 \cdot 0.5(1 - 0.5)}}$$

と定める。

　H_0 を仮定する。$n = 100$ の値は十分に大きいと考えると，$T = \dfrac{S_{100} - 100 \cdot p}{\sqrt{100 \cdot p(1-p)}}$ は概ね $\text{N}(0, 1)$ に従うと考えてよい。

　(1) 有意水準が $100\alpha\% = 5\%$ のとき $\alpha = 0.05$ であり，$\text{N}(0, 1)$ の両側 5 ％点を $\pm z_{0.025}$ とすれば「$T \leqq -z_{0.025}$ または $z_{0.025} \leqq T$」が成り立つ確率

$$\mathbf{P}(T \leqq -z_{0.025} \text{ または } z_{0.025} \leqq T) \fallingdotseq 5\%$$

と小さい。調査の結果得られた T の実現値は

$$t = \frac{61 - 100 \cdot 0.5}{\sqrt{100 \cdot 0.5(1 - 0.5)}} = 2.2。$$

一方で $z_{0.025} \fallingdotseq 1.96$ より棄却域は $(-\infty, -1.96] \cup [1.96, \infty)$。$t = 2.2$ は棄却域にあるから H_0 を棄却し，有意水準 5 % では男女ほぼ半々に産まれないと結論する。

(2) 有意水準が $100\alpha\% = 1\%$ のとき $\alpha = 0.01$ であり，$N(0, 1)$ の両側 1 % 点を $\pm z_{0.005}$ とすれば「$T \leqq -z_{0.005}$ または $z_{0.005} \leqq T$」が成り立つ確率は 1 % と小さい。一方で $z_{0.005} \fallingdotseq 2.58$ より棄却域は $(-\infty, -2.58] \cup [2.58, \infty)$。$t = 2.2$ は棄却域の外にあるから H_0 は棄却できず，有意水準 1 % では男女はほぼ半々に産まれていることを否定できない。

▌2.6 推定

母集団について，その母平均 μ や母分散 σ^2 (このような量を母数というのであった ➡ p. 60) の値を知ることを考えよう。これらの値を代表して θ とかくとき，標本調査をすることで θ の値を見積もることを目指す。

2.6.1 点推定の方法

母集団 Π から大きさ n の無作為標本 $X_1, X_2, \ldots, X_n$ が与えられたとき，p. 60 の内容より

$$\overline{X}_n \overset{n \to \infty}{\to} (母平均 \mu), \qquad V_n \overset{n \to \infty}{\to} (母分散 \sigma^2)$$

が成り立つから，実際に標本調査をすることで得られた標本平均 $\overline{X}_n$ と標本分散 V_n (もしくは不偏標本分散 U_n) の値はそれぞれ母平均 μ と母分散 σ^2 の値に近いはずである。こうして標本調査の結果得られた標本平均 $\overline{X}_n$ と標本分散 V_n の実現値をそれぞれ μ と σ^2 の推定値に据えることを**点推定**という。

2.6.2 区間推定の方法

2.4.4 項 (➡ p. 66) の内容により，大きな標本が得られる場合には正規母集団 $N(\mu, \sigma^2)$ の母数 μ や σ^2 について知見が得られればよいのであった。

┊**区間推定の手順**┊

母集団 $N(\mu, \sigma^2)$ から大きさ n の無作為標本 $X_1, X_2, \ldots, X_n$ を抽出するとき，**手順①: 状**

況に応じて (検定統計量と実質的に同じ) 統計量 T を次のように定める。

$$
T = \begin{cases}
\dfrac{\overline{X}_n - \boxed{\mu}}{\sqrt{\sigma^2/n}} & (\text{知りたい母数が} \boxed{\mu} \text{で，かつ} \sigma^2 \text{が既知のとき}) \\[2.5ex]
\dfrac{\overline{X}_n - \boxed{\mu}}{\sqrt{U_n/n}} & (\text{知りたい母数が} \boxed{\mu} \text{で，かつ} \sigma^2 \text{が未知のとき}) \\[2.5ex]
\dfrac{n \cdot \widehat{\Sigma}_n^2}{\boxed{\sigma^2}} & (\text{知りたい母数が} \boxed{\sigma^2} \text{で，かつ} \mu \text{が既知のとき}) \\[2.5ex]
\dfrac{n \cdot V_n}{\boxed{\sigma^2}} & (\text{知りたい母数が} \boxed{\sigma^2} \text{で，かつ} \mu \text{が未知のとき})
\end{cases}
\tag{2.6.1}
$$

← いずれの場合も，T には $\boxed{\text{知りたい母数}}$ を忍ばせており，それ以外は場合に応じて与えられた数であったり，標本調査の結果得られる数値であることに注意せよ。

　目標に応じて $0 < \alpha < 1$ なる α の値を指定し，公式 2.66 (▶ p. 68) と分布表を組み合わせることで，**手順②:** 以下をみたす**両側 100α ％点** $z_{1-\frac{\alpha}{2}}$, $z_{\frac{\alpha}{2}}$ を見つける。

$$
\mathbf{P}\left(z_{1-\frac{\alpha}{2}} < T < z_{\frac{\alpha}{2}}\right) = 1 - \alpha
$$

手順③: T には (**手順①**に示されているように) $\boxed{\text{知りたい母数}}$ が忍ばされているが，上の $\mathbf{P}(...)$ 内の不等式を，その知りたい母数に関して

$$
A < \boxed{\text{知りたい母数}} < B
$$

の形に解く。すると，結果的に

$$
\mathbf{P}\left(A < \boxed{\text{知りたい母数}} < B\right) = 1 - \alpha
$$

という式が得られ，$\boxed{\text{知りたい母数}}$ が ($\overline{X}_n$, U_n, $\widehat{\Sigma}_n^2$, V_n のいずれかを含む) 確率変数 A, B を端点とする区間 (A, B) に属する確率が $100(1 - \alpha)$ ％となる。

▌定義 2.77　信頼区間
_____

　上に現れた区間 (A, B) を，**その母数に対する信頼度**(または**信頼係数**) $100(1 - \alpha)$ ％ の**信頼区間**とよび，上の①–③ の手順で信頼区間を求めることを**区間推定**という。

　ここで A と B は確率変数であるから，信頼区間 (A, B) も確率的に定まる。よって標本調査を行うたびに得られる A の実現値 a と B の実現値 b は変動しうるため，実現値で作られる区間 (a, b) は標本調査のたびに変化しうる。習慣に従い実現値で作られる区間 (a, b) もまた**信頼区間**とよぶが，確率的に定まる信頼区間 (A, B) と区別したい場合には (a, b) を (A, B) の実

現信頼区間とよぶことにする。また $\mathbf{P}\left(A < \boxed{\text{知りたい母数}} < B \right) = 100(1-\alpha)\,\%$ である

が，標本調査の結果確定した a と b を用いた表記 $\mathbf{P}\left(a < \boxed{\text{知りたい母数}} < b \right)$ は本来，意

味をなさない。($\mathbf{P}(...)$ 内の不等式に確率変数が現れないから。定数をとる確率変数と解釈しても $0\,\%$ か $100\,\%$ としての説明しかつかない。) 調査前の立場では「信頼係数 $100(1-\alpha)\,\%$」は「母数の真値を覆うような実現信頼区間が得られる確率」の意味をもつ。**「この正規母集団を 100 回標本調査すれば，およそ $100(1-\alpha)$ 回は各調査ごとに計算される実現信頼区間が母数の真値を覆うことが期待できる」**ということであるから，調査後の立場では「得られた実現信頼区間 (a,b) が母数の真値を含むことに $100(1-\alpha)\,\%$ の自信を持てる」くらいの意味で考えておけばよい。現実に得られたデータの源が正規母集団とは限らない場合は注意が必要である。この場合にデータがいずれかの正規母集団からの無作為標本であるかのように想定することを，後に紹介する「統計モデル」(定義 7.1 ◉ p. 188) 化という。モデルに基づき上の手続きを踏まえて形式的に信頼区間を導出することはできるが，得られた信頼区間の信頼度はこのモデル内の立場のものであり，モデル内に現実世界，あるいはそれに近いと期待できる世界が含まれていない場合，この信頼度が現実世界の我々にとって意味をなす特段の理由があるわけではない。

練習問題 2.78　　母平均の区間推定—母分散が既知の場合—

　　正規母集団とみなしてよいある母集団の収縮期血圧 (最高血圧) の標準偏差は 18.0 〔mmHg〕であることが知られている。その中の 36 人について収縮期血圧を測定したところ平均が 132.0 〔mmHg〕であったという。

　(1) この母集団の収縮期血圧を信頼度 $95\,\%$ で区間推定せよ。

　(2) この母集団の収縮期血圧を信頼度 $99\,\%$ で区間推定せよ。

　(3) この母集団の収縮期血圧の信頼度 $99\,\%$ の信頼区間の幅が 1 〔mmHg〕未満となるために最小限必要な標本の大きさを求めよ。

ただし，推定区間は小数第 1 位に丸めよ。

解答例　母分散が $\sigma^2 = (18.0)^2$ として既知の場合の母平均の区間推定である。

　　抽出される 36 人の収縮期血圧を $X_1, X_2, \ldots, X_{36} \sim \mathrm{N}(\mu, \sigma^2)$ 〔mmHg〕(ただし $\sigma^2 = (18.0)^2$) とおき，統計量 $T = \dfrac{\overline{X}_{36} - \mu}{\sqrt{(18.0)^2/36}} \sim \mathrm{N}(0,1)$ を考える。母平均 μ に対する信頼度 $100(1-\alpha)\,\%$ を求めるとき，$\mathrm{N}(0,1)$ の両側 $100\alpha\,\%$ 点を $\pm z_{\frac{\alpha}{2}}$ とすれば $\mathbf{P}\left(-z_{\frac{\alpha}{2}} < \dfrac{\overline{X}_{36} - \mu}{\sqrt{(18.0)^2/36}} < z_{\frac{\alpha}{2}} \right) = 100(1-\alpha)\,\%$ であり，この $\mathbf{P}(...)$ 内の不等式を μ について解くと $\overline{X}_{36} - z_{\frac{\alpha}{2}}\sqrt{\dfrac{(18.0)^2}{36}} < \mu < \overline{X}_{36} + z_{\frac{\alpha}{2}}\sqrt{\dfrac{(18.0)^2}{36}}$，つまり信頼区間は

$$\left(\overline{X}_{36} - z_{\frac{\alpha}{2}}\sqrt{\frac{(18.0)^2}{36}}, \; \overline{X}_{36} + z_{\frac{\alpha}{2}}\sqrt{\frac{(18.0)^2}{36}} \right).$$

調査のあと明らかになった $X_1, X_2, \ldots, X_{36}$ の実現値を $x = (x_1, x_2, \ldots, x_{36})$ とおくと，$\overline{x} = 132.0$ 〔mmHg〕であったことが読み取れる。

(1) 信頼度が $100(1-\alpha)\,\% = 95\,\%$ の場合，$\alpha = 0.05$ であるから $z_{\frac{\alpha}{2}} = z_{0.025} \fallingdotseq 1.96$。したがって $\overline{x} \pm z_{\frac{\alpha}{2}}\sqrt{\dfrac{(18.0)^2}{36}} = 132.0 \pm 1.96\sqrt{\dfrac{(18.0)^2}{36}} = 126.12,\ 137.88$。これらを小数第 1 位に丸めると $126.1,\ 137.9$。ゆえに求める (実現) 信頼区間は $(126.1, 137.9)$。

(2) 信頼度が $100(1-\alpha)\,\% = 99\,\%$ の場合，$\alpha = 0.01$ であるから $z_{\frac{\alpha}{2}} = z_{0.005} \fallingdotseq 2.58$。したがって $\overline{x} \pm z_{\frac{\alpha}{2}}\sqrt{\dfrac{(18.0)^2}{36}} = 132.0 \pm 2.58\sqrt{\dfrac{(18.0)^2}{36}} = 132.0 \pm 7.74 = 124.26,\ 139.74$。これらを小数第 1 位に丸めると $124.3,\ 139.7$。ゆえに求める (実現) 信頼区間は $(124.3, 139.7)$。

(3) 標本の大きさが 36 でなく一般に n の場合，信頼度 99 ％ の (実現) 信頼区間は $\left(\overline{x} - z_{0.005}\sqrt{\dfrac{(18.0)^2}{n}},\ \overline{x} + z_{0.005}\sqrt{\dfrac{(18.0)^2}{n}}\right)$ であり，この幅は $2 \cdot z_{0.005}\sqrt{\dfrac{(18.0)^2}{n}} = 2 \cdot 2.58 \dfrac{18.0}{\sqrt{n}} = \dfrac{92.88}{\sqrt{n}}$ 〔mmHg〕。これが 1 〔mmHg〕未満になるには，$n > 8626.7$ でなければならない。よって必要最小限の人数は 8627 人。

コメント　(3) の解答例に示されているように，信頼区間の幅は標本の大きさ n に対して $\dfrac{1}{\sqrt{n}}$ の尺度で狭まっていくことがわかる。信頼区間の幅は狭いほど，母数についてよりシャープな評価ができるという意味で，「**解像度**」が高いと表現することができよう。

練習問題 2.79　　母平均の区間推定—母分散が未知の場合—

正規母集団とみなしてよいある母集団の中の 36 人について収縮期血圧を測定したところ平均が 132.0 〔mmHg〕，標準偏差が 18.0 〔mmHg〕であったという。このとき，次の信頼度でこの母集団の収縮期血圧を区間推定せよ。ただし，推定区間は小数第 1 位に丸めよ。

(1) 信頼度 95 ％　　　　　(2) 信頼度 99 ％

解答例　母分散 σ^2 が未知の場合の母平均の区間推定である。

抽出される 36 人の収縮期血圧を $X_1, X_2, \ldots, X_{36} \sim \mathrm{N}(\mu, \sigma^2)$ 〔mmHg〕とおき，統計量 $T = \dfrac{\overline{X}_{36} - \mu}{\sqrt{U_{36}/36}} \sim \mathrm{t}_{35}$ を考える。母平均 μ に対する信頼度 $100(1-\alpha)\,\%$ を求めるとき，t_{35} の両側 $100\alpha\,\%$ 点を $\pm z_{\frac{\alpha}{2}}$ とすれば $\mathbf{P}\left(-z_{\frac{\alpha}{2}} < \dfrac{\overline{X}_{36} - \mu}{\sqrt{U_{36}/36}} < z_{\frac{\alpha}{2}}\right) = 100(1-\alpha)\,\%$ であり，この $\mathbf{P}(\ldots)$ 内の不等式を μ について解くと $\overline{X}_{36} - z_{\frac{\alpha}{2}}\sqrt{\dfrac{U_{36}}{36}} < \mu < \overline{X}_{36} + z_{\frac{\alpha}{2}}\sqrt{\dfrac{U_{36}}{36}}$，つまり信頼区間は

$$\left(\overline{X}_{36} - z_{\frac{\alpha}{2}}\sqrt{\dfrac{V_{36}}{35}},\ \overline{X}_{36} + z_{\frac{\alpha}{2}}\sqrt{\dfrac{V_{36}}{35}}\right).$$

(関係式 $U_{36} = \frac{36}{35}V_{36}$ を用いた。) 調査のあと明らかになった $X_1, X_2, \ldots, X_{36}$ の実現値を $x = (x_1, x_2, \ldots, x_{36})$ とおくと，$\overline{x} = 132.0$ 〔mmHg〕，$\sqrt{v_x} = 18.0$ 〔mmHg〕であったことが読み取れる。

(1) 信頼度が $100(1-\alpha)\,\% = 95\,\%$ の場合，$\alpha = 0.05$ であるから $z_{\frac{\alpha}{2}} = z_{0.025} \fallingdotseq 2.03$。し

たがって $\overline{x} \pm z_{\frac{\alpha}{2}} \sqrt{\dfrac{v_x}{35}} = 132.0 \pm 2.03 \sqrt{\dfrac{(18.0)^2}{35}} \fallingdotseq 132.0 \pm 6.176 = 125.824, 138.176$。これらを小数第 1 位に丸めると $125.8,\ 138.2$。ゆえに求める (実現) 信頼区間は $(125.8, 138.2)$。

(2) 信頼度が $100(1-\alpha)\,\% = 99\,\%$ の場合, $\alpha = 0.01$ であるから $z_{\frac{\alpha}{2}} = z_{0.005} \fallingdotseq 2.72$。したがって $\overline{x} \pm z_{\frac{\alpha}{2}} \sqrt{\dfrac{v_x}{35}} = 132.0 \pm 2.72 \sqrt{\dfrac{(18.0)^2}{35}} \fallingdotseq 132.0 \pm 8.275 = 123.725, 140.275$。これらを小数第 1 位に丸めると $123.7,\ 140.3$。ゆえに求める (実現) 信頼区間は $(123.7, 140.3)$。

練習問題 2.80 母分散の区間推定

銘菓「さといもの村」を 20 個無作為に取り出して重さを測定したところ, 平均 4.20 〔g〕, 標準偏差 0.15 〔g〕であった。ここで, このお菓子の重量は正規分布に従うと考えてよいとする。

(1) 「さといもの村」1 個あたりの重量平均を信頼度 95 % で区間推定し, 推定区間を小数第 2 位に丸めよ。

(2) 「さといもの村」1 個あたりの重量の分散を信頼度 95 % で区間推定し, 推定区間を小数第 4 位に丸めよ。

コメント (1) は母分散 σ^2 〔g^2〕が未知の場合における母平均 μ 〔g〕の区間推定であり, (2) は μ 〔g〕が未知の場合における σ^2 〔g^2〕の区間推定である。

解答例 無作為に選ぶ 20 個のさといもの村の重さを $X_1, X_2, \ldots, X_{100} \sim \mathrm{N}(\mu, \sigma^2)$ とする。調査の結果得られた $X_1, X_2, \ldots, X_{20}$ の実現値を $x = (x_1, x_2, \ldots, x_{20})$ とおくと $\overline{x} = 4.20$ 〔g〕, $\sqrt{v_x} = 0.15$ 〔g〕であったというのが設定である。

(1) 母平均 μ 〔g〕に対する信頼区間を求めるとき, 統計量 $T = \dfrac{\overline{X}_{20} - \mu}{\sqrt{U_{20}/20}} \sim \mathrm{t}_{19}$ を考える。信頼度は $100(1-\alpha)\,\% = 95\,\%$ であるから $\alpha = 0.05$ であり, t_{19} の両側 5 % 点を $\pm z_{0.025}$ とすれば $\mathbf{P}\left(-z_{0.025} < \dfrac{\overline{X}_{20} - \mu}{\sqrt{U_{20}/20}} < z_{0.025}\right) = 95\,\%$ であり, この $\mathbf{P}(...)$ 内の不等式を μ について解くと $\overline{X}_{20} - z_{0.025}\sqrt{\dfrac{U_{20}}{20}} < \mu < \overline{X}_{20} + z_{0.025}\sqrt{\dfrac{U_{20}}{20}}$, つまり信頼区間は

$$\left(\overline{X}_{20} - z_{0.025}\sqrt{\dfrac{V_{20}}{19}},\ \overline{X}_{20} + z_{0.025}\sqrt{\dfrac{V_{20}}{19}}\right).$$

(関係式 $U_{20} = \dfrac{20}{19} V_{20}$ を用いた。) この区間の両端について, 調査の結果得られた実現値は $\overline{x} \pm z_{0.025} \sqrt{\dfrac{v_x}{19}} = 4.20 \pm 2.09 \sqrt{\dfrac{(0.15)^2}{19}} \fallingdotseq 4.20 \pm 0.0344 = 4.1656, 4.2344$。これを小数第 2 位に丸めると $4.17,\ 4.23$。ゆえに求める (実現) 信頼区間は $(4.17, 4.23)$。

(2) 母分散 σ^2 〔g^2〕に対する信頼区間を求めるとき, 統計量 $T = \dfrac{20 \cdot V_{20}}{\sigma^2} \sim \chi^2_{19}$ を考える。信頼度は $100(1-\alpha)\,\% = 95\,\%$ であるから $\alpha = 0.05$ であり, χ^2_{19} の両側 5 % 点を $z_{0.975},\ z_{0.025}$ とすれば $\mathbf{P}\left(z_{0.975} < \dfrac{20 \cdot V_{20}}{\sigma^2} < z_{0.025}\right) = 95\,\%$ であり, この $\mathbf{P}(...)$ 内の

不等式を μ について解くと $\dfrac{20\cdot V_{20}}{z_{0.025}}<\sigma^2<\dfrac{20\cdot V_{20}}{z_{0.975}}$，つまり信頼区間は

$$\left(\frac{20\cdot V_{20}}{z_{0.025}},\frac{20\cdot V_{20}}{z_{0.975}}\right)。$$

この区間の両端について，調査の結果得られた実現値は $\dfrac{20\cdot v_x}{z_{0.025}}=\dfrac{20\cdot(0.15)^2}{32.85}\fallingdotseq 0.013697$，$\dfrac{20\cdot v_x}{z_{0.975}}=\dfrac{20\cdot(0.15)^2}{8.91}\fallingdotseq 0.050505$。これを小数第 4 位に丸めると 0.0137，0.0505。ゆえに求める (実現) 信頼区間は $(0.0137, 0.0505)$。これは母分散 σ^2〔g^2〕に対する信頼区間であるが，これを母標準偏差 σ〔g〕の信頼区間へ直すと $(0.12, 0.22)$ が得られる。

コメント　(2) について，一般に標本の大きさが n の場合，統計量 $T=\dfrac{n\cdot V_n}{\sigma^2}\sim\chi^2_{n-1}$ を考えることで得られる，σ^2 に対する $100(1-\alpha)\,\%$ 信頼区間は $\left(\dfrac{n\cdot V_n}{z_{\frac{\alpha}{2}}},\dfrac{n\cdot V_n}{z_{1-\frac{\alpha}{2}}}\right)$〔$\mathrm{g}^2$〕。$n\to\infty$ のとき，この区間は σ^2 へと集中していき，一方で $V_n\to\sigma^2$ であるから，$z_{1-\frac{\alpha}{2}}$，$z_{\frac{\alpha}{2}}\approx n$ であることが期待される。これについてもう少し詳しい視点を紹介しよう。

後に見るように，適当な $(n-1)$ 個の i.i.d. 列 $Y_1, Y_2, \ldots, Y_{n-1}\sim \mathrm{N}(0,1)$ (これらを代表して Y と表す) を用いて $T=(Y_1)^2+(Y_2)^2+\cdots+(Y_{n-1})^2$ と表すことができる (式 (5.4.2) ➲p. 167)。そこで $\mathbf{E}[Y^2]=1$，$\mathrm{Var}(Y^2)=2$ であることを用いると，中心極限定理 (➲p. 63) より，n が大きいときは概ね $\dfrac{T/n-1}{\sqrt{2/n}}\sim\mathrm{N}(0,1)$ と考えてよい。ゆえに $\mathrm{N}(0,1)$ の両側 $100\alpha\,\%$ 点を $\pm w_{\frac{\alpha}{2}}$ とすると，$\mathbf{P}\left(-w_{\frac{\alpha}{2}}<\dfrac{T/n-1}{\sqrt{2/n}}<w_{\frac{\alpha}{2}}\right)\fallingdotseq 100(1-\alpha)\,\%$。この $\mathbf{P}(\ldots)$ 内の不等式を T について解くと $n-w_{\frac{\alpha}{2}}\sqrt{2n}<T<n+w_{\frac{\alpha}{2}}\sqrt{2n}$ であるから，$n\to\infty$ のとき $z_{1-\frac{\alpha}{2}}\approx n-w_{\frac{\alpha}{2}}\sqrt{2n}$，$z_{\frac{\alpha}{2}}\approx n+w_{\frac{\alpha}{2}}\sqrt{2n}$ と考えられる。

上の信頼区間の単位を母平均と同じ〔g〕に合わせるために，母標準偏差 σ〔g〕の信頼区間へと書き直すと $\left(\sqrt{\dfrac{n\cdot V_n}{z_{\frac{\alpha}{2}}}},\sqrt{\dfrac{n\cdot V_n}{z_{1-\frac{\alpha}{2}}}}\right)$ であるが，この区間の幅は

$$\sqrt{\frac{n\cdot V_n}{z_{1-\frac{\alpha}{2}}}}-\sqrt{\frac{n\cdot V_n}{z_{\frac{\alpha}{2}}}}=\sqrt{n\cdot V_n}\,\frac{(z_{\frac{\alpha}{2}})^{\frac{1}{2}}-(z_{1-\frac{\alpha}{2}})^{\frac{1}{2}}}{(z_{\frac{\alpha}{2}}\cdot z_{1-\frac{\alpha}{2}})^{\frac{1}{2}}}\approx\sqrt{n\cdot\sigma^2}\,\frac{O(1)}{(n\cdot n)^{\frac{1}{2}}}=\frac{\sigma}{\sqrt{n}}O(1)$$

ほどと期待される。練習問題 2.79 (➲p. 84) のコメントで触れた μ に対する信頼区間と同様に，ここでも信頼区間の「解像度」は粗くても $\dfrac{1}{\sqrt{n}}$ ほどの尺度をもつ。

2.6.3 他の統計量を用いた推定

練習問題 2.81　母比率の区間推定

　ある大学には 1000 人の職員がいる。100 人の職員の性別を調べたところ 30 人が女性であった。大学全体では何人の女性職員がいるだろうか。次に示す信頼度で，女性職員の人数を区間推定せよ。

(1) 信頼度 95 ％　　　　　(2) 信頼度 99 ％

解答例　練習問題 2.76 (◉ p. 80) のコメントを参照せよ。

　この大学の女性職員の割合を p とおき，性別に対する母集団を Bernoulli(p) とする。この母集団から無作為に抽出する 100 人の性別を $X_1, X_2, \ldots, X_{100}$ (女性なら 1，男性なら 0) とすると，抽出された女性の人数 S_{100} について $S_{100} = 100 \cdot \overline{X}_{100} = X_1 + X_2 + \cdots + X_{100} \sim$ binomial$(100, p)$ (例 **2.32** ◉ p. 35)。この無作為標本を代表して X と表すと $\mathbf{E}[X] = p$, $\mathrm{Var}(X) = p(1-p)$ であるから，中心極限定理 (◉ p. 63) より，$T = \dfrac{S_{100} - 100 \cdot p}{\sqrt{100 \cdot p(1-p)}} = \dfrac{\overline{X}_{100} - p}{\sqrt{p(1-p)/100}}$ は N(0,1) に従うとみなしてよい。そこで N(0,1) 両側 100α ％ 点を $\pm z_{\frac{\alpha}{2}}$ により表すと $\mathbf{P}\left(-z_{\frac{\alpha}{2}} < \dfrac{S_{100} - 100 \cdot p}{\sqrt{100 \cdot p(1-p)}} < z_{\frac{\alpha}{2}}\right) \fallingdotseq 100(1-\alpha)$ ％。この $\mathbf{P}(\ldots)$ 内の不等式を p に関する二次不等式として整理すると

$$\left(100 + (z_{\frac{\alpha}{2}})^2\right)p^2 - \left(2S_{100} + (z_{\frac{\alpha}{2}})^2\right)p + \frac{(S_{100})^2}{100} < 0$$

であり，これを解くと

$$\frac{\hat{P} + c - \sqrt{(\hat{P} + c)^2 - (1+2c)(\hat{P})^2}}{1 + 2c} < p < \frac{\hat{P} + c + \sqrt{(\hat{P} + c)^2 - (1+2c)(\hat{P})^2}}{1 + 2c}$$

ただし，$\hat{P} = \dfrac{S_{100}}{100}$, $c = \dfrac{1}{2}\left(\dfrac{z_{\frac{\alpha}{2}}}{10}\right)^2$ とおいた。したがって，母比率 p に対する信頼度 $100(1-\alpha)$ ％ の信頼区間は次式により与えられる。

$$\left(\frac{\hat{P} + c - \sqrt{(\hat{P} + c)^2 - (1+2c)(\hat{P})^2}}{1 + 2c}, \frac{\hat{P} + c + \sqrt{(\hat{P} + c)^2 - (1+2c)(\hat{P})^2}}{1 + 2c}\right)$$

　調査の結果得られた $X_1, X_2, \ldots, X_{100}$ の実現値を $x = (x_1, x_2, \ldots, x_{100})$ とおくと，$\hat{P}$ の実現値は $\hat{p} = \overline{x} = \dfrac{30}{100} = 0.3$ であったことが読み取れる。

(1) 信頼度が $100(1-\alpha)$ ％ $= 95$ ％ のとき，$\alpha = 0.05$ より $z_{\frac{\alpha}{2}} = z_{0.025} \fallingdotseq 1.96$ である

から, $c \fallingdotseq \dfrac{1}{2}\left(\dfrac{1.96}{10}\right)^2 = 0.019208,\ 2c \fallingdotseq 0.038416$。ゆえに

$$\frac{\hat{P} + c \pm \sqrt{(\hat{P}+c)^2 - (1+2c)(\hat{P})^2}}{1+2c}$$

$$\fallingdotseq \frac{0.3 + 0.019208 \pm \sqrt{(0.3+0.019208)^2 - (1+0.038416)(0.3)^2}}{1+0.038416} \fallingdotseq 0.2189,\quad 0.3959。$$

ゆえに母比率 p に対する 95 ％ (実現) 信頼区間はおよそ $(0.2189, 0.3959)$ であり，この大学の職員 1000 人中，女性職員は 219 人以上 395 人以下であると推定される。

(2) 信頼度が $100(1-\alpha)\% = 99\%$ のとき，$\alpha = 0.01$ より $z_{\frac{\alpha}{2}} = z_{0.005} \fallingdotseq 2.58$ であるから, $c \fallingdotseq \dfrac{1}{2}\left(\dfrac{2.58}{10}\right)^2 = 0.033282,\ 2c \fallingdotseq 0.066564$。ゆえに

$$\frac{\hat{P} + c \pm \sqrt{(\hat{P}+c)^2 - (1+2c)(\hat{P})^2}}{1+2c}$$

$$\fallingdotseq \frac{0.3 + 0.033282 \pm \sqrt{(0.3+0.033282)^2 - (1+0.066564)(0.3)^2}}{1+0.066564} \fallingdotseq 0.1973,\quad 0.4276。$$

ゆえに母比率 p に対する 95 ％ (実現) 信頼区間はおよそ $(0.1973, 0.4276)$ であり，この大学の職員 1000 人中，女性職員は 198 人以上 427 人以下であると推定される。

2.7 検定と推定の間の関係

練習問題 2.82　　p-値で眺める区間推定と仮説検定

母分散 σ^2 の値が既知の正規母集団 $\mathrm{N}(\mu_0, \sigma^2)$ の母平均 μ_0 について知見を得るために，大きさ n の無作為標本 $\mathbf{X} = (X_1, X_2, \ldots, X_n)$ を抽出する。一般に，1 次元データ $x = (x_1, x_2, \ldots, x_n)$ と実数 μ に対して関数 $\tau(x, \mu)$ を次式により定める。

$$\tau(x, \mu) = \frac{\overline{x} - \mu}{\sqrt{\sigma^2/n}}$$

これを用いて $T(\mu) = \tau(\mathbf{X}, \mu) = \dfrac{\overline{X}_n - \mu}{\sqrt{\sigma^2/n}}$ を考え，関数 p-value(x, μ) を次式により定める。

$$\text{p-value}(x, \mu) = \mathbf{P}(|T(\mu)| \geqq |\tau(x, \mu)|)$$

標本調査の結果を参照すると，無作為標本 $\mathbf{X}$ の実現値として 1 次元データ $x^{\mathrm{obs}} = (x_1^{\mathrm{obs}}, x_2^{\mathrm{obs}}, \ldots, x_n^{\mathrm{obs}})$ が得られた。標準正規分布の両側 100α ％ 点を $-z_{\frac{\alpha}{2}},\ z_{\frac{\alpha}{2}}$ とするとき，次の三条件が同値であることを示せ。

(1) μ_0 に対する信頼度 $100(1-\alpha)\%$ 信頼区間が μ を含まない。

(2) 仮説検定「$\mathrm{H}_0\colon \mu_0 = \mu$ vs. $\mathrm{H}_1\colon \mu_0 \neq \mu$」において H_0 は有意水準 α で棄却される。

(3) p-value$(x^{\mathrm{obs}}, \mu) \leqq \alpha$

解答例 $N(0,1)$ の両側 100α％点を $\pm z_{\frac{\alpha}{2}}$ とし，1 次元データ x^{obs} の平均を $\overline{x}_{\text{obs}}$ と表す。

(1)⇔(2): まず (2) の条件から展開していくと，(2) は次のように同値変形できる。

$$(2) \iff \frac{\overline{x}_{\text{obs}} - \mu}{\sqrt{\sigma^2/n}} \leqq -z_{\frac{\alpha}{2}} \quad \text{または} \quad z_{\frac{\alpha}{2}} \leqq \frac{\overline{x}_{\text{obs}} - \mu}{\sqrt{\sigma^2/n}}$$

$$\iff \overline{x}_{\text{obs}} + z_{\frac{\alpha}{2}}\sqrt{\frac{\sigma^2}{n}} \leqq \mu \quad \text{または} \quad \mu \leqq \overline{x}_{\text{obs}} - z_{\frac{\alpha}{2}}\sqrt{\frac{\sigma^2}{n}}$$

$$\iff \mu \notin \left(\overline{x}_{\text{obs}} - z_{\frac{\alpha}{2}}\sqrt{\frac{\sigma^2}{n}}, \overline{x}_{\text{obs}} + z_{\frac{\alpha}{2}}\sqrt{\frac{\sigma^2}{n}} \right)$$

最後の条件に現れた区間は μ_0 に対する信頼度 $100(1-\alpha)$％の信頼区間であるから，最後の条件は (1) に他ならない。

(2)⇔(3): 1 次元データ $\mathbf{x}^{\text{obs}}$ に基づく $T(\mu)$ の実現値を $t_{\text{obs}}(\mu) = \tau(x^{\text{obs}}, \mu) = \frac{\overline{x}_{\text{obs}} - \mu}{\sqrt{\sigma^2/n}}$ と表すと，$(2) \iff |t_{\text{obs}}(\mu)| \geqq z_{\frac{\alpha}{2}} \iff \mathbf{P}(|T(\mu)| \geqq |t_{\text{obs}}(\mu)|) \leqq \mathbf{P}(|T(\mu)| \geqq z_{\frac{\alpha}{2}}) = \alpha$ であり，この最後の条件は (3) に他ならない。

コメント (1) において μ_0 に対する信頼区間は $\left(\overline{x}_{\text{obs}} - z_{\frac{\alpha}{2}}\sqrt{\frac{\sigma^2}{n}}, \overline{x}_{\text{obs}} + z_{\frac{\alpha}{2}}\sqrt{\frac{\sigma^2}{n}} \right)$ であるから，(1) と (3) の同値性は $\mu \notin \left(\overline{x}_{\text{obs}} - z_{\frac{\alpha}{2}}\sqrt{\frac{\sigma^2}{n}}, \overline{x}_{\text{obs}} + z_{\frac{\alpha}{2}}\sqrt{\frac{\sigma^2}{n}} \right) \iff$ p-value$(x^{\text{obs}}, \mu) \leqq \alpha$，対偶をとれば次のように表現できる。

$$\mu \in \left(\overline{x}_{\text{obs}} - z_{\frac{\alpha}{2}}\sqrt{\frac{\sigma^2}{n}}, \overline{x}_{\text{obs}} + z_{\frac{\alpha}{2}}\sqrt{\frac{\sigma^2}{n}} \right) \iff \text{p-value}(x^{\text{obs}}, \mu) > \alpha$$

つまり信頼度 $100(1-\alpha)$％の信頼区間は，p-値が α より大きくなる μ の集合として次式のように記述することができるのである。

$$\left(\overline{x}_{\text{obs}} - z_{\frac{\alpha}{2}}\sqrt{\frac{\sigma^2}{n}}, \overline{x}_{\text{obs}} + z_{\frac{\alpha}{2}}\sqrt{\frac{\sigma^2}{n}} \right) = \{ \mu : \text{p-value}(x^{\text{obs}}, \mu) > \alpha \}$$

p-値 p-value(x^{obs}, μ) は「$T(\mu)$ の値が今回の標本調査の結果として得られた $\pm\tau(x^{\text{obs}}, \mu)$ よりも外側の値をとる確率」という定義であるから，一見すると仮説検定におあつらえむきの概念であるが，上のように直接的に信頼区間を記述するのである。

(2) と (3) の同値性から，仮説検定の文脈で p-value(x^{obs}, μ) の μ は帰無仮説「$H_0: \mu_0 = \mu$」の表明となる。未知の母数 μ_0 に対する連続的な候補が考えられるとき，H_0 のように μ_0 を正確無比に言い当てる仮説は偽と考えるのが慎重な態度であるが，H_0 が棄却できなかったときになお H_0 を怪しいと考える場合，(2)⇔(3) より成り立つ p-value$(x^{\text{obs}}, \mu) > \alpha$ に現れる x^{obs} が怪しいと睨むであろう。運悪く「典型的でない」データを手に入れてしまった可能性を疑うのである。この意味で p-値は「データに対する有意水準」という意味合いをもつといってよいかもしれない。

しかし，標本が十分に大きい場合は大数の法則の効果が期待できるため，$\tau(x^{\text{obs}}, \mu)$ が $T(\mu)$ の「典型的でない」実現値であることは考えにくい。大数の法則や信頼区間の観点から，標本が大きくなるにつれ物事を見る「解像度」が高くなるはずであるが，H_0 が偽であるにしても，ある程度の解像度を以てしても区別がつかないほど H_0 が真理に近いことも考えられる。今回は正規母集団から無作為標本を抽出するという問題設定であるが，現実にこの手法を適用しようとする文脈で，この設定に当てはめることに無理があるとしたらどうだろう。現実の母集団そのもの，あるいはそれに近い

と考える仮想的な母集団として $N(\mu_0, \sigma^2)$ を想定したとき，これは正規母集団の族 $\{N(\mu, \sigma^2)\}_{\mu \in \mathbb{R}}$ を念頭に置き，このうちいずれかの $N(\mu_0, \sigma^2)$ を想定したということである。このような概念を**統計モデル** (定義 7.1 ◯ p. 188) とよぶ。この設定で上のように「p-value$(x^{\mathrm{obs}}, \mu) > \alpha$ が成り立つため『$H_0: \mu_0 = \mu$』が棄却できない...」しかし「標本の大きさ n は十分に大きく，$\tau(x^{\mathrm{obs}}, \mu)$ の値が $T(\mu)$ が取りうる中でも特別に『例外的な』値とは思えない...」という事態になった場合，想定した統計モデルに無理があったという可能性が弾き出される。

このように，p-値は少なくともデータと統計モデル (や，その一部である帰無仮説) を基礎にもつ概念であり，状況に応じて他の要素も考慮に入れなければならない。例えば「抽出されたデータが本当に独立同分布列の実現値として得られるような手続きが踏まれたのか?」「報告されたデータは改竄されたものではないか?」など。統計学では，今回のように統一的な観点で複数の推論手法を一貫した立場から議論する試みがなされる一方，例えば上のような p-値に基づいた推論により浮上する新たな仮説を取り入れていかなければならないという，節操なしにならざるを得ないこともある。広範な事象を対象とした統計学の宿命といえるかもしれない。

3

統計学をより深く理解するための数学

以降の章では指数関数や対数関数の微分や積分，関数の積や合成関数の微分則など，高校数学で基本的となる数学の多くを用いる。本章では逆関数について少し復習を与えるものの，基本的に高校数学を超えて必要になる知識や数学的事実を紹介し，それらのいくつかについては証明も与える。

道案内

本章では以下の内容を扱う。

▎3.1 関数の最大値と最小値・上限と下限

▎定義 3.1　関数の最小値・最大値

　　関数 $f : A \to \mathbb{R}$ に対して，変数 a が A の要素全体を動くとき，それに応じて $f(a)$ も変化するが，その中でも最も小さい (大きい) 値があるとき，それを関数 f の**最小値** (minimum) (**最大値** (maximum)) といい，

$$\min_{a \in A} f(a) \quad \left(\max_{a \in A} f(a) \right)$$

により表す。点 a_* $(\in A)$ が $f(a_*) = \min\limits_{a \in A} f(a)$ $(f(a_*) = \max\limits_{a \in A} f(a))$ をみたすとき，a_* を f の**最小点** (minimum point) (**最大点** (maximum point)) という。

　➡ 標語的にいえば，f(最小点) = (最小値)，f(最大点) = (最大値) ということ。

　　点 a_* $(\in A)$ が f の**極小点**であるとは，f の定義域をその付近に制限したときの最小点であることをいう。同様に**極大点**も定義され，これらを合わせて**極値点**とよぶ。

　　$A = (a, b)$ もしくは $A = \{1, 2, \cdots, n\}$ のとき，$\min\limits_{x \in A} f(x)$ をそれぞれ $\min\limits_{a < x < b} f(x)$，$\min\limits_{x = 1, 2, \cdots, n} f(x)$ とかく習慣もある。max に対してもそのような習慣があるし，A が他の場合にも様々なバリエーションがあるため，適宜文脈に応じて読み替える必要がある。集合の最小値 (➡ p. vii) の言葉でいえば，$\min\limits_{a \in A} f(a)$ とは $\min\{f(a) : a \in A\}$ (➡ p. 3) に他ならない。また最小点は必ず極小点であり，最大点は必ず極大点となる。

例 3.2　　**最大値や最小値がいつでもあるとは限りません!**

(1) $\min\limits_{0 \leqq x < 1} x = 0$ だが，関数 $f(x) = x$ $(0 \leqq x < 1)$ の最大値はない。

　⬅ 点 $x = 1$ において最大値 1 をとるのではと考えるかもしれないが，この点 $x = 1$ は f の定義域 $0 \leqq x < 1$ には属していないから，これを最大値とはよべないのである。

(2) 二次関数 $f(x) = x^2 - x = (x - \frac{1}{2})^2 - \frac{1}{4}$ (ただし $0 < x \leqq 1$) は最小点 $x = \frac{1}{2}$ において最小値 $\min\limits_{0 < x \leqq 1} f(x) = -\dfrac{1}{4}$ をとり，最大点 $x = 1$ において最大値 $\max\limits_{0 < x \leqq 1} f(x) = 0$ をとる。

　⬅ 注意: $x = 0$ のとき $x^2 - x = 0$ は関数 f の最大値に等しいが，$x = 0$ は f の定義域に属していないため，f の最大点とはよばない!

(3) **閉区間** $[a, b]$ 上で定義された連続関数 $f(x)$ には，最大値 $\max\limits_{a \leqq x \leqq b} f(x)$ と最小値 $\min\limits_{a \leqq x \leqq b} f(x)$ が存在することが知られている。

　　どんな実数 c についても $a \in A$ をうまくとれば $c < f(a)$ とできるとき，f は**上に有界でない**といい，「$\sup\limits_{a \in A} f(a) = \infty$」と表す。同様に，どんな実数 c についても $a \in A$ をうまくとれば $f(a) < c$ とできるとき，f は**下に有界でない**といい，「$\inf\limits_{a \in A} f(a) = -\infty$」と表す。

　　これらを包括した概念として次の定義を設ける。

▌**定義 3.3　関数の上限・下限**

関数 $f : A \to \mathbb{R}$ と数 $c \in \mathbb{R}$ について，

(1)「$\displaystyle\sup_{a \in A} f(a) = c$」が成り立つとは，次の 2 条件が成り立つことをいう。

　　○ どんな $a \in A$ についても $f(a) \leqq c$ となる。

　　○ どんな正数 $\varepsilon > 0$ に対しても，うまく $a \in A$ をとれば $c - \varepsilon < f(a)$ とできる。

　　これが成り立つとき，c を f の**上限** (supremum) とよぶ。

(2)「$\displaystyle\inf_{a \in A} f(a) = c$」が成り立つとは，次の 2 条件が成り立つことをいう。

　　○ どんな $a \in A$ についても $f(a) \geqq c$ となる。

　　○ どんな正数 $\varepsilon > 0$ に対しても，うまく $a \in A$ をとれば $c + \varepsilon > f(a)$ とできる。

　　これが成り立つとき，c を f の**下限** (infimum) とよぶ。

　関数 $f : A \to \mathbb{R}$ の最大値が存在するとき，$\displaystyle\max_{a \in A} f(a) = \sup_{a \in A} f(a)$ が成り立ち，最小値が存在するとき，$\displaystyle\min_{a \in A} f(a) = \inf_{a \in A} f(a)$ が成り立つ。

　実数列 $\{a_n\}_{n=1}^{\infty}$ について $b_n = \displaystyle\sup_{m \geqq n} a_m$ であるとき，この数列 $\{b_n\}_{n=1}^{\infty}$ は単調減少な数列となる。実数の際立った特徴として「下に有界な単調減少列や上に有界な単調増加列は必ず収束する」[*1]ことが知られている。ゆえに極限値 $\displaystyle\lim_{n \to \infty} b_n \left(= \lim_{n \to \infty} \sup_{m \geqq n} a_m\right)$ が存在する。また $c_n = \displaystyle\inf_{m \geqq n} a_m$ であるとき，数列 $\{c_n\}_{n=1}^{\infty}$ は単調増加列となり，ゆえに極限値 $\displaystyle\lim_{n \to \infty} c_n$ $\left(= \displaystyle\lim_{n \to \infty} \inf_{m \geqq n} a_m\right)$ が存在する。このことを念頭において，次の定義を設ける。

▌**定義 3.4　上極限・下極限**

$\{a_n\}_{n=1}^{\infty}$ を実数列とする。

(1) $\displaystyle\limsup_{n \to \infty} a_n = \lim_{n \to \infty} \sup_{m \geqq n} a_n$ を $\{a_n\}_{n=1}^{\infty}$ の**上極限** (limit superior) とよぶ。

(2) $\displaystyle\liminf_{n \to \infty} a_n = \lim_{n \to \infty} \inf_{m \geqq n} a_n$ を $\{a_n\}_{n=1}^{\infty}$ の**下極限** (limit inferior) とよぶ。

　記号 $\displaystyle\limsup_{n \to \infty}$ は「『$\displaystyle\lim_{n \to \infty}$』＋『$\sup$』」ではなく「『lim』＋『$\sup$』」でもない。「$\limsup$」で 1 つの記号である。$\displaystyle\liminf_{n \to \infty}$ に関しても同様である。この定義と同様にして，開区間 $A \subset \mathbb{R}$ 上で定義された関数 $f : A \to \mathbb{R}$ と点 $a \in A$ に対しても次を定めることができる。

$$\limsup_{x \uparrow a} f(x), \quad \liminf_{x \uparrow a} f(x), \quad \limsup_{x \downarrow a} f(x), \quad \liminf_{x \downarrow a} f(x)$$

ここで，$x \uparrow a$ は「x が増加しながら a に近づく」ことを表しており，$x \to a-$ とも書かれる。一方で $x \downarrow a$ は「x が減少しながら a に近づく」ことを表しており，$x \to a+$ とも書かれる。

[*1] この性質は実数の**完備性**とよばれる。

3.2 逆関数

定義 3.5　逆関数

集合 A 上で定義された関数 $y = f(x)$ が与えられたとき，範囲 $\{f(x) : x \in A\}$ (➲ p. 3) において定義されたある関数 g を用いて，

$$y = f(x) \quad \Longleftrightarrow \quad \underbrace{x = g(y)}_{\substack{\text{両矢印の左側の式を} \\ x \text{ について解いた形}}}$$

が成り立つとき，この g を f^{-1} で表し，f の**逆関数** (inverse function) とよぶ。

　逆関数 $f^{-1}(y)$ **と逆数** $f(y)^{-1} = \frac{1}{f(y)}$ **は意味が違う**ことに注意しよう。関数 f とその逆関数 f^{-1} は

$$y = f(x) \Longleftrightarrow x = f^{-1}(y)$$

の関係にある。ゆえに逆関数 $f^{-1}(y)$ を求めたければ，$y = f(x)$ を x に関して (x が動くことを許された範囲に注意して) 解けばよい。特に $y = f(f^{-1}(y))$ と $x = f^{-1}(f(x))$ が成り立つことに注意せよ。

例 3.6　　一次関数と二次関数の逆関数

　一次関数 $y = f(x) = ax + b$ (ただし $a \neq 0$) の逆関数は

$$x = f^{-1}(y) = \frac{y - b}{a}$$

となる。次に $y = x^2 = f(x)$ という形の二次関数の逆関数について考えてみる。変数 x の範囲が...

(1) $x \geqq 0$ (x が非負の実数を動く) なら，逆関数は

$$f^{-1}(y) = \sqrt{y} \quad (\text{ただし } y \geqq 0)$$

である。

(2) $x \leqq 0$ なら，逆関数は $f^{-1}(y) = -\sqrt{y}$ (ただし $y \geqq 0$) である。

(3) x が実数全体を動くとき，逆関数はない。

　　⬅ 実際，逆関数 $x = f^{-1}(y)$ が存在したとすると，

$$1 = f^{-1}(f(1)) = f^{-1}(1^2) = f^{-1}((-1)^2) = f^{-1}(f(-1)) = -1$$

という矛盾が生じてしまう。

3.3 多変数における微分と積分

3.3.1 偏微分と連鎖律

n 変数関数 $f(x_1, x_2, \cdots, x_n)$ が与えられたとき，各 $i = 1, 2, \cdots, n$ を止めるごとに x_i 以外の変数は定数だと思って，「1 変数」関数 $x_i \mapsto f(x_1, \cdots, x_i, \ldots, x_n)$ の微分を f の x_i 方向への**偏微分** (partial derivative) といい，以下で表す*2。

② … つまりこの変数以外の変数はすべて定数だと考えたときの，x_i に関する微分を…

$$\frac{\partial f}{\partial x_i}(x_1, \ldots, \overbrace{x_i}, \ldots, x_n) \quad \text{もしくは} \quad \frac{\partial}{\partial x_i}f(x_1, \ldots, x_n)$$

① ここに現れた変数…

③ この記号で表す。

公式 3.7 (**連鎖律**, chain rule)

n 変数関数 $f(x_1, x_2, \cdots, x_n)$ に n 個の 1 変数関数 $x_1(t), x_2(t), \cdots, x_n(t)$ を合成させた 1 変数関数 $t \mapsto f(x_1(t), x_2(t), \cdots, x_n(t))$ の微分は，以下で与えられる。

$$\frac{\mathrm{d}}{\mathrm{d}t}f(x_1(t), x_2(t), \cdots, x_n(t)) = \sum_{i=1}^{n} \frac{\partial f}{\partial x_i}(x_1(t), \cdots, x_i(t), \ldots, x_n(t))\frac{\mathrm{d}x_i}{\mathrm{d}t}(t)$$

① ここまでは「第 i 方向に関する合成関数の微分」のようなもの。

② それらを，すべての方向 $i = 1, 2, \cdots, n$ に関して足し合わせる。

例えば $n = 2$ の場合，2 変数関数 $f(x, y)$ に，二つの 1 変数関数 $x(t), y(t)$ を合成させた 1 変数関数 $t \mapsto f(x(t), y(t))$ の微分は，次の式で与えられるのである。

$$\frac{\mathrm{d}}{\mathrm{d}t}f(x(t), y(t)) = \frac{\partial f}{\partial x}(x(t), y(t)) \cdot \frac{\mathrm{d}x}{\mathrm{d}t}(t) + \frac{\partial f}{\partial y}(x(t), y(t)) \cdot \frac{\mathrm{d}y}{\mathrm{d}t}(t)$$

このうち，右辺に現れる 1 変数関数の微分 $\frac{\mathrm{d}x}{\mathrm{d}t}(t), \frac{\mathrm{d}y}{\mathrm{d}t}(t)$ をそれぞれ $x'(t), y'(t)$ により表すと，上の連鎖律は次のように表せる。

$$\frac{\mathrm{d}}{\mathrm{d}t}f(x(t), y(t)) = x'(t) \cdot \frac{\partial f}{\partial x}(x(t), y(t)) + y'(t) \cdot \frac{\partial f}{\partial y}(x(t), y(t))$$

また $\frac{\partial^2 f}{\partial x_i \partial x_j}(x)$ を (i, j) 成分とする行列を $(\mathrm{Hess}\, f)(x)$ により表し，f の**Hesse行列**とよぶ。

---

*2 微分を表すのに「d」でなく「∂」を用いるのは，関数 f が二個以上の変数をもつことを強調するため。1 変数関数の微分を表す記号「$f'(x)$」は，多変数関数の場合には，どの変数に関して微分しているのかがはっきりしないため普通は用いない。

3.3.2　重積分と変数変換公式

　2 次元の領域上で定義された 2 変数関数 $z = f(x, y)$ の積分のアイデアは，1 変数関数の定積分と同じである。まず f の定義域を D とするとき，3 次元空間内に f のグラフを描く (つまり $\mathbf{x} = (x, y)$ が領域 D を動くとき，すべての点 $(x, y, f(x, y))$ をプロットする)。そのグラフと，指定された xy 平面内の領域 D が囲む立体の (符号付き)「体積」を

$$\iint_D f(x, y)\,\mathrm{d}x\mathrm{d}y \quad \text{もしくは} \quad \int_D f(\mathbf{x})\,\mathrm{d}\mathbf{x}$$

により表し，**重積分**とよぶのである。この重積分は，領域 D が縦か横どちらかに一枚ずつスライスできる場合には，次のように計算することができる。

　右図のように縦にスライスできる場合は

$$\iint_D f(x, y)\,\mathrm{d}x\mathrm{d}y = \underbrace{\int_a^b \left(\int_{\varphi_1(x)}^{\varphi_2(x)} f(x, y)\,\mathrm{d}y \right) \mathrm{d}x}_{\substack{\int_a^b \mathrm{d}x \int_{\varphi_1(x)}^{\varphi_2(x)} f(x, y)\,\mathrm{d}y \\ \text{とも表す。}}}$$

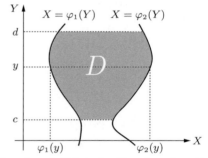

　右図のように横にスライスできる場合は

$$\iint_D f(x, y)\,\mathrm{d}x\mathrm{d}y = \underbrace{\int_c^d \left(\int_{\psi_1(y)}^{\psi_2(y)} f(x, y)\,\mathrm{d}x \right) \mathrm{d}y}_{\substack{\int_c^d \mathrm{d}y \int_{\psi_1(y)}^{\psi_2(y)} f(x, y)\,\mathrm{d}x \\ \text{とも表す。}}}$$

　状況によっては領域 D の形自体が難しかったり，その上で定義された $f(x, y)$ のもつ式の形が難しいためにこの重積分を計算することが困難な場合もある。そのような場合，領域 D 内の点 (x, y) を $x = x(u, v)$，$y = y(u, v)$ のように，他に用意した (u, v) を座標にもつより簡単な領域 Ω の点でパラメトライズし，適当な関数 $g(u, v)$ を用いて $\iint_D f(x, y)\,\mathrm{d}x\mathrm{d}y = \iint_\Omega g(u, v)\,\mathrm{d}u\mathrm{d}v$ のように表せないか考えよう (結論は公式 **3.8** ◗ p. 98)。

　このための基本的なアイデアは以下の通りである。領域 Ω を u 軸と v 軸に沿って細かく網目状に分割する。分割されたそれぞれは細かい長方形をなすと考えておけばよい。領域 Ω の境界付近ではきれいに長方形へと切り分けられるとは限らないが，そのようなピースは捨ててしまおう (いずれ分割の幅を限りなく小さくする極限を念頭に置いているため，こうして捨ててしまうことはこの極限操作の後に影響を与えないと期待できる)。

　この分割を変換 $(x, y) = (x(u, v), y(u, v))$ を通して領域 D の分割として見ると，分割された各ピースはきれいな長方形を成すとは限らず，Ω 内では 4 つの線分で囲まれていたのに対

応して，D 内では 4 つの (直線も含めて) 曲線で囲まれた領域となる。

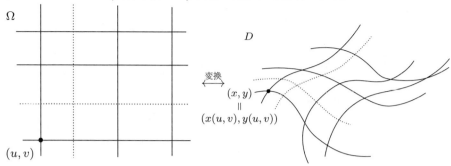

こうして D を細かなピースへと分割したとき，次のようになる。

$$\iint\limits_{D} f(x,y)\,\mathrm{d}x\mathrm{d}y \approx \sum_{\substack{\text{領域 } D \text{ のピース} \\ \text{に渡って総和をとる}}} f(x,y) \times \left(\begin{array}{c}\text{ピース} \\ \text{の面積}\end{array}\right)$$

こうして現れる各ピースの面積を考えよう。分割を十分に細かくするとき，上図のように点線で描いた分割線を追加すればわかるように各ピースはいずれ平行四辺形のように見えることが想像できる。そこで近似的にこの平行四辺形の面積を計算する。

考えている D の分割は，u 軸と v 軸に沿った Ω の細かい分割を変換 $(x,y) = (x(u,v), y(u,v))$ を通して見たものであった。Ω 内の各ピースを代表して左下図のように表し，その変換の結果現れる D 内のピースは右下図のようになっていたとしよう。下図においては紙面の都合上，領域 D 内の点の座標を縦ベクトルで表した。

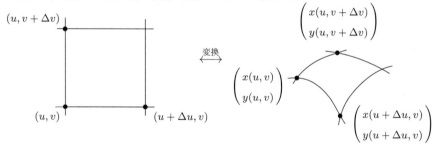

右の曲線に囲まれた領域を近似的に平行四辺形と考えるとき，その面積を求めるには，平行四辺形の辺をなす 2 つの位置ベクトルを求めておく必要がある。これらは

$$\begin{pmatrix} x(u+\Delta u, v) \\ y(u+\Delta u, v) \end{pmatrix} - \begin{pmatrix} x(u,v) \\ y(u,v) \end{pmatrix} = \begin{pmatrix} \dfrac{x(u+\Delta u, v) - x(u,v)}{\Delta u}\Delta u \\ \dfrac{y(u+\Delta u, v) - y(u,v)}{\Delta u}\Delta u \end{pmatrix}$$

$$\begin{pmatrix} x(u, v+\Delta v) \\ y(u, v+\Delta v) \end{pmatrix} - \begin{pmatrix} x(u,v) \\ y(u,v) \end{pmatrix} = \begin{pmatrix} \dfrac{x(u, v+\Delta v) - x(u,v)}{\Delta v}\Delta v \\ \dfrac{y(u, v+\Delta v) - y(u,v)}{\Delta v}\Delta v \end{pmatrix}$$

と表されるから，これら 2 つが作る平行四辺形の面積は，これら 2 つの列ベクトルを横に並

べてできる行列を用いて次のように表される。

$$
\left| \det \begin{pmatrix} \dfrac{x(u+\Delta u,v)-x(u,v)}{\Delta u}\Delta u & \dfrac{x(u,v+\Delta v)-x(u,v)}{\Delta v}\Delta v \\[3mm] \dfrac{y(u+\Delta u,v)-y(u,v)}{\Delta u}\Delta u & \dfrac{y(u,v+\Delta v)-y(u,v)}{\Delta v}\Delta v \end{pmatrix} \right|
$$

$$
= \left| \det \begin{pmatrix} \dfrac{x(u+\Delta u,v)-x(u,v)}{\Delta u} & \dfrac{x(u,v+\Delta v)-x(u,v)}{\Delta v} \\[3mm] \dfrac{y(u+\Delta u,v)-y(u,v)}{\Delta u} & \dfrac{y(u,v+\Delta v)-y(u,v)}{\Delta v} \end{pmatrix} \right| \Delta u \Delta v
$$

ゆえに十分に細かく分割されているときには，各ピースである平行四辺形の面積はもとの

の面積 $\Delta u \Delta v$ のおよそ $\left| \det \begin{pmatrix} \frac{\partial x}{\partial u}(u,v) & \frac{\partial x}{\partial v}(u,v) \\ \frac{\partial y}{\partial u}(u,v) & \frac{\partial y}{\partial v}(u,v) \end{pmatrix} \right|$ 倍であることがわかる。

つまり，次の関係式が得られる。

$$
\left(\text{ピース} \quad \text{の面積} \right)
$$

$$
\approx \left(\text{ピース} \quad \text{の面積} \right) \times \left| \det \begin{pmatrix} \dfrac{\partial x}{\partial u}(u,v) & \dfrac{\partial x}{\partial v}(u,v) \\[3mm] \dfrac{\partial y}{\partial u}(u,v) & \dfrac{\partial y}{\partial v}(u,v) \end{pmatrix} \right|
$$

この両辺に $f(x,y)\,(=f(x(u,v),y(u,v)))$ を掛けて，分割されたピースに渡って足し合わせた後，$\Delta u \to 0,\ \Delta v \to 0$ とすることで，次の公式に辿り着く。

公式 3.8（重積分の変数変換公式）

2 つの領域 Ω と D 内の点が過不足なく

$$
D \ni (x,y) = (x(u,v),y(u,v)) \leftrightarrow (u,v) \in \Omega
$$

により対応するとき，D 上で定義された関数 $f(x,y)$ について次が成り立つ。

$$
\iint_D f(x,y)\,\mathrm{d}x\mathrm{d}y = \iint_\Omega f(x(u,v),y(u,v)) \left| \det \begin{pmatrix} \dfrac{\partial x}{\partial u}(u,v) & \dfrac{\partial x}{\partial v}(u,v) \\[3mm] \dfrac{\partial y}{\partial u}(u,v) & \dfrac{\partial y}{\partial v}(u,v) \end{pmatrix} \right| \mathrm{d}u\mathrm{d}v
$$

一般に n 次元の領域上で定義された n 変数関数 $f(x_1,x_2,\cdots,x_n)$ の重積分を考える際も，(グラフの絵を描くことは難しいが) 考え方は同じであり，変数変換公式についてもまったく同様

の式が成り立つ。上の式に現れる次式は，変数変換 $(u,v) \mapsto (x,y)$ の **Jacobian**（ヤコビアン）とよばれる。

$$\left| \det \begin{pmatrix} \dfrac{\partial x}{\partial u}(u,v) & \dfrac{\partial x}{\partial v}(u,v) \\[2mm] \dfrac{\partial y}{\partial u}(u,v) & \dfrac{\partial y}{\partial v}(u,v) \end{pmatrix} \right|$$

非負の連続関数 $f(x)$ を開区間 (a,b) 上で積分したときに $\displaystyle\int_a^b f(x)\,\mathrm{d}x = 0$ が成り立つとき，$a < x < b$ について $f(x) = 0$ が成り立つ。実際，逆にある $x_0 \in (a,b)$ で $f(x_0) > 0$ であったとすると，f の連続性より x_0 を含む十分小さな閉区間 $[c,d] \subset (a,b)$ で $m = \displaystyle\min_{c \leqq x \leqq d} f(x) > 0$ とならなければならないが，このとき $0 < m \cdot (d-c) \leqq \displaystyle\int_c^d f(x)\,\mathrm{d}x \leqq \int_a^b f(x)\,\mathrm{d}x = 0$ となり矛盾するからである。多次元の場合にも同様のことが成り立つ。

例 3.9 $D = \left\{ (x,y) \in \mathbb{R}^2 : \begin{array}{l} 0 \leqq x+y \leqq 1, \\ 0 \leqq x-y \leqq 1 \end{array} \right\}$ のとき，$\displaystyle\iint_D (x^2 - y^2)\,\mathrm{d}x\mathrm{d}y$ を計算する。

$u = x + y,\ v = x - y$ とおく。点 (x,y) が領域 D (右下図) 内を動くとき，点 (u,v) は正方形 $\Omega = \{(u,v) \in \mathbb{R}^2 : 0 \leqq u, v \leqq 1\}$ (左下図) を動く。また x と y を $u,\ v$ を用いて表すと $x = \dfrac{u+v}{2},\ y = \dfrac{u-v}{2}$ である。

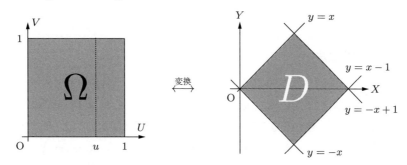

いま，重積分の変数変換公式を用いると

$$\iint_D \underbrace{(x^2 - y^2)}_{=(x+y)(x-y)}\,\mathrm{d}x\mathrm{d}y = \iint_\Omega uv \cdot \left| \det \begin{pmatrix} \frac{\partial x}{\partial u} & \frac{\partial x}{\partial v} \\ \frac{\partial y}{\partial u} & \frac{\partial y}{\partial v} \end{pmatrix} \right| \mathrm{d}u\mathrm{d}v$$

$$= \iint_\Omega uv \cdot \underbrace{\left| \det \begin{pmatrix} \frac{1}{2} & \frac{1}{2} \\ \frac{1}{2} & -\frac{1}{2} \end{pmatrix} \right|}_{=-\frac{1}{2}} \mathrm{d}u\mathrm{d}v$$

$$= \frac{1}{2} \iint_\Omega uv\,\mathrm{d}u\mathrm{d}v = \frac{1}{2} \int_0^1 \mathrm{d}u \int_0^1 uv\,\mathrm{d}v = \frac{1}{4} \int_0^1 u\,\mathrm{d}u = \frac{1}{8}$$

▌ 3.4 制約条件付き最適化問題の解法

「これだけのコストを掛ければこれだけの収益が出る」というようにコストに対する収益が関数化されている場合，収益を最大化するようなコストを知りたいと考えるのは自然な発想であろう。このように関数の最小値や最大値を求めたいという状況があるが，特にある条件のもとでこれを行いたいということがある。このような問題を総称して**制約条件付き最適化問題**という。ここでは，等式だけで記述される制約条件の場合と，等式だけでなく不等式を用いた制約条件が与えられる場合に分けて，制約条件付き最適化問題を解く手法を紹介する。

定理 3.10　(等式制約下の極値点であるための必要条件)

滑らかな関数 $f : \mathbb{R}^n \to \mathbb{R}$ と

$$g = (g_1, g_2, \cdots, g_m) : \mathbb{R}^n \to \mathbb{R}^m$$

が与えられたとする。点 $\boldsymbol{x}^* \in \mathbb{R}^n$ が領域 $\{\boldsymbol{x} \in \mathbb{R}^n : g(\boldsymbol{x}) = \boldsymbol{0}\}$ における f の極値点であるとき，ある $\lambda^* = (\lambda_1^*, \lambda_2^*, \cdots, \lambda_m^*) \in \mathbb{R}^m$ で

$$\begin{cases} \dfrac{\partial f}{\partial x_i}(\boldsymbol{x}^*) - \displaystyle\sum_{k=1}^{m} \lambda_k^* \dfrac{\partial g_k}{\partial x_i}(\boldsymbol{x}^*) = 0, \quad i = 1, 2, \cdots, n, \\ g_1(\boldsymbol{x}^*) = g_2(\boldsymbol{x}^*) = \cdots = g_m(\boldsymbol{x}^*) = 0 \end{cases} \tag{3.4.1}$$

をみたすものが存在する。

▪ Lagrange の未定乗数法

定理 3.10 の状況で f の極値点 $\boldsymbol{x}^* = (x_1^*, x_2^*, \cdots, x_n^*)$ の候補を求めるには，$\boldsymbol{x}^*$ の他に新たに $\lambda^* = (\lambda_1^*, \lambda_2^*, \cdots, \lambda_m^*)$ **という変数を導入し，式 (3.4.1) を** $(\boldsymbol{x}^*, \lambda^*)$ **を未知変数にもつ** $(n + m)$ **個からなる連立方程式と考えて解けばよい**。こうして導入する新たな未知定数 $\lambda_1^*, \lambda_2^*, \ldots, \lambda_m^*$ を**Lagrange乗数** (Lagrange's multiplier) という。このように Lagrange 乗数を導入して式 (3.4.1) を解くことで f の極値点の候補を求める手法を**Lagrange の未定乗数法**とよぶ。

関数 $L = L(\boldsymbol{x}, \lambda)$ を $L = f(\boldsymbol{x}) - \displaystyle\sum_{j=1}^{m} \lambda_j g_j(\boldsymbol{x})$ により定めると，条件 (3.4.1) の上側の式は

$$\frac{\partial L}{\partial x_i}(\boldsymbol{x}^*, \lambda^*) = 0, \quad i = 1, 2, \ldots, n$$

のように書き直せることに注意せよ。この L は，最適化問題

$$\underset{\boldsymbol{x} \in \mathbb{R}^n}{\text{maximize}} \quad f(\boldsymbol{x}) \quad \text{subject to} \quad g(\boldsymbol{x}) = \boldsymbol{0}$$

に対する **Lagrangian**とよばれる。

定理 3.11 （不等式制約下の極小点であるための必要条件）

滑らかな関数 $f : \mathbb{R}^n \to \mathbb{R}$ と

$$g = (g_1, g_2, \cdots, g_m) : \mathbb{R}^n \to \mathbb{R}^m,$$
$$h = (h_1, h_2, \cdots, h_l) : \mathbb{R}^n \to \mathbb{R}^l$$

が与えられたとする。点 $\boldsymbol{x}^* \in \mathbb{R}^n$ が領域

$$\left\{ \boldsymbol{x} \in \mathbb{R}^n : \begin{array}{ll} g_i(\boldsymbol{x}) = 0, & i = 1, 2, \ldots, m \\ h_j(\boldsymbol{x}) \leqq 0, & j = 1, 2, \ldots, l \end{array} \right\}$$

における f の極小値を与えるとき，ある $\lambda^* = (\lambda_1^*, \lambda_2^*, \cdots, \lambda_m^*) \in \mathbb{R}^m$ と $\mu^* = (\mu_1^*, \mu_2^*, \ldots, \mu_l^*)$ で次をみたすものが存在する。

(1) $\dfrac{\partial f}{\partial x_i}(\boldsymbol{x}^*) + \sum\limits_{j=1}^{m} \lambda_j^* \dfrac{\partial g_j}{\partial x_i}(\boldsymbol{x}^*) + \sum\limits_{k=1}^{l} \mu_k^* \dfrac{\partial h_k}{\partial x_i}(\boldsymbol{x}^*) = 0, \ i = 1, 2, \cdots, n$

(2) $g_1(\boldsymbol{x}^*) = g_2(\boldsymbol{x}^*) = \cdots = g_m(\boldsymbol{x}^*) = 0$

(3) $h_k(\boldsymbol{x}^*) \leqq 0, \ k = 1, 2, \ldots, l$

(4) $\mu_k^* \geqq 0, \ k = 1, 2, \ldots, l$

(5) $\mu_1^* \cdot h_1(\boldsymbol{x}^*) = \mu_2^* \cdot h_2(\boldsymbol{x}^*) = \cdots = \mu_l^* \cdot h_l(\boldsymbol{x}^*) = 0$

上のようにして現れる $\lambda_1^*, \lambda_2^*, \ldots, \lambda_m^*, \mu_1^*, \mu_2^*, \ldots, \mu_l^*$ を **KKT 乗数** (Karush–Kuhn–Tucker multiplier) といい，上の条件 (1)〜(5) を，この極小点 $\boldsymbol{x}^*$ に対する **KKT 条件**とよぶ。関数 $L = L(\boldsymbol{x}, \lambda, \mu)$ を

$$L = f(\boldsymbol{x}) + \sum_{j=1}^{m} \lambda_j g_j(\boldsymbol{x}) + \sum_{k=1}^{l} \mu_k h_k(\boldsymbol{x})$$

により定めると，条件 (1) は次のように書き直せることに注意せよ。

$$\frac{\partial L}{\partial x_i}(\boldsymbol{x}^*, \lambda^*, \mu^*) = 0, \quad i = 1, 2, \ldots, n$$

3.5 凸関数

数学や応用の分野にしばしば現れる凸関数の概念について少し触れておこう。

定義 3.12　凸関数

G を実数直線または区間とする。$f : G \to \mathbb{R}$ が**凸関数** (convex function) であるとは，任意の $x, y \in G$ と $0 \leqq p = 1 - q \leqq 1$ に対して

$$f(px + qy) \leqq p \cdot f(x) + q \cdot f(y)$$

が成り立つことをいう。

次に凸関数の要点をまとめておこう。

命題 3.13　(凸関数の性質)

G を開区間とし，$f : G \to \mathbb{R}$ を凸関数とする。このとき，$x < y$ なる二点 x と y の間の f の変化の割合を $\Delta_{x,y} = \frac{f(y) - f(x)}{y - x}$ とおくと，次が成り立つ。

(1) $x < y < z$ なる G 内の 3 点 x, y, z に対して次が成り立つ。

$$\Delta_{x,y} \leqq \Delta_{x,z} \leqq \Delta_{y,z} \tag{3.5.1}$$

① この区間における変化の割合よりも...　③ この区間における変化の割合の方が大きい。

→ つまり $x \quad < \quad y \quad < \quad z$ ということ。

② この区間における変化の割合の方が大きくて，それよりも...

(2) 点 $x \in G$ を任意とすると，$-\infty < \liminf\limits_{y \downarrow x} \Delta_{x,y} \leqq \limsup\limits_{y \downarrow x} \Delta_{x,y} < +\infty$。また f は点 x において連続である。(ゆえに凸関数は連続である!)

(3) $(D_- f)(y) = \uparrow\lim\limits_{x \uparrow y} \Delta_{x,y}$，$(D_+ f)(y) = \downarrow\lim\limits_{z \downarrow y} \Delta_{y,z}$ と定めると，次の関係式が成り立つ。

$$\uparrow\lim\limits_{x \uparrow y} \Delta_{x,y} \leqq \downarrow\lim\limits_{z \downarrow y} \Delta_{y,z}$$

また関数 $D_\pm f$ は単調増加である。
← この $D_- f, D_+ f$ は，それぞれ f の左微分，右微分とよばれる。

(4) 任意の二点 $x, y \in G$ と $(D_- f)(y) \leqq m \leqq (D_+ f)(y)$ なるすべての m に対して $f(x) \geqq m(x - y) + f(y)$。

(5) 点 $x \in G$ を任意とすると，$f(x) = \sup\limits_{y \in G} \{(D_- f)(y)(x - y) + f(y)\}$。

(6) 実数列 $\{a_n\}_{n=1}^{\infty}$，$\{b_n\}_{n=1}^{\infty}$ をうまく選ぶと，すべての $x \in G$ に対して $f(x) = \sup\limits_{n \in \mathbb{N}}(a_n x + b_n)$ が成り立つ。

証明. (1) y は x と z の内分点として $y = \frac{z-y}{z-x}x + \frac{y-x}{z-x}z$ とかけるから，関数 f の凸性を用いると

$$\begin{aligned}
\Delta_{x,y} = \frac{f(y) - f(x)}{y - x} &= \frac{f\left(\frac{z-y}{z-x}x + \frac{y-x}{z-x}z\right) - f(x)}{y - x} \\
&\leqq \frac{1}{y-x}\left(\frac{z-y}{z-x}f(x) + \frac{y-x}{z-x}f(z) - f(x)\right) \\
&\leqq \frac{1}{y-x}\left(-\frac{y-x}{z-x}f(x) + \frac{y-x}{z-x}f(z)\right) = \frac{f(z) - f(x)}{z - x} = \Delta_{x,z}
\end{aligned}$$

である。$\Delta_{x,z} \leqq \Delta_{y,z}$ であることも同様に示される。

(2) $x \in G$ を任意とすると，G が開区間であることから $z < x < y$ なる点 $y, z \in G$ が取れる。このとき (1) より $\liminf_{y\downarrow x}\Delta_{x,y} \geqq \Delta_{z,x} > -\infty$ となる。一方で G が開区間であることから $x < y < z$ なる点 $y, z \in G$ を取っておけば $\limsup_{y\downarrow x}\Delta_{x,y} \leqq \Delta_{x,z} < \infty$ であり，いま，$\limsup$ と $\liminf$ の定義より $\liminf_{y\downarrow x}\Delta_{x,y} \leqq \limsup_{y\downarrow x}\Delta_{x,y}$ であることは自明である。

$x \in G$ を任意とすると，G が開区間であることから，$(x, y) \subset G$ となる y が取れる。このとき $-\infty < \limsup_{y\downarrow x}\Delta_{x,y} < \infty$ より $\limsup_{y\downarrow x}|f(y) - f(x)| = \limsup_{y\downarrow x}|\Delta_{x,y}(y-x)| = 0$ となり，ゆえに f は点 x において右連続である。同様にして左連続性も示される。

(3) 式 (3.5.1) (❯ p. 102) より $x < x' < y$ なら $\Delta_{x,y} \leqq \Delta_{x',y}$ である。ゆえに $\Delta_{x,y}$ を，y を固定して x の関数と考えたとき単調増加である。ゆえに極限 $\uparrow \lim_{x\uparrow y}\Delta_{x,y}$ が存在する。同様に $\Delta_{y,z}$ を，y を固定して z の関数と考えたとき単調減少である。ゆえに極限 $\downarrow \lim_{z\downarrow y}\Delta_{y,z}$ が存在する。$y < y'$ なる G 内の点をとると，式 (3.5.1) (❯ p. 102) より $\Delta_{x,y} \leqq \Delta_{x,y'}$ であるから次が成り立つ。

$$(D_-f)(y) = \uparrow\lim_{x\uparrow y}\Delta_{x,y} \leqq \uparrow\lim_{x\uparrow y'}\Delta_{x,y'} = (D_-f)(y')$$

ゆえに左微分 D_-f は単調増加である。同様にして右微分 D_+f が単調増加であることも示される。

(4) $x > y$ の場合，

$$\frac{f(x) - f(y)}{x - y} = \Delta_{y,x} \geqq (D_+f)(y) \geqq m$$

であり，$x < y$ の場合，$\dfrac{f(y) - f(x)}{y - x} = \Delta_{x,y} \leqq (D_-f)(y) \leqq m$ が従う。いずれの場合からも $f(x) \geqq m(x - y) + f(y)$ が得られる。

(5) 二点 $x, y \in G$ を任意とすると，上の (4) より次が成り立つ。

$$f(x) \geqq \sup_{(D_-f)(y)\leqq m\leqq(D_+f)(y)}\{m(x - y) + f(y)\} \overset{\substack{\text{左辺において}\\ m = (D_-f)(y)\\ \text{と選んだ}}}{\geqq} (D_-f)(y)(x - y) + f(y)$$

点 y は任意であるから，上式の左辺と右辺の関係は y に関して上限をとっても成り立ち，ゆえに次の不等式が成り立つ。

$$f(x) \geqq \sup_{y\in G}\{(D_-f)(y)(x - y) + f(y)\} \overset{\substack{\text{左辺において}\\ y = x\\ \text{と選んだ}}}{\geqq} (D_-f)(x)(x - x) + f(x) = f(x)$$

ゆえに $f(x) = \sup_{y\in G}\{(D_-f)(y)(x - y) + f(y)\}$。

(6) 有理数の全体を $\mathbb{Q}$ により表す。この性質のいくつかを証明なしで紹介しよう。$\mathbb{Q}$ の空でない部分集合には，その要素に 1 番目，2 番目，3 番目，... というように番号をつけられることが知られている。この部分集合が有限個の要素しかもたない場合は数え上げはいずれ完了し，無限に要素をもつ場合は数

え上げが完了することはないが，上の番号付けによりすべての自然数 $1, 2, 3, \dots$ と過不足なく対応させることができるのである。またどのような実数 x をとっても，有理数のみからなる数列 $\{q_n\}_{n=1}^{\infty}$ をうまく選んで $n \to \infty$ のとき $q_n \to x$ となるようにできる。この「どのような実数も有理数によりいくらでも精度良く近似できる」性質を指して，実数 (直線) の中で有理数は**稠密**であるという。

このとき，次を示せば十分である。

$$\sup_{q \in G}\{(D_-f)(q)(x - q) + f(q)\} = \sup_{q \in G \cap \mathbb{Q}}\{(D_-f)(q)(x - q) + f(q)\}(= \varphi(x) \text{ とおく}), \quad x \in G$$

実際 $G \cap \mathbb{Q} = \{x_n\}_{n=1}^{\infty}$ と番号付けをしておくと，このとき $a_n = (D_-f)(x_n)$, $b_n = f(x_n) - (D_-f)(x_n)x_n$ とおけばよいからである。以下，この等式を示す。

まず，$f(x) \geqq \varphi(x)$ であることは明らか。以下，すべての $x \in G$ に対して $f(x) \leqq \varphi(x)$ であることを示す。このために φ が凸関数であることを示そう。$x, y \in G$ と $0 \leqq p = 1 - q \leqq 1$ に対して

$$\begin{aligned}
\varphi(px + qy) &= \sup_{r \in G \cap \mathbb{Q}}\{(D_-f)(r)(px + qy - r) + f(r)\} \\
&= \sup_{r \in G \cap \mathbb{Q}}\Big(p\{(D_-f)(r)(x - r) + f(r)\} + q\{(D_-f)(r)(y - r) + f(r)\}\Big) \\
&\leqq p \cdot \sup_{r \in G \cap \mathbb{Q}}\{(D_-f)(r)(x - r) + f(r)\} + q \cdot \sup_{r \in G \cap \mathbb{Q}}\{(D_-f)(r)(y - r) + f(r)\} \\
&= p \cdot \varphi(x) + q \cdot \varphi(y)
\end{aligned}$$

が成り立つから，実際に φ は凸関数である。特に φ は連続である (命題 3.13–(2))。いま，有理数の稠密性と f, φ の連続性により，すべての $x \in G \cap \mathbb{Q}$ について $f(x) \leqq \varphi(x)$ を示せば十分である。なぜなら，これが示されれば，$x \in G$ を任意とすると，有理数の稠密性 (と G が開区間であること) より，$G \cap \mathbb{Q}$ の点からなる数列 $\{q_n\}_{n=1}^{\infty}$ で $\lim_{n \to \infty} q_n = x$ となるものが存在するが，このとき f と φ の連続性により次が成り立つからである。

$$f(x) = f\Big(\lim_{n \to \infty} q_n\Big) \overset{\substack{f \text{ の} \\ \text{連続性}}}{=} \lim_{n \to \infty} f(q_n) \leqq \lim_{n \to \infty} \varphi(q_n) \overset{\substack{\varphi \text{ の} \\ \text{連続性}}}{=} \varphi\Big(\lim_{n \to \infty} q_n\Big) = \varphi(x)$$

そこで $x \in G \cap \mathbb{Q}$ を任意とすると，

$$\varphi(x) = \sup_{r \in G \cap \mathbb{Q}}\{(D_-f)(r)(x - r) + f(r)\} \geqq (D_-f)(x)(x - x) + f(x) = f(x)$$

であり，証明が終わる。　　　　　　　　　　　　　　　　　　　　　　　　　　　　　□

3.6 Cauchy–Schwarz の不等式

次に紹介する Cauchy–Schwarz の不等式は，積分や期待値の計算に伴う様々な不等式評価において最も基本的となるものの一つであり，文脈ごとにしばしば一見異なる見た目をして現れる。これらの統一的な記述をすることもできるが，そのためには大変な準備を要するため，本書で現れる形での紹介をするに止める。証明はいずれもまったく同じテクニックにより与えられる。以下に現れる関数 $f(\mathbf{x})$, $g(\mathbf{x})$, $p(\mathbf{x})$ や確率変数 X, Y を取り替えることで様々な不等式が得られることがわかるであろう。また以下に現れる積分は，いずれも有限の値として定義される場合を想定している。

命題 **3.14**（**Cauchy–Schwarz の不等式**）

　$p(\mathbf{x})$ を連続な非負関数とする。このとき 2 つの連続関数 $f(\mathbf{x})$ と $g(\mathbf{x})$ に対して次の不等式が成り立つ。

$$\int f(\mathbf{x})g(\mathbf{x})p(\mathbf{x})\mathrm{d}\mathbf{x} \leqq \left(\int |f(\mathbf{x})|^2 p(\mathbf{x})\mathrm{d}\mathbf{x}\right)^{\frac{1}{2}}\left(\int |g(\mathbf{x})|^2 p(\mathbf{x})\mathrm{d}\mathbf{x}\right)^{\frac{1}{2}}$$

この等号成立条件は，領域 $\{\mathbf{x}: p(\mathbf{x}) > 0\}$ において $f(\mathbf{x})$ と $g(\mathbf{x})$ のうち，片方がもう片方の定数倍として表されることである。

　また確率変数 X と Y について次の不等式が成り立つ。

$$\mathbf{E}[XY] \leqq \sqrt{\mathbf{E}[X^2]\mathbf{E}[Y^2]}$$

この等号成立条件は，ある定数 c で $\mathbf{P}(X = cY) = 1$ または $\mathbf{P}(Y = cX) = 1$ が成り立つことである。

証明. 非負関数 $\varphi(t)$ を $\varphi(t) = \int (f(\mathbf{x}) - t \cdot g(\mathbf{x}))^2 p(\mathbf{x})\mathrm{d}\mathbf{x}$ $(\geqq 0)$ により定めると，次のように t の多項式関数として展開できる。

$$\varphi(t) = \left(\int g(\mathbf{x})^2 p(\mathbf{x})\mathrm{d}\mathbf{x}\right)t^2 - 2\left(\int f(\mathbf{x})g(\mathbf{x})p(\mathbf{x})\mathrm{d}\mathbf{x}\right)t + \int f(\mathbf{x})^2 p(\mathbf{x})\mathrm{d}\mathbf{x}$$

これはすべての t について非負でなければならないが，t^2 の係数について 2 つの可能性が考えられる。

(a) $\int g(\mathbf{x})^2 p(\mathbf{x})\mathrm{d}\mathbf{x} = 0$ の場合: このときは，t の係数についても $\int f(\mathbf{x})g(\mathbf{x})p(\mathbf{x})\mathrm{d}\mathbf{x} = 0$ が成り立つ。さもなければ $\varphi(t)$ はそのグラフが t 軸と交わる 1 次関数となり $\varphi(t)$ が非負関数であるということに反するからである。ゆえに等号として Cauchy–Schwarz の不等式が成り立つ。

(b) $\int g(\mathbf{x})^2 p(\mathbf{x})\mathrm{d}\mathbf{x} > 0$ の場合: $\varphi(t)$ が非負な 2 次関数であるから，判別式が 0 以下でなければならない。つまり次が成り立たなければならない。

$$0 \geqq (\varphi(t) \text{ の判別式})$$
$$= \left(-2\int f(\mathbf{x})g(\mathbf{x})p(\mathbf{x})\mathrm{d}\mathbf{x}\right)^2 - 4\left(\int f(\mathbf{x})^2 p(\mathbf{x})\mathrm{d}\mathbf{x}\right)\left(\int g(\mathbf{x})^2 p(\mathbf{x})\mathrm{d}\mathbf{x}\right)$$

これを整理して次を得る。

$$\left(\int f(\mathbf{x})g(\mathbf{x})p(\mathbf{x})\mathrm{d}\mathbf{x}\right)^2 \leqq \left(\int f(\mathbf{x})^2 p(\mathbf{x})\mathrm{d}\mathbf{x}\right)\left(\int g(\mathbf{x})^2 p(\mathbf{x})\mathrm{d}\mathbf{x}\right)$$

　Cauchy–Schwarz 不等式の等号成立条件は (a) または，(b) において (判別式) $= 0$ が成り立つことである。(a) の場合は $\int g(\mathbf{x})^2 p(\mathbf{x})\mathrm{d}\mathbf{x} = 0$ より $g(\mathbf{x}) = 0 = 0 \cdot f(\mathbf{x})$ となる。(b) において (判別式) $= 0$ が成り立つとき，$\varphi(t)$ のグラフが t 軸に接することになるから，ある t_0 において $\varphi(t_0) = 0$, つまり

$$0 = \varphi(t_0) = \int (f(\mathbf{x}) - t_0 \cdot g(\mathbf{x}))^2 p(\mathbf{x})\mathrm{d}\mathbf{x}$$

であるから $f(\mathbf{x}) - t_0 \cdot g(\mathbf{x}) = 0$ が成り立つ。これを整理して $f(\mathbf{x}) = t_0 \cdot g(\mathbf{x})$ となる。　　　□

4 データサイエンスの手法

この章では，まず統計用語を線形代数の言葉へと焼き直すために，線形代数の基本的な部分を復習する。線形代数についてより詳しくは，Web 資料を確認していただきたい。統計用語を線形代数の視点から再定式化した後，データサイエンスの界隈で広く用いられているデータ解析手法のうち，とても基本的なものをいくつか選んで概説する。

- **重回帰分析 ➡** 4.2 節, p. 116
  - ⬅ ある量について過去のデータベースを参考に，将来の振る舞いを予測したい！
- **主成分分析 ➡** 4.3 節, p. 128
  - ⬅ 膨大な量のデータから，本質的な量のみを取り出して情報圧縮したい！
- **線形判別分析 ➡** 4.4 節, p. 136
  - ⬅ 過去の事例に基づいて，新たに得られた複数の標本をグループ分けしたい！
- **k-平均法 ➡** 4.5 節, p. 144
  - ⬅ 過去の事例も何もない状態で，とにかく標本をグループ分けしたい！

おのおのの節はどれも最初に概観をつかむための解説がなされており，それに現れる定理や公式の証明等は付録に譲ることにする。

4.1 データを扱う線形代数

定義 4.1　行列の跡

n 次正方行列 $A = \begin{pmatrix} A_{11} & A_{12} & \cdots & A_{1n} \\ A_{21} & A_{22} & \cdots & A_{2n} \\ \vdots & \vdots & \ddots & \vdots \\ A_{n1} & A_{n2} & \cdots & A_{nn} \end{pmatrix}$ に対して，その左上から右下にかけて対角に並ぶ成分の総和 $\mathrm{tr}(A) = A_{11} + A_{22} + \cdots + A_{nn}$ を A の跡 (trace) という。

問 4.2　行列の積は tr(...) の中で交換できる！ (解答 ➡ 付録)
　n 次正方行列 A と B に対して $\mathrm{tr}(AB) = \mathrm{tr}(BA)$ が成り立つことを示せ。

行列 A の転置行列を $A^{\top}$ により表す (定義 **B.12** ➡ 付録 **p. 23**)。明らかに $\mathrm{tr}(A^{\top}) = \mathrm{tr}(A)$。

> **定義 4.3 直交射影・1 の直交分割**

(1) n 次正方行列 P が**直交射影** (行列) であるとは，$P^2 = P = P^\top$ をみたすことをいう。
(➜ 特に，直交射影は実対称行列となる。)

(2) 二つの n 次正方行列 $\{P, Q\}$ が **1 の直交分割** (orthogonal partition of unity) であるとは，P と Q が共に直交射影であり，かつ次をみたすことをいう。

$$P + Q = E_n, \quad PQ = QP = O$$

ここで，E_n は n 次単位行列，O は n 次の零行列を表す。

直交射影行列と直交行列 (定義 B.13 ➔ 付録 p. 24) は意味が異なることに注意せよ。

> **命題 4.4** n 次正方行列 Q が直交射影ならば，$P = E_n - Q$ とおいたとき $\{P, Q\}$ は 1 の直交分割をなす。

証明. 仮定より $Q^2 = Q = Q^\top$ であるから，

$$P^\top = (E_n - Q)^\top = E_n - Q^\top = E_n - Q = P,$$
$$P^2 = (E_n - Q)^2 = E_n - 2Q + Q^2 = E_n - Q = P$$

であるから P は直交射影である。さらに

$$PQ = (E_n - Q)Q = Q - Q^2 = Q - Q = O,$$

同様に $QP = O$ となるから，$\{P, Q\}$ は 1 の直交分割をなす。 □

二つの n 次元実ベクトル $\boldsymbol{x}$, $\boldsymbol{y}$ の内積を $\langle \boldsymbol{x}, \boldsymbol{y} \rangle$ により表し (定義 B.14 ➔ 付録 p. 25)，$\boldsymbol{x}$ のノルムを $\|\boldsymbol{x}\| = \sqrt{\langle \boldsymbol{x}, \boldsymbol{x} \rangle}$ により表す (定義 B.15 ➔ 付録 p. 27)。次が成り立つ。

> **命題 4.5** n 次元ベクトル $\boldsymbol{x}$ と $\boldsymbol{y}$ に対して以下が成り立つ。
> (1) n 次正方行列 P が直交射影ならば $\langle P\boldsymbol{x}, P\boldsymbol{y} \rangle = \langle P\boldsymbol{x}, \boldsymbol{y} \rangle = \langle \boldsymbol{x}, P\boldsymbol{y} \rangle$ である。
> (2) n 次正方行列からなる $\{P, Q\}$ が 1 の直交分割ならば，次が成り立つ。
>
> $$\boldsymbol{x} = P\boldsymbol{x} + Q\boldsymbol{x} \quad \text{かつ} \quad \|\boldsymbol{x}\|^2 = \|P\boldsymbol{x}\|^2 + \|Q\boldsymbol{x}\|^2$$

> **定義 4.6 テンソル積**

二つの 2 次元ベクトル $\boldsymbol{x} = \begin{pmatrix} x_1 \\ x_2 \end{pmatrix}$, $\boldsymbol{y} = \begin{pmatrix} y_1 \\ y_2 \end{pmatrix}$ に対して $\boldsymbol{x} \otimes \boldsymbol{y}$ を

$$\boldsymbol{x} \otimes \boldsymbol{y} = \boldsymbol{x}\,\boldsymbol{y}^\top = \begin{pmatrix} x_1 \\ x_2 \end{pmatrix}(y_1, y_2) = \begin{pmatrix} x_1 y_1 & x_1 y_2 \\ x_2 y_1 & x_2 y_2 \end{pmatrix}$$

により定め，これを $\boldsymbol{x}$ と $\boldsymbol{y}$ の**テンソル積** (tensor product) とよぶ。

このテンソル積，転置行列，跡，ノルムの定義から次の事実を確かめることができる。

> **命題 4.7** 2 次元ベクトル $\boldsymbol{x}, \boldsymbol{y}, \boldsymbol{z}$ に対して以下が成り立つ。
>
> (a) $(\boldsymbol{x} \otimes \boldsymbol{y})\boldsymbol{z} = \boldsymbol{x}(\boldsymbol{y}^\top \boldsymbol{z}) = \langle \boldsymbol{y}, \boldsymbol{z} \rangle \boldsymbol{x}$
>
> (b) $\mathrm{tr}(\boldsymbol{x} \otimes \boldsymbol{y}) = \langle \boldsymbol{x}, \boldsymbol{y} \rangle$
>
> (c) $\|\boldsymbol{x}\| = 1$ ならば数 λ に対して $\lambda(\boldsymbol{x} \otimes \boldsymbol{x})\boldsymbol{x} = \lambda \boldsymbol{x}$ となる。
> - ➡ つまり λ は行列 $\lambda(\boldsymbol{x} \otimes \boldsymbol{x})$ の固有値であり，$\boldsymbol{x}$ は固有値 λ に関する行列 $\lambda(\boldsymbol{x} \otimes \boldsymbol{x})$ の固有ベクトルとなる。
>
> (d) $\|\boldsymbol{x}\| = 1$ ならば $(\boldsymbol{x} \otimes \boldsymbol{x})^2 = (\boldsymbol{x} \otimes \boldsymbol{x})$ である。

このテンソル積を用いて定理 B.60 (➲ 付録 p. 33) の内容を書き直しておく。簡単のために $n = 2$ の場合に限って述べるが，一般の n の場合にもまったく同様のことが成り立つ。

> **定理 4.8** 2 次の実非負定値行列 A は，ある 2 次直交行列 R と実数 $\lambda_1 \geqq \lambda_2 \geqq 0$ を用いて次のように変形できる。
> $$R^\top A R = \begin{pmatrix} \lambda_1 & 0 \\ 0 & \lambda_2 \end{pmatrix}$$
>
> さらにこのとき
>
> (1) 各 λ_1, λ_2 は A の固有値であり，$\mathrm{tr}(A) = \lambda_1 + \lambda_2$ が成り立つ。
>
> また $R = (\mathbf{u}_1, \mathbf{u}_2)$ ($\mathrm{u}_1, \mathrm{u}_2$ は R の列ベクトル) と表すと次が成り立つ。
>
> (2) すべての $i, j = 1, 2$ に対して $A\mathbf{u}_i = \lambda_i \mathbf{u}_i$, $\langle \mathbf{u}_i, \mathbf{u}_j \rangle = \begin{cases} 1 & (i = j \text{ のとき}) \\ 0 & (i \neq j \text{ のとき}) \end{cases}$
>
> (3) **(固有値分解)** $A = \lambda_1 \mathbf{u}_1 \otimes \mathbf{u}_1 + \lambda_2 \mathbf{u}_2 \otimes \mathbf{u}_2$
>
> (4) A が (非負定値 / 正定値) $\Rightarrow$ ($\lambda_2 \geqq 0$ / $\lambda_2 > 0$)。

4.1.1 多変量散布図とその幾何学的性質

Convention: データサイエンスの慣例

本章において，1 次元データ $x = (x_1, x_2, \cdots, x_n)$ はしばしば**縦ベクトル**として扱われる。この場合には，その太文字を用いて次のように表す。

$$\mathbf{x} = \begin{pmatrix} x_1 \\ x_2 \\ \vdots \\ x_n \end{pmatrix} = (x_1, x_2, \ldots, x_n)^\top = x^\top$$

▐ **定義 4.9　記号の定義** ▐────────────────────

二つの 1 次元データ $x = (x_1, x_2, \cdots, x_n)$, $y = (y_1, y_2, \cdots, y_n)$ に対して

(i) 上の慣例に従って $\mathbf{x} = \begin{pmatrix} x_1 \\ x_2 \\ \vdots \\ x_n \end{pmatrix}$, $\mathbf{y} = \begin{pmatrix} y_1 \\ y_2 \\ \vdots \\ y_n \end{pmatrix}$ とかく。

(ii) x と y（もしくは $\mathbf{x}$ と $\mathbf{y}$）の**共分散** $s_{x,y}$（❯ p. 21）を次式により表す。

$$s(\mathbf{x}, \mathbf{y}) = \frac{1}{n} \sum_{i=1}^{n} (x_i - \overline{x})(y_i - \overline{y})$$

---

1 次元データ $x = (x_1, x_2, \cdots, x_n)$ の各数値 x_i は，調べたい**項目**（例えば年齢/身長/家賃/...）に関して標本点 ω_i が取った数値であることを想定している。通常，調べたい項目は複数あるので，複数個の 1 次元データを扱う必要が出てくる。そこで，p 種類の項目があるとき（本書では主に $p = 1, 2, 3$ のいずれかを想定しておけば十分），それらの項目に（項目 1），（項目 2），...，（項目 p）と名前をつけ，各（項目 k）に関して得られた 1 次元データを次のように表す。

$$x_k = (x_{1k}, x_{2k}, \ldots, x_{nk}), \quad k = 1, 2, \ldots, p$$

添字の付け方が紛らわしいが，次のようになっている。

$$\underset{\substack{\text{標本の　項目の}\\\text{名前　　名前}}}{x_{i\,k}} \qquad \begin{array}{l} i = (\text{標本の名前}) = 1, 2, \ldots, n, \\ k = (\text{項目の名前}) = 1, 2, \ldots, p \end{array}$$

▐ **定義 4.10　データフレーム・データ行列・共分散行列** ▐────────

p 種類の項目に関する次の 1 次元データが与えられたとする。

$$x_1 = (x_{11}, x_{21}, \cdots, x_{n1}), \quad x_2 = (x_{12}, x_{22}, \cdots, x_{n2}), \ldots, x_p = (x_{1p}, x_{2p}, \cdots, x_{np})$$

(i) これらをまとめた次の表を**データフレーム**（data frame）とよぶ。

標本点 \ 項目	項目 1	項目 2	$\cdots$	項目 k	$\cdots$	項目 p
ω_1	x_{11}	x_{12}	$\cdots$	x_{1k}	$\cdots$	x_{1p}
$\vdots$	$\vdots$	$\vdots$	$\cdots$	$\vdots$	$\cdots$	$\vdots$
ω_i	x_{i1}	x_{i2}	$\cdots$	x_{ik}	$\cdots$	x_{ip}
$\vdots$	$\vdots$	$\vdots$	$\cdots$	$\vdots$	$\cdots$	$\vdots$
ω_n	x_{n1}	x_{n2}	$\cdots$	x_{nk}	$\cdots$	x_{np}

← 項目 k の列には 1 次元データ $x_k = (x_{1k}, x_{2k}, \cdots, x_{nk})$ が縦に並べられている。

(ii) 慣例 ($\bigcirc$ p. 109) に従い，項目 $k = 1, 2, \ldots, p$ と標本名 $i = 1, 2, \ldots, n$ に対して

$$\mathbf{x}_k = \begin{pmatrix} {\scriptstyle (標本\ \omega_1)} \\ {\scriptstyle (標本\ \omega_2)} \\ \vdots \\ {\scriptstyle (標本\ \omega_n)} \end{pmatrix} \begin{pmatrix} x_{1k} \\ x_{2k} \\ \vdots \\ x_{nk} \end{pmatrix}, \quad \mathbf{x}_*^i = {\scriptstyle (標本\ \omega_i)} \begin{pmatrix} {\scriptstyle (項目\ 1)} & {\scriptstyle (項目\ 2)} & \cdots & {\scriptstyle (項目\ p)} \\ x_{i1} & x_{i2} & \cdots & x_{ip} \end{pmatrix}$$

と表す。この横ベクトル $\mathbf{x}_*^1, \mathbf{x}_*^2, \cdots, \mathbf{x}_*^n$ を $\mathbb{R}^p$ の中にプロットした図を $x_1, x_2, \cdots, x_p$ の p **変量散布図** (scatter plot) という。

$\blacktriangleright$ p 変量散布図の中で各座標軸は (項目 1), (項目 2), ..., (項目 p) を表す。

(iii) 上のデータフレーム内に並んだ次の (n, p) 行列を**データ行列**とよぶ。

$$X = \begin{pmatrix} {\scriptstyle (標本\ \omega_1)} \\ {\scriptstyle (標本\ \omega_2)} \\ \vdots \\ {\scriptstyle (標本\ \omega_n)} \end{pmatrix} \begin{pmatrix} {\scriptstyle (項目\ 1)} & {\scriptstyle (項目\ 2)} & \cdots & {\scriptstyle (項目\ p)} \\ x_{11} & x_{12} & \cdots & x_{1p} \\ x_{21} & x_{22} & \cdots & x_{2p} \\ \vdots & \vdots & \vdots & \vdots \\ x_{n1} & x_{n2} & \cdots & x_{np} \end{pmatrix} = \begin{pmatrix} \mathbf{x}_*^1 \\ \mathbf{x}_*^2 \\ \vdots \\ \mathbf{x}_*^n \end{pmatrix}$$

$$= \begin{pmatrix} \mathbf{x}_1, & \mathbf{x}_2, & \ldots, & \mathbf{x}_p \end{pmatrix}$$

(iv) データ行列 X の**共分散行列** (covariance matrix) を次式により定める。

$$S_{X,X} = \begin{pmatrix} s(\mathbf{x}_1, \mathbf{x}_1) & s(\mathbf{x}_1, \mathbf{x}_2) & \cdots & s(\mathbf{x}_1, \mathbf{x}_p) \\ s(\mathbf{x}_2, \mathbf{x}_1) & s(\mathbf{x}_2, \mathbf{x}_2) & \cdots & s(\mathbf{x}_2, \mathbf{x}_p) \\ \vdots & \vdots & \ddots & \vdots \\ s(\mathbf{x}_p, \mathbf{x}_1) & s(\mathbf{x}_p, \mathbf{x}_2) & \cdots & s(\mathbf{x}_p, \mathbf{x}_p) \end{pmatrix}$$

$\blacktriangleright$ 定義から $S_{X,X}$ は (項目数) $\times$ (項目数) の実対称行列である。

Point: データ解析のストーリーを展開する大切な考え方

- **1 次元データ** $x = (x_1, \cdots, x_n)$ の分散 $s(\mathbf{x}, \mathbf{x})$ は「データがその平均 $\bar{x}$ からどのくらいの広がり (散らばり) を見せるか」という情報の「量」を表すと考える ($\bigcirc$ p. 19)。

- 2 個の 1 次元データ $\mathbf{x}_1^\top, \mathbf{x}_2^\top$ からなるデータ行列 $X = (\mathbf{x}_1, \mathbf{x}_2)$ について「X の『情報量』を

$$\mathrm{tr}(S_{X,X}) = \underbrace{s(\mathbf{x}_1, \mathbf{x}_1)}_{x_1\ の「情報量」} + \underbrace{s(\mathbf{x}_2, \mathbf{x}_2)}_{x_2\ の「情報量」}$$

と考える」と，X の「情報量」が各データ $x_k = \mathbf{x}_k^\top$ の「情報量」の総和となり感覚から外れていないであろう。n 個の 1 次元データを扱う場合も同様である。

問 B.58 ($\bigcirc$ 付録 p. 32) でも扱われる行列に以下のように名前をつけておく。

> **定義 4.11 平均化行列 Q・中心化行列 P**
>
> 考える標本の大きさが n のとき，**平均化行列** $Q = Q_n$ と**中心化行列** $P = P_n$ を，それぞれ以下により定まる n 次正方行列とする。
>
> $$Q_n = \begin{pmatrix} \frac{1}{n} & \frac{1}{n} & \cdots & \frac{1}{n} \\ \frac{1}{n} & \frac{1}{n} & \cdots & \frac{1}{n} \\ \vdots & \vdots & \ddots & \vdots \\ \frac{1}{n} & \frac{1}{n} & \cdots & \frac{1}{n} \end{pmatrix}, \quad P_n = E_n - Q_n = \begin{pmatrix} 1-\frac{1}{n} & -\frac{1}{n} & \cdots & -\frac{1}{n} \\ -\frac{1}{n} & 1-\frac{1}{n} & \cdots & -\frac{1}{n} \\ \vdots & \vdots & \ddots & \vdots \\ -\frac{1}{n} & -\frac{1}{n} & \cdots & 1-\frac{1}{n} \end{pmatrix}$$

平均化行列 Q_n の成分はすべて $\frac{1}{n}$ であり，中心化行列 P_n の成分は，対角成分だけが $1-\frac{1}{n}$，残りはすべて $-\frac{1}{n}$ である。

統計用語を線形代数の言葉へ焼き直そう！

> **命題 4.12** 考える標本の大きさを n，Q を平均化行列，P を中心化行列とする。
>
> (1) $\{P, Q\}$ は1の直交分割 (**◐**p. 108) である。
>
> (2) 1次元データ $x = (x_1, \cdots, x_n)$ に対して，次が成り立つ。
>
> $$Q\mathbf{x} = \begin{pmatrix} \overline{x} \\ \overline{x} \\ \vdots \\ \overline{x} \end{pmatrix}, \quad P\mathbf{x} = \begin{pmatrix} x_1 - \overline{x} \\ x_2 - \overline{x} \\ \vdots \\ x_n - \overline{x} \end{pmatrix}$$
>
> **←** これらがそれぞれ「平均化」と「中心化」の意味である。
>
> (3) 1次元データ $x = \mathbf{x}^\top$ と $y = \mathbf{y}^\top$ に対して，$s(\mathbf{x}, \mathbf{y}) = \frac{1}{n}\langle \mathbf{x}, P\mathbf{y}\rangle$ である。
>
> (4) p 個の1次元データ $x_1 = \mathbf{x}_1^\top, x_2 = \mathbf{x}_2^\top, \ldots, x_p = \mathbf{x}_p^\top$ に関するデータ行列 X の共分散行列 $S_{X,X}$ は次式により与えられる。
>
> $$S_{X,X} = \frac{1}{n}X^\top P X$$

証明 $\mathbf{1}_n = \underbrace{(1, 1, \ldots, 1)}_{n}^\top$ とおくと $Q = \frac{1}{n}\mathbf{1}_n \otimes \mathbf{1}_n$，$\langle \mathbf{1}_n, \mathbf{1}_n\rangle = n$ である。

(1) 平均化行列 Q が実対称行列であることは明らかである。また $Q^2 = \frac{1}{n^2}(\mathbf{1}_n \otimes \mathbf{1}_n)(\mathbf{1}_n \otimes \mathbf{1}_n) = \frac{1}{n^2}\langle \mathbf{1}_n, \mathbf{1}_n\rangle(\mathbf{1}_n \otimes \mathbf{1}_n) = \frac{1}{n}\mathbf{1}_n \otimes \mathbf{1}_n = Q$ となるから Q は直交射影であり，一方で定義より $P = E_n - Q$ であるから，命題 4.4 (**◐**p. 108) より $\{P, Q\}$ は1の直交分割をなす。

(2) $Q\mathbf{x} = \frac{1}{n}(\mathbf{1}_n \otimes \mathbf{1}_n)\mathbf{x} = \frac{\langle \mathbf{1}_n, \mathbf{x}\rangle}{n}\mathbf{1}_n = \overline{x}\mathbf{1}_n$ であり，ゆえに $P\mathbf{x} = (E_n - Q)\mathbf{x} = \mathbf{x} - \overline{x}\mathbf{1}_n$。

(3) 上の (2) を用いると $s(\mathbf{x}, \mathbf{y}) = \frac{1}{n}\sum_{i=1}^{n}(x_i - \overline{x})(y_i - \overline{y}) = \frac{1}{n}\langle P\mathbf{x}, P\mathbf{y}\rangle = \frac{1}{n}\langle \mathbf{x}, P^\top P\mathbf{y}\rangle$ となるが，(1) より P は直交射影であるから $P^\top P = P^2 = P$ である。ゆえに $s(\mathbf{x}, \mathbf{y}) = \frac{1}{n}\langle \mathbf{x}, P\mathbf{y}\rangle$。

(4) $x_1 = \mathbf{x}_1^\top, x_2 = \mathbf{x}_2^\top, \ldots, x_p = \mathbf{x}_p^\top$ であり，(3) を用いると $s(\mathbf{x}_i, \mathbf{x}_j) = \frac{1}{n}\langle \mathbf{x}_i, P\mathbf{x}_j\rangle = \frac{1}{n}\mathbf{x}_i^\top P\mathbf{x}_j$

となるから次を得る。

$$
S_{X,X} = \frac{1}{n}
\begin{pmatrix}
\mathbf{x}_1^\top P\mathbf{x}_1 & \mathbf{x}_1^\top P\mathbf{x}_2 & \cdots & \mathbf{x}_1^\top P\mathbf{x}_p \\
\mathbf{x}_2^\top P\mathbf{x}_1 & \mathbf{x}_2^\top P\mathbf{x}_2 & \cdots & \mathbf{x}_2^\top P\mathbf{x}_p \\
\vdots & \vdots & \ddots & \vdots \\
\mathbf{x}_p^\top P\mathbf{x}_1 & \mathbf{x}_p^\top P\mathbf{x}_2 & \cdots & \mathbf{x}_p^\top P\mathbf{x}_p
\end{pmatrix}
$$

$$
= \frac{1}{n}
\begin{pmatrix}
\mathbf{x}_1^\top \\
\mathbf{x}_2^\top \\
\vdots \\
\mathbf{x}_p^\top
\end{pmatrix}
\underbrace{\left(P\mathbf{x}_1 \mid P\mathbf{x}_2 \mid \cdots \mid P\mathbf{x}_p \right)}_{= P\left(\mathbf{x}_1 \mid \mathbf{x}_2 \mid \cdots \mid \mathbf{x}_p \right)}
= \frac{1}{n} X^\top P X \quad \square
$$

上の (3) の証明から共分散は $s(\mathbf{x},\mathbf{y}) = \frac{1}{n}\langle P\mathbf{x}, P\mathbf{y}\rangle$ とも表せ，ゆえに $\mathbf{x}$ と $\mathbf{y}$ の相関係数は，中心化された $P\mathbf{x}$ と $P\mathbf{y}$ のなす角の余弦と言い換えることもできる (⊙ p. 25)。

> **命題 4.13** p 項目の 1 次元データ $x_1 = \mathbf{x}_1^\top, x_2 = \mathbf{x}_2^\top, \ldots, x_p = \mathbf{x}_p^\top$ に関するデータ行列 X について次が成り立つ。
>
> (1) X の共分散行列 $S_{X,X}$ は非負定値行列 (定義 B.16 ⊙ 付録 p. 32) である。
>
> (2) p 次正方行列 A に対して，$A^\top S_{X,X} A = S_{XA,XA}$ が成り立つ。
>
> (3) p 次元列ベクトル $\mathbf{v}$ に対して，$s(X\mathbf{v}, X\mathbf{v}) = \langle \mathbf{v}, S_{X,X}\mathbf{v}\rangle$ である。

証明. P を中心化行列とする。

(1) p 次元実ベクトル $\mathbf{v}$ を任意とすると，命題 4.12–(4) より次が成り立つ。

$$
\langle \mathbf{v}, S_{X,X}\mathbf{v}\rangle = \langle \mathbf{v}, \frac{1}{n}X^\top PX\mathbf{v}\rangle = \frac{1}{n}\langle PX\mathbf{v}, PX\mathbf{v}\rangle = \frac{1}{n}\|PX\mathbf{v}\|^2 \geqq 0
$$

(2) 命題 4.12–(4) より，$S_{XA,XA} = \frac{1}{n}(XA)^\top P(XA) = A^\top (\frac{1}{n}X^\top PX)A = A^\top S_{X,X}A$。

(3) 命題 4.12–(3) より，$s(X\mathbf{v}, X\mathbf{v}) = \frac{1}{n}\langle X\mathbf{v}, P(X\mathbf{v})\rangle = \langle \mathbf{v}, (\frac{1}{n}X^\top PX)\mathbf{v}\rangle = \langle \mathbf{v}, S_{X,X}\mathbf{v}\rangle$。

$\square$

▌定義 4.14 多重共線性・アファイン超平面

(i) n 個の標本 $\omega_1, \cdots, \omega_n$ に対する p 項目の数値を並べた 1 次元データたち

$$
x_1 = \mathbf{x}_1^\top, \quad x_2 = \mathbf{x}_2^\top, \quad \ldots, \quad x_p = \mathbf{x}_p^\top
$$

が**多重共線性** (multicollinearity) をもつとは，それらのデータ行列 X の共分散行列 $S_{X,X}$ が正則でないことをいう。

⬅ $p = 2$ の場合，x_1 と x_2 の相関係数を r とおくと $\det S_{X,X} = s(\mathbf{x}_1,\mathbf{x}_1)s(\mathbf{x}_2,\mathbf{x}_2)(1 - r^2)$ より，x_1, x_2 が多重共線性をもつことは $r = \pm 1$ と同値である。

(ii) p 次元実行ベクトルからなる集合 H が ($\mathbb{R}^p$ の) **アファイン超平面** (affine hyperplane) であるとは，ある零ベクトルでない $(a_1, a_2, \ldots, a_p)^\top$ と実数 b を用いて次のようにかけることをいう。

$$
H = \{(y_1, y_2, \ldots, y_p) : y_1 a_1 + y_2 a_2 + \cdots + y_p a_p = b\}
$$

試しに，2 次元空間 $\mathbb{R}^2$ 内のアファイン超平面とは何なのかを考えてみよう。$\begin{pmatrix} a_1 \\ a_2 \end{pmatrix} \neq \mathbf{0}$ のとき，$\mathbb{R}^2$ のアファイン超平面

$$H = \big\{ (x, y) : x a_1 + y a_2 = b \big\}$$

が表すのは，直線 $\ell \colon a_1 x + a_2 y = b$ に他ならない。つまり，2 次元空間内のアファイン超平面とは直線を指すのである。座標平面 $\mathbb{R}^2$ は 2 次元的な「広がり」をもつ一方で，$\mathbb{R}^2$ のアファイン超平面 (つまり直線) は $\mathbb{R}^2$ **の中で 1 次元的な「広がり」しかもたない**ことがわかる。

多重共線性をもつことの幾何学的な意味

> **定理 4.15** p 項目に関して n 個の標本 $\omega_1, \cdots, \omega_n$ がとった数値を並べた p 個の 1 次元データを $x_1 = \mathbf{x}_1^{\top}, x_2 = \mathbf{x}_2^{\top}, \ldots, x_p = \mathbf{x}_p^{\top}$ とすると，以下は同値である。
>
> (1) $x_1, x_2, \cdots, x_p$ が多重共線性をもつ。
>
> (2) $\mathbf{x}_*^1, \mathbf{x}_*^2, \cdots, \mathbf{x}_*^n$ はすべて，$\mathbb{R}^p$ 内のある一つのアファイン超平面に含まれる。

通常，標本点は十分にたくさんとるため，基本的に $n > p$ を想定している。p **個の 1 次元データ** $x_1, \cdots, x_p$ **が多重共線性をもつと，対応する** $\mathbb{R}^p$ **の中の** n **個の点** $\mathbf{x}_*^1, \cdots, \mathbf{x}_*^n$ **(つまり散布図) は高々** $(p-1)$ **次元分の「広がり」しかもたない**ことになる。

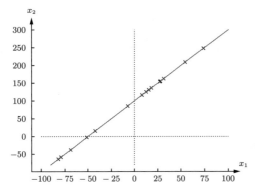

多重共線性をもつ散布図の例 $(p = 2)$。すべてのデータが一つのアファイン超平面 $(p = 2$ の場合であるから直線) 上にある。

多重共線性をもたない散布図の例 $(p = 2)$

この定理 4.15 の証明は，記号の煩雑さを避けるために $p = 2$ の場合に限って紹介する。二変量の場合は多重共線性の有無は相関係数が ± 1 であるかと同値であるから，回帰直線の観点から自明な主張となるが，以下に示す証明技法は一般の p の場合にもまったく同様にして通用する方法である。

定理 4.15 の証明. (1)⇒(2): 2 個の 1 次元データ x_1, x_2 が多重共線性をもつとする。データ行列 X の共分散行列 $S_{X,X}$ は非負定値の実対称行列である (命題 4.13 ❻ p. 113) から, 定理 4.8 (❻ p. 109) より, ある 2 次直交行列 W と $\lambda_1 \geqq \lambda_2 \geqq 0$ で

$$W^\top S_{X,X} W = \begin{pmatrix} \lambda_1 & 0 \\ 0 & \lambda_2 \end{pmatrix}$$

となるものが存在する。仮定より $S_{X,X}$ は正則でないから, 次が成り立つ。

$$0 = \det S_{X,X} = \det(W^\top S_{X,X} W) = \det \begin{pmatrix} \lambda_1 & 0 \\ 0 & \lambda_2 \end{pmatrix} = \lambda_1 \lambda_2$$

つまり, λ_1, λ_2 のうち少なくともどれか一つは零にならなければならないが, $\lambda_1 \geqq \lambda_2 \geqq 0$ という大小関係から $\lambda_2 = 0$ が成り立たなければならない。ゆえに, 次式が成り立つ。

$$0 = \lambda_2 = (W^\top S_{X,X} W)_{22} \overset{\substack{\text{命題 4.13} \\ (\text{❻ p 113})}}{=} (S_{XW,XW})_{22} = s\big((XW \text{ の第 2 列}), (XW \text{ の第 2 列})\big)$$

そこで W の列ベクトルを左から $\mathbf{w}_1, \mathbf{w}_2$ とすると $XW = X(\mathbf{w}_1, \mathbf{w}_2) = (X\mathbf{w}_1, X\mathbf{w}_2)$ より,

$$(XW \text{ の第 2 列}) = X\mathbf{w}_2 = \begin{pmatrix} \mathbf{x}_*^1 \\ \vdots \\ \mathbf{x}_*^n \end{pmatrix} \mathbf{w}_2 = \begin{pmatrix} \mathbf{x}_*^1 \mathbf{w}_2 \\ \vdots \\ \mathbf{x}_*^n \mathbf{w}_2 \end{pmatrix}$$

となる。ゆえに $b = \dfrac{1}{n} \displaystyle\sum_{i=1}^n \mathbf{x}_*^i \mathbf{w}_2$ とおけば,

$$0 = s\big((XW \text{ の第 2 列}), (XW \text{ の第 2 列})\big) = \frac{1}{n} \sum_{i=1}^n (\mathbf{x}_*^i \mathbf{w}_2 - b)^2 。$$

特に $\sum_{i=1}^n$ の中の各項は零, ゆえに $\mathbf{x}_*^1 \mathbf{w}_2 = \mathbf{x}_*^2 \mathbf{w}_2 = \cdots = \mathbf{x}_*^n \mathbf{w}_2 = b$ となる。つまり列ベクトル $\mathbf{w}_2$ を $\mathbf{w}_2 = \begin{pmatrix} w_2^1 \\ w_2^2 \end{pmatrix}$ と表すと, これは n 個の横ベクトル $\mathbf{x}_*^1, \cdots, \mathbf{x}_*^n$ がすべて一つのアファイン超平面 $H = \big\{(y_1, y_2) : y_1 w_2^1 + y_2 w_2^2 = b\big\}$ に含まれていることを意味する。

(2)⇒(1): $\mathbf{x}_*^1, \mathbf{x}_*^2, \cdots, \mathbf{x}_*^n$ がすべて $\mathbb{R}^2$ 内のある一つのアファイン超平面に含まれるとすると, ある $\boldsymbol{a} = (a_1, a_2)^\top \in \mathbb{R}^2 \setminus \{\mathbf{0}\}$ と $b \in \mathbb{R}$ について $\mathbf{x}_*^1 \boldsymbol{a} = \mathbf{x}_*^2 \boldsymbol{a} = \cdots = \mathbf{x}_*^n \boldsymbol{a} = b$ が成り立つ。このとき

$$S_{X,X} \boldsymbol{a} = \frac{1}{n} X^\top P X \boldsymbol{a} = \frac{1}{n} X^\top P \begin{pmatrix} \mathbf{x}_*^1 \\ \vdots \\ \mathbf{x}_*^n \end{pmatrix} \boldsymbol{a}$$

$$= \frac{1}{n} X^\top P \begin{pmatrix} \mathbf{x}_*^1 \boldsymbol{a} \\ \vdots \\ \mathbf{x}_*^n \boldsymbol{a} \end{pmatrix} = \frac{1}{n} X^\top P \begin{pmatrix} b \\ \vdots \\ b \end{pmatrix} = \frac{1}{n} X^\top \underbrace{\begin{pmatrix} b - \frac{1}{n} \sum_{k=1}^n b \\ \vdots \\ b - \frac{1}{n} \sum_{k=1}^n b \end{pmatrix}}_{= \,0} = \mathbf{0} = 0 \cdot \boldsymbol{a}$$

であり, $S_{X,X}$ は固有値 0 をもつから, $\det S_{X,X} = 0$ となる。よって, x_1, x_2 は多重共線性をもつ。 □

　理論的というよりも, 実際に計算機にデータを分析させる実践的な場面では, 2 個の 1 次元データ x_1, x_2 が成すデータ行列の共分散行列が「特異に近い」, つまり $\det S_{X,X}$ が非常に零に近いときにも, x_1, x_2 が多重共線性をもつということがある。

4.2 重回帰分析

4.2.1　動機

ある母集団について $(2+1)$-種類の「変量」X_1, X_2, Y が与えられたとき，

「Y の振る舞いを X_1 と X_2 を用いて説明する」

ことを考えたい。

例 4.16　　**家賃は駅までの時間と築年数でどのように決まる?**

とある地域の物件全体 (これを母集団と考える) について

$$
家賃 (= Y) \ は \ \begin{pmatrix} 駅までの時間 (= X_1) \\ 築年数 (= X_2) \end{pmatrix} \ によってどのように決まるか?
$$

を考えたいということである。

このための最も単純なアイデアの一つは，

「うまく b_1, b_2, c を取れば，$\widehat{Y} = b_1 X_1 + b_2 X_2 + c$ は Y に近い振る舞いをするだろう」

と考えることであろう。このとき $\widehat{Y}$ は Y の「予測値」の役割を担うことになる。

これらの適切な実数 b_1, b_2, c がみたすべき条件を見つけるために，標本調査をして母集団から n 個の標本 $\omega_1, \omega_2, \ldots, \omega_n$ を無作為に選び，これらに関して変量 X_1, X_2, Y の値を調べ，以下のように表にまとめる。その後，灰色の箇所のようにして Y の予測値 $\hat{y}_1, \hat{y}_2, \ldots, \hat{y}_n$ と誤差 $\varepsilon_1, \varepsilon_2, \ldots, \varepsilon_n$ を計算しておく。

標本点 \ 変量	説明変数		Y の「予測値」	目的変数	誤差
	X_1	X_2	$\widehat{Y} = b_1 X_1 + b_2 X_2 + c$	Y	$\varepsilon = Y - \widehat{Y}$
ω_1	x_{11}	x_{12}	$\hat{y}_1 = b_1 x_{11} + b_2 x_{12} + c$	y_1	$\varepsilon_1 = y_1 - \hat{y}_1$
ω_2	x_{21}	x_{22}	$\hat{y}_2 = b_1 x_{21} + b_2 x_{22} + c$	y_2	$\varepsilon_2 = y_2 - \hat{y}_2$
$\vdots$	$\vdots$	$\vdots$	$\vdots$	$\vdots$	$\vdots$
ω_n	x_{n1}	x_{n2}	$\hat{y}_n = b_1 x_{n1} + b_2 x_{n2} + c$	y_n	$\varepsilon_n = y_n - \hat{y}_n$

こうやって現れる誤差が小さければ小さいほど，$\widehat{Y}$ がより正確に Y を表すことになるから，b_1, b_2, c には次をみたすことを要請しよう。

(1) $\|\varepsilon\|^2 = \displaystyle\sum_{i=1}^{n} \varepsilon_i^2 = \sum_{i=1}^{n} \Big\{ y_i - \underbrace{\big(b_1 x_{i1} + b_2 x_{i2} + c \big)}_{= \widehat{y_i}} \Big\}^2$ **が最小になる**

(上の式の中で未知なものは b_1, b_2, c のみで，残りの y_i, x_{i1}, x_{i2} たちは標本調査の結果からすでに与えられている値である)。**以下，この要請により得られる b_1, b_2, c を特に $\hat{b}_1$, $\hat{b}_2$, $\hat{c}$ により表す。**

ここでもう一点，データ x_{ik} たちに関する考察を与えよう。そもそも b_1, b_2, c を決めて式 $\widehat{Y} = b_1 X_1 + b_2 X_2 + c$ を考えるということは，このグラフを描くことにより，

$$\underbrace{\mathbb{R}^2}_{\substack{\mathbf{x}_*^1, \mathbf{x}_*^2, \ldots, \mathbf{x}_*^n \\ \text{たちの住む空間}}} \times \underbrace{\mathbb{R}}_{\substack{y_1, y_2, \ldots, y_n \\ \text{たちの住む空間}}}$$

内のアファイン超平面 (定義 4.7 ● p. 113) を考えることになる。しかし，**1 次元データたち** x_1, x_2 **が多重共線性をもつと，$\mathbf{x}_*^1, \mathbf{x}_*^2, \ldots, \mathbf{x}_*^n$ が $\mathbb{R}^2$ 内の，あるアファイン超平面に含まれてしまうのであった** (定理 4.15 ● p. 114)。

$X_1 X_2$-平面内に多重共線性をもつ $\mathbf{x}_*^1, \mathbf{x}_*^2, \ldots,$ $\mathbf{x}_*^6$ をプロットした散布図。すべてのデータが一つの直線上にある。

このとき，Y の観測値もペアにした $(\mathbf{x}_*^1, y_1), (\mathbf{x}_*^2, y_2), \ldots, (\mathbf{x}_*^6, y_6)$ を $X_1 X_2 Y$-空間にプロットした散布図が仮に左図のように一直線上にある場合，この直線を含むような平面は無数にあり (図中には平面を二つ示した)「最もデータの振る舞いをよく表している」といえる平面は選びにくい。

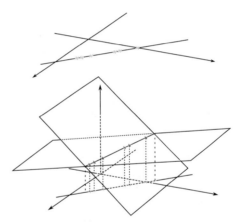

つまりデータの振る舞いをよく表すような $\mathbb{R}^2 \times \mathbb{R}$ 内の平面を描くことができればうれしいが，尤(もっと)もらしい平面が一意に定まらないことになる。そこで，

(2) $x_1 = (x_{11}, x_{21}, \ldots, x_{n1})$, $x_2 = (x_{12}, x_{22}, \ldots, x_{n2})$ **は多重共線性をもたない**

と仮定しておくのが自然であろう。

標本調査によって得られた 1 次元データたち x_1, x_2 が多重共線性をもたないことが期待できるようにするためには，もともと考える変量 X_1, X_2 は「(片方の変量ががもう片方の変量で完全に記述できてしまわない，という意味で) 独立」に振る舞うようなものを選ぶべきであろう。

4.2.2　重回帰分析とは

これまでの内容をまとめよう。ある母集団について $(2+1)$-種類の変量 X_1, X_2, Y を考えるとき，標本調査をして母集団から n 個の標本点 $\omega_1, \omega_2, \ldots, \omega_n$ を無作為に選び，これらに関して変量 X_1, X_2, Y の値を調べ，右表のようにまとめる。

$\mathbf{x}_1$, $\mathbf{x}_2$ が多重共線性をもたないとき，関数

$$(b_1, b_2, c) \mapsto \sum_{i=1}^{n} \Big\{ y_i - \underbrace{\big(b_1 x_{i1} + b_2 x_{i2} + c \big)}_{= \widehat{y}_i} \Big\}^2$$

を最小にする b_1, b_2, c（があれば，それ）をそれぞれ $\hat{b}_1$, $\hat{b}_2$, $\hat{c}$ により表し，次式により定義される $\widehat{Y}$ が Y の予測値としての役割を担うのであった。

標本点 \ 変量	説明変数		目的変数
	X_1	X_2	Y
ω_1	x_{11}	x_{12}	y_1
ω_2	x_{21}	x_{22}	y_2
$\vdots$	$\vdots$	$\vdots$	$\vdots$
ω_n	x_{n1}	x_{n2}	y_n
上のデータを縦 1 列に並べたベクトル	$\mathbf{x}_1$	$\mathbf{x}_2$	$\mathbf{y}$

$$\widehat{Y} = \hat{b}_1 X_1 + \hat{b}_2 X_2 + \hat{c} \tag{4.2.1}$$

データに基づいて変量の振る舞いを上のように記述する試みを**重回帰分析**という。

▊ 定義 4.17　重回帰式・重回帰分析のパス図

　式 (4.2.1) を Y の X_1, X_2 に関する**重回帰式** (multiple regression equation) とよび，各 $\hat{b}_1$, $\hat{b}_2$ を**重回帰係数** (multiple regression coefficients) とよぶ。この状況を右図のようにまとめ，重回帰分析の**パス図** (path diagram) とよぶ。

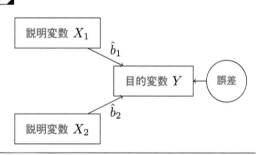

おのおの $\hat{b}_1$, $\hat{b}_2$, $\hat{c}$ の値は，1 次元データ $\mathbf{x}_1$, $\mathbf{x}_2$, $\mathbf{y}$ を用いて次式により計算できる。

公式 4.18（重回帰係数の公式, 証明 ➡ 付録）

　$\mathbf{x}_1$ と $\mathbf{x}_2$ が多重共線性をもたないならば，$\hat{b}_1$, $\hat{b}_2$, $\hat{c}$ は次式により与えられる。

$$\begin{pmatrix} \hat{b}_1 \\ \hat{b}_2 \end{pmatrix} = (S_{X,X})^{-1} \begin{pmatrix} s(\mathbf{x}_1, \mathbf{y}) \\ s(\mathbf{x}_2, \mathbf{y}) \end{pmatrix}, \quad \hat{c} = \overline{y} - \left\langle \begin{pmatrix} \overline{x}_1 \\ \overline{x}_2 \end{pmatrix}, \begin{pmatrix} \hat{b}_1 \\ \hat{b}_2 \end{pmatrix} \right\rangle$$

ただし，$\overline{x}_k = \dfrac{1}{n} \displaystyle\sum_{i=1}^{n} x_{ik}$ $(k = 1,\ 2)$, $\overline{y} = \dfrac{1}{n} \displaystyle\sum_{i=1}^{n} y_i$ はそれぞれ $\mathbf{x}_k$, $\mathbf{y}$ の平均，$S_{X,X}$ はデータ行列 $X = (\mathbf{x}_1, \mathbf{x}_2)$ の共分散行列（定義 4.5 ➡ p. 110）である。

これまでは，考える変量が X_1, X_2, Y の $(2+1)$ 個の場合を紹介したが，一般に $(p+1)$ 個の変量 $X_1, X_2, \ldots, X_p, Y$ に関して同様の問題を考える場合にも，現れる重回帰係数 $\hat{b}_1, \hat{b}_2, \ldots, \hat{b}_p$ と $\hat{c}$ について，上とまったく同様の公式を得ることができる。

> **例 4.19** 説明変数が一つの場合は回帰直線と同じである。

説明変数が一つ（つまり $p=1$）のときは，$(S_{X,X})^{-1} = (s(\mathbf{x}_1, \mathbf{x}_1))^{-1} = \dfrac{1}{s(\mathbf{x}_1, \mathbf{x}_1)}$ であるから

$$\hat{b}_1 = \frac{s(\mathbf{x}_1, \mathbf{y})}{s(\mathbf{x}_1, \mathbf{x}_1)}, \quad \hat{c} = \overline{y} - \overline{x}_1 \frac{s(\mathbf{x}_1, \mathbf{y})}{s(\mathbf{x}_1, \mathbf{x}_1)}$$

となる。ゆえに重回帰式は次式により与えられ，これは回帰直線の方程式 (2.2.2 項 ● p. 23) に他ならない。

$$\widehat{Y} = \frac{s(\mathbf{x}_1, \mathbf{y})}{s(\mathbf{x}_1, \mathbf{x}_1)} X_1 + \left(\overline{y} - \frac{s(\mathbf{x}_1, \mathbf{y})}{s(\mathbf{x}_1, \mathbf{x}_1)} \overline{x}_1 \right)$$

4.2.3 重回帰式の忠実性

公式 4.18 によって得られる重回帰係数 $\hat{b}_1, \hat{b}_2, \hat{c}$ を重回帰式 (4.2.1) へと代入することで変量 Y の予測値としての $\widehat{Y}$ を計算することができるが，こうして得られる $\widehat{Y}$ はどの程度忠実に Y を表現しているのであろうか?

これを調べるために，$\hat{\mathbf{c}} = (\hat{c}, \hat{c}, \ldots, \hat{c})^\top$ とおき，重回帰式 $\widehat{Y} = \hat{b}_1 \widehat{X}_1 + \hat{b}_2 \widehat{X}_2 + \hat{c}$ を参考にして，$\hat{\mathbf{y}}$ と $\hat{\boldsymbol{\varepsilon}}$ を次のように定める。

$$\hat{\mathbf{y}} = \begin{pmatrix} \hat{y}_1 \\ \hat{y}_2 \\ \vdots \\ \hat{y}_n \end{pmatrix} = \hat{b}_1 \mathbf{x}_1 + \hat{b}_2 \mathbf{x}_2 + \hat{\mathbf{c}}, \quad \hat{\boldsymbol{\varepsilon}} = \begin{pmatrix} \hat{\varepsilon}_1 \\ \hat{\varepsilon}_2 \\ \vdots \\ \hat{\varepsilon}_n \end{pmatrix} = \begin{pmatrix} y_1 - \hat{y}_1 \\ y_2 - \hat{y}_2 \\ \vdots \\ y_n - \hat{y}_n \end{pmatrix} = \mathbf{y} - \hat{\mathbf{y}}$$

各 $i = 1, 2, \ldots, n$ に対して，$\hat{y}_i$ が重回帰式 (4.2.1) に基づく y_i の予測値としての意味をもつと解釈すれば，$\hat{\varepsilon}_i$ はその誤差という意味をもつことになる。この誤差を並べた 1 次元データ $\hat{\varepsilon} = \hat{\boldsymbol{\varepsilon}}^\top = (\hat{\varepsilon}_1, \hat{\varepsilon}_2, \ldots, \hat{\varepsilon}_n)$ の平均値 $\overline{\hat{\varepsilon}} = \dfrac{1}{n} \displaystyle\sum_{i=1}^{n} \hat{\varepsilon}_i$ について，実は次が成り立つ。

> **命題 4.20** (証明 ● 付録) $\overline{\hat{\varepsilon}} = 0$ かつ $s(\hat{\varepsilon}, \hat{\varepsilon}) = \dfrac{1}{n} \displaystyle\sum_{i=1}^{n} \hat{\varepsilon}_i^2 = \dfrac{1}{n} \| \hat{\boldsymbol{\varepsilon}} \|^2$。

これは特に，$\overline{y} = \overline{\hat{y}}$ が成り立つことを意味する。この意味で，重回帰係数 $\hat{b}_1, \hat{b}_2$ と $\hat{c}$ を作るために用いた**標本点** $\omega_1, \omega_2, \ldots, \omega_n$ **に関して「平均的には」**変量 Y の値が $\widehat{Y}$ により忠実に再現されているといえる。

いま，$\hat{\mathbf{y}}$ と $\mathbf{y}$ について平均値は揃っているのだから，より詳しくこの忠実さをみるために次に注目するのは，これらのデータが平均値からどれくらい広がっているかを表す分散 (＝「情報量」) であろう。**予測値を並べた $\hat{\mathbf{y}}$ のもつ「情報量」** (Point ● p. 111) **が実際のデータを並べた $\mathbf{y}$ のもつ「情報量」に近いほど，重回帰式 (4.2.1) が変量 Y の振る舞いをより忠実に表現している**と判断するのが妥当ではないか。そこで，まずはこれらの分散の関係を見てみよう。

命題 4.21 (証明 ◎ 付録) 次が成り立つ。

$$
\underbrace{s(\mathbf{y},\mathbf{y})}_{\substack{y\text{ のもつ}\\ \text{「情報量」は...}}}
=
\underbrace{s(\hat{\mathbf{y}},\hat{\mathbf{y}})}_{\substack{\text{予測値を並べた }\hat{y}\\ \text{のもつ「情報量」と...}}}
+
\underbrace{s(\hat{\boldsymbol{\varepsilon}},\hat{\boldsymbol{\varepsilon}})}_{\substack{\text{誤差を並べた }\hat{\varepsilon}\text{ のもつ}\\ \text{「情報量」の和に等しい。}}}
$$

この右辺第 2 項について，命題 4.20 (◎ p. 119) より，$s(\hat{\boldsymbol{\varepsilon}},\hat{\boldsymbol{\varepsilon}}) = \frac{1}{n}\|\hat{\varepsilon}\|^2$ が成り立つ。この命題 4.21 より，$\hat{\mathbf{y}}$ の「情報量」は $\mathbf{y}$ の「情報量」を超えることはないことがわかる。この事実を参考に，重回帰式 (4.2.1) の忠実性を表現する指標の一つを以下のように導入する。

定義 4.22　決定係数

$$
R^2 = \frac{s(\hat{\mathbf{y}},\hat{\mathbf{y}})}{s(\mathbf{y},\mathbf{y})} = \frac{\left(\begin{array}{c}\text{予測値を並べた 1 次元データ}\\ \hat{y}=(\hat{y}_1,\hat{y}_2,\ldots,\hat{y}_n)\text{ の分散}\end{array}\right)}{\left(\begin{array}{c}\text{観測値を並べた 1 次元データ}\\ y=(y_1,y_2,\ldots,y_n)\text{ の分散}\end{array}\right)} \in [0,1]
$$

により定まる R^2 を (標本調査に基づく) **決定係数** (coefficient of determination) もしくは**分散説明率** (ratio of explained variance) とよぶ。

重回帰分析を行うときは決定係数も一緒に求めること！

R^2 の値が 1 に近いほど，誤差を並べた $(\hat{\varepsilon}_1,\hat{\varepsilon}_2,\ldots,\hat{\varepsilon}_n)$ のもつ情報は 0 に近くなり，ゆえに重回帰式 (4.2.1) はより忠実に変量 Y を表現する。重回帰分析をする際，重回帰式と共にこの決定係数 R^2 も併せて計算しておかないと，重回帰式に基づくすべての考察の信憑性に関わる。**決定係数の大きさの情報をパス図に盛り込むときは「誤差」から伸びる矢印に $\sqrt{1-R^2}$ の値を添える。**

この決定係数 R^2 の平方根 $R=\sqrt{R^2}$ の正体は，実は次の通りである。

命題 4.23 (証明 ◎ 付録)

$$
R = \left|\frac{s(\mathbf{y},\hat{\mathbf{y}})}{\sqrt{s(\mathbf{y},\mathbf{y})}\sqrt{s(\hat{\mathbf{y}},\hat{\mathbf{y}})}}\right| = \left|\left(\begin{array}{c}y=(y_1,y_2,\ldots,y_n)\text{ と}\\ \hat{y}=(\hat{y}_1,\hat{y}_2,\ldots,\hat{y}_n)\text{ の}\\ \text{相関係数 (◎ p. 25)}\end{array}\right)\right|
$$

4.2.4 重回帰分析の例

例 4.24 **政府統計に触れよう**

　国の行政機関や地方自治体は社会集団の調査を実施しており，その調査結果は政府統計とよばれるが，このデータは総務省統計局の整備するポータルサイト「e-Stat」にて閲覧でき，オープンデータとして利用可能である。例えば，

　　　政府統計名: 景気ウォッチャー調査 (政府統計コード: 00100001)

　　　提供統計名: 景気ウォッチャー調査

　　　表題: 季節調整値 全国の分野・業種別 DI の推移

には，(景気の現状判断として) 様々な業種ごとの家計動向関連 DI (**Diffusion Index**) と雇用関連 DI という項目について調査されたデータが月次 (この各月を標本点と考える) ごとにまとまっている。DI とは，内閣府が毎月公表する景気動向指数の一つであり，生産や消費，物価などの景気変動に関係する複数の指数を合成して算出される。DI は 0 ％ から 100 ％ の間で変動し，目安として継続的に 50 ％ を超えれば「景気が上向き」，50 ％ を下回れば「景気が下向き」と判断される。

　それらの項目のうち，例えば「雇用関連 DI」が「家計動向関連 DI (飲食関連)」と「家計動向関連 DI (サービス関連)」からどのように決まるか，重回帰分析をしてみると，右図のようなパス図を得ることができる。決定係数は $R^2 \fallingdotseq 0.80$ であった。このとき，重回帰式が表す平面を，散布図と共に図示すると下図のようになる。

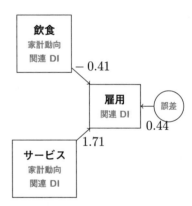

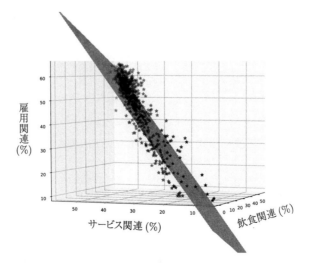

例 4.25　　**ペンギンの個体群データに触れよう**

　　パルマー諸島に生息するアデリーペンギン (**Adélie**)，ジェンツーペンギン (**Gentoo**)，アゴヒゲペンギン (**Chinstrap**) の 3 種のペンギンについて，いくつかの個体の生息する島，くちばしの長さ，くちばしの高さ，羽の長さ，体重，性別，西暦のデータが `palmerpenguins` と名付けられたパッケージで公開されている。[*1]

　　このうち「くちばしの高さ (**bill depth**)」が「くちばしの長さ (**bill length**)」からどのように決まるかを調べるために，上の 3 種類のペンギンについて回帰直線を計算し，散布図と共に図示すると下図のようになった。凡例に示されている r はそれぞれの決定係数である。

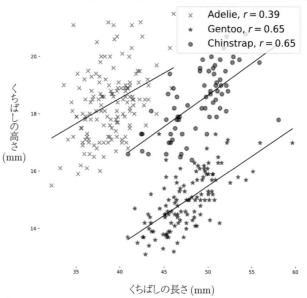

4.2.5　データの尺度の影響

　考えている説明変数が 2 変量 X_1, X_2 からなるとし，標本調査の結果として得られるデータ行列 $X = (\mathbf{x}_1, \mathbf{x}_2)$ の共分散行列は

$$S_{X,X} = \begin{pmatrix} s(\mathbf{x}_1, \mathbf{x}_1) & 0 \\ 0 & s(\mathbf{x}_2, \mathbf{x}_2) \end{pmatrix}$$

という形だったとしよう (つまり $s(\mathbf{x}_1, \mathbf{x}_2) = 0$ であったとする)。データ $\mathbf{x}_1$，$\mathbf{x}_2$ が多重共線性をもたないとき，対応する重回帰式 (4.2.1) (● p. 118) は次式で与えられる。

$$\widehat{Y} = \underbrace{\frac{s(\mathbf{x}_1, \mathbf{y})}{s(\mathbf{x}_1, \mathbf{x}_1)}}_{=\,\hat{b}_1} X_1 + \underbrace{\frac{s(\mathbf{x}_2, \mathbf{y})}{s(\mathbf{x}_2, \mathbf{x}_2)}}_{=\,\hat{b}_2} X_2 + \hat{c} \tag{4.2.2}$$

[*1] Horst A. M., Hill A. P., Gorman K. B. (2020). "palmerpenguins: Palmer Archipelago (Antarctica) penguin data." R package version 0.1.0.
https://allisonhorst.github.io/palmerpenguins/, doi:10.5281/zenodo.3960218

ここで，例えば変量 X_1 の単位は〔¥〕であったとし，これを〔\$〕に直した変量を X_1' で表すことにしよう。為替レートが a 〔\$/¥〕であったとすると，$X_1' = aX_1$ という関係が成り立ち，標本調査から得られた X_1 の標本点 $\mathbf{x}_1$ に伴って X_1' の標本

$$\mathbf{x}_1' = \begin{pmatrix} x_1' \\ x_2' \\ \vdots \\ x_n' \end{pmatrix} = \begin{pmatrix} ax_{11} \\ ax_{21} \\ \vdots \\ ax_{n1} \end{pmatrix} = a\mathbf{x}_1$$

が得られる。そこで 2 変量 X_1，X_2 の代わりに X_1'，X_2 を説明変数とする重回帰式を作ると，

$$\widehat{Y} = \underbrace{\frac{s(\mathbf{x}_1', \mathbf{y})}{s(\mathbf{x}_1', \mathbf{x}_1')}}_{= \frac{1}{a}\hat{b}_1} X_1' + \hat{b}_2 X_2 + \hat{c} \tag{4.2.3}$$

となる。ここで，X_1' の係数について $\dfrac{s(\mathbf{x}_1', \mathbf{y})}{s(\mathbf{x}_1', \mathbf{x}_1')} = \dfrac{s(a\mathbf{x}_1, \mathbf{y})}{s(a\mathbf{x}_1, a\mathbf{x}_1)} = \dfrac{1}{a}\hat{b}_1$ が成り立つ。つまり，X_1 と X_1' は本質的に同じものを表しているのに，重回帰式 (4.2.2) では，X_1 の Y への寄与度は $\hat{b}_1$ である一方，重回帰式 (4.2.3) では，X_1' の Y への寄与度は $\frac{1}{a}\hat{b}_1$ となり，単位が変わると寄与度が変わってしまうように「みえる」。

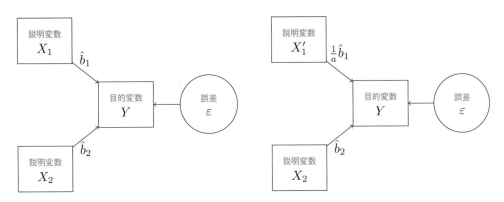

　つまり，**変量の尺度 (スケール) の調整により，恣意的に寄与度を調整できるように**「**みえて**」しまうのである。このようなことを防ぐために，多様な尺度をもつ変量を扱う際には次項で導入するように，データに「**標準化**」(単位を無くして，すべてのデータの情報量をおしなべて 1 にしてしまうこと) を施してから重回帰分析をすることが誠実なスタンスの一つとなる。

4.2.6 データの標準化と標準回帰係数

定義 4.26 データの標準化

分散が 0 でない 1 次元データ $x = (x_1, x_2, \ldots, x_n)$ の**標準化** (data standardization) を次により定める。

$$\widetilde{x} = \Big(\underbrace{\frac{x_1 - \overline{x}}{\sqrt{s(\mathbf{x}, \mathbf{x})}}}_{\substack{= \widetilde{x}_1 \\ \text{とおく。}}}, \underbrace{\frac{x_2 - \overline{x}}{\sqrt{s(\mathbf{x}, \mathbf{x})}}}_{\substack{= \widetilde{x}_2 \\ \text{とおく。}}}, \ldots, \underbrace{\frac{x_n - \overline{x}}{\sqrt{s(\mathbf{x}, \mathbf{x})}}}_{\substack{= \widetilde{x}_n \\ \text{とおく。}}} \Big)$$

これを縦に並べたものは慣例 (Convention ⊙ p. 109) に従い，次のように太文字で表す。

$$\widetilde{\mathbf{x}} = \begin{pmatrix} \widetilde{x}_1 \\ \widetilde{x}_2 \\ \vdots \\ \widetilde{x}_n \end{pmatrix} = \widetilde{x}^{\top}$$

変量 X_1, X_2, Y に関して標本調査を行って得たデータ行列 $X = (\mathbf{x}_1, \mathbf{x}_2)$ と $\mathbf{y}$ に基づく重回帰式を $\widehat{Y} = \hat{b}_1 X_1 + \hat{b}_2 X_2 + \hat{c}$ で表しておこう。次に，これらのデータの標準化 $\widetilde{\mathbf{x}}_1$, $\widetilde{\mathbf{x}}_2$, $\widetilde{\mathbf{y}}$ をとるとき，これらの「出どころ」となる変量にそれぞれ $\widetilde{X}_1$, $\widetilde{X}_2$, $\widetilde{Y}$ と名前をつけておく。

確率変数の観点では，変量 X_1, X_2, Y を分散 (定義 2.19 ⊙ p. 54) が有限な確率変数と考えられるとき，$\widetilde{X}_1$, $\widetilde{X}_2$, $\widetilde{Y}$ を式

$$\widetilde{X}_1 = \frac{X_1 - \mathbf{E}[X_1]}{\sqrt{\mathrm{Var}(X_1)}}, \quad \widetilde{X}_2 = \frac{X_2 - \mathbf{E}[X_2]}{\sqrt{\mathrm{Var}(X_2)}}, \quad \widetilde{Y} = \frac{Y - \mathbf{E}[Y]}{\sqrt{\mathrm{Var}(Y)}}$$

により与える，と考えてもよい。

この状況で公式 4.18 (⊙ p. 118) を変量 $\widetilde{X}_1$, $\widetilde{X}_2$, $\widetilde{Y}$ に適用すれば，変量 $\widetilde{Y}$ の，説明変数 $\widetilde{X}_1$, $\widetilde{X}_2$ に関する重回帰式は次で与えられる。

公式 4.27 $\widetilde{b}_1 = \hat{b}_1 \sqrt{\dfrac{s(\mathbf{x}_1, \mathbf{x}_1)}{s(\mathbf{y}, \mathbf{y})}}$, $\widetilde{b}_2 = \hat{b}_2 \sqrt{\dfrac{s(\mathbf{x}_2, \mathbf{x}_2)}{s(\mathbf{y}, \mathbf{y})}}$ とおくと，次式が成り立つ。

$$(\widetilde{Y})^{\wedge} = \widetilde{b}_1 \widetilde{X}_1 + \widetilde{b}_2 \widetilde{X}_2$$

定義 4.28 標準回帰係数

公式 4.27 における $\widetilde{b}_1$ と $\widetilde{b}_2$ を**標準回帰係数**とよぶ。

公式 4.18 (⊙ p. 118) より，標準回帰係数は次のように与えられる。

$$\begin{pmatrix} \widetilde{b}_1 \\ \widetilde{b}_2 \end{pmatrix} = \begin{pmatrix} \sqrt{\frac{s(\mathbf{x}_1, \mathbf{x}_1)}{s(\mathbf{y}, \mathbf{y})}} & 0 \\ 0 & \sqrt{\frac{s(\mathbf{x}_2, \mathbf{x}_2)}{s(\mathbf{y}, \mathbf{y})}} \end{pmatrix} (S_{X,X})^{-1} \begin{pmatrix} s(\mathbf{x}_1, \mathbf{y}) \\ s(\mathbf{x}_2, \mathbf{y}) \end{pmatrix}$$

また

$$
(\widetilde{\mathbf{y}})^\wedge = \begin{pmatrix} \text{標準回帰係数に基づく重回帰式 } (\widetilde{Y})^\wedge = \widetilde{b}_1\widetilde{X}_1 + \widetilde{b}_2\widetilde{X}_2 \\ \text{による } \widetilde{Y} \text{ の予測値 } (\widetilde{Y})^\wedge \text{ に関して,今回の標本調査で} \\ \text{得られた1次元データを縦に並べたベクトル} \end{pmatrix} = \widetilde{b}_1\widetilde{\mathbf{x}}_1 + \widetilde{b}_2\widetilde{\mathbf{x}}_2
$$

は,中心化行列 Q (定義 4.6 ⊙ p. 112, 命題 4.12–(2) ⊙ p. 112) と元の重回帰式 $\widehat{Y} = \widehat{b}_1 X_1 + \widehat{b}_2 X_2 + \widehat{c}$ の決定係数 R^2 (⊙ 定義 4.9, p. 120) を用いて次のように変形できる。

$$
(\widetilde{\mathbf{y}})^\wedge \overset{\substack{\widetilde{b}_1,\widetilde{b}_2 \text{ の} \\ \text{定義}}}{=} \widehat{b}_1\sqrt{\frac{s(\mathbf{x}_1,\mathbf{x}_1)}{s(\mathbf{y},\mathbf{y})}}\widetilde{\mathbf{x}}_1 + \widehat{b}_2\sqrt{\frac{s(\mathbf{x}_2,\mathbf{x}_2)}{s(\mathbf{y},\mathbf{y})}}\widetilde{\mathbf{x}}_2
$$

$$
\overset{\substack{\text{標準化} \\ \text{の定義}}}{=} \widehat{b}_1\sqrt{\frac{s(\mathbf{x}_1,\mathbf{x}_1)}{s(\mathbf{y},\mathbf{y})}}\frac{\mathbf{x}_1 - Q\mathbf{x}_1}{\sqrt{s(\mathbf{x}_1,\mathbf{x}_1)}} + \widehat{b}_2\sqrt{\frac{s(\mathbf{x}_2,\mathbf{x}_2)}{s(\mathbf{y},\mathbf{y})}}\frac{\mathbf{x}_2 - Q\mathbf{x}_2}{\sqrt{s(\mathbf{x}_2,\mathbf{x}_2)}}
$$

$$
= \widehat{b}_1\frac{\mathbf{x}_1 - Q\mathbf{x}_1}{\sqrt{s(\mathbf{y},\mathbf{y})}} + \widehat{b}_2\frac{\mathbf{x}_2 - Q\mathbf{x}_2}{\sqrt{s(\mathbf{y},\mathbf{y})}}
$$

$$
\overset{\substack{Q\widehat{\mathbf{c}} = \widehat{\mathbf{c}} \\ \text{より}}}{=} \frac{\widehat{b}_1\mathbf{x}_1 + \widehat{b}_2\mathbf{x}_2 + \widehat{\mathbf{c}} - Q(\widehat{b}_1\mathbf{x}_1 + \widehat{b}_2\mathbf{x}_2 + \widehat{\mathbf{c}})}{\sqrt{s(\mathbf{y},\mathbf{y})}}
$$

$$
= \frac{\widehat{\mathbf{y}} - Q\widehat{\mathbf{y}}}{\sqrt{s(\mathbf{y},\mathbf{y})}} = \frac{\sqrt{s(\widehat{\mathbf{y}},\widehat{\mathbf{y}})}}{\sqrt{s(\mathbf{y},\mathbf{y})}}\frac{\widehat{\mathbf{y}} - Q\widehat{\mathbf{y}}}{\sqrt{s(\widehat{\mathbf{y}},\widehat{\mathbf{y}})}} = R\frac{\widehat{\mathbf{y}} - Q\widehat{\mathbf{y}}}{\sqrt{s(\widehat{\mathbf{y}},\widehat{\mathbf{y}})}}
$$

ゆえに,標準回帰係数を用いた重回帰式に基づく決定係数は

$$
\frac{s((\widetilde{\mathbf{y}})^\wedge,(\widetilde{\mathbf{y}})^\wedge)}{s(\widetilde{\mathbf{y}},\widetilde{\mathbf{y}})} = s((\widetilde{\mathbf{y}})^\wedge,(\widetilde{\mathbf{y}})^\wedge) = s\left(R\frac{\widehat{\mathbf{y}} - Q\widehat{\mathbf{y}}}{\sqrt{s(\widehat{\mathbf{y}},\widehat{\mathbf{y}})}}, R\frac{\widehat{\mathbf{y}} - Q\widehat{\mathbf{y}}}{\sqrt{s(\widehat{\mathbf{y}},\widehat{\mathbf{y}})}}\right)
$$

$$
= \frac{R^2}{s(\widehat{\mathbf{y}},\widehat{\mathbf{y}})}s(\widehat{\mathbf{y}} - Q\widehat{\mathbf{y}}, \widehat{\mathbf{y}} - Q\widehat{\mathbf{y}}) = \frac{R^2}{s(\widehat{\mathbf{y}},\widehat{\mathbf{y}})}s(\widehat{\mathbf{y}},\widehat{\mathbf{y}}) = R^2
$$

となり,元の重回帰式に基づく決定係数 R^2 と変わらない。

データの標準化の効能

以上の考察から,標準回帰係数を用いた重回帰式 (公式 4.27 ⊙ p. 124) は次のような特徴を有する。

- 前項で述べたような恣意的な寄与度の調整を許さない。

- 変量 X_1,X_2,Y の関係を複数の母集団にわたって考える際,これらの変量の単位はそれぞれの母集団ごとに異なるかもしれないが,データの標準化を施して無次元量に揃えることで,それぞれの母集団ごとに導出された重回帰式を比較することができる。

- データを標準化して得られる標準回帰係数を用いた重回帰 $(\widetilde{Y})^\wedge = \widetilde{b}_1\widetilde{X}_1 + \widetilde{b}_2\widetilde{X}_2$ に基づく決定係数は,もとの重回帰式 $\widehat{Y} = \widehat{b}_1 X_1 + \widehat{b}_2 X_2 + \widehat{c}$ に基づく決定係数と同じ。

4.2.7　直交回帰

回帰直線を導出する際 (◐ p. 24) に用いた損失は，y 軸方向に沿った誤差の二乗平均を用いたが，今回は点 (x_i, y_i) から直線 $y = ax + b$ への距離 $\dfrac{|y_i - (\beta x_i + \alpha)|}{\sqrt{1 + \beta^2}}$ の二乗平均

$$L(\alpha, \beta) = \frac{1}{n} \sum_{i=1}^{n} \frac{\{y_i - (\beta x_i + \alpha)\}^2}{1 + \beta^2}$$

を用いて同じことを考えてみよう。ここでは $s_{x,y} \neq 0$ とし，損失関数 $L(\alpha, \beta)$ を最小にする α, β をそれぞれ $\hat{\alpha}$, $\hat{\beta}$ とおく。回帰直線のとき (◐ p. 24) に用いた損失

式 (2.2.2)
(◐ p. 24)
$$L_2(\alpha, \beta) = v_x \left(\beta - \frac{s_{x,y}}{v_x} \right)^2 + (\overline{y} - \beta \overline{x} - \alpha)^2 + \left(v_y - \frac{(s_{x,y})^2}{v_x} \right)$$

の偏微分は次のように計算できる。

$$\frac{\partial L_2}{\partial \beta}(\alpha, \beta) = -2\{(s_{x,y} - \beta v_x) + \overline{x}(\overline{y} - \beta \overline{x} - \alpha)\}, \quad \frac{\partial L_2}{\partial \alpha}(\alpha, \beta) = -2(\overline{y} - \beta \overline{x} - \alpha)$$

また $L(\alpha, \beta) = \dfrac{1}{1 + \beta^2} L_2(\alpha, \beta)$ と表されるから，これを用いて次を得る。

$$\frac{\partial L}{\partial \beta}(\alpha, \beta) = \frac{1}{1 + \beta^2} \cdot \frac{\partial L_2}{\partial \beta}(\alpha, \beta) - \frac{2\beta}{(1 + \beta^2)^2} L_2(\alpha, \beta), \quad \frac{\partial L}{\partial \alpha}(\alpha, \beta) = \frac{1}{1 + \beta^2} \cdot \frac{\partial L_2}{\partial \alpha}(\alpha, \beta)$$

点 $(\hat{\alpha}, \hat{\beta})$ は L の極値点であるから $\dfrac{\partial L}{\partial \beta}(\hat{\alpha}, \hat{\beta}) = 0$, $\dfrac{\partial L}{\partial \alpha}(\hat{\alpha}, \hat{\beta}) = 0$ をみたすが，まず後者の式については $\dfrac{\partial L}{\partial \alpha}(\hat{\alpha}, \hat{\beta}) = 0 \Leftrightarrow \dfrac{\partial L_2}{\partial \alpha}(\hat{\alpha}, \hat{\beta}) = 0 \Leftrightarrow \overline{y} = \hat{\beta} \overline{x} + \hat{\alpha}$ である。次に，前者については

$$\frac{\partial L}{\partial \beta}(\hat{\alpha}, \hat{\beta}) = 0 \Leftrightarrow (1 + (\hat{\beta})^2)\frac{\partial L_2}{\partial \beta}(\hat{\alpha}, \hat{\beta}) - 2\hat{\beta} L_2(\hat{\alpha}, \hat{\beta}) = 0$$

$$\Longleftrightarrow (1 + (\hat{\beta})^2)\{ -2(s_{x,y} - \hat{\beta} v_x) \} - 2\hat{\beta}\left\{ v_x \left(\hat{\beta} - \frac{s_{x,y}}{v_x} \right)^2 + \left(v_y - \frac{(s_{x,y})^2}{v_x} \right) \right\} = 0$$

$$\Longleftrightarrow s_{x,y}(\hat{\beta})^2 + (v_x - v_y)\hat{\beta} - s_{x,y} = 0 \tag{4.2.4}$$

となり，$\hat{\beta} = \dfrac{-(v_x - v_y) \pm \sqrt{(v_x - v_y)^2 + 4(s_{x,y})^2}}{2s_{x,y}}$, $\hat{\alpha} = \overline{y} - \hat{\beta} \overline{x}$ であることがわかる。ここに現れる複号 ± のうち，どちらなのかを明らかにしなければならない。同値変形 (4.2.4) に現れる最後の等式を変形すると $(v_x + s_{x,y}\hat{\beta})\hat{\beta} = v_y + s_{x,y}\hat{\beta}$ であることから，

$$\begin{pmatrix} v_x & s_{x,y} \\ s_{x,y} & v_y \end{pmatrix}\begin{pmatrix} 1 \\ \hat{\beta} \end{pmatrix} = \begin{pmatrix} v_x + s_{x,y}\hat{\beta} \\ s_{x,y} + v_y\hat{\beta} \end{pmatrix} = \begin{pmatrix} v_x + s_{x,y}\hat{\beta} \\ (v_x + s_{x,y}\hat{\beta})\hat{\beta} \end{pmatrix} = (v_x + s_{x,y}\hat{\beta})\begin{pmatrix} 1 \\ \hat{\beta} \end{pmatrix}$$

が成立することがわかる。つまり，直線 $y = \hat{\beta}x + \hat{\alpha}$ の方向ベクトル $\boldsymbol{b} = \begin{pmatrix} 1 \\ \hat{\beta} \end{pmatrix}$ は共分散行

列 $S = \begin{pmatrix} v_x & s_{x,y} \\ s_{x,y} & v_y \end{pmatrix}$ の固有ベクトルである。この固有値 $\lambda = v_x + s_{x,y}\hat{\beta}$ は S の最大固有

値でなければならない。実際,

$$L(\hat{\alpha}, \hat{\beta}) = \frac{1}{n}\sum_{i=1}^{n}\frac{\{(y_i - \overline{y}) - \hat{\beta}(x_i - \overline{x})\}^2}{1 + (\hat{\beta})^2} = \frac{(\hat{\beta})^2 v_x - 2\hat{\beta}s_{x,y} + v_y}{1 + \hat{\beta}^2}$$

$$= v_x + v_y - \frac{\left\langle \begin{pmatrix} 1 \\ \hat{\beta} \end{pmatrix}, \begin{pmatrix} v_x & s_{x,y} \\ s_{x,y} & v_y \end{pmatrix}\begin{pmatrix} 1 \\ \hat{\beta} \end{pmatrix}\right\rangle}{\left\| \begin{pmatrix} 1 \\ \hat{\beta} \end{pmatrix}\right\|^2} = \mathrm{tr}(S) - \frac{\langle \boldsymbol{b}, S\boldsymbol{b}\rangle}{\|\boldsymbol{b}\|^2} = \mathrm{tr}(S) - \lambda$$

であり，これを $L(\alpha, \beta)$ の最小値としたから，λ は S の最大固有値でなければならないのである。ゆえに $\hat{\beta}$ における複号 $\pm$ は $+$ として決定され，次式を得る。

$$\hat{\beta} = \frac{-(v_x - v_y) + \sqrt{(v_x - v_y)^2 + 4(s_{x,y})^2}}{2s_{x,y}}, \quad \hat{\alpha} = \overline{y} - \hat{\beta}\overline{x}$$

このように，$L(\alpha, \beta)$ を最小化することで直線 $y = \hat{\beta}x + \hat{\alpha}$ を導出する手続きを**直交回帰** (orthogonal regression) という。重回帰分析や 2.2.2 項 (➲ p. 23) で説明した回帰では「変量 Y を X で説明する」というように，あらかじめ二つの変量の間に従属関係を決める必要があったが，直交回帰において対象となる変量の間に説明変数と目的変数の区別はない。

　この直交回帰の場合に，通常の回帰直線の場合 (定義 2.9 ➲ p. 26) と同様の考え方で全変動 SST，回帰変動 SSR，残差変動 SSE を次のように定めてみよう。

$$\mathrm{SST} = \sum_{i=1}^{n}\{(x_i - \overline{y})^2 + (y_i - \overline{y})^2\} = (v_x + v_y) \quad (選ぶ \hat{\alpha}, \hat{\beta} の値によらない),$$

$$\mathrm{SSR} = \sum_{i=1}^{n}\{(\hat{x}_i - \overline{x})^2 + (\hat{y}_i - \overline{y})^2\}, \quad \mathrm{SSE} = \sum_{i=1}^{n}\{(x_i - \hat{x}_i)^2 + (y_i - \hat{y}_i)^2\} = n\,L(\hat{\alpha}, \hat{\beta})$$

直交回帰の場合，点 $(\hat{x}, \hat{y})$ は，点 $(\overline{x}, \overline{y})$ を通る直線へ点 (x_i, y_i) から下ろした垂線の足となるから，ピタゴラスの定理より，すべての i に対して

$$\{(x_i - \overline{x})^2 + (y_i - \overline{y})^2\} = \{(\hat{x}_i - \overline{x})^2 + (\hat{y}_i - \overline{y})^2\} + \{(x_i - \hat{x}_i)^2 + (y_i - \hat{y}_i)^2\}$$

が成立し，通常の回帰よりも簡単に $\mathrm{SST} = \mathrm{SSR} + \mathrm{SSE}$ が成り立つことがわかる。

　SST は選ぶ直線によらず一定で，直交回帰は SSE を最小化する直線を当てはめるため，SSR は最大化される。この SSR は，データの中心 $(\overline{x}, \overline{y})$ と，データ (x_i, y_i) から直線に下ろした垂線の足との距離の平方であるから，データを直線に正射影したときの，直線上での分散を表す。よって直交回帰は，直線の中でも，そこへ正射影したデータの分散が最大となるようなものを探しているのである。データ x と y を対等に扱うこのような立場から 2 次元データの関係を 1 次元の直線関係に落とし込む枠組みは，次の主成分分析にも繋がる。

4.3 主成分分析

4.3.1 動機

ある母集団から大きさ n の標本 $\omega_1, \omega_2, \ldots, \omega_n$ を抽出し，それぞれについて 2 種類の変量 X_1，X_2 がとった値を調べた結果，左図のようにデータを得たとする。このとき，このデータに基づいて **「何らかの意味で標本点 $\omega_1, \omega_2, \ldots, \omega_n$ を格付けする」** ことを考えたい。このために，標本点 $\omega_1, \omega_2, \ldots, \omega_n$ を格付けするために何らかの「指標」(どのように得点付けするか，ということ) を導入したいが，この指標に次のことを要請してみよう。

標本点 \ 変量	X_1	X_2
ω_1	x_{11}	x_{12}
ω_2	x_{21}	x_{22}
$\vdots$	$\vdots$	$\vdots$
ω_n	x_{n1}	x_{n2}

(1) **できるだけ総合的に点数をつけたい。**

    ↰ 単に X_1 と X_2 のどちらかの値だけを見るのではなく，適切に選んだ数 w_1，w_2 を用いて，X_1 と X_2 のどちらの値をも考慮に入れた，

$$F = w_1 X_1 + w_2 X_2$$

という形の「得点」F を考えてみよう。つまり X_1 には重み w_1 を，X_2 には w_2 の重みをつけてポイントに加算するのである。各標本点がとる得点を縦に並べたものは次のように表しておく。

$$\mathbf{f} = \begin{pmatrix} f_1 \\ f_2 \\ \vdots \\ f_n \end{pmatrix} = \begin{pmatrix} \omega_1 \text{ の得点} \\ \omega_2 \text{ の得点} \\ \vdots \\ \omega_n \text{ の得点} \end{pmatrix} = \underbrace{\begin{pmatrix} x_{11} & x_{12} \\ x_{21} & x_{22} \\ \vdots & \vdots \\ x_{n1} & x_{n2} \end{pmatrix}}_{\substack{\text{これはデータ行列 } X \\ \text{に他ならない。}}} \underbrace{\begin{pmatrix} w_1 \\ w_2 \end{pmatrix}}_{\substack{\| \\ \mathbf{w} \\ \text{とおく。}}} = X\mathbf{w}$$

(2) **できるだけ見落としが少ないように点数をつけたい。**

    ↰ 得点 $\mathbf{f} = X\mathbf{w}$ のもつ「情報量」が大きければよいであろう。しかし，w_1 と w_2 を一斉に定数 $a > 0$ 倍した aw_1，aw_2 に取り替えてできる得点 $\mathbf{f}$ の情報量 $s(\mathbf{f}, \mathbf{f})$ は a^2 に比例して大きくなるが，この意味で情報量が大きくなっても意味がない。例えば，変量 X_1 の値が格付けに最も重要であることがあらかじめわかっている場合は，X_1 の値には「w_2 に比べて」より多くの重み w_1 をおいてポイントに加算する必要があるであろう。このように，見落としを少なくするためには w_1 と w_2 の間の「相対的な大小のみ」が大事だと考えて，「全体の大きさ」にはあらかじめ $\|\mathbf{w}\|^2 = (w_1)^2 + (w_2)^2 = 1$ という制約をつけておく。

4.3.2 主成分分析とは

第 1 主成分

ある母集団から抽出した大きさ n の標本 $\omega_1, \omega_2, \ldots, \omega_n$ が 2 種類の変量 X_1, X_2 について取った値をまとめた前頁のデータフレームを得たとする。関数

$$f : \{\mathbf{w} \in \mathbb{R}^2 : \|\mathbf{w}\|^2 = 1\} \ni \mathbf{w} \mapsto f(\mathbf{w}) = \underbrace{s(X\mathbf{w}, X\mathbf{w})}_{X\mathbf{w} \text{ の「情報量」}} \in \mathbb{R}$$

が最大値をとる点 (ベクトル) $\mathbf{w}_1 = \begin{pmatrix} w_{11} \\ w_{21} \end{pmatrix}$ を見つけたとき，変量 $F_1 = w_{11}X_1 + w_{21}X_2 = (X_1, X_2)\mathbf{w}_1$ について標本 ω_i が取った値 f_{i1} を得点として扱いたい。

$$\mathbf{f}_1 = \begin{pmatrix} f_{11} \\ f_{21} \\ \vdots \\ f_{n1} \end{pmatrix} = \begin{pmatrix} \omega_1 \text{ の得点} \\ \omega_2 \text{ の得点} \\ \vdots \\ \omega_n \text{ の得点} \end{pmatrix} = \begin{pmatrix} x_{11} & x_{12} \\ x_{21} & x_{22} \\ \vdots & \vdots \\ x_{n1} & x_{n2} \end{pmatrix} \begin{pmatrix} w_{11} \\ w_{21} \end{pmatrix} = X\mathbf{w}_1$$

定義 4.29　第 1 主成分・第 1 主成分得点・第 1 主成分負荷量

以上の記号の下で，

(1) 変量 $F_1 = w_{11}X_1 + w_{21}X_2$ を変量 X_1, X_2 の (この標本調査に基づく) **第 1 主成分** (1st principal component) とよぶ。

各 $i = 1, 2, \ldots, n$ と各 $k = 1, 2$ に対して，

(2) f_{i1} を標本点 ω_i の**第 1 主成分得点** (1st principal component score) という。

(3) w_{k1} を変量 X_k の**第 1 主成分負荷量** (PCA loading) という。

この状況を次のようにまとめて，第 1 主成分に対する**パス図** (path diagram) という。

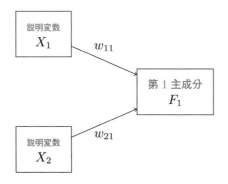

このとき，これら第 1 主成分得点 $f_{11}, f_{21}, \ldots, f_{n1}$ の大小に応じて標本点 $\omega_1, \omega_2, \ldots, \omega_n$ の格付けができる，というわけである。

Warning: 「第 1 主成分得点の大小 = 標本点の優劣」ではない!

- 第 1 主成分得点 $f_{11}, f_{21}, \ldots, f_{n1}$ の大小が,標本点 $\omega_1, \omega_2, \ldots, \omega_n$ の「良し悪し」を意味するわけではない。変量 $F_1 = w_{11}X_1 + w_{21}X_2$ が PCA 負荷量 w_{11}, w_{21} をもつ第 1 主成分であるとき,変量 $-F_1 = (-w_{11})X_1 + (-w_{21})X_2$ もまた PCA 負荷量 $-w_{11}$, $-w_{21}$ をもつ第 1 主成分である。ゆえに何らかの第 1 主成分で「良し悪し」が決まってしまうとすると,第 1 主成分 F_1 の値での評価と,第 1 主成分 $-F_1$ の値での評価では,その「良し悪し」が逆転してしまうのである。

- さらに,変量 X_1, X_2 に具体的な意味が与えられていたとしても,**変量 F_1 が具体的にどのような意味をもつかは,一般にはわからない**。これに意味付けをする一般論は数学理論にはなく,基本的には考えている問題ごとに,**人間の裁量でその意味を解釈する**ことになる。

さて,このような第 1 主成分負荷量 w_{11}, w_{21} はどのように求めればよいのだろうか?

> **定理 4.30** (証明 ➡ 付録) データ行列 X に関する共分散行列 $S_{X,X}$ の最大固有値を λ_1 とする。ベクトル $\mathbf{w}_1 \in \mathbb{R}^2$ が $\|\mathbf{w}_1\|^2 = 1$ をみたすとき,以下は同値である。
> (1) 関数 $f(\mathbf{w}) = s(X\mathbf{w}, X\mathbf{w})$ は $\mathbf{w} = \mathbf{w}_1$ において最大値をとる。
> (2) ベクトル $\mathbf{w}_1$ は,固有値 λ_1 に関する $S_{X,X}$ の固有ベクトルである。

Point: 第 1 主成分負荷量の見つけ方

結局,データ行列 X の共分散行列 $S_{X,X}$ の最大固有値 λ_1 とその固有ベクトル $\mathbf{w}_1$ で $\|\mathbf{w}_1\|^2 = 1$ となるものを一つ求めて $\mathbf{f}_1 = X\mathbf{w}_1$ とおくと,定理 4.30 より,

$$\max_{\substack{\mathbf{w} \in \mathbb{R}^2: \\ \|\mathbf{w}\|^2 = 1}} s(X\mathbf{w}, X\mathbf{w}) = \underbrace{s(\mathbf{f}_1, \mathbf{f}_1) = \lambda_1}_{}。$$

① $\mathbf{w}$ が $\|\mathbf{w}\|^2 = 1$ をみたすように $\mathbb{R}^2$ の中を動きくとき,$X\mathbf{w}$ の「情報量」の最大値は…

② $\mathbf{w} = \mathbf{w}_1$ において達成され…
③ そのときの $\mathbf{f}_1 = X\mathbf{w}_1$ の「情報量」は,$S_{X,X}$ の最大固有値 λ_1 に等しい。

つまり次式に示すように,求める第 1 主成分負荷量は $\mathbf{w}_1$ であり,$\mathbf{f}_1$ は対応する第 1 主成分得点となる:

$$\mathbf{w}_1 = \begin{pmatrix} X_1 \text{ の第 1 主成分負荷量} \\ X_2 \text{ の第 1 主成分負荷量} \end{pmatrix}, \quad \mathbf{f}_1 = \begin{pmatrix} \omega_1 \text{ の第 1 主成分得点} \\ \omega_2 \text{ の第 1 主成分得点} \\ \vdots \\ \omega_n \text{ の第 1 主成分得点} \end{pmatrix}$$

ゆえに第 1 主成分負荷量を求めるには,$S_{X,X}$ の最大固有値に関する固有ベクトルを求めればよいのである。

次に **Point** (➡ p. 111) の観点と,$S_{X,X}$ が非負定値行列であること (命題 4.13–(1) ➡ p. 113)

から，そのすべての固有値は非負である (定理 B.60 ⊃ 付録 **p. 33**) ことを思い出すと，

$$
\begin{aligned}
(\text{データ行列 } X \text{ の「情報量」}) &= \mathrm{tr}(S_{X,X}) \\
&= (\text{行列 } S_{X,X} \text{ の固有値の総和}) \qquad (4.3.1) \\
&\geqq \lambda_1 = (\mathbf{f}_1 \text{ の「情報量」}) \geqq 0
\end{aligned}
$$

となることがわかる。このことに参考にして，第 1 主成分がどれくらい見落としなく得点をつけることができているかを表す指標を導入する。

▌ **定義 4.31　第 1 主成分の寄与率**

以上の記号の下で，データ行列 X の「情報量」$\mathrm{tr}(S_{X,X})$ が 0 でないとき，

$$
\frac{(\mathbf{f}_1 \text{ の「情報量」})}{(X \text{ の「情報量」})} = \frac{s(\mathbf{f}_1, \mathbf{f}_1)}{\mathrm{tr}(S_{X,X})} = \frac{s(\mathbf{f}_1, \mathbf{f}_1)}{s(\mathbf{x}_1, \mathbf{x}_1) + s(\mathbf{x}_2, \mathbf{x}_2)} \in [0,1]
$$

により定義される量を，第 1 主成分の**寄与率** (contribution ratio) という。

与えられたデータから上のように主成分を取り出す手続きを，**主成分分析**という。

▨ **主成分分析は情報圧縮!** ▨

この第 1 主成分の寄与率が 1 に近ければ，二つの変量 X_1 と X_2 について観測された 2 次元データ $(\mathbf{x}_1, \mathbf{x}_2)$ のもつ情報をできるだけ失うことなく，一つの変量 F_1 に関する 1 次元データ $\mathbf{f}_1$ へ圧縮 (要約) されたと考えられる。この様子を図に表すために

$$
X = (\mathbf{x}_1, \mathbf{x}_2) = \begin{pmatrix} x_{11} & x_{12} \\ x_{21} & x_{22} \\ \vdots & \vdots \\ x_{n1} & x_{n2} \end{pmatrix} = \begin{pmatrix} \mathbf{x}_*^1 \\ \mathbf{x}_*^2 \\ \vdots \\ \mathbf{x}_*^n \end{pmatrix}, \quad \mathbf{w}_1 = \begin{pmatrix} w_{11} \\ w_{21} \end{pmatrix}
$$

として，第 1 主成分得点を

$$
\mathbf{f}_1 = X\mathbf{w}_1 = \begin{pmatrix} \mathbf{x}_*^1 \\ \mathbf{x}_*^2 \\ \vdots \\ \mathbf{x}_*^n \end{pmatrix} \mathbf{w}_1 = \begin{pmatrix} \mathbf{x}_*^1 \mathbf{w}_1 \\ \mathbf{x}_*^2 \mathbf{w}_1 \\ \vdots \\ \mathbf{x}_*^n \mathbf{w}_1 \end{pmatrix} = \begin{pmatrix} x_{11} w_{11} + x_{12} w_{21} \\ x_{21} w_{11} + x_{22} w_{21} \\ \vdots \\ x_{n1} w_{11} + x_{n2} w_{21} \end{pmatrix}
$$

と書き直してみよう。座標平面上で原点 O と点 $\mathrm{A}(w_{11}, w_{21})$ を通る直線 ℓ_1 を描いたとき，点 $\mathrm{P}_i(\mathbf{x}_*^i) = \mathrm{P}_i(x_{i1}, x_{i2})$ から ℓ_1 へ下ろした垂線の足を点 Q_i とすると ($|\overrightarrow{\mathrm{OA}}|^2 = (w_{11})^2 + (w_{21})^2 = \|\mathbf{w}_1\|^2 = 1$ であることに注意して計算すれば)

$$
\begin{aligned}
\overrightarrow{\mathrm{OQ}_i} = (\overrightarrow{\mathrm{OP}_i} \cdot \overrightarrow{\mathrm{OA}}) \overrightarrow{\mathrm{OA}} &= (x_{i1} w_{11} + x_{i2} w_{21}) \overrightarrow{\mathrm{OA}} \\
&= (\text{標本 } \omega_i \text{ の第 1 主成分得点}) \overrightarrow{\mathrm{OA}}
\end{aligned}
$$

となることがわかる。つまり，第 1 主成分を取り出すこととは，$\mathbf{x}_*^1, \mathbf{x}_*^2, \ldots, \mathbf{x}_*^n$ の散布図をな

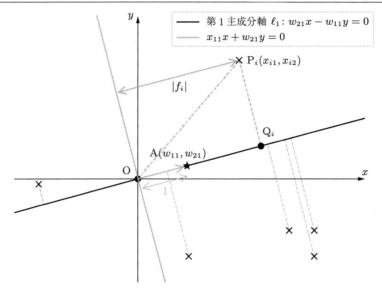

す点 $P_1, P_2, \ldots, P_n$ のそれぞれを，直線 ℓ_1 上の最も近い点へと投影し，$\overrightarrow{OA}$ を新たな「1目盛り」としてみることに他ならないのである。この意味でも情報の「圧縮」というニュアンスが伝わるであろう (か?)。この直線 ℓ_1 に平行な直線は**第 1 主成分軸**とよばれる。第 1 主成分軸は，データの平均値 $(\overline{x}_1, \overline{x}_2)$ を通るように平行移動させて表示させることが多い。

4.3.3　第 1 主成分で見落とされた情報

第 2 主成分

標本 $\omega_1, \omega_2, \ldots, \omega_n$ に関するデータ $X = (\mathbf{x}_1, \mathbf{x}_2)$ のもつ情報から，**できるだけ見落としなく**，総合的に $\omega_1, \omega_2, \ldots, \omega_n$ に得点をつけたいというのが主成分分析の動機であり，その結果得られたのが第 1 主成分という得点付けであった。しかし不等式 (4.3.1) の観点から見れば，

$$(\text{データ行列 } X \text{ の「情報量」}) - (\mathbf{f}_1 \text{ の「情報量」}) = \mathrm{tr}(S_{X,X}) - s(\mathbf{f}_1, \mathbf{f}_1) \geqq 0$$

の分だけ，まだ情報を捉えきれていないことになる。この残った情報を掬い上げるための方策を考えよう。まず次の事実に注目する。次に現れる E_2 は 2 次単位行列である。

命題 4.32 (証明 ◉ 付録)

$$\underbrace{\mathrm{tr}(S_{X,X}) - s(\mathbf{f}_1, \mathbf{f}_1)}_{\substack{\mathbf{f}_1 \text{ だけではまだ掬えて} \\ \text{いない分の「情報量」は…}}} = \underbrace{\mathrm{tr}(S_{X(E_2 - \mathbf{w}_1 \otimes \mathbf{w}_1), X(E_2 - \mathbf{w}_1 \otimes \mathbf{w}_1)})}_{\substack{\text{「データ行列」} X(E_2 - \mathbf{w}_1 \otimes \mathbf{w}_1) \\ \text{の「情報量」に等しい。}}}$$

この式を「$\mathbf{f}_1$ により捉えきれなかった情報はすべて『**データ行列**』$X(E_2 - \mathbf{w}_1 \otimes \mathbf{w}_1)$ **に隠れている**」とまで誇張して読んで，この行列を基にした主成分分析を考えよう。

そこで $S_{X,X}$ の固有値を大きい順に $\lambda_1 \geqq \lambda_2 \, (\geqq 0)$ として，それぞれの固有ベクトル $\mathbf{w}_1, \mathbf{w}_2$

は $R = (\mathbf{w}_1, \mathbf{w}_2)$ が 2 次直交行列となるように選んでおく。この記号の下で，次が成り立つ。

> **命題 4.33** (証明 ➡ 付録) $\mathbf{f}_2 = X\mathbf{w}_2$ とおくと次が成り立つ。
>
> $$\max_{\substack{\mathbf{w}\in\mathbb{R}^2:\\ \|\mathbf{w}\|^2=1}} s(X(E_2 - \mathbf{w}_1\otimes\mathbf{w}_1)\mathbf{w}, X(E_2 - \mathbf{w}_1\otimes\mathbf{w}_1)\mathbf{w}) \;=\; \underbrace{s(\mathbf{f}_2, \mathbf{f}_2)}_{} \;=\; \lambda_2$$
>
> ① $\mathbf{w}$ が $\|\mathbf{w}\|^2 = 1$ をみたすように $\mathbb{R}^2$ の中を動くとき $X(E_2 - \mathbf{w}_1\otimes\mathbf{w}_1)\mathbf{w}$ の「情報量」の最大値は…
>
> ② $X\mathbf{w}_2$ の「情報量」に等しく，
> ③ それは λ_2 により与えられる。

この段階では，$\mathbf{f}_1$ と $\mathbf{f}_2$ でまだ捉えきれていない「情報量」は

$$\underbrace{\mathrm{tr}(S_{X,X}) - s(\mathbf{f}_1,\mathbf{f}_1) - s(\mathbf{f}_2,\mathbf{f}_2)}_{\mathbf{f}_1 \text{ と } \mathbf{f}_2 \text{ でまだ掴えていない分の「情報量」}} \;=\; (\lambda_1 + \lambda_2) - \lambda_1 - \lambda_2 \;=\; 0$$

であり，ゆえにこの $\mathbf{f}_1$ と $\mathbf{f}_2$ によりすべての情報を捉えていることになる。

定義 4.34　第 2 主成分・第 2 主成分得点・第 2 主成分負荷量

以上の記号の下で，列ベクトル $\mathbf{w}_2 \in \mathbb{R}^2$ と $\mathbf{f}_2 \in \mathbb{R}^n$ をそれぞれ $\mathbf{w}_2 = \begin{pmatrix} w_{12} \\ w_{22} \end{pmatrix}$,

$$\mathbf{f}_2 = \begin{pmatrix} f_{12} \\ f_{22} \\ \vdots \\ f_{n2} \end{pmatrix} = \begin{pmatrix} x_{11} & x_{12} \\ x_{21} & x_{22} \\ \vdots & \vdots \\ x_{n1} & x_{n2} \end{pmatrix} \begin{pmatrix} w_{12} \\ w_{22} \end{pmatrix} = \begin{pmatrix} x_{11}w_{12} + x_{12}w_{22} \\ x_{21}w_{12} + x_{22}w_{22} \\ \vdots \\ x_{n1}w_{12} + x_{n2}w_{22} \end{pmatrix}$$

により表すとき，

(1) 変量 $F_2 = w_{12}X_1 + w_{22}X_2$ を変量 X_1, X_2 の (この標本調査に基づく) **第 2 主成分** (2nd principal component) とよぶ。

また各 $i = 1, 2, \ldots, n$ と $k = 1, 2$ に対して，

(2) f_{i2} を標本 ω_i の**第 2 主成分得点** (2nd principal component score) という。

(3) w_{k2} を変量 X_k の**第 2 主成分負荷量** (PCA loading) という。

(4) データ行列 X の「情報量」$\mathrm{tr}(S_{X,X})$ が 0 でないとき，

$$\frac{(\mathbf{f}_2 \text{ の「情報量」})}{(X \text{ の「情報量」})} = \frac{s(\mathbf{f}_2,\mathbf{f}_2)}{\mathrm{tr}(S_{X,X})} = \frac{s(\mathbf{f}_2,\mathbf{f}_2)}{s(\mathbf{x}_1,\mathbf{x}_1) + s(\mathbf{x}_2,\mathbf{x}_2)} = \frac{\lambda_2}{\lambda_1 + \lambda_2} \in [0,1]$$

により定義される量を，第 2 主成分の**寄与率** (contribution ratio) という。

第 1 主成分に対するパス図と同様にして，第 2 主成分に対するパス図を考えることができる。

4.3.4　主成分たちの解釈

X と Y からなる2変量の主成分分析では，主成分負荷量 w_{11}, w_{21}, w_{12}, w_{22} を用いて式

$$F_1 = w_{11}X + w_{21}Y, \quad F_2 = w_{12}X + w_{22}Y$$

により主成分 F_1, F_2 が得られる。もとの変量 X, Y に具体的な意味が与えられた文脈において，こうして現れる変量 F_1 と F_2 に対する，多くの人が納得できるような，何らかの意味付けを考えることは，データの解析結果を社会に向けて発信する上で重要なことである。必ずしもすべての主成分に意味付けができるとは限らないが，次の例に示す主成分がどのような意味をもつか一度考えてみてほしい。

例 4.35　**身体測定結果の主成分分析**

下左表は，あるクラスの17人の身体測定結果である。

学籍番号	身長〔cm〕	体重〔kg〕
①	145.9	39.7
②	154.4	42
③	161.3	46.3
④	153.1	51.2
⑤	156.7	62.1
⑥	170	64.5
⑦	159.2	52
⑧	151.9	54.7
⑨	159.6	64.3
⑩	148.4	48.5
⑪	157.5	60.5
⑫	154.3	56.4
⑬	154	58.3
⑭	172.8	70.3
⑮	155.5	45.9
⑯	157.9	55.8
⑰	157.8	60.3

この「身長」と「体重」の二つの項目からデータ行列を作り主成分分析を行うと，下図に示される主成分軸が得られた。

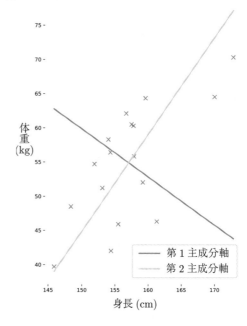

また負荷量と寄与率を計算すると，第1主成分，第2主成分それぞれのパス図は次のようになった。

　第1主成分は「身長が1〔cm〕高くなるごとに0.58ポイント増加し,体重が1〔kg〕増えるごとに0.82ポイント増加する」ようなものを表していることがわかる。身長と体重の両方の増加がポイントの上昇に影響を与えるということから,第1主成分は「体格」を表しているのではないかと連想される。

　一方で,第2主成分は「身長が1〔cm〕高くなるごとに0.82ポイント減少し,体重が1〔kg〕増えるごとに0.58ポイント増加する」ようなものを表していることがわかる。このことから,第2主成分は「肥満度」を表しているのではないかと連想されるのである。

例 4.36　世の中と景気と生活

　例 4.24 (⊙ p. 121) で考えたデータのうち,特に「家計動向関連 DI (飲食関連)」と「家計動向関連 DI (サービス関連)」の二つの項目に絞って主成分分析を行うと右の主成分軸が得られ,また負荷量を計算すると,第1主成分と第2主成分のパス図はそれぞれ次のようになった。

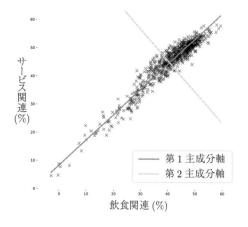

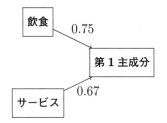

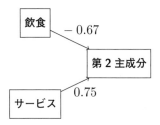

4.4 線形判別分析

4.4.1 動機

A クラスと B クラスの 2 クラスからなる母集団と，クラスの特性を反映すると考えられる 2 種類の変量 (項目 1)，(項目 2) が与えられたとする。A クラスからは大きさ n の標本 $\omega'_1, \omega'_2, \ldots, \omega'_n$ を，B クラスからは大きさ m の標本 $\omega''_1, \omega''_2, \ldots, \omega''_m$ を抽出し，(項目 1) と (項目 2) がとった値を調べたときに次のデータフレームが得られたとする。調査の結果，文字 a_{ij} や b_{ij} は具体的な数値として与えられることを想定している。

標本点 \ 変量	クラス	項目 1	項目 2
ω'_1		a_{11}	a_{12}
ω'_2	A	a_{21}	a_{22}
$\vdots$		$\vdots$	$\vdots$
ω'_n		a_{n1}	a_{n2}
ω''_1		b_{11}	b_{12}
ω''_2	B	b_{21}	b_{22}
$\vdots$		$\vdots$	$\vdots$
ω''_m		b_{m1}	b_{m2}

左の灰色部分のデータ行列を

$$X = \begin{pmatrix} a_{11} & a_{12} \\ a_{21} & a_{22} \\ \vdots & \vdots \\ a_{n1} & a_{n2} \\ b_{11} & b_{12} \\ b_{21} & b_{22} \\ \vdots & \vdots \\ b_{m1} & b_{m2} \end{pmatrix} = \begin{pmatrix} X_{\mathrm{A}} \\ X_{\mathrm{B}} \end{pmatrix}$$

で表す。

二つのクラスが混ざり合ったこの母集団から，新たな標本点 ω^* に関する右のようなデータが与えられたとき，上のデータフレームを眺めることで

標本点 \ 変量	クラス	項目 1	項目 2
ω^*	?	x_1	x_2

「この ω^* が A と B のどちらに属するかを判定する」

ことを考えたい。

そこで，標本 $\omega'_1, \omega'_2, \ldots, \omega'_n$ を A クラス，標本 $\omega''_1, \omega''_2, \ldots, \omega''_m$ を B クラスたらしめる何らかの「指標」(どのように得点付けするか，ということ) を導入したいのであるが，この指標に次のことを要請しよう。

(1) **できるだけ総合的な観点で点数をつけたい。**

← 単に (項目 1) と (項目 2) のどちらかの値だけに注目するのではなく，適切に選んだ数 w_1, w_2 を用いて，(項目 1) と (項目 2) のどちらの値をも考慮に入れた

$$F = w_1(\text{項目 1}) + w_2(\text{項目 2})$$

の形の「得点」F を考えてみよう。各標本点がとる得点を縦に並べたものを

$$\begin{pmatrix} \omega'_1 \text{ の得点} \\ \omega'_2 \text{ の得点} \\ \vdots \\ \omega'_n \text{ の得点} \\ \hline \omega''_1 \text{ の得点} \\ \omega''_2 \text{ の得点} \\ \vdots \\ \omega''_m \text{ の得点} \end{pmatrix} = \begin{pmatrix} f_{\mathrm{A},1} \\ f_{\mathrm{A},2} \\ \vdots \\ f_{\mathrm{A},n} \\ \hline f_{\mathrm{B},1} \\ f_{\mathrm{B},2} \\ \vdots \\ f_{\mathrm{B},m} \end{pmatrix} = \begin{pmatrix} \mathbf{f}_\mathrm{A} \\ \hline \mathbf{f}_\mathrm{B} \end{pmatrix} = \mathbf{f}$$

と表すと，これは上のデータを用いて次のように変形できる。

$$\mathbf{f} = \begin{pmatrix} \mathbf{f}_\mathrm{A} \\ \hline \mathbf{f}_\mathrm{B} \end{pmatrix} = \begin{pmatrix} a_{11}w_1 + a_{12}w_2 \\ a_{21}w_1 + a_{22}w_2 \\ \vdots \\ a_{n1}w_1 + a_{n2}w_2 \\ b_{11}w_1 + b_{12}w_2 \\ b_{21}w_1 + b_{22}w_2 \\ \vdots \\ b_{m1}w_1 + b_{m2}w_2 \end{pmatrix} = \underbrace{\begin{pmatrix} a_{11} & a_{12} \\ a_{21} & a_{22} \\ \vdots & \vdots \\ a_{n1} & a_{n2} \\ b_{11} & b_{12} \\ b_{21} & b_{22} \\ \vdots & \vdots \\ b_{m1} & b_{m2} \end{pmatrix}}_{\substack{\text{これはデータ行列 } X \\ \text{に他ならない。}}} \underbrace{\begin{pmatrix} w_1 \\ w_2 \end{pmatrix}}_{\substack{\| \\ \mathbf{w} \\ \text{とおく。}}}$$

$$= X\mathbf{w} = \begin{pmatrix} X_\mathrm{A} \\ \hline X_\mathrm{B} \end{pmatrix} \mathbf{w} = \begin{pmatrix} X_\mathrm{A}\mathbf{w} \\ \hline X_\mathrm{B}\mathbf{w} \end{pmatrix}$$

上の $\mathbf{f}_\mathrm{A}$ と $\mathbf{f}_\mathrm{B}$ は A クラスの標本 $\omega'_1, \omega'_2, \ldots, \omega'_n$ と B クラスの標本 $\omega''_1, \omega''_2, \ldots, \omega''_m$ のそれぞれが取った得点を縦に並べたものであるが，これらの得点をクラスごとに横に並べた 1 次元データを次のように表しておく。

$$f_\mathrm{A} = \mathbf{f}_\mathrm{A}^\top = (f_{\mathrm{A},1}, f_{\mathrm{A},2}, \ldots, f_{\mathrm{A},n}), \quad f_\mathrm{B} = \mathbf{f}_\mathrm{B}^\top = (f_{\mathrm{B},1}, f_{\mathrm{B},2}, \ldots, f_{\mathrm{B},m})$$

変量 (項目 1) と (項目 2) はクラスの特性を反映することを想定しているから，これらの変量に対するデータについては，同じクラス内で似通った性質 (もしくは値) を共有することを想定している。つまり散布図を見ると，データが同じクラス同士で群がっていることを期待しているのである。上の得点付けには，この性質を反映することを要請してみよう。

(2) **上でつけた点数が，A クラスと B クラスのそれぞれで「ぎゅっと」集まっていてほしい。**

← A の得点からなる 1 次元データ f_A がその平均 $\overline{f_\mathrm{A}}$ から受ける損失

$$L_\mathrm{A} = \sum_{i=1}^{n} (f_{\mathrm{A},i} - \overline{f_\mathrm{A}})^2 = n \cdot s(\mathbf{f}_\mathrm{A}, \mathbf{f}_\mathrm{A})$$

が小さければよいであろう。同様に B の方に関しても $L_{\mathrm{B}} = \sum_{i=1}^{m} (f_{\mathrm{B},i} - \overline{f_{\mathrm{B}}})^2 = m \cdot s(\mathbf{f}_{\mathrm{B}}, \mathbf{f}_{\mathrm{B}})$ が小さければよい。合わせて，損失の総和

$$L_{\mathrm{A}} + L_{\mathrm{B}} = n \cdot s(\mathbf{f}_{\mathrm{A}}, \mathbf{f}_{\mathrm{A}}) + m \cdot s(\mathbf{f}_{\mathrm{B}}, \mathbf{f}_{\mathrm{B}})$$

が小さければよいであろう。

散布図内でデータが「ぎゅっと」集まっているということは，A に関するデータは散布図内で概ねそれらの平均 $(\overline{a}_1, \overline{a}_2)$ に位置していると考えてよいであろう。一方で B に関するデータは概ねそれらの平均 $(\overline{b}_1, \overline{b}_2)$ に位置していると考えるのである。こうして，もとのデータフレームをある意味で簡約化した次のデータフレームが得られる。

標本点 ╲ 変量	クラス	(項目1) に関するデータの「およそ」の位置	(項目2) に関するデータの「およそ」の位置
ω_1'		$\overline{a}_1$	$\overline{a}_2$
ω_2'	A	$\overline{a}_1$	$\overline{a}_2$
$\vdots$		$\vdots$	$\vdots$
ω_n'		$\overline{a}_1$	$\overline{a}_2$
ω_1''		$\overline{b}_1$	$\overline{b}_2$
ω_2''	B	$\overline{b}_1$	$\overline{b}_2$
$\vdots$		$\vdots$	$\vdots$
ω_m''		$\overline{b}_1$	$\overline{b}_2$

左の灰色部分のデータ行列を

$$Y = \begin{pmatrix} \overline{a}_1 & \overline{a}_2 \\ \overline{a}_1 & \overline{a}_2 \\ \vdots & \vdots \\ \overline{a}_1 & \overline{a}_2 \\ \hline \overline{b}_1 & \overline{b}_2 \\ \overline{b}_1 & \overline{b}_2 \\ \vdots & \vdots \\ \overline{b}_1 & \overline{b}_2 \end{pmatrix}$$

により表しておく。

変量 (項目1) と (項目2) が A クラスと B クラスのそれぞれに共通する特性のみを反映しているだけでは，これらに関するデータのみに基づく標本点のクラス分け能力には期待がもてないから，これらの変量が A クラスと B クラスの「違い」をうまくつかまえるようなものであってほしい。「散布図内でデータが『ぎゅっと』集まっている」ことを「その集まっているデータ同士が似通った性質を共有している」ことと想定しているわけであるが，その意味では A に関するデータと B に関するデータはできるだけ離れていてほしい。このこともまた，上の得点付けに反映するよう要請しておこう。

(3) 得点付けが A と B の違いを見逃さないようなものであってほしい。

  ← 例えば，上の得点付け $\mathbf{w}$ の下で，A クラスと B クラスの代表値としての「およそ」の位置が標本点ごとにまとめられたデータ行列 Y から得られる $Y\mathbf{w}$ の成分からなる1次元データが，その平均から受ける次の損失が大きければよいであろう。

$$N \cdot s(Y\mathbf{w}, Y\mathbf{w}) \quad (\text{ただし，} N = n + m \text{とした。})$$

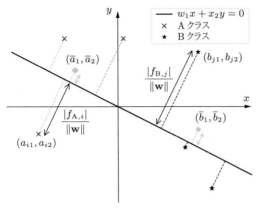
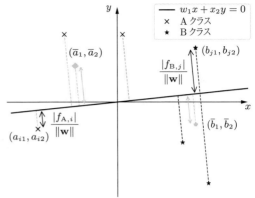

上のように $\mathbf{w} = \begin{pmatrix} w_1 \\ w_2 \end{pmatrix}$ を選ぶと，それぞれのクラスで得点がばらけてしまっているし，それぞれのクラスでの平均の得点は似通ってしまったものになってしまっているので上の要請 (2) と (3) をみたすとはいえなさそうである。

上のように $\mathbf{w} = \begin{pmatrix} w_1 \\ w_2 \end{pmatrix}$ を選んだ場合，左のときよりはそれぞれのクラスでの平均の得点はうまくばらけているが，それぞれのクラスでもまだ得点がばらけてしまっているので上の要請 (2) をみたすとはいえなさそうである。

上の要請 (1)，(2)，(3) に応えるような得点付けが実現できたとき，新たな標本点 ω^* の得点が A クラスと B クラスの得点のどちらに近いか (似ているか) を眺めてから，この ω^* が A と B のどちらに属するかを判定しようというわけである。

以上の考察から，「できるだけ大きくしたいもの」と「できるだけ小さくしたいもの」を一緒くたにした，例えば次の量を最大化する $\mathbf{w} = \begin{pmatrix} w_1 \\ w_2 \end{pmatrix}$ を求めようという考えに至る。

$$
\begin{aligned}
\frac{(\text{できるだけ大きくしたいもの})}{(\text{できるだけ小さくしたいもの})} &= \frac{(\text{クラス間の差異に由来する損失})}{\begin{pmatrix} \text{A クラスに由来する損失と} \\ \text{B クラスに由来する損失の総和} \end{pmatrix}} \\
&= \frac{N \cdot s(Y\mathbf{w}, Y\mathbf{w})}{n \cdot s(\mathbf{f}_{\mathrm{A}}, \mathbf{f}_{\mathrm{A}}) + m \cdot s(\mathbf{f}_{\mathrm{B}}, \mathbf{f}_{\mathrm{B}})} \\
&= \frac{s(Y\mathbf{w}, Y\mathbf{w})}{\dfrac{n}{N} \cdot s(X_{\mathrm{A}}\mathbf{w}, X_{\mathrm{A}}\mathbf{w}) + \dfrac{m}{N} \cdot s(X_{\mathrm{B}}\mathbf{w}, X_{\mathrm{B}}\mathbf{w})}
\end{aligned} \tag{4.4.1}
$$

4.4.2　線形判別分析とは

前項までの記号のもとで，次の記号を導入する。

定義 4.37　クラス平均・クラス内分散・クラス間分散

(1) **A** クラスの平均と **B** クラスの平均をそれぞれ次により定める。

$$\begin{pmatrix} \overline{a}_1 \\ \overline{a}_2 \end{pmatrix} = \begin{pmatrix} \dfrac{1}{n}\displaystyle\sum_{i=1}^{n} a_{i1} \\ \dfrac{1}{n}\displaystyle\sum_{i=1}^{n} a_{i2} \end{pmatrix}, \quad \begin{pmatrix} \overline{b}_1 \\ \overline{b}_2 \end{pmatrix} = \begin{pmatrix} \dfrac{1}{m}\displaystyle\sum_{i=1}^{m} b_{i1} \\ \dfrac{1}{m}\displaystyle\sum_{i=1}^{m} b_{i2} \end{pmatrix}$$

(2) X_A の共分散行列 $S_A = S_{X_A, X_A}$ を A の**クラス内分散** (within-class variance)，X_B の共分散行列 $S_B = S_{X_B, X_B}$ を B のクラス内分散という。データ行列全体 $X = \begin{pmatrix} X_A \\ X_B \end{pmatrix}$ の共分散行列 $S_{\mathsf{Total}} = S_{X,X}$ を**総クラス分散** (total-class variance) という。また $S_{\mathsf{Wthn}} = \dfrac{n}{N} S_A + \dfrac{m}{N} S_B$ を単に**クラス内分散**とよぶ。

(3) Y の共分散行列 $S_{\mathsf{Btw}} = S_{Y,Y}$ を**クラス間分散** (between-class variance) という。

これらについて，次が成り立つ。

命題 4.38 (証明⊙付録)

(1) $S_{\mathsf{Total}} = S_{\mathsf{Wthn}} + S_{\mathsf{Btw}}$　　(2) $\mathrm{tr}(S_{\mathsf{Btw}}) \neq 0 \Leftrightarrow \begin{pmatrix} \overline{a}_1 \\ \overline{a}_2 \end{pmatrix} \neq \begin{pmatrix} \overline{b}_1 \\ \overline{b}_2 \end{pmatrix}$

また $\mathbf{w} = \begin{pmatrix} w_1 \\ w_2 \end{pmatrix}$ を任意とすると，次が成り立つ。

(3) $s(Y\mathbf{w}, Y\mathbf{w}) = \langle \mathbf{w}, S_{\mathsf{Btw}}\mathbf{w} \rangle$

(4) $\dfrac{n}{N} s(X_A\mathbf{w}, X_A\mathbf{w}) + \dfrac{m}{N} s(X_B\mathbf{w}, X_B\mathbf{w}) = \langle \mathbf{w}, S_{\mathsf{Wthn}}\mathbf{w} \rangle$

これらの公式から，最大化したい値 (4.4.1) (⊙ p. 139) は $\dfrac{\langle \mathbf{w}, S_{\mathsf{Btw}}\mathbf{w} \rangle}{\langle \mathbf{w}, S_{\mathsf{Wthn}}\mathbf{w} \rangle}$ と表せるが，この値を最大化する $\mathbf{w} = \begin{pmatrix} w_1 \\ w_2 \end{pmatrix}$ はどのように求めればよいのだろうか？

定理 4.39 (証明⊙付録) クラス内分散 S_{Wthn} が正則であり，かつ $\mathrm{tr}(S_{\mathsf{Btw}}) \neq 0$ であるとき，ベクトル $\mathbf{w} \in \mathbb{R}^2 \setminus \{\mathbf{0}\}$ に対して以下は同値である。

(1) 関数 $f(\mathbf{v}) = \dfrac{\langle \mathbf{v}, S_{\mathsf{Btw}}\mathbf{v} \rangle}{\langle \mathbf{v}, S_{\mathsf{Wthn}}\mathbf{v} \rangle}$ (ただし $\mathbf{v} \neq \mathbf{0}$) は $\mathbf{v} = \mathbf{w}$ において最大値をとる。

(2) $\mathbf{w} /\!/ (S_{\mathsf{Wthn}})^{-1} \begin{pmatrix} \overline{a}_1 - \overline{b}_1 \\ \overline{a}_2 - \overline{b}_2 \end{pmatrix}$

定理 4.39 の仮定の下で，w_1，w_2 を $\begin{pmatrix} w_1 \\ w_2 \end{pmatrix} = (S_{\mathbf{Wthn}})^{-1} \begin{pmatrix} \overline{a}_1 - \overline{b}_1 \\ \overline{a}_2 - \overline{b}_2 \end{pmatrix}$ により定め，次のように $\overline{f_{\mathrm{A}}}$，$\overline{f_{\mathrm{B}}}$，$\overline{f}$ をおく。

$$\overline{f_{\mathrm{A}}} = w_1 \overline{a}_1 + w_2 \overline{a}_2, \quad \overline{f_{\mathrm{B}}} = w_1 \overline{b}_1 + w_2 \overline{b}_2,$$

$$\overline{f} = \frac{1}{N} \Big\{ \sum_{i=1}^{n} (\underbrace{w_1 a_{i1} + w_2 a_{i2}}_{\text{標本点 } \omega_i' \text{ の得点}}) + \sum_{j=1}^{m} (\underbrace{w_1 b_{j1} + w_2 b_{j2}}_{\text{標本点 } \omega_j'' \text{ の得点}}) \Big\} = \frac{n}{N} \overline{f_{\mathrm{A}}} + \frac{m}{N} \overline{f_{\mathrm{B}}}$$

定理 4.40 (証明 ➡ 付録) $(\overline{f_{\mathrm{A}}} - \overline{f})(\overline{f_{\mathrm{B}}} - \overline{f}) < 0$

この事実をもとにして，次のように標本点をクラス分けする手法を**線形判別分析**という。

Point: 結局どのようにクラスを判別するのか？

定理 4.40 は「$\overline{f_{\mathrm{A}}} - \overline{f}$ と $\overline{f_{\mathrm{B}}} - \overline{f}$ では，どちらか一方が正の数で，もう片方は負の数となる」ことを示している。そこで，**新たな標本点 ω^* が (項目 1) と (項目 2) について取ったデータ (x_1, x_2) が与えられたとき，その得点 $f^* = w_1 x_1 + w_2 x_2$ を計算して，**

$$f^* - \overline{f} \text{ の符号が} \begin{cases} \overline{f_{\mathrm{A}}} - \overline{f} \text{ の符号と同じならば } \omega^* \text{ は } \mathbf{A} \text{ クラスと判別} \\[2mm] \overline{f_{\mathrm{B}}} - \overline{f} \text{ の符号と同じならば } \omega^* \text{ は } \mathbf{B} \text{ クラスと判別} \end{cases}$$

しようというわけである。ゆえに，**直線 $\ell : w_1 x_1 + w_2 x_2 = \overline{f}$ を境にして判別されるクラスが異なる。**この直線 ℓ を，この判別分析の**決定境界** (decision boundary) という。

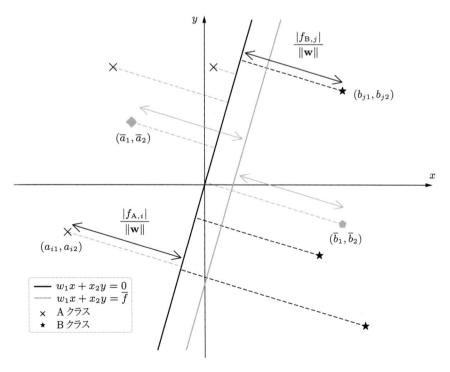

例 4.41 ペンギンの個体群を判別しよう

例 4.25 (⊙ p. 122) におけるデータについて，アデリーペンギンとジェンツーペンギンの ものののみに注目して決定境界を引くと，下図のようになる。

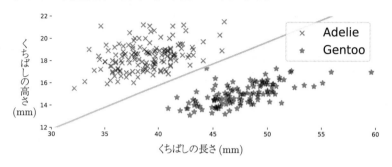

ゆえに，アデリーペンギンとジェンツーペンギンは「くちばしの高さ (bill depth)」と「く ちばしの長さ (bill length)」の特徴ののみからうまく判別できるようである。

一方で，アデリーペンギンとアゴヒゲペンギンの決定境界は下図のようになる。

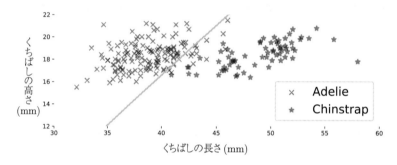

クラス内分散 S_{Wthn} が正則でないとき

定理 4.39 (⊙ p. 140) は，クラス内分散 S_{Wthn} が正則であることと，$\mathrm{tr}(S_{\mathsf{Btw}}) \neq 0$ (つまり データ行列 Y のもつ「情報量」が 0 でない) という仮定に基づいている。このうち，$\mathrm{tr}(S_{\mathsf{Btw}}) \neq 0$ という条件の意味は命題 4.38–(2) (⊙ p. 140) によって明らかになっているが，S_{Wthn} が正則 であることにはどのような意味があるのであろうか。ここでは逆に，S_{Wthn} が正則でないとい うことがどのような意味をもつのかを紹介しよう。

そのために，元のデータ行列 X を次のように表しておく。

$$X = \begin{pmatrix} X_{\mathrm{A}} \\ \hline X_{\mathrm{B}} \end{pmatrix} = \begin{pmatrix} a_{11} & a_{12} \\ a_{21} & a_{22} \\ \vdots & \vdots \\ a_{n1} & a_{n2} \\ \hline b_{11} & b_{12} \\ b_{21} & b_{22} \\ \vdots & \vdots \\ b_{m1} & b_{m2} \end{pmatrix} = \begin{pmatrix} \mathbf{a}_*^1 \\ \mathbf{a}_*^2 \\ \vdots \\ \mathbf{a}_*^n \\ \hline \mathbf{b}_*^1 \\ \mathbf{b}_*^1 \\ \vdots \\ \mathbf{b}_*^m \end{pmatrix}$$

この行ベクトル $\mathbf{a}_*^1, \mathbf{a}_*^2, \ldots, \mathbf{a}_*^n$ を一つずつ座標平面にプロットしたものが A クラスの $\omega_1', \omega_2', \ldots, \omega_n'$ に関する二変量散布図であり，$\mathbf{b}_*^1, \mathbf{b}_*^2, \ldots, \mathbf{b}_*^m$ を一つずつ座標平面にプロットしたものが B クラスの $\omega_1'', \omega_2'', \ldots, \omega_m''$ に関する二変量散布図なのであった (定義 4.5 ◐ p. 110)。

> **命題 4.42** (証明◐付録) クラス内分散について $S_{\mathsf{Wthn}} \neq O$ であるとき，次の条件は同値である。
>
> (1) クラス内分散 S_{Wthn} は正則でない。
> (2) 平行な二つの直線 k_1 と k_2 で，次をみたすものが存在する。
>   ○ A クラスに関する散布図は直線 k_1 上にある。
>   ○ B クラスに関する散布図は直線 k_2 上にある。

上の命題 4.42 の仮定の下で，(2) の平行な直線 k_1 と k_2 をそれぞれ

$$k_1 \colon w_1 x + w_2 y = \overline{f_{\mathrm{A}}}, \quad k_2 \colon w_1 x + w_2 y = \overline{f_{\mathrm{B}}}$$

と表しておき，ここに現れた係数 w_1, w_2 を用いて，次式により定義される $\overline{f}$ を考える。

$$\overline{f} = \frac{n}{N} \overline{f_{\mathrm{A}}} + \frac{m}{N} \overline{f_{\mathrm{B}}}$$

▶ この平行な直線 k_1 と k_2 が同一の直線である場合，データ行列 X をなす 1 次元データたちは多重共線性をもち (定理 4.15 ◐ p. 114)，つまり X の共分散行列 $S_{X,X} = S_{\mathsf{Total}}$ は正則でないことがわかる。

▶ k_1 と k_2 が一致しない場合は $\overline{f_{\mathrm{A}}} \neq \overline{f_{\mathrm{B}}}$ でなければならず，よって

$$(\overline{f_{\mathrm{A}}} - \overline{f})(\overline{f_{\mathrm{B}}} - \overline{f}) = -\frac{nm}{N^2}(\overline{f_{\mathrm{A}}} - \overline{f_{\mathrm{B}}})^2 < 0$$

となり，いまの場合にも p. 141 における説明のときと同じように判別することができるのである。

4.5 k-平均法

4.5.1 動機

n 個の標本点 $\omega_1, \omega_2, \ldots, \omega_n$ が与えられたとき，これらを k 個のグループ $G_1, G_2, \ldots, G_k$ に分けたいとしよう (ただし $k \leqq n$)。このグループの列を $G = (G_1, G_2, \ldots, G_k)$ と表すとき，この G は以下の条件をみたしていなければそもそもグループ分けとはいえないであろう。

(1) 各グループ番号 $i = 1, 2, \ldots, k$ に対して $\varnothing \neq G_i \subset \{\omega_1, \omega_2, \ldots, \omega_n\}$,
   ➡ 各グループ G_i は $\omega_1, \omega_2, \ldots, \omega_n$ のいずれかの標本点からなる空でない集合である。

(2) 二つのグループ番号 $i, j = 1, 2, \ldots, k$ に対して $i \neq j \Rightarrow G_i \cap G_j = \varnothing$,
   ➡ 相異なるグループは共通する標本点をもたない。

(3) $\{\omega_1, \omega_2, \ldots, \omega_n\} = G_1 \cup G_2 \cup \cdots \cup G_k$,
   ➡ 標本点 $\omega_1, \omega_2, \ldots, \omega_n$ は必ずいずれかの (ゆえに (2) よりただ一つの) グループに属する。

問 4.43　解答 ➲ 付録

n 個の標本点を，上のように k 個の空でないグループに分ける分け方は全部で $\binom{n-1}{k-1} n!$ 通りあることを示せ。

このように標本をグループ分けすることを**クラスタリング** (clustering) といい，分けられたそれぞれのグループを**クラスター** (cluster) とよぶ。

それぞれのクラスターは記述統計学でいう階級 (定義 2.4 ➲ p. 13) のようなものであるが，階級分けのときにあらかじめ用意した数列に当たるものがいまの文脈にはない。だからといって，やみくもにクラスタリングしても意味がないであろう。例えば「各クラスターに属する標本点は，他のクラスターに属する標本点よりも類似した性質をもつ」ように分けたいのである。そこで例えば，何種類かの項目についてそれぞれのとる値を調べ，そうして得られたデータ値の類似度に応じてクラスタリングするという手法が思い浮かぶ。

いま，n 個の標本点 $\omega_1, \omega_2, \ldots, \omega_n$ について二種類の項目について調査し，結果をまとめた 2 次元データ $x_1 = (x_{11}, x_{21}, \ldots, x_{n1})$, $x_2 = (x_{12}, x_{22}, \ldots, x_{n2})$ からなる右のデータフレームが与えられたとしよう。このデータをもとにして，標本点 $\omega_1, \omega_2, \ldots, \omega_n$ のクラスタリングを考えるのだが，より具体的にはどのようにクラスタリングすればよいのであろうか。

標本点 ＼ 項目	項目 1	項目 2	左二つのデータからなる行ベクトル
ω_1	x_{11}	x_{12}	$\mathbf{x}_*^1$
ω_2	x_{21}	x_{22}	$\mathbf{x}_*^2$
$\vdots$	$\vdots$	$\vdots$	$\vdots$
ω_i	x_{i1}	x_{i2}	$\mathbf{x}_*^i$
$\vdots$	$\vdots$	$\vdots$	$\vdots$
ω_n	x_{n1}	x_{n2}	$\mathbf{x}_*^n$

そこでデータがクラスタリング $G = (G_1, G_2, \ldots, G_k)$ から被る損失の付け方を考えてみよう。**望ましくないクラスタリングからは大きな損失を受ける**ようにアレンジしたいのである。

4.5.2　k-平均法とは

前項で言及した損失をデザインするために，まずはデータがクラスタリングから受ける損失の素点について少し感覚を身につけることから始めよう。

■**標本点とクラスターの間の「近さ」**

散布図内での標本点 ω_i の位置は $\mathbf{x}_*^i$ そのものだが，この標本点とクラスター G_j の「近さ・遠さ」(これがそのまま損失へと繋がる) を測るには，散布図内でのクラスター G_j の「およそ」の位置を把握しておく必要があるであろう。これは定理 2.5–(2) (🔖p. 12) の考え方に基づくと，次のように与えられる。

$$\overline{G}_j = \left(\frac{1}{\#G_j} \sum_{\substack{1 \leq a \leq n: \\ \omega_a \in G_j}} x_{a1}, \frac{1}{\#G_j} \sum_{\substack{1 \leq a \leq n: \\ \omega_a \in G_j}} x_{a2} \right) = \frac{1}{\#G_j} \sum_{\substack{1 \leq a \leq n: \\ \omega_a \in G_j}} \mathbf{x}_*^a$$

そこで **標本点 ω_i とクラスター G_j との「距離感」**は

$$\|\mathbf{x}_*^i - \overline{G}_j\| \text{ の値が} \begin{cases} \text{小さいとき「近い」} \\ \text{大きいとき「遠い」} \end{cases}$$

と解釈することにしよう。さて，どのようなクラスタリング $G = (G_1, G_2, \ldots, G_k)$ が望ましいか，というイメージを整理しながら損失関数を設計する。

(1) 各標本点が二つの項目に関して取ったデータ値の類似度を反映させてクラスタリングを行おうとしていたのだから，**各クラスターは**散布図の全体にまたがっているのではなく，**一部に「ぎゅっと」まとまっていてほしい。**

　　← 各クラスター G_j 内の標本点に関するデータの分散が小さければよい。特に，クラスター G_j はそこに属する標本点にのみ損失を与えるようにアレンジすればよい。例えば次の量をクラスター G_j が与える損失と考えてみよう。

$$\sum_{\substack{1 \leq i \leq n: \\ \omega_i \in G_j}} \|\mathbf{x}_*^i - \overline{G}_j\|^2$$

(2) 異なるクラスターは，散布図の中で他のクラスターと混ざり合わずに「無関係」であってほしい。← 各クラスター G_j が与える上の損失を単純に足し合わせればよい。

そこで，上の損失をクラスターにわたって足し合わせた次の量を，各標本点がクラスタリング $G = (G_1, G_2, \ldots, G_k)$ から受ける損失の総計と考えてみよう。

$$L(G) = \sum_{j=1}^{k} \sum_{\substack{1 \leq i \leq n: \\ \omega_i \in G_j}} \left\| \mathbf{x}_*^i - \overline{G}_j \right\|^2 \tag{4.5.1}$$

クラスタリングは $\binom{n-1}{k-1} n!$ 通りしかないから，具体的な n と k の値が与えられたときに，

それぞれのクラスタリング G の 1 個ずつについて $L(G)$ を計算し尽くす事ができる。それら
を比較すれば $L(G)$ の値が最小になるクラスタリング G は必ず見つかるのである。

　場合によっては $L(G)$ の値が最小になるクラスタリング G は複数通りあるかもしれないが，
それらは次の性質を共有している。

> **命題 4.44** (証明⬀付録) クラスタリング $G = (G_1, G_2, \ldots, G_k)$ が L の最小値を達成する
> とき，各クラスター G_j は，その中の各 $\omega_i \in G_j$ から見て最も「近い」(⬀p. 145) クラス
> ターである。
>> ➜ この性質によって，散布図内で各クラスターが「ぎゅっと」まとまっており，異なるクラス
>> ターは「離れている」ことが期待できるのである。

　$L(G)$ を最小にするクラスタリングを見つけるには，$\binom{n-1}{k-1} n!$ 通り (問 4.43 ⬀ p. 144) のす
べてのクラスタリングに渡って $L(G)$ の値を比較すれば必ず見つけられるが，n の値が大きく
なると莫大な量の作業となる。そこで次に問題となるのは，どのようにすれば効率的にこのク
ラスタリング G を見つけられるか，ということである。

　そこで $L(G)$ の値を最小にするクラスタリング G のもつ性質 (⬀命題 4.44) に注目しよう。
この性質に注目したクラスタリングの具体的な手法の一つである k-**平均法**を次に紹介する。

k-平均法

　まずはランダムにクラスタリング $G = (G_1, G_2, \ldots, G_k)$ を作っておく。その後，次の手順
を繰り返す。

(1) 各クラスター G_j の「位置」(平均) $\overline{G}_j = \dfrac{1}{\#G_j} \displaystyle\sum_{\substack{1 \leqq i \leqq n: \\ \omega_i \in G_j}} \mathbf{x}_*^i$ を計算する。

(2) 各 ω_i と G_j との「距離」$\|\mathbf{x}_*^i - \overline{G}_j\|$ をすべて計算しておく。

(3) (**新たなクラスタリング** $G' = (G_1', G_2', \ldots, G_k')$ **の作成**) 最も近いクラスターが G_j で
あるような標本点 ω_i ばかりを集めたものを新しいクラスター G_j' とする：

$$G_j' = \left\{ \omega_i : \|\mathbf{x}_*^i - \overline{G}_j\| \ = \ \underbrace{\min_{l=1,2,\ldots,k} \|\mathbf{x}_*^i - \overline{G}_l\|}_{} \right\}$$

<small>ω_i から各 $G_1, G_2, \ldots, G_k$ への「距離」の最小値</small>

(4) $G' = (G_1', G_2', \ldots, G_k')$ を改めて $G = (G_1, G_2, \ldots, G_k)$ と表して (1) へ。

Warning: 簡潔さの代償

　k-平均法は簡潔な手続きから構成されているが，このステップ (3) は次のような問題をはら
んでいる。(a) $i \neq j$ であったとしても $G_i' \cap G_j' \neq \varnothing$ となってしまうかもしれない。(⬅ ある
標本点からは，最も近いクラスターが複数あるかもしれないということ。) (b) あるクラスターに関
しては $G_j' = \varnothing$ かもしれない。(⬅ G_j' は一つも標本点が属していないかもしれず，ゆえに実質的に
k 個より少ないクラスターへのクラスタリングをしていることになってしまう。)

差し当たりこの問題には目を瞑って，上の手順でクラスタリング $G = (G_1, G_2, \ldots, G_k)$ から $G' = (G'_1, G'_2, \ldots, G'_k)$ が作られたとしよう。このとき次のことが成り立つ。

定理 4.45 (証明 ⊃ 付録)　$L(G) \geqq L(G')$

つまり，この方法で新しいクラスタリングを作ると一段階前のクラスタリングよりも損失が小さい (正確には「大きくない」) ということであるから，この作業を繰り返していけばいずれ所望のクラスタリングが得られることを期待するのである。

▍ 4.6 回帰直線 vs. 主成分軸，平均への回帰

本節は多変量正規分布 (定義 5.7 ⊃ p. 164) に触れた後に紐解いていくとよいであろう。2 次元正規母集団 $\mathrm{N}\left(\begin{pmatrix} \mu_1 \\ \mu_2 \end{pmatrix}, \begin{pmatrix} \sigma_1^2 & \sigma_{1,2} \\ \sigma_{2,1} & \sigma_2^2 \end{pmatrix}\right)$ から，大きさ n の無作為標本 $(X_1, Y_1), (X_2, Y_2), \ldots, (X_n, Y_n)$ を選んだ結果，それらの実現値が $\mathbf{x} = (x_1, x_2, \ldots, x_n)^\top$, $\mathbf{y} = (y_1, y_2, \ldots, y_n)^\top$ からなる 2 次元データにより与えられたとし，対応するデータ行列と共分散行列をそれぞれ次のように表す。

$$ X = (\mathbf{x}, \mathbf{y}) = \begin{pmatrix} x_1 & y_1 \\ x_2 & y_2 \\ \vdots & \vdots \\ x_n & y_n \end{pmatrix}, \quad S_{X,X} = \begin{pmatrix} s_{\mathbf{x}}^2 & s_{\mathbf{x},\mathbf{y}} \\ s_{\mathbf{y},\mathbf{x}} & s_{\mathbf{y}}^2 \end{pmatrix} = \begin{pmatrix} s(\mathbf{x},\mathbf{x}) & s(\mathbf{x},\mathbf{y}) \\ s(\mathbf{y},\mathbf{x}) & s(\mathbf{y},\mathbf{y})^2 \end{pmatrix} $$

$\mu_1, \mu_2, \sigma_1^2, \sigma_{1,2} (= \sigma_{2,1}), \sigma_2^2$ はこの正規母集団の母数であり，データの平均値 $\overline{x}, \overline{y}$ はそれぞれ母平均 μ_1, μ_2 の推定値，データの分散 $s_{\mathbf{x}}^2, s_{\mathbf{y}}^2$ はそれぞれ σ_1^2, σ_2^2 の推定値である。平均や分散と同様に，共分散についても (確率 1 で) $n \to \infty$ のとき $\frac{1}{n} \sum_{i=1}^{n} (X_i - \overline{X}_n)(Y_i - \overline{Y}_n) \to \sigma_{1,2}$ が成り立つため，データの共分散 $s_{\mathbf{x},\mathbf{y}}$ は母共分散 $\sigma_{1,2}$ の推定値と考えられる。

この正規母集団の p.d.f. は次式で与えられる (定義 5.7 ⊃ p. 164)。

$$ f(x,y) = \frac{\exp\left(-\dfrac{1}{2}\left\langle \begin{pmatrix} x - \mu_1 \\ y - \mu_2 \end{pmatrix}, \begin{pmatrix} \sigma_1^2 & \sigma_{1,2} \\ \sigma_{2,1} & \sigma_2^2 \end{pmatrix}^{-1} \begin{pmatrix} x - \mu_1 \\ y - \mu_2 \end{pmatrix} \right\rangle\right)}{\sqrt{\det\left(2\pi \begin{pmatrix} \sigma_1^2 & \sigma_{1,2} \\ \sigma_{2,1} & \sigma_2^2 \end{pmatrix}\right)}} $$

上の点推定により，この $f(x,y)$ が次式により点推定されたことになると解釈しよう。

$$ \hat{f}(x,y) = \frac{\exp\left(-\dfrac{1}{2}\left\langle \begin{pmatrix} x - \overline{x} \\ y - \overline{y} \end{pmatrix}, (S_{X,X})^{-1} \begin{pmatrix} x - \overline{x} \\ y - \overline{y} \end{pmatrix} \right\rangle\right)}{\sqrt{\det\left(2\pi S_{X,X}\right)}} $$

以下では，この関数 $\hat{f}(x,y)$ の様子とこれまでに現れた回帰直線と主成分軸との兼ね合いを調べる。まずこの関数のグラフの等高線の様子に注目してみよう。つまり，注目する高さを一つ固定して，方程式 $\hat{f}(x,y) =$ (その高さ) をみたす点 (x,y) がどのような形をしているかを考

えるのである。$\hat{f}(x,y)$ の定義式の分母は定数であるから，これは，適当な c を一つ固定して次の方程式をみたす点 (x,y) の全体を考えることと同じである。

$$\left\langle \begin{pmatrix} x-\overline{x} \\ y-\overline{y} \end{pmatrix}, (S_{X,X})^{-1} \begin{pmatrix} x-\overline{x} \\ y-\overline{y} \end{pmatrix} \right\rangle = c \tag{4.6.1}$$

共分散行列 $S_{X,X}$ は非負定値であり，これを正定値行列 $\Sigma = \begin{pmatrix} \sigma_1^2 & \sigma_{1,2} \\ \sigma_{2,1} & \sigma_2^2 \end{pmatrix}$ の推定値と考えているため，$S_{X,X}$ そのものが正定値である (⇔ x と y が多重共線性をもたない ◐ p. 113) と仮定することは自然であろう。以下，$S_{X,X}$ は正定値とする。このとき，ある直交行列 $W = \begin{pmatrix} w_1 & w_2 \\ w_2 & -w_1 \end{pmatrix}$ により $S_{X,X}$ は次のように対角化される (定理 B.60 ◐ 付録 p. 33)。

$$W^{-1} S_{X,X} W = \begin{pmatrix} \lambda_1 & 0 \\ 0 & \lambda_2 \end{pmatrix}, \quad \text{ただし } \lambda_1 \geqq \lambda_2 > 0$$

この直交行列 W は適当な角度 θ についての回転行列 $R(-\theta)$ を用いて $W = R(-\theta)$ または $W = \begin{pmatrix} 1 & 0 \\ 0 & -1 \end{pmatrix} R(-\theta)$ とかける (例 B.48 ◐ 付録 p. 24)。以下，前者の場合を考える (後者の場合も同様に議論できる)。

いま xy-平面上の点 (x,y) が与えられたとき，$\begin{pmatrix} x' \\ y' \end{pmatrix} = R(\theta) \begin{pmatrix} x-\overline{x} \\ y-\overline{y} \end{pmatrix}$ と表す。つまり点 (x,y) を点 $(\overline{x},\overline{y})$ を中心にして角度 θ だけ回転させた点が (x',y') であり，xy-平面上の点 $(\overline{x},\overline{y})$ が $x'y'$-平面上の原点となる。このとき，式 (4.6.1) の左辺は次のように書き直せる。

$$\begin{aligned}
(\text{式 (4.6.1) の左辺}) &= \left\langle \begin{pmatrix} x-\overline{x} \\ y-\overline{y} \end{pmatrix}, (S_{X,X})^{-1} \begin{pmatrix} x-\overline{x} \\ y-\overline{y} \end{pmatrix} \right\rangle \\
&= \left\langle \begin{pmatrix} x-\overline{x} \\ y-\overline{y} \end{pmatrix}, \underbrace{\left(R(-\theta) \begin{pmatrix} \lambda_1 & 0 \\ 0 & \lambda_2 \end{pmatrix} R(-\theta)^\top \right)^{-1}}_{= R(\theta)^\top \begin{pmatrix} \frac{1}{\lambda_1} & 0 \\ 0 & \frac{1}{\lambda_2} \end{pmatrix} R(\theta)} \begin{pmatrix} x-\overline{x} \\ y-\overline{y} \end{pmatrix} \right\rangle \\
&= \left\langle \underbrace{R(\theta) \begin{pmatrix} x-\overline{x} \\ y-\overline{y} \end{pmatrix}}_{= \begin{pmatrix} x' \\ y' \end{pmatrix}}, \begin{pmatrix} \frac{1}{\lambda_1} & 0 \\ 0 & \frac{1}{\lambda_2} \end{pmatrix} \underbrace{R(\theta) \begin{pmatrix} x-\overline{x} \\ y-\overline{y} \end{pmatrix}}_{= \begin{pmatrix} x' \\ y' \end{pmatrix}} \right\rangle = \frac{(x')^2}{\lambda_1} + \frac{(y')^2}{\lambda_2}
\end{aligned}$$

ゆえに，式 (4.6.1) は $x'y'$-平面上では「原点」($= xy$-平面上の点 $(\overline{x},\overline{y})$) を中心とする楕円となるのである。式 (4.6.1) の正定数 c はどのように選んでもこれらの楕円は相似であるから，簡単のために $c=1$ と選んでおこう。すると式 (4.6.1) は次のように記述される。

xy-平面内では $\left\langle \begin{pmatrix} x-\overline{x} \\ y-\overline{y} \end{pmatrix}, (S_{X,X})^{-1} \begin{pmatrix} x-\overline{x} \\ y-\overline{y} \end{pmatrix} \right\rangle = 1,$

$x'y'$-平面内では $\dfrac{(x')^2}{\lambda_1} + \dfrac{(y')^2}{\lambda_2} = 1$

$$W = (\mathbf{w}_1, \mathbf{w}_2) = \left(\begin{array}{c|c} w_{11} & -w_{21} \\ w_{21} & w_{11} \end{array} \right) \text{ と表すと } R(\theta) = W^\top = \left(\begin{array}{c|c} w_{11} & w_{21} \\ -w_{21} & w_{11} \end{array} \right) \text{ より,}$$

$$x' = w_{11}(x - \overline{x}) + w_{21}(y - \overline{y}), \quad y' = -w_{21}(x - \overline{x}) + w_{11}(y - \overline{y})。$$

楕円の主軸である x'-軸は方程式 $y' = 0$, つまり $w_{21}(x - \overline{x}) - w_{11}(y - \overline{y}) = 0$ と表され, これはデータ行列 X の第 1 主成分軸を方向ベクトル $(\overline{x}, \overline{y})$ だけ平行移動したものに他ならない。

もともとは xy-平面上で物事を見ていたから, x-軸もしくは y-軸に平行であってかつこの楕円に接する線分を周辺にもつ長方形でこの楕円を囲んでみよう。この状況は図のようになる。

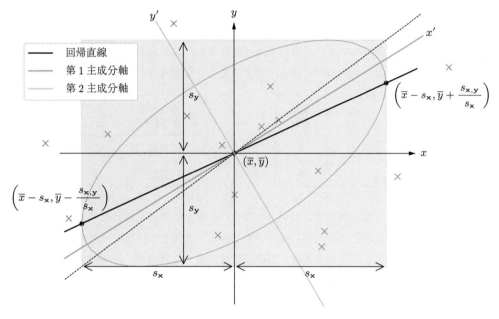

この長方形の縦線と楕円との二つの接点は $\left(\pm s_{\mathbf{x}}, \pm \dfrac{s_{\mathbf{x},\mathbf{y}}}{s_{\mathbf{x}}} \right)$ (複号同順) で与えられる。したがって, この 2 点を通る直線の方程式は

$$(y - \overline{y}) = \frac{s(\mathbf{x}, \mathbf{y})}{s(\mathbf{x}, \mathbf{x})}(x - \overline{x})$$

であり, これは変量 Y の変量 X への回帰直線に他ならない。この構図から, 回帰直線は長方形の対角線よりも傾きの大きさが小さくなり, より x-軸に近くなる。言い換えれば, 変量 X に関する新たなデータ x_* に対してとる変量 Y の値 y_* を, 対角線に基づいて $\tilde{y}_*$ と予測するよりも, 回帰直線に基づいて予測した $\hat{y}_*$ の方が, 必ず $\overline{y}$ により近い値となる。

この現象は, もともとスイートピーの種子に関して説明変数 X を親世代の種子の重量, 目的変数 Y を子世代の種子の重量としてデータを分析していた Francis Galton (1822—1911) が見出したものである。これは子世代が親世代から受け継ぐ特徴が薄れてしまうように見えたため, 彼は当初「先祖返り」のような生物学的現象であると考えていた。生物に特有のものであると勘違いされていたこの現象を指して「平均への回帰」とよばれていたようであるが, 上で説明したように現代では普遍的な統計現象であると認識されている。

4.7 交絡，Simpson のパラドックス

　ある病気に罹患した患者 16 千人 (以降「千」は K により表す) が報告された。そのうち 8 K が治療を受け，残る 8 K は治療を拒んだという。治療を受けた 8 K のうち 3 K が回復し，5 K は死亡。治療を拒んだ 8 K のうち 5 K が回復し，3 K は死亡したという。この情報によると，治療は受けない方が生存できる可能性が高いように聞こえる。

合計患者 16〔千人〕	治療 なし	治療 あり
治癒	5	3
死亡	3	5

　より詳しい報告を参照すると，この患者集団は男性患者 8 K，女性患者 8 K から構成されていた。それぞれの性別において，治療の有無と生死は次の表の通りであった。下の各表の対応する欄の値を加えると，上の表のものと一致することを確認せよ。

男性患者 8〔千人〕	治療 なし	治療 あり
治癒	0	1
死亡	2	5

女性患者 8〔千人〕	治療 なし	治療 あり
治癒	5	2
死亡	1	0

　男性患者の表によると治療は受けないよりは受けた方が生存の可能性は高く見えるし，女性患者の表では治療を受けた方が大幅に生存が見込める。こうして，患者全体の表で得られた知見と真逆の傾向が見てとれるのである。母集団全体に窺える傾向が，母集団を分割したそれぞれに窺える傾向と真逆に見えるこの現象を **Simpson のパラドックス**という。表が示す傾向の判断材料である比率が，最初に抱く直感に反した倒錯的な挙動をしうるという戒めである。

　患者全体の表は「性別」という変量で区別される二つの異質な集団を**交絡** (confounding) させ，誤った結論を導いている。右表は回復者数を横軸，死亡者数を縦軸とする平面上で，考える患者の集団ごとに表データのベクトルが張る三角形を色分けし，治療を受けたか否かはベクトルの矢印の色で表している。このように図示すると交絡している様子は一目瞭然であるが，背後にこのような変量があると先験的にわからない状況で最初の表だけを見せられることはまさに最悪である。

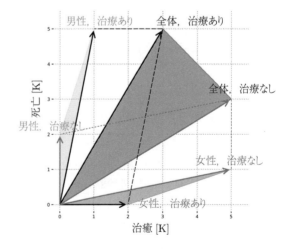

　例 4.25 (→ p. 122) における回帰直線において，三つの個体群のそれぞれは正の傾きをもつが「アデリー」と「ジェンツー」を一つの個体群と考えて一つの回帰直線を引くと，負の傾きをもつことが予想されるであろう。このような状況もこのパラドックスの一例である。

5

確率分布に関する基礎

正規母集団から抽出された無作為標本の性質を体系的に学び，その後条件付き期待値やより抽象的な議論で役立つ確率変数の分布に関する記法を紹介する。

この章ではまず公式 2.66 (→ p. 68) の証明を与える。このためには正規分布の他に χ^2 分布・t 分布の定義を明確にする必要があり，これは 5.2 節にて与える。各証明に辿り着くための最短経路を以下に示しておく。

- 公式 2.66–(1), (3): 5.1 節 → 5.2 節 (→ p. 154) → 系 5.16 (→ p. 160), 定理 5.19 (→ p. 162)
- 公式 2.66–(2), (4): 上の行程 → 5.4 節 (→ p. 164) → 定理 5.26 (→ p. 166)

5.1 確率変数と確率 (密度/質量) 関数

n 個の確率変数 $X_1, \ldots, X_n$ の組 $\mathbf{X} = (X_1, \ldots, X_n)^\top$ を (n 次元) **確率ベクトル**とよぶ。

定義 5.1　離散型/連続型確率ベクトル

n 次元確率ベクトル $\mathbf{X} = (X_1, X_2, \ldots, X_n)^\top$ が

(i) **離散型** (discrete) であるとは，$i = 1, 2, \ldots$ に対して $f_i = \mathbf{P}(\mathbf{X} = \boldsymbol{x}_i) > 0$ かつ $\sum_i f_i = 1$ なる，相異なる $\boldsymbol{x}_1, \boldsymbol{x}_2, \cdots \in \mathbb{R}^n$ が存在することをいう。この $f = (f_1, f_2, \ldots)$ を $\mathbf{X}$ の**確率質量関数** (probability mass function, **p.m.f.**) とよぶ。

(ii) **連続型** (continuum) であるとは，すべての $(a_1, \ldots, a_n) \in \mathbb{R}^n$ に対して

$$\mathbf{P}(X_1 \leqq a_1; \cdots; X_n \leqq a_n) = \int_{-\infty}^{a_1} \cdots \int_{-\infty}^{a_n} f(x_1, \ldots, x_n)\, \mathrm{d}x_n \cdots \mathrm{d}x_1$$

となる非負の関数 $f : \mathbb{R}^n \to \mathbb{R}$ が存在することをいう。この f を $\mathbf{X}$ の**確率密度関数** (probability density function, **p.d.f.**) という。

確率ベクトル (X, Y) が p.d.f. $f(x, y)$ をもつとき，X は $f_X(x) = \displaystyle\int_{-\infty}^{\infty} f(x, y)\, \mathrm{d}y$ を p.d.f. にもち，Y は $f_Y(y) = \displaystyle\int_{-\infty}^{\infty} f(x, y)\, \mathrm{d}x$ を p.d.f. にもつ。離散型の場合も同様である。

定義 5.2　期待値

定義 5.1 における記号の下で，関数 $g : \mathbb{R}^n \to \mathbb{R}$ と n 次元確率ベクトル $\mathbf{X} = (X_1, \ldots, X_n)^\top$ に対して $g(\mathbf{X})$ の**期待値** (expectation) を次により定める。

$$
\mathbf{E}[g(\mathbf{X})] = \begin{cases} \displaystyle\sum_i g(\boldsymbol{x}_i) f_i & (\mathbf{X} \text{ が離散型のとき}), \\[4mm] \displaystyle\int_{\mathbb{R}^n} g(\boldsymbol{x}) f(\boldsymbol{x})\, \mathrm{d}\boldsymbol{x} & (\mathbf{X} \text{ が連続型のとき}) \end{cases}
$$

命題 2.40 (◎ p. 42) と同様に，期待値をとる操作について線形性が成り立つ。また確率変数 X と事象 A に対して $X \cdot \mathbf{1}_A$ もまた確率変数となるが，この期待値を次のように表す。

$$
\mathbf{E}[X ; A] = \mathbf{E}[X \cdot \mathbf{1}_A] \tag{5.1.1}
$$

これは事象 A 上での X の期待値とよばれることもある。

定義 5.3　指示関数

各 $a \in \mathbb{R}$ に対して，**指示関数** $\mathbf{1}_{(-\infty, a]} : \mathbb{R} \to \mathbb{R}$ を次式により定める。

$$
\mathbf{1}_{(-\infty, a]}(x) = \begin{cases} 1 & (x \leqq a \text{ のとき}) \\ 0 & (\text{それ以外のとき}) \end{cases} \qquad x \in \mathbb{R}
$$

事象 A に対して指示確率変数 $\mathbf{1}_A$ (定義 2.13 ◎ p. 34) が定義され，$\mathbf{P}(A) = \mathbf{E}[\mathbf{1}_A]$ が成り立つことを思い出そう (◎ p. 42)。確率変数 Y と実数 a に対して，事象間の等式として $\{Y \leqq a\} = \{Y \in (-\infty, a]\}$ が成り立ち，上の指示関数 $\mathbf{1}_{(-\infty, a]}$ を用いると確率変数として $\mathbf{1}_{\{Y \leqq a\}} = \mathbf{1}_{(-\infty, a]}(Y)$ が成り立つから，特に $\mathbf{P}(Y \leqq a) = \mathbf{E}[\mathbf{1}_{(-\infty, a]}(Y)]$ が得られる。

確率密度関数 (p.d.f.) を求める際の筋書き

確率ベクトル $\mathbf{X} = (X_1, \ldots, X_n)$ の p.d.f. $f_{\mathbf{X}}(x_1, \ldots, x_n)$ が既知であるときに，$h : \mathbb{R}^n \to \mathbb{R}$ に対して確率変数 $Y = h(\mathbf{X})$ の p.d.f. (があれば，それ) を求めるための筋書きの一つは，各実数 a に対して次の変形を実行することである。

$$
\mathbf{P}(Y \leqq a) = \mathbf{E}[\mathbf{1}_{(-\infty, a]}(h(\mathbf{X}))]
$$

$$
\overset{\substack{\text{定義 5.2}\\(\text{◎ p. 152})}}{=} \underbrace{\int_{\mathbb{R}^n} \mathbf{1}_{(-\infty, a]}(h(x_1, \ldots, x_n)) f_{\mathbf{X}}(x_1, \ldots, x_n)\, \mathrm{d}x_1 \cdots \mathrm{d}x_n}
$$

①座標変換などを用いて，この積分を頑張って変形して…

② ここが積分変数だけに
なるような形に書き直す。

$$
= \cdots = \int_{-\infty}^{\infty} \mathbf{1}_{(-\infty, a]}\overbrace{(y)}\ \underbrace{f_Y(y)}\, \mathrm{d}y \quad = \quad \int_{-\infty}^{a} \underbrace{f_Y(y)}\ \mathrm{d}y
$$

③ そのとき，ここに積分変数
だけの非負関数が現れれば…

④ …となるので，この
関数 f_Y が Y の p.d.f.

定義 5.4　確率変数の共分散

二つの確率変数 X と Y の**共分散** (covariance) を次で定める。

$$\mathrm{Cov}(X, Y) = \mathbf{E}\left[\,(X - \mathbf{E}[X])(Y - \mathbf{E}[Y])\,\right]$$

特に，分散 (◎ p. 54) と共分散の間には $\mathrm{Var}(X) = \mathrm{Cov}(X, X)$ の関係がある。

命題 5.5　n 個の連続型確率変数 $X_1, \ldots, X_n$ がそれぞれ $f_1, \ldots, f_n : \mathbb{R} \to \mathbb{R}$ を p.d.f. にもつとき，次の (1) と (2) は同値である。

(1) $X_1, \ldots, X_n$ は独立である。

(2) $f(x_1, \ldots, x_n) = f_1(x_1) \cdots f_n(x_n)$ は $\mathbf{X} = (X_1, \ldots, X_n)$ の p.d.f. である。

さらに，上のいずれかが成り立つとき

(3) 各 $i, j = 1, 2, \ldots, n$ に対して $i \neq j \Rightarrow \mathrm{Cov}(X_i, X_j) = 0$ である。

(4) 実数 $c_1, c_2, \ldots, c_n$ に対して，$\mathrm{Var}\left(\displaystyle\sum_{i=1}^{n} c_i X_i\right) = \displaystyle\sum_{i=1}^{n} (c_i)^2 \mathrm{Var}(X_i)$。

離散型の場合も同様のことが成り立つ。

命題 5.5 の証明. (1)⇒(2): 実数 $a_1, a_2, \ldots, a_n$ を任意とすると

$$\mathbf{P}(X_1 \leqq a_1; \cdots; X_n \leqq a_n) \overset{(1)}{=} \mathbf{P}(X_1 \leqq a_1) \cdots \mathbf{P}(X_n \leqq a_n)$$

$$\overset{\substack{\text{定義 5.2} \\ (\text{◎ p. 152})}}{=} \left\{\int_{-\infty}^{a_1} f_1(x_1)\,\mathrm{d}x_1\right\} \cdots \left\{\int_{-\infty}^{a_n} f_n(x_n)\,\mathrm{d}x_n\right\}$$

$$= \int_{-\infty}^{a_1} \cdots \int_{-\infty}^{a_n} f_1(x_1) \cdots f_n(x_n)\,\mathrm{d}x_n \cdots \mathrm{d}x_1$$

であり，定義 5.1 (◎ p. 151) を見比べるとこれは $f(x_1, \ldots, x_n) = f_1(x_1) \cdots f_n(x_n)$ で定まる n 変数関数 f が $\mathbf{X} = (X_1, \ldots, X_n)$ の p.d.f. であることを意味している。

(2)⇒(1): 仮定 (2) より $\mathbf{X}$ は p.d.f. f をもつ。実数 $a_1, a_2, \ldots, a_n$ を任意とすると

$$\mathbf{P}(X_1 \leqq a_1; \cdots; X_n \leqq a_n) \overset{\substack{\text{定義 5.1} \\ (\text{◎ p. 151})}}{=} \int_{-\infty}^{a_1} \cdots \int_{-\infty}^{a_n} f(x_1, \ldots, x_n)\,\mathrm{d}x_n \cdots \mathrm{d}x_1$$

$$\overset{(2)}{=} \int_{-\infty}^{a_1} \cdots \int_{-\infty}^{a_n} f_1(x_1) \cdots f_n(x_n)\,\mathrm{d}x_n \cdots \mathrm{d}x_1$$

$$= \left\{\int_{-\infty}^{a_1} f_1(x_1)\,\mathrm{d}x_1\right\} \cdots \left\{\int_{-\infty}^{a_n} f_n(x_n)\,\mathrm{d}x_n\right\}$$

$$\overset{\substack{\text{定義 5.1} \\ (\text{◎ p. 151})}}{=} \mathbf{P}(X_1 \leqq a_1) \cdots \mathbf{P}(X_n \leqq a_n)$$

であり，定義 2.15 (◎ p. 38) と見比べると，これは $X_1, \ldots, X_n$ が独立であることを意味する。

(1) と (2) のいずれか (したがってどちらも) が成り立つとき，(3) は命題 2.54 (◎ p. 54) から直ちに従い，(4) は命題 2.55 (◎ p. 55) そのものである。　　　　　　　　□

5.2 様々な確率分布

5.2.1 正規分布・χ^2 分布・t 分布

定義 5.6 正規分布・χ^2 分布・t 分布

確率変数 X が次に示す各 p.d.f. をもつとき，X は対応する分布に従うといい，$X \sim$ (分布名を示す記号) のように表す。

分布名 記号	p.d.f. $f(x)$ が正となる範囲	左欄の範囲における $f(x)$ の値
正規分布 $\mathrm{N}(\mu, \sigma^2)$	$-\infty < x < \infty$	$\dfrac{\mathrm{e}^{-\frac{(x-\mu)^2}{2\sigma^2}}}{\sqrt{2\pi\sigma^2}}$ (⊃ 練習問題 5.7, p. 155)
標準正規分布 $\mathrm{N}(0,1)$	$-\infty < x < \infty$	$\dfrac{\mathrm{e}^{-\frac{x^2}{2}}}{\sqrt{2\pi}}$ (⊃ 練習問題 5.7, p. 155)
自由度 n の χ^2 分布 χ_n^2	$x \geqq 0$	$\dfrac{x^{\frac{n-2}{2}} \cdot \mathrm{e}^{-\frac{x}{2}}}{2^{\frac{n}{2}} \cdot \Gamma(\frac{n}{2})}$
自由度 n の t 分布 t_n	$-\infty < x < \infty$	$\dfrac{\left(1+\dfrac{x^2}{n}\right)^{-\frac{n+1}{2}}}{n^{\frac{1}{2}} \cdot \mathrm{B}(\frac{n}{2}, \frac{1}{2})}$ (⊃ 練習問題 5.12, p. 158)

ただし，上に現れるパラメータについて $\mu \in \mathbb{R}$，$\sigma > 0$，$n \in \mathbb{N}$ である。また Γ と B はそれぞれ次式により定められる関数であり，それぞれ**ガンマ関数** (⊃ 問 5.10, p. 157)，**ベータ関数** (⊃ 問 5.13, p. 158) という。

$$\Gamma(s) = \int_0^\infty x^{s-1}\mathrm{e}^{-x}\,\mathrm{d}x, \quad s > 0 \tag{5.2.1}$$

$$\mathrm{B}(u,v) = \int_0^1 x^{u-1}(1-x)^{v-1}\,\mathrm{d}x, \quad u, v > 0 \tag{5.2.2}$$

独立な確率変数 $X_1, X_2, \ldots, X_n$ がどれも同一の分布に従うとき，これらは**独立同分布** (independent and identically distributed, **i.i.d.**) であるという。この用語を用いれば，無作為標本とは同一の母集団分布に従う独立同分布列のことである。

練習問題 5.7　　N(μ, σ^2) **が確率分布であることを確かめよう**

　定義 5.5 (◉ p. 154) 内の記号において次の事項を確かめよう。これにより，正規分布 N(μ, σ^2) が実際に確率分布であることがわかる。

$$(1) \int_{-\infty}^{\infty} \frac{\mathrm{e}^{-x^2}}{\sqrt{\pi}} \,\mathrm{d}x = 1 \qquad\qquad (2) \int_{-\infty}^{\infty} \frac{\mathrm{e}^{-\frac{(x-\mu)^2}{2\sigma^2}}}{\sqrt{2\pi\sigma^2}} \,\mathrm{d}x = 1$$

解答例　(1) $K = \displaystyle\int_{-\infty}^{\infty} \mathrm{e}^{-x^2} \mathrm{d}x$ とおく。関数 $z = \mathrm{e}^{-x^2}$ のグラフは下左図のようになっており，K は x 軸とグラフで囲まれた領域の面積を表していることになる。

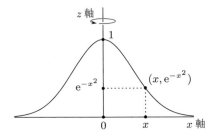 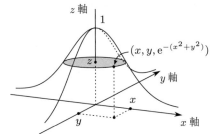

次に K^2 を次のように変形してみる。

$$K^2 = \left(\int_{-\infty}^{\infty} \mathrm{e}^{-x^2} \mathrm{d}x\right)\left(\int_{-\infty}^{\infty} \mathrm{e}^{-y^2} \mathrm{d}y\right) = \underbrace{\int_{-\infty}^{\infty}\int_{-\infty}^{\infty} \mathrm{e}^{-(x^2+y^2)} \mathrm{d}x\,\mathrm{d}y}$$

この意味を考えると... これは右図において
関数 $z = \mathrm{e}^{-(x^2+y^2)}$ のグラフと xy-平面に
囲まれた山型の立体の体積を表している。

そこで，上式の最右辺に現れた積分とは別の方法によってこの体積 ($= K^2$) を求めてみよう。まず右図の山の地表を高さ $0 < z \leqq 1$ において xy-平面と平行な平面で切った断面の図形を考える。この断面を xy-平面に射影してできる図形は $z = \mathrm{e}^{-(x^2+y^2)}$，つまり $x^2 + y^2 = -\log z$ をみたさなければならず，これは原点を中心とする半径 $\sqrt{-\log z}$ の円に他ならない。したがって山の断面積は $\pi(-\log z)$ となる。ゆえに次が成り立つ。

$$K^2 = (山の体積) = \int_0^{山の頂上の高さ} \left(\begin{array}{c} xy\text{-平面に平行な，高さが } z \text{ の} \\ \text{平面で切った山の断面積} \end{array}\right) \mathrm{d}z$$

$$= \int_0^1 \pi(-\log z)\,\mathrm{d}z = \lim_{\varepsilon \to 0+}\int_{\varepsilon}^1 \pi(-\log z)\,\mathrm{d}z$$

$$= -\pi \lim_{\varepsilon \to 0+}\Big[z\log z - z\Big]_{z=\varepsilon}^{z=1} = -\pi \lim_{\varepsilon \to 0+}\Big\{-1 - \varepsilon\log\varepsilon + \varepsilon\Big\} = \pi$$

いま $K > 0$ であることは明らかであるから，$K = \sqrt{\pi}$ となる。

　(2) $y = \dfrac{x-\mu}{\sqrt{2\sigma^2}}$ により変数変換した後，(1) を用いることで確かめられる。

> **問 5.8** （解答例は省略）
>
> 実数 x, y, z と正数 $s, t > 0$ に対して次の等式を示せ。
>
> $$\exp\left(-\frac{(x-y)^2}{2s}\right)\exp\left(-\frac{(y-z)^2}{2t}\right) = \exp\left(-\frac{(x-z)^2}{2(s+t)}\right)\exp\left(-\frac{s+t}{2st}\left(y-\frac{tx+sz}{s+t}\right)^2\right)$$

> **命題 5.9** 二つの確率変数 X と Y が $X \sim \mathrm{N}(\mu, \sigma^2),\ Y \sim \mathrm{N}(m, s^2)$ をみたすとき，
>
> (1) 零でない実数 a に対して，$aX \sim \mathrm{N}(a\mu, a^2\sigma^2)$。
>
> (2) 実数 a に対して，$X + a \sim \mathrm{N}(\mu + a, \sigma^2)$。
>
> (3) X と Y が独立ならば，$X + Y \sim \mathrm{N}(\mu + m, \sigma^2 + s^2)$。

証明. (1) まず $a > 0$ の場合を考える。実数 b を任意とすると，次が成り立つ。

$$\mathbf{P}(aX \leqq b) = \mathbf{P}(X \leqq \tfrac{b}{a})$$

$$= \int_{-\infty}^{\frac{b}{a}} \frac{e^{-\frac{(x-\mu)^2}{2\sigma^2}}}{\sqrt{2\pi\sigma^2}}\,\mathrm{d}x \overset{\substack{y = ax \\ \text{と変数変換}}}{=} \int_{-\infty}^{b} \frac{e^{-\frac{(\frac{y}{a}-\mu)^2}{2\sigma^2}}}{\sqrt{2\pi\sigma^2}}\frac{\mathrm{d}y}{a} = \int_{-\infty}^{b} \underbrace{\frac{e^{-\frac{(y-a\mu)^2}{2a^2\sigma^2}}}{\sqrt{2\pi a^2\sigma^2}}}_{\mathrm{N}(a\mu, a^2\sigma^2)\ \text{の p.d.f.}}\,\mathrm{d}y$$

次に $a < 0$ の場合も，a の符号に注意して計算することで得られる。

(2) 実数 b を任意とすると，次の式変形が得られる。

$$\mathbf{P}(X + a \leqq b) = \mathbf{P}(X \leqq b - a)$$

$$= \int_{-\infty}^{b-a} \frac{e^{-\frac{(x-\mu)^2}{2\sigma^2}}}{\sqrt{2\pi\sigma^2}}\,\mathrm{d}x \overset{\substack{y = x + a \\ \text{と変数変換}}}{=} \int_{-\infty}^{b} \frac{e^{-\frac{((y-a)-\mu)^2}{2\sigma^2}}}{\sqrt{2\pi\sigma^2}}\,\mathrm{d}y = \int_{-\infty}^{b} \underbrace{\frac{e^{-\frac{(y-(\mu+a))^2}{2\sigma^2}}}{\sqrt{2\pi\sigma^2}}}_{\mathrm{N}(\mu+a, \sigma^2)\ \text{の p.d.f.}}\,\mathrm{d}y$$

(3) 実数 b を任意とするとき，$\mathbf{P}(X + Y \leqq b) = \int_{-\infty}^{b}(\mathrm{N}(\mu + m, \sigma^2 + s^2)\ \text{の p.d.f.})\,\mathrm{d}z$ を示せばよい。X と Y は独立な連続型確率変数であるから，命題 5.5 (❖ p. 153) の「(1)⇒(2)」の部分より，

$$f(x, y) = \underbrace{\frac{\exp(-\frac{(x-\mu)^2}{2\sigma^2})}{\sqrt{2\pi\sigma^2}}}_{\mathrm{N}(\mu, \sigma^2)\ \text{の p.d.f.}} \cdot \underbrace{\frac{\exp(-\frac{(y-m)^2}{2s^2})}{\sqrt{2\pi s^2}}}_{\mathrm{N}(m, s^2)\ \text{の p.d.f.}}$$

は確率ベクトル (X, Y) の p.d.f. となる。ゆえに，

$$\mathbf{P}(X + Y \leqq b) = \mathbf{E}[\mathbf{1}_{(-\infty, b]}(X + Y)]$$

$$= \int_{\mathbb{R}^2} \mathbf{1}_{(-\infty, b]}(x + y)f(x, y)\,\mathrm{d}x\mathrm{d}y = \int_{-\infty}^{\infty} \mathrm{d}y \int_{-\infty}^{\infty} \mathbf{1}_{(-\infty, b]}(x + y)f(x, y)\,\mathrm{d}x$$

となる。最後に現れた x に関する積分の中の $\mathbf{1}_{(-\infty, b]}(x + y)$ は $x + y \leqq b$，つまり $x \leqq b - y$ のときのみ 1 で，その他の場合は 0 になるから，次が得られる。

$$\int_{-\infty}^{\infty} \mathrm{d}y \int_{-\infty}^{\infty} \mathbf{1}_{(-\infty, b]}(x + y)f(x, y)\,\mathrm{d}x = \int_{-\infty}^{\infty} \mathrm{d}y \int_{-\infty}^{b-y} f(x, y)\,\mathrm{d}x$$

$$\overset{\substack{x\ \text{の積分を} \\ z = x + y \\ \text{と変数変換}}}{=} \int_{-\infty}^{\infty} \mathrm{d}y \int_{-\infty}^{b} f(z - y, y)\,\mathrm{d}z \overset{\substack{\text{積分順序} \\ \text{を変えた}}}{=} \int_{-\infty}^{b} \mathrm{d}z \int_{-\infty}^{\infty} f(z - y, y)\,\mathrm{d}y$$

ここで $f(z-y,y)$ の値を調べると

$$f(z-y,y) = \frac{1}{2\pi\sigma s}\exp\left(-\frac{((z-\mu)-y)^2}{2\sigma^2}\right)\exp\left(-\frac{(y-m)^2}{2s^2}\right)$$

問 5.8
($\to$ p. 156)
$$= \frac{1}{2\pi\sigma s}\exp\left(-\frac{((z-\mu)-m)^2}{2(\sigma^2+s^2)}\right)\exp\left(-\frac{\sigma^2+s^2}{2\sigma^2 s^2}\Big(y-\underbrace{\frac{s^2(z-\mu)+\sigma^2 m}{\sigma^2+s^2}}_{=\,a(z)}\Big)^2\right)$$
とおく。

$$= \frac{1}{2\pi\sigma s}\underbrace{\exp\left(-\frac{(z-(\mu+m))^2}{2(\sigma^2+s^2)}\right)}_{y\text{ に関しては定数になっていることがポイント!}}\exp\left(-\frac{(y-a(z))^2}{2\frac{\sigma^2 s^2}{\sigma^2+s^2}}\right)$$

であるから，これを用いて

$$\int_{-\infty}^{b}\mathrm{d}z\int_{-\infty}^{\infty}f(z-y,y)\,\mathrm{d}y$$

$$= \frac{\sqrt{2\pi\frac{\sigma^2 s^2}{\sigma^2+s^2}}}{2\pi\sigma s}\int_{-\infty}^{b}\exp\left(-\frac{(z-(\mu+m))^2}{2(\sigma^2+s^2)}\right)\mathrm{d}z\int_{-\infty}^{\infty}\underbrace{\frac{\exp\left(-\frac{(y-a(z))^2}{2\frac{\sigma^2 s^2}{\sigma^2+s^2}}\right)}{\sqrt{2\pi\frac{\sigma^2 s^2}{\sigma^2+s^2}}}}_{\substack{z\text{ を固定するごとに}\\ N(a(z),\frac{\sigma^2 s^2}{\sigma^2+s^2})\text{ の p.d.f.}\\ \text{であるからこの積分は }1}}\mathrm{d}y$$

$$= \frac{1}{\sqrt{2\pi(\sigma^2+s^2)}}\int_{-\infty}^{b}\exp\left(-\frac{(z-(\mu+m))^2}{2(\sigma^2+s^2)}\right)\mathrm{d}z$$

を得る。以上をまとめて，$\mathbf{P}(X+Y\leqq b) = \int_{-\infty}^{b}\underbrace{\frac{\exp\left(-\frac{(z-(\mu+m))^2}{2(\sigma^2+s^2)}\right)}{\sqrt{2\pi(\sigma^2+s^2)}}}_{N(\mu+m,\sigma^2+s^2)\text{ の p.d.f.}}\mathrm{d}z$ となる。 $\square$

問 5.10 ガンマ関数の基本的な性質 (解答 $\to$ 付録)

ガンマ関数 Γ (式 (5.2.1) $\to$ p. 154) について以下の各事項を確かめよ。
(1) 正数 $a > 0$ に対して $\Gamma(a+1) = a\Gamma(a)$ が成り立つ。
(2) $\Gamma(1) = 1$ であり，さらに自然数 n に対しては $\Gamma(n+1) = n!$ が成り立つ。
(3) $\Gamma(\frac{1}{2}) = \sqrt{\pi}$

以下に，正規分布や χ^2 分布，t 分布に関するいくつかの計算例を示す。

練習問題 5.11 $N(0,1)^2 = \chi_1^2$

$X \sim N(0,1)$ ならば X^2 は自由度 1 の χ^2 分布に従うことを示せ。

解答例 実数 a を任意とする。$a < 0$ のとき $\{X^2 \leqq a\} = \varnothing$ であるから $\mathbf{P}(X^2 \leqq a) = 0$ は明らかであろう。$a > 0$ の場合，$\mathbf{P}(X^2 \leqq a) = \mathbf{E}[\mathbf{1}_{(-\infty,a]}(X^2)]$ より次が成り立つ。

$$\mathbf{P}(X^2 \leqq a) = \frac{1}{\sqrt{2\pi}}\int_{-\infty}^{\infty}\underbrace{\mathbf{1}_{(-\infty,a]}(x^2)\mathrm{e}^{-\frac{x^2}{2}}}_{x\text{ の偶関数}}\mathrm{d}x = \frac{2}{\sqrt{2\pi}}\int_{0}^{\infty}\mathbf{1}_{(-\infty,a]}(x^2)\mathrm{e}^{-\frac{x^2}{2}}\mathrm{d}x$$

最後の積分について，x が区間 $[0, \infty)$ を動くとき，$\mathbf{1}_{(-\infty, a]}(x^2)$ が 1 となるのは $x^2 \leqq a$，つまり $0 \leqq x \leqq \sqrt{a}$ のときのみで，他の場合は 0 となるから，次のように計算できる。

$$\frac{2}{\sqrt{2\pi}} \int_0^\infty \mathbf{1}_{(-\infty, a]}(x^2) e^{-\frac{x^2}{2}} \, dx = \frac{2}{\sqrt{2\pi}} \int_0^{\sqrt{a}} e^{-\frac{x^2}{2}} \, dx$$

$$\underset{\substack{y = x^2 \\ \text{と変数変換}}}{=} \frac{2}{\sqrt{2\pi}} \int_0^a e^{-\frac{y}{2}} \frac{y^{-1/2} \, dy}{2} \underset{\substack{\text{練習問題 5.10–(3)} \\ (\circ \text{ p. 157})}}{=} \int_0^a \underbrace{\frac{y^{-1/2} e^{-y/2}}{\sqrt{2} \cdot \Gamma(\frac{1}{2})}}_{\chi_1^2 \text{ の p.d.f.}} \, dy$$

残った $a = 0$ の場合に $\mathbf{P}(X^2 \leqq 0) = 0$ となることは上の計算からわかる。

練習問題 5.12 **t$_n$ が確率分布であることを確かめよう**

自然数 n とベータ関数 B (式 (5.2.2) $\circ$ p. 154) について次式を示せ。これと t 分布の定義 ($\circ$ p. 154) を見比べることで t$_n$ が実際に確率分布となることがわかる。

$$B\left(\frac{n}{2}, \frac{1}{2}\right) = \frac{1}{\sqrt{n}} \int_{-\infty}^\infty \frac{dy}{\left(1 + \frac{y^2}{n}\right)^{\frac{n+1}{2}}}$$

....

解答例 実際，$(\text{右辺}) = \dfrac{1}{\sqrt{n}} \displaystyle\int_{-\infty}^\infty \dfrac{dy}{(1 + y^2/n)^{\frac{n+1}{2}}} = \dfrac{2}{\sqrt{n}} \displaystyle\int_0^\infty \dfrac{dy}{(1 + y^2/n)^{\frac{n+1}{2}}}$ であり，ここで $y^2/n = x$ と変数変換すると，

$$(\text{右辺}) = \frac{2}{\sqrt{n}} \int_0^\infty \frac{1}{(1+x)^{\frac{n+1}{2}}} \left(2^{-1} n^{1/2} x^{-1/2}\right) dx = \int_0^\infty (1+x)^{-\frac{n+1}{2}} x^{-1/2} \, dx$$

となる。ここでさらに $t = \dfrac{1}{1+x}$ と変数変換すると，次式を得る。

$$\int_0^\infty (1+x)^{-\frac{n+1}{2}} x^{-1/2} \, dx = \int_0^1 t^{\frac{n+1}{2}} \left(\frac{1}{t} - 1\right)^{-1/2} \frac{dt}{t^2}$$

$$= \int_0^1 t^{\frac{n}{2} - 1} (1-t)^{\frac{1}{2} - 1} \, dt = B\left(\frac{n}{2}, \frac{1}{2}\right)$$

問 5.13 ベータ関数の基本的な性質 (解答 $\circ$ 付録)

正数 $a, b > 0$ とベータ関数 B (式 (5.2.2) $\circ$ p. 154) について次を確かめよ。

(1) $B(a, b) = 2 \displaystyle\int_0^{\pi/2} (\sin\theta)^{2a-1} (\cos\theta)^{2b-1} \, d\theta$ (2) $B(a, b) = \dfrac{\Gamma(a)\Gamma(b)}{\Gamma(a+b)}$

練習問題 5.14　　χ_n^2 の加法性: $\chi_n^2 + \chi_m^2 = \chi_{n+m}^2$

二つの確率変数 $X \sim \chi_n^2$ と $Y \sim \chi_m^2$ が**独立ならば** $X + Y \sim \chi_{n+m}^2$ であることを示せ。

解答例　　正数 $a > 0$ を任意とするとき，次が成り立つ。

$$\mathbf{P}(X + Y \leqq a) = \mathbf{E}\big[\,\mathbf{1}_{(-\infty,a]}(X + Y)\,\big]$$

$$= \int_{(0,\infty)\times(0,\infty)} \mathbf{1}_{(-\infty,a]}(x + y) \underbrace{\frac{x^{\frac{n-2}{2}}\mathrm{e}^{-\frac{x}{2}}}{2^{n/2}\Gamma(\frac{n}{2})}}_{\chi_n^2 \text{ の p.d.f.}} \underbrace{\frac{y^{\frac{m-2}{2}}\mathrm{e}^{-\frac{y}{2}}}{2^{m/2}\Gamma(\frac{m}{2})}}_{\chi_m^2 \text{ の p.d.f.}} \mathrm{d}x\mathrm{d}y$$

この xy-平面内の第一象限上での2重積分に変数変換 $x = u^2$, $y = v^2$ を施すと

（上式）

$$= \int_{(0,\infty)\times(0,\infty)} \mathbf{1}_{(-\infty,a]}(u^2 + v^2) \frac{u^{n-2}\mathrm{e}^{-\frac{u^2}{2}}}{2^{n/2}\Gamma(\frac{n}{2})} \frac{v^{m-2}\mathrm{e}^{-\frac{v^2}{2}}}{2^{m/2}\Gamma(\frac{m}{2})}$$

$$\times \underbrace{\left|\det\begin{pmatrix} \frac{\partial x}{\partial u} & \frac{\partial x}{\partial v} \\ \frac{\partial y}{\partial u} & \frac{\partial y}{\partial v} \end{pmatrix}\right|}_{=(2u)(2v)} \mathrm{d}u\mathrm{d}v$$

$$= \frac{4}{2^{(n+m)/2}\Gamma(\frac{n}{2})\Gamma(\frac{m}{2})} \int_{(0,\infty)\times(0,\infty)} \mathbf{1}_{(-\infty,a]}(u^2 + v^2)\, u^{n-1}v^{m-1}\, \mathrm{e}^{-\frac{u^2+v^2}{2}} \mathrm{d}u\mathrm{d}v$$

となる。次に，この uv-平面内の第一象限上での2重積分に変数変換 $u = r\cos\theta$, $v = r\sin\theta$ を施すと，次の式変形が得られる。

$$(\text{上式}) = \frac{4}{2^{(n+m)/2}\Gamma(\frac{n}{2})\Gamma(\frac{m}{2})} \int_{(0,\infty)\times(0,\frac{\pi}{2})} \mathbf{1}_{(-\infty,a]}(r^2)$$

$$\times (r\cos\theta)^{n-1}(r\sin\theta)^{m-1}\mathrm{e}^{-\frac{r^2}{2}} \underbrace{\left|\det\begin{pmatrix} \frac{\partial u}{\partial r} & \frac{\partial u}{\partial \theta} \\ \frac{\partial v}{\partial r} & \frac{\partial v}{\partial \theta} \end{pmatrix}\right|}_{=r} \mathrm{d}r\mathrm{d}\theta$$

$$= \frac{1}{2^{(n+m)/2}\Gamma(\frac{n}{2})\Gamma(\frac{m}{2})} \underbrace{\left(2\int_0^{\frac{\pi}{2}} (\cos\theta)^{2\frac{n}{2}-1}(\sin\theta)^{2\frac{m}{2}-1}\mathrm{d}\theta\right)}_{=\mathrm{B}(\frac{n}{2},\frac{m}{2})}$$

$$\times \int_0^\infty \mathbf{1}_{(-\infty,a]}(r^2)\cdot(r^2)^{\frac{n+m}{2}-1}\mathrm{e}^{-\frac{r^2}{2}}(2r)\,\mathrm{d}r$$

これをまとめて

$$(\text{上式}) = \frac{\mathrm{B}(\frac{n}{2},\frac{m}{2})}{2^{(n+m)/2}\Gamma(\frac{n}{2})\Gamma(\frac{m}{2})} \int_0^\infty \mathbf{1}_{(-\infty,a]}(r^2)\cdot(r^2)^{\frac{n+m}{2}-1}\mathrm{e}^{-\frac{r^2}{2}}(2r)\,\mathrm{d}r$$

であり，最後に $z = r^2$ と変数変換すれば

$$(\text{上式}) = \frac{\mathrm{B}(\frac{n}{2},\frac{m}{2})}{2^{(n+m)/2}\Gamma(\frac{n}{2})\Gamma(\frac{m}{2})} \int_0^a z^{\frac{n+m}{2}-1}\mathrm{e}^{-\frac{z}{2}}\,\mathrm{d}z \overset{\substack{\text{練習問題 5.13--(2)}\\ \text{(} \circlearrowleft \text{ p. 158)}}}{=} \int_0^a \frac{z^{\frac{n+m}{2}-1}\mathrm{e}^{-\frac{z}{2}}}{2^{(n+m)/2}\Gamma(\frac{n+m}{2})}\,\mathrm{d}z$$

となる。以上から次式が得られる。

$$\mathbf{P}(X + Y \leqq a) = \int_0^a \underbrace{\frac{z^{\frac{n+m}{2}-1}\mathrm{e}^{-\frac{z}{2}}}{2^{(n+m)/2}\Gamma\left(\frac{n+m}{2}\right)}}_{\chi^2_{n+m} \text{ の p.d.f.}} \mathrm{d}z$$

χ^2 分布は主に次のようにして現れることが多い。

定理 5.15　標準正規分布に従う n 個の独立な確率変数 $X_1, X_2, \ldots, X_n$ に対して，確率変数 $X_1^2 + X_2^2 + \cdots + X_n^2$ は自由度 n の χ^2 分布に従う。

証明 n に関する数学的帰納法を用いる。$n = 1$ のとき，$X_1 \sim \mathrm{N}(0,1)$ に対しては練習問題 5.11（⊙ p. 157）より $(X_1)^2 \sim \chi^2_1$ である。$n = k$ の場合に定理が成り立っていると仮定する。$(k+1)$ 個の独立な確率変数 $X_1, \ldots, X_k, X_{k+1} \sim \mathrm{N}(0,1)$ が与えられたとき，練習問題 5.11（⊙ p. 157）より $(X_{k+1})^2 \sim \chi^2_1$ である一方で帰納法の仮定より $(X_1)^2 + \cdots + (X_k)^2 \sim \chi^2_k$ となる。さらにこれら $(X_1)^2 + \cdots + (X_k)^2$ と $(X_{k+1})^2$ は独立であるから，練習問題 5.14（⊙ p. 159）より次が成り立つ。

$$(X_1)^2 + \cdots + (X_{k+1})^2 = \{\underbrace{(X_1)^2 + \cdots + (X_k)^2}_{\substack{\sim \chi^2_k \\ (\text{帰納法の仮定})}}\} + \underbrace{(X_{k+1})^2}_{\substack{\sim \chi^2_1 \\ \text{練習問題 5.11}(\text{⊙ p. 157})}} \overset{\substack{\text{練習問題 5.14} \\ (\text{⊙ p. 159})}}{\sim} \chi^2_{k+1}. \quad \Box$$

系 5.16　（公式 2.66–(3) ⊙ p. 68 の再掲）
正規母集団 $\mathrm{N}(\mu, \sigma^2)$ から抽出された大きさ n の無作為標本 $X_1, \ldots, X_n$ に対して，$\dfrac{n \cdot \widehat{\Sigma}_n^2}{\sigma^2} \sim \chi^2_n$ が成り立つ。

証明 $\widehat{\Sigma}_n^2 = \dfrac{1}{n}\sum_{i=1}^n (X_i - \mu)^2$ であり，$\dfrac{X_i - \mu}{\sigma} \overset{\substack{\text{命題 5.9} \\ (\text{⊙ p. 156})}}{\sim} \mathrm{N}(0,1)$ $(i = 1, 2, \ldots, n)$ は独立であるから，

$$\frac{n \cdot \widehat{\Sigma}_n^2}{\sigma^2} = \sum_{i=1}^n \left(\underbrace{\frac{X_i - \mu}{\sigma}}_{\sim \mathrm{N}(0,1)}\right)^2 \overset{\text{定理 5.15}}{\sim} \chi^2_n. \quad \Box$$

正規分布と χ^2 分布および t 分布の間には，次に示される関係がある。

定理 5.17　確率変数 $X \sim \chi^2_n$ と $Z \sim \mathrm{N}(0,1)$ が独立ならば $\dfrac{Z}{\sqrt{X/n}} \sim \mathrm{t}_n$ である。

証明. 実数 a を任意とすると，$X \sim \chi_n^2$ と $Z \sim \mathrm{N}(0,1)$ が独立であることから，

$$\mathbf{P}\left(\frac{Z}{\sqrt{X/n}} \leqq a\right) = \int_{(0,\infty)\times\mathbb{R}} \mathbf{1}_{(-\infty,a]}\left(\frac{z}{\sqrt{x/n}}\right) \underbrace{\underbrace{\frac{x^{(n-2)/2}\mathrm{e}^{-x/2}}{2^{n/2}\Gamma(\frac{n}{2})}}_{\substack{X \sim \chi_n^2 \\ \text{の p.d.f.}} } \underbrace{\frac{\exp(-\frac{z^2}{2})}{\sqrt{2\pi}}}_{\substack{Z \sim \mathrm{N}(0,1) \\ \text{の p.d.f.}}}}_{\substack{(X,Z) \text{ の p.d.f.} \\ \text{(命題 5.5 ⊙ p. 153)}}} \, \mathrm{d}x\mathrm{d}z$$

$$= \int_0^\infty \frac{x^{(n-2)/2}\mathrm{e}^{-x/2}}{2^{n/2}\Gamma(\frac{n}{2})} \, \mathrm{d}x \int_{-\infty}^\infty \mathbf{1}_{(-\infty,a]}\left(\frac{z}{\sqrt{x/n}}\right) \frac{\exp(-\frac{z^2}{2})}{\sqrt{2\pi}} \, \mathrm{d}z$$

となる。この変数 z に関する積分において変数変換 $\dfrac{z}{\sqrt{x/n}} = t$ により変数 t に関する積分へと変換すれば，$\mathrm{d}z = \sqrt{x/n}\,\mathrm{d}t$ に注意して，

$$(\text{上式}) = \int_0^\infty \frac{x^{(n-2)/2}\mathrm{e}^{-x/2}}{2^{n/2}\Gamma(\frac{n}{2})} \, \mathrm{d}x \int_{-\infty}^\infty \mathbf{1}_{(-\infty,a]}(t) \frac{\exp\left(-\dfrac{\left(t\sqrt{x/n}\right)^2}{2}\right)}{\sqrt{2\pi}} (\sqrt{x/n}) \, \mathrm{d}t$$

を得る。これを積分の順序交換と $\Gamma(\frac{1}{2}) = \sqrt{\pi}$ (練習問題 5.10 ⊙ p. 157) を用いて整理すると，

$$(\text{上式}) = \int_{-\infty}^a \frac{\mathrm{d}t}{n^{1/2}} \frac{1}{\Gamma(\frac{n}{2})\Gamma(\frac{1}{2})} \int_0^\infty \left(\frac{x}{2}\right)^{\frac{n-1}{2}} \exp\left(-\frac{1}{2}(\frac{t^2}{n}+1)x\right) \frac{\mathrm{d}x}{2}$$

となる。この変数 x に関する積分を，$\dfrac{1}{2}\left(\dfrac{t^2}{n}+1\right)x = s$ により変数 s への積分へと書き直すと，

$$(\text{上式}) = \int_{-\infty}^a \frac{\mathrm{d}t}{n^{1/2}} \frac{1}{\Gamma(\frac{n}{2})\Gamma(\frac{1}{2})} \int_0^\infty \left((\tfrac{t^2}{n}+1)^{-1}s\right)^{\frac{n-1}{2}} \mathrm{e}^{-s} \frac{\mathrm{d}s}{(\frac{t^2}{n}+1)}$$

$$= \int_{-\infty}^a \frac{(\frac{t^2}{n}+1)^{-\frac{n+1}{2}}}{n^{1/2}} \, \mathrm{d}t \underbrace{\frac{1}{\Gamma(\frac{n}{2})\Gamma(\frac{1}{2})} \underbrace{\int_0^\infty s^{\frac{(n+1)}{2}-1}\mathrm{e}^{-s}\,\mathrm{d}s}_{\substack{= \Gamma(\frac{n+1}{2}) \\ \text{(定義 5.2.1 ⊙ p. 154)}}}}_{\substack{= \mathrm{B}(\frac{n}{2},\frac{1}{2})^{-1} \\ \text{(練習問題 5.13 ⊙ p. 158)}}}$$

となり，以上から $\mathbf{P}\left(\dfrac{Z}{\sqrt{X/n}} \leqq a\right) = \displaystyle\int_{-\infty}^a \underbrace{\frac{(\frac{t^2}{n}+1)^{-\frac{n+1}{2}}}{n^{1/2}\mathrm{B}(\frac{1}{2},\frac{1}{2})}}_{\mathrm{t}_n \text{ の p.d.f.}} \mathrm{d}t$ であり，ゆえに $\dfrac{Z}{\sqrt{X/n}} \sim \mathrm{t}_n$。 $\qquad\square$

Point: $\mathrm{N}(\mu, \sigma^2)$, χ_n^2, t_n の間の関係

　分布間の等号を記述する際に，便宜的に次の二つのルールを設けよう。① $\mathrm{N}(\mu, \sigma^2)$，$\chi_n^2$，$\mathrm{t}_n$ などの各分布名の後に「に従う確率変数」というフレーズが隠れていると考え，四則演算はこれら確率変数の間で行う。② 等号「＝」は「左辺と右辺の確率変数の分布が等しい」と読み換える。この二つのルールの下で，これまでの公式は以下のようにまとめられる。

公式 5.18 （$\mathrm{N}(\mu, \sigma^2)$，$\chi_n^2$，$\mathrm{t}_n$ の間の関係）

(1)　$a \times \mathrm{N}(\mu, \sigma^2) = \mathrm{N}(a\mu, a^2\sigma^2)$

　　　$\Leftarrow$ ただし，a はゼロでない定数。(命題 5.9–(1) ❂ p. 156)

(2)　$\mathrm{N}(\mu, \sigma^2) + a = \mathrm{N}(\mu + a, \sigma^2)$

　　　$\Leftarrow$ ただし，定数 a は任意の実数。(命題 5.9–(2) ❂ p. 156)

(3)　$\mathrm{N}(\mu, \sigma^2) + \mathrm{N}(m, s^2) = \mathrm{N}(\mu + m, \sigma^2 + s^2)$

　　　$\Leftarrow$ ただし，左辺の二つの確率変数は独立とする。(命題 5.9–(3) ❂ p. 156)

(4)　$\underbrace{\mathrm{N}(0, 1)^2 + \cdots + \mathrm{N}(0, 1)^2}_{n\ \text{個}} = \chi_n^2$

　　　$\Leftarrow$ ただし，左辺の n 個の確率変数は独立とする。(定理 5.15 ❂ p. 160)

(5)　$\chi_n^2 + \chi_m^2 = \chi_{n+m}^2$

　　　$\Leftarrow$ ただし，左辺の二つの確率変数は独立とする。(練習問題 5.14 ❂ p. 159)

(6)　$\dfrac{\mathrm{N}(0, 1)}{\sqrt{\chi_n^2/n}} = \mathrm{t}_n$

　　　$\Leftarrow$ ただし，左辺の分子と分母に位置する二つの確率変数は独立とする。(定理 5.17 ❂ p. 160)

（正確な内容はそれぞれの命題・定理のように把握しておく必要があるが，口語的にはこのように表現してしまう場面も多い。）

定理 5.19 （公式 2.66–(1) ❂ p. 68 の再掲）

独立同分布列 $X_1, X_2, \ldots, X_n \sim \mathrm{N}(\mu, \sigma^2)$ に対して，$\dfrac{\overline{X}_n - \mu}{\sqrt{\sigma^2/n}} \sim \mathrm{N}(0, 1)$。

証明. $X_1, X_2, \ldots, X_n \sim \mathrm{N}(\mu, \sigma^2)$ は独立であるから，公式 5.18 (❂ p. 162) より，次が得られる。

$$\frac{\overline{X}_n - \mu}{\sqrt{\sigma^2/n}} = \frac{1}{\sqrt{n}} \sum_{k=1}^{n} \frac{X_k - \mu}{\sigma}$$

$$\sim \frac{1}{\sqrt{n}} \sum_{k=1}^{n} \frac{\mathrm{N}(\mu, \sigma^2) - \mu}{\sigma}$$

$$\overset{\substack{\text{公式 5.18–(2)} \\ (\text{❂ p. 162})}}{=} \frac{1}{\sqrt{n}} \sum_{k=1}^{n} \frac{\mathrm{N}(0, \sigma^2)}{\sigma} \overset{\substack{\text{公式 5.18–(1)} \\ (\text{❂ p. 162})}}{=} \frac{1}{\sqrt{n}} \sum_{k=1}^{n} \mathrm{N}(0, 1) \overset{\substack{\text{公式 5.18–(3)} \\ (\text{❂ p. 162})}}{=} \frac{1}{\sqrt{n}} \mathrm{N}(0, n) \overset{\substack{\text{公式 5.18–(1)} \\ (\text{❂ p. 162})}}{=} \mathrm{N}(0, 1)$$

$\square$

5.3 様々な確率分布 2

正規分布・χ^2 分布・t 分布の他に基本的な確率分布を以下にまとめておく。

定義 5.20　様々な確率分布

定義 5.5 (➲ p. 154) のときと同様に，確率変数 X が次に示す各 p.d.f. をもつとき，X は対応する分布に従うといい，$X \sim$ (分布名を示す記号) のように表す。

分布名 記号	p.m.f./p.d.f $f(x)$	左欄における x の範囲
Bernoulli 分布 Bernoulli(p) $(0 < p < 1)$ (例 2.31 ➲ p. 35)	$p^x(1-p)^{1-x}$	$x = 0, 1$
二項分布 binomial(n, p) $(n \in \mathbb{N},\ 0 < p < 1)$ (例 2.32 ➲ p. 35)	$_n\mathrm{C}_x \cdot p^x(1-p)^{n-x}$	$x = 0, 1, 2, \ldots, n$
Poisson 分布 Poisson(λ) $(\lambda > 0)$ (練習問題 2.45 ➲ p. 46)	$\dfrac{\lambda^x}{x!}\mathrm{e}^{-\lambda}$	$x = 0, 1, 2, \ldots$
一様分布 U(a, b) $(-\infty < a < b < \infty)$	$\dfrac{1}{b-a}$	$a < x < b$
ベータ分布 Beta(a, b) $(a > 0,\ b > 0)$	$\dfrac{x^{a-1}(1-x)^{b-1}}{\mathrm{B}(a,b)}$	$0 < x < 1$
指数分布 E(rate λ)　E(mean λ^{-1}) $(\lambda > 0)$ (例 2.33 ➲ p. 36)	$\lambda\,\mathrm{e}^{-\lambda x}$	$x > 0$
ガンマ分布 Gamma(shape α, rate β) $(\alpha > 0,\ \beta > 0)$	$\dfrac{\beta^\alpha x^{\alpha-1}\mathrm{e}^{-\beta x}}{\Gamma(\alpha)}$	$x > 0$

Gamma(shape α, rate β) は Gamma(α, rate β) あるいは単に Gamma(α, β) とも表される。また指数分布について E(rate λ) = E(mean λ^{-1}) であることに注意せよ。[*1]

[*1] 確率過程 (特に renewal process) の文脈において，非負の値をとる i.i.d. 列 $\tau_1, \tau_2, \ldots$ は「ランダムな時間間隔」を表すと考えることがある。時刻 $\tau_1, \tau_1 + \tau_2, \tau_1 + \tau_2 + \tau_3, \ldots$ においてある確率過程に変化が生じ，時刻 $\tau_1 + \cdots + \tau_n$ 〔秒〕までにこの確率過程には n 回の変化が起きていると考える。$\tau_1, \tau_2, \ldots$ が平均 θ の i.i.d. 列であるとき，大数の法則によると 1 回の変化に要する平均時間は $\frac{\tau_1 + \cdots + \tau_n\,〔秒〕}{n\,〔回〕} \to \theta$〔秒/回〕ということになる。これを一秒あたり何回の変化があったかという割合 (**rate**) に直すと $\lambda = 1/\theta$〔回/秒〕ということになる。

問 5.21 平均と分散の計算 (一部の解答 ➡ 付録)

次の表について平均と分散の各欄を確かめよ。

分布名 記号	p.m.f./p.d.f $f(x)$	平均	分散
二項分布 binomial(n, p) $(n \in \mathbb{N},\ 0 < p < 1)$	${}_n\mathrm{C}_x \cdot p^x(1-p)^{n-x}$	np	$np(1-p)$
Poisson 分布 Poisson(λ) $(\lambda > 0)$	$\dfrac{\lambda^x}{x!}\mathrm{e}^{-\lambda}$	λ	λ
一様分布 U(a, b) $(-\infty < a < b < \infty)$	$\dfrac{1}{b-a}$	$\dfrac{a+b}{2}$	$\dfrac{(b-a)^2}{12}$
ベータ分布 Beta(a, b) $(a > 0,\ b > 0)$	$\dfrac{x^{a-1}(1-x)^{b-1}}{\mathrm{B}(a, b)}$	$\dfrac{a}{a+b}$	$\dfrac{ab}{(a+b)^2(a+b+1)}$
指数分布 E$(\mathrm{rate}\,\lambda)$　E$(\mathrm{mean}\,\lambda^{-1})$ $(\lambda > 0)$	$\lambda\,\mathrm{e}^{-\lambda x}$	$\dfrac{1}{\lambda}$	$\dfrac{1}{\lambda^2}$
ガンマ分布 Gamma$(\mathrm{shape}\,\alpha, \mathrm{rate}\,\beta)$ $(\alpha > 0,\ \beta > 0)$	$\dfrac{\beta^\alpha x^{\alpha-1}\mathrm{e}^{-\beta x}}{\Gamma(\alpha)}$	$\dfrac{\alpha}{\beta}$	$\dfrac{\alpha}{\beta^2}$

5.4 多変量正規分布とその応用

n 次元実ベクトル $\mathbf{u} = (u_1, \ldots, u_n)^\top$, $\mathbf{v} = (v_1, \ldots, v_n)^\top \in \mathbb{R}^n$ に対して，その標準内積を $\langle \mathbf{u}, \mathbf{v} \rangle = \displaystyle\sum_{i=1}^{n} u_i v_i$, 対応するノルムを $\|\mathbf{u}\| = \sqrt{\langle \mathbf{u}, \mathbf{u} \rangle}$ により表す (定義 B.14 ➡ 付録 p. 25)。また n 次の正定値実対称行列 Σ (➡ 付録 p. 24, p. 32) は正則 (逆行列 Σ^{-1} が存在するということ) であることに注意しよう (➡ 付録 p. 33)。

定義 5.22 多変量正規分布 N(μ, Σ)

$\mu = (\mu_1, \ldots, \mu_n)^\top \in \mathbb{R}^n$, Σ を n 次の正定値実対称行列とする。n 次元確率ベクトル $\mathbf{X} = (X_1, \ldots, X_n)^\top$ が n **変量正規分布 N(μ, Σ) に従う**とは，$\mathbf{X}$ が連続型であり，その p.d.f. f が次で与えられることをいう。

$$f(x_1, \ldots, x_n) = \frac{1}{\sqrt{\det(2\pi\Sigma)}} \exp\left\{ -\frac{1}{2} \left\langle \begin{pmatrix} x_1 - \mu_1 \\ \vdots \\ x_n - \mu_n \end{pmatrix}, \Sigma^{-1} \begin{pmatrix} x_1 - \mu_1 \\ \vdots \\ x_n - \mu_n \end{pmatrix} \right\rangle \right\}$$

n 次単位行列を E_n により表す。

問 5.23 **Σ が対角行列であることの意味** (解答 ➡ 付録)

n 個の確率変数 $X_1, X_2, \ldots, X_n$ について次の 2 条件が同値であることを示せ。

(1) $X_1, X_2, \ldots, X_n$ は独立であり，かつ $X_i \sim \mathrm{N}(\mu_i, \sigma_i^2)$, $i = 1, 2, \ldots, n$

(2) $\begin{pmatrix} X_1 \\ X_2 \\ \vdots \\ X_n \end{pmatrix} \sim \mathrm{N}\left(\begin{pmatrix} \mu_1 \\ \mu_2 \\ \vdots \\ \mu_n \end{pmatrix}, \begin{pmatrix} \sigma_1^2 & 0 & \cdots & 0 \\ 0 & \sigma_2^2 & \cdots & 0 \\ \vdots & \vdots & \ddots & \vdots \\ 0 & 0 & \cdots & \sigma_n^2 \end{pmatrix} \right)$

命題 5.24 n 次実正則行列 A と n 個の確率変数 $X_1, X_2, \ldots, X_n$ に対して，

$$\mathbf{X} = \begin{pmatrix} X_1 \\ \vdots \\ X_n \end{pmatrix} \sim \mathrm{N}(\mu, \Sigma) \implies A\mathbf{X} \sim \mathrm{N}(A\mu, A\Sigma A^\top)$$

この命題において $\Sigma = \sigma^2 E_n$ のときを考えれば，問 5.23 (➡ p. 165) より次が得られる。

系 5.25 $X_1, \ldots, X_n$ を正規分布 $\mathrm{N}(\mu, \sigma^2)$ に従う n 個の独立な確率変数，P を n 次直交行列とする。$\mathbf{X} = (X_1, \ldots, X_n)^\top$ とおき，各 $i = 1, 2, \ldots, n$ に対して確率ベクトル $P\mathbf{X}$ の第 i 成分を Y_i とおくと，$Y_1, \ldots, Y_n$ は独立である。

命題 5.24 の証明 記号が煩雑になることを避けるために，$n = 2$ の場合を示す (一般の n の場合にも，まったく同様に証明できる)。ベクトル $A\mathbf{X}$ の第 i 成分を $(A\mathbf{X})_i$ により表す。

実数 b_1, b_2 を任意とすると，

$$\mathbf{P}\big((A\mathbf{X})_1 \leqq b_1; (A\mathbf{X})_2 \leqq b_2\big) = \mathbf{E}\big[\, \mathbf{1}_{\{(A\mathbf{X})_1 \leqq b_1; (A\mathbf{X})_2 \leqq b_2\}} \,\big]$$

であるが，$\mathbf{1}_{\{(A\mathbf{X})_1 \leqq b_1; (A\mathbf{X})_2 \leqq b_2\}} = \mathbf{1}_{\{(A\mathbf{X})_1 \leqq b_1\}} \mathbf{1}_{\{(A\mathbf{X})_2 \leqq b_2\}} = \mathbf{1}_{(-\infty, b_1]}\big((A\mathbf{X})_1\big) \mathbf{1}_{(-\infty, b_2]}\big((A\mathbf{X})_2\big)$ であることに注意すれば，次が成り立つ。

$$\mathbf{E}\big[\, \mathbf{1}_{\{(A\mathbf{X})_1 \leqq b_1; (A\mathbf{X})_2 \leqq b_2\}} \,\big] = \mathbf{E}\big[\, \mathbf{1}_{(-\infty, b_1]}\big((A\mathbf{X})_1\big) \mathbf{1}_{(-\infty, b_2]}\big((A\mathbf{X})_2\big) \,\big]$$

$$= \int_{\mathbb{R}^2} \mathbf{1}_{(-\infty, b_1]}\big((A\boldsymbol{x})_1\big) \mathbf{1}_{(-\infty, b_2]}\big((A\boldsymbol{x})_2\big) \underbrace{\frac{\exp\left\{\left\langle \boldsymbol{x} - \mu, \Sigma^{-1}(\boldsymbol{x} - \mu) \right\rangle\right\}}{\sqrt{\det(2\pi\Sigma)}}}_{\mathbf{X} \sim \mathrm{N}(\mu, \Sigma) \text{ の p.d.f.}} \, \mathrm{d}\boldsymbol{x}$$

$$= \int_{\mathbb{R}^2} \mathbf{1}_{(-\infty, b_1]}\big((A\boldsymbol{x})_1\big) \mathbf{1}_{(-\infty, b_2]}\big((A\boldsymbol{x})_2\big) \frac{\exp\left\{\left\langle A^{-1}(A\boldsymbol{x} - A\mu), \Sigma^{-1} A^{-1}(A\boldsymbol{x} - A\mu) \right\rangle\right\}}{\sqrt{\det(2\pi\Sigma)}} \, \mathrm{d}\boldsymbol{x}$$

そこで $\boldsymbol{x} = \begin{pmatrix} x_1 \\ x_2 \end{pmatrix}$ から $\mathbf{y} = \begin{pmatrix} y_1 \\ y_2 \end{pmatrix}$ への変数変換を $\mathbf{y} = A\boldsymbol{x} = \begin{pmatrix} (A\boldsymbol{x})_1 \\ (A\boldsymbol{x})_2 \end{pmatrix}$ によって与えると

$$\begin{pmatrix} x_1 \\ x_2 \end{pmatrix} = \begin{pmatrix} (A^{-1})_{11} & (A^{-1})_{12} \\ (A^{-1})_{21} & (A^{-1})_{22} \end{pmatrix} \begin{pmatrix} y_1 \\ y_2 \end{pmatrix} = \begin{pmatrix} (A^{-1})_{11} y_1 + (A^{-1})_{12} y_2 \\ (A^{-1})_{21} y_1 + (A^{-1})_{22} y_2 \end{pmatrix}$$

であるから，

$$
\begin{pmatrix} \frac{\partial x_1}{\partial y_1} & \frac{\partial x_1}{\partial y_2} \\ \frac{\partial x_2}{\partial y_1} & \frac{\partial x_2}{\partial y_2} \end{pmatrix} = \begin{pmatrix} \frac{\partial}{\partial y_1}\big((A^{-1})_{11}y_1 + (A^{-1})_{12}y_2\big) & \frac{\partial}{\partial y_2}\big((A^{-1})_{11}y_1 + (A^{-1})_{12}y_2\big) \\ \frac{\partial}{\partial y_1}\big((A^{-1})_{21}y_1 + (A^{-1})_{22}y_2\big) & \frac{\partial}{\partial y_2}\big((A^{-1})_{21}y_1 + (A^{-1})_{22}y_2\big) \end{pmatrix}
$$

$$
= \begin{pmatrix} (A^{-1})_{11} & (A^{-1})_{12} \\ (A^{-1})_{21} & (A^{-1})_{22} \end{pmatrix} = A^{-1}
$$

となり，ゆえに

$$
(\text{上式}) = \int_{\mathbb{R}^2} \mathbf{1}_{(-\infty, b_1]}(y_1)\mathbf{1}_{(-\infty, b_2]}(y_2) \frac{\exp\left\{\left\langle A^{-1}(\mathbf{y} - A\mu), \Sigma^{-1}A^{-1}(\mathbf{y} - A\mu)\right\rangle\right\}}{\sqrt{\det(2\pi\Sigma)}} |\det(A^{-1})|\,\mathrm{d}\mathbf{y}
$$

$$
= \int_{-\infty}^{b_1}\int_{-\infty}^{b_2} \frac{\exp\left\{\left\langle \mathbf{y} - A\mu, \big((A^{-1})^\top\Sigma^{-1}A^{-1}\big)(\mathbf{y} - A\mu)\right\rangle\right\}}{\sqrt{\det(2\pi\Sigma)}} |\det(A^{-1})|\,\mathrm{d}y_2\mathrm{d}y_1
$$

となる。ここに現れた行列式の計算をすると，$\dfrac{|\det(A^{-1})|}{\sqrt{\det(2\pi\Sigma)}} = \dfrac{1}{\sqrt{\det(2\pi A\Sigma A^\top)}}$ であり，また $(A^{-1})^\top\Sigma^{-1}A^{-1} = (A\Sigma A^\top)^{-1}$ であるから，次が成り立つ。

$$
\mathbf{P}\big((A\mathbf{X})_1 \leqq b_1; (A\mathbf{X})_2 \leqq b_2\big) = \int_{-\infty}^{b_1}\int_{-\infty}^{b_2} \underbrace{\frac{\exp\left\{\left\langle \mathbf{y} - A\mu, (A\Sigma A^\top)^{-1}(\mathbf{y} - A\mu)\right\rangle\right\}}{\sqrt{\det(2\pi A\Sigma A^\top)}}}_{\mathrm{N}(A\mu, A\Sigma A^\top)\ \text{の p.d.f.}}\,\mathrm{d}y_2\mathrm{d}y_1 \qquad \square
$$

定理 5.26 （公式 2.66–(2),(4) ◉ p. 68 の再掲）

$n \geqq 2$ のとき，独立同分布列 $X_1, X_2, \ldots, X_n \sim \mathrm{N}(\mu, \sigma^2)$ について次が成り立つ。

(2) $\dfrac{\overline{X}_n - \mu}{\sqrt{U_n/n}} \sim \mathrm{t}_{n-1}$ \qquad (3) $\dfrac{n}{\sigma^2}V_n \sim \chi_{n-1}^2$

証明 $n\ (\geqq 2)$ 個の独立な確率変数 $X_1, X_2, \ldots, X_n \sim \mathrm{N}(\mu, \sigma^2)$ が与えられたとき，公式 5.18–(2),(1) （◉ p. 162）より，各 $k = 1, 2, \ldots, n$ に対して $Z_k = \frac{X_k - \mu}{\sigma} \sim \mathrm{N}(0, 1)$ かつこれらは独立である。ゆえに

$$
\sqrt{n}\,\overline{Z}_n \sim \frac{1}{\sqrt{n}}\sum_{k=1}^{n}\mathrm{N}(0, 1) \overset{\substack{\text{公式 5.18–(3)}\\(\text{◉ p. 162})}}{=} \frac{1}{\sqrt{n}}\mathrm{N}(0, n) \overset{\text{公式 5.18–(1)}}{=} \mathrm{N}(0, 1) \tag{5.4.1}
$$

まず (3) から証明する。そこで $\frac{n}{\sigma^2}V_n$ を次のように変形する。

$$
\frac{n}{\sigma^2}V_n = \sum_{k=1}^{n}\left(\frac{X_k - \overline{X}_n}{\sigma}\right)^2 = \sum_{k=1}^{n}\left(\frac{X_k - \mu}{\sigma} - \Big(\frac{1}{n}\sum_{i=1}^{n}\frac{X_i - \mu}{\sigma}\Big)\right)^2
$$

$$
= \sum_{k=1}^{n}(Z_k - \overline{Z}_n)^2 = \left\|\begin{pmatrix} Z_1 - \overline{Z}_n \\ \vdots \\ Z_n - \overline{Z}_n \end{pmatrix}\right\|^2
$$

この最右辺に現れるベクトルを計算しておこう。このために n 次正方行列 A と n 次直交行列 P を次が

成り立つようにとる (問 B.58 ➔ 付録 p. 32)。

$$
A = \begin{pmatrix} \frac{1}{n} & \cdots & \frac{1}{n} \\ \vdots & \ddots & \vdots \\ \frac{1}{n} & \cdots & \frac{1}{n} \end{pmatrix}, \quad P^\top A P = \begin{pmatrix} & & & 0 \\ & O_{n-1} & & \vdots \\ & & & 0 \\ \hline 0 & \cdots & 0 & 1 \end{pmatrix}
$$

このとき $\mathbf{Z} = (Z_1, \ldots, Z_n)^\top$ とおくと，上式最右辺の $\|\ldots\|^2$ 内に現れるベクトルは

$$
\begin{pmatrix} Z_1 - \overline{Z}_n \\ \vdots \\ Z_n - \overline{Z}_n \end{pmatrix} = (E_n - A)\mathbf{Z} = P\big(P^\top(E_n - A)P\big)P^\top \mathbf{Z} = P \begin{pmatrix} & & & 0 \\ & E_{n-1} & & \vdots \\ & & & 0 \\ \hline 0 & \cdots & 0 & 0 \end{pmatrix} P^\top \mathbf{Z}
$$

となる。P は直交行列であったから，$\mathbf{Y} = (Y_1, \ldots, Y_n)^\top = P^\top \mathbf{Z}$ とおくと系 5.25 (➔ p. 165) より $Y_1, \ldots, Y_n$ はそれぞれ $N(0,1)$ に従う独立な確率変数となる。いま，

$$
\begin{pmatrix} Z_1 - \overline{Z}_n \\ \vdots \\ Z_n - \overline{Z}_n \end{pmatrix} = P \begin{pmatrix} & & & 0 \\ & E_{n-1} & & \vdots \\ & & & 0 \\ \hline 0 & \cdots & 0 & 0 \end{pmatrix} \begin{pmatrix} Y_1 \\ \vdots \\ Y_{n-1} \\ Y_n \end{pmatrix} = P \begin{pmatrix} Y_1 \\ \vdots \\ Y_{n-1} \\ 0 \end{pmatrix}
$$

であるから，再び P が直交行列であることを用いて

$$
\frac{n}{\sigma^2} V_n = \left\| \begin{pmatrix} Z_1 - \overline{Z}_n \\ \vdots \\ Z_n - \overline{Z}_n \end{pmatrix} \right\|^2 = \left\| P \begin{pmatrix} Y_1 \\ \vdots \\ Y_{n-1} \\ 0 \end{pmatrix} \right\|^2 = \left\| \begin{pmatrix} Y_1 \\ \vdots \\ Y_{n-1} \\ 0 \end{pmatrix} \right\|^2 = \sum_{k=1}^{n-1} Y_k^2 \tag{5.4.2}
$$

となる。公式 5.18–(4) (➔ p. 162) より，これは χ_{n-1}^2 に従う。

次に (2) を証明する。確率変数 $Y_1, \ldots, Y_{n-1}, Y_n$ は独立であった。ゆえに式 (5.4.2) と n 次元確率ベクトル

$$
\begin{pmatrix} \overline{Z}_n \\ \vdots \\ \overline{Z}_n \end{pmatrix} = A\mathbf{Z} = P(P^\top A P)P^\top \mathbf{Z} = P \begin{pmatrix} 0 \\ \vdots \\ 0 \\ \hline Y_n \end{pmatrix}
$$

の形より $(Y_1, \ldots, Y_{n-1}$ のみで記述される) $\frac{n}{\sigma^2} V_n$ と $(Y_n$ のみで記述される) $\overline{Z}_n$ は独立であるから，次が成り立つ。

$$
\frac{\overline{X}_n - \mu}{\sqrt{U_n/n}} = \frac{\overline{X}_n - \mu}{\sqrt{V_n/(n-1)}} = \frac{\dfrac{1}{\sqrt{n}} \displaystyle\sum_{k=1}^{n} \dfrac{X_k - \mu}{\sigma}}{\sqrt{\left(\dfrac{n}{\sigma^2} V_n\right)/(n-1)}}
$$

$$
= \frac{\sqrt{n}\,\overline{Z}_n}{\sqrt{\left(\dfrac{n}{\sigma^2} V_n\right)/(n-1)}} \overset{\substack{(5.4.1)\\(5.4.2)}}{\sim} \frac{N(0,1)}{\sqrt{\chi_{n-1}^2/(n-1)}} \overset{\substack{\text{公式 } 5.18\text{–}(6)\\(\text{➔ p. 162})}}{=} t_{n-1} \quad \square
$$

▌5.5 条件付き期待値

　少し発展的な条件付き期待値の考え方を紹介する。厳密な定義については他書に譲り，その
アイデアと性質を紹介するのみにとどめる。

5.5.1　情報を知っているということ

　とある試行について，事象の生起に関する「情報を知っている」ということがどのような体
系を生むのかを考えてみよう。

(1) 試行の結果，「何かは起きる」ことは常にわかっている (断言できる)。

　　　　← この「何かは起きる」事象こそが全事象 Ω そのものである。

(2) 事象 E が実際に (起こる/起こらない) ことを知っていれば，「事象 E が起こらない」と
いう事象が (起こらない/起こる) ことはわかる。

　　　　← この「事象 E が起こらない」という事象とはつまり余事象 E^c のこと。

(3) 事象列 $E_1, E_2, E_3, \dots$ のそれぞれについて実際に (起こる/起こらない) ことを知って
いれば，「それらのうちいずれかの事象は起こる」という事象が (起こる/起こらない)
ことはわかる。

　　　　← この「$E_1, E_2, E_3, \dots$ のうちいずれかの事象は起こる」事象を $\cup_{n=1}^{\infty} E_n = E_1 \cup E_2 \cup E_3 \cup \cdots$
　　　　と表す。

　実際に起こる (起こった) のか起こらない (起こらなかった) のかが断言できる (わかる)
ような事象ばかりを集めて $\mathcal{F}$ という記号で表してみよう。適当に選んだ事象 E について
$E \in \mathcal{F}$ (つまり事象 E が起こるのか起こらないのかを知っているということ) が成り立つとは限らな
い (その人のもっている情報の多さ次第である) が，上のことを式で書けば，$\mathcal{F}$ が次の性質をもつ
ことがわかる。

要点 5.27 (情報の体系)

　任意の事象 $E, E_1, E_2, E_3, \dots$ に対して，次が成り立つ。

(1) $\Omega \in \mathcal{F}$,

(2) $E \in \mathcal{F} \Rightarrow E^c \in \mathcal{F}$,

(3) $E_1, E_2, E_3, \dots \in \mathcal{F} \Rightarrow \cup_{n=1}^{\infty} E_n \in \mathcal{F}$

　事象の集まり $\mathcal{F}$ の中でも，上のような性質をもつものは **σ-加法族** (σ-algebra) とよばれる。
二つの σ-加法族 $\mathcal{G}$ と $\mathcal{F}$ が $\mathcal{G} \subset \mathcal{F}$ をみたすとき，$\mathcal{G}$ は $\mathcal{F}$ の **部分 σ-加法族** (sub-σ-algebra) と
よばれる。($\mathcal{G}$ よりも $\mathcal{F}$ のもつ情報の方が多い，ということである。)

　次に示すように，起こるのか起こらないのかがわかっているような事象ばかりを集めてでき
る σ-加法族は，文脈次第ではあるものの，通常は刻一刻と変化して (通常は時間の流れに伴って
大きくなって) いく。

> **例 5.28**　**情報は刻一刻と増えていく！**

コインを 1 回投げる試行を考えてみる。

(a) コインを投げる前の段階で確実にわかっている，言い当てることができることは「表か裏のいずれかが出る」こと (つまり，「何かが起こる」ということ) と「何も起こらないことはない」ということのみである。「表か裏のいずれかが出る」ことはわかっているが，次の瞬間に表が出るかどうかは断言できず，ゆえに裏が出るかどうかも断言できない。ゆえにこの段階で，実際に起こるのか起こらないのかがわかっているような事象ばかりを集めてできる σ-加法族は $\{\varnothing, \Omega\}$ となる。

(b) 一方でコインを投げた後の段階で確実にわかる，起こったのか起こらなかったのかがわかる事象を集めたものは $\{\varnothing, \{\text{表が出る}\}, \{\text{裏が出る}\}, \Omega\}$ と表すことができる。

(a) と (b) を比較すると，$\{\varnothing, \Omega\} \subset \{\varnothing, \{\text{表が出る}\}, \{\text{裏が出る}\}, \Omega\}$ となっているので，時間が経つにつれ，手にしている情報は多くなっているのである。

確率変数 X が与えられたとき，「確率変数 X の値が実数 a 以下となる事象」$\{X \leqq a\}$ を考えることができる。これが起こるのか，起こらないのかを，すべての実数 a に対して断言できるとすれば，これは X に関するすべての情報を知っているといってもよいであろう。このような情報たちがなす σ-加法族を $\sigma(X)$ で表す。[*2] 複数個の確率変数 $X_1, X_2, X_3, \ldots$ に対しても，同様の意味合いで σ-加法族 $\sigma(X_1, X_2, X_3, \ldots)$ が考えられる。

σ-加法族 $\mathcal{F}$ が $\sigma(X) \subset \mathcal{F}$ をみたすとき，これは「$\mathcal{F}$ のもつ情報は確率変数 X の情報をすべてカバーしている」ことを意味する。つまり $\mathcal{F}$ に含まれるすべての事象について起こるか起こらないかを判定できるとき，確率変数 X が実際にとる値を言い当てることができるのである。この状況を，X は $\mathcal{F}$-**可測** ($\mathcal{F}$-measurable, measurable with respect to $\mathcal{F}$) であるという。

> **例 5.29**　$\sigma(\mathbf{1}_E) = \{\varnothing, E, E^c, \Omega\}$ **である**

事象 E と実数 a に対して

$$
\{\mathbf{1}_E \leqq a\} = \begin{cases} \varnothing & (a < 0 \text{ のとき}) \\ E^c & (0 \leqq a < 1 \text{ のとき}) \\ \Omega & (1 \leqq a \text{ のとき}) \end{cases}
$$

となる ($\mathbf{1}_E$ の定義は定義 2.13 ➥ p. 34) ので $\sigma(\mathbf{1}_E) = \{\varnothing, E, E^c, \Omega\}$ となる。

　←「上式の右辺には E が現れていないじゃないか」と思うかもしれないが，$\varnothing, E^c, \Omega$ を含み，かつ要点 5.27 の条件をすべてみたすようにするには，条件 (2) から $E = (E^c)^c$ を含めさせなければならないのである。

[*2] より正確にいえば，$\{X \leqq a\}$ という形の事象をすべて含み，かつ要点 5.27 の条件を全部みたすような σ-加法族はいくつもありうるのだが，その中で最も小さい (情報が少ない) ものを $\sigma(X)$ で表す，ということ。

5.5.2　確率変数による条件付き期待値

　まだ値が明らかになっていない確率変数 X がとる値の予想値となるものが X の期待値 $\mathbf{E}[X]$ である。しかし例 5.28 (● p. 169) のように刻一刻と手にしている情報が増えていくのに，ずっと $\mathbf{E}[X]$ の値を X の予想値として据え続けるのもなんだか馬鹿馬鹿しく感じる。ここでは自分がいま手にしている情報に基づいた期待値の計算方法を紹介する。

　確率変数 X が $\mathcal{F}$-可測としよう。(しかし自分が $\mathcal{F}$ の情報を手にしているとは限らない。) $\mathcal{F}$ の部分 σ-加法族 $\mathcal{G}$ $(\subset \mathcal{F})$ だけが自分に与えられているとき，部分的な情報 $\mathcal{G}$ の下で予想しうる確率変数 X の値を $\mathbf{E}[X \mid \mathcal{G}]$ で表す。これを $\mathcal{G}$ の下での X の**条件付き期待値**という。この $\mathbf{E}[X \mid \mathcal{G}]$ の厳密な定義を与えることはしないが，次に紹介する公式を通してこれが直感に沿う性質をもつという認識ができれば本書では十分である。また別の確率変数 Y に対して $\mathbf{E}[X \mid \sigma(Y)]$ を $\mathbf{E}[X \mid Y]$ と略記する。事象 A に対して $\mathbf{P}(A) = \mathbf{E}[\mathbf{1}_A]$ である (● p. 42) のを踏襲して，条件付き確率を $\mathbf{P}(A \mid \mathcal{G}) = \mathbf{E}[\mathbf{1}_A \mid \mathcal{G}]$，$\mathbf{P}(A \mid Y) = \mathbf{E}[\mathbf{1}_A \mid Y]$ と定める。

　条件付き期待値 $\mathbf{E}[X \mid \mathcal{G}]$ は，情報 $\mathcal{G}$ で記述される事象のうち，どれが起こるか，起こらないかで値が変わる。その色んな可能性ごとに X の値を予測する値をまとめたものなのである。これに伴って $\mathbf{E}[X \mid \mathcal{G}]$ **は一般には確率変数となる**。

公式 5.30（条件付き期待値の性質）

　二つの確率変数 X, Y と σ-加法族 $\mathcal{F}$ が与えられているとする。さらに $\mathcal{G}$, $\mathcal{H}$ を $\mathcal{F}$ の部分 σ-加法族とするとき次が成り立つ。

(1) $\mathbf{E}[X \mid \mathcal{G}]$ は $\mathcal{G}$-可測である。

(2) $\mathbf{E}[X \mid \{\varnothing, \Omega\}] = \mathbf{E}[X]$

　　➜ 何も情報がない $\{\varnothing, \Omega\}$ という条件の下では，ただの期待値と同じ。

(3) X が $\mathcal{G}$-可測ならば $\mathbf{E}[X \mid \mathcal{G}] = X$ となる。

　　➜ X のすべての情報を含む $\mathcal{G}$ が与えられていれば X の値を言い当てることができるから，的中するその値がそのまま X の予測値になり，かつ X の値に等しい。

(4) (**線形性**) 実数 a, b に対して，$\mathbf{E}[a \cdot X + b \cdot Y \mid \mathcal{G}] = a \cdot \mathbf{E}[X \mid \mathcal{G}] + b \cdot \mathbf{E}[Y \mid \mathcal{G}]$

(5) (**正値性**) $X \geqq 0 \Rightarrow \mathbf{E}[X \mid \mathcal{G}] \geqq 0$

　　➜ 予測したい X がそもそも非負であれば，その予測値 $\mathbf{E}[X|\mathcal{G}]$ もまた非負である。

(6) (**Tower Property**) $\mathcal{H} \subset \mathcal{G} \Rightarrow \mathbf{E}[\mathbf{E}[X \mid \mathcal{G}] \mid \mathcal{H}] = \mathbf{E}[X \mid \mathcal{H}]$

　　➜ $\mathcal{G}$ という情報の下での X の予測値を，より情報の少ない $\mathcal{H}$ で予測した値は，そもそも一番情報の少ない $\mathcal{H}$ の下での X の予測値に等しい。

(7) 確率変数 Z が $\mathcal{G}$-可測ならば $\mathbf{E}[Z \cdot X \mid \mathcal{G}] = Z \cdot \mathbf{E}[X \mid \mathcal{G}]$ となる。

　　➜ $\mathcal{G}$ という情報の下で言い当てることのできる値 Z は条件付き期待値の中で定数のように扱ってよい。

(8) X と Y が独立ならば $\mathbf{E}[X \mid Y] = \mathbf{E}[X]$ である。

　　➜ X と独立な情報 $\sigma(Y)$ は，X の予測にまったく関係せず，何も情報のない $\{\varnothing, \Omega\}$ の下での予測に等しい。

問 5.31 解答 ➡ 付録

確率変数 X と σ-加法族 $\mathcal{G}$ に対して次を示せ (下に現れる「;」の定義は式 (5.1.1) ➡ p. 152)。

(1) すべての $G \in \mathcal{G}$ に対して $\mathbf{E}\big[\mathbf{E}[X \mid \mathcal{G}]; G\big] = \mathbf{E}[X; G]$

(2) $\mathbf{E}\big[\mathbf{E}[X \mid \mathcal{G}]\big] = \mathbf{E}[X]$

練習問題 5.32 条件付き期待値の計算に触れよう

コインを 2 回投げることを考える。確率変数 X と Y を

$$X = \begin{cases} 1 & (1 \text{回目に表が出たとき}) \\ 0 & (1 \text{回目に裏が出たとき}) \end{cases} \qquad Y = \begin{cases} 1 & (2 \text{回目に表が出たとき}) \\ 0 & (2 \text{回目に裏が出たとき}) \end{cases}$$

とおき, $Z = X + Y$ と定める。このとき $\mathbf{E}[X \mid Z]$ を計算せよ。

コメント まず確率変数 $\mathbf{E}[X \mid Z] = \mathbf{E}[X \mid \sigma(Z)]$ は Z に関するすべての情報の下での予測値であるから, $\sigma(Z)$-可測である (公式 5.30–(1) ➡ p. 170)。つまり, Z の値に応じて $\mathbf{E}[X \mid \sigma(Z)]$ が決まるということである。したがってうまく関数 $f(z)$ を選べば,

$$\mathbf{E}[X \mid \sigma(Z)] = f(Z)$$

という形でかけるであろう。このとき, 次の

(1) $f(Z) = f(0) \cdot \mathbf{1}_{\{Z=0\}} + f(1) \cdot \mathbf{1}_{\{Z=1\}} + f(2) \cdot \mathbf{1}_{\{Z=2\}}$

(2) $f(0) = 0, \ f(1) = \frac{1}{2}, \ f(2) = 1$

を順に確かめることにより, 条件付き期待値は次式で与えられることがわかる。

$$\mathbf{E}[X \mid Z] = \begin{cases} 0 & (Z = 0 \text{ が起こったとき}) \\ \frac{1}{2} & (Z = 1 \text{ が起こったとき}) \\ 1 & (Z = 2 \text{ が起こったとき}) \end{cases}$$

解答例 以下では, 上の (1), (2) を確かめる。

(1) X と Y はそれぞれ 0 または 1 の値しか取らないから, $Z = X + Y$ は 0, 1, 2 のいずれかの値しか取らない。そこで $Z = 0, 1, 2$ の場合に分けて考えると

$$f(Z) = \begin{cases} f(0) & (Z = 0 \text{ が起こったとき}) \\ f(1) & (Z = 1 \text{ が起こったとき}) \\ f(2) & (Z = 2 \text{ が起こったとき}) \end{cases} \qquad (5.5.1)$$

$$= f(0) \cdot \mathbf{1}_{\{Z=0\}} + f(1) \cdot \mathbf{1}_{\{Z=1\}} + f(2) \cdot \mathbf{1}_{\{Z=2\}}$$

が成り立つことが確認できる。

(2) まず $f(0)$ を求めてみよう。式 (5.5.1) の両辺に $\mathbf{1}_{\{Z=0\}}$ を掛けると, 次を得る。

$$\begin{aligned} &f(Z) \cdot \mathbf{1}_{\{Z=0\}} \\ &= f(0) \cdot \underbrace{\mathbf{1}_{\{Z=0\}}\mathbf{1}_{\{Z=0\}}}_{= \mathbf{1}_{\{Z=0\}}} + f(1) \cdot \underbrace{\mathbf{1}_{\{Z=1\}}\mathbf{1}_{\{Z=0\}}}_{= 0} + f(2) \cdot \underbrace{\mathbf{1}_{\{Z=2\}}\mathbf{1}_{\{Z=0\}}}_{= 0} \\ &= f(0) \cdot \mathbf{1}_{\{Z=0\}} \end{aligned}$$

この両辺の期待値をとると $\mathbf{E}[\,f(Z) \cdot \mathbf{1}_{\{Z=0\}}\,] = \mathbf{E}[\,f(0) \cdot \mathbf{1}_{\{Z=0\}}\,]$ であるが，この左辺について

$$
\begin{aligned}
(\text{左辺}) &= \mathbf{E}[\,f(Z) \cdot \mathbf{1}_{\{Z=0\}}\,] \\
&= \mathbf{E}[\,\mathbf{1}_{\{Z=0\}} \cdot \mathbf{E}[X \mid \sigma(Z)]\,] \\
&= \mathbf{E}[\,\mathbf{E}[X \mid \sigma(Z)]; \{Z=0\}\,] \\
&\overset{\substack{\text{問 5.31--(1)} \\ (\text{\Large\textcircled{$\rightarrow$}} \text{p. 171})}}{=} \mathbf{E}[X; Z=0] = \mathbf{E}[X; X+Y=0] = 0
\end{aligned}
$$

であり，一方で右辺については次が成り立つ。

$$
\begin{aligned}
(\text{右辺}) &= \mathbf{E}[\,f(0) \cdot \mathbf{1}_{\{Z=0\}}\,] \\
&= f(0) \cdot \mathbf{E}[\mathbf{1}_{\{Z=0\}}] \\
&\overset{\substack{\text{例 2.41} \\ (\text{\Large\textcircled{$\rightarrow$}} \text{p. 42})}}{=} f(0) \cdot \mathbf{P}(Z=0) = f(0) \cdot \mathbf{P}(X+Y=0) = \frac{f(0)}{4}
\end{aligned}
$$

以上から $0 = \frac{f(0)}{4}$，つまり $f(0) = 0$ であることが示された。同様にして $f(1) = \frac{1}{2}$，$f(2) = 1$ であることがわかる。

以上から，次式を得る。

$$
\begin{aligned}
\mathbf{E}[X \mid Z] &= 0 \cdot \mathbf{1}_{\{Z=0\}} + \frac{1}{2} \cdot \mathbf{1}_{\{Z=1\}} + 1 \cdot \mathbf{1}_{\{Z=2\}} \\
&= \frac{1}{2} \cdot \mathbf{1}_{\{Z=1\}} + \mathbf{1}_{\{Z=2\}} = \begin{cases} 0 & (Z=0 \text{ が起こったとき}) \\ \frac{1}{2} & (Z=1 \text{ が起こったとき}) \\ 1 & (Z=2 \text{ が起こったとき}) \end{cases}
\end{aligned}
$$

問 5.33 解答 **\textcircled{$\rightarrow$}** 付録

事象 A が $0 < \mathbf{P}(A) < 1$ をみたすとする。$\sigma(A) = \{\varnothing, A, A^c, \Omega\}$ とおくとき，確率変数 X について次が成り立つことを示せ。

$$
\mathbf{E}[X \mid \sigma(A)] = \mathbf{E}[X \mid A] \cdot \mathbf{1}_A + \mathbf{E}[X \mid A^c] \cdot \mathbf{1}_{A^c}
$$

ただし，事象 B に対して $\mathbf{E}[X \mid B] = \dfrac{\mathbf{E}[X;\,B]}{\mathbf{P}(B)}$ である。(**Hint:** 例 5.29 **\textcircled{$\rightarrow$}** p. 169 により，$\sigma(A) = \sigma(\mathbf{1}_A)$ であるから...)

5.6 確率変数の分布に関する記法

本節は 7 章で統計モデルを学習する際に必要となる内容であり，連続型確率変数の分布を表すのに端的な記法を紹介することを目的とする。連続型確率変数による条件付き確率や条件付き期待値は，初学者にはなかなか難しく映る考え方であるが，分布に対する便宜的な記法を身につけると，(論理や厳密性は別の話として) 直感を保ったまま様々な式変形が可能となる。

確率変数 X が与えられたとき，すべての区間 $(a,b]$ について $a < X \leqq b$ となる確率

$$\mathbf{P}(\ \underbrace{a < X \leqq b}\ )$$

「$X \in (a,b]$」と書いても同じこと。

を考えることができる。この $(a,b]$ 区間を，より小さな $(x, x + \Delta x]$ (この区間をもまた「Δx」と表すことにする) の形をした区間へと分割すると，

$$\mathbf{P}(X \in (a, b]) = \sum_{(a,b]} \mathbf{P}(X \in \Delta x)$$

が得られる。ただし，この和は区間 $(a,b]$ を小区間へと分割する方法を一つ考えたとき，その各小区間 Δx に渡ってとる。

← 例えば $a = 0$, $b = 1$ のときに，区間 $(a,b] = (0,1]$ を n 等分して

$$(0, \frac{1}{n}], \quad (\frac{1}{n}, \frac{2}{n}], \quad \ldots, (\frac{n-2}{n}, \frac{n-1}{n}], \quad (\frac{n-1}{n}, 1]$$

のような小区間へと分割することを考えるときには，上の記号 $\sum_{(a,b]}$ は Δx がこれらの小区間のすべてに渡って動くときの和をとるという意味である。

これらの小区間 Δx の幅を形式的に限りなく小さくしていくときの微小区間を「$\mathrm{d}x = (x, x + \mathrm{d}x]$」で表し，この極限における上の式を

$$\underbrace{\mathbf{P}(X \in (a, b])}_{\substack{③X \text{ が区間 } (a,b] \text{ に} \\ \text{属する確率となる。}}} = \int_{(a,b]} \underbrace{\mathbf{P}(X \in \mathrm{d}x)}_{\substack{①X \text{ が微小区間 } \mathrm{d}x \\ \text{に属する確率を…}}}$$

②区間 $(a,b]$ に渡って
かき集めると…

により表す。こうして，右辺に現れた $\mathbf{P}(X \in \mathrm{d}x)$ は次の意味をもつと考えられる:

- X の確率的な振る舞い方 $\mathbf{P}(X \in (a,b])$ を記述する「種」となるもの。
- 確率 $\mathbf{P}(X \in (a,b])$ をすべての $(a,b]$ の形の区間について考えるとき，これらの区間を表す記号を代表して「$\mathrm{d}x$」という記号で代用したもの。

  ← 数学的な実体としては結局，写像 $(a,b] \mapsto \mathbf{P}(X \in (a,b])$ そのもののこと。

この意味で，$\mathbf{P}(X \in \mathrm{d}x)$ を確率変数 X の**分布** (distribution) という。この記法 $\mathbf{P}(X \in \mathrm{d}x)$ における「d」の右隣に位置する部分には，考えている確率変数を表した文字の小文字を用いる習

慣がある。例えば，確率変数 Y や Θ を考えている場合には，それぞれの分布は $\mathbf{P}(Y \in \mathrm{d}y)$，$\mathbf{P}(\Theta \in \mathrm{d}\theta)$ と表すなど，である。

この考え方を延長して，確率ベクトル $\mathbf{Y} = (Y_1, Y_2, \ldots, Y_n)$ を考える際には，記号「$\mathrm{d}\mathbf{y} = \mathrm{d}y_1 \mathrm{d}y_2 \cdots \mathrm{d}y_n$」が微小な領域を表すと考えて $\mathbf{Y}$ の分布を表すのに

$$\mathbf{P}(\mathbf{Y} \in \mathrm{d}\mathbf{y}) = \mathbf{P}(Y_1 \in \mathrm{d}y_1 \,;\, Y_2 \in \mathrm{d}y_2 \,;\, \cdots \,;\, Y_n \in \mathrm{d}y_n)$$

といった記法を用いる。ここで $\mathbf{y} = (y_1, y_2, \ldots, y_n)$ である。

例 5.34　上で紹介した分布の記法を用いると，確率変数 X について次のような表記が可能となる。(各確率分布の定義については ❍ p. 154, 163, 164)

(1) $X \sim \mathrm{U}[a, b] \Longleftrightarrow \mathbf{P}(X \in \mathrm{d}x) = \dfrac{1}{b-a} \mathbf{1}_{[a,b]}(x)\, \mathrm{d}x$

(2) $X \sim \mathrm{E}(\mathtt{rate}\, \alpha) \Longleftrightarrow \mathbf{P}(X \in \mathrm{d}x) = \alpha \mathrm{e}^{-\alpha x} \mathbf{1}_{(0,\infty)}(x)\, \mathrm{d}x$

(3) $X \sim \mathrm{N}(\mu, \sigma^2) \Longleftrightarrow \mathbf{P}(X \in \mathrm{d}x) = \dfrac{\mathrm{e}^{-\frac{(x-\mu)^2}{2\sigma^2}}}{\sqrt{2\pi\sigma^2}}\, \mathrm{d}x$

(4) $X \sim \mathrm{Beta}(K, L) \Longleftrightarrow \mathbf{P}(X \in \mathrm{d}x) = \dfrac{x^{K-1}(1-x)^{L-1}}{\mathrm{B}(K, L)} \mathbf{1}_{(0,1)}(x)\, \mathrm{d}x$

(5) $\mathbf{X} \sim \mathrm{N}(\mu, \Sigma) \Longleftrightarrow \mathbf{P}(\mathbf{X} \in \mathrm{d}\mathbf{x}) = \dfrac{\exp\left\{-\dfrac{1}{2}\langle(\mathbf{x}-\mu), \Sigma^{-1}(\mathbf{x}-\mu)\rangle\right\}}{\sqrt{\det(2\pi\Sigma)}}\, \mathrm{d}\mathbf{x}$

条件付き確率・期待値

連続型確率変数 X と事象 A が与えられたとき，事象 $\{X \in (x, x+\Delta x]\}$ $(= \{x < X \leq x+\Delta x\})$ が起こるという条件のもとで A が起こる確率は，区間 $\Delta x = (x, x+\Delta x]$ の幅を限りなく小さくすると次のように振る舞うハズである。

$$\mathbf{P}(A \mid X \in (x, x+\Delta x]) = \frac{\mathbf{P}(A \,;\, X \in (x, x+\Delta x])}{\mathbf{P}(X \in (x, x+\Delta x])} \xrightarrow[\substack{\text{小区間の幅を} \\ \text{限りなく} \\ \text{小さくすると…}}]{} \frac{\mathbf{P}(A \,;\, X \in \mathrm{d}x)}{\mathbf{P}(X \in \mathrm{d}x)}$$

この極限に現れた最右辺の式を $\mathbf{P}(A \mid X = x)$ と表し，**条件 $X = x$ のもとでの A の条件付き確率** (conditional probability of A given $X = x$) という。つまり

$$\frac{\mathbf{P}(A \,;\, X \in \mathrm{d}x)}{\mathbf{P}(X \in \mathrm{d}x)} = \mathbf{P}(A \mid X = x) \tag{5.6.1}$$

である。[*3] 記法上大事なことは，

[*3] ここで数学的に大事なことの一つは，一般的な状況下では，どのような x に対しても上の極限が存在するとは限らないということである。つまりどのような x についても記号「$\mathbf{P}(A \mid X = x)$」が一意的な意味をもつとは限らないということであり，このことに対する不注意が Borel–Kolmogorov paradox などに代表されるような戒めを導くこともあるが，ここで細かいことに触れるのはやめておく。本書では，この問題が気にならな

$$\mathbf{P}(A \mid X \in (x, x + \Delta x)) \quad \overset{\substack{\text{小区間の幅を} \\ \text{限りなく} \\ \text{小さくすると…}}}{\longrightarrow} \quad \mathbf{P}(A \mid X \underbrace{\in \mathrm{d}x}_{\text{この部分に注目!}})$$

ではなく $\quad \mathbf{P}(A \mid X \in (x, x + \Delta x)) \to \mathbf{P}(A \mid X = x)$

ということである。習慣的に，条件付けを表す縦線「$\mid$」の右側に微小区間を表す「$\mathrm{d}x$」の記号が現れないように記法を設けている。[*4]

式 (5.6.1) において形式的に左辺の「分母」の $\mathbf{P}(X \in \mathrm{d}x)$ を払って，記法上

$$\mathbf{P}(A\,;\, X \in \mathrm{d}x) = \mathbf{P}(A \mid X = x)\,\mathbf{P}(X \in \mathrm{d}x)$$

と表すこともあるが，これは $\{X \in B\}$ が事象となるどのような B に対しても

$$\mathbf{P}(A\,;\, X \in B) = \int_B \mathbf{P}(A\,;\, X \in \mathrm{d}x) = \int_B \mathbf{P}(A \mid X = x)\,\mathbf{P}(X \in \mathrm{d}x)$$

が成り立つことであると解釈する。もう一つの確率変数 Y が与えられたとき，記号上は期待値に関しても同様に次のようになる。

$$\mathbf{E}\big[\,Y \mid \underbrace{X \in (x, x + \Delta x)}_{\text{以下では「} X \in \Delta x \text{」とも表す}}\,\big] = \frac{\mathbf{E}\big[\,Y\,;\, X \in (x, x + \Delta x)\,\big]}{\mathbf{P}(\,X \in (x, x + \Delta x)\,)} \quad \overset{\substack{\text{小区間の幅を} \\ \text{限りなく} \\ \text{小さくする}}}{\longrightarrow} \quad \frac{\mathbf{E}\big[\,Y\,;\, X \in \mathrm{d}x\,\big]}{\mathbf{P}(\,X \in \mathrm{d}x\,)}$$

この極限に現れた最右辺を $\mathbf{E}[Y \mid X = x]$ で表し，**条件 $X = x$ のもとでの Y の条件付き期待値** (conditional expectation of Y given $X = x$) という。[*5] 例えば，確率変数 Y が $Y = \mathbf{1}_A$ のように事象 A の定義関数として与えられている場合は，

$$\mathbf{E}[\mathbf{1}_A \mid X = x] = \frac{\mathbf{E}[\mathbf{1}_A\,;\, X \in \mathrm{d}x]}{\mathbf{P}(\,X \in \mathrm{d}x\,)} = \frac{\mathbf{P}(\,A\,;\, X \in \mathrm{d}x\,)}{\mathbf{P}(\,X \in \mathrm{d}x\,)} = \mathbf{P}(A \mid X = x)$$

の関係式に見られるように，$\mathbf{E}[Y \mid X = x]$ は条件付き確率 $\mathbf{P}(\bullet \mid X = x)$ で測った Y の期待値となっている。

また $g(x) = \mathbf{E}[Y \mid X = x]$ とおいたとき，$g(X) = \mathbf{E}[Y \mid X]$ が成り立つ (問 5.36 ◉ p. 176)。しかし，この $g(X)$ のことを $\mathbf{E}[Y \mid X = X]$ と表すことは，事象 $\{X = X\} = \Omega$ の下での条件付き期待値 (つまりただの期待値 $\mathbf{E}[Y \mid \Omega] = \mathbf{E}[Y]$) との混同を招くため推奨されない。あえて表すならば $\mathbf{E}[Y \mid X = x]\big|_{x = X}$ もしくは単に $\mathbf{E}[Y \mid X]$ と表すことになる。

これらの記法 $\mathbf{P}(A \mid X = x)$ や $\mathbf{E}[Y \mid X = x]$ を用いると，

　　い範囲でしか扱わない。

[*4] 測度論を学んだ読者向けにいうと「$\mathrm{d}x$」と書いたときには，これが位置する引数に関して測度になっていることを暗に宣言するという印象を与えるからである。それゆえ，上の $\mathbf{P}(E\,;\, X \in \mathrm{d}x)$ のように「$;$」の右側に「$\mathrm{d}x$」をつけることは可能である。

[*5] 測度論的確率論においては，この定義を行うために通常 $\mathbf{E}[|Y|] < \infty$ または $Y \geqq 0$ であることを仮定する。

確率変数 X と事象 A に対して

$$\mathbf{P}(A) = \sum_{(-\infty,\infty)} \mathbf{P}(A\,; X \in \Delta x)$$

$$= \sum_{(-\infty,\infty)} \mathbf{P}(A \mid X \in \Delta x)\,\mathbf{P}(X \in \Delta x)$$

の極限として，次の (1) が成り立つ。

二つの確率変数 X と Y に対して

$$\mathbf{E}[Y] = \sum_{(-\infty,\infty)} \mathbf{E}[Y\,; X \in \Delta x]$$

$$= \sum_{(-\infty,\infty)} \mathbf{E}[Y \mid X \in \Delta x]\,\mathbf{P}(X \in \Delta x)$$

の極限として，次の (2) が成り立つ。

これらを次のようにまとめておく。

公式 5.35

二つの確率変数 X，Y と事象 A について以下が成り立つ。

(1) $\displaystyle \mathbf{P}(A) = \int_{-\infty}^{\infty} \mathbf{P}(A \mid X = x)\,\mathbf{P}(X \in \mathrm{d}x)$

(2) $\displaystyle \mathbf{E}[Y] = \int_{-\infty}^{\infty} \mathbf{E}[Y \mid X = x]\,\mathbf{P}(X \in \mathrm{d}x)$

それぞれの公式が導出された背景から，X がそもそも区間 $[a,b]$ 内のみに値をとる場合は，もちろん上の積分範囲を $(-\infty,\infty)$ から $[a,b]$ へと取り替えることもできる。

確率変数 X を確率ベクトル $\mathbf{X} = (X_1, X_2, \ldots, X_n)$ に置き換えても同様に次が成り立つ。

$$\mathbf{E}[Y] = \int_{\mathbb{R}^n} \mathbf{E}[Y \mid \mathbf{X} = \mathbf{x}]\,\mathbf{P}(\mathbf{X} \in \mathrm{d}\mathbf{x})$$

$$= \int_{-\infty}^{\infty} \cdots \int_{-\infty}^{\infty} \mathbf{E}[Y \mid X_1 = x_1\,; \cdots\,; X_n = x_n]\,\mathbf{P}(X_1 \in \mathrm{d}x_1\,; \cdots\,; X_n \in \mathrm{d}x_n)$$

問 5.36　条件付き期待値の性質 (解答例 ➡ 付録)

二つの確率変数 X，Y について，直感に基づいて次が成り立つことを説明せよ。

(1) 関数 $h(x)$ について，$\mathbf{E}[Y h(X) \mid X = x] = h(x)\,\mathbf{E}[Y \mid X = x]$ が成り立つ。

(2) $g(x) = \mathbf{E}[Y \mid X = x]$ とおくと，$g(X) = \mathbf{E}[Y \mid X]$ が成り立つ。

6

順序統計量と Poisson 過程

6.1 確率過程

6.1.1　確率過程とは

時刻 0 から時刻 $t \geqq 0$ までに交通事故が起きた回数を X_t とする。この X_t のグラフの例は次のようになる。

交通事故の発生回数

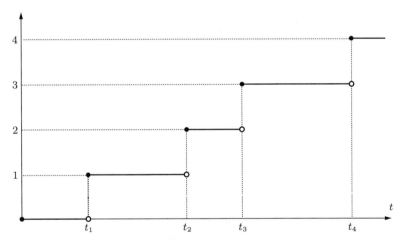

ここでは時刻 t までに k 回交通事故が起こり, 1 回目の交通事故が起きた時刻を t_1 とし, 順に k 回目までを $0 < t_1 < t_2 < \cdots < t_k < t$ としている。このとき複数回の事故が同時刻に起こることはないものとしていることに注意しよう。

グラフから見てとれるように X_t は時間 $t \geqq 0$ を変数とする関数となるが, 具体的にどのような性質をみたす関数であるのか考えてみよう。すると次の 2 点を挙げることができる。

- いつ交通事故が起きるのかはランダム (確率的) である。
- 交通事故が起きるたびに定数 1 (非確率的) 加わる。

このようにランダムな要素を伴いつつ時間発展する X_t たちのことを**確率過程**とよび, 先のグラフのように具体的に描いた例の一つ一つを確率過程の**見本路** (sample path) とよぶ。本章ではこれらについて紹介する。

6.1.2　連続時間確率過程

以降，連続時間における確率過程が考察の中心である。ここで確率過程の研究において重要な概念である独立増分性および定常増分性について定義を与えておこう。

> **定義 6.1　独立増分性・定常増分性**
>
> $X = (X_t)_{t \geq 0}$ を確率過程とする。
>
> (1) X が**独立増分性**をもつとは，任意の自然数 n と時刻の増大列 $0 = t_0 < t_1 < t_2 \cdots < t_n$ について，次の n 個が独立となるときをいう。
>
> $$\underbrace{X_{t_n} - X_{t_{n-1}}}_{\substack{X_{t_{n-1}} \text{ から } X_{t_n} \\ \text{までの増分}}}, \quad \underbrace{X_{t_{n-1}} - X_{t_{n-2}}}_{\substack{X_{t_{n-2}} \text{ から } X_{t_{n-1}} \\ \text{までの増分}}}, \quad \ldots, \quad \underbrace{X_{t_2} - X_{t_1}}_{\substack{X_{t_1} \text{ から } X_{t_2} \\ \text{までの増分}}}, \quad \underbrace{X_{t_1} - X_{t_0}}_{\substack{X_{t_0} \text{ から } X_{t_1} \\ \text{までの増分}}}$$
>
> (2) X が**定常増分性**をもつとは，$0 \leqq s < t$ なる任意の時刻 s, t に対して $X_t - X_s$ と X_{t-s} の分布が等しい，つまり次式が成り立つときをいう。
>
> $$\mathbf{P}(X_t - X_s \in \mathrm{d}x) = \mathbf{P}(X_{t-s} \in \mathrm{d}x) \quad \text{(分布の記法については ◐5.6 節, p. 173)}$$

次の節で独立定常増分性をもつ確率過程を紹介する。

6.2 Poisson 過程

6.2.1　計数過程から Poisson 過程へ

繰り返し起きる確率現象，例えばあるレストランへの客の入店やある Web サイトへのアクセス，ある工場の生産ラインでの不良品の発生などを想定し，このような現象が発生する回数を確率過程として表現したものを計数過程という。まずはここから始めよう。

> **定義 6.2　計数過程**
>
> 事象 A について，確率過程 $N = (N_t)_{t \geq 0}$ が A の**計数過程** (counting process) であるとは，N が次の条件をみたすときをいう。
>
> (1) $N_0 = 0$ かつ，すべての正数 t について N_t は 0 以上の整数を値にもつ。
> (2) $0 \leqq s < t$ なる任意の時刻 s, t に対して，$N_t - N_s$ は時間区間 $(s, t]$ で事象 A が起きた回数を表す。

つまり，N_t の見本路は事象 A が起きた時点で 1 だけ上にジャンプし，それ以外の時刻ではその直前までの状態と同じ，というような右連続の階段関数となる。

さてある事象 A が単位時間当たり λ 回起こるとして，時刻 t までに事象 A が起きた回数を表す確率過程 $N = (N_t)_{t \geq 0}$ をモデル化してみよう。以下はラフな議論である。

もちろん時刻 0 ではまだ事象 A は起きていないから $N_0 = 0$ である。Δt を十分小さい時間

として，$t_n = n\Delta t$ とおく。さて，各区間 $(t_{n-1}, t_n]$ ごとにコインを投げることを考える。表が出る確率，裏が出る確率はそれぞれ p, $1-p$ である。ただし $p = \lambda \Delta t$ とした。もしも区間 $(t_{n-1}, t_n]$ において，投げたコインが表であったら時刻 $t = n\Delta t$ で事象 A が起きた，と考えることにする。裏が出たならば事象 A は起きなかったということである。

さて，時刻 t が区間 $(t_{n-1}, t_n]$ に属するとき，時刻 t までに事象 A が起きた回数はそれまでの n 個の区間に対応する n 回のコイン投げで表が出た回数で近似できる。つまり $N_t \sim \mathrm{binomial}(n, p)$ (⊙例 2.32, p. 35) と Poisson の少数の法則 (⊙例 2.45, p. 46) より $\mathbf{P}(N_t = k) \approx \mathrm{e}^{-\lambda t} \dfrac{(\lambda t)^k}{k!}$ $(k = 0, 1, 2, \dots)$ となり，パラメータ λt の Poisson 分布が極限として現れるのである。

この考察から，次のような確率過程を考えるに至る。

定義 6.3　Poisson 過程

計数過程 $N = (N_t)_{t \geq 0}$ が**強度** (intensity) $\lambda > 0$ の **Poisson 過程** (Poisson process) $\mathrm{PP}(\lambda)$ であるとは，N が次の 3 条件をみたすときをいう。

(1) $N_0 = 0$　　(2) N は独立増分性をもつ (⊙定義 6.1, p. 178)
(3) $0 \leq s < t$ なる任意の時刻 s, t について $N_t - N_s \sim \mathrm{Poisson}(\lambda(t-s))$, つまり

$$\mathbf{P}(N_t - N_s = k) = \mathrm{e}^{-\lambda(t-s)} \frac{\lambda^k (t-s)^k}{k!}, \quad k = 0, 1, 2, \dots$$

つまり，Poisson 過程とは独立定常増分性をもつ計数過程であり，特に増分が Poisson 分布に従うものである。次の事実は Poisson 過程の定義から直ちにわかる性質である。

命題 6.4 (Poisson 過程の性質)

$N = (N_t)_{t \geq 0}$ を強度 $\lambda > 0$ の Poisson 過程とする。Δt を微小時間，$t \geq 0$ とするとき，次が成り立つ。ただし，$o(\cdot)$ は Landau の o 記号 (⊙p. 7) である。

(1) $\mathbf{P}(N_{t+\Delta t} - N_t = 1) = \lambda \Delta t + o(\Delta t)$　　(2) $\mathbf{P}(N_{t+\Delta t} - N_t = 2) = o(\Delta t)$

証明. $(N_t)_{t \geq 0}$ が Poisson 過程であるから，定常増分性より $t \geq 0$ に対して $N_{t+\Delta t} - N_t \sim \mathrm{Poisson}(\lambda \Delta t)$ であることに注意しよう。このとき次の計算により結論は従う。

$$\mathbf{P}(N_{t+\Delta t} - N_t = 1) = \mathrm{e}^{-\lambda \Delta t} \frac{(\lambda \Delta t)^1}{1!} = \lambda \Delta t \Big(1 - \lambda \Delta t + \frac{(\lambda \Delta t)^2}{2!} + \cdots \Big) = \lambda \Delta t + o(\Delta t),$$

$$\mathbf{P}(N_{t+\Delta t} - N_t = 2) = \mathrm{e}^{-\lambda \Delta t} \frac{(\lambda \Delta t)^2}{2!} = \frac{(\lambda \Delta t)^2}{2} \Big(1 - \lambda \Delta t + \frac{(\lambda \Delta t)^2}{2!} + \cdots \Big) = o(\Delta t)$$

$\square$

この命題は微小区間で Poisson 過程がジャンプするのは高々 1 回であり，その起こりやすさの割合はどの時刻においても一定 (定常増分性をもつということ)，加えて **2 回以上ジャンプする確率はほぼ 0** とみなしてよいことを表している。なお証明から直ちに $\mathbf{P}(N_{t+\Delta t} - N_t \geq 2) = o(\Delta t)$ であることもわかる。このことはさらに一般化された独立定常増分確率過程として知られる Lévy 過程においても同様に成り立つ。

6.2.2 Poisson 過程と待ち時間

強度 $\lambda > 0$ の Poisson 過程 $(N_t)_{t \geqq 0}$ を考える。Poisson 過程は，事象の生起回数として現れる計数過程に独立定常増分性を課したものとして現れるのであった。この事象が初めて発生する時刻を T_1 とおく。つまり N_t が初めてジャンプする時刻として次のように定義する。

$$T_1 = \inf\{t \geqq 0 \mid N_t = 1\}$$

この T_1 の分布を求めよう。まず正数 t を任意とすると，次が成り立つ。

$$\mathbf{P}(T_1 > t) = \mathbf{P}(\text{区間 } (0, t] \text{ に一度も事象が発生しない}) = \mathbf{P}(N_t = 0) = \mathrm{e}^{-\lambda t}$$

ゆえに $\mathbf{P}(T_1 \leqq t) = 1 - \mathrm{e}^{-\lambda t} = \displaystyle\int_0^t \lambda \mathrm{e}^{-\lambda s} \, \mathrm{d}s$ であり，$T_1 \sim \mathrm{E}(\mathbf{rate}\,\lambda)$ (❷ p. 163)。

次に，この事象が 2 回発生する時刻を T_2 とおく。

$$T_2 = \inf\{t \geqq T_1 \mid N_t = 2\}$$

これは N_t が 2 回目のジャンプする時刻である。さて今回は $s,\ t \geqq 0$ に対して条件付き確率 $\mathbf{P}(T_2 - T_1 > t \mid T_1 = s)$ を計算する。$T_2 - T_1$ は一度目の事象の発生と二度目の事象の発生の時間間隔を表しているから，**待ち時間** (holding time) とよぶ。すると次が成り立つ。

$$\mathbf{P}(T_2 - T_1 > t \mid T_1 = s) = \mathbf{P}(\text{区間 } (s, s+t] \text{ に一度も事象が発生しない} \mid T_1 = s)$$

$$\overset{\substack{\text{PP}(\lambda)\,\text{の}\\\text{独立増分性}}}{=} \mathbf{P}(\text{区間 } (s, s+t] \text{ に一度も事象が発生しない})$$

$$\overset{\substack{\text{PP}(\lambda)\,\text{の}\\\text{定常増分性}}}{=} \mathbf{P}(\text{区間 } (0, t] \text{ に一度も事象が発生しない}) = \mathrm{e}^{-\lambda t}$$

ゆえに T_1 のときと同様に $T_2 - T_1 \sim \mathrm{E}(\mathbf{rate}\,\lambda)$ である。以下同様に $T_3, T_4, \dots$ を順次

$$T_n = \inf\{t \geqq T_{n-1} \mid N_t = n\}, \qquad n = 3, 4, \dots$$

により定義すると，各 $T_n - T_{n-1}$ の分布はパラメータ λ の指数分布 $\mathrm{E}(\mathbf{rate}\,\lambda)$ となる。

この考察を逆に辿ると，Poisson 過程の 1 つの構成法が次で与えられることがわかる。

> **命題 6.5 (Poisson 過程の構成)**
> 独立同分布列 $X_1, X_2, X_3, \dots \sim \mathrm{E}(\mathbf{rate}\,\lambda)$ に対して $T_n = X_1 + X_2 + \cdots + X_n$ $(n = 1, 2, 3, \dots)$ と定める。このとき $N_t = \sup\{n \in \mathbb{N} \mid T_n \leqq t\}$ $(t \geqq 0)$ と定めると，確率過程 $(N_t)_{t \geqq 0}$ は強度 λ の Poisson 過程である。

上の T_n はガンマ分布 $\mathrm{Gamma}(n, \mathbf{rate}\,\lambda)$ (❷ 定義 5.6, p. 163) に従うことに注意。

証明の流れ. $k = 0, 1, 2, \dots$ に対して，$N_t < k \Leftrightarrow T_k > t$ であるから $\{N_t < k\} = \{T_k > t\}$。また $T_k \sim \mathrm{Gamma}(k, \mathbf{rate}\,\lambda)$ より，$N_t < k$ が起こる確率は次式により与えられる。

$$\mathbf{P}(N_t < k) = \mathbf{P}(T_k > t) = \int_t^\infty \frac{\lambda^k \mathrm{e}^{-\lambda s} s^{k-1}}{(k-1)!} \, \mathrm{d}s$$

この右辺の積分を部分積分して計算を進めると $\displaystyle\int_t^\infty \frac{\lambda^k \mathrm{e}^{-\lambda s} s^{k-1}}{(k-1)!}\,\mathrm{d}s = \sum_{\ell=0}^{k-1} \mathrm{e}^{-\lambda t}\frac{(\lambda t)^\ell}{\ell!}$ となる。特に $k=1$ の場合 $\mathbf{P}(N_t = 0) = \mathrm{e}^{-\lambda t}$ であり，さらに

$$\mathbf{P}(N_t = k) = \mathbf{P}(N_t < k+1) - \mathbf{P}(N_t < k) = \mathrm{e}^{-\lambda t}\frac{(\lambda t)^k}{k!}, \quad k=1,2,3,\dots\,。$$

この議論を続けて，$(N_t)_{t\geq 0}$ が独立定常増分性をもつことを示すこともできる。 □

問 6.6 解答 ➡ 付録

ある通信販売のサービスセンターへ 1 時間に送られてくる注文は強度 10 の Poisson 過程に従っているという。
 (1) 10 時 30 分から 11 時の間にまったく注文が送られてこない確率はいくらか。
 (2) 10 時 30 分から 11 時の間に 3 件の注文が送られてくる確率はいくらか。
 (3) 11 時 30 分から 12 時の間に 7 件の注文が送られてくる確率はいくらか。

問 6.7 解答 ➡ 付録

$(N_t)_{t\geq 0}$ を強度 2 の Poisson 過程とし，確率変数列 $\{T_n\}_{n=1}^\infty$ を $T_n = \inf\{t \geq 0 \mid N_t = n\}$，$n=1,2,\dots$ で定める。
 (1) $\mathbf{P}(T_1 > 0.5)$ を求めよ。
 (2) $\mathbf{P}(T_1 > 3 \mid N_1 = 0)$ を求めよ。
 (3) $\mathbf{P}(T_4 > 4 \mid T_3 = 2)$ を求めよ。

問 6.8 解答 ➡ 付録

$(N_t^{(1)})_{t\geq 0}, (N_t^{(2)})_{t\geq 0}, \dots, (N_t^{(m)})_{t\geq 0}$ をそれぞれ強度が $\lambda_1, \lambda_2, \dots, \lambda_m > 0$ である独立な Poisson 過程とする。このとき次に定義される確率過程 $(N_t)_{t\geq 0}$ は強度 $\lambda_1 + \lambda_2 + \cdots + \lambda_m$ の Poisson 過程であることを証明せよ。

$$N_t = \sum_{i=1}^m N_t^{(i)}, \quad t \geq 0$$

問 6.9 解答 ➡ 付録

ある工場において 1 時間で発見される不良品の個数は強度 2 の Poisson 過程に従っているとする。午前 9 時から午前 11 時までの間に 2 個，午後 2 時から午後 5 時までの間に 3 個の不良品が見つかる確率はいくらか。

▌**6.3 Poisson 過程と一様分布，順序統計量**

前節までは待ち時間という観点から Poisson 過程の 1 つの構成法 (定義) について考えた。本節では一様分布，順序統計量を用いた Poisson 過程の構成法を紹介する。

6.3.1　順序統計量

$(N_t)_{t \geq 0}$ を強度 $\lambda > 0$ の Poisson 過程とし，確率変数列 $\{T_n\}_{n=1}^{\infty}$ を $T_n = \inf\{t \geq 0 \,|\, N_t = n\}$ で定める。このとき任意の時刻 $0 < s \leq t$ に対して独立増分性から次が成り立つ。

$$\mathbf{P}(T_1 \leq s \mid N_t = 1) = \frac{\mathbf{P}(T_1 \leq s \mid N_t = 1)}{\mathbf{P}(N_t = 1)}$$

$$= \frac{\mathbf{P}(\text{区間 } (0,s] \text{ で事象が 1 回起こり，区間 } (s,t] \text{ では起きない})}{\mathbf{P}(N_t = 1)}$$

$$= \frac{\mathbf{P}(\text{区間 } (0,s] \text{ で事象が 1 回起こる}) \cdot \mathbf{P}(\text{区間 } (s,t] \text{ では起きない})}{\mathbf{P}(N_t = 1)} = \frac{\lambda s e^{-\lambda s} \cdot e^{-\lambda(t-s)}}{\lambda t e^{-\lambda t}} = \frac{s}{t}$$

これは $(T_1 \mid N_t = 1) \sim \mathrm{U}(0,t)$ (❯定義 5.3，p. 163) であることを示している。

▌**定義 6.10　順序統計量** ────────────────────────────

$Y_1, Y_2, \ldots, Y_n$ を確率変数とする。確率変数 $Y_{(1)}, Y_{(2)}, \ldots, Y_{(n)}$ が $Y_1, Y_2, \ldots, Y_n$ に対応する**順序統計量** (order statistics) であるとは，各 $Y_{(k)}$ が $Y_1, Y_2, \ldots, Y_n$ の中で k 番目に小さいときをいう。

──

定義より $Y_{(1)} \leq Y_{(2)} \leq \cdots \leq Y_{(n)}$ が成り立つ。つまり $Y_1, Y_2, \ldots, Y_n$ を小さい順に左から並べたとき，左から k 番目に位置するものが $Y_{(k)}$ である。

いま時刻 $t > 0$ を 1 つ固定し，独立同分布列 $U_1, U_2, \ldots, U_n \sim \mathrm{U}(0,t)$ (❯定義 5.3，p. 163) をとると，$\mathbf{U} = (U_1, U_2, \ldots, U_n)$ の p.d.f. は $g(u_1, u_2, \ldots, u_n) = \dfrac{1}{t^n}$ $(0 < u_1, u_2, \ldots, u_n < t)$ である。自然数 $1, 2, \ldots, n$ を並べ替えて $k_1, k_2, \ldots, k_n$ とするとき，$(U_{k_1}, U_{k_2}, \ldots, U_{k_n})$ は $\mathbf{U}$ と同一の p.d.f. をもつ。したがって，変数 $u_{(1)}, u_{(2)}, \ldots, u_{(n)}$ のそれぞれが $0 < u_{(1)} < u_{(2)} < \cdots < u_{(n)} < t$ なる領域内の微小区間 $\mathrm{d}u_{(1)}, \mathrm{d}u_{(2)}, \ldots, \mathrm{d}u_{(n)}$ を動くとき，次が成り立つ。

$$\mathbf{P}(U_{(1)} \in \mathrm{d}u_{(1)}; \, U_{(2)} \in \mathrm{d}u_{(2)}; \, \cdots; \, U_{(n)} \in \mathrm{d}u_{(n)})$$

$$= \sum_{\substack{k_1, k_2, \ldots, k_n: \\ 1, 2, \ldots, n \text{ の並び替え}}} \mathbf{P}(U_1 \in \mathrm{d}u_{(1)}; \, U_2 \in \mathrm{d}u_{(2)}; \, \cdots; \, U_n \in \mathrm{d}u_{(n)}; \, U_{k_1} < U_{k_2} < \cdots < U_{k_n})$$

$$= \sum_{\substack{k_1, k_2, \ldots, k_n: \\ 1, 2, \ldots, n \text{ の並び替え}}} \mathbf{E}\left[\prod_{l=1}^{n-1} \mathbf{1}_{(\mathrm{d}u_{(k)}) \cap (0, U_{k_{l+1}})}(U_{k_l}) \right] = \sum_{\substack{k_1, k_2, \ldots, k_n: \\ 1, 2, \ldots, n \text{ の並び替え}}} \mathbf{E}\left[\prod_{l=1}^{n-1} \mathbf{1}_{(\mathrm{d}u_{(k)}) \cap (0, U_{l+1})}(U_l) \right]$$

$$= \frac{n!}{t^n} \int_0^t \mathbf{1}_{(\mathrm{d}u_{(n)}) \cap (0,t)}(u_n) \mathrm{d}u_n \int_0^t \mathbf{1}_{(\mathrm{d}u_{(n-1)}) \cap (0,u_n)}(u_{n-1}) \mathrm{d}u_{n-1} \cdots \int_0^t \mathbf{1}_{(\mathrm{d}u_{(1)}) \cap (0,u_2)}(u_1) \mathrm{d}u_1$$

$$= \frac{n!}{t^n} \int_0^t \mathbf{1}_{\mathrm{d}u_{(n)}}(u_n) \mathrm{d}u_n \cdots \int_0^{u_2} \mathbf{1}_{\mathrm{d}u_{(1)}}(u_1) \mathrm{d}u_1 = \frac{n!}{t^n} \mathrm{d}u_{(1)} \mathrm{d}u_{(2)} \cdots \mathrm{d}u_{(n)}$$

ゆえに $(U_{(1)}, U_{(2)}, \ldots, U_{(n)})$ の p.d.f. $\widetilde{g}(u_1, u_2, \ldots, u_n)$ は次式により与えられる。

$$\widetilde{g}(u_1, u_2, \ldots, u_n) = \frac{n!}{t^n}, \quad 0 < u_1 < u_2 < \cdots < u_n < t$$

同じ順序統計量の列を与え得る $n!$ 通りの異なる並べ替えが存在することからも納得できる。

6.3.2 一様分布，順序統計量を用いた Poisson 過程の構成

次が本節の鍵となる主張である。

命題 6.11　強度 $\lambda > 0$ の Poisson 過程 $(N_t)_{t \geqq 0}$ に対し，確率変数列 $T_1, T_2, T_3, \ldots$ を $T_n = \inf\{t \geqq 0 \mid N_t = n\}$ により定める。時刻 $t > 0$ を 1 つ固定して，$U_1, U_2, \ldots, U_n \sim$ U$(0, t)$ を独立にとる。その順序統計量を $U_{(1)}, U_{(2)}, \ldots, U_{(n)}$ とすると，確率ベクトル $(T_1, T_2, \ldots, T_n)$ の，事象 $\{N_t = n\}$ による条件付き分布は順序統計量 $(U_{(1)}, U_{(2)}, \ldots, U_{(n)})$ の分布に一致する。

証明. 条件付き確率の計算をすると，正数 $s_2, s_2, \ldots, s_n$ に対して

$$\mathbf{P}(T_1 < s_1; T_2 < s_2; \cdots; T_n < s_n \mid N_t = n)$$

$$= \frac{\mathbf{P}(T_1 < s_1; T_2 < s_2; \cdots; T_n < s_n; N_t = n)}{\mathbf{P}(N_t = n)}$$

$$= \frac{\mathbf{P}(T_1 < s_1; T_2 - T_1 < s_2 - s_1; \cdots; T_n - T_{n-1} < s_n - s_{n-1}; T_{n+1} - T_n > t - s_n)}{\mathbf{P}(N_t = n)}$$

であるが，$T_k - T_{k-1} \sim \mathrm{E}(\texttt{rate}\,\lambda)$, $k = 2, 3, \ldots$ かつ $\{T_k - T_{k-1}\}_{k=2}^{n}$ の独立性より

$$\mathbf{P}(T_1 < s_1; T_2 - T_1 < s_2 - s_1; \cdots; T_n - T_{n-1} < s_n - s_{n-1}; T_{n+1} - T_n > t - s_n)$$

$$= \mathbf{P}(T_1 < s_1)\mathbf{P}(T_2 - T_1 < s_2 - s_1) \cdots \mathbf{P}(T_n - T_{n-1} < s_n - s_{n-1})\mathbf{P}(T_{n+1} - T_n > t - s_n)$$

$$= \int_0^{s_1} \int_0^{s_2 - s_1} \cdots \int_0^{s_n - s_{n-1}} \int_0^{t - s_n} \lambda^n \mathrm{e}^{-\lambda t} \, \mathrm{d}u_1 \mathrm{d}u_2 \cdots \mathrm{d}u_n$$

を得る。よって

$$\mathbf{P}(T_1 < s_1; T_2 < s_2; \cdots; T_n < s_n \mid N_t = n)$$

$$= \frac{1}{\mathrm{e}^{-\lambda t} \dfrac{(\lambda t)^n}{n!}} \int_0^{s_1} \int_0^{s_2 - s_1} \cdots \int_0^{s_n - s_{n-1}} \int_0^{t - s_n} \lambda^n \mathrm{e}^{-\lambda t} \, \mathrm{d}u_1 \mathrm{d}u_2 \cdots \mathrm{d}u_n$$

$$= \int_0^{s_1} \int_0^{s_2 - s_1} \cdots \int_0^{s_n - s_{n-1}} \int_0^{t - s_n} \frac{n!}{t^n} \, \mathrm{d}u_1 \mathrm{d}u_2 \cdots \mathrm{d}u_n$$

$$= \int_0^{s_1} \int_0^{s_2 - s_1} \cdots \int_0^{s_n - s_{n-1}} \int_0^{t - s_n} \widetilde{g}(u_1, u_2, \ldots, u_n) \, \mathrm{d}u_1 \mathrm{d}u_2 \cdots \mathrm{d}u_n \text{。}$$

$\square$

　この定理によって，Poisson 過程の時刻 t における値 N_t の効率的なシミュレーション方法が示唆される。もしも $N_t = n$ ならば区間 $(0, t)$ から一様分布に従って独立な n 個の確率変数をとってきて小さい順に $U_{(1)}, U_{(2)}, \ldots, U_{(n)}$ と並び替え，$T_k = U_{(k)}$, $k = 1, 2, \ldots, n$ と定めればよいのである。

6.4 複合 Poisson 過程

6.4.1 複合 Poisson 分布

Poisson 過程を拡張したものとして複合 Poisson 過程とよばれるものがある。複合 Poisson 過程を紹介する前に複合 Poisson 分布の定義しておく。

定義 6.12　複合 Poisson 分布

独立同分布列 $X_1, X_2, X_3, \ldots$ と $N \sim \mathrm{Poisson}(\lambda)$ が独立であるとき，次式の確率変数 Z が従う分布を**複合 Poisson 分布** (compound Poisson distribution) という。

$$Z = \begin{cases} X_1 + X_2 + \cdots + X_N & N > 0 \text{ のとき} \\ 0 & N = 0 \text{ のとき} \end{cases} \tag{6.4.1}$$

まずは複合 Poisson 分布の基本的性質としてその期待値，分散から見ていく。

命題 6.13 (複合 Poisson 分布の性質)

平均 m，分散 σ^2 の独立同分布列 $X_1, X_2, X_3, \ldots$ と $N \sim \mathrm{Poisson}(\lambda)$ は独立であるとする。このとき式 (6.4.1) により定義され，複合 Poisson 分布に従う Z は次の性質をもつ。

(1) $\mathbf{E}[Z] = \lambda m$　　　(2) $\mathrm{Var}(Z) = \lambda \sigma^2 + \lambda m^2$

(3) $X_1, X_2, X_3, \ldots$ を代表して X により表すとき，

$$\mathbf{E}[\exp(\mathrm{i}tZ)] = \exp\big(\lambda\big(\mathbf{E}[\mathrm{e}^{\mathrm{i}tX}] - 1\big)\big), \quad t \in \mathbb{R}$$

証明. それぞれ次の計算により示される。$\{X_n\}_{n=1}^{\infty}$ と N が独立であることに注意しよう。

$$\mathbf{E}[Z] = \mathbf{E}[Z; N = 0] + \sum_{k=1}^{\infty} \mathbf{E}[Z; N = k] = \sum_{k=1}^{\infty} \mathbf{E}[X_1 + X_2 + \cdots + X_k; N = k]$$

$$= \sum_{k=1}^{\infty} km\,\mathbf{P}(N = k) = m \sum_{k=0}^{\infty} k \cdot \mathrm{e}^{-\lambda} \frac{\lambda^k}{k!} = \lambda m,$$

$$\mathrm{Var}(Z) = \mathbf{E}[Z^2] - \mathbf{E}[Z]^2$$

$$= \sum_{k=1}^{\infty} \mathbf{E}[(X_1 + X_2 + \cdots + X_k)^2; N = k] - (\lambda m)^2$$

$$= \sum_{k=1}^{\infty} \underbrace{\mathbf{E}[(X_1 + X_2 + \cdots + X_k)^2]}_{\substack{= \mathrm{Var}\left(\sum\limits_{l=1}^{k} X_k\right) + (km)^2 \\ = k\sigma^2 + (km)^2}} \mathbf{P}(N = k) - (\lambda m)^2$$

$$= \sigma^2 \underbrace{\sum_{k=1}^{\infty} k \cdot \mathrm{e}^{-\lambda} \frac{\lambda^k}{k!}}_{=\lambda} + m^2 \underbrace{\sum_{k=0}^{\infty} k^2 \cdot \mathrm{e}^{-\lambda} \frac{\lambda^k}{k!}}_{=\lambda + \lambda^2} - (\lambda m)^2 = \lambda \sigma^2 + \lambda m^2,$$

また実数 t に対して

$$\mathbf{E}[\exp(\mathrm{i}tZ)] = \sum_{k=0}^{\infty} \mathbf{E}[\exp(\mathrm{i}t(X_1 + X_2 + \cdots + X_k)); N = k]$$

$$= \sum_{k=0}^{\infty} \mathbf{E}[\mathrm{e}^{\mathrm{i}tX}]^k \cdot \mathbf{P}(N = k)$$

$$= \sum_{k=0}^{\infty} \mathbf{E}[\mathrm{e}^{\mathrm{i}tX}]^k \cdot \mathrm{e}^{-\lambda}\frac{\lambda^k}{k!} = \sum_{k=0}^{\infty} \mathrm{e}^{-\lambda}\frac{(\lambda\mathbf{E}[\mathrm{e}^{\mathrm{i}tX}])^k}{k!} = \exp\left(\lambda(\mathbf{E}[\mathrm{e}^{\mathrm{i}tX}] - 1)\right)$$

$\square$

6.4.2 複合 Poisson 過程

あるレストランへ客がランダムに来店して食事代金を支払って出て行く状況や，事故や災害がランダムに発生したことを受けて保険会社が保険金を支払う，というように，事象のランダムな生起と同時に，独立な別の確率変数が観測される場合，その確率変数を合計したものを数学的にモデル化したものが複合 Poisson 過程である。その定義は複合 Poisson 分布の定義内の N を Poisson 過程 N_t に取り替えたのみのものであるが，正確にその定義を述べることから始める。

定義 6.14 複合 Poisson 過程

独立同分布列 $X_1, X_2, X_3, \ldots$ は Poisson 過程 $(N_t)_{t \geqq 0}$ と独立であるとする。このとき，次式により定義される確率過程 $(Z_t)_{t \geqq 0}$ を **複合 Poisson 過程** (compound Poisson process) という。

$$Z_t = \begin{cases} X_1 + X_2 + \cdots + X_{N_t} & N_t > 0 \text{ のとき} \\ 0 & N_t = 0 \text{ のとき} \end{cases} \tag{6.4.2}$$

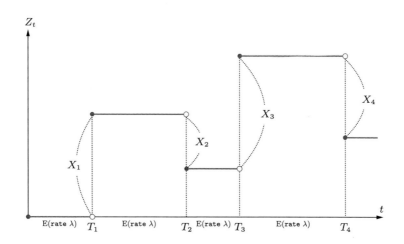

先にも少し述べたが複合 Poisson 過程は，Poisson 過程に従って事象が発生すると同時に，確率変数 X が観測されてそれを累積したものを捉えるモデルになっている。複合 Poisson 過

程の見本路は「事象が生起するたびに確率変数 X に従ってジャンプし，それ以外は変化がない」という意味で Poisson 過程の見本路と変わらないが，X は負の値をとっても構わないため非減少とは限らない階段関数となることに注意が必要である。

命題 6.13 (⊃ p. 184) 援用することで次の性質が直ちに導かれる。証明は省略する。

命題 6.15　(複合 Poisson 過程の性質)

平均 m，分散 σ^2 の独立同分布列 $X_1, X_2, X_3, \ldots$ が，強度 $\lambda > 0$ の Poisson 過程 $(N_t)_{t \geq 0}$ と独立であるとする。このとき，式 (6.4.2) (⊃ p. 185) により定義される複合 Poisson 過程 $(Z_t)_{t \geq 0}$ は次の性質をもつ。

(1) $\mathbf{E}[Z_t] = \lambda t m, \; t \geq 0$

(2) $\mathrm{Var}(Z_t) = \lambda t \sigma^2 + \lambda t m^2, \; t \geq 0$

(3) $X_1, X_2, X_3, \ldots$ を代表して X により表すとき，

$$\mathbf{E}[\exp(\mathrm{i}u Z_t)] = \exp\big(\lambda t(\mathbf{E}[\mathrm{e}^{\mathrm{i}uX}] - 1)\big), \quad u \in \mathbb{R}$$

問 6.16　解答 ⊃ 付録

$X_1, X_2, X_3, \ldots$ を独立同分布な確率変数列で $X_1 \sim \mathrm{Bernoulli}(p)$ (⊃ 定義 5.3, p. 163)，$p \in (0, 1)$ であるものとし，$(N_t)_{t \geq 0}$ を強度 $\lambda > 0$ の Poisson 過程とする。このとき，定義 6.6 (⊃ p. 185) において定められた複合 Poisson 過程 $(Z_t)_{t \geq 0}$ は強度 λp の Poisson 過程であることを示せ。

問 6.17　解答 ⊃ 付録

$X_1, X_2, X_3, \ldots$ を独立同分布な確率変数列で $X_1 \sim \mathrm{N}(0, 1)$ であるものとし，$(N_t)_{t \geq 0}$ は $\{X_n\}_{n=1}^{\infty}$ と独立な強度 $\lambda > 0$ の Poisson 過程とする。このとき，定義 6.6 (⊃ p. 185) において定められた複合 Poisson 過程 $(Z_t)_{t \geq 0}$ について，期待値 $\mathbf{E}[Z_t]$ および分散 $\mathrm{Var}(Z_t)$ を求めよ。

問 6.18　解答 ⊃ 付録

ある生命保険会社には支払い請求が週平均 12 件の頻度で発生し，そのうち実際に支払われるのは約 8 割で，1 件あたりの平均請求額は 1000 万円，標準偏差 400 万円であるという。請求が Poisson 過程に従って発生するとして，この生命保険会社の 1 週間の現金支払額の平均と分散を計算せよ。

7

統計モデル

統計モデルの枠組みを導入する。これは明示的に導入はしなかったが，すでに 2 章における正規母集団の標本調査において触れているアイデアである。次章において Bayes 統計学を学ぶ際の基礎となる枠組みでもあるから，統計モデルの概念をしっかりと定着させることが大事である。また本章で導入する KL divergence は最終章での主役となるものであるから，その性質だけでなく，それがどのように出現したのかという背景をも抑えておこう。

　ある変量に関して得られたデータの相対度数分布から作られたヒストグラム (思考実験でもよい) に何らかのパターンが見られれば，その得られたデータの背後には何らかの分布があるのではないかと予想できる。その背後に想定される分布を 「**真の分布**」とよび，本書においては記号 $q = q(y)$ により表すことが多い。本書では，第 2 章 2.4.1 項 (◐ p. 56) において導入した母集団分布と同義のもとしてこの用語を用いる。本章では，その真の分布が実際に存在するかどうかを問題にするのではなく，得られたデータのヒストグラムからどのようにパターンを解釈するかを問題にしよう。そのパターンを既知の分布を用いて考察するときに用意する分布を**モデル**という。

　すなわち，真の分布を考えるということは，データの相対度数に基づいてヒストグラムを描くとパターンが現れると仮定することであり，モデルを考えるということは，その出現したパターンを既知の分布で表すことを試みるということである。

　この「モデル」について，本書で必要となる正確な概念を定式化することから始めよう。

▎7.1 統計モデル

7.1.1 統計モデル

本章の冒頭で述べた試みを実行するための枠組みの一つを用意しよう。

▎定義 7.1   統計モデル ◢ ─────────────────────────────

以下の構成要素をもつ組 $(\{\mathbf{P}(\bullet \mid \theta)\}_\theta, \mathbf{Y}, \{f(y \mid \theta)\}_\theta)$ を**統計モデル** (statistical model) とよぶ (θ は $\mathbb{R}$ や $\mathbb{R}^d$ の部分集合,あるいは関数空間など様々な空間内を動くと想定)。

(i) 各パラメータ θ につき,$\mathbf{P}(\bullet \mid \theta)$ は一つの確率。

(ii) (**Observed RVs**) $\mathbf{Y} = (Y_1, Y_2, \ldots, Y_n)$ は,すべての θ に対して,$\mathbf{P}(\bullet \mid \theta)$ の下で独立同分布 (◯ p. 154) となる確率変数列。これらの分布を次で表す。

$$Y_i \text{ が連続型なら} \quad \mathbf{P}(Y_i \in \mathrm{d}y \mid \theta) = f(y \mid \theta)\,\mathrm{d}y,$$
$$Y_i \text{ が離散型なら} \quad \mathbf{P}(Y_i = a_k \mid \theta) = f(a_k \mid \theta) = f_{k|\theta}$$

それぞれの場合に $f_{|\theta}(y) = f(y \mid \theta)$, $f_{|\theta} = (f_{1|\theta}, f_{2|\theta}, \ldots)$ と表す。このとき $\mathbf{y} = (y_1, y_2, \ldots, y_n)$ に対して

$$f_n(\mathbf{y} \mid \theta) = f(y_1 \mid \theta)f(y_2 \mid \theta) \cdots f(y_n \mid \theta)$$

とおく。y や $\mathbf{y}$ の値を固定して $f(y \mid \theta)$ や $f_n(\mathbf{y} \mid \theta)$ を変数 θ の関数と考えるとき,これを<ruby>尤度関数<rt>ゆうど</rt></ruby> (likelihood function) という。また

$$\ell(\theta; y) = \log f(y \mid \theta), \quad \ell_n(\theta; \mathbf{y}) = \log f_n(\mathbf{y} \mid \theta) = \sum_{i=1}^n \ell(\theta; y_i)$$

を**対数尤度関数**という。

また θ が $\theta = (\theta_1, \theta_2, \ldots, \theta_d)$ のように d 次元の領域を動くとき,この統計モデルは d **次元** (d-dimensional) であるという。

解説の中で必要となる記号だけを宣言するために,上の統計モデルは $(\{\mathbf{P}(\bullet \mid \theta)\}_\theta, \mathbf{Y})$ や $(\mathbf{Y}, \{f(y \mid \theta)\}_\theta)$ など,最も簡潔には $\{f(y \mid \theta)\}_\theta$ と略記される。確率変数 X と Y について,$\mathbf{P}(\bullet \mid \theta)$ の下での分散 (◯ p. 54) と共分散 (◯ p. 153) をそれぞれ以下のように表す。

$$\mathrm{Var}(X \mid \theta) = \mathbf{E}\big[(X - \mathbf{E}[X \mid \theta])^2 \mid \theta\big],$$
$$\mathrm{Cov}(X, Y \mid \theta) = \mathbf{E}\big[(X - \mathbf{E}[X \mid \theta])(Y - \mathbf{E}[Y \mid \theta]) \mid \theta\big]$$

また $\mathbf{P}(\bullet \mid \theta)$ の下で X が従う確率分布に名前がついているとき,次のように表す。

$$(X \mid \theta) \sim (\text{その分布の名前})$$

現実世界で得られたデータ $\mathbf{y}^{\mathrm{obs}} = (y_1^{\mathrm{obs}}, y_2^{\mathrm{obs}}, \ldots, y_n^{\mathrm{obs}})$ は真の確率分布 $q(y)$ に従う確率変数 $Y_1, Y_2, \ldots, Y_n$ の実現値であると想定しているが,この $q(y)$ の正体は我々にはわからない。

ゆえに $q(y)$ について詳しい情報をもっていない我々が用意した統計モデル $\{f(y \mid \theta)\}_\theta$ において，ある θ_{true} について $q(y) = f(y \mid \theta_{\text{true}})$ となることは保証されないと考えるのが自然であろう。一方，$\mathbf{P}(\bullet \mid \theta)$ の世界で $Y_1, Y_2, \ldots, Y_n$ はどれも $f(y \mid \theta)$ を確率分布にもつ。

そこで少し妥協して，これら $f(y \mid \theta)$ の中でも $q(y)$ に最も「当てはまり (適合度) が良い」といえる $\theta = \theta_0$ を探すことを考えよう。いまの簡素な状況では，**現実世界で得られたデータ** $\mathbf{y}^{\text{obs}} = (y_1^{\text{obs}}, y_2^{\text{obs}}, \ldots, y_n^{\text{obs}})$ **にのみ，θ_0 の値に迫るヒントが隠されているはず**である。何をもって「当てはまりが良い」とするかは個々人の主観次第ではあるが，データの意義を見つめて例えば次のように考える。

まずパラメータ θ を固定して，$f(y \mid \theta)$ を母集団分布にもつ母集団から得られた 1 次元データのヒストグラムを描いたとき，そのデータの最頻値とはヒストグラムの山が最も高くなるところに位置するデータ (もしくは階級値) のことである。そのデータにおいて出現率の最も高いデータ値ということである。これを念頭に置くと，正規化されたヒストグラムの極限として現れる p.d.f. $f(y \mid \theta)$ や p.m.f. $f_{k|\theta}$ の最頻値 (最大点) もまた，$\mathbf{P}(\bullet \mid \theta)$ の世界で最も起こりやすい，つまり，$f(y \mid \theta)$ を確率分布にもつ Y の実現値として現れる確率 (密度) が最も大きいデータと考えられる。同様に大きさ n の無作為標本 $\mathbf{Y} = (Y_1, Y_2, \ldots, Y_n)$ を考える場合，$f_n(\mathbf{y} \mid \theta)$ の最頻値は $\mathbf{P}(\bullet \mid \theta)$ の世界において $\mathbf{Y}$ の実現値として現れる確率が最も大きいデータである。この確率の大きさは最初に固定した θ の値に応じて変わりうる。

様々な θ の値に対する $f(y \mid \theta)$ の中でも $f(y \mid \theta_0)$ が $q(y)$ に最も「当てはまり」が良いとしたから，それらの最頻値は同等の値になることを望むのは自然な発想であろう。次にこの θ_0 に迫る方法であるが，「高確率で起こることが実際に起こるものだ」と割り切り，前段落の内容を踏まえて現実のデータ $\mathbf{y}^{\text{obs}}$ における $f_n(\mathbf{y}^{\text{obs}} \mid \theta)$ の値の大きさを，$q(y)$ に対する $f(y \mid \theta)$ の「当てはまりの良さ」の指標と解釈しよう。すると尤度関数 $f_n(\mathbf{y}^{\text{obs}} \mid \theta)$ が最大になる θ を $\hat{\theta}_{\text{obs}}$ により表すとき，$\hat{\theta}_{\text{obs}}$ を θ_0 の推定値に据えるという考えに至る。このように，**設定したモデルの中で実現値が得られる確率が一番高くなるものを選択する方法を最尤法**とよぶ。[*1]

前段落では観測値 $\mathbf{y}^{\text{obs}}$ に付随する尤度 $f_n(\mathbf{y}^{\text{obs}} \mid \theta)$ を最大化することを考えたが，より一般に固定した $\mathbf{y} = (y_1, y_2, \ldots, y_n)$ に対して尤度関数 $f_n(\mathbf{y} \mid \theta)$ を最大化するパラメータ θ を $\hat{\theta}(\mathbf{y})$ と表す。つまり $\hat{\theta}(\mathbf{y}) = \underbrace{\arg \max_\theta f_n(\mathbf{y} \mid \theta)}$ である。一般的な設定においては，右辺で表

「関数 $\theta \mapsto f_n(\mathbf{y} \mid \theta)$」の最大値...

... を与える θ の値」という意味。

される量は $\mathbf{y}$ に対して一つだけに定まらない (複数の θ において $f_n(\mathbf{y} \mid \theta)$ が最大値をとる) 可能性をはらんでいるが，本書内ではこれを回避した状況を扱う。

[*1] 最尤法を「最も尤らしい」と表現する文脈があるが，これは専門用語としての「尤度」を「『尤もらしさ』に対する唯一無二の尺度」という思い込みから生じる誤解である。そもそも尤度 $f_n(\mathbf{y}^{\text{obs}} \mid \theta)$ は「現実はパラメータが θ の世界である」という推論の尤もらしさの**指標の一つにすぎない**。(そもそも $f_n(\mathbf{y}^{\text{obs}} \mid \theta)$ を「尤度」とよばせることが不適切ではある。) 尤度の他にも色々な指標がありうるのである。最大尤度法 (尤らしさの基準の一つにすぎない尤度を最大化すること) の省略形である最尤法を「最も尤らしい」と読ませることによって「『尤もらしさ』に関して考えうるあらゆる指標 (尤度も含む) に渡って最大のもの」という，語意による錯覚をもたらしているのかもしれない。『尤もらしさ』が最大なのではなく，あくまで「尤もらしさの一つの指標にすぎない『尤度』が最大」なのである。

定義 7.2　最尤推定量・最尤推定値

$(\mathbf{Y}, \{f(y \mid \theta)\}_\theta)$ を統計モデル，$\mathbf{y}^{\mathrm{obs}} = (y_1^{\mathrm{obs}}, y_2^{\mathrm{obs}}, \ldots, y_n^{\mathrm{obs}})$ を無作為標本 $\mathbf{Y} = (Y_1, Y_2, \ldots, Y_n)$ の観測値とする。

(i) $\widehat{\Theta} = \hat{\theta}(\mathbf{Y}) = \arg\max_\theta f_n(\mathbf{Y} \mid \theta)$ を**最尤推定量** (maximum likelihood estimator, MLE) とよぶ。もとになった無作為標本の大きさ n を強調して $\widehat{\Theta}_n$ とも表す。

(ii) $\widehat{\Theta}$ を現実の観測値 $\mathbf{y}^{\mathrm{obs}}$ によって評価した値 $\hat{\theta}_{\mathrm{obs}} = \hat{\theta}(\mathbf{y}^{\mathrm{obs}})$ を**最尤推定値** (maximum likelihood estimate, mle) とよぶ。

最尤推定量 $\widehat{\Theta}$ は確率変数であり，$\hat{\theta}_{\mathrm{obs}}$ はその実現値となることに注意しよう。

問 7.3　最尤推定量の計算（解答なし）

次の各統計モデル $\{f(y \mid \theta)\}_\theta$ において，無作為標本 $\mathbf{Y} = (Y_1, Y_2, \ldots, Y_n)$ の観測値 $\mathbf{y}^{\mathrm{obs}} = (y_1^{\mathrm{obs}}, y_2^{\mathrm{obs}}, \ldots, y_n^{\mathrm{obs}})$ が与えられたとき，各欄の計算を確かめよ。ただし，$\ell(\theta; y)$ は対数尤度関数である。

分布 $f(y \mid \theta)$	対数尤度 $\ell(\theta; y)$	最尤推定量 Θ_n
$\mathrm{N}(\theta, 1)$ $(2\pi)^{-\frac{1}{2}} e^{-\frac{(y-\theta)^2}{2}}$	$\log(2\pi)^{-\frac{1}{2}} - \dfrac{(y-\theta)^2}{2}$	$\overline{Y}_n$
$\mathrm{E}(\mathtt{rate}\,\theta)$ $\theta e^{-\theta y}$	$\log\theta - \theta y$	$\dfrac{1}{\overline{Y}_n}$
$\mathrm{U}(0, \theta]$ $\theta^{-1}\mathbf{1}_{(0,\theta]}(y)$	$-\log(\theta \cdot \mathbf{1}_{[y,\infty)}(\theta))$	$\max\limits_{1 \le i \le n} Y_i$
$\mathrm{Bernoulli}(\theta)$ $\theta^y (1-\theta)^{1-y}$ （ただし $y = 0, 1$）	$y\log\theta + (1-y)\log(1-\theta)$	$\overline{Y}_n$
$\mathrm{binomial}(m, \theta)$ ${}_m\mathrm{C}_y \theta^y (1-\theta)^{m-y}$ （ただし $y = 0, 1, \ldots, m$）	$\log {}_m\mathrm{C}_y + y\log\theta + (m-y)\log(1-\theta)$	$\dfrac{1}{m}\overline{Y}_n$
$\mathrm{Poisson}(\theta)$ $\dfrac{\theta^y}{y!} e^{-\theta}$	$y\log\theta - \theta - \log y!$	$\overline{Y}_n$
$\mathrm{N}(\mu, \theta)$ $(2\pi\theta)^{-\frac{1}{2}} e^{-\frac{(y-\mu)^2}{2\theta}}$ （ただし μ は既知）	$-\dfrac{1}{2}\log\theta - \log(2\pi)^{\frac{1}{2}} - \dfrac{(y-\mu)^2}{2\theta}$	$\dfrac{1}{n}\sum\limits_{i=1}^{n}(Y_i - \mu)^2$

以下，例えば問 7.3 の最初のような統計モデルを $\{\mathrm{N}(\theta, 1)\}_\theta$ あるいは θ の範囲を明示して $\{\mathrm{N}(\theta, 1)\}_{\theta \in \mathbb{R}}$ のように略記することがある。他の分布についても同様である。

位置パラメータと尺度パラメータ

統計モデル $\{f(y \mid \theta)\}_\theta$ において，パラメータ θ がどのように組み込まれているのか，という情報は有益である (**8.5.1 項** ❷ **p. 230, 8.5.2 項** ❷ **p. 232**)。

▌ 定義 7.4　位置パラメータ・尺度パラメータ

1 次元統計モデル $\{f(y \mid \theta)\}_\theta$ が与えられたとする。

(i) θ が**位置パラメータ** (**location parameter**) であるとは，ある関数 $h(y)$ を用いて $f(y \mid \theta) = h(y - \theta)$ が成り立つことをいう。

(ii) θ が**尺度パラメータ** (**scale parameter**) であるとは，ある関数 $g(y)$ と定数 m を用いて $f(y \mid \theta) = \dfrac{1}{\theta} g\left(\dfrac{y-m}{\theta}\right)$ が成り立つことをいう。

例えば，$\{\mathrm{N}(\theta, \sigma^2)\}_\theta$ (σ^2 は既知) の θ は位置パラメータであり，$\{\mathrm{U}(0,\theta)\}_{\theta>0}$，$\{\mathrm{E}(\mathrm{mean}\,\theta)\}_{\theta>0} = \{\mathrm{E}(\mathrm{rate}\,\theta^{-1})\}_{\theta>0}$ や $\{\mathrm{N}(\mu, \theta^2)\}_{\theta>0}$ の θ は尺度パラメータである。

練習問題 7.5　位置パラメータと尺度パラメータ

1 次元統計モデル $(Y, \{f(y \mid \theta)\}_\theta)$ について次を示せ ($\propto$ は「比例する」という意味)。

(1) θ が位置パラメータならば，θ の関数として $\mathbf{E}[Y \mid \theta] = \theta + (\text{定数})$。

(2) θ が尺度パラメータならば，θ の関数として $\mathrm{Var}(Y \mid \theta) \propto \theta^2$。

- -

解答例　Y が連続型確率変数である場合に示す。

(1) θ が位置パラメータのとき，$f(y \mid \theta) = h(y - \theta)$ とかける。このとき $\int h(x)\,\mathrm{d}x = \int h(y - \theta)\,\mathrm{d}y = \int f(y \mid \theta)\,\mathrm{d}y = 1$ であるから，

$$\mathbf{E}[Y \mid \theta] = \int y \cdot f(y \mid \theta)\,\mathrm{d}y \overset{\substack{x = y - \theta \, \text{と} \\ \text{変数変換}}}{=} \int (x + \theta) h(x)\,\mathrm{d}x = \theta + \int x \cdot h(x)\,\mathrm{d}x。$$

(2) θ が尺度パラメータのとき，$f(y \mid \theta) = \dfrac{1}{\theta} g\!\left(\dfrac{y-m}{\theta}\right)$ とかける。(1) と同様に $\int g(y)\,\mathrm{d}y = 1$ であり，また $m_1 = \int y \cdot g(y)\,\mathrm{d}y$ とおくと，

$$\mathbf{E}[Y \mid \theta] = \int y \cdot f(y \mid \theta)\,\mathrm{d}y \overset{\substack{x = \frac{y - m}{\theta} \, \text{と} \\ \text{変数変換}}}{=} \int (m + \theta x) \cdot g(x)\,\mathrm{d}x = m + \theta m_1,$$

$$\mathrm{Var}(Y \mid \theta) = \int \bigl(y - (m + m_1\theta)\bigr)^2 f(y \mid \theta)\,\mathrm{d}y$$

$$\overset{\substack{x = \frac{y - m}{\theta} \, \text{と} \\ \text{変数変換}}}{=} \int (\theta x - \theta m_1)^2 g(x)\,\mathrm{d}x = \theta^2 \underbrace{\int (x - m_1)^2 g(x)\,\mathrm{d}x}_{\text{定数}}。$$

7.1.2　統計量・不偏統計量

最尤推定値 $\widehat{\theta}_{\mathrm{obs}}$ は，前項で述べた θ_0 に対する推定値という心積もりであり，$\widehat{\Theta}$ は標本調査のたびにその推定値を得る手続きを表している。このような手続きを数式化したものを一般に統計量とよぶが，これを数理的な概念として以下のように導入しておこう。

定義 7.6　統計量・不偏推定量

$(\{\mathbf{P}(\bullet\mid\theta)\}_\theta, \mathbf{Y})$ を統計モデルとし，このうち $\mathbf{Y}=(Y_1,Y_2,\dots,Y_n)$ は大きさ n の無作為標本とする。

(i) 確率変数 T が**統計量** (statistics) であるとは，ある n 変数関数 $\tau:\mathbb{R}^n\to\mathbb{R}$ を用いて $T=\tau(\mathbf{Y})$ と書けることをいう。

(ii) 統計量 T がパラメータに対する**不偏推定量** (unbiased estimator) であるとは，**すべての** (!) θ について $\mathbf{E}[T\mid\theta]=\theta$ が成り立つことをいう。
  ➜ 真の分布について $q(y)=f(y\mid\theta_{\mathrm{true}})$ が成り立つとき，$\mathbf{P}(\bullet\mid\theta_{\mathrm{true}})$ のもとで T の期待値を計算することで θ_{true} の値が求まることになる！

(iii) $\mathbf{Y}$ の観測値 $\mathbf{y}^{\mathrm{obs}}=(y_1^{\mathrm{obs}},y_2^{\mathrm{obs}},\dots,y_n^{\mathrm{obs}})$ が得られたとき，$t_{\mathrm{obs}}=\tau(\mathbf{y}^{\mathrm{obs}})$ をパラメータの**推定値** (estimate) という。

統計モデルとは，想定する世界の候補 $\mathbf{P}(\bullet\mid\theta)$ をあらかじめ指定しておくということである。T が不偏推定量であるということは，そのうち我々がどの世界 $\mathbf{P}(\bullet\mid\theta)$ にいたとしても，その実現値 t_{obs} を計算することで θ の推定値を得ることができる，というコンセプトである。特に，我々がいる実世界が $\mathbf{P}(\bullet\mid\theta_{\mathrm{true}})$ であった場合には，この現実世界で標本調査をして T の実現値を計算することで θ_{true} の推定値 t_{obs} を得ることができるのである。

問 7.7　母平均・母分散の不偏推定量 (解答例 ➲ 付録)
統計モデル $(\{\mathbf{P}(\bullet\mid\theta)\}_\theta, \mathbf{Y}, \{f(y\mid\theta)\}_\theta)$ において $\mathbf{Y}=(Y_1,Y_2,\dots,Y_n)$ は大きさ n の無作為標本であるとし，$Y_1,Y_2,\dots,Y_n$ を代表して Y と表す。
(1) $\mathbf{E}[Y\mid\theta]=\theta$ (つまり θ は母平均を想定したパラメータ) ならば，標本平均 $\overline{Y}_n$ (➲ p. 59) は θ に対する不偏推定量であることを示せ。
(2) $\mathrm{Var}(Y\mid\theta)=\theta$ (つまり θ は母分散を想定したパラメータ) ならば，不偏標本分散 U_n (➲ p. 59) は θ に対する不偏推定量であることを示せ。

T が不偏推定量であったとしても，一般に T の関数 $u(T)$ が不偏推定量にはなるとは限らない。例えば，何らかの母集団の母分散 σ^2 をパラメータにもつ統計モデル $(\{\mathbf{P}(\bullet\mid\sigma^2)\}_{\sigma^2}, \mathbf{Y})$ において不偏標本分散 U_n は母分散 σ^2 に対する不偏推定量であるが，$\mathbf{P}'(\bullet\mid\sigma)=\mathbf{P}(\bullet\mid\sigma^2)$ とおくことで $\sigma=\sqrt{\sigma^2}$ をパラメータにもつ統計モデル $(\{\mathbf{P}'(\bullet\mid\sigma)\}_\sigma, \mathbf{Y})$ へと変換すると，不偏標本分散の平方根である $\sqrt{U_n}$ は，一般には母標準偏差 σ に対する不偏推定量ではない。実際，

$$0\leqq\mathrm{Var}(\sqrt{U_n}\mid\sigma^2)=\mathbf{E}[U_n\mid\sigma^2]-\mathbf{E}[\sqrt{U_n}\mid\sigma^2]^2=\sigma^2-\mathbf{E}'[\sqrt{U_n}\mid\sigma]^2$$

となり，$\mathbf{E}'[\sqrt{U_n}\mid\sigma]\leqq\sigma$ が成立する。$\sqrt{U_n}$ が σ に対する不偏推定量であるための等号成立

条件は $\mathrm{Var}(\sqrt{U_n} \mid \sigma^2) = 0$, つまり U_n が定数となる場合であるが, これは通常まったく期待できない。

パラメータ θ を推定する上で不偏性は統計量に対する自然な要請ではあるものの, これにこだわりすぎると, 不偏性が統計量やパラメータの変換に依存することや, 次の bias-variance tradeoff の事情などからうまくことが運ばないこともある。$\mathbf{E}[T \mid \theta]$ と θ がぴたり等しいというよりは, 統計らしく「これらが『だいたい』等しければそれでいいや」くらいの心構えでよい。ただし「だいたい」の意味を明らかにしておく必要はある。

<hr>

Bias-Variance Tradeoff

任意の統計量 T について, 次が成り立つことが容易に確かめられる。

$$\mathbf{E}[\,|T - \theta|^2 \mid \theta\,] = \Big(\underbrace{\big| \mathbf{E}[T \mid \theta] - \theta \big|}_{\text{bias}} \Big)^2 + \underbrace{\mathrm{Var}(T \mid \theta)}_{\text{variance}}$$

様々な統計量 T を考える中で, 左辺に正の下限が存在する場合, $\mathbf{E}[T \mid \theta]$ を可能な限り θ に近づけようとすると, 今度は分散 $\mathrm{Var}(T \mid \theta)$ が大きくなってしまう。逆も然りである。「$T = \theta$ ととれば最も良いではないか」と考えるかもしれないが「我々はパラメータ θ の具体的な情報をもたず, 無作為標本の観測値からその様子を窺うことしかできない」という問題意識があり, $T = \theta$ ととる場合, 無作為標本 $Y_1, Y_2, \ldots, Y_n$ から T の実現値を計算することができないため, この目論見は失敗する。むき出しの θ を用いて定まる式を T として採用することは問題意識にそぐわないのである。

問 7.8 対称化による分散の削減 (解答例 ➲ 付録)

$T = \tau(Y_1, Y_2, \ldots, Y_n)$ が不偏推定量であるとき, 変数 $y_1, y_2, \ldots, y_n$ の並べ替えについて不変な関数 $\widetilde{\tau}(y_1, y_2, \ldots, y_n)$ で $\widetilde{T} = \widetilde{\tau}(Y_1, Y_2, \ldots, Y_n)$ は再び不偏推定量であり, かつ $\mathrm{Var}(\widetilde{T} \mid \theta) \leqq \mathrm{Var}(T \mid \theta)$ となるものが存在することを示せ。

7.1.3 指数型分布族と十分統計量

統計モデルの中でも, 次に導入する指数型分布族は多くの統計モデルをカバーし, さらに理論的計算上良い性質を兼ね備えている。

定義 7.9 指数型分布族

d 次元統計モデル $\{f(y \mid \theta)\}_\theta$ が**指数型分布族**であるとは, 適当な関数 $a_i(\theta)$, $t_i(y)$ $(i = 1, 2, \ldots, d)$, $\psi(\theta)$, $b(y)$ を用いて $f(y \mid \theta)$ が次の形で表されることをいう。

$$f(y \mid \theta) = \exp\left\{ \sum_{i=1}^d a_i(\theta) t_i(y) - \psi(\theta) + b(y) \right\}$$

問 7.10　指数型分布族の例 (解答なし)

次の各統計モデル $\{f(y \mid \theta)\}_\theta$ が指数型分布族であることを確認せよ。

分布　$f(y \mid \theta)$	p.d.f./p.m.f.　$f(y \mid \theta)$ を $\exp\{...\}$ の形に書き直したもの
指数型分布族	$\exp\left\{ \sum_{i=1}^{d} a_i(\theta) t_i(y) - \psi(\theta) + b(y) \right\}$
正規分布 $N(\theta, 1)$　$\dfrac{e^{-\frac{(y-\theta)^2}{2}}}{\sqrt{2\pi}}$	$\exp\left\{ \theta \cdot y - \dfrac{\theta^2}{2} - \left(\dfrac{y^2}{2} + \dfrac{\log(2\pi)}{2} \right) \right\}$
正規分布 $N(0, \theta)$　$\dfrac{e^{-\frac{y^2}{2\theta}}}{\sqrt{2\pi\theta}}$	$\exp\left\{ -\dfrac{1}{\theta} \cdot \dfrac{y^2}{2} - \dfrac{1}{2}\log(2\pi\theta) \right\}$
指数分布 $E(\mathtt{rate}\,\theta)$　$\theta e^{-\theta y}$	$\exp\left\{ -\theta \cdot y + \log\theta \right\}$
Bernoulli(θ)　$\theta^y(1-\theta)^{1-y}$ (ただし $y=0,1$)	$\exp\left\{ \left(\log\dfrac{\theta}{1-\theta} \right) y + \log(1-\theta) \right\}$
Poisson(θ)　$\dfrac{\theta^y}{y!}e^{-\theta}$ (ただし $y=0,1,2,\ldots$)	$\exp\{ (\log\theta) \cdot y - \theta - \log y! \}$
正規分布 $N(\theta_1, \theta_2)$　$\dfrac{e^{-\frac{(y-\theta_1)^2}{2\theta_2}}}{\sqrt{2\pi\theta_2}}$	$\exp\left\{ \dfrac{\theta_1}{\theta_2} \cdot y - \dfrac{1}{\theta_2} \cdot \dfrac{y^2}{2} - \dfrac{(\theta_1)^2}{2\theta_2} - \dfrac{1}{2}\log(2\pi\theta_2) \right\}$

指数型分布族のもつ性質の一つとして、その分布に現れる $t(y)$ に関する平均と分散が、次の問に示すように $a(\theta)$ と $\psi(\theta)$ (やそれらの微分) のみを用いて表されることがある。

問 7.11　指数型分布族の性質 (解答 ➡ 付録)

1 次元指数型分布族 $(Y, \{f(y \mid \theta)\}_\theta)$ が $f(y \mid \theta) = \exp\{a(\theta)t(y) - \psi(\theta) + b(y)\}$ により与えられているとき、次が成り立つことを示せ。

(1) $\mathbf{E}[t(Y) \mid \theta] = \dfrac{\psi'(\theta)}{a'(\theta)}$　　(2) $\mathrm{Var}(t(Y) \mid \theta) = \dfrac{\psi''(\theta) - a''(\theta)\mathbf{E}[t(Y) \mid \theta]}{(a'(\theta))^2}$

次に導入する十分統計量という概念は一見わかりづらい概念であるが、最尤推定を行うには「データ $\mathbf{y}^{\mathrm{obs}}$ についてどの集約値を知れば十分か」を考えたものである。

定義 7.12　十分統計量

統計モデル $(\mathbf{Y} = (Y_1, Y_2, \ldots, Y_n), \{f(y \mid \theta)\}_\theta)$ において、統計量 $T = \tau(\mathbf{Y})$ が θ に対する**十分統計量** (sufficient statistics) であるとは、適当な関数 $g(\theta;t)$ と $h(\mathbf{y})$ について次が成り立つことをいう。

$$f_n(\mathbf{y} \mid \theta) = g(\theta; \tau(\mathbf{y})) \cdot h(\mathbf{y})$$

(➡ この統計モデルにおいて観測値 $\mathbf{y}^{\mathrm{obs}}$ に基づいた最尤推定値を計算するには、関数 g と $(y_1^{\mathrm{obs}}, y_2^{\mathrm{obs}}, \ldots, y_n^{\mathrm{obs}}$ の値そのものではなく) $\tau(\mathbf{y}^{\mathrm{obs}})$ のみがあれば十分!)

> **練習問題 7.13　コインの表が出る確率を推定するための十分統計量**
>
> コインの表が出る確率 θ_{true} を知るために n 回のコイン投げ $Y_1, Y_2, \ldots, Y_n$ を計画し, 統計モデル $\{\text{Bernoulli}(\theta)\}_{0<\theta<1}$ を考える。確率変数 Y_i は i 回目のコイン投げの結果が表なら 1, 裏なら 0 を記録するものであり, その分布については $(Y_i \mid \theta) \sim \text{Bernoulli}(\theta)$ $(i = 1, 2, \ldots, n)$ であることを想定している。
>
> $T = Y_1 + Y_2 + \cdots + Y_n$ とおくとき, T が十分統計量であることを示せ。

解答例　$\mathbf{y} = (y_1, y_2, \ldots, y_n)$ に対して $\tau(\mathbf{y}) = y_1 + y_2 + \cdots + y_n$ と定める。このとき $\tau(\mathbf{Y}) = T$ である。無作為標本 $Y_1, Y_2, \ldots, Y_n$ を代表して Y と表す。この統計モデル $\{\text{Bernoulli}(\theta)\}_{0<\theta<1}$ において, $\mathbf{P}(Y = y \mid \theta) = f(y \mid \theta) = \theta^y (1-\theta)^{1-y}$ $(y = 0,\ 1)$ であるから,

$$
\begin{aligned}
f_n(\mathbf{y} \mid \theta) &= f(y_1 \mid \theta) f(y_2 \mid \theta) \cdots f(y_n \mid \theta) \\
&= \left(\theta^{y_1}(1-\theta)^{1-y_1}\right)\left(\theta^{y_2}(1-\theta)^{1-y_2}\right) \cdots \left(\theta^{y_n}(1-\theta)^{1-y_n}\right) \\
&= \theta^{\sum_{i=1}^{n} y_i} (1-\theta)^{n - \sum_{i=1}^{n} y_i} = \theta^{\tau(\mathbf{y})}(1-\theta)^{n-\tau(\mathbf{y})}.
\end{aligned}
$$

そこで $g(\theta; t) = \theta^t (1-\theta)^{n-t}$, $h(\mathbf{y}) = 1$ とおくと $f_n(\mathbf{y} \mid \theta) = g(\theta; \tau(\mathbf{y}))h(\mathbf{y})$ が成り立つ。ゆえに T は十分統計量である。

コメント　等式 $f_n(\mathbf{y} \mid \theta) = g(\theta; \tau(\mathbf{y}))h(\mathbf{y})$ と $\tau(\mathbf{Y}) = T$ より $f_n(\mathbf{Y} \mid \theta) = g(\theta; T)h(\mathbf{Y})$ であるから, $\widehat{\Theta}_n$ は T の関数であることが期待され, 実際にいまの場合 $\widehat{\Theta}_n = \overline{Y}_n = \dfrac{T}{n}$ である (問 7.3 ➡ p. 190)。ゆえに θ_{true} の最尤推定には 1 次元データ $\mathbf{y}^{\text{obs}} = (y_1^{\text{obs}}, y_2^{\text{obs}}, \ldots, y_n^{\text{obs}})$ の全体を記録する必要はなく, 表が現れた回数 $t_{\text{obs}} = n \cdot \overline{y}_{\text{obs}}$ のみを記録しておけば十分なのである。

統計モデルにおいて都合よく十分統計量がとれるかは自明なことではない。実は, 十分統計量が存在するという状況はかなり特殊なことなのである。次に紹介する定理は, 十分統計量が存在するという状況がどれほど強烈な制限をかけることになるのかを示すものである。

> **定理 7.14** (**Pitman–Koopman–Darmois の定理**, 証明 ➡ 付録)
> 無作為標本の大きさが 2 以上の 1 次元統計モデル $\{f(y \mid \theta)\}_\theta$ において次は同値。
> (1) θ に対する (1 次元の) 十分統計量が存在する。
> (2) $\{f(y \mid \theta)\}_\theta$ は指数型分布族である。

より正確にいうと, 上の定理の証明では $f(y \mid \theta) > 0$ である y の領域が θ によらないことなどを仮定しなければならない。(実際, 統計モデル $\{\text{U}(0, \theta)\}_{\theta>0}$ では成り立たない。)

7.2 正則統計モデル

7.2.1　スコア関数と Fisher 情報量行列

定義 7.15　スコア関数

d 次元統計モデル $\{f(y \mid \theta)\}_\theta$ の対数尤度関数 (→ p. 188) を $\ell(\theta; y)$ により表すとき，

$$s(\theta; y) = \nabla_\theta \ell(\theta; y) = \left(\frac{\partial \ell(\theta; y)}{\partial \theta_1},\ \frac{\partial \ell(\theta; y)}{\partial \theta_2},\ \dots,\ \frac{\partial \ell(\theta; y)}{\partial \theta_d} \right)$$

により定まる $s(\theta; y)$ を**スコア関数** (score function) とよぶ。この統計モデルにおいて大きさ n の無作為標本を考えるときには，$\mathbf{y} = (y_1, y_2, \dots, y_n)$ に対して次の記号も用いる。

$$s_n(\theta; \mathbf{y}) = \nabla_\theta \ell_n(\theta; \mathbf{y}) = \sum_{i=1}^n s(\theta; y_i)$$

---

d 次元統計モデル $(\{\mathbf{P}(\bullet \mid \theta)\}_\theta, Y, \{f(y \mid \theta)\}_\theta)$ において，$f(y \mid \theta) > 0$ となる y の領域が θ に依存しない (これにより以下の積分領域が θ に依存しない) 場合を考える。$\partial_k = \dfrac{\partial}{\partial \theta_k}$ と表すと

$$\mathbf{E}\big[\frac{\partial \ell(\theta; Y)}{\partial \theta_k} \mid \theta\big] = \int \underbrace{\frac{\partial \ell(\theta; y)}{\partial \theta_k}}_{= \frac{\partial_k f(y \mid \theta)}{f(y \mid \theta)}} f(y \mid \theta)\, dy = \int \partial_k f(y \mid \theta)\, dy = \partial_k \underbrace{\int f(y \mid \theta)\, dy}_{= 1} = 0$$

であるから，スコア関数について常に次が成り立つ。

$$\mathbf{E}[s(\theta; Y) \mid \theta] = \left(\mathbf{E}\big[\frac{\partial \ell(\theta; Y)}{\partial \theta_1} \mid \theta\big],\ \mathbf{E}\big[\frac{\partial \ell(\theta; Y)}{\partial \theta_2} \mid \theta\big],\ \dots,\ \mathbf{E}\big[\frac{\partial \ell(\theta; Y)}{\partial \theta_d} \mid \theta\big] \right) = \mathbf{0}$$

さらに，上で得られた式 $\int \frac{\partial \ell(\theta; y)}{\partial \theta_k} f(y \mid \theta)\, dy = 0$ の両辺をさらに θ_l で偏微分して整理すると

$$\mathbf{E}\big[\frac{\partial \ell(\theta; Y)}{\partial \theta_k} \frac{\partial \ell(\theta; Y)}{\partial \theta_l} \mid \theta\big] = -\mathbf{E}\big[\frac{\partial^2 \ell(\theta; Y)}{\partial \theta_k \partial \theta_l} \mid \theta\big]$$

が得られる。こうして現れた量には，以下のように名前をつけておく。

定義 7.16　Fisher 情報量行列

d 次元統計モデル $(\{\mathbf{P}(\bullet \mid \theta)\}_\theta, \mathbf{Y}, \{f(y \mid \theta)\}_\theta)$ において，無作為標本 $\mathbf{Y}$ は大きさ n であるとし，$f(y \mid \theta) > 0$ なる y の領域は θ によらないとする。このとき，

$$I_n(\theta)_{i,j} = \mathbf{E}\big[\frac{\partial \ell_n(\theta; \mathbf{Y})}{\partial \theta_i} \frac{\partial \ell_n(\theta; \mathbf{Y})}{\partial \theta_j} \mid \theta\big] \quad \left(= -\mathbf{E}\big[\frac{\partial^2 \ell_n(\theta; \mathbf{Y})}{\partial \theta_i \partial \theta_j} \mid \theta\big] \right)$$

により定まる d 次正方行列 $I_n(\theta) = (I_n(\theta)_{i,j})_{i,j=1}^d$ を θ に対する**Fisher情報量行列**という。また $n = 1$ の場合はこれを $I(\theta)$ により表す。

等式 $I_n(\theta)_{i,j} = -\mathbf{E}\left[\frac{\partial^2 \ell_n(\theta; \mathbf{Y})}{\partial \theta_i \partial \theta_j} \mid \theta\right]$ から，$I_n(\theta) = n \cdot I(\theta)$ であることが確かめられる。

練習問題 7.17　Fisher 情報量の計算

(1) $\{\text{Bernoulli}(\theta)\}_\theta$ の Fisher 情報量行列 $I(\theta)$ を求めよ。

(2) $\{\text{N}(\theta, \sigma^2)\}_\theta$ の Fisher 情報量行列 $I(\theta)$ を求めよ。（ただし σ^2 は既知の値とする。）

(3) $\{\text{N}(\theta_1, \theta_2)\}_{\theta=(\theta_1,\theta_2)}$ の Fisher 情報量行列 $I(\theta)$ を求めよ。

(4) 次の統計モデルの Fisher 情報量行列 $I(\theta)$ を求めよ。

$$f(y \mid \theta_1, \theta_2) = \frac{\exp\left(-\dfrac{(y-\theta_1)^2}{2(\sigma_1)^2} - \dfrac{(y-\theta_2)^2}{2(\sigma_2)^2} + \dfrac{(\theta_1-\theta_2)^2}{2((\sigma_1)^2+(\sigma_2)^2)^{-1}}\right)}{\sqrt{2\pi((\sigma_1)^{-2}+(\sigma_2)^{-2})^{-1}}}$$

(5) $\{\text{U}(0,\theta)\}_{\theta>0}$ において $\mathbf{E}\left[\left(\dfrac{\partial \ell_n(\theta; \mathbf{Y})}{\partial \theta}\right)^2 \mid \theta\right]$ と $-\mathbf{E}\left[\dfrac{\partial^2 \ell_n(\theta; \mathbf{Y})}{\partial \theta^2} \mid \theta\right]$ を計算せよ。ただし，$\mathbf{Y} = (Y_1, Y_2, \ldots, Y_n)$ は大きさ n の無作為標本とする。

解答例　それぞれの統計モデルにおいて無作為に選ぶ標本点を Y により表す。

(1) $f_{y|\theta} = \theta^y(1-\theta)^{1-y}$ $(y = 0,\ 1)$ であるから $\ell(\theta; y) = y \log \theta + (1-y) \log(1-\theta)$。ゆえにスコア関数は次式により与えられる。

$$s(\theta; y) = \frac{\partial \ell}{\partial \theta}(\theta; y) = \frac{y}{\theta} - \frac{1-y}{1-\theta} = \frac{y-\theta}{\theta(1-\theta)}$$

これと，この統計モデル $\{\text{Bernoulli}(\theta)\}_{0<\theta<1}$ において $\mathbf{E}[Y \mid \theta] = \theta$, $\text{Var}(Y \mid \theta) = \theta(1-\theta)$ であるを用いると，Fisher 情報量行列は次のように計算できる。

$$I(\theta) = \mathbf{E}[(s(\theta; Y))^2 \mid \theta] = \mathbf{E}\left[\left(\frac{Y-\theta}{\theta(1-\theta)}\right)^2 \mid \theta\right] = \frac{\text{Var}(Y \mid \theta)}{\theta^2(1-\theta)^2} = \frac{1}{\theta(1-\theta)}$$

(2) $f(y \mid \theta) = \dfrac{\exp\left(-\dfrac{(y-\theta)^2}{2\sigma^2}\right)}{\sqrt{2\pi\sigma^2}}$ であるから $\ell(\theta; y) = -\dfrac{(y-\theta)^2}{2\sigma^2} + (\text{定数})$。ゆえにスコア関数は次式により与えられる。

$$s(\theta; y) = \frac{\partial \ell}{\partial \theta}(\theta; y) = \frac{y-\theta}{\sigma^2}$$

これと，この統計モデル $\{\text{N}(\theta, \sigma^2)\}_\theta$ において $\mathbf{E}[Y \mid \theta] = \theta$, $\text{Var}(Y \mid \theta) = \sigma^2$ が成り立つことを用いると，Fisher 情報量行列は次のように計算できる。

$$I(\theta) = \mathbf{E}[(s(\theta; Y))^2 \mid \theta] = \mathbf{E}\left[\left(\frac{Y-\theta}{\sigma^2}\right)^2 \mid \theta\right]$$

$$= \frac{1}{\sigma^4}\mathbf{E}[(Y-\theta)^2 \mid \theta] = \frac{1}{\sigma^4}\text{Var}(Y \mid \theta) = \frac{1}{\sigma^2}$$

(3) $f(y \mid \theta) = \dfrac{\exp\left(-\dfrac{(y-\theta_1)^2}{2\,\theta_2}\right)}{\sqrt{2\pi\,\theta_2}}$ であるから $\ell(\theta; y) = -\dfrac{(y-\theta_1)^2}{2\,\theta_2} - \dfrac{1}{2}\log\theta_2 + (\text{定数})$。
ゆえにスコア関数は次式により与えられる。

$$s(\theta; y) = \left(\frac{\partial\ell}{\partial\theta_1}(\theta; y),\ \frac{\partial\ell}{\partial\theta_2}(\theta; y)\right) = \left(\frac{y-\theta_1}{\theta_2},\ \frac{1}{2\theta_2}\left(\frac{(y-\theta_1)^2}{\theta_2} - 1\right)\right)$$

これと，この統計モデル $\{\mathrm{N}(\theta_1, \theta_2)\}_{\theta=(\theta_1, \theta_2)}$ において $\mathbf{E}[Y \mid \theta] = \theta_1$，$\mathrm{Var}(Y \mid \theta) = \theta_2$ が成り立つことを用いると，Fisher 情報量行列の成分のうち，$I(\theta)_{1,1}$，$I(\theta)_{1,2} = I(\theta)_{2,1}$ は次のように計算できる。

$$I(\theta)_{1,1} = \mathbf{E}\left[\left(\frac{Y-\theta_1}{\theta_2}\right)^2 \mid \theta\right] = \frac{1}{(\theta_2)^2}\mathrm{Var}(Y \mid \theta) = \frac{1}{\theta_2},$$

$$I(\theta)_{1,2} = \mathbf{E}\left[\left(\frac{Y-\theta_1}{\theta_2}\right) \cdot \frac{1}{2\theta_2}\left(\frac{(Y-\theta_1)^2}{\theta_2} - 1\right) \mid \theta\right]$$

$$= \frac{1}{2(\theta_2)^2}\left(\frac{1}{\theta_2}\underbrace{\mathbf{E}[(Y-\theta_1)^3 \mid \theta]}_{=0} - \underbrace{\mathbf{E}[Y-\theta_1 \mid \theta]}_{=0}\right) = 0$$

残る $I(\theta)_{2,2}$ は次のように計算する。

$$I(\theta)_{2,2} = \mathbf{E}\left[\left(\frac{1}{2\theta_2}\left\{\left(\frac{Y-\theta_1}{\sqrt{\theta_2}}\right)^2 - 1\right\}\right)^2 \mid \theta\right]$$

$$= \frac{1}{4(\theta_2)^2}\left(\mathbf{E}\left[\left(\frac{Y-\theta_1}{\sqrt{\theta_2}}\right)^4 \mid \theta\right] - 2\underbrace{\mathbf{E}\left[\left(\frac{Y-\theta_1}{\sqrt{\theta_2}}\right)^2 \mid \theta\right]}_{=1} + 1\right)$$

ここで $\left(\dfrac{Y-\theta_1}{\sqrt{\theta_2}} \mid \theta\right) \sim \mathrm{N}(0, 1)$ を用いて $\mathbf{E}\left[\left(\dfrac{Y-\theta_1}{\sqrt{\theta_2}}\right)^4 \mid \theta\right]$ を次のように計算する。

$$\mathbf{E}\left[\left(\frac{Y-\theta_1}{\sqrt{\theta_2}}\right)^4 \mid \theta\right] = \int_{-\infty}^{\infty} x^4 \cdot \frac{\mathrm{e}^{-\frac{x^2}{2}}}{\sqrt{2\pi}}\,\mathrm{d}x = \underbrace{\left[-x^3 \cdot \frac{\mathrm{e}^{-\frac{x^2}{2}}}{\sqrt{2\pi}}\right]_{-\infty}^{\infty}}_{=0} + 3\underbrace{\int_{-\infty}^{\infty} x^2 \cdot \frac{\mathrm{e}^{-\frac{x^2}{2}}}{\sqrt{2\pi}}\,\mathrm{d}x}_{=1}$$

したがって $I(\theta)_{2,2} = \dfrac{3-2+1}{4(\theta_2)^2} = \dfrac{1}{2(\theta_2)^2}$ であり，ゆえに $I(\theta) = \begin{pmatrix} \frac{1}{\theta_2} & 0 \\ 0 & \frac{1}{2(\theta_2)^2} \end{pmatrix}$。

(4) y の関数として

$$\exp\left(-\frac{(y-\theta_1)^2}{2(\sigma_1)^2}\right)\exp\left(-\frac{(y-\theta_2)^2}{2(\sigma_2)^2}\right) \propto \exp\left(-\frac{\left(y - \dfrac{\theta_1(\sigma_2)^2 + \theta_2(\sigma_1)^2}{(\sigma_1)^2 + (\sigma_2)^2}\right)^2}{2((\sigma_1)^{-2} + (\sigma_2)^{-2})^{-1}}\right)$$

であるから $f(y \mid \theta_1, \theta_2) = \dfrac{\exp\left(-\dfrac{\left(y - \dfrac{\theta_1(\sigma_2)^2 + \theta_2(\sigma_1)^2}{(\sigma_1)^2 + (\sigma_2)^2}\right)^2}{2((\sigma_1)^{-2} + (\sigma_2)^{-2})^{-1}}\right)}{\sqrt{2\pi((\sigma_1)^{-2} + (\sigma_2)^{-2})^{-1}}}$，つまりこの統計モデ

ルは $\mathrm{N}\left(\dfrac{\theta_1(\sigma_2)^2 + \theta_2(\sigma_1)^2}{(\sigma_1)^2 + (\sigma_2)^2}, \dfrac{(\sigma_1\sigma_2)^2}{(\sigma_1)^2 + (\sigma_2)^2}\right)$ である。対数尤度関数とスコア関数は

$$\ell(\theta; y) = -\frac{\left(y - \dfrac{\theta_1(\sigma_2)^2 + \theta_2(\sigma_1)^2}{(\sigma_1)^2 + (\sigma_2)^2}\right)^2}{2((\sigma_1)^{-2} + (\sigma_2)^{-2})^{-1}} + (\text{定数}),$$

$$s(\theta; y) = \left(y - \frac{\theta_1(\sigma_2)^2 + \theta_2(\sigma_1)^2}{(\sigma_1)^2 + (\sigma_2)^2}\right) \cdot \left(\frac{1}{(\sigma_1)^2}, \frac{1}{(\sigma_2)^2}\right)$$

である。$I(\theta)_{1,1} = \dfrac{\mathrm{Var}(Y \mid \theta)}{(\sigma_1)^4}$，$I(\theta)_{1,2} = \dfrac{\mathrm{Var}(Y \mid \theta)}{(\sigma_1)^2(\sigma_2)^2}$，$I(\theta)_{2,2} = \dfrac{\mathrm{Var}(Y \mid \theta)}{(\sigma_2)^4}$ より

$$I(\theta) = \begin{pmatrix} \dfrac{\mathrm{Var}(Y \mid \theta)}{(\sigma^1)^4} & \dfrac{\mathrm{Var}(Y \mid \theta)}{(\sigma^1)^2(\sigma^2)^2} \\ \dfrac{\mathrm{Var}(Y \mid \theta)}{(\sigma^1)^2(\sigma^2)^2} & \dfrac{\mathrm{Var}(Y \mid \theta)}{(\sigma^2)^4} \end{pmatrix} = \frac{(\sigma_1)^2(\sigma_2)^2}{(\sigma_1)^2 + (\sigma_2)^2} \begin{pmatrix} \dfrac{1}{(\sigma^1)^4} & \dfrac{1}{(\sigma^1)^2(\sigma^2)^2} \\ \dfrac{1}{(\sigma^1)^2(\sigma^2)^2} & \dfrac{1}{(\sigma^2)^4} \end{pmatrix}。$$

(5) $\{\mathrm{U}(0, \theta)\}_{\theta > 0}$ では $f(y \mid \theta) = \theta^{-1} \mathbf{1}_{(0,\theta)}(y)$ より $f(Y \mid \theta) = \theta^{-1} \mathbf{1}_{(0,\theta)}(Y) = \theta^{-1}$。よって

$$\ell(\theta; Y) = -\log\theta, \qquad \ell_n(\theta; \mathbf{Y}) = -n\log\theta,$$

$$s_n(\theta; \mathbf{Y}) = \frac{\partial \ell_n(\theta; \mathbf{Y})}{\partial \theta} = -\frac{n}{\theta}, \qquad \frac{\partial^2 \ell_n(\theta; \mathbf{Y})}{\partial \theta^2} = \frac{n}{\theta^2}。$$

ゆえに

$$\mathbf{E}\left[\left(\frac{\partial \ell_n(\theta; \mathbf{Y})}{\partial \theta}\right)^2 \mid \theta\right] = \frac{n^2}{\theta^2}, \quad -\mathbf{E}\left[\frac{\partial^2 \ell_n(\theta; \mathbf{Y})}{\partial \theta^2} \mid \theta\right] = \frac{n}{\theta^2}$$

であり，この二つは一致しない。

コメント (3) の $I(\theta)$ は正則行列であるが，(4) の $I(\theta)$ は正則行列ではない。(5) 定義 7.7 (◉ p. 196) の直後で $\mathbf{E}[s(\theta; \mathbf{Y}) \mid \theta] = \mathbf{0}$ を導出する際，次式のように微分と積分を交換したことを思い出そう。

$$\frac{\partial}{\partial \theta}\left(\int f(y \mid \theta)\, \mathrm{d}y\right) = \int \left(\frac{\partial}{\partial \theta} f(y \mid \theta)\right) \mathrm{d}y$$

このとき暗に積分範囲が θ に依存しないことを仮定しているが，これは $\{\mathrm{U}(0, \theta)\}_{\theta > 0}$ では成り立たない (実際，$\{\mathrm{U}(0, \theta)\}_{\theta > 0}$ の場合は積分範囲が $0 < y < \theta$ となる)。このような統計モデルにおいて仮に Fisher 情報量を $I_n(\theta) = \mathbf{E}[(s_n(\theta; \mathbf{Y}))^2 \mid \theta]$ により定義したとしても，$I_n(\theta) = n \cdot I(\theta)$ であることを保証できない (実際，$\{\mathrm{U}(0, \theta)\}_{\theta > 0}$ では成り立たない)。

7.2.2 正則統計モデルと最尤推定量

これからは，統計モデルの中でも比較的扱いやすいものに限って議論を進めて行こう。

▌定義 7.18 正則統計モデル

統計モデル $(\{\mathbf{P}(\bullet \mid \theta)\}_\theta, \mathbf{Y}, \{f(y \mid \theta)\}_\theta)$ が**正則** (regular) であるとは，$f(y \mid \theta) > 0$ となる y の領域が θ に依存せず，かつすべてのパラメータ θ に対して Fisher 情報量行列 $I(\theta)$ が正則であることをいう。

統計モデルの「正則性」という用語には，統計業界の中で色々な意味があてがわれており，誰もが満足するまで拡張・統一された概念はないように見える。本書ではそれらの中でもおそらく最も簡素かつミニマルな，上の意味での正則性を扱う。

いま，現実世界における真の分布 $q(y)$ が統計モデル $(\{\mathbf{P}(\bullet \mid \theta)\}_\theta, \mathbf{Y}, \{f(y \mid \theta)\}_\theta)$ に含まれているとしよう。つまり，ある θ_{true} について $q(y) = f(y \mid \theta_{\text{true}})$ が成り立つとして，この θ_{true} に対する推定を行いたい。不偏推定量 T (定義 7.4 ◎ p. 192) を見つけることができれば，どの $\mathbf{P}(\bullet \mid \theta)$ の世界にいたとしても，その期待値を計算することで $\mathbf{E}[T \mid \theta] = \theta$ が成り立つ。特に現実世界で T を観測して得られた実現値 t_{obs} により θ_{true} を点推定することができる。

すると次に気になるのはこの精度であり，何らかの意味で最も精度の良い推定量は総じて**有効推定量** (efficient estimator) とよばれる。ここでは，この精度の目安として

$$\mathbf{E}[(T - \theta)^2 \mid \theta] \underset{\substack{T\,\text{が不偏} \\ \text{推定量より}}}{=} \mathbf{E}[(T - \mathbf{E}[T \mid \theta])^2 \mid \theta] = \mathrm{Var}(T \mid \theta),$$

つまり T の分散を考えてみよう。この値を小さくできれば精度の高い点推定に繋がるはずであるが，これには次に示す限界がある。

▌定理 7.19 (Cramér–Raoの不等式, 証明 ◎ 付録)

$(\{\mathbf{P}(\bullet \mid \theta)\}_\theta, \mathbf{Y}, \{f(y \mid \theta)\}_\theta)$ を 1 次元正則統計モデルとし，このうち $\mathbf{Y} = (Y_1, Y_2, \dots, Y_n)$ は大きさ n の無作為標本とする。このとき，パラメータに対する任意の不偏推定量 $T = \tau(\mathbf{Y})$ に対して

$$\mathrm{Var}(T \mid \theta) \geq \frac{1}{I_n(\theta)} \tag{7.2.1}$$

が成り立つ。等号成立は次のように書ける場合に限る。

$$T - \theta = \big(s_n(\theta; \mathbf{Y})\big) \times (\theta\,\text{の関数})$$

この等号成立条件をみたす不偏推定量 T は **(一様) 最小分散不偏** ((uniformly) minimum-variance unbiased, (U)MVU) **推定量**とよばれ，分散という精度の意味で有効推定量となる。「最小分散不偏推定量を得るには，スコア関数を計算しておけば，それに θ の適当な関数を掛け合わせたのちに θ を足せば求まるじゃないか」と考えるかもしれないが，我々は θ に関する情報をもたないので，T をむき出しの θ の関数として定義しても，無作為標本に関する観

測値から T の実現値を計算することができず，この目論見は失敗する。この等号成立条件は，最小分散不偏推定量を得るためのレシピではないのである。

パラメータが d 次元のときは不偏推定量 T も d 次元確率ベクトルと解釈すると，Cramér-Rao の不等式 (7.2.1) は「$\mathrm{Cov}(T, T \mid \theta) - \big(I_n(\theta)\big)^{-1}$ が非負定値」という意味で成り立つ。

練習問題 7.20　正規母集団において標本平均は母平均の有効推定量となる

母分散 $\sigma^2 > 0$ を既知の数値として，統計モデル $\{\mathrm{N}(\theta, \sigma^2)\}_\theta$ を考える。この統計モデルにおける無作為標本を $\mathbf{Y} = (Y_1, Y_2, \ldots, Y_n)$ により表すとき，標本平均 $\overline{Y}_n$ が θ に対する一様最小分散不偏推定量であることを示せ。

. . . .

解答例　Cramér-Rao の不等式 (7.2.1) の等号成立条件 $\overline{Y}_n - \theta = s_n(\theta; \mathbf{Y}) \times (\theta \text{ の関数})$ を確かめればよい。このためにまずスコア関数 $s(\theta; y)$ を計算する。この統計モデル $\{\mathrm{N}(\theta, \sigma^2)\}_\theta$ において尤度関数，対数尤度関数は

$$f(y \mid \theta) = \frac{\mathrm{e}^{-\frac{(y-\theta)^2}{2\sigma^2}}}{\sqrt{2\pi\sigma^2}}, \quad \ell(\theta; y) = -\frac{(y-\theta)^2}{2\sigma^2} + (\text{定数})$$

であり，ゆえに $s(\theta; y) = \dfrac{\partial \ell(\theta; y)}{\partial \theta} = \dfrac{y - \theta}{\sigma^2}$。よって

$$s_n(\theta; \mathbf{Y}) = \sum_{i=1}^n s(\theta; Y_i) = \frac{\sum_{i=1}^n (Y_i - \theta)}{\sigma^2} = \frac{n(\overline{Y}_n - \theta)}{\sigma^2},$$

これを整理して $\overline{Y}_n - \theta = \dfrac{\sigma^2}{n} s_n(\theta; \mathbf{Y})$。($\theta$ の関数の部分としては定数関数 $\dfrac{\sigma^2}{n}$ が現れた。)

. . . .

コメント　$Y_i \sim \mathrm{N}(\theta, \sigma^2)$ より，$\overline{Y}_n \sim \mathrm{N}(\theta, \frac{\sigma^2}{n})$ であり，ゆえに $\mathrm{Var}(\overline{Y}_n \mid \theta) = \frac{\sigma^2}{n}$。一方で練習問題 7.17–(2) (**⊙** p. 197) より $I_n(\theta) = n \cdot I(\theta) = \frac{n}{\sigma^2}$ であるから，$\mathrm{Var}(\overline{Y}_n \mid \theta) = (I_n(\theta))^{-1}$，つまり Cramér–Rao の不等式 (7.2.1) において等号が成り立つ。

上の $\{\mathrm{N}(\theta, \sigma^2)\}_\theta$ の例よりもっと一般の統計モデルにおいて θ の最小分散不偏推定量を得ることができるだろうか。これは難しい問題であるが，無作為標本の大きさ n が十分に大きい場合，次のように最尤推定量は「ほぼ」最小分散不偏推定量とみなせることが保証されている。

定理 7.21（MLE の漸近正規性）

$(\{\mathbf{P}(\bullet \mid \theta)\}_\theta, \mathbf{Y}, \{f(y \mid \theta)\}_\theta)$ を正則統計モデルとする。このとき，すべての θ と十分大きな n について最尤推定量 $\widehat{\Theta}_n$ は $\mathbf{P}(\bullet \mid \theta)$ のもとでほぼ $\mathrm{N}(\theta, (n \cdot I(\theta))^{-1})$ に従う。

より形式的には，d 次元の場合，すべての θ について次が成り立つということである。

$$\mathbf{P}\big(\sqrt{n}(\widehat{\Theta}_n - \theta) \in \mathrm{d}\mathbf{x} \mid \theta\big) \xrightarrow{n \to \infty} \underbrace{\frac{\exp\big(-\frac{1}{2}\langle \mathbf{x}, I(\theta)\mathbf{x}\rangle\big)}{\sqrt{\det(2\pi(I(\theta))^{-1})}}}_{\mathrm{N}(\mathbf{0},\, I(\theta)^{-1}) \text{ の p.d.f.}} \mathrm{d}\mathbf{x}$$

特に,$\sqrt{n}\left(\mathbf{E}[\widehat{\Theta}_n \mid \theta] - \theta\right) \overset{n \to \infty}{\longrightarrow} \displaystyle\int_{\mathbb{R}^d} \mathbf{x} \frac{\exp\left(-\frac{1}{2}\langle \mathbf{x}, I(\theta)\mathbf{x}\rangle_{\mathbb{R}^d}\right)}{\sqrt{\det(2\pi(I(\theta))^{-1})}}\, d\mathbf{x} = \mathbf{0}$, つまり

$$\mathbf{E}[\widehat{\Theta}_n \mid \theta] = \theta + o\left(\frac{1}{\sqrt{n}}\right)$$

となり,$\widehat{\Theta}_n$ は「漸近的に」不偏推定量となる。さらに,$\widehat{\Theta}_n$ の分散は $(n \cdot I(\theta))^{-1} = (I_n(\theta))^{-1}$ に近づいていくから,最尤推定量 $\widehat{\Theta}_n$ は「漸近的に」Cramér–Rao の下限を達成するのである! 実は,より強く次のことが成り立つ。

定理 7.22 (MLE の一致性)

$(\{\mathbf{P}(\bullet \mid \theta)\}_\theta, \mathbf{Y}, \{f(y \mid \theta)\}_\theta)$ を正則統計モデルとする。このとき,すべての θ ついて $\mathbf{P}\big(n \to \infty \text{ のとき } \widehat{\Theta}_n \to \theta \mid \theta\big) = 1$ が成り立つ。

一致性とは,標語的には「母数 θ に対する推定量 $\widehat{\Theta}_n$ の実現値 $\hat{\theta}_n$ が,標本の大きさ n を大きくするにつれ θ に近づくこと」であるが,これより少し意味の弱い「確率収束」の概念を用いることもある。これは「標本の大きさを十分大きくすることにより,推定量 $\widehat{\Theta}_n$ が所望の精度をもつ確率を 100% にいくらでも近づけることができる」という意味の「どんなに小さな正数 $\varepsilon > 0$ をとっても,$\displaystyle\lim_{n \to \infty} \mathbf{P}\big(|\widehat{\Theta}_n - \theta| < \varepsilon \mid \theta\big) = 1$ が成り立つ」ことである。

本書でこの定理 7.22 を証明することはしないが,この証明の鍵は,すべてのパラメータ θ と φ について次を示すことにある。

$$\varphi \neq \theta \Longrightarrow \left[\mathbf{P}(\bullet \mid \theta) \text{ のもとで } \frac{f_n(\mathbf{Y} \mid \varphi)}{f_n(\mathbf{Y} \mid \theta)} \overset{n \to \infty}{\longrightarrow} 0\right] \tag{7.2.2}$$

実際,これが成り立つとすると,$\mathbf{P}(\bullet \mid \theta)$ の世界では $\varphi \neq \theta$ ならば十分大きな n について $f_n(\mathbf{Y} \mid \varphi) < f_n(\mathbf{Y} \mid \theta)$ が成り立つことになるが,一方で MLE $\widehat{\Theta}_n$ の定義 7.2 (⊙ p. 190) よりいつでも $f_n(\mathbf{Y} \mid \widehat{\Theta}_n) \geqq f_n(\mathbf{Y} \mid \theta)$ が成り立っている。ということは大きな n について $\widehat{\Theta}_n$ は θ に近くなければならないであろう,というわけである。

では,式 (7.2.2) がなぜ成り立つかというと,$\mathbf{P}(\bullet \mid \theta)$ の世界では

$$\log \frac{f_n(\mathbf{Y} \mid \varphi)}{f_n(\mathbf{Y} \mid \theta)} = \sum_{i=1}^n \log \frac{f(Y_i \mid \varphi)}{f(Y_i \mid \theta)} = (-n) \times \Big(\underbrace{-\frac{1}{n}\sum_{i=1}^n \log \frac{f(Y_i \mid \varphi)}{f(Y_i \mid \theta)}}_{\substack{\downarrow\ \text{大数の法則} \\ -\mathbf{E}\left[\log \frac{f(Y \mid \varphi)}{f(Y \mid \theta)} \mid \theta\right]}} \Big)$$

$(Y_1, Y_2, \ldots, Y_n$ を代表して Y と表した) となるから,$-\mathbf{E}\left[\log \dfrac{f(Y \mid \varphi)}{f(Y \mid \theta)} \mid \theta\right]$ のとる値により,式 (7.2.2) に現れる $\dfrac{f_n(\mathbf{Y} \mid \varphi)}{f_n(\mathbf{Y} \mid \theta)}$ の挙動が決まるのである。ゆえに

$$-\mathbf{E}\left[\log \frac{f(Y \mid \varphi)}{f(Y \mid \theta)} \mid \theta\right] = -\int f(y \mid \theta) \log \frac{f(y \mid \varphi)}{f(y \mid \theta)}\, dy \tag{7.2.3}$$

という量が重要な役割を果たすことがわかる。実は，$f_{|\varphi} = f_{|\theta}$ ならばこの値は 0，そうでなければ正の値になる (定理 7.24 ◉ p. 203) ことがわかり，(7.2.2) の成立が見えてくるのである。次項にて，この量に名前をつけよう。

7.2.3 Kullback–Leibler divergence

関数 $f(x)$ に対して，$f(x) > 0$ となる x の範囲を $\{f > 0\}$ により表す。

定義 7.23　Kullback–Leibler divergence

二つの確率分布 q と p が共に p.m.f.，もしくは共に p.d.f. であるとする。これらが $\{q > 0\} = \{p > 0\}$ をみたすとき，次式により定義される $D_{\mathrm{KL}}(q\|p)$ を，q の p に対する **Kullback–Leibler divergence** (KL divergence) という。

$$
D_{\mathrm{KL}}(q\|p) = \begin{cases} -\displaystyle\sum_{k=1,2,\dots} q_k \log \dfrac{p_k}{q_k} & (q = (q_k)_k,\ p = (p_k)_k\ \text{が p.m.f. のとき}) \\ -\displaystyle\int q(\mathbf{y}) \log \dfrac{p(\mathbf{y})}{q(\mathbf{y})}\, \mathrm{d}\mathbf{y} & (q = q(\mathbf{y}),\ p = p(\mathbf{y})\ \text{が p.d.f. のとき}) \end{cases}
$$

ただし，q と p が p.d.f. の場合，積分範囲は $\{q > 0\}$ $(= \{p > 0\})$ として考える。

正則統計モデル $\{f(y \mid \theta)\}_\theta$ においては $\{f_{|\theta} > 0\}$ が θ によらず同一の範囲を表すため，常に $D_{\mathrm{KL}}(f_{|\theta}\|f_{|\varphi})$ が定義される。式 (7.2.3) は

$$
-\mathbf{E}\big[\log \frac{f(Y \mid \varphi)}{f(Y \mid \theta)} \mid \theta\big] = D_{\mathrm{KL}}(f_{|\theta}\|f_{|\varphi})
$$

と表すことができ，θ と φ の二つを変数にもつことになる。この左辺は固定した $\mathbf{P}(\bullet \mid \theta)$ の世界における期待値を考えたものであるから，この θ の世界から見た φ との差異を測りたい。そのためには，θ は動かさず φ を変数と考えることになる。つまり「θ は固定した目標，φ はその予測」という意味合いとなり，KL divergence はしばしば D_{KL}(真の分布 $\|$ 予測分布) という形で用いる (逆にして用いる文脈もある)。

定理 7.24 (KL divergence の性質 ◉ 問 7.32, 7.33, 7.34, pp. 208–209)
二つの確率分布 q, p や 1 次元統計モデル $\{f(y \mid \theta)\}_\theta$ においてそれらの KL divergence が定義されるとき，次が成り立つ。
(1) $D_{\mathrm{KL}}(q\|p) \geqq 0,$
(2) $D_{\mathrm{KL}}(q\|p) = 0 \iff q = p,$
(3) $\varphi \to \theta$ のとき $D_{\mathrm{KL}}(f_{|\theta}\|f_{|\varphi}) = \dfrac{1}{2}(\varphi - \theta)^2 I(\theta) + O\big((\varphi - \theta)^3\big)$
ただし，$f_{|\theta}$ の記号については定義 7.1 (◉ p. 188) を参照のこと。

上のことから，KL divergence が小さいほど二つの確率分布が似ていると期待でき，この意味で確率分布の間の「近さ」を測る指標となるのである。

いま真の分布 $q = q(y)$ とそれをターゲットにする統計モデル $\{f(y \mid \theta)\}_\theta$ があるとする。

$q(y)$ に対する予測としての $f(y \mid \theta)$ の精度を見るには $D_{\mathrm{KL}}(q\|f_{|\theta})$ が小さいことを確認すればよいから，この方法を考えよう。まず $D_{\mathrm{KL}}(q\|f_{|\theta})$ を次のように分解する。

$$D_{\mathrm{KL}}(q\|f_{|\theta}) = \int q(y) \log q(y)\,\mathrm{d}y \; - \underbrace{\int q(y) \log f(y \mid \theta)\,\mathrm{d}y}_{\approx \frac{1}{n}\sum_{i=1}^{n} \log f(Y_i \mid \theta)}$$

p.m.f. を扱う場合も同様である。現実に得られる無作為標本 $Y_1, Y_2, \ldots, Y_n$ は真の分布 $q(y)$ に従うため，右辺の第 2 項は，大数の法則の観点から $\dfrac{1}{n}\displaystyle\sum_{i=1}^{n} \log f(Y_i \mid \theta)$ と推定できる。第 1 項については不明な $q(y)$ を用いた $\log q(Y_i)$ を計算できないため，この量を推定することができないが，$f(y \mid \theta)$ にはよらない量となっている。以上のことから，$D_{\mathrm{KL}}(q\|f_{|\theta})$ の小ささを確かめるためには第 2 項が大きいことを確認すれば十分となる。

それぞれの項に -1 を掛けたものには，次のように名前をつけておく。

定義 7.25　エントロピー・交差エントロピー

(1) 確率分布 f の**エントロピー** (entropy) を次で定める。

$$\mathrm{Ent}(f) = \begin{cases} -\displaystyle\sum_{k=1,2,\ldots} f_k \log f_k & (f = (f_1, f_2, \ldots) \text{ が p.m.f. のとき}) \\[2mm] -\displaystyle\int f(\mathbf{y}) \log f(\mathbf{y})\,\mathrm{d}\mathbf{y} & (f = f(\mathbf{y}) \text{ が p.d.f. のとき}) \end{cases}$$

(2) 確率分布 q と p の**交差エントロピー** (cross entropy) もしくは**汎化損失** (generalization error) を次で定める。

$$G(q\|p) = \begin{cases} -\displaystyle\sum_{k=1,2,\ldots} q_k \log p_k & (q = (q_k)_k,\; p = (p_k)_k \text{ が p.m.f. のとき}) \\[2mm] -\displaystyle\int q(\mathbf{y}) \log p(\mathbf{y})\,\mathrm{d}\mathbf{y} & (q = q(\mathbf{y}),\; p = p(\mathbf{y}) \text{ が p.d.f. のとき}) \end{cases}$$

上に説明した背景から，汎化損失は次の形で用いられることが多い。

$$G(\text{サンプルを得ることのできる分布} \parallel \text{明示的に記述されている分布})$$

また上に説明したことから，KL divergence は次の分解をもつ。確率分布 p を動かして KL divergence を小さくすることと，汎化損失を小さくすることは同値であることがわかる。

公式 7.26 $\qquad\qquad\qquad D_{\mathrm{KL}}(q\|p) = G(q\|p) - \mathrm{Ent}(q)$

KL divergence の性質 (定理 7.24 ⊙ p. 203) の証明は問 7.32 (⊙ p. 208)，　7.33 (⊙ p. 208)，7.34 (⊙ p. 209) に要点ごとにステップ分けしてまとめた。これは実質的に演習という性格のものではなく，つまずいてもそこで学習を停止せず解答を参照するとよい。

$N(\theta, 1)$ の p.d.f. $f(y \mid \theta)$ のエントロピー $\text{Ent}(f_{|\theta})$ や，$N(\varphi, 1)$ の p.d.f. $f(y \mid \varphi)$ に対する KL divergence $D_{\text{KL}}(f_{|\theta}\|f_{|\varphi})$ をそれぞれ $\text{Ent}(N(\theta, 1))$ や $D_{\text{KL}}(N(\theta, 1)\|N(\varphi, 1))$ により表す。他の分布についても同様である。$\text{Ent}(f)$ や $D_{\text{KL}}(q\|p)$ は，$\{f > 0\}$ や $\{q > 0\}$, $\{p > 0\}$ が示す領域ごとに定義されることに注意しよう。

練習問題 7.27　KL divergence とエントロピーの例

(1) $N(\theta, 1)$ の p.d.f. $f(y \mid \theta)$ に対して $D_{\text{KL}}(f_{|\theta_1}\|f_{|\theta_2}) = \frac{1}{2}(\theta_1 - \theta_2)^2$ を示せ。

(2) $N(\mu, \sigma^2)$ の p.d.f. f に対して $\text{Ent}(f) = \log(\sigma\sqrt{2\pi}) + \frac{1}{2}$ を示せ。

(3) $E(\text{mean }\mu)$ の p.d.f. f に対して $\text{Ent}(f) = \log\mu + 1$ を示せ。

- -

解答例　(1) $N(\theta, 1)$ の p.d.f. は $f(y \mid \theta) = (2\pi)^{-\frac{1}{2}}\exp\left(-\dfrac{(y-\theta)^2}{2}\right)$ であるから，

$$D_{\text{KL}}(N(\theta_1, 1)\|N(\theta_2, 1)) = -\int_{-\infty}^{\infty} f(y \mid \theta_1) \underbrace{\log\frac{f(y \mid \theta_2)}{f(y \mid \theta_1)}}_{= -\frac{(\theta_2)^2 - (\theta_1)^2}{2} + (\theta_2 - \theta_1)y} \, dy$$

$$= \frac{(\theta_2)^2 - (\theta_1)^2}{2} - (\theta_2 - \theta_1)\theta_1 = \frac{(\theta_1 - \theta_2)^2}{2}.$$

(2) $N(\mu, \sigma^2)$ の p.d.f. は $f(y \mid \mu, \sigma^2) = (2\pi\sigma^2)^{-\frac{1}{2}}\exp\left(-\dfrac{(y-\mu)^2}{2\sigma^2}\right)$ であるから，

$$\text{Ent}(N(\mu, \sigma^2)) = -\int_{-\infty}^{\infty} f(y \mid \mu, \sigma^2) \underbrace{\log\frac{\exp\left(-\frac{(y-\mu)^2}{2\sigma^2}\right)}{\sqrt{2\pi\sigma^2}}}_{= -\frac{(y-\mu)^2}{2\sigma^2} - \log\sqrt{2\pi\sigma^2}} \, dy = \frac{1}{2} + \log\sqrt{2\pi\sigma^2}.$$

(3) $E(\text{mean }\mu)$ の p.d.f. は $f(y \mid \mu) = \mu^{-1}\exp(-y/\mu)$ であるから，

$$\text{Ent}(E(\text{mean }\mu)) = -\int_{0}^{\infty} f(y \mid \mu) \underbrace{\log\left(\frac{\exp(-y/\mu)}{\mu}\right)}_{= -\log\mu - \frac{y}{\mu}} \, dy = \log\mu + 1.$$

問 7.28　エントロピーを最大化する確率分布 (解答 ⊙ 付録)

以下の事実を示せ。

(1) 平均 μ, 分散 σ^2 をもつ $\mathbb{R}$ 上の p.d.f. の中で $N(\mu, \sigma^2)$ は最大エントロピーをもつ。

(2) 平均 μ をもつ $[0, +\infty)$ 上の p.d.f. の中で $E(\text{mean }\mu)$ は最大エントロピーをもつ。

(3) 2 点集合 $\{0, 1\}$ 上の p.m.f. の中で，$\text{Bernoulli}(\frac{1}{2})$ は最大のエントロピーをもつ。

練習問題 7.29　EM アルゴリズム

統計モデル $(\{\mathbf{P}(\bullet \mid \theta)\}_\theta, (\mathbf{Y}, \mathbf{X}), \{f(y, x \mid \theta)\}_\theta)$ において $\mathbf{Y} = (Y_i)_{i=1}^n$ を代表して Y，$\mathbf{X} = (X_i)_{i=1}^n$ を代表して X と表す。これらは $\mathbf{P}(Y \in \mathrm{d}y; X \in \mathrm{d}x \mid \theta) = f(y, x \mid \theta)\,\mathrm{d}y\,\mathrm{d}x$ をみたす。いま $\mathbf{Y}$ と $\mathbf{X}$ のうち，$\mathbf{Y}$ の観測値 $\mathbf{y}^{\mathrm{obs}} = (y_i^{\mathrm{obs}})_{i=1}^n$ のみが与えられた。これに基づいてパラメータを推定したい。そこで $f_Y(y \mid \theta) = \int f(y, x \mid \theta)\,\mathrm{d}x$，$f_{\mathbf{Y}}(\mathbf{y} \mid \theta) = \prod_{i=1}^n f_Y(y_i \mid \theta)$，$\mathbf{y} = (y_1, y_2, \ldots, y_n)$ と定める。X や $\mathbf{X}$ についても同様に定める。$(\mathbf{Y}, \{f_Y(y \mid \theta)\}_\theta)$ は統計モデルを成すから最尤推定値 $\hat{\theta}_{\mathrm{obs}} = \arg\max_\theta f_{\mathbf{Y}}(\mathbf{y}^{\mathrm{obs}} \mid \theta)$ を計算することを思いつくが，$f_Y(y \mid \theta)$ を手計算できない場合，次のように考えてみよう。

まず $f_{\mathbf{X}|\theta}(\mathbf{x}) = \prod_{i=1}^n f_X(x_i \mid \theta)$，$\mathbf{x} = (x_1, x_2, \ldots, x_n)$ とおく。

(1) 任意の θ と φ について，次式が成り立つことを示せ。

$$\log f_{\mathbf{Y}}(\mathbf{y}^{\mathrm{obs}} \mid \theta) = n \cdot \mathrm{elbo}(\varphi, \theta; \mathbf{y}^{\mathrm{obs}}) + \underbrace{D_{\mathrm{KL}}(f_{(\mathbf{X}|\mathbf{Y}=\mathbf{y}^{\mathrm{obs}}, \varphi)} \| f_{(\mathbf{X}|\mathbf{Y}=\mathbf{y}^{\mathrm{obs}}, \theta)})}_{= \mathrm{KL}(\varphi, \theta) \text{ とおく。}}$$

$$(7.2.4)$$

ただし $f_{(X|Y=y, \theta)}(x) = \dfrac{f(y, x \mid \theta)}{f_Y(y \mid \theta)}$，$f_{(\mathbf{X}|\mathbf{Y}=\mathbf{y}, \theta)}(\mathbf{x}) = \prod_{i=1}^n f_{(X|Y=y_i, \theta)}(x_i)$，

$\mathrm{elbo}(\varphi, \theta; y) = \int f_{(X|Y=y, \varphi)}(x) \log \dfrac{f(y, x \mid \theta)}{f_{(X|Y=y, \varphi)}(x)}\,\mathrm{d}x$，$\mathrm{elbo}(\varphi, \theta; \mathbf{y}) = \dfrac{1}{n}\sum_{i=1}^n \mathrm{elbo}(\varphi, \theta; y_i)$ とした (elbo は 'evidence lower bound' の略である)。

目標に向けてまず適当にパラメータ θ_0 を定め，以降次のステップを交互に繰り返す。

〔E〕パラメータ θ_n が与えられたとき，$\mathrm{elbo}(\theta_n, \theta; \mathbf{y}^{\mathrm{obs}})$ を計算する。

〔M〕上で計算した $\mathrm{elbo}(\theta_n, \theta; \mathbf{y}^{\mathrm{obs}})$ を最大化する θ を計算して θ_{n+1} とおく。

このとき次のことを確かめよ。

(2) 〔E〕は「$\varphi_* = \arg\min_\varphi \mathrm{KL}(\varphi, \theta_n)$ と $\mathrm{elbo}(\varphi_*, \theta; \mathbf{y}^{\mathrm{obs}})$ の計算」と同等。

(3) 〔M〕は「$\theta_{n+1} = \arg\min_\theta \left(-\int f_n(\mathbf{y}^{\mathrm{obs}}, \mathbf{x} \mid \theta_n) \log \dfrac{f_n(\mathbf{y}^{\mathrm{obs}}, \mathbf{x} \mid \theta)}{f_n(\mathbf{y}^{\mathrm{obs}}, \mathbf{x} \mid \theta_n)}\,\mathrm{d}\mathbf{x} \right)$ の計算」

(4) 対数尤度について $\log f_{\mathbf{Y}}(\mathbf{y}^{\mathrm{obs}} \mid \theta_n) \leqq \log f_{\mathbf{Y}}(\mathbf{y}^{\mathrm{obs}} \mid \theta_{n+1})$ が成り立つ。

略解　(1) $n \cdot \mathrm{elbo}(\varphi, \theta; \mathbf{y}^{\mathrm{obs}}) = \int f_{(\mathbf{X}|\mathbf{Y}=\mathbf{y}^{\mathrm{obs}}, \varphi)}(\mathbf{x}) \log \dfrac{f_n(\mathbf{y}^{\mathrm{obs}}, \mathbf{x} \mid \theta)}{f_{(\mathbf{X}|\mathbf{Y}=\mathbf{y}^{\mathrm{obs}}, \varphi)}(\mathbf{x})}\,\mathrm{d}\mathbf{x}$ であることと，$f_n(\mathbf{y}^{\mathrm{obs}}, \mathbf{x} \mid \theta) = f_{(\mathbf{X}|\mathbf{Y}=\mathbf{y}^{\mathrm{obs}}, \theta)}(\mathbf{x}) \cdot f_{\mathbf{Y}}(\mathbf{y}^{\mathrm{obs}} \mid \theta)$ の関係式を用いて確かめられる。

(2) $\varphi_* = \theta_n$ となるから自明である。(3) 次の関係式より明らかである。

$$f_{\mathbf{Y}}(\mathbf{y}^{\mathrm{obs}} \mid \theta_n) \cdot n \cdot \mathrm{elbo}(\theta_n, \theta; \mathbf{y}^{\mathrm{obs}})$$

$$= \int f_n(\mathbf{y}^{\mathrm{obs}}, \mathbf{x} \mid \theta_n) \log \dfrac{f_n(\mathbf{y}^{\mathrm{obs}}, \mathbf{x} \mid \theta)}{f_n(\mathbf{y}^{\mathrm{obs}}, \mathbf{x} \mid \theta_n)}\,\mathrm{d}\mathbf{x} + f_{\mathbf{Y}}(\mathbf{y}^{\mathrm{obs}} \mid \theta_n) \log f_{\mathbf{Y}}(\mathbf{y}^{\mathrm{obs}} \mid \theta_n)$$

(4) 式 (7.2.4) において $\theta = \varphi = \theta_n$ のとき $\mathrm{KL}(\theta_n, \theta_n) = 0$ であることから，次が成り

立つ。

$$\log f_{\mathbf{Y}}(\mathbf{y}^{\mathrm{obs}} \mid \theta_n) \overset{(7.2.4)}{=} n \cdot \mathrm{elbo}(\theta_n, \theta_n; \mathbf{y}^{\mathrm{obs}}) \overset{\text{[M]}}{\leqq} n \cdot \mathrm{elbo}(\theta_n, \theta_{n+1}; \mathbf{y}^{\mathrm{obs}})$$

$$\leqq n \cdot \mathrm{elbo}(\theta_n, \theta_{n+1}; \mathbf{y}^{\mathrm{obs}}) + \mathrm{KL}(\theta_n, \theta_{n+1}) \overset{(7.2.4)}{=} \log f_{\mathbf{Y}}(\mathbf{y}^{\mathrm{obs}} \mid \theta_{n+1})$$

コメント 〔E〕と〔M〕を交互に繰り返して尤度を増加させるパラメータ列を取得するこの手順は **EM アルゴリズム**とよばれる。ステップ〔E〕を計算機で行うには「MCMC 法などにより $f_{(\mathbf{X} \mid \mathbf{Y} = \mathbf{y}^{\mathrm{obs}}, \theta_n)}(x)$（これは θ に依存しない）の乱数を発生させて $\mathrm{elbo}(\theta_n, \theta; \mathbf{y}^{\mathrm{obs}})$ を数値計算する」ことを各 θ ごとに実行してその値を並べればよいから，最尤推定値の取得のために直接 $f_{\mathbf{Y}}(\mathbf{y}^{\mathrm{obs}} \mid \theta)$ の値を数値計算するよりは負担が少なく済むと期待される。

Y の分布として想定する $q_Y(y)$ と，y をパラメータにもつ統計モデル $p = \{p(x \mid y)\}_y$ の全体を考え，$\hat{q}_{\mid p}(y, x) = \hat{q}(y, x \mid p) = p(x \mid y) q_Y(y)$ とおくと，p をパラメータにもつ統計モデル $\{\hat{q}(y, x \mid p)\}_p$ が得られる。(3) において現れた積分をさらに $\mathbf{y}^{\mathrm{obs}}$ について積分すると KL divergence が現れることに気づくが，そこで $D_{\mathrm{KL}}(\hat{q}_{\mid p} \| f_{\mid \theta})$ を考えてみよう。q_Y が Y に対する真の分布のとき $\{\hat{q}(y, x \mid p)\}_p$ は (Y, X) に対する真の分布を含むから，$D_{\mathrm{KL}}(\hat{q}_{\mid p} \| f_{\mid \theta})$ を最小化する p と θ の取得を目論むことであろう。計算可能性を度外視すると，このための自然なパラメータ更新則として次が思いつく。〔e〕「パラメータ θ_n が与えられたとき，$p_* = \arg\min_p D_{\mathrm{KL}}(\hat{q}_{\mid p} \| f_{\theta_n})$ とおく」〔m〕「$\theta_{n+1} = \arg\min_\theta D_{\mathrm{KL}}(\hat{q}_{\mid p_*} \| f_{\mid \theta})$ とおく」これらの手順は q_Y が Y に対する真の分布でない場合にも定式化できるが，〔e〕と〔m〕を交互に繰り返す手順は総じて **em アルゴリズム**とよばれる。ところが q_Y が Y に対する真の分布である場合，この手順を実行して θ_n たちの厳密値を得ることは一般には難しい。Y の観測値 $\mathbf{y}^{\mathrm{obs}}$ を用いると，$D_{\mathrm{KL}}(\hat{q}_{\mid p} \| f_{\mid \theta})$ は次のように数値計算できる。

$$D_{\mathrm{KL}}(\hat{q}_{\mid p} \| f_{\mid \theta}) \approx -\frac{1}{n} \sum_{i=1}^n \int p(x \mid y_i^{\mathrm{obs}}) \log \frac{f(y_i^{\mathrm{obs}}, x \mid \theta)}{p(x \mid y_i^{\mathrm{obs}}) q_Y(y_i^{\mathrm{obs}})} \, dx$$

$$= \frac{1}{n} \left(D_{\mathrm{KL}}(p_{\mid \mathbf{y}^{\mathrm{obs}}} \| f_{(\mathbf{X} \mid \mathbf{Y} = \mathbf{y}^{\mathrm{obs}}, \theta)}) + \log \frac{q_{\mathbf{Y}}(\mathbf{y}^{\mathrm{obs}})}{f_{\mathbf{Y}}(\mathbf{y}^{\mathrm{obs}})} \right)$$

$$= -\mathrm{elbo}(p, \theta; \mathbf{y}^{\mathrm{obs}}) + \frac{1}{n} \log q_{\mathbf{Y}}(\mathbf{y}^{\mathrm{obs}})$$

ただし $\mathrm{elbo}(p, \theta; y)$ は $\mathrm{elbo}(\varphi, \theta; y)$ の定義式において $f_{(X \mid Y = y, \varphi)}(x)$ を $p(x \mid y)$ に置き換えたもの，$q_{\mathbf{Y}}(\mathbf{y}) = \prod_{i=1}^n q_Y(y_i)$，$p_{\mid \mathbf{y}^{\mathrm{obs}}}(\mathbf{x}) = \prod_{i=1}^n p(x_i \mid y_i^{\mathrm{obs}})$。中段の式を用いると〔e〕は $p_*(x \mid y) = f_{(X \mid Y = y, \theta_n)}(x)$ とすることに相当し，最下段の式を用いると〔m〕は $\theta_{n+1} = \arg\max_\theta \mathrm{elbo}(\theta_n, \theta; \mathbf{y}^{\mathrm{obs}})$ とすることに相当する。このように q_Y として Y の真の分布を考えたときの em アルゴリズムを $\mathbf{Y}$ の観測値と計算機を用いて現実的に実行可能な手順に落とし込むと EM アルゴリズムに帰着できるのである。EM アルゴリズムは Dempster, Laird, Rubin (1977) により導入され，その後 Csiszár, Tusnády (1984) の研究を経て，甘利 (1995) により整理された情報幾何学的な解釈が与えられた。

次の問 7.30, 7.31 は，問 7.32 への準備という位置づけである。

問 7.30 解答 ➡ 付録

すべての $p, q \in (0, 1)$ に対して不等式 $p \log \frac{p}{q} + (1 - p) \log \frac{1 - p}{1 - q} \geq 2|p - q|^2$ を示せ。（Hint: $p = q$ のときは自明に成り立つので，二つの領域① $0 < q < p < 1$ と② $0 < p < q < 1$ の上で示せば十分。例えば① で考えるときには，(左辺) − (右辺) を q で微分すると…?）

問 7.31　対数和不等式 (log-sum inequality, 解答 ➲ 付録)

関数 $f(x) = \begin{cases} x \log x & (x > 0 \text{ のとき}) \\ 0 & (x = 0 \text{ のとき}) \end{cases}$ について，次の (1)，(2)，(3) を示せ。

(1) 関数 f は凸関数 (定義 3.5 ➲ p. 102) である。

(2) (**Jensen の不等式**) $p_1, \ldots, p_n \geqq 0$ が $\sum_{i=1}^n p_i = 1$ をみたすとき，$x_1, \ldots, x_n \geqq 0$ に対して

不等式 $f\left(\sum_{i=1}^n x_i p_i\right) \leqq \sum_{i=1}^n f(x_i) p_i$ が成り立つ。

(3) (**対数和不等式**) $a_1, \ldots, a_n \geqq 0$ と $b_1, \ldots, b_n > 0$ に対して，次が成り立つ。

$$\sum_{i=1}^n a_i \log \frac{a_i}{b_i} \geqq \left(\sum_{i=1}^n a_i\right) \log \frac{\sum_{i=1}^n a_i}{\sum_{i=1}^n b_i} \qquad \left(\text{Hint: } p_i = \frac{b_i}{\sum_{j=1}^n b_j} \text{ とおくと...}\right)$$

問 7.32　P.m.f. に対する KL divergence の性質 (解答 ➲ 付録)

空でない $I \subset \mathbb{N}$ を添字集合とする二つの p.m.f. $p = (p_i)_{i \in I}$，$q = (q_i)_{i \in I}$ に対して，次を示せ。

(1) 任意の $J \subset I$ に対して $\sum_{i \in J} p_i \log \frac{p_i}{q_i} \geqq \sum_{i \in J} (p_i - q_i)$ (Hint: $x > 0 \Rightarrow \log x < x - 1$)

(2) (**Gibbs の不等式**) $D_{\mathrm{KL}}(p\|q) \geqq 0$

(3) 任意の $J \subset I$ に対して

$$D_{\mathrm{KL}}(p\|q) \geqq 2\Big|\sum_{i \in J}(p_i - q_i)\Big|^2, \quad \sum_{i \in J}(p_i - q_i) = \sum_{i \in I \setminus J}(q_i - p_i)$$

(Hint: 最初の不等式を示すために $D(p\|q)$ から変形していく際，問 7.31–(3) 用いたあとに 問 7.30 を用いる。このとき，$\sum_{i \in J} p_i$ と $\sum_{i \in J} q_i$ がそれぞれ問 7.30 における p と q に当たる ものとなるように変形していく。)

(4) (**Pinsker の不等式**) $\sum_{i \in I} |p_i - q_i| \leqq \sqrt{2 D_{\mathrm{KL}}(p\|q)}$

(Hint: (3) において $J = \{i \in I : p_i > q_i\}$ と選ぶと...)

(5) Gibbs の不等式 (2) の等号成立 $\Leftrightarrow$ すべての $i \in I$ に対して $p_i = q_i$

問 7.33　P.d.f. に対する KL divergence の性質 (解答 ➲ 付録)

区間上で定義された二つの連続な p.d.f. $p(x)$ と $q(x)$ が $\{q > 0\} = \{p > 0\}$ をみたすとする。こ のとき，次が成り立つことを示せ。

(1) 集合 $B \subset \{p > 0\}$ に対して $\int_B p(x) \log \frac{p(x)}{q(x)} \, dx \geqq \int_B \{p(x) - q(x)\} \, dx$

(2) (**Gibbs の不等式**) $D_{\mathrm{KL}}(p\|q) \geqq 0$

(3) 関数 $h : [-1, +\infty) \to \mathbb{R}$ を $h(u) = (1 + u) \log(1 + u) - u$, $(u \geqq -1)$ により定義すると， すべての $u \geqq -1$ に対して $h(u) = u^2 \int_0^1 \frac{1 - t}{1 + tu} \, dt$ が成り立つ。

(4) $D_{\mathrm{KL}}(p\|q) = \int_0^1 \int_{\mathbb{R}} \frac{1 - t}{1 + t(\frac{p(x)}{q(x)} - 1)} \left(\frac{p(x)}{q(x)} - 1\right)^2 q(x) \, dx \, dt$

(5) 関数 $u : \mathbb{R} \to \mathbb{R}$ が $u \geqq -1$ をみたすとき

$$\left(\int_0^1 (1-t)\,\mathrm{d}t \right)^2 \left(\int_\mathbb{R} |u(x)| q(x)\,\mathrm{d}x \right)^2$$

$$\leqq \left\{ \int_0^1 \int_\mathbb{R} (1-t)(1+tu(x)) q(x)\,\mathrm{d}x\,\mathrm{d}t \right\} \left\{ \int_0^1 \int_\mathbb{R} \frac{1-t}{1+tu(x)} u(x)^2 q(x)\,\mathrm{d}x\,\mathrm{d}t \right\}$$

(**Hint:** $(0,1) \times \mathbb{R}$ 上で **Cauchy–Schwarz** を使うと...)

(6) (**Csiszár–Kullback–Pinsker 不等式**) $\displaystyle \int_\mathbb{R} |p(x) - q(x)|\,\mathrm{d}x \leqq \sqrt{2D_{\mathrm{KL}}(p\|q)}$

(**Hint:** (5) で $q(x) > 0$ のとき $u(x) = \frac{p(x)}{q(x)} - 1$, $q(x) = 0$ のとき $u(x) = 0$ とおくと...)

(7) Gibbs の不等式 (2) の等号成立 $\Leftrightarrow$ すべての x に対して $p(x) = q(x)$

問 7.34 Fisher 情報量 $\fallingdotseq$ (KL divergence の Hesse 行列) (解答 ➡ 付録)

1 次元統計モデル $\{f(y \mid \theta)\}_\theta$ において，$\varphi \to \theta$ のとき次が成り立つことを示せ。

$$D_{\mathrm{KL}}\big(f_{|\theta}\|f_{|\varphi}\big) = \frac{1}{2}(\varphi - \theta)^2 I(\theta) + O\big((\varphi - \theta)^3\big)$$

問 7.35 エントロピーとランダムさ (解答 ➡ 付録)

統計モデル $(\{\mathbf{P}(\bullet \mid \theta)\}_\theta, \mathbf{Y}, \{f(y \mid \theta)\}_\theta)$ において $\mathbf{Y}$ は大きさ n の無作為標本とする。このとき各 $\mathbf{P}(\bullet|\theta)$ の下で，100 % の確率で次が成り立つことを導け。

$$\frac{1}{n} \log f_n(\mathbf{Y} \mid \theta) \overset{n\to\infty}{\to} -\mathrm{Ent}(f_{|\theta})$$

(かなり乱暴な言い方をすれば，観測値 $\mathrm{y}^{\mathrm{obs}}$ に関する θ の尤度 $f_n(\mathrm{y}^{\mathrm{obs}} \mid \theta)$ はおよそ $\mathrm{e}^{-n\mathrm{Ent}(f_{|\theta})}$ 程度であることをいっている。つまりエントロピーが大きいほど尤度は小さくなり，ゆえによりたくさんの異なる値をとる確率が大きくなるため，この意味で $Y_1, Y_2, \ldots, Y_n$ はより「ランダムである」ことをいっている。)

問 7.34 より一歩踏み込んだ KL divergence と Fisher 情報量行列の関係を示す。

問 7.36 KL divergence の計算 (解答 ➡ 付録)

d 次元のパラメータ $\theta = (\theta_1, \theta_2, \ldots, \theta_d)$ をもつ次の $\{f(y \mid \theta)\}_\theta$ 統計モデルを考える。

$$f(y \mid \theta) = Z(\theta)^{-1} \exp\left(\sum_{k=1}^d \theta_k y^k \right), \quad Z(\theta) = \int_{-\infty}^{\infty} \exp\left(\sum_{k=1}^d \theta_k y^k \right) \mathrm{d}y$$

ただし，パラメータ θ は $Z(\theta)$ が収束する範囲のみを考える。Fisher 情報量行列を $I(\theta) = (I(\theta)_{i,j})_{i,j=1}^d$ により表し，θ_0 を固定したパラメータとするとき，次を示せ。

(1) $\mathbf{E}[Y^k \mid \theta] = \dfrac{\partial}{\partial \theta_k} \log Z(\theta)$, $k = 1, 2, \ldots, d$

(2) $I(\theta)_{i,j} = \mathbf{E}[Y^{i+j} \mid \theta] - \left(\dfrac{\partial}{\partial \theta_i} \log Z(\theta) \right) \left(\dfrac{\partial}{\partial \theta_j} \log Z(\theta) \right)$

(3) $D_{\mathrm{KL}}\big(f_{|\theta_0}\|f_{|\theta}\big) = \log \dfrac{Z(\theta)}{Z(\theta_0)} - \big\langle \theta - \theta_0, \big(\nabla_\theta \log Z(\theta)\big)\big|_{\theta=\theta_0} \big\rangle$

(4) $\mathrm{Hess} \log Z(\theta) = I(\theta)$

(5) θ_0 を中心とする開球内の θ について $Z(\theta) = (定数) \times \tau(\theta)$ である。ただし

$$\tau(\theta) = \exp\left\{\sum_{k=1}^{d} \left(\theta_k - (\theta_0)_k\right) \int_0^1 \mathbf{E}[Y^k \mid \theta_0 + t(\theta - \theta_0)]\,\mathrm{d}t\right\}$$

(6) (5) の設定のもとで，次式が成り立つ。

$$D_{\mathrm{KL}}\left(f_{|\theta_0}\|f_{|\theta}\right) = \left\langle \theta - \theta_0, \left(\int_0^1 (1-t)I\left(\theta_0 + t(\theta - \theta_0)\right)\,\mathrm{d}t\right)(\theta - \theta_0)\right\rangle$$

練習問題 7.37　最も「当てはまりが良い」確率分布について

真の分布 $q(y)$ から無作為標本 $\mathbf{Y} = (Y_1, Y_2, \ldots, Y_n)$ を抽出し，これらを代表して Y により表す。$q(y)$ に対する統計モデル $\{f(y \mid \theta)\}_\theta$ を考えるとき，汎化損失 $G(q\|f_{|\theta})$ を最小にする θ の推定手法を一つ与えよ。

- - - - - - - -

解答例　$G(q\|f_{|\theta}) = -\int q(y)\log f(y \mid \theta)\,\mathrm{d}y = \mathbf{E}[\log f(Y \mid \theta)] \approx -\dfrac{1}{n}\sum_{i=1}^{n}\log f(Y_i \mid \theta)$
$= -\dfrac{1}{n}\log f_n(\mathbf{Y} \mid \theta)$ であり，この右辺を最小化する θ は最尤推定量 $\widehat{\Theta}_n$ により与えられる。

- - - - - - - -

コメント　公式 7.26 (⊙ p. 204) より $D_{\mathrm{KL}}(q\|f_{|\theta}) = G(q\|f_{|\theta}) - \mathrm{Ent}(q)$ であるから，θ について $D_{\mathrm{KL}}(q\|f_{|\theta})$ を最小化することは汎化損失 $G(q\|f_{|\theta})$ を最小化することに同じである。この練習問題の内容から，最尤推定によりアプローチしようとしている，定義 7.1 (⊙ p. 188) の直後に存在を思い做した最も「当てはまり」の良い確率分布 $f(y \mid \theta_0)$ とは，$D_{\mathrm{KL}}(q\|f_{|\theta})$ を最小化するものを想定していると考えることができるのである。

7.2.4　公式 2.66(⊙ p. 68) の焼き直し：頻度論者の区間推定

公式 2.66 (⊙ p. 68) と 2.6.2 項 (⊙ p. 81) から導かれることは，統計モデルの枠組みで次のように述べ直すことができる。

命題 7.38　$(\{\mathbf{P}(\bullet \mid \theta)\}_\theta, \mathbf{Y}, \{f(y \mid \theta)\}_\theta)$ を統計モデルとする。無作為標本 $\mathbf{Y} = (Y_1, Y_2, \ldots, Y_n)$ の観測データを $\mathbf{y}^{\mathrm{obs}} = (y_1^{\mathrm{obs}}, y_2^{\mathrm{obs}}, \ldots, y_n^{\mathrm{obs}})$ とし，これに基づく $\overline{Y}_n$, $\widehat{\Sigma}_n^2$, V_n, U_n の実現値をそれぞれ $\overline{y}_{\mathrm{obs}}$, $\hat{\sigma}_{\mathrm{obs}}^2$, v_{obs}, u_{obs} とする。

(1) この統計モデルが $\{\mathrm{N}(\theta, \sigma^2)\}_\theta$ のとき，

$$\left(\frac{\overline{Y}_n - \theta}{\sqrt{\sigma^2/n}} \mid \theta\right) \sim \mathrm{N}(0,1), \qquad \left(\frac{\overline{Y}_n - \theta}{\sqrt{U_n/n}} \mid \theta\right) \sim \mathrm{t}_{n-1}\,\circ$$

これらの統計量に基づく，θ に対する $100(1-\alpha)\%$ 信頼区間は，$\mathrm{N}(0,1)$ の両側 $100\alpha\%$ 点 $\pm z_{\frac{\alpha}{2}}$ と t_{n-1} の両側 $100\alpha\%$ 点 $\pm w_{\frac{\alpha}{2}}$ を用いてそれぞれの場合に次で与

えられる。

$$\left(\overline{y}_{\mathrm{obs}} - z_{\frac{\alpha}{2}}\sqrt{\frac{\sigma^2}{n}},\ \overline{y}_{\mathrm{obs}} + z_{\frac{\alpha}{2}}\sqrt{\frac{\sigma^2}{n}}\right),\quad \left(\overline{y}_{\mathrm{obs}} - w_{\frac{\alpha}{2}}\sqrt{\frac{u_{\mathrm{obs}}}{n}},\ \overline{y}_{\mathrm{obs}} + w_{\frac{\alpha}{2}}\sqrt{\frac{u_{\mathrm{obs}}}{n}}\right)$$

(2) この統計モデルが $\{N(\mu,\theta)\}_{\theta>0}$ のとき，

$$\left(\frac{n \cdot \widehat{\Sigma}_n^2}{\theta}\,\middle|\,\theta\right) \sim \chi_n^2,\qquad \left(\frac{n \cdot V_n}{\theta}\,\middle|\,\theta\right) \sim \chi_{n-1}^2\text{。}$$

これらの統計量に基づく，θ に対する $100(1-\alpha)\%$ 信頼区間は，χ_n^2 の両側 $100\alpha\%$ 点 $z_{1-\frac{\alpha}{2}}$, $z_{\frac{\alpha}{2}}$ および χ_{n-1}^2 の両側 $100\alpha\%$ 点 $w_{1-\frac{\alpha}{2}}$, $w_{\frac{\alpha}{2}}$ を用いて，それぞれ次で与えられる。

$$\left(\frac{n \cdot \hat{\sigma}_{\mathrm{obs}}^2}{z_{\frac{\alpha}{2}}},\ \frac{n \cdot \hat{\sigma}_{\mathrm{obs}}^2}{z_{1-\frac{\alpha}{2}}}\right),\quad \left(\frac{n \cdot v_{\mathrm{obs}}}{w_{\frac{\alpha}{2}}},\ \frac{n \cdot v_{\mathrm{obs}}}{w_{1-\frac{\alpha}{2}}}\right)$$

　正規母集団の標本調査において，こうして得られる $100(1-\alpha)\%$ 信頼区間の信頼係数には「100 回の標本調査をすれば，およそ $100(1-\alpha)$ 回ほど興味の対象であるパラメータがその信頼区間に含まれることが期待できる」という，相対頻度 (の極限) としての確率という意味が与えられている。確率概念を巡る統計学の歴史の中で，上のように「確率とは長期にわたる試行の結果として得られる相対頻度のこと」と解釈する学派は頻度論者とよばれてきた。後述する Bayes 信用区間と区別するために，上のように信頼区間を得ることを「頻度論者による区間推定」とよぶ。A. N. Kolmogorov による確率概念の数学的定式化を採用すれば，確率概念を数学的に取り扱う上で確率にどのような現実的な意味があるのかを意識する必要はないが，確率概念の形而上学的な位置づけについてはもはや数学の範疇ではないから，本書の扱う内容ではない。この話題については他書を参考にしてほしい。

7.3 誤差の考え方から正規分布の導出へ — ガウス風

　ある特定の時刻におけるある惑星の地球からの距離などの真の値 μ_0 を観測機などを通して何らかの方法で観測するとき，その測定結果として得られる観測量 Y には普通，誤差 ε がつきものである。

$$Y = \mu_0 + \varepsilon$$

ここでの誤差 ε は，理想的と思われる観測環境において思いもしなかった要因に因む，偶然に起こったかのように見えるものを想定している。この類の誤差は**偶然誤差** (random error) とよばれる。以降，この偶然誤差 ε が取りうる値を代表して記号「e」を用いるが，これは自然対数の底「e」とは意味が異なるため注意が必要である。$\mathrm{Var}(\varepsilon) = \sigma^2$ とする。

　真の値 μ_0 を含むと考えられる領域を動くパラメータ μ ごとに「$Y = \mu + \varepsilon$ であると想定される世界」を考えると，$\mu + \varepsilon$ の p.d.f. を $f(y \mid \mu, \sigma^2)$ とおくことで観測量 Y に対する統計モデル $\{f(y \mid \mu, \sigma^2)\}_{\mu, \sigma^2}$ が得られる。この統計モデルに対して次の条件を要請してみる。

(i) μ は $f(y \mid \mu, \sigma^2)$ の位置パラメータ (**○** p. 191) である。つまり，ある関数 $h(e \mid \sigma^2)$ を用いて次が成り立つ。

$$f(y \mid \mu, \sigma^2) = h(y - \mu \mid \sigma^2), \quad y \in \mathbb{R}$$

このとき，$G(e; \sigma^2) = \log h(e \mid \sigma^2)$ とおく。

→ この $h(e \mid \sigma^2)$ は偶然誤差 ε の p.d.f. となるが，これがパラメータ μ には依存しないことを要請するものである。つまり ε が「偶然誤差」らしく観測対象とは無関係の要因に因むことを要請している。特に，この関数 $h(e \mid \sigma^2)$ さえわかれば μ_0 に対する区間推定ができる。

(ii) 平均と分散について次が成り立つ (練習問題 7.5 **○** p. 191 も参照)。

$$\mathbf{E}[Y \mid \mu, \sigma^2] = \int y \cdot f(y \mid \mu, \sigma^2) \, \mathrm{d}y = \mu, \quad \mathrm{Var}(Y \mid \mu, \sigma^2) = \sigma^2$$

→ これは誤差 ε に対して $\mathbf{E}[\varepsilon \mid \mu, \sigma^2] = 0,\ \mathrm{Var}(\varepsilon \mid \mu, \sigma^2) = \sigma^2$ を要請している。

(iii) いかなる観測値 $\mathbf{y} = (y_1, y_2, \ldots, y_n)$ が得られても，統計モデル $\{f(y \mid \mu, \sigma^2)\}_{\mu, \sigma^2}$ に基づく μ に対する最尤推定値 $\hat{\mu} = \hat{\mu}(\mathbf{y})$ は一意に定まり，それは $\overline{y} = \frac{1}{n} \sum_{i=1}^{n} y_i$ により与えられる。

統計モデル $\{f(y \mid \mu, \sigma^2)\}$ に対する以上の要請の下で，誤差 ε がもつ性質を調べよう。

条件 (iii) より，σ^2 や固定した $\hat{\mu}$ の値に対して $\hat{\mu} = \frac{1}{n} \sum_{i=1}^n y_i$ をみたす $\mathbf{y} = (y_1, y_2, \ldots, y_n)$ がどのような値であったとしても，$f_n(\mathbf{y} \mid \mu, \sigma^2)$ は $\mu = \hat{\mu}$ において最大値を取らなければならない。特に $\log f_n(\mathbf{y} \mid \mu, \sigma^2) = \sum_{i=1}^n \log f(y_i \mid \mu, \sigma^2)$ もまた $\mu = \hat{\mu}$ において最大値を取り，したがって次が成り立たなければならない。

$$\left.\frac{\mathrm{d}}{\mathrm{d}\mu}\right|_{\mu=\hat{\mu}} \sum_{i=1}^n \log f(y_i \mid \mu, \sigma^2) = 0, \quad \left.\frac{\mathrm{d}^2}{\mathrm{d}\mu^2}\right|_{\mu=\hat{\mu}} \sum_{i=1}^n \log f(y_i \mid \mu, \sigma^2) < 0$$

さらに $\log f(y \mid \mu, \sigma^2) = \log h(y - \mu \mid \sigma^2) = G(y - \mu; \sigma^2)$ であることより，μ に関する微分は y に関する微分へと書き直すことができ，結果として前の二つの条件は以下のようになる。

$$\sum_{i=1}^n G'(y_i - \hat{\mu}; \sigma^2) = 0, \tag{7.3.1}$$

$$\sum_{i=1}^n G''(y_i - \hat{\mu}; \sigma^2) < 0 \tag{7.3.2}$$

問 7.39　関数形の決定 (解答 **○** 付録)

$n \geqq 3$，$\hat{\mu}$ を定数とする。関数 $g : \mathbb{R} \to \mathbb{R}$ が $\frac{1}{n} \sum_{i=1}^n y_i = \hat{\mu}$ となるすべての $y_1, y_2, \ldots, y_n$ について $\sum_{i=1}^n g(y_i - \hat{\mu}) = 0$ をみたすとき，ある定数 a を用いて $g(y - \hat{\mu}) = a \cdot (y - \hat{\mu})$ と表されることを示せ。

いま条件 (7.3.1) より $g(e) = G'(e)$ $(e \in \mathbb{R})$ とおいて上の問を適用することにより，ある定数 a を用いて $G'(y - \hat{\mu}; \sigma^2) = a \cdot (y - \hat{\mu})$ と表される。ただし条件 (7.3.2) より $a < 0$ となら

なければならない。いま，適当な定数 b を用いて

$$\log h(y - \hat{\mu} \mid \sigma^2) = G(y - \hat{\mu}; \sigma^2) = a(y - \hat{\mu})^2 + b$$

となり，したがって $h(y - \hat{\mu} \mid \sigma^2) = \exp\big(a(y - \hat{\mu})^2 + b\big)$ の形となる。ゆえに $f(y \mid \mu, \sigma^2) = h(y - \mu \mid \sigma^2) = \exp\big(a(y - \mu)^2 + b\big)$ であるが，(ii) の $\mathrm{Var}(Y \mid \mu, \sigma^2) = \sigma^2$ という条件より $f(y \mid \mu, \sigma^2) = (2\pi\sigma^2)^{-\frac{1}{2}} \exp\big(-\frac{(y-\mu)^2}{2\sigma^2}\big)$ とならなければならない。ゆえに誤差 $\varepsilon = Y - \mu$ の p.d.f. $h(e \mid \sigma^2)$ は次のように平均 0 の正規分布となる。

$$h(e \mid \sigma^2) = \frac{\exp\big(-\frac{e^2}{2\sigma^2}\big)}{\sqrt{2\pi\sigma^2}}, \quad e \in \mathbb{R}$$

▍ 7.4 エントロピー最大化クラスとしての指数型分布族

確率分布 $p(y)$ のエントロピー $\mathrm{Ent}(p)$ (●定義 7.11, p. 204) は，それが大きいほど $p(y)$ は「よりランダムな」確率変数の p.d.f. を表すと解釈できるのであった (問 7.35 ● p. 209)。

いま，n 個の関数 $t_1(y), t_2(y), \ldots, t_d(y)$ と $\eta^* = (\eta_1^*, \eta_2^*, \ldots, \eta_d^*) \in \mathbb{R}^d$ について

$$\int_{-\infty}^{\infty} t_i(y)p(y)\,\mathrm{d}y = \eta_i^*, \quad i = 1, 2, \ldots, d$$

をみたす p.d.f. $p(y)$ の中でも，エントロピー $\mathrm{Ent}(p)$ が最大になるような $p(y) = p(y \mid \eta^*)$ を見つけることについて heuristic な考察[*2]を与えよう。つまり，次の問題を解くことを考える。

最大化問題 ⑦$_{\eta^*}$

$$\underset{p:\mathbb{R}\to\mathbb{R}}{\mathrm{maximize}} \quad -\int_{-\infty}^{\infty} p(y)\log|p(y)|\,\mathrm{d}y$$

$$\mathrm{subject\ to} \begin{cases} -p(y) \leqq 0, & y \in \mathbb{R}, \\ \displaystyle\int_{-\infty}^{\infty} p(y)\,\mathrm{d}y = 1, \\ \displaystyle\int_{-\infty}^{\infty} t_i(y)p(y)\,\mathrm{d}y = \eta_i^*, & i = 1, 2, \ldots, d \end{cases}$$

そこで，定理 3.11 (● p. 101) 直後の説明のときのように，KKT 乗数 $1 - \psi$，$\theta = (\theta^1, \theta^2, \ldots, \theta^d)$，$\mu = (\mu(y))_{y\in\mathbb{R}}$ を導入し，関数 $L = L(p, \psi, \theta, \mu; \eta^*)$ を次で定める。

$$L = -\int_{-\infty}^{\infty} p(y)\log|p(y)|\,\mathrm{d}y + (1 - \psi)\left\{\int_{-\infty}^{\infty} p(y)\,\mathrm{d}y - 1\right\}$$

$$+ \sum_{k=1}^{d} \theta^k \left\{\int_{-\infty}^{\infty} t_k(y)p(y)\,\mathrm{d}y - \eta_k^*\right\} + \int_{-\infty}^{\infty} \mu(y)p(y)\,\mathrm{d}y$$

[*2] heuristics (発見的手法) とも。厳密な議論となるとは限らないが，ある程度のレベルで正解に近いと期待される直感等に基づいた思考方法。

最大化問題 $❼_{\eta^*}$ の解 $p_{|\eta^*}(y) = p(y \mid \eta^*)$ に対する KKT 条件に当たるものは，ある KKT 乗数 $1 - \psi_*$, $\theta_* = (\theta_*^1, \theta_*^2, \ldots, \theta_*^d)$, $\mu_* = (\mu_*(y))_{y \in \mathbb{R}}$ を用いて以下のように表されるであろう。

(1) $\dfrac{\delta L}{\delta p(y)}(p_{|\eta^*}, \psi_*, \theta_*, \mu_*) = 0, \ y \in \mathbb{R}$,

(2) $\displaystyle\int_{-\infty}^{\infty} p(y \mid \eta^*)\,\mathrm{d}y = 1, \ \int_{-\infty}^{\infty} t_i(y) p(y \mid \eta^*)\,\mathrm{d}y = \eta_i^*, \ i = 1, 2, \ldots, d$,

(3) $p(y \mid \eta^*) \geqq 0, \ y \in \mathbb{R}$,   (4) $\mu_*(y) \geqq 0, \ y \in \mathbb{R}$,   (5) $\mu_*(y) \cdot p(y \mid \eta^*) = 0, \ y \in \mathbb{R}$

このうち条件 (1) を書き下すために，朝永の汎関数微分の公式「$\frac{\delta p(x)}{\delta p(y)} = \delta(x - y)$」(関数空間上の「汎関数」$p \mapsto p(x)$ を異なる x ごとに独立した座標であるかように扱うということ) を利用して L の $p(x)$ による変分を次のように計算する。

$$
\frac{\delta L}{\delta p(y)} = - \int_{-\infty}^{\infty} \underbrace{\frac{\delta}{\delta p(y)}\left(p(x) \log |p(x)|\right)}_{\substack{\| \\ \frac{\delta p(x)}{\delta p(y)} \log |p(x)| + p(x) \cdot \frac{\frac{\delta p(x)}{\delta p(y)}}{p(x)}}}\,\mathrm{d}x + (1 - \psi)\int_{-\infty}^{\infty} \underbrace{\frac{\delta p(x)}{\delta p(y)}}_{\substack{\| \\ \delta(x - y)}}\,\mathrm{d}x
$$

$$
+ \sum_{k=1}^{d} \theta^k \int_{-\infty}^{\infty} t_k(y) \underbrace{\frac{\delta p(x)}{\delta p(y)}}_{\substack{\| \\ \delta(x-y)}}\,\mathrm{d}x + \int_{-\infty}^{\infty} \mu(x) \underbrace{\frac{\delta p(x)}{\delta p(y)}}_{\substack{\| \\ \delta(x-y)}}\,\mathrm{d}x
$$

$$
= -\log |p(y)| - \psi + \sum_{k=1}^{n} \theta^k \cdot t_k(y) + \mu(y)
$$

ゆえに条件 (1) は $p(y \mid \eta^*) = \exp\left(\sum_{k=1}^{d} \theta_*^k \cdot t_k(y) - \psi_* + \mu_*(y)\right)$ と書き換えられ，特に $p(y \mid \eta^*) > 0$ であるから条件 (5) より $\mu_*(y) = 0$ とならなければならず，ゆえに次を得る。

$$
p(y \mid \eta^*) = \exp\left(\sum_{k=1}^{d} \theta_*^k \cdot t_k(y) - \psi_*\right), \quad y \in \mathbb{R}
$$

さらに条件 (2) より $\psi_* = \log \int_{-\infty}^{\infty} \exp\left(\sum_{k=1}^{d} \theta_*^k \cdot t_k(y)\right)\,\mathrm{d}y$ とならなければならない。

これまでは固定した η^* に対して最大化問題 $❼_{\eta^*}$ を考え，対応する KKT 乗数を θ_* により表した。これからは $\eta = (\eta_1, \eta_2, \ldots, \eta_d)$ を動かして変数として考え，それぞれの η の値に対する最大化問題 $❼_{\eta}$ に付随する KKT 乗数を $\theta = (\theta^1, \theta^2, \ldots, \theta^d)$ により表そう。これは η の値ごとに定まると考えられるから，このことを強調して $\theta = \theta(\eta) = (\theta^1(\eta), \theta^2(\eta), \ldots, \theta^d(\eta))$ とも表す。上に計算したことより，対応する他の KKT 乗数 ψ と $\mu(y)$ は次で与えられる。

$$
\psi = \log \int_{-\infty}^{\infty} \exp\left(\sum_{k=1}^{d} \theta^k \cdot t_k(y)\right)\,\mathrm{d}y, \quad \mu(y) = 0, \quad y \in \mathbb{R} \tag{7.4.1}
$$

いま，最大化問題 ⑦$_\eta$ の解 $p(y \mid \eta)$ は次の形をしている。

$$p(y \mid \eta) = \exp\left(\sum_{k=1}^{d} \theta^k \cdot t_k(y) - \psi\right), \quad y \in \mathbb{R}$$

(この θ の値は η の値に応じて変化し，ψ もまたそうであることに注意せよ。) こうして d 次元統計モデル $\{p(y \mid \eta)\}_\eta$ が得られる。

これまで θ は η に従属する変数と考えてきたが，ここで改めて自由に動く変数であると考えよう。θ の関数 $\psi = \psi(\theta)$ を上式 (7.4.1) により定め，これを θ^i で偏微分すると

$$\frac{\partial \psi}{\partial \theta^i}(\theta) = \frac{\partial}{\partial \theta^i} \log e^{\psi(\theta)} = e^{-\psi(\theta)} \frac{\partial}{\partial \theta^i} \int_{-\infty}^{\infty} \exp\left(\sum_{k=1}^{d} \theta^k \cdot t_k(y)\right) dy$$

$$= \int_{-\infty}^{\infty} t_i(y) \underbrace{\exp\left(\sum_{k=1}^{d} \theta^k \cdot t_k(y) - \psi(\theta)\right)}_{= p(y \mid \eta)} dy \overset{\substack{条件\\(2)}}{=} \eta_i \tag{7.4.2}$$

となるから，各 η_i は KKT 乗数 θ の関数となるのである。最初に考えた η^*，ψ_*，θ_* の間の関係は，関数 $\psi(\theta)$ を用いて $\psi_* = \psi(\theta_*)$，$\eta_i^* = \frac{\partial \psi}{\partial \theta^i}(\theta_*)$ のようにまとめることができる。

いま，η が θ の関数となることを強調して $\eta = \eta(\theta) = (\eta_1(\theta), \eta_2(\theta), \ldots, \eta_d(\theta))$ と表し，$f(y \mid \theta) = p(y \mid \eta(\theta))$ とおき直せば d 次元統計モデル $\{f(y \mid \theta)\}_\theta$ ができる。d 次元統計モデル $\{p(y \mid \eta)\}_\eta$ を，対応する KKT 乗数 θ によりパラメトライズし直したのである。特に，

$$f(y \mid \theta) = \exp\left(\sum_{k=1}^{d} \theta^k \cdot t_k(y) - \psi(\theta)\right)$$

であるから，$\{f(y \mid \theta)\}_\theta$ は指数型分布族をなすことに注意しよう。

二つの統計モデル $\{p(y \mid \eta)\}_\eta$ と $\{f(y \mid \theta)\}_\theta$ は関係式 $f(y \mid \theta) = p(y \mid \eta(\theta))$ により確率分布からなる同一のクラスを表すが，$\eta = (\eta_1, \eta_2, \ldots, \eta_d)$ は $\int_{-\infty}^{\infty} t_i(y) p(y \mid \eta) dy = \eta_i$，$i = 1, 2, \ldots, d$ となるようなパラメータであるので，特に**期待値パラメータ**もしくは**期待値座標系**とよばれる。一方で $\theta = (\theta^1, \theta^2, \ldots, \theta^d)$ は**自然パラメータ**とよばれる。

式 (7.4.2) をまとめると $\frac{\partial \psi}{\partial \theta^i}(\theta) = \int_{-\infty}^{\infty} t_i(y) \exp\left(\sum_{k=1}^{d} \theta^k \cdot t_k(y) - \psi(\theta)\right) dy = \eta_i(\theta)$ であるが，これをさらに θ^j で偏微分することにより次を得る。

$$\frac{\partial^2 \psi}{\partial \theta^i \partial \theta^j}(\theta) = \int_{-\infty}^{\infty} \left(t_i(y) - \eta_i(\theta)\right)\left(t_j(y) - \eta_j(\theta)\right) f(y \mid \theta) dy = \frac{\partial \eta_i}{\partial \theta^j}(\theta)$$

ここで $\int_{-\infty}^{\infty} \left(t_j(y) - \eta_j(\theta)\right) f(y \mid \theta) dy = 0$ であることを用いた。ここで $\{f(y \mid \theta)\}_\theta$ の

Fisher 情報量行列 $I(\theta) = (I(\theta)_{i,j})_{i,j=1}^{d}$ は

$$I(\theta)_{i,j} = \int_{-\infty}^{\infty} \frac{\partial \log f(y \mid \theta)}{\partial \theta^i} \frac{\partial \log f(y \mid \theta)}{\partial \theta^j} f(y \mid \theta) \, \mathrm{d}y$$

$$= \int_{-\infty}^{\infty} \big(t_i(y) - \eta_i(\theta)\big)\big(t_j(y) - \eta_j(\theta)\big) f(y \mid \theta) \, \mathrm{d}y$$

により与えられるから，$\dfrac{\partial^2 \psi}{\partial \theta^i \partial \theta^j}(\theta) = I(\theta)_{i,j} = \dfrac{\partial \eta_i}{\partial \theta^j}(\theta)$，つまり標語的には次が成り立つ。

$$(\psi(\theta) \text{ の Hessian}) = \left(\begin{array}{c} \text{統計モデル } \{f(y \mid \theta)\}_\theta \text{ の} \\ \text{Fisher 情報量行列} \end{array} \right) = \left(\begin{array}{c} \text{変数変換 } \theta \mapsto \eta \text{ の} \\ \text{Jacobi 行列} \end{array} \right)$$

特にこの統計モデル $\{f(y \mid \theta)\}_\theta$ が正則であれば $\psi(\theta)$ は狭義凸関数となる。さらに $\psi(\theta)$ が無限大において 2 次の増大度をもつならば，右の図式が成立する。ここで，$\psi^*(\eta)$ は $\psi^*(\eta) = \max_\theta \big(\langle \eta, \theta \rangle - \psi(\theta) \big)$ により定義され，$\psi(\theta)$ の**Legendre双対** (Legendre dual) とよばれる。

$$\psi \text{ の Legendre 変換}$$
$$\nabla \psi(\theta) = \eta$$
$$\theta \rightleftarrows \eta$$
$$\theta = \arg\max_\theta (\langle \eta, \theta \rangle - \psi(\theta))$$
$$= \nabla \psi^*(\eta)$$
$$\psi \text{ の逆 Legendre 変換}$$
$$\|$$
$$\psi^* \text{ の Legendre 変換}$$

まとめ

　いくつかの期待値に関する拘束条件のもとでエントロピーを最大化するという手続きから，自然に指数型分布族が現れ，η がパラメータかつ座標 (η の具体的な値ごとに確率分布をただ一つ特定するということ) としての役割を持ち，さらに最大化問題に現れる KKT 乗数 θ もまた自然にパラメータとして現れるのである。さらに，この統計モデルの Fisher 情報量行列は ψ の Hessian として得られ，ψ は正則性を司ることがわかる。特に正則であるときには θ と η が Legendre 変換を通して互いに重複なく対応し，ゆえに θ もまた「座標」としての意味をもつのである。この θ を**自然座標系**とよぶこともある。

8

Bayes 統計

Bayes 統計の基本的なことを一通りまとめてみました。

　Bayes 統計モデルは7章で導入した統計モデル (➲ p. 188) の概念をある意味で拡張して，パラメータの推定方法にバリエーションをもたせる枠組みである。これにより，単なる統計モデルでは許されなかった，使用者おのおのの主観や，理論的な根拠や数理的な記述が不明な職人の勘といったあやふやなものをある程度取り込んだ推測も可能となり，あるいはそれを注意深く見守ることで批評なども可能となる。用語の詳細は後に述べるが，統計学に対する Bayes 的アプローチを標語的にいえば，知りたい母数 θ について推論するための統計学の展開を

$$\text{試行後の信念の度合い} \propto (\text{尤度}) \times (\text{試行前の信念の度合い})$$

を通してアプローチする方法論の総称である。ここで「$\propto$」は両辺がパラメータ θ の関数として比例することを意味する記号である。この式を通して，これまでよりもはるかに広い範囲で確率や「**信念の度合い**」(degree of belief) を解釈することができる。

　これにより，パラメータの推定に融通が効くだけではなく，使い方によっては単なる統計モデルのときにはなかった効率的なパラメータ推定が可能となることもある。しかし，状況に応じた効率的なパラメータ推定に特化した理論的な体系はなく，いまのところある程度の理論的なバックグラウンドを習得した上で，たくさんの事例を重ねていくことが Bayes 統計学の習得には経済的なようである。この事例については8.5節[*1] (➲ p. 230) を参考にしてほしい。

　Bayes 統計は理論だけでなくシミュレーションなどを通して実践することがより深い理解に繋がることは間違いない。本章をある程度読み終えたら，本書の web 補助資料等を用いてシミュレーションを行うことにより，様々な問題に適用できるようになってほしい。

[*1] この節は次の文献を大いに参考にした。David Williams (2001) 『Weighing the odds: A course in probability and statistics』，Cambridge University Press。

8.1 (狭義)Bayes 統計モデル

まずは天下り的に (狭義) Bayes 統計モデルを導入し，どのような手続きによってパラメータの推定を行うかを概観する。

定義 8.1　(狭義)Bayes 統計モデル

以下の構成要素からなる組 $(\mathbf{P}, \Theta, \mathbf{Y}, \mathbf{y}^{\mathrm{obs}})$ を (狭義の) **Bayes統計モデル** (Bayesian statistical model) とよぶ。

(i) (**Unobserved RV with Prior**) Θ は確率変数であり，その分布を次のように表す。

$$\Theta \text{ が連続型なら} \quad \mathbf{P}(\Theta \in \mathrm{d}\theta) = \pi(\theta)\mathrm{d}\theta,$$
$$\Theta \text{ が離散型なら} \quad \mathbf{P}(\Theta = \varphi_i) = \pi(\varphi_i) = \pi_i, \quad i = 1, 2, 3, \ldots$$

この p.d.f. $\pi = \pi(\theta)$ や p.m.f. $\pi = (\pi_1, \pi_2, \pi_3, \ldots)$ を**事前分布**とよぶ。

(ii) (**Observed RV**) $\mathbf{Y} = (Y_1, Y_2, \cdots, Y_n)$ は，すべての θ に対して，$\mathbf{P}(\bullet | \Theta = \theta)$ の下で独立同分布となる確率変数列。それぞれの分布を次のように表す。

$$Y_i \text{ が連続型なら} \quad \mathbf{P}(Y_i \in \mathrm{d}y \mid \Theta = \theta) = f(y \mid \theta)\mathrm{d}y,$$
$$Y_i \text{ が離散型なら} \quad \mathbf{P}(Y_i = a_k \mid \Theta = \theta) = f(a_k \mid \theta) = f_{k|\theta}$$

それぞれの場合に，$f_{|\theta}(y) = f(y \mid \theta)$, $f_{|\theta} = (f_{1|\theta}, f_{2|\theta}, f_{3|\theta}, \ldots)$ とかく。また $\mathbf{y} = (y_1, y_2, \ldots, y_n)$ に対して次のようにおく。

$$f_n(\mathbf{y} \mid \theta) = f(y_1 \mid \theta) f(y_2 \mid \theta) \cdots f(y_n \mid \theta)$$

対数尤度関数 $\ell(\theta; y)$, $\ell_n(\theta; \mathbf{y})$ は定義 7.1 (◎ p. 188) のように定める。

(iii) (**Observed Data**)[*2] $\mathbf{y}^{\mathrm{obs}} = (y_1^{\mathrm{obs}}, y_2^{\mathrm{obs}}, \cdots, y_n^{\mathrm{obs}})$ は $\mathbf{Y}$ の観測値。
　　← この部分のみに，θ_{true} あるいは θ_0 の情報が含まれていると考える。

このとき $\mathbf{P}(\Theta \in \mathrm{d}\theta \mid \mathbf{Y} = \mathbf{y}^{\mathrm{obs}})$ を Θ の**事後分布**とよび，次のように表す。

$$\Theta \text{ が連続型なら} \quad \mathbf{P}(\Theta \in \mathrm{d}\theta \mid \mathbf{Y} = \mathbf{y}^{\mathrm{obs}}) = \pi(\theta \mid \mathbf{y}^{\mathrm{obs}})\,\mathrm{d}\theta,$$
$$\Theta \text{ が離散型なら} \quad \mathbf{P}(\Theta = \varphi_i \mid \mathbf{Y} = \mathbf{y}^{\mathrm{obs}}) = \pi(\varphi_i \mid \mathbf{y}^{\mathrm{obs}}) = \pi_{i|\mathbf{y}^{\mathrm{obs}}}$$

この枠組みにおいて，Bayes 統計の使用者おのおのの主観の「信念の度合い」は事前分布 $\pi(\theta)$ により表現される。人間の平均身長 θ_{true}〔m〕が知りたい場合に，パラメータ θ を位置パラメータとする正規分布モデル $\{\mathrm{N}(\theta, 1)\}_\theta$ を考えたとしよう。しかし，明らかに人間の平均身長 θ_{true} が負の値になることはない。そこで $\theta < 0$ に対しては $\pi(\theta) = 0$ と定める。さらに $\theta_{\mathrm{true}} > 3$〔m〕となることも考えづらい。そこで $\theta > 3$ に対しても $\pi(\theta) = 0$ と定める，などである。$0 \leqq \theta \leqq 3$ のときに $\pi(\theta)$ をどう定めるかも，使用者が θ_{true} のありかについてどの

[*2] Bayes「統計モデル」という概念の中に観測値をも含めてしまうことに違和感を感じる人もいるかもしれない。もちろん外しても構わないのだが，こうしてパッケージ化することでいちいち観測値について断りを入れなくて済むこと，それから PPL (probabilistic programming language) を提供する Python モジュール PyMC における基本思想のように見えるので，これに従った。

ように目星をつけているかを反映させるように設定して構わないのである。上で紹介した設定法はあくまで一例で使用者自身の考え・同意のもとで設定するものであり，他人に押しつけるものではない。

Bayes 統計では，上に定義された事後分布 $\pi(\theta \mid \mathbf{y}^{\text{obs}})$ に基づいて，θ_{true} の値を

$$\hat{\theta}_{\text{obs}} = \arg \max_{\theta} \pi(\theta \mid \mathbf{y}^{\text{obs}}) \quad \text{あるいは} \quad \hat{\theta}_{\text{obs}} = \mathbf{E}[\Theta \mid \mathbf{Y} = \mathbf{y}^{\text{obs}}]$$

などにより推定する。後者の $\hat{\theta}_{\text{obs}}$ については Θ が連続型か離散型かで $\int \theta \cdot \pi(\theta \mid \mathbf{y}^{\text{obs}})\mathrm{d}\theta$ あるいは $\sum_{i=1,2,3,\ldots} \varphi_i \cdot \pi(\varphi_i \mid \mathbf{y}^{\text{obs}})$ のように表せる。これらの値は事前分布 $\pi(\theta)$ の選び方に依存して変わりうるが，標本の大きさ n を大きくするとき次のことが保証されている。

> **定理 8.2 （事後分布の一致性, Doob[*3]）**
>
> Θ が連続型のとき，いかなる事前分布 $\pi(\theta)$ を選んでも，$\pi(\varphi) > 0$ なるすべての φ と，それを含むすべての区間 I について，次が成り立つ。
>
> $$\mathbf{P}\left(\int_I \pi(\theta \mid Y_1, Y_2, \ldots, Y_n)\,\mathrm{d}\theta \xrightarrow{n \to \infty} 1 \,\bigg|\, \Theta = \varphi \right) = 1$$

つまり φ を任意として $\Theta = \varphi$ の条件の下で考えたとき，区間 I が φ を含んでいれば $\mathbf{P}(\Theta \in I \mid Y_1, Y_2, \ldots, Y_n) = \int_I \pi(\theta \mid Y_1, Y_2, \ldots, Y_n)\,\mathrm{d}\theta$ の値が 1 に近づいていくのである。Θ が離散型のときも，上の積分を和の形に修正することで成り立つ。区間 I は φ を含んでいればどれだけ狭くてもよいから，これは n が大きいとき事後分布がいずれ φ 周辺に集中していくことを意味している。特に $\Theta = \theta_{\text{true}}$ の条件下でも，事前分布が $\pi(\theta_{\text{true}}) > 0$ をみたしていれば，事後分布がいずれ θ_{true} 周辺に集中していくように見えるはずである。この事情により，**標本の大きさが無限とも思えるほど大きい場合にはどのように事前分布 $\pi(\theta)$ を選んでも，$\pi(\theta_{\text{true}}) > 0$ さえみたされていれば上の推定値 $\hat{\theta}_{\text{obs}}$ に大した違いはない**はずなのである。

しかし現実に抽出する標本の大きさは有限であるため，事前分布の選び方次第で変動しうる推定値の差異をなおざりにできない。上の収束が速くなるような事前分布が選べれば，事後分布が効率的に θ_{true} 周辺に集中することが期待できるため，ここに個々人の主観を超えて事前分布の選び方に工夫の余地がある。さらに何らかの意味で選ぶべき「最も良い」事前分布があったとして，我々が正確にそれを選ぶことは難しい。その「最も良い」事前分布に可能な限り近いものを選ぶよう努力するとき「選ぶべき事前分布のちょっとした摂動に対して結果が大きく変わらない」という意味で安定した振る舞いをすることが望ましいであろう。この目論見のもとで，事前分布 $\pi(\theta)$ は「信念の度合い」という位置づけから「うまく θ_{true} を知るための方法」という意味合いを帯び始める。

[*3] J. L. Doob (1949) 『Application of the theory of martingales』 (French) In: Le Calcul des Probabilités et ses Applications, pp. 23–27

では，この事後分布はどのように計算できるだろうか。これを与えるのが，次に示す Bayes の公式である。これにより，事前分布 $\pi(\theta)$ と尤度関数 $f_n(\mathbf{y}^{\mathrm{obs}} \mid \theta)$ から事後分布 $\pi(\theta \mid \mathbf{y}^{\mathrm{obs}})$ を表すことができ，これに基づいて $\hat{\theta}_{\mathrm{obs}}$ を計算する手続きを実行できるのである。

公式 8.3 （Bayes の公式）

θ の関数として次が成り立つ。

$$\pi(\theta \mid \mathbf{y}^{\mathrm{obs}}) \propto f_n(\mathbf{y}^{\mathrm{obs}} \mid \theta)\,\pi(\theta)$$

ただし，$\propto$ は両辺が θ の関数として比例することを表す。等式としては

$$\pi(\theta \mid \mathbf{y}^{\mathrm{obs}}) = c^{-1} f_n(\mathbf{y}^{\mathrm{obs}} \mid \theta)\,\pi(\theta)$$

が成り立ち，定数 c は $\pi(\bullet \mid \mathbf{y}^{\mathrm{obs}})$ が確率分布となるよう，次で与えられる。

$$c = \begin{cases} \displaystyle\int f_n(\mathbf{y}^{\mathrm{obs}} \mid \varphi)\,\pi(\varphi)\,\mathrm{d}\varphi & (\Theta \text{ が連続型のとき}) \\ \displaystyle\sum_i f_n(\mathbf{y}^{\mathrm{obs}} \mid \varphi_i)\,\pi_i & (\Theta \text{ が離散型のとき}) \end{cases}$$

Bayes 統計モデルが与えられたとき，対応する事後分布を新たな事前分布としてまた一つの Bayes 統計モデルが得られる (無作為標本の観測データは新しく取り直す)。この意味で Bayes 統計モデルは「再帰性」をもつのである。こうして Bayes 統計モデルを更新していくことを **Bayes 更新** (Bayesian updating) といい，これに伴ってパラメータの推定値 $\hat{\theta}_{\mathrm{obs}}$ も更新されていく。以上が Bayes 統計の一連の流れである。

実装上の困難

手続きとしては以上が Bayes 統計の一連の流れであるが，大抵の場合に事後分布を理論的に計算しきることは難しい。そこでコンピュータを用いて事後分布の様子を窺おうという考えに至るのだが，コンピュータを用いた事後分布のシミュレーションのためには，上に説明した事項だけではカバーされていない重大な問題がある。それはコンピュータの数値計算により上の定数 c を計算することが難しいということである。実践的には θ は高次元のパラメータであることを想定しており，すると上の c を数値計算するためには，高次元空間上の重積分をコンピュータに近似計算させることになるが，これは「次元の呪い」とよばれる障害に阻まれて効率的に行えない。

そこで考案されたのが **Markov 連鎖 Monte Carlo**(Markov chain Monte Carlo, MCMC) **法**であり，これは c の値を知らずとも，$f_n(\mathbf{y}^{\mathrm{obs}} \mid \theta)\,\pi(\theta)$ の形だけから事後分布 $\pi(\theta \mid \mathbf{y}^{\mathrm{obs}})$ を極限の分布にもつような確率変数列 $X_1, X_2, X_3, \ldots$ を構成する様々な手法の総称である。これにより事後分布を経済的な計算時間内で実装することが可能となる。現在では Bayes 統計を扱う大抵のモジュール (プログラミングにおける便利な「ツールキット」) に実装され，多くの場合に上のような障害を直接的に感じずに済む。MCMC 法の歴史や詳細な解説は他書に譲るが，Bayes 統計を用いるすべての応用研究者が MCMC 法にお世話になっているのである。

8.2 Bayes 統計学を通したものの見方

Bayes 統計学の価値は非常に高いため，定義 8.1 (⊙p. 218) に示された Bayes 統計モデル
の枠組みを導く構図を理解しておくことも重要である。これは Bayes 統計を適用しようとす
る問題を，どのように Bayes 統計モデルの枠組みに当てはめるかについて考える際にきっと
役立つであろう。

神様が区間 $[0,1]$ 上の確率密度 $\pi_{\mathrm{God}}(\theta)$ $(0 \le \theta \le 1)$ に従って 0 と 1 の間の数 Θ を無作為
に選び，確率 Θ で表が出るコインを作ったとする (つまり $\mathbf{P}_{\mathrm{God}}(\Theta \in \mathrm{d}\theta) = \pi_{\mathrm{God}}(\theta)\mathrm{d}\theta$ というこ
と)。そして，そのコインを牧師の Thomas Bayes に与える。ただし神様は，選ばれた Θ の実
際の値 θ_{true} を明らかにしない。この設定は，次のように考えておくと以降のストーリーを理
解する助けとなるかもしれない。

✚ $0 \le \theta \le 1$ なる各 θ ごとに，神様が選んだ Θ の値が θ であるような「世界」があると考
え，この世界では「あらゆる事象 A について，それが起こる確率が $\mathbf{P}_{\mathrm{God}}(A \mid \Theta = \theta)$
により測られる」という意味で，この世界の法則は $\mathbf{P}_{\mathrm{God}}(\bullet \mid \Theta = \theta)$ により規定され
る。特に我々のいる現実は，神様が実際に選んだ値が θ_{true} の世界であるから，法則は
$\mathbf{P}_{\mathrm{God}}(\bullet \mid \Theta = \theta_{\mathrm{true}})$ により規定されている (のだが，θ_{true} の値そのものは我々に伝えられ
ていない)。

✚ 各 θ の世界を規定する法則 $\mathbf{P}_{\mathrm{God}}(\bullet \mid \Theta = \theta)$ を統べて眺める「full の」法則 $\mathbf{P}_{\mathrm{God}}(\bullet)$
は神のみぞ知る。

Bayes 牧師がコインを n 回投げて，神のお告げとしてその結果のみを我々に伝える。このと
き，神様の選んだ θ_{true} の値について知見を得る方法を考えたい。

考えるだけなら設定は自由であるとはいえ，統計学の手法を適用しようと考えている現実の
世界において，本当にこのような構図があるのだろうか。数学的には，次の事実が Bayes 統
計学のスタンスの一つのお手本となる。

いま，無限個の大きさをもつ無作為標本を頭の中で想定していて，そのうちの最初の有限
個が現実の世界で得られるのだと考えよう。確率変数列 $Y_1, Y_2, Y_3, \dots$ が **交換可能列** であると
は，これらをどのように順番を入れ替えても，あたかも同じように振る舞うことをいう。

> **定理 8.4 (De Finetti の定理)**
>
> 無限個からなる交換可能列 $Y_1, Y_2, Y_3, \dots$ を母集団 $\{0,1\}$ からの標本とする。このとき，
> $100\,\%$ の確率で次の極限 Θ が存在する。
>
> $$\Theta = \lim_{n \to \infty} \frac{Y_1 + Y_2 + \dots + Y_n}{n} \quad (\in [0,1])$$
>
> さらに，各条件 $\Theta = \theta$ の下で $Y_1, Y_2, Y_3, \dots$ は i.i.d. $\sim \mathrm{Bernoulli}(\theta)$ である。

この定理において，確率変数 Θ の分布 $\mathbf{P}_{\mathrm{God}}(\Theta \in \mathrm{d}\theta) = \pi_{\mathrm{God}}(\theta)\,\mathrm{d}\theta$ がまさに神様の振る
舞いの役割を果たすことになり，神様と Bayes のストーリーが当てはまるのである[4]。だか

---

[4] 現実の世界においてこのように π_{God} が本当に存在するかは，もはや数学の範疇の問題ではない。

らといって de Finetti の定理は，神様の振る舞いとして絶対的な $\pi_{\mathrm{God}}(\theta)$ の決め方を説明するものではない。なぜなら，Θ の分布を知るには，$Y_1, Y_2, Y_3, \dots$ の $\mathbf{P}_{\mathrm{God}}(\bullet \mid \Theta = \theta)$ のもとでの条件付き分布というよりも $\mathbf{P}_{\mathrm{God}}$ のもとでの「full な」分布を知らなければならないだろう[*5]。さらに，二つの異なる交換可能列 $\mathbf{Y} = (Y_1, Y_2, Y_3, \cdots)$ と $\mathbf{Y}' = (Y_1', Y_2', Y_3', \cdots)$ で，いかなる θ に対しても，$\mathbf{P}_{\mathrm{God}}(\bullet \mid \Theta = \theta)$ が規定する世界の中では，これらの交換可能列の振る舞いの間で見分けがつかなくなってしまう，つまり次をみたすものが作れる。

$$\underbrace{\mathbf{P}_{\mathrm{God}}(\mathbf{Y} \in \mathrm{d}\mathbf{y}) \neq \mathbf{P}_{\mathrm{God}}(\mathbf{Y}' \in \mathrm{d}\mathbf{y})}_{\text{神様には } \mathbf{Y} \text{ と } \mathbf{Y}' \text{ が違うように見えているが…}} \quad \text{だが}$$

$$\underbrace{\mathbf{P}_{\mathrm{God}}(\mathbf{Y} \in \mathrm{d}\mathbf{y} \mid \Theta = \theta) = \mathbf{P}_{\mathrm{God}}(\mathbf{Y}' \in \mathrm{d}\mathbf{y} \mid \Theta = \theta)}_{\Theta = \theta \text{ の世界の住人には } \mathbf{Y} \text{ と } \mathbf{Y}' \text{ の振る舞いについて区別がつかない!}}$$

逆に言えば，現実世界 $\mathbf{P}_{\mathrm{God}}(\bullet \mid \Theta = \theta_{\mathrm{true}})$ における無作為標本が，神様の世界で $\mathbf{Y}$ や $\mathbf{Y}'$，あるいは他の交換可能列であるのかを，我々に判別することはできないのである。

　Bayes 統計学の枠組みのお手本を示す de Finetti の定理ですらも神様がどのように Θ を選ぶかについてヒントを与えてくれるものではなく，結局 $\pi_{\mathrm{God}}(\theta)$ については知る由もない。そこで思い切ってこの選び方を我々個々人の主観で選んだ p.d.f. $\pi(\theta)$ へと置き換えてしまおう。つまり，神様の世界ではあらゆる事象 A を

$$\mathbf{P}_{\mathrm{God}}(A) = \int \mathbf{P}_{\mathrm{God}}(A \mid \Theta = \theta) \underbrace{\mathbf{P}_{\mathrm{God}}(\Theta \in \mathrm{d}\theta)}_{= \pi_{\mathrm{God}}(\theta)\mathrm{d}\theta}$$

で測っていた確率のうち，神様の振る舞いに関する $\pi_{\mathrm{God}}(\theta)$ を，我々**個々人の**うちに選んだ $\pi(\theta)$ に置き換えることで事象 A の確率を

$$\mathbf{P}(A) = \int \mathbf{P}_{\mathrm{God}}(A \mid \Theta = \theta) \, \pi(\theta) \, \mathrm{d}\theta$$

で測ることにするのである。この意味で $\pi(\theta)$ はその人の**主観事前分布** (subjective prior distribution)，あるいは**主観事前密度** (subjective prior density) とよばれ，$\mathbf{P}(A)$ は A に対する主観確率とよぶべきものである。以降，主観事前分布は単に**事前分布/密度** (prior distribution/density) とよぶ。

　この人は，$\Theta \in [a, b]$ であることに確率 $\mathbf{P}(a \leqq \Theta \leqq b) = \int_a^b \pi(\theta) \, \mathrm{d}\theta$ だけの「信念」をもっているという意味で，$\pi(\theta)$ はこの人の θ に関する「**信念の度合い**」(degree of belief) と解釈できる。Bayes 統計学の枠組みの一つのトリックは，こうして主観を織り交ぜても，θ の関数として

[*5] 「Θ を $\Theta = \lim_{n \to \infty} \dfrac{Y_1 + Y_2 + \cdots + Y_n}{n}$ により定めてそのヒストグラムなどを観察すればよいじゃないか」と考えるかもしれないが，現実世界で無限個の Y_k を観測することが不可能であることはさておき，$\mathbf{P}_{\mathrm{God}}(\bullet \mid \Theta = \theta_{\mathrm{true}})$ が法則を規定する世界にいる我々の目には，このように定めた Θ は結局のところ定数 θ_{true} のようにしか振る舞わず，Θ の分布の形そのものについての情報を得ることはできないはずである。

$$
\mathbf{P}(A \mid \Theta = \theta) = \frac{\mathbf{P}(A; \Theta \in \mathrm{d}\theta)}{\mathbf{P}(\Theta \in \mathrm{d}\theta)} = \frac{\int \overbrace{\mathbf{P}_{\mathrm{God}}(A; \Theta \in \mathrm{d}\theta \mid \Theta = \theta')}^{\substack{\text{微小区間 } \mathrm{d}\theta \text{ が } \theta' \text{ を含まなければ } 0, \\ \text{含めば } \mathbf{P}_{\mathrm{God}}(A \mid \Theta = \theta') \text{ となる。}}} \pi(\theta') \, \mathrm{d}\theta'}{\pi(\theta) \, \mathrm{d}\theta}
$$

$$
= \frac{\int \mathbf{P}_{\mathrm{God}}(A \mid \Theta = \theta') \, \mathbf{1}_{\mathrm{d}\theta}(\theta') \, \pi(\theta') \, \mathrm{d}\theta'}{\pi(\theta) \, \mathrm{d}\theta}
$$

$$
= \frac{\mathbf{P}_{\mathrm{God}}(A \mid \Theta = \theta) \, \pi(\theta) \, \mathrm{d}\theta}{\pi(\theta) \, \mathrm{d}\theta} = \mathbf{P}_{\mathrm{God}}(A \mid \Theta = \theta)
$$

が成り立つことにある。つまり，神様の振る舞いをその人の主観に置き換えてしまっても，それぞれの世界の法則は変わらない。このようにして Bayes 統計モデル $(\mathbf{P}, \Theta, \pi, \mathbf{Y}, \mathbf{y}^{\mathrm{obs}})$ (⊘ p. 218) の定式化となるのである。

Θ が取りうる様々な値 θ ごとに，物事が $\mathbf{P}(\bullet \mid \Theta = \theta)$ で測られる世界があると考えているが，Bayes がどの世界でコイン投げを行ったかについては，コイン投げの結果 $y_1^{\mathrm{obs}}, y_2^{\mathrm{obs}}, \ldots, y_n^{\mathrm{obs}}$ にのみ，その世界を表す θ_{true} の情報が含まれていると考えられる。そしてこれらのデータが得られたという事実を取り込んだ Θ の分布 $\mathbf{P}(\Theta \in \mathrm{d}\theta \mid \mathbf{Y} = \mathbf{y}^{\mathrm{obs}}) = \pi(\theta \mid \mathbf{y}^{\mathrm{obs}})\mathrm{d}\theta$ が**事後分布** (posterior distribution) なのである。これは事前分布 $\pi(\theta)$ を選んで試行の結果 $\mathbf{y}^{\mathrm{obs}}$ を見届けた後で，θ_{true} のありかについての「信念の度合い」を反映するものとなる。

本節の最初に述べたように，Bayes 統計モデルにおいて $\mathbf{P}(\bullet \mid \Theta = \theta)$ は「神様が選んだ値が θ であるような世界」を規定する法則と考えると概念の定着に役立つのではないかと思う。Bayes 統計モデルに限らず，統計モデルを設定することは「考える世界たちをあらかじめ規定すること」なのである。またこれらの世界に現実世界が含まれていると仮定しているのか否かは文脈ごとに常に意識しておくべきである。仮定する場合，現実世界は「$\Theta = \theta_{\mathrm{true}}$ の世界」と言い表せる。仮定しない場合には，考えている世界たちの中でも現実世界で得られたデータ $\mathbf{y}^{\mathrm{obs}}$ に最も当てはまりの良い世界を「$\Theta = \theta_0$ の世界」とよぶことにし，この θ_0 についての知見を得ようとしているのである。現実世界が統計モデルによって規定された世界の一つであるときには，$\theta_0 = \theta_{\mathrm{true}}$ であることを想定している。

この言い回しで事後分布の一致性 (⊘ p. 219) を解釈し直すと，次のように述べることができるであろう。

> 「$\pi(\varphi) > 0$ をみたす $\Theta = \varphi$ の世界では，区間 I が φ を含んでいれば
> $n \to \infty$ のとき $\mathbf{P}(\Theta \in I \mid Y_1, Y_2, \ldots, Y_n)$ の値が 1 に近づいていく」

我々の現実世界がモデルに含まれていない場合，現実に最も当てはまりの良い $\Theta = \theta_0$ の世界においても，事前分布が $\pi(\theta_0) > 0$ をみたしていれば，現実のデータから作った事後分布がいずれ θ_0 周辺に集中していくであろうと期待したくなる。この期待が叶ったとしても「θ_0 の値がわからない中で $\pi(\theta_0) > 0$ なる事前分布 $\pi(\theta)$ を都合よく選べるのか」という問題が残るが，このような $\pi(\theta)$ の中でも，効率的に事後分布の一致性を実現するようなものを選ぶことについて，おそらく一般論は知られておらず，難しい問題である (⊘ p. 255)。

練習問題 8.5　共役事前分布

　次に示された事前分布と尤度からなる (狭義) Bayes 統計モデルにおいて大きさ n の無作為標本 $\mathbf{Y} = (Y_1, Y_2, \ldots, Y_n)$ について得られた観測値を $\mathbf{y}^{\mathrm{obs}} = (y_1^{\mathrm{obs}}, y_2^{\mathrm{obs}}, \ldots, y_n^{\mathrm{obs}})$ とするとき，事後分布の欄の事項を確認せよ。ただし，正規分布については $\mathrm{N}(\mu, \mathrm{prec}\,\sigma^{-2}) = \mathrm{N}(\mu, \sigma^2)$ という記号を用いた。他の分布については定義 5.6 (p. 163) を参照せよ。

	事前分布	尤度	事後分布
(1)	$\mathrm{N}(m, \mathrm{prec}\,t)$	$\mathrm{N}(\theta, \mathrm{prec}\,\tau)$	$\mathrm{N}\left(\dfrac{tm + n\tau \cdot \overline{y}_{\mathrm{obs}}}{t + n\tau}, \mathrm{prec}\ t + n\tau\right)$
(2)	$\mathrm{Gamma}(K, \mathrm{rate}\,\alpha)$	$\mathrm{E}(\mathrm{rate}\,\theta)$	$\mathrm{Gamma}(K + n, \mathrm{rate}\ \alpha + n \cdot \overline{y}_{\mathrm{obs}})$
(3)	$\mathrm{Gamma}(K, \mathrm{rate}\,\alpha)$	$\mathrm{Poisson}(\theta)$	$\mathrm{Gamma}(K + n \cdot \overline{y}_{\mathrm{obs}}, \mathrm{rate}\ \alpha + n)$
(4)	$\mathrm{Beta}(K, L)$	$\mathrm{Bernoulli}(\theta)$	$\mathrm{Beta}(K + n \cdot \overline{y}_{\mathrm{obs}}, L + n(1 - \overline{y}_{\mathrm{obs}}))$
(5)	$\mathrm{Gamma}(K, \mathrm{rate}\,\alpha)$	$\mathrm{N}(0, \mathrm{prec}\,\theta)$	$\mathrm{Gamma}\left(K + \dfrac{n}{2}, \mathrm{rate}\ \alpha + \dfrac{1}{2}\sum_{i=1}^{n}(y_i^{\mathrm{obs}})^2\right)$

解答例　それぞれの場合において事後分布を $\pi(\theta \mid \mathbf{y}^{\mathrm{obs}})$ とおき，以下では θ の関数として比例する量を「$\propto$」により結ぶ。

　(1) Bayes の公式 (p. 220) より，次の比例関係が得られる。

$$\pi(\theta \mid \mathbf{y}^{\mathrm{obs}}) \propto \frac{\exp\left(-\dfrac{(y_1^{\mathrm{obs}} - \theta)^2}{2\tau^{-1}}\right)}{\sqrt{2\pi\tau^{-1}}} \cdots \frac{\exp\left(-\dfrac{(y_n^{\mathrm{obs}} - \theta)^2}{2\tau^{-1}}\right)}{\sqrt{2\pi\tau^{-1}}} \frac{\exp\left(-\dfrac{(\theta - m)^2}{2t^{-1}}\right)}{\sqrt{2\pi t^{-1}}}$$

$$\propto \exp\left(-\frac{\tau}{2}\sum_{i=1}^{n}(y_i^{\mathrm{obs}} - \theta)^2 - \frac{t}{2}(\theta - m)^2\right)$$

$$\propto \exp\left(-\frac{(t + n\tau)\theta^2 - 2(tm + n\tau \cdot \overline{y}_{\mathrm{obs}})\theta}{2}\right) = \exp\left(-\frac{\theta^2 - 2\dfrac{tm + n\tau\overline{y}_{\mathrm{obs}}}{(t + n\tau)}\theta}{2/(t + n\tau)}\right)$$

この関数に比例する p.d.f. をもつ確率分布は $\mathrm{N}\left(\dfrac{tm + n\tau \cdot \overline{y}_{\mathrm{obs}}}{t + n\tau}, \mathtt{prec}\ t + n\tau\right)$ である。

(2) Bayes の公式より,

$$\pi(\theta \mid \mathbf{y}^{\mathrm{obs}}) \propto (\theta \mathrm{e}^{-\theta y_1^{\mathrm{obs}}}) \cdots (\theta \mathrm{e}^{-\theta y_n^{\mathrm{obs}}}) \frac{\alpha^K \theta^{K-1} \mathrm{e}^{\alpha\theta}}{\Gamma(K)} \propto \theta^{(K+n)-1} \mathrm{e}^{-(\alpha + n \cdot \overline{y}_{\mathrm{obs}})\theta}$$

であり, この関数に比例する p.d.f. をもつ確率分布は $\mathrm{Gamma}(K + n, \mathtt{rate}\ \alpha + n \cdot \overline{y}_{\mathrm{obs}})$ である。

(3) Bayes の公式より,

$$\pi(\theta \mid \mathbf{y}^{\mathrm{obs}}) \propto \left(\frac{\theta^{y_1^{\mathrm{obs}}}}{(y_1^{\mathrm{obs}})!} \mathrm{e}^{-\theta}\right) \cdots \left(\frac{\theta^{y_n^{\mathrm{obs}}}}{(y_n^{\mathrm{obs}})!} \mathrm{e}^{-\theta}\right) \frac{\alpha^K \theta^{K-1} \mathrm{e}^{\alpha\theta}}{\Gamma(K)}$$
$$\propto \theta^{(K + n \cdot \overline{y}_{\mathrm{obs}})-1} \mathrm{e}^{-(\alpha + n)\theta}$$

であり, この関数に比例する p.d.f. をもつ確率分布は $\mathrm{Gamma}(K + n \cdot \overline{y}_{\mathrm{obs}}, \mathtt{rate}\ \alpha + n)$ である。

(4) Bayes の公式より,

$$\pi(\theta \mid \mathbf{y}^{\mathrm{obs}}) \propto \left(\theta^{y_1^{\mathrm{obs}}}(1-\theta)^{1-y_1^{\mathrm{obs}}}\right) \cdots \left(\theta^{y_n^{\mathrm{obs}}}(1-\theta)^{1-y_n^{\mathrm{obs}}}\right) \frac{\theta^{K-1}(1-\theta)^{L-1}}{\mathrm{B}(K, L)}$$
$$\propto \theta^{(K + n \cdot \overline{y}_{\mathrm{obs}})-1}(1-\theta)^{(L + n(1 - \overline{y}_{\mathrm{obs}}))-1}$$

であり, この関数に比例する p.d.f. をもつ確率分布は $\mathrm{Beta}(K + n \cdot \overline{y}_{\mathrm{obs}}, L + n(1 - \overline{y}_{\mathrm{obs}}))$ である。

(5) Bayes の公式より, 次の比例関係を得る。

$$\pi(\theta \mid \mathbf{y}^{\mathrm{obs}}) \propto \frac{\exp\left(-\dfrac{(y_1^{\mathrm{obs}})^2}{2\theta^{-1}}\right)}{\sqrt{2\pi\theta^{-1}}} \cdots \frac{\exp\left(-\dfrac{(y_n^{\mathrm{obs}})^2}{2\theta^{-1}}\right)}{\sqrt{2\pi\theta^{-1}}} \frac{\alpha^K \theta^{K-1} \mathrm{e}^{-\alpha\theta}}{\Gamma(K)}$$
$$\propto \theta^{(K + \frac{n}{2})-1} \exp\left(-\left(\alpha + \frac{1}{2}\sum_{i=1}^{n}(y_i^{\mathrm{obs}})^2\right)\theta\right)$$

この関数に比例する p.d.f. をもつ確率分布は $\mathrm{Gamma}\left(K + \dfrac{n}{2}, \mathtt{rate}\ \alpha + \dfrac{1}{2}\sum_{i=1}^{n}(y_i^{\mathrm{obs}})^2\right)$ である。

コメント これらの例のように, 事後分布 $\pi(\theta \mid \mathbf{y}^{\mathrm{obs}})$ が事前分布 $\pi(\theta)$ と同じ種類の確率分布である場合, 事前分布 $\pi(\theta)$ は尤度 $f(y \mid \theta)$ に対する**共役事前分布** (conjugate prior distribution) であるという。他にも, 例えば (4) の事実を指して「ベータ分布族は Bernoulli 分布族に対して共役な確率分布族である」などのように表現することもある。

8.3 変則事前分布

8.3.1　変則事前分布

　前節の記号を引き継いで用いる。「実数直線上のどこかにあるはずの θ_0 のありかについて，実数直線上のどこを見ても同等に見える」とき，この主観を反映させるために適当な正の定数 c をとって $\pi(\theta) = c$ とおきたい。しかし $\int_{-\infty}^{\infty} c \, \mathrm{d}\theta = \infty$ であるから，どのような正の定数 c を選んでも $\pi(\theta)$ を確率分布として定めることができない。このように文脈ごとの動機に応じて，主観を反映させるためには事前「分布」$\pi(\theta)$ として

$$\int \pi(\theta) \, \mathrm{d}\theta = \infty$$

(積分範囲は文脈に応じて変わる) となる非負の値をとる関数を選ばざるを得ないことがある。つまり，$\pi(\theta)$ は確率分布の p.d.f. にはならない。すると全事象 Ω に対する主観「確率」は

$$\mathbf{P}(\Omega) = \int \underbrace{\mathbf{P}_{\mathrm{God}}(\Omega \mid \Theta = \theta)}_{= 1} \pi(\theta) \, \mathrm{d}\theta = \int \pi(\theta) \, \mathrm{d}\theta = \infty$$

となり，$\mathbf{P}$ はもはや確率のルールをみたさない。このような事前「分布」$\mathbf{P}(\Theta \in \mathrm{d}\theta)$ もしくは事前「密度」$\pi(\theta)$ を**変則事前分布** (improper prior distribution) あるいは**変則事前密度** (improper prior density) とよぶ。[*6] 変則事前分布と区別するために，$\int \pi(\theta) \, \mathrm{d}\theta = 1$ をみたす事前分布は**proper**（プロパー）であるという。

　本書において明確に変則事前分布を用いる場合には記号 $\mathbf{P}(\bullet \mid \Theta = \theta)$ はなるべく使わずに $\mathbf{P}(\bullet \mid \theta)$ で表すよう努めた。この場合でも，前節と同様に $\pi_{\mathrm{God}}(\theta) > 0$，$\pi(\theta) > 0$ なる θ について $\mathbf{P}(\bullet \mid \theta) = \mathbf{P}_{\mathrm{God}}(\bullet \mid \Theta = \theta)$ が成り立つ。

　Bayes の公式 (➡ p. 220) を形式的に適用した式

$$\pi(\theta \mid \mathbf{y}^{\mathrm{obs}}) \propto f_n(\mathbf{y}^{\mathrm{obs}} \mid \theta) \, \pi(\theta)$$

の右辺について**もし $\int f_n(\mathbf{y}^{\mathrm{obs}} \mid \varphi) \pi(\varphi) \, \mathrm{d}\varphi < \infty$ ならば，**

$$\pi(\theta \mid \mathbf{y}^{\mathrm{obs}}) = \frac{f_n(\mathbf{y}^{\mathrm{obs}} \mid \theta) \, \pi(\theta)}{\displaystyle\int f_n(\mathbf{y}^{\mathrm{obs}} \mid \varphi) \, \pi(\varphi) \, \mathrm{d}\varphi}$$

により p.d.f. $\pi(\theta \mid \mathbf{y}^{\mathrm{obs}})$ が定まる。これもまた**事後分布**または**事後密度**とよぶ。パラメータ θ の動く範囲が $\varphi_1, \varphi_2, \varphi_3, \dots$ であるような離散的な状況においても，これに応じた条件の下で上式の分母に現れた積分を $\displaystyle\sum_{i=1,2,3,\dots} f_n(\mathbf{y}^{\mathrm{obs}} \mid \varphi_i) \pi(\varphi_i)$ に修正することで p.m.f. $\pi(\varphi_i \mid \mathbf{y}^{\mathrm{obs}})$ $(i = 1, 2, 3, \dots)$ が定まる。

[*6]　「Improper prior distribution」に対する広く浸透した邦訳はない。ここでは赤池弘次 (1980) 『統計的推論のパラダイムの変遷について』統計数理研究所所報 27.1 に従って変則事前分布と訳した。

8.3.2 変則事前分布の使用に関する注意

本項は「Radon–Nikodým の定理」に触れたことがある人向けの注意である。そうでなければ読み飛ばすこと。

例えば、コイン投げに対する Bayes 統計モデルを次のように選んだとしよう。

(1) 変則事前分布 $\Theta \sim$「Beta$(0,0)$」、つまり $\mathbf{P}(\Theta \in \mathrm{d}\theta) = \theta^{-1}(1-\theta)^{-1}\mathrm{d}\theta$ $(0 < \theta < 1)$,

➡ このとき $\Omega = \{0 < \Theta < 1\}$ であることに注意すると

$$\mathbf{P}(\Omega) = \mathbf{P}(0 < \Theta < 1) = \int_0^1 \theta^{-1}(1-\theta)^{-1}\mathrm{d}\theta = \infty$$

となり、$\mathbf{P}$ はもはや確率のルールをみたさない!

(2) 尤度関数 $f(y \mid \theta) = \begin{cases} \theta & (y = 1 \text{ のとき}), \\ 1-\theta & (y = 0 \text{ のとき}), \end{cases}$ つまり

$$\mathbf{P}(Y_1 \in \mathrm{d}y \mid \theta) = \cdots = \mathbf{P}(Y_n \in \mathrm{d}y \mid \theta)$$
$$= \theta \cdot \delta_1(\mathrm{d}y) + (1-\theta) \cdot \delta_0(\mathrm{d}y),$$

➡ ゆえに $\mathbf{P}(\bullet)$ ではなく、$\mathbf{P}(\bullet \mid \theta)$ ならば確率のルールをみたしている。

(3) $\mathbf{Y} = (Y_1, Y_2, \ldots, Y_n)$ の観測値 $\mathbf{y}^{\mathrm{obs}} = (y_1^{\mathrm{obs}}, y_2^{\mathrm{obs}}, \ldots, y_n^{\mathrm{obs}})$

このとき、各 Y_i の「full な分布」は

$$\mathbf{P}(Y_i \in \mathrm{d}y) = \int_0^1 \mathbf{P}(Y_i \in \mathrm{d}y \mid \Theta = \theta)\,\pi(\theta)\,\mathrm{d}\theta$$
$$= \underbrace{\int_0^1 (1-\theta)^{-1}\mathrm{d}\theta}_{= \infty} \cdot \delta_1(\mathrm{d}y) + \underbrace{\int_0^1 \theta^{-1}\mathrm{d}\theta}_{= \infty} \cdot \delta_0(\mathrm{d}y)$$
$$= \infty \cdot \delta_1(\mathrm{d}y) + \infty \cdot \delta_0(\mathrm{d}y)$$

となり、σ-有限ですらない測度となってしまう。このような場合、Bayes の公式で

$$\mathbf{P}(\Theta \in \mathrm{d}\theta \mid \mathbf{Y} = \mathbf{y}) = \frac{\mathbf{P}(\mathbf{Y} \in \mathrm{d}\mathbf{y} \mid \Theta = \theta)\,\mathbf{P}(\Theta \in \mathrm{d}\theta)}{\mathbf{P}(\mathbf{Y} \in \mathrm{d}\mathbf{y})}$$

の式変形が成り立つ根拠であった Radon–Nikodým の定理が適用できず、事後分布にあたるものを表す「$\mathbf{P}(\Theta \in \mathrm{d}\theta \mid \mathbf{Y} = \mathbf{y}^{\mathrm{obs}})$」という記号に適切な解釈を与えることができるのか否かわからない。

それでも、尤度関数の位置パラメータに対する頻度論者の事前分布 $\pi(\theta) \equiv 1$ $(-\infty < \theta < \infty)$ (これは変則事前分布である。練習問題 8.8 ➡ p. 230) を用いる場合など、上の問題は起こらず、上の Radon–Nikodým 微分として得られる事後分布が proper となることも多くある。

8.4 Bayes 統計モデル

狭義の Bayes 統計モデル (⊙ p. 218) のうち，事前分布として変則事前分布を許したモデルを改めて次のようにまとめておこう。

定義 8.6　Bayes 統計モデル

以下の構成要素からなる組 $(\pi(\theta), \{\mathbf{P}(\bullet \mid \theta)\}_\theta, \mathbf{Y}, \mathbf{y}^{\text{obs}})$ を **Bayes 統計モデル** (Bayesian statistical model) とよぶ。

(i) (**Prior**) パラメータ θ に対する**事前分布** $\pi(\theta)$,

(ii) (**Observed RV**) $\mathbf{Y} = (Y_1, Y_2, \cdots, Y_n)$ は，すべての θ に対して $\mathbf{P}(\bullet|\theta)$ の下で独立同分布となる確率変数列。これらの分布を次のように表す。

$$Y_i \text{ が連続型なら } \quad \mathbf{P}(Y_i \in dy \mid \theta) = f(y \mid \theta)dy,$$
$$Y_i \text{ が離散型なら } \quad \mathbf{P}(Y_i = a_k \mid \theta) = f(a_k \mid \theta) = f_{k|\theta}$$

それぞれの場合に，$f_{|\theta}(y) = f(y \mid \theta)$, $f_{|\theta} = (f_{1|\theta}, f_{2|\theta}, f_{3|\theta}, \dots)$ とかく。このとき，定義 8.1 (⊙ p. 218) と同様に $f_n(\mathbf{y} \mid \theta)$ や**対数尤度関数** $\ell(\theta; y)$, $\ell_n(\theta; \mathbf{y})$ を定める。

(iii) (**Observed Data**) $\mathbf{y}^{\text{obs}} = (y_1^{\text{obs}}, y_2^{\text{obs}}, \cdots, y_n^{\text{obs}})$ は，$\mathbf{Y}$ の観測値。

このうち事前分布 $\pi(\theta)$ については，θ の動く範囲が連続的か離散的 $(\varphi_1, \varphi_2, \varphi_3, \dots)$ かに応じて $\int f_n(\mathbf{y} \mid \varphi) \pi(\varphi) d\varphi < \infty$ あるいは $\sum_{i=1,2,3,\dots} f_n(\mathbf{y} \mid \varphi_i) \pi(\varphi_i) < \infty$ をみたす範囲で変則事前分布をとることも許す。それぞれの場合に応じて，

$$\pi(\theta \mid \mathbf{y}^{\text{obs}}) = \frac{f_n(\mathbf{y}^{\text{obs}} \mid \theta) \pi(\theta)}{\int f_n(\mathbf{y}^{\text{obs}} \mid \varphi) \pi(\varphi) d\varphi} \quad \text{あるいは} \quad \frac{f_n(\mathbf{y}^{\text{obs}} \mid \theta) \pi(\theta)}{\sum_{i=1,2,3,\dots} f_n(\mathbf{y}^{\text{obs}} \mid \varphi_i) \pi(\varphi_i)}$$

を θ に対する**事後分布**とよぶ。

狭義の Bayes 統計モデル (定義 8.1 ⊙ p. 218) は上の意味での Bayes 統計モデルと理解できる。上のモデルは文脈上，記述に必要な記号のみを宣言する形で $(\pi(\theta), \{f(y \mid \theta)\}_\theta, \mathbf{Y}, \mathbf{y}^{\text{obs}})$, $(\pi(\theta), \{f(y \mid \theta)\}_\theta, \mathbf{y}^{\text{obs}})$ もしくは $(\pi(\theta), \{f(y \mid \theta)\}_\theta)$ などとも表記される。便宜的にパラメータ θ を $\pi(\theta \mid \mathbf{y}^{\text{obs}})$ を分布にもつ確率変数 Θ のように扱うこともあり，次のように表す。

$$\underbrace{(\Theta \mid \mathbf{Y} = \mathbf{y}^{\text{obs}})}_{\substack{① \text{「条件 } \mathbf{Y} = \mathbf{y}^{\text{obs}} \text{ の} \\ \text{もとで確率変数 } \Theta \text{ は...}}} \quad \sim \quad \underbrace{\left(\begin{array}{c} \text{事後密度 } \pi(\theta \mid \mathbf{y}^{\text{obs}}) \text{ を} \\ \text{p.d.f. にもつ分布名} \end{array} \right)}_{\substack{② \pi(\theta \mid \mathbf{y}^{\text{obs}}) \text{ を p.d.f.} \\ \text{にもつ分布に従う」と読む。}}$$

この記法の下で，$\int_a^b \pi(\theta \mid \mathbf{y}^{\text{obs}}) d\theta$ は「$\mathbf{P}(a < \Theta < b \mid \mathbf{Y} = \mathbf{y}^{\text{obs}})$」にあたる量を表す。変則事前分布を用いた状況では，後者の記号は必ずしも適切ではないかもしれないが，直感を重視して，あえてこの記号を用いることもある。

また区間 (a, b) が θ に関する $C\%$ **Bayes 信用区間**であるとは，次が成り立つことをいう。

$$\mathbf{P}(a < \Theta < b \mid \mathbf{Y} = \mathbf{y}^{\mathrm{obs}}) = C\%$$

変則事前分布を用いた場合でも $\pi(\theta \mid \mathbf{Y})$ は ($\mathbf{Y} = (Y_1, Y_2, \ldots, Y_n)$ と同一の確率空間上で定義された) ランダムな確率分布であるが，多くの場合にみたされる適切な条件のもとで proper な場合と同様に事後分布の一致性 (定理 8.2 ⊙ p. 219) が成り立つようである。[*7] パラメータ推定の手続きは，8.1 節 (⊙ p. 218) に示した流れと同じである。

> ▌**定義 8.7　MAP 推定量・事後 Bayes 推定量** ─────────────────────
>
> Bayes 統計モデル $(\pi(\theta), \{f(y \mid \theta)\}_\theta, \mathbf{Y}, \mathbf{y}^{\mathrm{obs}})$ において，次の推定量を定める。
>
> (1) 固定した $\mathbf{y}$ に対して $\pi(\theta \mid \mathbf{y})$ を最大化する θ を
>
> $$\widehat{\theta}_{\mathrm{MAP}}(\mathbf{y}) = \arg\max_\theta \pi(\theta \mid \mathbf{y})$$
>
> と表すとき，$\widehat{\theta}_{\mathrm{MAP}}(\mathbf{Y})$ を $\widehat{\Theta}_{\mathrm{MAP}}$ あるいは単に $\widehat{\Theta}$ と表し，**MAP推定量** (maximum a posteriori estimator) とよぶ。また $\widehat{\theta}(\mathbf{y}^{\mathrm{obs}})$ を $\widehat{\theta}_{\mathrm{obs}}$ により表し，**MAP 推定値** (maximum a posteriori estimate) とよぶ。
>
> (2) $\widehat{\theta}_{\mathrm{Bayes}}(\mathbf{y}) = \displaystyle\int \theta \cdot \pi(\theta \mid \mathbf{y})\, \mathrm{d}\theta$ と表すとき，$\widehat{\theta}_{\mathrm{Bayes}}(\mathbf{Y})$ と $\widehat{\theta}_{\mathrm{Bayes}}(\mathbf{y}^{\mathrm{obs}})$ をそれぞれ**事後 Bayes 推定量** (posterior Bayes estimator)，**事後 Bayes 推定値** (posterior Bayes estimate) とよぶ。

　君の主観で選んだ Bayes 統計モデルが変則事前分布を用いた場合であっても MCMC 法などの実装されたコンピュータを用いて，あたかも「事後分布からのサンプルです」と言い張られたサンプルを抽出することができる。しかし，そもそもコンピュータでは無限に広がる空間は扱えず，実際にはその空間を有限なもので近似する。そのときに変則事前分布も proper な事前分布へと切り落とされるため，こうして得られたサンプルは，実は変則事前分布を選んだ君の主観が精確に反映されたものではない。こうした事情からも，選んだ事前分布の摂動に対して事後分布が**頑健性** (選んだ事前分布の少しの摂動に伴って，事後分布も少ししか変化しないという性質) をもつか，という問題が重要である (8.5.5 項 ⊙ p. 255)。

　狭義の Bayes 統計モデル (⊙ 定義 8.1, p. 218) ではなく，始めから定義 8.2 (⊙ p. 228) の意味での Bayes 統計モデルを天下り的に導入してもよかった。しかし，狭義の Bayes 統計モデルと Bayes の公式が頭に入っていないと $\pi(\theta \mid \mathbf{y})$ を上の形で定義する動機に欠けるものになったであろう。

　この段階で本書の web 補助資料を参照してシミュレーションによる Bayes 統計の実践に移ることもできるし，事前分布について理解を深めたい場合はこのまま次節に進むのもよい。

[*7] T. Choi and R. V. Ramamoorthi (2008) 『Remarks on consistency of posterior distributions』Pushing the limits of contemporary statistics: contributions in honor of Jayanta K. Ghosh, Institute of Mathematical Statistics, pp. 170–186。

8.5 事前分布の選び方の事例集

8.5.1　位置パラメータに対する「漠然」事前分布

Observed RVs $Y_1, Y_2, \ldots, Y_n$ がそれぞれ $f(y \mid \theta) = h(y - \theta)$ の形の p.d.f./p.m.f. をもつとする。このように θ が位置パラメータ (**⊙p. 191**) であることの他には事前情報を**何ももたない**とする。位置パラメータ θ は Y の平均を表す (**⊙p. 191**) が，この値についてまったく情報がない状況における思考実験では，定数 c だけ Y をずらした $W = Y - c$ と Y の「分布」の間で区別をつけられないであろう。事前分布が $\pi(\theta)$ のとき W についての主観確率は，$a < b$ なる実数 a, b に対して "$\mathbf{P}(a < W < b)$" = "$\mathbf{P}(a + c < Y < b + c)$" = $\int_{a+c}^{b+c} \int f(y \mid \theta)\pi(\theta)\,\mathrm{d}\theta\mathrm{d}y = \int_a^b \int f(w \mid \theta)\pi(\theta + c)\,\mathrm{d}\theta\mathrm{d}w$ と表せるが，これが "$\mathbf{P}(a < Y < b)$" = $\int_a^b \int f(y \mid \theta)\pi(\theta)\,\mathrm{d}\theta\mathrm{d}y$ と等しくなるためには $\pi(\theta)$ が θ によらない定数でなければならず，事前分布として

$$\pi(\theta) = 1, \quad \theta \in \mathbb{R}$$

を選んでいるようなものである。これは変則事前分布であることに注意しよう。

練習問題 8.8　位置パラメータに対する頻度論者の事前分布

次の構成要素からなる Bayes 統計モデルを考える。

(i) 事前分布 $\pi(\theta) = 1$, $-\infty < \theta < \infty$

(ii) 尤度関数

$$\mathbf{P}(Y_k \in \mathrm{d}y \mid \theta) = f(y \mid \theta)\mathrm{d}y = \underbrace{\frac{\exp\left(-\dfrac{(y - \theta)^2}{2\sigma^2}\right)}{\sqrt{2\pi\sigma^2}}}_{\theta \text{ は位置パラメータである}}\mathrm{d}y$$

(iii) $Y_1, Y_2, \ldots, Y_n$ の観測値 $y_1^{\mathrm{obs}}, y_2^{\mathrm{obs}}, \ldots, y_n^{\mathrm{obs}}$

このとき，次を示せ。

(1) θ を「確率変数」Θ のようにみなすと次が成り立つ。

$$(\Theta \mid \mathbf{Y} = \mathbf{y}^{\mathrm{obs}}) \sim \mathrm{N}\left(\overline{y}_{\mathrm{obs}}, \frac{\sigma^2}{n}\right)$$

(2) $\pm z_{\frac{\alpha}{2}}$ を $\mathrm{N}(0,1)$ の両側 100α ％ 点とするとき，パラメータ θ に対する $100(1-\alpha)$ ％ Bayes 信用区間は次で与えられる。

$$\left(\overline{y}_{\mathrm{obs}} - z_{\frac{\alpha}{2}}\sqrt{\frac{\sigma^2}{n}}, \ \overline{y}_{\mathrm{obs}} + z_{\frac{\alpha}{2}}\sqrt{\frac{\sigma^2}{n}}\right)$$

解答例 (1)「θ の関数として比例する」ことを記号「$\propto$」で表すことにすると，事後分布の定義より次の関係式を得る。

$$\pi(\theta \mid \mathbf{y}^{\mathrm{obs}}) \propto \frac{\mathrm{e}^{-\frac{(y_1 - \theta)^2}{2\sigma^2}}}{\sqrt{2\pi\sigma^2}} \frac{\mathrm{e}^{-\frac{(y_2 - \theta)^2}{2\sigma^2}}}{\sqrt{2\pi\sigma^2}} \cdots \frac{\mathrm{e}^{-\frac{(y_n - \theta)^2}{2\sigma^2}}}{\sqrt{2\pi\sigma^2}} \underbrace{\pi(\theta)}_{=1}$$

$$\propto \exp\left\{-\frac{(y_1 - \theta)^2 + \cdots + (y_n - \theta)^2}{2\sigma^2}\right\}$$

$$= \exp\left\{-\frac{n\theta^2 - 2n\overline{y}_{\mathrm{obs}}\theta + \sum_{i=1}^{n}(y_i^{\mathrm{obs}})^2}{2\sigma^2}\right\}$$

$$= \exp\left\{-\frac{n(\theta^2 - 2\overline{y}_{\mathrm{obs}}\theta + (\overline{y}_{\mathrm{obs}})^2)}{2\sigma^2} + \underbrace{\frac{n(\overline{y}_{\mathrm{obs}})^2 - \sum_{i=1}^{n}(y_i^{\mathrm{obs}})^2}{2\sigma^2}}_{\theta \text{ の関数としては定数関数}}\right\}$$

$$\propto \exp\left(-\frac{(\theta - \overline{y}_{\mathrm{obs}})^2}{2\sigma^2/n}\right)$$

これと事後分布 $\pi(\theta \mid \mathbf{y}^{\mathrm{obs}})$ は確率分布でなければならないことより，比例関係 $\pi(\theta \mid \mathbf{y}^{\mathrm{obs}}) \propto \exp\left(-\frac{(\theta - \overline{y}_{\mathrm{obs}})^2}{2\sigma^2/n}\right)$ の比例定数は $\dfrac{1}{\sqrt{2\pi\sigma^2/n}}$ でなければならない。したがって

$$\pi(\theta \mid \mathbf{y}^{\mathrm{obs}}) = \frac{\mathrm{e}^{-\frac{(\theta - \overline{y}_{\mathrm{obs}})^2}{2\sigma^2/n}}}{\sqrt{2\pi\sigma^2/n}}$$

(2) 前問より，$\left(\dfrac{\Theta - \overline{y}_{\mathrm{obs}}}{\sqrt{\sigma^2/n}} \mid \mathbf{Y} = \mathbf{y}^{\mathrm{obs}}\right) \sim \mathrm{N}(0, 1)$ である。ゆえに $z_{\frac{\alpha}{2}}$ が $\mathrm{N}(0,1)$ の両側 $100\alpha\,\%$ 点を表すならば

$$\mathbf{P}\left(\underbrace{-z_{\frac{\alpha}{2}} < \frac{\Theta - \overline{y}_{\mathrm{obs}}}{\sqrt{\sigma^2/n}} < z_{\frac{\alpha}{2}}}_{} \mid \mathbf{Y} = \mathbf{y}^{\mathrm{obs}}\right) = 100(1 - \alpha)\,\%$$

$$\Updownarrow$$

$$\overline{y}_{\mathrm{obs}} - z_{\frac{\alpha}{2}}\sqrt{\frac{\sigma^2}{n}} < \Theta < \overline{y}_{\mathrm{obs}} + z_{\frac{\alpha}{2}}\sqrt{\frac{\sigma^2}{n}}$$

であるから，θ に対する $100(1 - \alpha)\,\%$ Bayes 信用区間は次で与えられる。

$$\left(\overline{y}_{\mathrm{obs}} - z_{\frac{\alpha}{2}}\sqrt{\frac{\sigma^2}{n}},\ \overline{y}_{\mathrm{obs}} + z_{\frac{\alpha}{2}}\sqrt{\frac{\sigma^2}{n}}\right)$$

コメント (3) で得られた Bayes 信用区間は，母分散 σ^2 が既知の正規母集団 $\mathrm{N}(\theta, \sigma^2)$ から大きさ n の無作為標本をとったときの，母平均 θ に対する $100(1 - \alpha)\,\%$ 信頼区間に一致している！ (命題 **7.38–(1)** ➲ p. 210)

8.5.2 尺度パラメータに対する「漠然」事前分布

次の Bayes 統計モデルから出発してみよう。

(i) 事前分布 $\pi(\theta)$ (これをいまから決める),

(ii) Observed RVs $Y_1, Y_2, \ldots, Y_n$ とその条件付き p.d.f.

$$f(y \mid \theta) = \underbrace{\frac{1}{\theta}\exp\left(-\frac{y}{\theta}\right)}_{\substack{\text{この p.d.f. において}\\ \theta \text{ は尺度パラメータ!}\\ (\blacktriangleright\text{p. 191})}}, \quad y > 0, \quad \text{つまり } (Y_i \mid \theta) \sim \mathrm{E}(\mathtt{mean}\,\theta)$$

(iii) 観測値 $\mathbf{y}^{\mathrm{obs}} = (y_1^{\mathrm{obs}}, y_2^{\mathrm{obs}}, \ldots, y_n^{\mathrm{obs}})$

このモデルにおいて θ に関する事前情報を何ももっていない場合, この「何もわかっていない」という状況は, どのような事前分布 $\pi(\theta)$ により表現できるだろうか。

この事前分布 $\pi(\theta)$ を用いて, 各 Y_i を $W_i = \log Y_i$ により変換した新たな Observed RVs $W_1, W_2, \ldots, W_n$ に関する「主観的な」振る舞いは次のように計算できる。

$$\mathbf{P}(a < W_i < b) = \mathbf{P}(\mathrm{e}^a < Y_i < \mathrm{e}^b) = \int_0^\infty \underbrace{\mathbf{P}(\mathrm{e}^a < Y_i < \mathrm{e}^b \mid \theta)}_{\substack{\|\\ \int_{\mathrm{e}^a}^{\mathrm{e}^b} \theta^{-1}\exp\left(-\frac{y}{\theta}\right)\mathrm{d}y}} \pi(\theta)\,\mathrm{d}\theta$$

$$= \int_0^\infty \left(\int_{\mathrm{e}^a}^{\mathrm{e}^b} \theta^{-1}\exp\left(-\frac{y}{\theta}\right)\mathrm{d}y\right)\pi(\theta)\,\mathrm{d}\theta$$

$$\overset{\substack{\theta = \exp(\alpha)\\ \text{と変数変換}}}{=} \int_{-\infty}^\infty \left(\int_{\mathrm{e}^a}^{\mathrm{e}^b} \mathrm{e}^{-\alpha}\exp\left(-y\mathrm{e}^{-\alpha}\right)\mathrm{d}y\right)\pi(\mathrm{e}^\alpha)(\mathrm{e}^\alpha\mathrm{d}\alpha)$$

$$\overset{\substack{w = \log y\\ \text{と変数変換}}}{=} \int_{-\infty}^\infty \left(\int_a^b \mathrm{e}^{-\alpha}\exp\left(-\mathrm{e}^{w-\alpha}\right)(\mathrm{e}^w\mathrm{d}w)\right)\mathrm{e}^\alpha\pi(\mathrm{e}^\alpha)\,\mathrm{d}\alpha$$

$$= \int_{-\infty}^\infty \left(\int_a^b \exp\left(-\mathrm{e}^{w-\alpha} + (w-\alpha)\right)\mathrm{d}w\right)\mathrm{e}^\alpha\pi(\mathrm{e}^\alpha)\,\mathrm{d}\alpha$$

ここで $c = \displaystyle\int_{-\infty}^\infty \exp\left(-\mathrm{e}^{w-\alpha} + (w-\alpha)\right)\mathrm{d}w$ $(= \exp(-\mathrm{e}^{-\alpha} - \alpha)$ となるが, 以下の説明のためにはここまで計算する必要はない) とおいて, 上の式を

$$\mathbf{P}(a < W_k < b) = \int \left(\int_a^b \underbrace{c^{-1}\exp\left(-\mathrm{e}^{w-\alpha} + (w-\alpha)\right)}_{\substack{\|\\ \widetilde{f}(w \mid \alpha)\\ \text{とおく。}}}\,\mathrm{d}w\right)\underbrace{c\,\mathrm{e}^\alpha\pi(\mathrm{e}^\alpha)}_{\substack{\|\\ \widetilde{\pi}(\alpha)\\ \text{とおく。}}}\,\mathrm{d}\alpha$$

と書き直す (定数 c は $\widetilde{f}(w \mid \alpha)$ が p.d.f. となるように定めたのである) と, これまで行ってきた操

作は，もともとの Bayes 統計モデルを以下に記す新たな Bayes 統計モデルへと変換したこと
と考えられる。

(ĩ) α に対する事前密度 $\widetilde{\pi}(\alpha) = c\,\mathrm{e}^\alpha \pi(\mathrm{e}^\alpha)$,

(ĩĩ) Observed RVs $W_1, W_2, \ldots, W_n$ とその p.d.f.

$$\widetilde{f}(w \mid \alpha) = \underbrace{c^{-1}\exp\big(-\mathrm{e}^{w-\alpha} + (w-\alpha)\big)}_{\substack{\text{この p.d.f. において，}\alpha \text{ は}\\ \text{位置パラメータであることに注目!}}},$$

(ĩĩĩ) 観測値 $\mathbf{w}^{\mathrm{obs}} = (w_1^{\mathrm{obs}}, w_2^{\mathrm{obs}}, \ldots, w_n^{\mathrm{obs}})$, ただし $w_i^{\mathrm{obs}} = \log y_i^{\mathrm{obs}}$, $i = 1, 2, \ldots, n$

「もともとのモデルにおいて θ に関する事前情報が何もないということは，変換された新た
なモデルにおいてもパラメータ α $(= \log\theta$ であった) に関する事前情報が何もないことと同義
であろう」と考えるならば，前項の内容に照らし合わせて，位置パラメータの役割を担う α に
対する事前分布として $\widetilde{\pi}(\alpha) =$ (正の定数) を与えよう，という考えに至る。変則事前分布を
考える場合，事前分布の定数倍は事後分布に影響を与えないから，この正の定数は任意に選べ
る。特に正の定数として c を選ぶと $\widetilde{\pi}(\alpha) = c$ であり，これを $\theta = \mathrm{e}^\alpha$ の関係式を用いて変形
すれば，

$$\pi(\theta) = \theta^{-1} \quad \text{(これもまた変則事前分布である!)}$$

が得られる。以上の考え方を採用するならば，指数分布 $\mathrm{E}(\mathrm{mean}\,\theta)$ の尺度パラメータ θ に対
しては変則事前分布 $\pi(\theta) = \theta^{-1}$ を考えていることになる。

練習問題 8.9　尺度パラメータに対する頻度論者の事前分布

実数 μ は既知のパラメータとして，次の Bayes 統計モデルを考える。

(i) 事前分布 $\pi(\theta)$, (これは下の問 (1) で決める)

(ii) Observed RVs $Y_1, Y_2, \ldots, Y_n$ とその条件付き分布

$$\mathbf{P}(Y_k \in \mathrm{d}y \mid \theta) = \underbrace{\frac{1}{\sqrt{2\pi\theta^2}}\exp\left(-\frac{(y-\mu)^2}{2\theta^2}\right)}_{\theta \text{ は尺度パラメータとなっている!}}\mathrm{d}y,$$

(iii) $Y_1, Y_2, \ldots, Y_n$ の観測値 $y_1^{\mathrm{obs}}, y_2^{\mathrm{obs}}, \ldots, y_n^{\mathrm{obs}}$

ただし，パラメータ θ に関する事前情報は何もない。上の観測値 $y_1^{\mathrm{obs}}, y_2^{\mathrm{obs}}, \ldots, y_n^{\mathrm{obs}}$ に対
して $\hat{\sigma}_{\mathrm{obs}}^2$ を次のようにおく。

$$\hat{\sigma}_{\mathrm{obs}}^2 = \frac{1}{n}\sum_{i=1}^{n}(y_i^{\mathrm{obs}} - \mu)^2$$

本項の考え方を採用するという同意のもと，次を示せ。

(1) 我々は事前分布 $\pi(\theta) = \theta^{-1}$ をとることになる。

(2) θ に対する事後密度は次をみたす。

$$\pi(\theta \mid \mathbf{y}^{\mathrm{obs}}) \propto \theta^{-(n+1)} \exp\left(-\frac{n \cdot \hat{\sigma}^2_{\mathrm{obs}}}{2\theta^2}\right)$$

(3) θ を「確率変数」Θ とみなしたとき, $\left(\dfrac{n \cdot \hat{\sigma}^2_{\mathrm{obs}}}{\Theta^2} \mid \mathbf{Y} = \mathbf{y}^{\mathrm{obs}}\right) \sim \chi^2_n$ であり, ゆえに $z_{1-\frac{\alpha}{2}}$, $z_{\frac{\alpha}{2}}$ を χ^2_n の両側 $100\alpha\,\%$ 点とするとき, パラメータ θ に対する $100(1-\alpha)\,\%$ Bayes 信用区間は次で与えられる。

$$\left(\sqrt{\frac{n \cdot \hat{\sigma}^2_{\mathrm{obs}}}{z_{\frac{\alpha}{2}}}}, \ \sqrt{\frac{n \cdot \hat{\sigma}^2_{\mathrm{obs}}}{z_{1-\frac{\alpha}{2}}}}\right)$$

解答例　(1) 各 Y_i を $W_i = \log|Y_i - \mu|$ へと変換すると, 事前分布 $\pi(\theta)$ のもとで $W_1, W_2, \ldots, W_n$ の「主観的な」振る舞いは次のように計算できる。

$$\begin{aligned}
\mathbf{P}(a < W_i < b) &= \mathbf{P}(\mathrm{e}^a < |Y_i - \mu| < \mathrm{e}^b) \\
&= \int_0^\infty \mathbf{P}(\mathrm{e}^a < |Y_i - \mu| < \mathrm{e}^b \mid \theta)\,\pi(\theta)\,\mathrm{d}\theta \\
&= \int_0^\infty \underbrace{\mathbf{P}(\{\mathrm{e}^a < Y_i - \mu < \mathrm{e}^b\} \cup \{-\mathrm{e}^b < Y_i - \mu < -\mathrm{e}^a\} \mid \theta)}_{= \,2 \cdot \mathbf{P}(\mathrm{e}^a + \mu < Y_i < \mathrm{e}^b + \mu \mid \theta)}\,\pi(\theta)\,\mathrm{d}\theta \\
&= \int_0^\infty \left(2\int_{\mathrm{e}^a + \mu}^{\mathrm{e}^b + \mu} \frac{\mathrm{e}^{-\frac{(y-\mu)^2}{2\theta^2}}}{\sqrt{2\pi\theta^2}}\,\mathrm{d}y\right)\pi(\theta)\,\mathrm{d}\theta = \int_0^\infty \left(2\int_{\mathrm{e}^a}^{\mathrm{e}^b} \frac{\mathrm{e}^{-\frac{y^2}{2\theta^2}}}{\sqrt{2\pi\theta^2}}\,\mathrm{d}y\right)\pi(\theta)\,\mathrm{d}\theta \\
&\overset{\substack{\theta=\exp(\alpha), \\ y=\exp(w) \\ \textbf{と変数変換}}}{=} \int_{-\infty}^\infty \left(\int_a^b \sqrt{\frac{2}{\pi}} \exp\left(-\frac{1}{2}\mathrm{e}^{2(w-\alpha)} + (w-\alpha)\right)\mathrm{d}w\right)(\mathrm{e}^\alpha \pi(\mathrm{e}^\alpha))\,\mathrm{d}\alpha
\end{aligned}$$

ゆえにもとのモデルの Observed RVs $Y_1, Y_2, \ldots, Y_n$ を $W_1, W_2, \ldots, W_n$ へと変換し, これに合わせてパラメータ θ を α へと変換すると, 変換後のモデルにおいて α は位置パラメータとなる。本項 (あるいは前項) の内容に同意して変換後のモデルにおいて事前分布を

$$\tilde{\pi}(\alpha) = \mathrm{e}^\alpha \pi(\mathrm{e}^\alpha) = 1$$

と取れば, 対応して $\pi(\theta) = \theta^{-1}$ となる。

(2) 事後分布の定義より, $\pi(\theta \mid \mathbf{y}^{\mathrm{obs}})$ は次式に比例する量として計算できる。

$$\left(\prod_{i=1}^n \frac{\mathrm{e}^{-\frac{(y_i^{\mathrm{obs}} - \mu)^2}{2\theta^2}}}{\sqrt{2\pi\theta^2}}\right) \cdot \theta^{-1} \propto \theta^{-(n+1)} \mathrm{e}^{-\sum_{i=1}^n \frac{(y_i^{\mathrm{obs}} - \mu)^2}{2\theta^2}} = \theta^{-(n+1)} \mathrm{e}^{-\frac{n \cdot \hat{\sigma}^2_{\mathrm{obs}}}{2\theta^2}}$$

(3) $\dfrac{n \cdot \hat{\sigma}^2_{\mathrm{obs}}}{\Theta^2}$ の事後分布は次のようにして計算できる。(以下の記号「$\propto$」は a と b の関

数として比例するという意味で用いる。)

$$\mathbf{P}\left(a < \frac{n \cdot \hat{\sigma}_{\mathrm{obs}}^2}{\Theta^2} < b \mid \mathbf{Y} = \mathbf{y}^{\mathrm{obs}}\right) = \mathbf{P}\left(\sqrt{\frac{n \cdot \hat{\sigma}_{\mathrm{obs}}^2}{b}} < \Theta < \sqrt{\frac{n \cdot \hat{\sigma}_{\mathrm{obs}}^2}{a}} \mid \mathbf{Y} = \mathbf{y}^{\mathrm{obs}}\right)$$

$$= \int_{\sqrt{n \cdot \hat{\sigma}_{\mathrm{obs}}^2/b}}^{\sqrt{n \cdot \hat{\sigma}_{\mathrm{obs}}^2/a}} \pi(\theta \mid \mathbf{y}^{\mathrm{obs}}) \, d\theta$$

(2) $\displaystyle \propto \int_{\sqrt{n \cdot \hat{\sigma}_{\mathrm{obs}}^2/b}}^{\sqrt{n \cdot \hat{\sigma}_{\mathrm{obs}}^2/a}} \theta^{-(n+1)} e^{-\frac{n \cdot \hat{\sigma}_{\mathrm{obs}}^2}{2\theta^2}} \, d\theta$ $\quad \begin{array}{c} x = \frac{n \cdot \hat{\sigma}_{\mathrm{obs}}^2}{\theta^2} \\ \text{と変換} \end{array} \quad \propto \int_a^b x^{\frac{n}{2}-1} e^{-\frac{x}{2}} \, dx$

この事後確率は $a = 0$, $b = \infty$ のときに左辺が 1 にならなければならないことから

$$\mathbf{P}\left(a < \frac{n \cdot \hat{\sigma}_{\mathrm{obs}}^2}{\Theta^2} < b \mid \mathbf{Y} = \mathbf{y}^{\mathrm{obs}}\right) = \frac{\int_a^b x^{\frac{n}{2}-1} e^{-\frac{x}{2}} dx}{\int_0^\infty x^{\frac{n}{2}-1} e^{-\frac{x}{2}} dx} = \int_a^b \underbrace{\frac{x^{\frac{n}{2}-1} e^{-\frac{x}{2}}}{2^{\frac{n}{2}} \Gamma(\frac{n}{2})}}_{\chi_n^2 \text{ の p.d.f.}} dx$$

ゆえに $\left(\frac{n \cdot \hat{\sigma}_{\mathrm{obs}}^2}{\Theta^2} \mid \mathbf{Y} = \mathbf{y}^{\mathrm{obs}}\right) \sim \chi_n^2$ が示された。したがって χ_n^2 分布の両側 100α % 点を $z_{1-\frac{\alpha}{2}}$, $z_{\frac{\alpha}{2}}$ とすると,

$$\mathbf{P}\left(z_{1-\frac{\alpha}{2}} < \frac{n \cdot \hat{\sigma}_{\mathrm{obs}}^2}{\Theta^2} < z_{\frac{\alpha}{2}} \mid \mathbf{Y} = \mathbf{y}^{\mathrm{obs}}\right) = 100(1-\alpha)\,\%$$

が成り立ち,この括弧内の不等式を Θ について解くことで,題意の区間を得る。

コメント (3) で得られた Bayes 信用区間は,母平均 μ が既知の正規母集団 $N(\mu, \theta^2)$ から大きさ n の無作為標本 $Y_1, Y_2, \ldots, Y_n$ をとったとき,$\frac{n}{\theta^2}\hat{\Sigma}_n^2 \sim \chi_n^2$ (ただし $\hat{\Sigma}_n^2 = \frac{1}{n}\sum_{i=1}^n (Y_i - \mu)^2$) という事実に基づいた母標準偏差 θ に対する $100(1-\alpha)$ % 信頼区間に一致している! (命題 7.38–(2) p. 210)

練習問題 8.10　E(rate λ) に対する頻度論者の事前分布

次の Bayes 統計モデルを考える。

(i) 事前分布 $\pi(\lambda)$, $\lambda > 0$, (これは下の問 (1) で決める)

(ii) Observed RVs $Y_1, Y_2, \ldots, Y_n$ とその条件付き分布

$$\mathbf{P}(Y_i \in dy \mid \theta) = \lambda\,e^{-\lambda y}dy, \quad \text{つまり } (Y_i \mid \theta) \sim E(\text{rate}\,\lambda),$$

(iii) $Y_1, Y_2, \ldots, Y_n$ の観測値 $y_1^{\text{obs}}, y_2^{\text{obs}}, \ldots, y_n^{\text{obs}}$

ただし，パラメータ λ に関する事前情報は何もない。本項の考え方を採用するという同意のもと，次を示せ。

(1) 我々は事前分布を $\pi(\lambda) = \lambda^{-1}$ と選ぶことになる。

(2) λ を「確率変数」Λ のようにみなしたとき，次が成り立つ。

$$(\Lambda \mid \mathbf{Y} = \mathbf{y}^{\text{obs}}) \sim \text{Gamma}(n, \text{rate}\ n\overline{y}_{\text{obs}})$$

(3) $z_{1-\frac{\alpha}{2}}$, $z_{\frac{\alpha}{2}}$ を Gamma$(n, 1)$ の両側 100α％ 点とするとき，パラメータ λ に対する $100(1-\alpha)$％ Bayes 信用区間は次で与えられる。

$$\left(\frac{z_{1-\frac{\alpha}{2}}}{n\overline{y}_{\text{obs}}}, \quad \frac{z_{\frac{\alpha}{2}}}{n\overline{y}_{\text{obs}}} \right)$$

- -

解答例　(1) 各 Y_i を $W_i = \log Y_i$ により変換した新たな $W_1, W_2, \ldots, W_n$ に関する「主観的な」振る舞いは，事前分布 $\pi(\lambda)$ のもとで次のように計算できる。

$$\mathbf{P}(a < W_i < b) = \mathbf{P}(e^a < Y_i < e^b) = \int_0^\infty \left(\int_{e^a}^{e^b} \lambda\,e^{-\lambda y}dy \right)\pi(\lambda)d\lambda$$

ここで $\lambda = \exp(-\beta)$, $y = \exp(w)$ と変換すれば次の等式となる。

$$\mathbf{P}(a < W_i < b) = \int_{-\infty}^\infty \left(\int_a^b \exp\big(-e^{w-\beta} + (w - \beta)\big)dy \right)(e^{-\beta}\pi(e^{-\beta}))d\beta$$

ゆえに，もとのモデルを上のように変換したとき，λ が変換された後の β は位置パラメータとなる。本項の内容に同意のもと，新しいモデルにおいて事前分布を $\tilde{\pi}(\beta) = e^{-\beta}\pi(e^{-\beta}) = 1$ と取れば，$\pi(\lambda) = \lambda^{-1}$ となる。

(2) 事後分布の定義より，事後分布は次のように計算できる。

$$\pi(\lambda \mid \mathbf{y}^{\text{obs}}) \propto f_n(\mathbf{y}^{\text{obs}} \mid \theta) \cdot \pi(\theta)$$
$$= \big(\lambda\exp(-\lambda\,y_1^{\text{obs}})\big)\cdots\big(\lambda\exp(-\lambda\,y_n^{\text{obs}})\big)\cdot\lambda^{-1} = \lambda^{n-1}\exp(-\lambda\,n\cdot\overline{y}_{\text{obs}})$$

ゆえに

$$\pi(\lambda \mid \mathbf{y}^{\mathrm{obs}}) = \frac{\lambda^{n-1}\exp(-\lambda\, n\cdot\overline{y}_{\mathrm{obs}})}{\displaystyle\int_0^\infty \varphi^{n-1}\exp(-\varphi\, n\cdot\overline{y}_{\mathrm{obs}})\mathrm{d}\varphi} = \frac{(n\overline{y}_{\mathrm{obs}})^n \lambda^{n-1}\exp(-(n\overline{y}_{\mathrm{obs}})\lambda)}{\Gamma(n)}$$

であり，Λ の事後密度は $\mathrm{Gamma}(n, \mathtt{rate}\ n\overline{y}_{\mathrm{obs}})$ の p.d.f. (**❯ p. 163**) に一致する。

(3) $n\overline{y}_{\mathrm{obs}}\Lambda$ の事後分布は次のように計算できる。

$$\mathbf{P}(a < n\overline{y}_{\mathrm{obs}}\Lambda < b \mid \mathbf{Y}=\mathbf{y}^{\mathrm{obs}}) = \mathbf{P}\left(\frac{a}{n\overline{y}_{\mathrm{obs}}} < \Lambda < \frac{b}{n\overline{y}_{\mathrm{obs}}} \ \Big|\ \mathbf{Y}=\mathbf{y}^{\mathrm{obs}}\right)$$

$$= \int_{a/(n\overline{y}_{\mathrm{obs}})}^{b/(n\overline{y}_{\mathrm{obs}})} \frac{(n\overline{y}_{\mathrm{obs}})^n \lambda^{n-1}\exp(-(n\overline{y}_{\mathrm{obs}})\lambda)}{\Gamma(n)}\mathrm{d}\lambda \quad \underset{\substack{n\overline{y}_{\mathrm{obs}}\lambda\ \text{を改めて}\\ \lambda\ \text{とおいて変換}}}{=} \quad \int_a^b \underbrace{\frac{\lambda^{n-1}\mathrm{e}^{-\lambda}}{\Gamma(n)}}_{\substack{\mathrm{Gamma}(n,1)\\ \text{の p.d.f.}}} \mathrm{d}\lambda$$

ゆえに $(n\overline{y}_{\mathrm{obs}}\Lambda \mid \mathbf{Y}=\mathbf{y}^{\mathrm{obs}}) \sim \mathrm{Gamma}(n,1)$ が成り立つ。そこで $\mathrm{Gamma}(n,1)$ の両側 100α ％点を $z_{1-\frac{\alpha}{2}},\ z_{\frac{\alpha}{2}}$ とすれば

$$\int_{z_{1-\frac{\alpha}{2}}/(n\overline{y}_{\mathrm{obs}})}^{z_{\frac{\alpha}{2}}/(n\overline{y}_{\mathrm{obs}})} \pi(\lambda \mid \mathbf{y}^{\mathrm{obs}})\mathrm{d}\lambda$$

$$= \mathbf{P}\left(\underbrace{\frac{z_{1-\frac{\alpha}{2}}}{n\overline{y}_{\mathrm{obs}}} < \Lambda < \frac{z_{\frac{\alpha}{2}}}{n\overline{y}_{\mathrm{obs}}}}_{\Updownarrow} \ \Big|\ \mathbf{Y}=\mathbf{y}^{\mathrm{obs}}\right)$$

$$z_{1-\frac{\alpha}{2}} < n\overline{y}_{\mathrm{obs}}\Lambda < z_{\frac{\alpha}{2}}$$

$$= \mathbf{P}\left(z_{1-\frac{\alpha}{2}} < n\overline{y}_{\mathrm{obs}}\Lambda < z_{\frac{\alpha}{2}} \mid \mathbf{Y}=\mathbf{y}^{\mathrm{obs}}\right) \quad \underset{\substack{(n\overline{y}_{\mathrm{obs}}\Lambda\mid\mathbf{Y}=\mathbf{y}^{\mathrm{obs}})\\ \sim\ \mathrm{Gamma}(n,1)\\ \text{より}}}{=} \quad 100(1-\alpha)\,\%$$

であり，これはパラメータ λ に対する $100(1-\alpha)$ ％ Bayes 信用区間が

$$\left(\frac{z_{1-\frac{\alpha}{2}}}{n\overline{y}_{\mathrm{obs}}},\ \frac{z_{\frac{\alpha}{2}}}{n\overline{y}_{\mathrm{obs}}}\right)$$

で与えられることを示している。

コメント (3) の Bayes 信用区間は，$\mathrm{E}(\mathtt{mean}\ \theta)=\mathrm{E}(\mathtt{rate}\ \lambda)$ (ただし $\lambda=\theta^{-1}$) を母集団分布にもつ母集団から大きさ n の無作為標本 $Y_1, Y_2, \ldots, Y_n$ とったとき，$\dfrac{n\overline{Y}_n}{\theta} \sim \mathrm{Gamma}(n,1)$ であるという事実から導かれる θ に対する $100(1-\alpha)$ ％ 信頼区間に一致している！

練習問題 8.11　　位置・尺度パラメータに対する頻度論者の事前分布

　母数について何も事前情報がない正規母集団を考える。8.5.1 項 (**⊙ p. 230**) と 8.5.2 項
(**⊙ p. 232**) を念頭に置いて，次の Bayes 統計モデルを設計する。

(i) 変則事前分布 $\pi(\mu, \sigma) = \sigma^{-1}$, $\mu \in \mathbb{R}$, $\sigma > 0$

(ii) Observed RVs $Y_1, Y_2, \ldots, Y_n$ とその尤度 $(Y_i \mid \mu, \sigma) \sim \mathrm{N}(\mu, \sigma^2)$

(iii) $\mathbf{Y} = (Y_1, Y_2, \ldots, Y_n)$ の観測値 $\mathbf{y}^{\mathrm{obs}} = (y_1^{\mathrm{obs}}, y_2^{\mathrm{obs}}, \ldots, y_n^{\mathrm{obs}})$

1 次元データ $\mathbf{y}^{\mathrm{obs}}$ に基づく，標本分散 $V_n = \dfrac{1}{n} \sum_{i=1}^{n} (Y_i - \overline{Y}_n)^2$ と不偏標本分散 $U_n = \dfrac{1}{n-1} \sum_{i=1}^{n} (Y_i - \overline{Y}_n)^2$ の実現値をそれぞれ v_{obs}, u_{obs} とおくとき，次を示せ。

(1) μ を「確率変数」M のようにみなすと，$\left(\dfrac{\overline{y}_{\mathrm{obs}} - M}{\sqrt{u_{\mathrm{obs}}/n}} \mid \mathbf{Y} = \mathbf{y}^{\mathrm{obs}} \right) \sim \mathrm{t}_{n-1}$。

(2) $\pm z_{\frac{\alpha}{2}}$ を t_{n-1} の両側 100α ％ 点とするとき，パラメータ μ に対する $100(1-\alpha)$ ％ Bayes 信用区間は $\left(\overline{y}_{\mathrm{obs}} - z_{\frac{\alpha}{2}} \sqrt{\dfrac{u_{\mathrm{obs}}}{n}}, \overline{y}_{\mathrm{obs}} + z_{\frac{\alpha}{2}} \sqrt{\dfrac{u_{\mathrm{obs}}}{n}} \right)$ により与えられる。

(3) σ を「確率変数」Σ のようにみなすと，$\left(\dfrac{n}{\Sigma^2} v_{\mathrm{obs}} \mid \mathbf{Y} = \mathbf{y}^{\mathrm{obs}} \right) \sim \chi_{n-1}^2$。

(4) $w_{1-\frac{\alpha}{2}}$, $w_{\frac{\alpha}{2}}$ を χ_{n-1}^2 の両側 100α ％ 点とするとき，σ^2 に対する $100(1-\alpha)$ ％ Bayes 信用区間は $\left(\dfrac{n \cdot v_{\mathrm{obs}}}{w_{\frac{\alpha}{2}}}, \dfrac{n \cdot v_{\mathrm{obs}}}{w_{1-\frac{\alpha}{2}}} \right)$ により与えられる。

解答例　まず (μ, σ) に対する事後分布は次のように計算される。

$$\pi(\mu, \sigma \mid \mathbf{y}^{\mathrm{obs}}) \propto \sigma^{-(n+1)} \exp\left(-\frac{n \cdot v_{\mathrm{obs}}}{2\sigma^2} \right) \exp\left(-\frac{(\mu - \overline{y}_{\mathrm{obs}})^2}{2(\sigma^2/n)} \right) \tag{8.5.1}$$

(1) $a < b$ なる実数 a と b の関数として比例することを「$\propto$」で表すと，次が得られる。

$$\mathbf{P}\left(\underbrace{a < \frac{\overline{y}_{\mathrm{obs}} - M}{\sqrt{u_{\mathrm{obs}}/n}} < b}_{\left[\Leftrightarrow \overline{y}_{\mathrm{obs}} - b\sqrt{\frac{u_{\mathrm{obs}}}{n}} < M < \overline{y}_{\mathrm{obs}} - a\sqrt{\frac{u_{\mathrm{obs}}}{n}} \right]} \mid \mathbf{Y} = \mathbf{y}^{\mathrm{obs}} \right) = \int_0^\infty \mathrm{d}\sigma \int_{\overline{y}_{\mathrm{obs}} - b\sqrt{u_{\mathrm{obs}}/n}}^{\overline{y}_{\mathrm{obs}} - a\sqrt{u_{\mathrm{obs}}/n}} \pi(\mu, \sigma \mid \mathbf{y}^{\mathrm{obs}}) \, \mathrm{d}\mu$$

$$\propto \int_0^\infty \mathrm{d}\sigma \int_{\overline{y}_{\mathrm{obs}} - b\sqrt{u_{\mathrm{obs}}/n}}^{\overline{y}_{\mathrm{obs}} - a\sqrt{u_{\mathrm{obs}}/n}} \sigma^{-(n+1)} \exp\left(-\frac{n \cdot v_{\mathrm{obs}}}{2\sigma^2} \right) \exp\left(-\frac{n}{2\sigma^2} (\mu - \overline{y}_{\mathrm{obs}})^2 \right) \mathrm{d}\mu$$

この最後の積分について，$\dfrac{\mu - \overline{y}_{\mathrm{obs}}}{\sqrt{u_{\mathrm{obs}}/n}} = x$ と変換 $((n-1)u_{\mathrm{obs}} = n \cdot v_{\mathrm{obs}}$ に注意$)$ した後
積分の順序交換をすると，最後の式は次のように変形できる。

$$= \int_{-b}^{-a} \mathrm{d}x \int_0^\infty \sigma^{-(n+1)} \exp\left(-\frac{n \cdot u_{\mathrm{obs}}}{2\sigma^2} \left(\frac{x^2}{n} + 1 \right) \right) \mathrm{d}\sigma$$

$$\left[\begin{array}{c} -\frac{n \cdot v_{\mathrm{obs}}}{2\sigma^2}\left(1+\frac{x^2}{n-1}\right) = t \\ \underset{\text{と変数変換}}{=} \end{array}\right] \int_a^b \left(1+\frac{x^2}{n-1}\right)^{-\frac{n}{2}} \mathrm{d}x \underbrace{\int_0^\infty t^{\frac{n}{2}-1}\mathrm{e}^{-t}\mathrm{d}t}_{\substack{=\,\Gamma\left(\frac{n}{2}\right)}} \propto \int_a^b \left(1+\frac{x^2}{n-1}\right)^{-\frac{n}{2}} \mathrm{d}x$$

t_{n-1} の p.d.f. (**☉ p. 154**) を思い出すと $\displaystyle\int_{-\infty}^{\infty}\left(1+\frac{x^2}{n-1}\right)^{-\frac{n}{2}}\mathrm{d}x = (n-1)^{\frac{1}{2}}\mathrm{B}\left(\frac{n-1}{2},\frac{1}{2}\right)$ より

$$\mathbf{P}\left(a < \frac{\overline{y}_{\mathrm{obs}}-M}{\sqrt{u_{\mathrm{obs}}/n}} < b \;\Big|\; \mathbf{Y}=\mathbf{y}^{\mathrm{obs}}\right) = \int_a^b \underbrace{\frac{\left(1+\frac{x^2}{n-1}\right)^{-\frac{n}{2}}}{(n-1)^{\frac{1}{2}}\mathrm{B}\left(\frac{n-1}{2},\frac{1}{2}\right)}}_{\mathrm{t}_{n-1}\text{ 分布の p.d.f.}} \mathrm{d}x$$

(2) 上式において左辺を $a = z_{1-\frac{\alpha}{2}}$, $b = z_{\frac{\alpha}{2}}$ と置き換えて右辺を $1-\alpha$ で結び, 括弧内の不等式を M について解くことで得られる.

(3) $a < b$ なる正数 a と b を任意とすると, (8.5.1) より次が成り立つ.

$$\mathbf{P}\left(\underbrace{a < \frac{n \cdot v_{\mathrm{obs}}}{\Sigma^2} < b}_{\left[\Leftrightarrow \sqrt{\frac{n \cdot v_{\mathrm{obs}}}{b}} < \Sigma < \sqrt{\frac{n \cdot v_{\mathrm{obs}}}{a}}\right]} \;\Big|\; \mathbf{Y}=\mathbf{y}^{\mathrm{obs}}\right) = \int_{-\infty}^{\infty}\mathrm{d}\mu \int_{\sqrt{n \cdot v_{\mathrm{obs}}/b}}^{\sqrt{n \cdot v_{\mathrm{obs}}/a}} \pi(\mu,\sigma \mid \mathbf{y}^{\mathrm{obs}})\,\mathrm{d}\sigma$$

$$\propto \int_{\sqrt{n \cdot v_{\mathrm{obs}}/b}}^{\sqrt{n \cdot v_{\mathrm{obs}}/a}} \sigma^{-n}\exp\left(-\frac{n \cdot v_{\mathrm{obs}}}{2\sigma^2}\right)\frac{\mathrm{d}\sigma}{\sigma}\underbrace{\int_{-\infty}^{\infty}\exp\left(-\frac{(\mu-\overline{y}_{\mathrm{obs}})^2}{2(\sigma^2/n)}\right)\mathrm{d}\mu}_{=\sqrt{2\pi(\sigma^2/n)}}$$

この最後の式を $\varphi = \dfrac{n \cdot v_{\mathrm{obs}}}{\sigma^2}$ と変数変換 (このとき $\dfrac{\mathrm{d}\varphi}{\varphi} = -2\dfrac{\mathrm{d}\sigma}{\sigma}$ である) をすると $\displaystyle\int_a^b \varphi^{\frac{n-3}{2}}\exp\left(-\frac{\varphi}{2}\right)\mathrm{d}\varphi$ の定数倍が得られ, この被積分関数は χ^2_{n-1} の p.d.f. (**☉ p. 154**) に比例する量となっている.

(4) は前問 (3) およびその解答より明らかであろう.

コメント (2) と (4) の Bayes 信用区間は, 母集団 $\mathrm{N}(\mu,\sigma^2)$ から無作為標本 $Y_1, Y_2, \ldots, Y_n$ とるとき, $\dfrac{\overline{Y}_n-\mu}{\sqrt{U_n/n}} \sim \mathrm{t}_{n-1}$, $\dfrac{n}{\sigma^2}V_n \sim \chi^2_{n-1}$ であるという事実から導かれる, μ と σ^2 に対する $100(1-\alpha)\,\%$ 信頼区間に一致している! (命題 7.38–(1), (2) **☉ p. 210**)

以上の練習問題 8.8 (**☉ p. 230**), 8.9 (**☉ p. 233**), 8.11 (**☉ p. 238**) により, 正規母集団における頻度論者の区間推定 (**☉ p. 210**) が Bayes 統計学の中でカバーされたことになる. 頻度論者の方式ではただ一つと想定される真の母数についての信頼区間がランダムに得られるのに対し, Bayes 論者の方では母数をランダムに考えて信用区間自体は (事後分布の下で) 固定される. 両者では母数と区間のうち動かすものを真逆にしているにも関わらず, これらいくつかの例では, それらが一致するというある種の双対性が見られる.

8.5.3 Jeffreys の参照事前分布

正則統計モデル $(\{\mathbf{P}(\bullet \mid \theta)\}_\theta, \mathbf{Y})$ に事前分布 $\pi(\theta)$ を導入して，Bayes 統計モデルを組みたいが，パラメータ θ に関する事前情報が何もない。この状況を表す事前分布 $\pi(\theta)$ の選び方を考えてみよう。

θ に関する事前情報が何もないとはいえ，MLE の漸近正規性 (◎ p. 201) により，無作為標本 $\mathbf{Y} = (Y_1, Y_2, \ldots, Y_n)$ の大きさ n が十分に大きいとき，MLE $\widehat{\Theta}_n$ はほぼ正規分布 $\mathrm{N}(\theta, \frac{1}{nI(\theta)})$ に従うのであった。

$$(\widehat{\Theta}_n \mid \theta) \overset{\text{ほぼ}}{\sim} \mathrm{N}\Big(\theta, \frac{1}{nI(\theta)}\Big)$$

ここに現れた θ に対する Fisher 情報量 $I(\theta) = \mathbf{E}[\Big(\frac{\partial}{\partial \theta} \log f(Y \mid \theta)\Big)^2 \mid \theta]$ $(Y_1, Y_2, \ldots, Y_n$ を代表して Y により表した) が θ に依存しなければ，θ は $\widehat{\Theta}_n$ の p.d.f. に対して位置パラメータのように振る舞うことになる。

そこで，うまく変換 $u: \mathbb{R} \to \mathbb{R}$ (ただし $u' > 0$ としておく) を選び，パラメータを θ から $\varphi = u(\theta)$ へと変換した統計モデル $(\{\widetilde{\mathbf{P}}(\bullet \mid \varphi)\}_\varphi, \{\widetilde{f}(y \mid \varphi)\}_\varphi, \mathbf{Y})$ でこのことが実現できないか考えてみよう。ただし $\varphi = u(\theta)$ $(\Leftrightarrow \theta = u^{-1}(\varphi))$ の下で

$$\widetilde{\mathbf{P}}(\bullet \mid \varphi) = \mathbf{P}(\bullet \mid \theta) \,(= \mathbb{P}(\bullet \mid u^{-1}(\varphi))), \quad \widetilde{f}(y \mid \varphi) = f(y \mid \theta) \,(= f(y \mid u^{-1}(\varphi)))$$

とおいた。φ に対する Fisher 情報量が φ に依存しない，例えば「(φ に対する Fisher 情報量)$= 1$」をみたす変換 u の条件を探すために，この Fisher 情報量を計算すると，

$$(\varphi \text{ に対する Fisher 情報量}) = \widetilde{\mathbf{E}}[\Big(\frac{\partial}{\partial \varphi} \log \widetilde{f}(Y \mid \varphi)\Big)^2 \mid \varphi]$$

$$= \int_{-\infty}^{\infty} \Big(\frac{\partial}{\partial \varphi} \log \underbrace{\widetilde{f}(y \mid \varphi)}_{= f(y \mid u^{-1}(\varphi))}\Big)^2 \widetilde{f}(y \mid \varphi) \, dy$$

$$= \int_{-\infty}^{\infty} \Big(\frac{\partial}{\partial \varphi} \log f(y \mid u^{-1}(\varphi))\Big)^2 f(y \mid \underbrace{u^{-1}(\varphi)}_{= \theta}) \, dy$$

ここに現れた微分を合成関数の微分公式を用いて計算するために $\frac{\mathrm{d}}{\mathrm{d}\varphi} u^{-1}(\varphi)$ を計算しておく必要があるが，これは $\varphi = u(u^{-1}(\varphi))$ を微分して $1 = \Big(\frac{\mathrm{d}}{\mathrm{d}\varphi} u^{-1}(\varphi)\Big) \cdot u'(u^{-1}(\varphi))$ であるから，

$$\frac{\mathrm{d}}{\mathrm{d}\varphi} u^{-1}(\varphi) = \frac{1}{u'(u^{-1}(\varphi))} = \frac{1}{u'(\theta)}$$

のように得られる。ゆえに

$$(\varphi \text{ に対する Fisher 情報量}) = \int_{-\infty}^{\infty} \left(\frac{\partial}{\partial \varphi} \log f(y \mid u^{-1}(\varphi)) \right)^2 f(y \mid \theta) \, dy$$

$$= \frac{1}{(u'(\theta))^2} \int_{-\infty}^{\infty} \left(\frac{\partial}{\partial \theta} \log f(y \mid \theta) \right)^2 f(y \mid \theta) \, dy$$

$$= \frac{1}{(u'(\theta))^2} \mathbf{E}\left[\left(\frac{\partial}{\partial \theta} \log f(Y \mid \theta) \right)^2 \mid \theta \right] = \frac{1}{(u'(\theta))^2} \cdot (\theta \text{ に対する Fisher 情報量})$$

であるから，$(\varphi \text{ に対する Fisher 情報量}) = 1$ であるためには，

$$u'(\theta) = \sqrt{(\theta \text{ に対する Fisher 情報量})} = \sqrt{I(\theta)}$$

でなければならない。このとき φ に対する MLE $\widehat{\Phi}_n \, (= u(\widehat{\Theta}_n))$ は $(\widehat{\Phi}_n \mid \varphi) \overset{\text{ほぼ}}{\sim} \mathrm{N}(\varphi, \frac{1}{n})$ をみたし，ゆえに φ は $\widehat{\Phi}_n$ の p.d.f. に対する位置パラメータのように振る舞う。そこで φ に対しては事前分布 $\widetilde{\pi}(\varphi) = 1$ を用意してみると，関係式

$$\widetilde{\pi}(\theta) \, d\varphi = d\varphi = u'(\theta) \, d\theta = \sqrt{I(\theta)} \, d\theta$$

より，対応して θ に対する事前分布として $\pi(\theta) = \sqrt{I(\theta)}$ を考える動機付けとなる。

▌ **定義 8.12　Jeffreys の参照事前分布** ────────────────

統計モデル $\{f(y \mid \theta)\}_\theta$ において $\pi(\theta) \propto \sqrt{I(\theta)}$ により与えられる事前分布をJeffreysの**参照事前分布** (reference prior) という。

────────────────────────────────

　この統計モデルに参照事前分布を追加することで一つの Bayes 統計モデルをこしらえることができるが，参照事前分布は変則事前分布 (**◉** p. 226) となる場合もある。

　統計モデル $\{f(y \mid \theta)\}_\theta$ において，θ に対する Fisher 情報量を $I_f(\theta)$ と表すことにしよう。パラメータの変換により統計モデルの変換

$$(\{\mathbf{P}(\bullet \mid \theta)\}_\theta, \{f(y \mid \theta)\}_\theta) \overset{\substack{\text{変数変換} \\ \theta \leftrightarrow \varphi}}{\leftrightarrow} (\{\widetilde{\mathbf{P}}(\bullet \mid \varphi)\}_\varphi, \{\widetilde{f}(y \mid \varphi)\}_\varphi)$$

が導かれる。($\varphi = u(\theta)$ のとき $\mathbf{P}(\bullet \mid \theta) = \widetilde{\mathbf{P}}(\bullet \mid u(\theta))$, $f(y \mid \theta) = \widetilde{f}(y \mid u(\theta))$ という意味である。) このとき，任意の事象 A に対する主観「確率」について次が成り立つ。

$$\underbrace{\int \mathbf{P}(A \mid \theta) \sqrt{I_f(\theta)} \, d\theta}_{\substack{\text{Bayes 統計モデル} \\ (\pi(\theta) = \sqrt{I_f(\theta)}, \{\mathbf{P}(\bullet \mid \theta)\}_\theta, \{f(y \mid \theta)\}_\theta) \\ \text{における } A \text{ の主観「確率」}}} \overset{\substack{\text{変数変換} \\ \theta \leftrightarrow \varphi}}{=} \underbrace{\int \widetilde{\mathbf{P}}(A \mid \varphi) \sqrt{I_{\widetilde{f}}(\varphi)} \, d\varphi}_{\substack{\text{Bayes 統計モデル} \\ (\widetilde{\pi}(\varphi) = \sqrt{I_{\widetilde{f}}(\varphi)}, \{\widetilde{\mathbf{P}}(\bullet \mid \varphi)\}_\varphi, \{\widetilde{f}(y \mid \varphi)\}_\varphi) \\ \text{における } A \text{ の主観「確率」}}}$$

つまりこの主観「確率」はパラメータの変換に関して不変であり，この意味で「わからないものはどうこねくり回してもわからない」ことを反映した事前分布となっている。

練習問題 8.13　Jeffreys の参照事前分布の例

次の各統計モデルにおいて，各欄の計算を確かめよ。ただし，$\ell(\theta; y)$ は対数尤度関数である（Bernoulli(θ) に対する参照事前分布の奇妙さに気づくか?）。

分布 尤度関数	Score Statistics $\partial_\theta \ell(\theta; y)$	Fisher 情報量 $I(\theta)$	参照事前 分布
N$(\theta, 1)$ $(2\pi)^{-\frac{1}{2}}e^{-\frac{(y-\theta)^2}{2}}$	$-\theta + y$	1	1
E(mean θ) $\theta^{-1}e^{-\frac{y}{\theta}}$	$-\theta^{-1} + \theta^{-2}y$	θ^{-2}	θ^{-1}
E(rate θ) $\theta e^{-\theta y}$	$\theta^{-1} - y$	θ^{-2}	θ^{-1}
Poisson(θ) $\dfrac{\theta^y}{y!}e^{-\theta}$	$\theta^{-1}y - 1$	θ^{-1}	$\theta^{-\frac{1}{2}}$
Bernoulli(θ) $\theta^y(1-\theta)^{1-y}$	$\dfrac{y-\theta}{\theta(1-\theta)}$	$\theta^{-1}(1-\theta)^{-1}$	$\theta^{-\frac{1}{2}}(1-\theta)^{-\frac{1}{2}}$
N$(0, \theta)$ $(2\pi\theta)^{-\frac{1}{2}}e^{-\frac{y^2}{2\theta}}$	$-\dfrac{1}{2\theta} + \dfrac{y^2}{2\theta^2}$	$\dfrac{1}{2\theta^2}$	θ^{-1}

解答例　N$(\theta, 1)$ の場合は，

$$f(y \mid \theta) = (2\pi)^{-\frac{1}{2}}e^{-\frac{(y-\theta)^2}{2}}, \quad \ell(\theta; y) = \log f(y \mid \theta) = -\frac{(\theta-y)^2}{2} - \frac{1}{2}\log(2\pi)$$

であるから

$$\partial_\theta \ell(\theta; y) = -(\theta - y), \quad I(\theta) = \int_{-\infty}^{\infty} (\partial_\theta \ell(\theta; y))^2 f(y \mid \theta)\,dy = 1$$

となる。ゆえに参照事前分布は $\pi(\theta) \propto 1$ である。

E(mean θ) の場合は，

$$f(y \mid \theta) = \theta^{-1}e^{-\frac{y}{\theta}}, \quad \ell(\theta; y) = \log f(y \mid \theta) = -\log\theta - \frac{y}{\theta}$$

であるから

$$\partial_\theta \ell(\theta; y) = -\frac{1}{\theta} + \frac{y}{\theta^2}, \quad I(\theta) = \int_{-\infty}^{\infty} (\partial_\theta \ell(\theta; y))^2 f(y \mid \theta)\,dy = \theta^{-2}$$

となる。ゆえに参照事前分布は $\pi(\theta) \propto \theta^{-1}$ である。

E(rate θ) の場合も同様である。

Poisson(θ) の場合は, $f(y \mid \theta) = \dfrac{\theta^y}{y!}\mathrm{e}^{-\theta}$, $\ell(\theta; y) = y\log\theta - \log y! - \theta$ であるから

$$\partial_\theta \ell(\theta; y) = \theta^{-1}y - 1, \quad I(\theta) = \sum_{y=0}^{\infty}(\partial_\theta\ell(\theta;y))^2 f(y\mid\theta) = \theta^{-1}$$

となる。ゆえに参照事前分布は $\pi(\theta) \propto \theta^{-\frac{1}{2}}$ である。

Bernoulli(θ) の場合は,

$$f(y \mid \theta) = \theta^y(1-\theta)^{1-y}, \quad \ell(\theta; y) = y\log\theta + (1-y)\log(1-\theta)$$

であるから $\partial_\theta \ell(\theta; y) = \dfrac{y}{\theta} - \dfrac{1-y}{1-\theta} = \dfrac{y-\theta}{\theta(1-\theta)}$,

$$I(\theta) = \sum_{y\in\{0,1\}}(\partial_\theta\ell(\theta;y))^2 f(y\mid\theta)$$
$$= \sum_{y\in\{0,1\}}\left(\frac{y-\theta}{\theta(1-\theta)}\right)^2 \theta^y(1-\theta)^{1-y} = \frac{1}{1-\theta} + \frac{1}{\theta} = \frac{1}{\theta(1-\theta)}$$

となる。ゆえに参照事前分布は $\pi(\theta) \propto \dfrac{1}{\sqrt{\theta(1-\theta)}}$ である。

➡ θ が 0 または 1 に近いほど, 信念の度合いが強くなっている。つまり, 表の出る確率 θ が不明なコインについて, これが公平なコインであることへの信念の度合いが最小なのである。これは人間の直感に沿うといえるのだろうか...?

N$(0, \theta)$ の場合は, $f(y \mid \theta) = (2\pi\theta)^{-\frac{1}{2}}\mathrm{e}^{-\frac{y^2}{2\theta}}$, $\ell(\theta; y) = -\dfrac{1}{2}\log(2\pi\theta) - \dfrac{y^2}{2\theta}$ であるから $\partial_\theta\ell(\theta; y) = -\dfrac{1}{2\theta} + \dfrac{y^2}{2\theta^2}$,

$$I(\theta) = \int_{-\infty}^{\infty}(\partial_\theta\ell(\theta;y))^2 f(y\mid\theta)\,\mathrm{d}y = \int_{-\infty}^{\infty}\left(-\frac{1}{2\theta} + \frac{y^2}{2\theta^2}\right)^2 \frac{\mathrm{e}^{-\frac{y^2}{2\theta}}}{\sqrt{2\pi\theta}}\,\mathrm{d}y$$
$$= \int_{-\infty}^{\infty}\left(\frac{1}{4\theta^2} - \frac{y^2}{2\theta^3} + \frac{y^4}{4\theta^4}\right)\frac{\mathrm{e}^{-\frac{y^2}{2\theta}}}{\sqrt{2\pi\theta}}\,\mathrm{d}y = \frac{1}{4\theta^2} - \frac{\theta}{2\theta^3} + \frac{3\theta^2}{4\theta^4} = \frac{1}{2\theta^2}$$

であり, ゆえに参照事前分布は $\pi(\theta) \propto \theta^{-1}$ により与えられる。

問 8.14 解答 ➲ 付録

統計モデル $\{f(y \mid \theta)\}_\theta$ において, Jeffreys の参照事前分布を $\pi(\theta)$ とおくとき, 以下を示せ。
(1) θ が位置パラメータならば $\pi(\theta) \propto 1$
(2) θ が尺度パラメータならば $\pi(\theta) \propto \theta^{-1}$

8.5.4　Bayes 統計 vs. 頻度統計

練習問題 8.15　　Behrens–Fisher 問題

　二つの正規母集団 $\mathrm{N}(\mu_x, \sigma_x^2)$, $\mathrm{N}(\mu_y, \sigma_y^2)$ について，母平均の差 $\mu_x - \mu_y$ の区間推定を行う問題は Behrens–Fisher 問題とよばれる。これらの母平均 μ_x, μ_y と母分散 σ_x^2, σ_y^2 については何も事前情報がない状況で 8.5.1 項 (⊙ p. 230) と 8.5.2 項 (⊙ p. 232) の内容を念頭に置いて，次の Bayes 統計モデルを設計してみよう。

(i) 変則事前分布 $\pi(\mu_x, \mu_y, \sigma_x, \sigma_y) = \sigma_x^{-1}\sigma_y^{-1}$, $\mu_x, \mu_y \in \mathbb{R}$, $\sigma_x, \sigma_y > 0$,

(ii) 独立な Observed RVs $X_1, X_2, \ldots, X_n, Y_1, Y_2, \ldots, Y_n$ とこれらの尤度

$$(X_i \mid \mu_x, \mu_y, \sigma_x, \sigma_y) \sim \mathrm{N}(\mu_x, \sigma_x^2), \quad (Y_i \mid \mu_x, \mu_y, \sigma_x, \sigma_y) \sim \mathrm{N}(\mu_y, \sigma_y^2)$$

(iii) $\mathbf{X} = (X_1, X_2, \ldots, X_n)$ と $\mathbf{Y} = (Y_1, Y_2, \ldots, Y_n)$ の観測値

$$\mathbf{x}^{\mathrm{obs}} = (x_1^{\mathrm{obs}}, x_2^{\mathrm{obs}}, \ldots, x_n^{\mathrm{obs}}), \quad \mathbf{y}^{\mathrm{obs}} = (y_1^{\mathrm{obs}}, y_2^{\mathrm{obs}}, \ldots, y_n^{\mathrm{obs}})$$

非負の数 $a, b \geqq 0$ と $\alpha \in (0, 1)$ に対して，$z_{\frac{\alpha}{2}}(a, b)$ と $w_{\frac{\alpha}{2}}$ をそれぞれ次のように定める。

$$\mathbf{P}\left(\left| a\frac{\overline{X}_n - \mu_x}{\sqrt{U_n^x/n}} - b\frac{\overline{Y}_n - \mu_y}{\sqrt{U_n^y/n}} \right| < z_{\frac{\alpha}{2}}(a, b) \;\middle|\; \begin{array}{c} \mu_x, \mu_y, \\ \sigma_x, \sigma_y \end{array} \right) = 100(1 - \alpha)\,\%,$$

$$\mathbf{P}\left(\left| (\overline{X}_n - \mu_x) - (\overline{Y}_n - \mu_y) \right| < w_{\frac{\alpha}{2}} \;\middle|\; \begin{array}{c} \mu_x, \mu_y, \\ \sigma_x, \sigma_y \end{array} \right) = 100(1 - \alpha)\,\%$$

ただし，U_n^x と U_n^y はそれぞれ $\mathbf{X}$ と $\mathbf{Y}$ の不偏標本分散である。このとき次を示せ。

(1) $\mu_x - \mu_y$ に対する $100(1 - \alpha)\,\%$ Bayes 信用区間として次が得られる。

$$\left((\overline{x}_{\mathrm{obs}} - \overline{y}_{\mathrm{obs}}) - z_{\frac{\alpha}{2}}\left(\sqrt{\frac{u_{\mathrm{obs}}^x}{n}}, \sqrt{\frac{u_{\mathrm{obs}}^y}{n}} \right), \; (\overline{x}_{\mathrm{obs}} - \overline{y}_{\mathrm{obs}}) + z_{\frac{\alpha}{2}}\left(\sqrt{\frac{u_{\mathrm{obs}}^x}{n}}, \sqrt{\frac{u_{\mathrm{obs}}^y}{n}} \right) \right)$$

(2) $\mu_x - \mu_y$ に対する $100(1 - \alpha)\,\%$ 信頼区間として次が得られる。

$$\left((\overline{x}_{\mathrm{obs}} - \overline{y}_{\mathrm{obs}}) - w_{\frac{\alpha}{2}}, (\overline{x}_{\mathrm{obs}} - \overline{y}_{\mathrm{obs}}) + w_{\frac{\alpha}{2}} \right)$$

(3) $n = 2$ の場合に次が成り立つことを確かめよ。

$$\mathbf{P}\left(\left| (\overline{X}_2 - \mu_x) - (\overline{Y}_2 - \mu_y) \right| < w_{\frac{\alpha}{2}} \mid \mu_x, \mu_y, \sigma_x, \sigma_y \right)$$

$$< \mathbf{P}\left(\left| (\overline{X}_2 - \mu_x) - (\overline{Y}_2 - \mu_y) \right| < z_{\frac{\alpha}{2}}\left(\sqrt{\frac{U_2^x}{2}}, \sqrt{\frac{U_2^y}{2}} \right) \;\middle|\; \begin{array}{c} \mu_x, \mu_y, \\ \sigma_x, \sigma_y \end{array} \right)$$

➡ つまり $\mathbf{P}(\bullet \mid \mu_x, \mu_y, \sigma_x, \sigma_y)$ の世界 (頻度論者の立場とよばれている観点) から見ると，$\mu_x - \mu_y$ に対する信頼区間よりも，**Bayes** 信用区間の「信頼度」が大きく見えてしまう!

解答例　(1) まず公式 2.66 (➡ p. 68) より次が成り立つ。

$$
\left(\frac{\overline{X}_n - \mu_x}{\sqrt{U_n^x/n}} \;\middle|\; \begin{matrix} \mu_x, \mu_y, \\ \sigma_x, \sigma_y \end{matrix}\right) \sim \mathrm{t}_{n-1}, \qquad
\left(\frac{\overline{Y}_n - \mu_y}{\sqrt{U_n^y/n}} \;\middle|\; \begin{matrix} \mu_x, \mu_y, \\ \sigma_x, \sigma_y \end{matrix}\right) \sim \mathrm{t}_{n-1} \tag{8.5.2}
$$

一方, μ_x, μ_y をそれぞれ「確率変数」M^x, M^y のようにみなすと練習問題 8.11 (➡ p. 238) より,

$$
\left(\frac{\overline{x}_{\mathrm{obs}} - M^x}{\sqrt{u_{\mathrm{obs}}^x/n}} \;\middle|\; \begin{matrix} \mathbf{X} = \mathbf{x}^{\mathrm{obs}}, \\ \mathbf{Y} = \mathbf{y}^{\mathrm{obs}} \end{matrix}\right) \sim \mathrm{t}_{n-1}, \qquad
\left(\frac{\overline{y}_{\mathrm{obs}} - M^y}{\sqrt{u_{\mathrm{obs}}^y/n}} \;\middle|\; \begin{matrix} \mathbf{X} = \mathbf{x}^{\mathrm{obs}}, \\ \mathbf{Y} = \mathbf{y}^{\mathrm{obs}} \end{matrix}\right) \sim \mathrm{t}_{n-1} \tag{8.5.3}
$$

であるから, 問題の $z_{\frac{\alpha}{2}}(a,b)$ の定義式において $a = \sqrt{u_{\mathrm{obs}}^x/n}$, $b = \sqrt{u_{\mathrm{obs}}^y/n}$ をとると, 次のような計算ができる。

$$
\mathbf{P}\left(\underbrace{\left| (M^x - M^y) - (\overline{x}_{\mathrm{obs}} - \overline{y}_{\mathrm{obs}}) \right|}_{\substack{\| \\ \left| (\overline{x}_{\mathrm{obs}} - M^x) - (\overline{y}_{\mathrm{obs}} - M^y) \right|}} < z_{\frac{\alpha}{2}}\left(\sqrt{\tfrac{u_{\mathrm{obs}}^x}{n}}, \sqrt{\tfrac{u_{\mathrm{obs}}^y}{n}}\right) \;\middle|\; \begin{matrix} \mathbf{X} = \mathbf{x}^{\mathrm{obs}}, \\ \mathbf{Y} = \mathbf{y}^{\mathrm{obs}} \end{matrix}\right)
$$

$$
\begin{matrix} a = \sqrt{u_{\mathrm{obs}}^x/n} \\ b = \sqrt{u_{\mathrm{obs}}^y/n} \\ \text{より} \\ = \end{matrix} \quad
\mathbf{P}\left(\left| a\frac{\overline{x}_{\mathrm{obs}} - M^x}{\sqrt{u_{\mathrm{obs}}^x/n}} - b\frac{\overline{y}_{\mathrm{obs}} - M^y}{\sqrt{u_{\mathrm{obs}}^y/n}} \right| < z_{\frac{\alpha}{2}}(a,b) \;\middle|\; \begin{matrix} \mathbf{X} = \mathbf{x}^{\mathrm{obs}}, \\ \mathbf{Y} = \mathbf{y}^{\mathrm{obs}} \end{matrix}\right)
$$

$$
\begin{matrix} (8.5.2) \\ (8.5.3) \\ = \end{matrix} \quad
\mathbf{P}\left(\left| a\frac{\overline{X}_n - \mu_x}{\sqrt{U_n^x/n}} - b\frac{\overline{Y}_n - \mu_y}{\sqrt{U_n^y/n}} \right| < z_{\frac{\alpha}{2}}(a,b) \;\middle|\; \begin{matrix} \mu_x, \mu_y, \\ \sigma_x, \sigma_y \end{matrix}\right) = 100(1-\alpha)\,\%
$$

よって次が得られた。

$$
\mathbf{P}\left(\left| (M^x - M^y) - (\overline{x}_{\mathrm{obs}} - \overline{y}_{\mathrm{obs}}) \right| < z_{\frac{\alpha}{2}}\left(\sqrt{\tfrac{u_{\mathrm{obs}}^x}{n}}, \sqrt{\tfrac{u_{\mathrm{obs}}^y}{n}}\right) \;\middle|\; \begin{matrix} \mathbf{X} = \mathbf{x}^{\mathrm{obs}}, \\ \mathbf{Y} = \mathbf{y}^{\mathrm{obs}} \end{matrix}\right) = 100(1-\alpha)\,\%
$$

この括弧内の不等式を $M^x - M^y$ について解くことで, 題意の $100(1-\alpha)\,\%$ Bayes 信用区間が得られる。

(2) $w_{\frac{\alpha}{2}}$ の定義より直ちに従う。

(3) 式 (8.5.3) において $n = 2$ とすると, 次が得られる。

$$
\left(\frac{\overline{x}_{\mathrm{obs}} - M^x}{\sqrt{u_{\mathrm{obs}}^x/2}} \;\middle|\; \begin{matrix} \mathbf{X} = \mathbf{x}^{\mathrm{obs}}, \\ \mathbf{Y} = \mathbf{y}^{\mathrm{obs}} \end{matrix}\right) \sim \mathrm{t}_1, \qquad
\left(\frac{\overline{y}_{\mathrm{obs}} - M^y}{\sqrt{u_{\mathrm{obs}}^y/2}} \;\middle|\; \begin{matrix} \mathbf{X} = \mathbf{x}^{\mathrm{obs}}, \\ \mathbf{Y} = \mathbf{y}^{\mathrm{obs}} \end{matrix}\right) \sim \mathrm{t}_1
$$

また任意の実数 a と b に対して $a \cdot \mathrm{t}_1 - b \cdot \mathrm{t}_1 = (a+b) \cdot \mathrm{t}_1$ が成り立つ (これは**最後のコメントで説明する。**) が, これにより次のことがわかる。

$$
\left(a\frac{\overline{x}_{\mathrm{obs}} - M^x}{\sqrt{u_{\mathrm{obs}}^x/2}} - b\frac{\overline{y}_{\mathrm{obs}} - M^y}{\sqrt{u_{\mathrm{obs}}^y/2}} \;\middle|\; \begin{matrix} \mathbf{X} = \mathbf{x}^{\mathrm{obs}}, \\ \mathbf{Y} = \mathbf{y}^{\mathrm{obs}} \end{matrix}\right) \sim (a+b) \cdot \mathrm{t}_1
$$

したがって，t_1 の両側 $100\alpha\,\%$ 点を $t_1^*(\alpha)$ と表すと次が成り立つ。

$$z_{\frac{\alpha}{2}}(a,b) = (a+b)\cdot t_1^*(\alpha) \tag{8.5.4}$$

さて，$w_{\frac{\alpha}{2}}$ の定義より $\mathbf{P}\big(\big|(\overline{X}_2-\mu_x)-(\overline{Y}_2-\mu_y)\big| < w_{\frac{\alpha}{2}} \mid \mu_x,\mu_y,\sigma_x,\sigma_y\big) = 1-\alpha$ であるが，一方で 3 つの独立な確率変数 A,B,C で $A\sim \mathrm{N}(0,\frac{\sigma_x^2+\sigma_y^2}{2})$，$B\sim \mathrm{N}(0,\frac{\sigma_x^2}{2})$，$C\sim \mathrm{N}(0,\frac{\sigma_y^2}{2})$ となるものを用意すると，$\frac{A}{B+C}\sim t_1$ より $\mathbf{P}\big(\big|\frac{A}{B+C}\big| < t_1^*(\alpha)\big) = 1-\alpha$ が成り立つ。ゆえに次のように計算を進めることができる。

$$\mathbf{P}\Big(\big|(\overline{X}_2-\mu_x)-(\overline{Y}_2-\mu_y)\big| < w_{\frac{\alpha}{2}} \mid \begin{smallmatrix}\mu_x,\mu_y,\\ \sigma_x,\sigma_y\end{smallmatrix}\Big) = 1-\alpha = \mathbf{P}\Big(\big|\frac{A}{B+C}\big| < t_1^*(\alpha)\Big)$$

$$= \mathbf{P}\Big(|A| < |B+C|\cdot t_1^*(\alpha)\Big)$$

$$< \mathbf{P}\Big(|A| < (|B|+|C|)\cdot t_1^*(\alpha)\Big)$$

$|B|$ と同じ分布に従う　　　$|C|$ と同じ分布に従う

$$= \mathbf{P}\Big(\big|\overbrace{(\overline{X}_2-\mu_x)-(\overline{Y}_2-\mu_y)}^{A\text{ と同じ分布に従う}}\big| < \Big(\overbrace{\sqrt{\frac{U_2^x}{2}}}+\overbrace{\sqrt{\frac{U_2^y}{2}}}\Big)\cdot t_1^*(\alpha) \mid \begin{smallmatrix}\mu_x,\mu_y,\\ \sigma_x,\sigma_y\end{smallmatrix}\Big)$$

（上に現れた 3 つの要素が独立であることも用いている）

$$\overset{(8.5.4)}{=} \mathbf{P}\Big(\big|(\overline{X}_2-\mu_x)-(\overline{Y}_2-\mu_y)\big| < z_{\frac{\alpha}{2}}\Big(\sqrt{\tfrac{U_2^x}{2}},\sqrt{\tfrac{U_2^y}{2}}\Big) \mid \begin{smallmatrix}\mu_x,\mu_y,\\ \sigma_x,\sigma_y\end{smallmatrix}\Big)$$

コメント　〈**Cauchy 分布の加法性**「$a\,t_1 - b\,t_1 = (a+b)t_1$」について〉

自由度 1 の t 分布 t_1 は **Cauchy 分布**ともよばれるが，最後に標題の性質について説明しておく。$a,b\neq 0$ の場合に示せば十分である（a と b の符号は正でも負でも構わないが，以下では正とする）。$T_1,T_2\sim t_1$ が独立のとき，$\mathbf{P}(aT_1-bT_2\leqq t)$ は次のように与えられる。

$$\mathbf{P}(aT_1-bT_2\leqq t) = \frac{1}{\pi^2}\int_{-\infty}^{\infty}\int_{-\infty}^{\infty}\mathbf{1}_{(-\infty,t]}(a\,t_1-b\,t_2)\frac{dt_1 dt_2}{(1+(t_1)^2)(1+(t_2)^2)}$$

そこで $a\,t_1-b\,t_2=(a+b)x,\ a\,t_1+b\,t_2=(a+b)y$ とおいて変数変換すると，上式は次のように変形できる。

$$2\int_0^{\infty}\mathbf{1}_{(-\infty,t]}((a+b)x)\frac{dx}{\pi^2}\int_{-\infty}^{\infty}\left(\frac{(a+b)^2/(2ab)}{\big(1+\big(\frac{a+b}{2a}\big)^2(x+y)^2\big)\big(1+\big(\frac{a+b}{2b}\big)^2(x-y)^2\big)}\right)dy$$

（このうち，y に関する積分は $-\infty<y<-x,\ -x<y<x,\ x<y<\infty$ の三つの領域上での広義積分の和であることに注意せよ。）この 被積分関数 は次のように部分分数分解できる。

$$\frac{2ab}{((a+b)^2x^2+(a-b)^2)(x^2+1)}\left(\frac{xy+2x^2-\frac{a-b}{a+b}}{(x+y)^2+\big(\frac{2a}{a+b}\big)^2}-\frac{xy-2x^2-\frac{a-b}{a+b}}{(x-y)^2+\big(\frac{2b}{a+b}\big)^2}\right)$$

このうち，大きな括弧 (...) 部分の不定積分は次式により与えられる。

$$-\frac{y}{2}\log\left(\frac{(a+b)^2(x-y)^2+4b^2}{(a+b)^2(x+y)^2+4a^2}\right)$$
$$-\frac{a(x^2-1)+b(x^2+1)}{2a}\tan^{-1}\left(\frac{2a}{(a+b)(x+y)}\right)$$
$$-\frac{a(x^2+1)+b(x^2-1)}{2b}\tan^{-1}\left(\frac{2b}{(a+b)(y-x)}\right)$$

元の y に関する広義積分を計算するにあたり，最初の対数関数の項は領域を三つに分けなくても，$y=\infty$ における極限値から $y=-\infty$ における極限値を引いて計算すればよく，その結果 0 となる。残りの二項 ① $=\tan^{-1}\left(\frac{2a}{(a+b)(x+y)}\right)$，② $=\tan^{-1}\left(\frac{2b}{(a+b)(y-x)}\right)$ について

$$[①]_{y=-\infty}^{y=-x-0}+[①]_{y=-x+0}^{y=x-0}+[①]_{y=x+0}^{\infty}$$
$$=-\frac{\pi}{2}+\left(-\frac{\pi}{2}-\tan^{-1}\left(\frac{-2a}{(a+b)x}\right)\right)-\tan^{-1}\left(\frac{2a}{(a+b)x}\right)=-\pi,$$

同様に $[②]_{y=-\infty}^{y=-x-0}+[②]_{y=-x+0}^{y=x-0}+[②]_{y=x+0}^{\infty}=-\pi$ となる。したがって，上の $\int_{-\infty}^{\infty}\boxed{\text{被積分関数}}\mathrm{d}y$ は次式で与えられる。

$$\frac{2ab\cdot(-\pi)}{((a+b)^2x^2+(a-b)^2)(x^2+1)}\left(-\frac{a(x^2-1)+b(x^2+1)}{2a}-\frac{a(x^2+1)+b(x^2-1)}{2b}\right)$$
$$=\frac{2ab\cdot\pi}{((a+b)^2x^2+(a-b)^2)(x^2+1)}\left(\frac{(a^2+b^2)(x^2+1)+2ab(x^2-1)}{2ab}\right)=\frac{\pi}{1+x^2}$$

よって，

$$2\int_{0}^{\infty}\mathbf{1}_{(-\infty,t]}((a+b)x)\frac{\mathrm{d}x}{\pi^2}\int_{-\infty}^{\infty}\boxed{\text{被積分関数}}\mathrm{d}y=\int_{-\infty}^{\infty}\mathbf{1}_{(-\infty,t]}((a+b)x)\frac{\mathrm{d}x}{\pi(1+x^2)}$$

であり，$T\sim\mathrm{t}_1$ のとき，最後の式は $\mathbf{P}((a+b)T\leqq t)$ と表せる。

特に無作為標本 $X_1,X_2,\ldots,X_n\sim\mathrm{t}_1$ に対しては $\overline{X}_n\sim\mathrm{t}_1$ となるため「$n\to\infty$ のとき $\overline{X}_n$ が一定の数に近づいていく」というような大数の強法則 (❯ p. 53) は成り立たない。t_1 に対しては平均も分散も定義できず，また中心極限定理 (❯ p. 63) も定式化できない。

練習問題 8.16　　いっときの業績不振を批判する人へ

n 個の病院があり，それぞれの「本来の」実力を表す指標 $\mu_1, \mu_2, \ldots, \mu_n$ があるとしよう。しかし現実には，来院する患者ごとに容体は一定でないため，それぞれの病院の業績 $Y_1, Y_2, \ldots, Y_n$ を見るだけでは本来の実力を直接に捉えることができない。この状況を端的に次のモデルで表現しておこう。

$$Y_i = \mu_i + \varepsilon_i, \quad \varepsilon_i \sim \mathrm{N}(0, 1)$$

ただし，$Y_1, Y_2, \ldots, Y_n$ は独立とする。このとき次を示せ。

(1) $\mathbf{P}(Y_i \leqq \mu_i - 1.282) \fallingdotseq 10\,\%, \ i = 1, 2, \ldots, n$

　　➡　つまり，それぞれの病院 i が本来の実力 μ_i よりも 1.282 だけ低い業績となってしまう確率は 10 % と低い。また $(-\infty, Y_i + 1.282)$ は μ_i に対する 90 % 信頼区間であることを意味している。

(2) $\mu_1 = \mu_2 = \cdots = \mu_n = \mu$ のとき，次が成り立つ。

$$\mathbf{P}\left(\min_{1 \leqq i \leqq n} Y_i \leqq \mu - 1282\right) \fallingdotseq 100\,\% - (90\,\%)^n$$

　　➡　$n = 20$ の場合，この値はおよそ 88 % にもなる。実力がすべて同じ 20 個の病院を比較したときに，たまたまどれかが本来の実力 μ よりも 1.282 だけ低い業績となってしまう確率はとても高いのである！ このような場合に，最も業績の悪かった病院だけに目くじらを立てるのは不公平であろう。また $(-\infty, \min_{1 \leqq i \leqq n} Y_i + 1.282)$ は μ に対する $(90\,\%)^n$ 信頼区間であることを意味している。

最下位の業績 $\min_{1 \leqq i \leqq n} Y_i$ である病院の番号を W とおくと $Y_W = \min_{1 \leqq i \leqq n} Y_i$ となる。この病院の本来の実力 μ_W について知見を得るために，次の Bayes 統計モデルを設計してみよう。

(i) 事前分布 $\pi(\mu_1, \mu_2, \ldots, \mu_n) = \dfrac{\mathrm{e}^{-\sum\limits_{i=1}^{n} \frac{(\mu_i)^2}{2\sigma^2}}}{\sqrt{(2\pi\sigma^2)^n}}$,

　　➡　μ_i を確率変数 M_i とみなせば，これらは独立かつ $M_i \sim \mathrm{N}(0, \sigma^2)$ となる。

(ii) Observed RVs $Y_i = M_i + \varepsilon_i, \ i = 1, 2, \ldots, n$ とその条件付き分布

$$(Y_i \mid M_i = \mu_i) \sim \underbrace{\mathrm{N}(\mu_i, 1)}_{\mu_i + \varepsilon_i \text{ の分布}},$$

(iii) $\mathbf{Y} = (Y_1, Y_2, \ldots, Y_n)$ の観測値 $\mathbf{y}^{\mathrm{obs}} = (y_1^{\mathrm{obs}}, y_2^{\mathrm{obs}}, \ldots, y_n^{\mathrm{obs}})$

この観測値 $\mathbf{y}^{\mathrm{obs}}$ に基づく W の実現値を $w = w_{\mathrm{obs}} = \arg\min_{1 \leqq i \leqq n} y_i^{\mathrm{obs}}$ により表す。いま，$\beta = \dfrac{\sigma^2}{\sigma^2 + 1}$ とおくとき，次を示せ。

(3) $(M_i \mid \mathbf{Y} = \mathbf{y}^{\mathrm{obs}}) \sim \mathrm{N}(\beta y_i^{\mathrm{obs}}, \beta), \ i = 1, 2, \ldots, n$

(4) $\mathbf{P}\left(M_i \leqq \beta y_i^{\mathrm{obs}} + 1.282\sqrt{\beta} \mid \mathbf{Y} = \mathbf{y}^{\mathrm{obs}}\right) \fallingdotseq 90\,\%$

　　➡　つまり $\mathbf{y}^{\mathrm{obs}}$ という結果を見たあとでのパラメータ μ_i に対する 90 % Bayes 信用区間

として $\left(-\infty, \beta y_i^{\mathrm{obs}} + 1.282\sqrt{\beta}\right)$ が得られたことになる。$\sigma \to \infty$ とするとこの信用区間は $\left(-\infty, y_i^{\mathrm{obs}} + 1.282\right)$ となり，**(1)** の信頼区間に一致する！

(5) $\mathbf{P}\left(M_W \leqq \beta y_w^{\mathrm{obs}} + 1.282\sqrt{\beta} \mid \mathbf{Y} = \mathbf{y}^{\mathrm{obs}}\right) \fallingdotseq 90\,\%$

➡ つまり $\mathbf{y}^{\mathrm{obs}}$ という結果を見たあとでのパラメータ μ_w に対する $90\,\%$ Bayes 信用区間として $\left(-\infty, \beta \min_{1 \leqq i \leqq n} y_i^{\mathrm{obs}} + 1.282\sqrt{\beta}\right)$ が得られたことになる。この信用区間について，$\sigma \to \infty$ としたものと **(2)** の信頼区間を比べると...?!

解答例　(1) $Y_i - \mu_i = \varepsilon_i \sim \mathrm{N}(0,1)$ であり，$\mathrm{N}(0,1)$ の左側 $10\,\%$ 点はおよそ -1.282 であるから，

$$\mathbf{P}(Y_i \leqq \mu_i - 1.282) = \mathbf{P}(\varepsilon_i \leqq -1.282) \fallingdotseq 10\,\%$$

(2) まず

$$\left\{\min_{1 \leqq i \leqq n} Y_i \leqq \mu - 1.282\right\} = \bigcup_{i=1}^{n}\{Y_i \leqq \mu - 1.282\}$$

$$= \Omega \setminus \bigcap_{i=1}^{n}\{Y_i > \mu - 1.282\}$$

であり，$Y_1, Y_2, \ldots, Y_n$ は独立であるから，

$$\mathbf{P}\left(\min_{1 \leqq i \leqq n} Y_i \leqq \mu - 1.282\right) = 1 - \prod_{i=1}^{n}\mathbf{P}(Y_i > \mu - 1.282) = 1 - (0.9)^n$$

となる。

(3) $(M_1, M_2, \ldots, M_n)$ の事後分布を $\pi(\mu_1, \mu_2, \ldots, \mu_n \mid \mathbf{y}^{\mathrm{obs}})$ とおくと，Bayes の公式 (公式 8.3 ➡ p. 220) より次を得る。

$$\pi(\mu_1, \mu_2, \ldots, \mu_n \mid \mathbf{y}^{\mathrm{obs}}) \propto \underbrace{\frac{\exp\left(-\sum_{i=1}^{n}\dfrac{(y_i^{\mathrm{obs}} - \mu_i)^2}{2}\right)}{\sqrt{(2\pi)^n}}}_{\text{尤度}} \underbrace{\frac{\exp\left(-\sum_{i=1}^{n}\dfrac{(\mu_i)^2}{2\sigma^2}\right)}{\sqrt{(2\pi\sigma^2)^n}}}_{\text{事前分布}}$$

$$\propto \prod_{i=1}^{n}\exp\left(-\frac{(y_i^{\mathrm{obs}} - \mu_i)^2}{2}\right)\exp\left(-\frac{(\mu_i)^2}{2\sigma^2}\right)$$

$$\propto \prod_{i=1}^{n}\exp\left(-\frac{1}{2}\underbrace{\left(1 + \frac{1}{\sigma^2}\right)}_{=\,\frac{\sigma^2+1}{\sigma^2}\,=\,\frac{1}{\beta}}(\mu_i)^2 - y_i^{\mathrm{obs}}\mu_i\right)$$

$$= \prod_{i=1}^{n}\exp\left(-\frac{1}{2\beta}\left((\mu_i)^2 - 2\beta y_i^{\mathrm{obs}}\mu_i\right)\right) \quad \propto \quad \prod_{i=1}^{n}\frac{\mathrm{e}^{-\frac{(\mu_i - \beta y_i^{\mathrm{obs}})^2}{2\beta}}}{\sqrt{2\pi\beta}}$$

ゆえに $(M_i \mid \mathbf{Y} = \mathbf{y}^{\mathrm{obs}}) \sim \mathrm{N}(\beta y_i^{\mathrm{obs}}, \beta)$, $i = 1, 2, \ldots, n$ である。

(4) 前問より $(M_i/\sqrt{\beta} - y_i^{\mathrm{obs}} \mid \mathbf{Y} = \mathbf{y}^{\mathrm{obs}}) \sim \mathrm{N}(0,1)$ であるから,

$$\mathbf{P}\left(\frac{M_i}{\sqrt{\beta}} - y_i^{\mathrm{obs}} \le 1.282 \mid \mathbf{Y} = \mathbf{y}^{\mathrm{obs}}\right) \fallingdotseq 90\,\%$$

となる。これを書き直すと $\mathbf{P}\left(M_i \le \beta y_i^{\mathrm{obs}} + 1.282\sqrt{\beta} \mid \mathbf{Y} = \mathbf{y}^{\mathrm{obs}}\right) \fallingdotseq 90\,\%$ であり, 題意が示された。

(5) 事象 $\{M_W \le \beta y_w^{\mathrm{obs}} + 1.282\sqrt{\beta}\}$ を, $W = i$ $(i = 1, 2, \ldots, n)$ のそれぞれの場合に分けて確率を計算すると

$$\mathbf{P}\left(M_W \le \beta y_w^{\mathrm{obs}} + 1.282\sqrt{\beta} \mid \mathbf{Y} = \mathbf{y}^{\mathrm{obs}}\right)$$
$$= \sum_{i=1}^{n} \mathbf{P}\left(W = i; M_W \le \beta y_w^{\mathrm{obs}} + 1.282\sqrt{\beta} \mid \mathbf{Y} = \mathbf{y}^{\mathrm{obs}}\right)$$

となる。ここで, 条件 $\mathbf{Y} = \mathbf{y}^{\mathrm{obs}}$ $(y_1^{\mathrm{obs}}, y_2^{\mathrm{obs}}, \ldots, y_n^{\mathrm{obs}}$ は相異なると考えて差し支えない) の下で, $w_{\mathrm{obs}} = i$ であることと, $\mathbf{y}^{\mathrm{obs}} = (y_1^{\mathrm{obs}}, y_2^{\mathrm{obs}}, \ldots, y_n^{\mathrm{obs}})$ の中で y_i^{obs} が最も小さいことは同値である。ゆえに条件 $\mathbf{Y}^{\mathrm{obs}} = \mathbf{y}^{\mathrm{obs}}$ の下で, W は観測の結果決まる固定された番号 w_{obs} に等しくなり, したがって次が成り立つ。

$$\mathbf{P}\left(W = i; M_W \le \beta y_w^{\mathrm{obs}} + 1.282\sqrt{\beta} \mid \mathbf{Y} = \mathbf{y}^{\mathrm{obs}}\right)$$

$$= \mathbf{E}\left[\mathbf{1}_{(w_{\mathrm{obs}}=i)}; M_i \le \beta y_w^{\mathrm{obs}} + 1.282\sqrt{\beta} \mid \mathbf{Y} = \mathbf{y}^{\mathrm{obs}}\right]$$

$$= \mathbf{1}_{(w_{\mathrm{obs}}=i)}\mathbf{P}\left(M_i \le \beta y_w^{\mathrm{obs}} + 1.282\sqrt{\beta} \mid \mathbf{Y} = \mathbf{y}^{\mathrm{obs}}\right) \fallingdotseq 90\,\% \cdot \mathbf{1}_{(w_{\mathrm{obs}}=i)}$$

ここで $\mathbf{1}_{(w_{\mathrm{obs}}=i)}$ は「$w_{\mathrm{obs}} = i$」が真なら 1 を, 偽なら 0 の値を表す。よって

$$\mathbf{P}\left(M_W \le \beta y_w^{\mathrm{obs}} + 1.282\sqrt{\beta} \mid \mathbf{Y} = \mathbf{y}^{\mathrm{obs}}\right) \fallingdotseq 90\,\% \cdot \underbrace{\sum_{i=1}^{n} \mathbf{1}_{\{w_{\mathrm{obs}}=i\}}}_{=\,1} = 90\,\%。$$

種明かし: 実は，(2) において $\mu_1, \mu_2, \ldots, \mu_n$ をモデルのパラメータと考えて，$\mu_1 = \mu_2 = \cdots = \mu_n$ を仮定せず，

$$\mathbf{P}(\mu_W \leqq Y_W + 1.282 \mid \mu_1, \mu_2, \ldots, \mu_n)$$

を n 変数 $(\mu_1, \mu_2, \ldots, \mu_n)$ の関数と考えたものは，少し病的な振る舞いをする。$n = 2$ の場合に 2 変数 (μ_1, μ_2) の関数 $\mathbf{P}(\mu_W \leqq Y_W + 1.282 \mid \mu_1, \mu_2)$ のグラフを描くと，下の図のようになる。

$(\mu_1, \mu_2) \mapsto \mathbf{P}(\mu_W \leqq Y_W + 1.282 \mid \mu_1, \mu_2)$ のグラフ

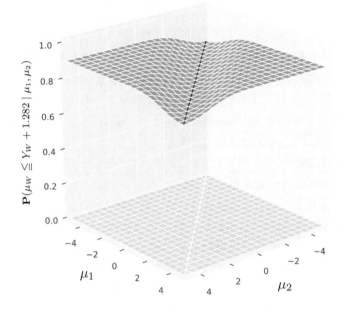

直線 $\mu_1 = \mu_2$ の上では $(90\,\%)^2 = 81\,\%$ の値をとるが，この直線から離れた部分ではおよそ $90\,\%$ の値となることがわかる。n の値が大きくなると，直線 $\mu_1 = \mu_2 = \cdots = \mu_n$ の上で $(90\,\%)^n$ という小さな値をとることが想像できるであろう。つまり，病院の間の真の実力が拮抗しているか否かで $\mathbf{P}(\mu_W \leqq Y_W + 1.282)$ の確率が大きく変わるのである。(2) はこれらが拮抗していると仮定して導いたものである。

以上を踏まえて，$\mu_1, \mu_2, \ldots, \mu_n$ を $\mathrm{N}(0, \sigma^2)$ に従う確率変数とみなした Bayes 統計モデルのパラメータ σ のもつ役割を考えてみよう。σ の値が小さいとき，$\mu_1, \mu_2, \ldots, \mu_n \sim \mathrm{N}(0, \sigma^2)$ の値は比較的 0 に近いところに集まり，ゆえに μ_i たちの値に間にそれほど差がないことが期待される。σ の値が大きくなると，$\mu_1, \mu_2, \ldots, \mu_n$ の値は 0 付近だけでなく，0 から遠いところにも大きな確率で分布するようになる。その結果，$\sigma^2 \to \infty$ とすることは μ_i たちを互いに引き離すような作用をもたらし，μ_w に対する信用区間 $(-\infty, y_w^{\mathrm{obs}} + 1.282]$ の信用度が高いままなのだと考えられる。

練習問題 8.17　次の 1 年での事故件数は平均何件?

　惑星アルタイル 3 にあるすべての原子力発電所は，ちょうど 1 年前にアルタイル原子力産業 (ANI) によって設置され，これ以上は新規に建設されない。発電所の原子力事故は，アルタイル 3 の 1 年を時間の単位とする Poisson 過程 PP(λ) (**◎** p. 179) の時点で起こることが知られている。今回，第 1 回目の事故が発生したばかりである。結果的に修復されるということは，PP(λ) の性質が保存されるということになる。公的調査機関は，次の 1 年間に平均何件の事故が発生するのかを知りたい。

　ANI はここに 4 人の証人 A, B, C, D を召喚した。

　A:「この 1 年間で 1 件の事故が起こったのであるから，λ の推定値は 1 とせざるを得ないであろう。ゆえに次の 1 年でも平均 1 件の事故が起こる。実際，最初の事故が起こる時刻 T の尤度関数 $f_T(t \mid \lambda) = \lambda e^{-\lambda t}$ を用いた最尤推定と最初の年の事故件数 N_1 の尤度関数 $f_N(n \mid \lambda) = \dfrac{\lambda^n}{n!} e^{-\lambda}$ を用いた最尤推定が考えられるが，発電所が設置されてちょうど 1 年後に事故が起きたことと，それゆえに今年の事故件数が 1 件であったという事実に鑑みると，$f_T(1 \mid \lambda) = \lambda e^{-\lambda} = f_N(1 \mid \lambda)$ を最大化する λ を求めればよく，それは $\lambda = 1$ である」

　事故が発電所の設置からちょうど 1 年後に起こってしまった，という偶然の状況にひどく依存する A の説明に ANI は納得していない。

　B:「Poisson 過程 PP(λ) は E(**rate** λ) の待ち時間から構成されることを思い出すと，このパラメータ λ に対する事前分布をこしらえれば，尤度に T をとるか N_1 をとるかで二つの Bayes 統計モデルができる。練習問題 8.10 (**◎** p. 236) の観点から λ に対する事前分布として $\pi(\lambda) = \lambda^{-1}$ をとるのが自然であろう。すると，λ の事後分布は

$$\pi(\lambda \mid T = 1) \propto f_T(1 \mid \lambda)\, \pi(\lambda) = \lambda e^{-\lambda} \times \lambda^{-1} = e^{-\lambda},$$
$$\pi(\lambda \mid N_1 = 1) \propto f_N(1 \mid \lambda)\, \pi(\lambda) = \lambda e^{-\lambda} \times \lambda^{-1} = e^{-\lambda}$$

であり，どちらの Bayes 統計モデルも事後平均が $\displaystyle\int_0^\infty \lambda \pi(\lambda \mid T = 1)\,d\lambda = \int_0^\infty \lambda \pi(\lambda \mid N_1 = 1)\,d\lambda = 1$ である。ゆえに λ の推定値としてやはり 1 が得られる。証人 A に同意する」

　A と B の意見は整合的な結果を生むものの，証人 A の説明に不満があった ANI は余計に不満である。

　C:「最初の 1 年のみの観測データでは少なすぎる上に，この惑星における発電所の運用についての事前情報がほとんどない。このような中で一貫した行動には不変性が不可欠であり，ゆえに reference prior を用いるべきである。T を尤度にもつ Bayes 統計モデルを扱う際には事前分布 $\pi(\lambda) = \lambda^{-1}$ を用いるべきであり，この場合は証人 A に同意することになる。一方で N_1 を尤度にもつ Bayes 統計モデルを扱う際には事前分布 $\pi(\lambda) = \lambda^{-\frac{1}{2}}$ を用いるべきであり，このと

き λ の事後分布は $\pi(\lambda \mid N_1 = 1) = \dfrac{2}{\sqrt{\pi}}\lambda^{\frac{1}{2}}\mathrm{e}^{-\lambda}$ となる。ゆえに事後平均は $\displaystyle\int_0^\infty \lambda\,\pi(\lambda \mid N_1 = 1)\,\mathrm{d}\lambda = \dfrac{3}{2}$ である。ゆえに次の 1 年間では，平均事故件数は $\dfrac{3}{2}$ である。」

二つのモデルの違いが推定値に反映されている，という意味で，ANI の望むように説明がなされたが，証人 C の推定値は ANI にとって事態を悪化させているだけのように見える。証人 D は君である。君なら何というか?

- -

解答例〈自分なりの意見を出してみよう!〉　「手にしているすべての情報・現象への自然な直感などなど，常に全体像を意識して統計モデルを選んだ方がよいであろう。発電所設置のちょうど 1 年後に事故が起こったという情報は，$N_1 = 1$ が観測された，という情報よりも多くの情報もつ。ゆえに，$f_N(n \mid \lambda)$ を尤度関数にもつ Bayes 統計モデルよりも，$f_T(t \mid \lambda)$ を尤度関数にもつ Bayes 統計モデルを考えた方がよいのではないだろうか。

このとき，B の推論で選ばれた事前分布は $\pi(\lambda) = \lambda^{-1}$ であった。情報が何もないという状況の下で，指数分布 $\mathrm{E}(\mathtt{rate}\,\lambda)$ のパラメータ λ に対してとる事前分布としてはそれなりのコンセンサスはあるが，Poisson 過程の文脈でこの事前分布を考えると，

$$\text{``}\mathbf{P}(\text{時間区間 }[0,t]\text{ の間に }k\text{ 回の事故が起こる})\text{''}$$
$$= \int_0^\infty \mathbf{P}(\text{時間区間 }[0,t]\text{ の間に }k\text{ 回の事故が起こる} \mid \lambda)\,\pi(\lambda)\,\mathrm{d}\lambda$$
$$= \int_0^\infty \mathbf{P}(N_t = k \mid \lambda)\,\lambda^{-1}\,\mathrm{d}\lambda = \int_0^\infty \frac{(\lambda t)^k}{k!}\mathrm{e}^{-\lambda t}\lambda^{-1}\,\mathrm{d}\lambda = \frac{1}{k}$$

であり，この値が時間区間の幅 t に依存しないのはなんだか奇妙である。

試しに，証人 C が言っていた $f_N(n \mid \lambda)$ に対する参照事前分布 $\pi(\lambda) = \lambda^{-\frac{1}{2}}$ を $f_T(t \mid \lambda)$ に対して用いてみるとどうであろうか。この場合でも，N_1 の振る舞いに関しては，当然証人 C の信念を実現するものであり，さらに次が成り立つ。

$$\text{``}\mathbf{P}(\text{時間区間 }[0,t]\text{ の間に }k\text{ 回の事故が起こる})\text{''}$$
$$= \int_0^\infty \mathbf{P}(\text{時間区間 }[0,t]\text{ の間に }k\text{ 回の事故が起こる} \mid \lambda)\,\pi(\lambda)\,\mathrm{d}\lambda$$
$$= \int_0^\infty \mathbf{P}(N_t = k \mid \lambda)\,\lambda^{-\frac{1}{2}}\,\mathrm{d}\lambda = \int_0^\infty \frac{(\lambda t)^k}{k!}\mathrm{e}^{-\lambda t}\lambda^{-\frac{1}{2}}\,\mathrm{d}\lambda$$
$$= \frac{\Gamma(k + \frac{1}{2})}{\Gamma(k+1)}\frac{1}{\sqrt{t}} \overset{\substack{\textbf{Stirling}\\ \text{の公式}}}{\approx} \frac{\sqrt{\frac{2\pi}{k+\frac{1}{2}}}\left(\frac{k+\frac{1}{2}}{\mathrm{e}}\right)^{k+\frac{1}{2}}}{\sqrt{\frac{2\pi}{k+1}}\left(\frac{k+1}{\mathrm{e}}\right)^{k+1}}\frac{1}{\sqrt{t}} \approx \frac{\mathrm{e}^{-1}}{\sqrt{k}\sqrt{t}}$$

これは『時間区間の幅 t が大きいほど，事故回数が k である確率は小さくなる』ことを意味するが，この主観はある程度直感に即しているといえないだろうか。(一方『t を小さくすると事故回数が k である確率は限りなく大きくなる』とも読めるが，そもそも変則事前分布を考える上で確率が無限大に発散していく状況の解釈にどれほどの意味があるのかははっきりしない。)

いまはデータが極端に少ない状況で推定を行わなければならない。特に ANI が不満に

思っていた点に関連して，頑健性 (T の観測値 $t_{\mathrm{obs}} = 1$ 付近でデータがブレたときに推定値がそ
れほど変化しない性質) を併せ持つことが望ましいのではないか。そこで，観測データ y が
与えられたときの推定値 $\hat{\lambda}(y)$ について，そのデータからの感度 $\frac{\mathrm{d}}{\mathrm{d}y}\hat{\lambda}(y)$ の値を比較して
みよう。

推定手法	尤度関数 $f(データ \mid \lambda)$	事前分布 $\pi(\lambda)$ 事後分布 $\pi(\lambda \mid データ)$	事故件数 の推定値 $\hat{\lambda}(データ)$	左欄のデータ に関する微分 (感度)
最尤推定	$f_T(t \mid \lambda)$	—	t^{-1}	$-t^{-2}$
最尤推定	$f_N(n \mid \lambda)$	—	n	1
Bayes 推定	$f_T(t \mid \lambda)$	λ^{-1} $t^{-1}\mathrm{e}^{-\lambda t}$	$\int_0^\infty \lambda\,\pi(\lambda \mid t)\,\mathrm{d}\lambda$ $= t^{-1}$	$-t^{-2}$
MAP 推定	$f_T(t \mid \lambda)$	λ^{-1} $t^{-1}\mathrm{e}^{-\lambda t}$	定義不能	定義不能
Bayes 推定	$f_N(n \mid \lambda)$	$\lambda^{-\frac{1}{2}}$ $\dfrac{\lambda^{n-\frac{1}{2}}\mathrm{e}^{-\lambda}}{\Gamma(n+\frac{1}{2})}$	$\int_0^\infty \lambda\,\pi(\lambda \mid n)\,\mathrm{d}\lambda$ $= n + \frac{1}{2}$	1
MAP 推定	$f_N(n \mid \lambda)$	$\lambda^{-\frac{1}{2}}$ $\dfrac{\lambda^{n-\frac{1}{2}}\mathrm{e}^{-\lambda}}{\Gamma(n+\frac{1}{2})}$	$n - \frac{1}{2}$	1
Bayes 推定	$f_T(t \mid \lambda)$	$\lambda^{-\frac{1}{2}}$ $\dfrac{2}{\sqrt{\pi}}t^{\frac{3}{2}}\lambda^{\frac{1}{2}}\mathrm{e}^{-\lambda t}$	$\int_0^\infty \lambda\,\pi(\lambda \mid t)\,\mathrm{d}\lambda$ $= \frac{3}{2t}$	$-\dfrac{3}{2t^2}$
MAP 推定	$f_T(t \mid \lambda)$	$\lambda^{-\frac{1}{2}}$ $\dfrac{2}{\sqrt{\pi}}t^{\frac{3}{2}}\lambda^{\frac{1}{2}}\mathrm{e}^{-\lambda t}$	$\dfrac{1}{2t}$	$-\dfrac{1}{2t^2}$

　これによると，上の推定手法の中で実際のデータ $t = 1$ の付近で感度の大きさが最も小
さく，このデータ付近での頑健性があるといえるのは最後に挙げた例である。

　以上から，次年度における事故発生件数の推定値を $\frac{1}{2t_{\mathrm{obs}}} = \frac{1}{2}$ とするのも妥当ではない
か。ただし，今年得られたデータ $t_{\mathrm{obs}} = 1$ が運悪く『典型的でない』データであった可能
性を常に警戒しなければならない」

8.5.5 試行回数に鑑みる事前分布—$\frac{1}{\sqrt{n}}$ のスケールでみる—

表が出る確率 θ_{true} がわからないコインを n 回投げることを考えよう。

最初の時点で君は $0.492 \le \theta_{\text{true}} \le 0.508$ であることに 90％ の自信があるとする。これは $N = 5000$ をとって θ に対する事前分布に Beta(N, N) を据えたことと同じようなものである。ところが，隣の友人が「表が出る確率はおよそ $M = 3$ の Beta(M, M) に従うらしい」という情報を囁く。優柔不断な君は，自分のもともとの考えに $100c$％ の重みを乗せ，残る $100(1 - c)$％ を友人からの情報に託す。つまり，θ に対する君の事前分布は

$$\pi(\theta) = c \cdot \text{beta}(N, N)(\theta) + (1 - c)\text{beta}(M, M)(\theta)$$

となる。ただし，beta$(M, M)(x)$ はベータ分布 Beta(M, M) の p.d.f. である。

実際にコインを n 回投げたとき，次のように記号をおく。

$$h_{\text{obs}} = (n \text{ 回中表が出た回数}) = \sum_{i=1}^{n} y_i^{\text{obs}}, \quad t_{\text{obs}} = (n \text{ 回中裏が出た回数}) = n - \sum_{i=1}^{n} y_i^{\text{obs}}$$

> **問 8.18** 解答 ➡ 付録
> 上のコイン投げの結果に基づく事後分布が
>
> $$\pi(\theta \mid \mathbf{y}^{\text{obs}}) = \widetilde{c} \cdot \text{beta}(N + h_{\text{obs}}, N + t_{\text{obs}})(\theta) + (1 - \widetilde{c})\text{beta}(M + h_{\text{obs}}, M + t_{\text{obs}})(\theta)$$
>
> で与えられることを示せ。ただし，$\widetilde{c}_n$ は次式により定まる数である。
>
> $$\widetilde{c}_n = \frac{c}{A(1 - c) + c}, \quad A = \frac{\text{B}(N, N)\text{B}(M + h_{\text{obs}}, M + t_{\text{obs}})}{\text{B}(N + h_{\text{obs}}, N + t_{\text{obs}})\text{B}(M, M)}$$

$n \to \infty$ のときの事後分布の振る舞いを見よう。大数の法則から $n \to \infty$ のとき $\frac{h_{\text{obs}}}{n} \to \theta_{\text{true}}$, $\frac{t_{\text{obs}}}{n} \to 1 - \theta_{\text{true}}$ が成り立つことが期待できるから，上のことから事後分布はおよそ

$$\pi_n(\theta) = \widetilde{c}_n \cdot \text{beta}\big(N + \theta_{\text{true}}n, N + (1 - \theta_{\text{true}})n\big)(\theta)$$
$$+ (1 - \widetilde{c}_n)\text{beta}\big(M + \theta_{\text{true}}n, M + (1 - \theta_{\text{true}})n\big)(\theta)$$

とかけるであろう。ただし $\widetilde{c}_n$ は次式により定まる数である。

$$\widetilde{c}_n = \frac{c}{A_n(1 - c) + c}, \quad A_n = \frac{\text{B}(N, N)\text{B}(M + \theta_{\text{true}}n, M + (1 - \theta_{\text{true}})n)}{\text{B}(N + \theta_{\text{true}}n, N + (1 - \theta_{\text{true}})n)\text{B}(M, M)} \tag{8.5.5}$$

> **問 8.19** 解答 ➡ 付録
> この分布 $\pi_n(\theta)$ のもとでの Θ の平均を $\widehat{\theta}_{\text{true}}$ と表すとき，次を示せ。
>
> $$\widehat{\theta}_{\text{true}} = \widetilde{c}_n \frac{N + \theta_{\text{true}}n}{2N + n} + (1 - \widetilde{c}_n)\frac{M + \theta_{\text{true}}n}{2M + n}$$

この $\widehat{\theta}_{\text{true}}$ の値を，$\theta_{\text{true}} = 0.2$ の場合に様々な c と n の値ごとにコンピュータに計算させると次の表が得られた。

試行回数 n	c の値				
	1	0.1000	0.0100	0.0010	0
50	0.4985	0.2321	0.2321	0.2321	0.2321
100	0.4970	0.2169	0.2169	0.2169	0.2169
1000	0.4727	0.2017	0.2017	0.2017	0.2017
2000	0.4500	0.2008	0.2008	0.2008	0.2008
10000	0.3500	0.2001	0.2001	0.2001	0.2001

　やはり $c = 1$ の場合は，信念が重すぎてなかなか推定値 $\widehat{\theta}_{\text{true}}$ が $\theta_{\text{true}} = 0.2$ の値へ近づいていかない。

　$N = 5000$ の値はかなり大きいから，$c = 1$ の (つまり最初にもっていた信念の 100 ％ を事前分布に乗せる) 場合，試行回数 n が小さいときの事後分布 $\pi(\theta \mid \mathbf{y}^{\text{obs}})$ の形は事前分布 $\pi(\theta) = \text{beta}(N, N)(\theta)$ の影響を強く受けるであろう。実際そうであろうことが，例えば $\theta_{\text{true}} = 0.2$ であったときに $\pi_n(\theta)$ のグラフを n の値ごとに描いた次の図から見てとれる。

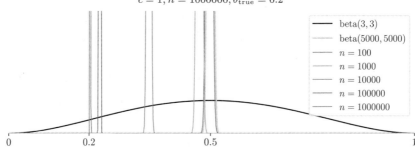

$$\tilde{c}_n \cdot \text{beta}(5000 + \theta_{\text{true}}n, 5000 + (1 - \theta_{\text{true}})n) + (1 - \tilde{c}_n)\text{beta}(3 + \theta_{\text{true}}n, 3 + (1 - \theta_{\text{true}})n),$$
$$c = 1, n = 1000000, \theta_{\text{true}} = 0.2$$

(このままでは帰無仮説 $\theta_{\text{true}} = 0.5$ を異常に擁護する狂った Bayes 仮説検定へと繋がりかねない。)

　当初は事前分布のもとで

$$\mathbf{P}\big(0.492 < \Theta < 0.508\big) = \int_{0.492}^{0.508} \pi(\theta)\,\mathrm{d}\theta$$

($c = 1$ の場合は $\mathbf{P}\big(0.492 < \Theta < 0.508\big) = \int_{0.492}^{0.508} \text{beta}(N, N)(\theta)\,\mathrm{d}\theta \fallingdotseq 90\,\%$) であったが，$\theta_{\text{true}} = 0.2$ であったときに，様々な n と c の値に応じて確率 $\mathbf{P}\big(0.492 < \Theta < 0.508 \mid \mathbf{Y} = \mathbf{y}^{\text{obs}}\big)$ の値をコンピュータで計算してみると，次の表のようになった。

試行回数 n	c の値				
	1	0.1000	0.0100	0.0010	0
10	0.8899	0.0598	0.0189	0.0151	0.0146
20	0.8882	0.0136	0.0041	0.0033	0.0032
30	0.8852	0.0025	0.0007	0.0006	0.0005
40	0.8809	0.0004	0.0001	0.0001	0.0001
50	0.8755	0.0000	0.0000	0.0000	0.0000

　この表から，事前分布に現れる c の値として $c=1$ 付近の値を選ぶと，この確率が激しく変化することがわかる。つまり，$c=1$ 付近の値をとったとき，事後分布の解釈に慎重にならなければならない。事前分布の摂動に対する事後分布の頑健性という意味では，このままでは危険である。

　実際に KL divergence (⊙ p. 203)

$$D_{\mathrm{KL}}(\mathrm{Bernoulli}(\theta_{\mathrm{true}})\|\mathrm{Bernoulli}(\widehat{\theta}_{\mathrm{true}}))$$
$$= \underbrace{G(\mathrm{Bernoulli}(\theta_{\mathrm{true}})\|\mathrm{Bernoulli}(\widehat{\theta}_{\mathrm{true}}))}_{汎化損失} - \underbrace{\mathrm{Ent}(\mathrm{Bernoulli}(\theta_{\mathrm{true}}))}_{エントロピー}$$

(⊙ p. 204) の様子を調べてみよう。

> **問 8.20**　解答 ⊙ 付録
> 上に現れた汎化損失とエントロピーはそれぞれ次で与えられることを示せ。
>
> $$G(\mathrm{Bernoulli}(\theta_{\mathrm{true}})\|\mathrm{Bernoulli}(\widehat{\theta}_{\mathrm{true}})) = -\big(\theta_{\mathrm{true}}\log\widehat{\theta}_{\mathrm{true}} + (1-\theta_{\mathrm{true}})\log(1-\widehat{\theta}_{\mathrm{true}})\big),$$
> $$\mathrm{Ent}(\mathrm{Bernoulli}(\theta_{\mathrm{true}})) = -\big(\theta_{\mathrm{true}}\log\theta_{\mathrm{true}} + (1-\theta_{\mathrm{true}})\log(1-\theta_{\mathrm{true}})\big)$$

　この汎化損失とエントロピーは「真の」値 θ_{true} を設定するごとに，上の式を用いてコンピュータに計算させることができる。ここに現れている $\widehat{\theta}_{\mathrm{true}}$ はその定義から c と n の値に依存するため，汎化損失 $G(\mathrm{Bernoulli}(\theta_{\mathrm{true}})\|\mathrm{Bernoulli}(\widehat{\theta}_{\mathrm{true}}))$ もまた c と n の値に依存して決まることに注意せよ。実際にコンピュータに計算させると次のような結果を得ることができる。印刷の都合で白黒のグラフとなっているが，カラー版のグラフ (それぞれのグラフが色分けされている) については web 補助資料をみよ。

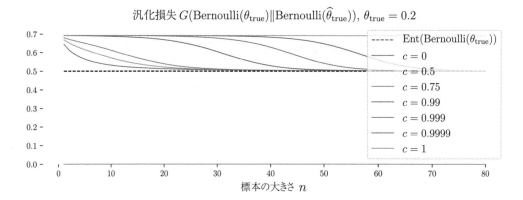

汎化損失 $G(\text{Bernoulli}(\theta_{\text{true}}) \| \text{Bernoulli}(\widehat{\theta}_{\text{true}}))$, $\theta_{\text{true}} = 0.2$

この結果からも，やはり $c = 1$ 付近で極端に汎化しないことが見てとれる。

これは試行数 n に対する $\text{Beta}(N, N)$ の信念が「重すぎる」結果であろうと想像できる。$\theta_{\text{true}} = 0.5$ の場合であっても $n = 100$ までの事後分布を描いてみると

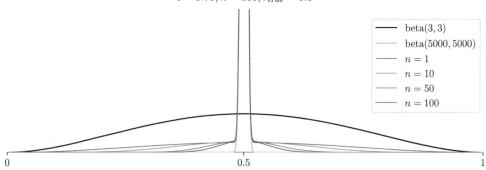

$\tilde{c}_n \cdot \text{beta}(5000 + \theta_{\text{true}}n, 5000 + (1 - \theta_{\text{true}})n) + (1 - \tilde{c}_n)\text{beta}(3 + \theta_{\text{true}}n, 3 + (1 - \theta_{\text{true}})n),$
$c = 0.75, n = 100, \theta_{\text{true}} = 0.5$

となり，やはり $\text{Beta}(N, N)$ という信念が重すぎるように感じる。つまり，Bayes 統計モデルの中で唯一，現実の情報を含んでいるデータ $y_1^{\text{obs}}, y_2^{\text{obs}}, \ldots, y_n^{\text{obs}}$ の情報が，信念に邪魔されてなかなか事後分布に反映されないのである。このままでは重すぎる信念のために，得られたデータに基づいた θ_{true} に対する「適正な」推定ができそうにない。

信念の重さを，これから計画している試行回数 n に応じて融通を効かせるために，a を正の定数として例えば $N = an$ とおいてみよう。このとき A_n （式 (8.5.5) ⊙ p. 255）の $n \to \infty$ における漸近挙動を調べてみる。

問 8.21　解答 ⊙ 付録

Stirling の公式 $\Gamma(x) \approx \sqrt{\dfrac{2\pi}{x}}\left(\dfrac{x}{\mathrm{e}}\right)^x$ を用いて次を示せ。

$$A_n \approx \frac{(n \text{ によらない定数})}{\sqrt{n}} \frac{\left(\dfrac{M + \theta_{\text{true}}n}{2M + n}\right)^{M + \theta_{\text{true}}n} \left(\dfrac{M + (1 - \theta_{\text{true}})n}{2M + n}\right)^{M + (1 - \theta_{\text{true}})n}}{2^{2an}\left(\dfrac{a + \theta_{\text{true}}}{2a + 1}\right)^{(a + \theta_{\text{true}})n}\left(\dfrac{a + (1 - \theta_{\text{true}})}{2a + 1}\right)^{(a + (1 - \theta_{\text{true}}))n}}$$

この A_n の振る舞い方を表す第 2 因子について，n の値を変えながらグラフを描くと次のようになった。

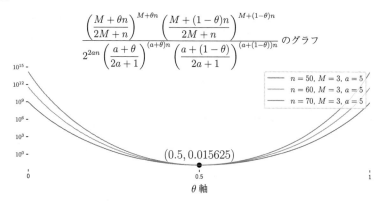

$$\frac{\left(\dfrac{M+\theta n}{2M+n}\right)^{M+\theta n}\left(\dfrac{M+(1-\theta)n}{2M+n}\right)^{M+(1-\theta)n}}{2^{2an}\left(\dfrac{a+\theta}{2a+1}\right)^{(a+\theta)n}\left(\dfrac{a+(1-\theta)}{2a+1}\right)^{(a+(1-\theta))n}} \text{ のグラフ}$$

グラフによると，これは n に関して増大していくようである。そこで分布 $\pi_n(\theta)$ に現れる，式 (8.5.5) (⊙ p. 255) で定義された $\tilde{c}_n$ の値を安定させるために，c_0 を正の定数として，事前分布 $\pi(\theta)$ 内の c を $c=\dfrac{c_0}{\sqrt{n}}$ の形でとってみようという気になる。$\theta_{\text{true}}=0.5$ の場合にこの形で事前分布をとったときの，$\pi_n(\theta)$ のグラフを描いてみると

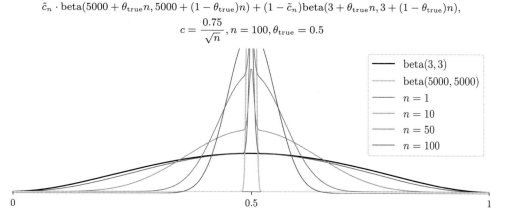

$$\tilde{c}_n \cdot \text{beta}(5000+\theta_{\text{true}}n, 5000+(1-\theta_{\text{true}})n) + (1-\tilde{c}_n)\text{beta}(3+\theta_{\text{true}}n, 3+(1-\theta_{\text{true}})n),$$

$$c=\frac{0.75}{\sqrt{n}}, n=100, \theta_{\text{true}}=0.5$$

という具合になり，試行の結果を適切な塩梅で反映しているように見える。以上の考察は $\theta_{\text{true}}=0.5$ の場合に基づいているが，そのまま $\theta_{\text{true}}=0.2$ の場合に適用して $\pi_n(\theta)$ のグラフを描いてみると

$$\tilde{c}_n \cdot \mathrm{beta}(5000 + \theta_{\mathrm{true}}n, 5000 + (1 - \theta_{\mathrm{true}})n) + (1 - \tilde{c}_n)\mathrm{beta}(3 + \theta_{\mathrm{true}}n, 3 + (1 - \theta_{\mathrm{true}})n),$$

$$c = \frac{0.75}{\sqrt{n}}, n = 100, \theta_{\mathrm{true}} = 0.2$$

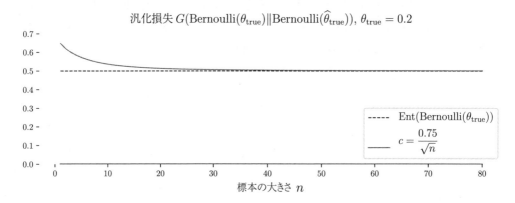

という具合になり，やはり良い塩梅で分布 $\pi_n(\theta)$ が $\theta_{\mathrm{true}} = 0.2$ に集中していき，十分使えそうである。実際に汎化損失をコンピュータに計算させてみると

となる。

この例から得られる教訓

　　大数の法則の観点から標本調査の際に取り出す標本の大きさ n は，調査を通してどれくらい描像がはっきり見えるかという**「解像度」**(resolution) に関わることになり，事前分布を選ぶ際にはこの解像度の影響を無視できない。調査においてデザインされている標本の大きさもまた，事前分布に加味するべき事項なのである。

8.5.6 Bayes 統計学における暗黙の仮定

Bayes 統計を実践するときにあまり意識することはない (し，あまり囚われなくてよい) が，8.2 節 (➡ p. 221) において紹介した Bayes 統計学のお手本となる de Finetti の定理 (➡ p. 221) では，あらかじめ無限個の大きさをもつ無作為標本の存在を仮定している。次の問が示すように，de Finetti の定理に登場する交換可能列が**無限個**からなることは本質的な仮定である。頻度統計学の枠組みでは，単に有限の大きさの無作為標本を抽出することを想定していたのに対して，Bayes 統計学ではあらかじめ**無限個**からなる交換可能列があると想定し，我々はそのうち有限個を観測しているのだ，と考えている。

問 8.22　De Finetti の定理が成り立たない例 (解答 ➡ 付録)

非負の数 $a, b, c \geqq 0$ が $a + 2b + c = 1$ をみたすとする。右図は abc-空間に $a + 2b + c = 1$ をみたす点 (a, b, c) の領域を図示したものである。3 つの変量 Y_1, Y_2, Θ について「ある確率の測り方 $\mathbf{P}$ に関して次の (8.5.6) が成り立つ」という条件を $(\mathrm{A})_{a,b,c}$ で表す。

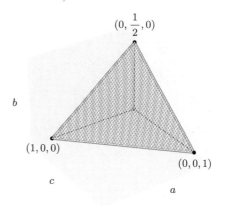

$$a = \mathbf{P}(Y_1 = 0; Y_2 = 0) = \int_0^1 (1-\theta)^2 \mathbf{P}(\Theta \in \mathrm{d}\theta),$$

$$c = \mathbf{P}(Y_1 = 1; Y_2 = 1) = \int_0^1 \theta^2 \mathbf{P}(\Theta \in \mathrm{d}\theta),$$

$$b = \mathbf{P}(Y_1 = 1; Y_2 = 0) = \mathbf{P}(Y_1 = 0; Y_2 = 1)$$
$$= \int_0^1 \theta(1-\theta) \mathbf{P}(\Theta \in \mathrm{d}\theta)$$

$$(8.5.6)$$

(特に，Y_1, Y_2 は交換可能列である!) このとき，次の問に答えよ[*8]。

(1) 条件 $(\mathrm{A})_{0,\frac{1}{2},0}$ が成り立たないことを示せ。

(2) 条件 $(\mathrm{A})_{a,b,c}$ と条件 $(\mathrm{A})_{a',b',c'}$ が成り立つとき，2 点 (a, b, c) と (a', b', c') を結ぶ線分上のすべての点 (a'', b'', c'') について条件 $(\mathrm{A})_{a'',b'',c''}$ が成り立つことを示せ。(このとき，条件 $(\mathrm{A})_{a,b,c}$ が成り立つような点 (a, b, c) の集合は凸集合をなすという。)

(3) p が $0 \leqq p \leqq 1$ の範囲を動くとき，点 $(a, b, c) = (p^2, p(1-p), (1-p)^2)$ の軌跡を上の図中に図示せよ。また $(\mathrm{A})_{p^2,p(1-p),(1-p)^2}$ が成り立つことを示せ。

(4) $(\mathrm{A})_{a,b,c}$ が成り立たないような点 (a, b, c) の集合を上の図中に図示せよ。

[*8] この問題は，Persi Diaconis (1977) 『Finite forms of de Finetti's theorem on exchangeability』Synthese **36**(2)，pp. 271–281 を参考にしたものである。

9

ダイバージェンス最小化は
統計学の原理となるか

KL divergence は定義 7.10 (➡ p. 203) 前後の文脈から自然に現れたものであるが，この章では統計学の様々な側面に現れるこのダイバージェンスの諸相を見ていく。特にKL divergence の最小化が，統計学を展開する上で一つの指導原理となりうるいくつかの状況証拠を紹介する。

道案内

9.1 確率モデル

統計学の文脈にしばしば現れる確率モデルの考え方を導入しよう。

定義 9.1　確率モデル

以下の構成要素からなる組 $(\mathbf{P}, Y, \varphi, X, \sigma^2)$ を**確率モデル**という。

(1) 関数 $\varphi : \mathbb{R} \to \mathbb{R}$,

(2) Y と X は $Y = \varphi(X) + \varepsilon$ という関係にある確率変数。ただし，ε は次をみたす確率変数である。
$$\mathbf{E}[\varepsilon \mid X] = 0, \quad \mathrm{Var}(\varepsilon \mid X) = \sigma^2 \text{（定数）}$$

ただし，$\mathrm{Var}(\varepsilon \mid X) = \mathbf{E}[(\varepsilon - \mathbf{E}[\varepsilon \mid X])^2 \mid X]$ である。

　通常，この確率モデルを単に「$Y = \varphi(X) + \varepsilon$」と表現することが多い。$Y$ は偶然誤差 (7.3 節 ➲ p. 211) ε 付きで得られる $\varphi(X)$ の観測量を想定したものである。$\mathbf{P}(\bullet \mid X)$ の下では，X は**共変量** (covariate) ともよばれることもある。これは「X についての確率分布は考えない」ことの宣言と考えてもよいかもしれない。

　興味の対象となる二つの変量 Y, X について「最適な関数」φ_0 を用いると $\varphi_0(X)$ が Y の振る舞いをよく表し「$Y = \varphi_0(X) + \varepsilon$」は一つの確率モデルをなすとする。しかし φ_0 の正体は我々にはわからず，ゆえに Y と X の観測値が得られたとしても**偶然誤差** $\varepsilon = Y - \varphi_0(X)$ **を直接観測することはできない**（この $\varepsilon = Y - \varphi_0(X)$ の分散を σ^2 とする）。そこで，φ_0 を含む，あるいはよく模倣する関数を含むと期待する関数のクラスをあらかじめ決めておき，そのクラス内の関数をパラメータ φ により表すとき，$\widehat{Y} = \varphi(X) + \varepsilon$ と X を並べた $(\widehat{Y}, X)$ の p.d.f.
$$f(y, x \mid \varphi) = f_{(\widehat{Y}, X)}(y, x \mid \varphi) = f_{\widehat{Y} \mid X}(y \mid x, \varphi) \cdot f_X(x)$$

を考えることにより統計モデル $\{f(y, x \mid \varphi)\}_\varphi$ を得ることができる。ここで $\mathbf{P}(Y \in \mathrm{d}y \mid X = x; \varphi) = f_{\widehat{Y} \mid X}(y \mid x, \varphi)\mathrm{d}y$ である。このとき $\sigma_\varphi^2 = \mathbf{E}[(Y - \varphi(X))^2]$ と定めると，$Y = \varphi_0(X) + \varepsilon$ と $\mathbf{E}[\varepsilon \mid X] = 0$ より

$$
\begin{aligned}
\sigma_\varphi^2 &= \mathbf{E}[((\varphi_0(X) + \varepsilon) - \varphi(X))^2] \\
&= \mathbf{E}[\varepsilon^2] - 2\underbrace{\mathbf{E}[(\varphi(X) - \varphi_0(X))\varepsilon]}_{\substack{\text{問 5.31} \\ \text{(➲ p. 171)} \\ = \mathbf{E}[\mathbf{E}[(\varphi(X) - \varphi_0(X))\varepsilon \mid X]] \\ \text{公式 5.30–(7)} \\ \text{(➲ p. 170)} \\ = \mathbf{E}[(\varphi(X) - \varphi_0(X))\mathbf{E}[\varepsilon \mid X]] = 0}} + \mathbf{E}[(\varphi(X) - \varphi_0(X))^2] \\
&= \underbrace{\mathbf{E}[\varepsilon^2]}_{= \sigma^2} + \mathbf{E}[(\varphi(X) - \varphi_0(X))^2] \geqq \sigma^2,
\end{aligned}
$$

ゆえに次が成り立つ。

$$\sigma_\varphi^2 \geqq \sigma^2 \tag{9.1.1}$$

確率モデル $(\mathbf{P}, Y, \varphi, X, \sigma^2)$ は関数 φ ごとに異なるモデルとなる。以下では Y の母平均を μ により表し，よく知られた例をいくつか紹介する。

モデル名	関数 $\varphi(x)$ の形	備考
ANOVA $\begin{pmatrix} \textbf{ANalysis Of} \\ \textbf{VAriance} \\ モデル \end{pmatrix}$	μ	$\varepsilon \sim \mathrm{N}(0, \sigma^2)$
標準線形モデル	$\mu + \beta x$	β は真の回帰直線の傾き，$\varepsilon \sim \mathrm{N}(0, \sigma^2)$. このモデルを $\mathbf{P}(\bullet \mid X)$ の下で考えるときには，**ANCOVA** $\begin{pmatrix} \textbf{ANalysis of} \\ \textbf{COVAriance} \end{pmatrix}$ モデルともよばれる。
一般化線形モデル	$G^{-1}(\alpha + \beta x)$	$G^{-1}(y)$ は我々が指定する関数 $y = G(x)$ の逆関数である。また $(Y \mid X) \sim \begin{pmatrix} X \text{ に依存する} \\ \text{指数型分布族} \end{pmatrix}$ と仮定される。
3層ニューラルネットワーク	$A(\alpha + \beta x)$	α と β は真のパラメータ，$A(x)$ は**活性化関数**とよばれる，我々が指定する非線形な関数 (逆関数をもたなくてもよい)。

例 9.2 **デミング回帰**

変量 $X_1, X_2, \ldots, X_n$ と $Y_1, Y_2, \ldots, Y_n$ について「真の関数」φ_0 と「真の位置」$\mu^0 = (\mu_1^0, \mu_2^0, \ldots, \mu_n^0)$ を用いれば

$$Y_i = \varphi_0(\mu_i^0) + \varepsilon_i, \quad X_i = \mu_i^0 + \eta_i, \quad i = 1, 2, \ldots, n$$

と表されるとしよう。ただし $\varepsilon_1, \varepsilon_2, \ldots, \varepsilon_n \sim \mathrm{N}(0, \sigma_\varepsilon^2)$, $\eta_1, \eta_2, \ldots, \eta_n \sim \mathrm{N}(0, \sigma_\eta^2)$ とし，これらは独立とする。定義 9.1 が扱う確率モデルの範疇には収まらないが，適当な関数のクラスを動くパラメータ φ と実数を動く n 個のパラメータ $\mu = (\mu_1, \mu_2, \ldots, \mu_n)$ を用意して，次のような「確率モデル」を考える。

$$Y_i = \varphi(\mu_i) + \varepsilon_i, \quad X_i = \mu_i + \eta_i, \quad i = 1, 2, \ldots, n$$

このとき，$\mathbf{Y} = (Y_1, Y_2, \ldots, Y_n)$ と $\mathbf{X} = (X_1, X_2, \ldots, X_n)$ を並べた $(\mathbf{Y}, \mathbf{X})$ の p.d.f. $f(\mathbf{x}, \mathbf{y} \mid \varphi, \mu)$ を考えることで一つの統計モデル $\{f(\mathbf{x}, \mathbf{y} \mid \varphi, \mu)\}_{\varphi, \mathbf{x}^0}$ が得られる。より具体的に，$f(\mathbf{y}, \mathbf{x} \mid \varphi, \mu)$ は次式により与えられる。

$$f(\mathbf{y}, \mathbf{x} \mid \varphi, \mu) = f_{(\mathbf{Y}, \mathbf{X})}(\mathbf{y}, \mathbf{x} \mid \varphi, \mu) = f_{\mathbf{Y}}(\mathbf{y} \mid \varphi, \mu) \cdot f_{\mathbf{X}}(\mathbf{x} \mid \mu)$$
$$= \frac{1}{2\pi \sigma_\varepsilon \sigma_\eta} \prod_{i=1}^n \exp\left(-\frac{(y_i - \varphi(\mu_i))^2}{2\sigma_\varepsilon^2}\right) \exp\left(-\frac{(x_i - \mu_i)^2}{2\sigma_\eta^2}\right)$$

　ここで，パラメータ φ が動く関数のクラスを一次関数 $\varphi(x) = \alpha + \beta x$ に設定した統計モデルを考えてみよう。パラメータ φ は，パラメータ α と β がすべての実数を動くときに現れる一次関数のクラス全体に渡って動くと考えるのである。この意味で $f(\mathbf{y}, \mathbf{x} \mid \varphi, \mu) = f(\mathbf{y}, \mathbf{x} \mid \alpha, \beta, \mu)$ と表すことにする。この統計モデル $\{f(\mathbf{y}, \mathbf{x} \mid \alpha, \beta, \mu)\}_{a,b,\mu}$ における最尤推定法は，特に**デミング回帰**とよばれる[*1]。この $f(\mathbf{y}, \mathbf{x} \mid \alpha, \beta, \mu)$ は次のように変形できる。

$$f(\mathbf{y}, \mathbf{x} \mid \alpha, \beta, \mu) = \frac{1}{2\pi\sigma_\varepsilon\sigma_\eta} \prod_{i=1}^{n} \exp\left(-\frac{(\frac{y_i-\alpha}{\beta} - \mu_i)^2}{2(\sigma_\varepsilon/\beta)^2}\right) \exp\left(-\frac{(\mu_i - x_i)^2}{2\sigma_\eta^2}\right)$$

問 5.8
(◐ p. 156)
$$= \frac{1}{2\pi\sigma_\varepsilon\sigma_\eta} \prod_{i=1}^{n} \exp\left(-\frac{(\frac{y_i-\alpha}{\beta} - x_i)^2}{2((\sigma_\varepsilon/\beta)^2 + \sigma_\eta^2)}\right)$$
$$\times \exp\left(-\frac{(\sigma_\varepsilon/\beta)^2 + \sigma_\eta^2}{2(\sigma_\varepsilon\sigma_\eta/\beta)^2}\left(\mu_i - \frac{\sigma_\eta^2 \frac{y_i-\alpha}{\beta} + (\sigma_\varepsilon/\beta)^2 x_i}{(\sigma_\varepsilon/\beta)^2 + \sigma_\eta^2}\right)^2\right)$$
$$= \frac{1}{2\pi\sigma_\varepsilon\sigma_\eta} \prod_{i=1}^{n} \exp\left(-\frac{(y_i - (\alpha + \beta x_i))^2}{2(\sigma_\varepsilon^2 + \beta^2\sigma_\eta^2)}\right)$$
$$\times \exp\left(-\frac{1 + \beta^2(\sigma_\eta/\sigma_\varepsilon)^2}{2\sigma_\eta^2}\left(\mu_i - \frac{\beta(\sigma_\eta/\sigma_\varepsilon)^2(y_i - \alpha) + x_i}{1 + \beta^2(\sigma_\eta/\sigma_\varepsilon)^2}\right)^2\right)$$
$$= \frac{1}{2\pi\sigma_\varepsilon\sigma_\eta} \exp\left(-\sum_{i=1}^{n} \frac{(y_i - (\alpha + \beta x_i))^2}{2(\sigma_\varepsilon^2 + \beta^2\sigma_\eta^2)}\right)$$
$$\times \exp\left(-\frac{1 + \beta^2(\sigma_\eta/\sigma_\varepsilon)^2}{2\sigma_\eta^2} \sum_{i=1}^{n}\left(\mu_i - \frac{\beta(\sigma_\eta/\sigma_\varepsilon)^2(y_i - \alpha) + x_i}{1 + \beta^2(\sigma_\eta/\sigma_\varepsilon)^2}\right)^2\right)$$

ゆえに $\mathbf{X}$ と $\mathbf{Y}$ の観測値 $\mathbf{x}^{\mathrm{obs}} = (x_1^{\mathrm{obs}}, x_2^{\mathrm{obs}}, \ldots, x_n^{\mathrm{obs}})$, $\mathbf{y}^{\mathrm{obs}} = (y_1^{\mathrm{obs}}, y_2^{\mathrm{obs}}, \ldots, y_n^{\mathrm{obs}})$ が得られたとき，統計モデル $\{f(\mathbf{y}, \mathbf{x} \mid \alpha, \beta, \mu)\}_{a,b,\mu}$ における最尤推定値 $\hat{\alpha}_{\mathrm{obs}}$, $\hat{\beta}_{\mathrm{obs}}$, $\hat{\mu}_i^{\mathrm{obs}}$ は $L(\alpha, \beta) = \frac{1}{n} \sum_{i=1}^{n} \frac{(y_i^{\mathrm{obs}} - (\alpha + \beta x_i^{\mathrm{obs}}))^2}{2(\sigma_\varepsilon^2 + \beta^2\sigma_\eta^2)}$ を最小化する α, β として与えられ，このとき $\hat{\mu}_i^{\mathrm{obs}}$ は次式により与えられる。

$$\hat{\mu}_i^{\mathrm{obs}} = \frac{\hat{\beta}_{\mathrm{obs}}(\sigma_\eta/\sigma_\varepsilon)^2(y_i^{\mathrm{obs}} - \hat{\alpha}_{\mathrm{obs}}) + x_i^{\mathrm{obs}}}{1 + (\hat{\beta}_{\mathrm{obs}})^2(\sigma_\eta/\sigma_\varepsilon)^2}, \quad i = 1, 2, \ldots, n$$

特に，$\sigma_\varepsilon^2 = \sigma_\eta^2$ のとき推定された関数 $\hat{\varphi}_{\mathrm{obs}}(x) = \hat{\alpha}_{\mathrm{obs}} + \hat{\beta}_{\mathrm{obs}} x$ のグラフは直交回帰直線 (◐ p. 126) と一致し，$\hat{\mu}_i^{\mathrm{obs}} = \frac{\hat{\beta}_{\mathrm{obs}}(y_i^{\mathrm{obs}} - \hat{\alpha}_{\mathrm{obs}}) + x_i^{\mathrm{obs}}}{1 + (\hat{\beta}_{\mathrm{obs}})^2}$ は点 $(x_i^{\mathrm{obs}}, y_i^{\mathrm{obs}})$ から直線 $y = \hat{\alpha}_{\mathrm{obs}} + \hat{\beta}_{\mathrm{obs}} x$ に下ろした垂線の足の x 座標に一致する。

[*1] W. Edwards Deming (1900–1993) に因む。この考え方は Adcock により 1878 年に導入されたが，Deming によって広く知られることとなったためデミング回帰とよばれる。

9.2 ダイバージェンス最小化としての最小 2 乗法

一般に，確率モデル $(\mathbf{P}, Y, \varphi_0, X, \sigma^2)$ と関数パラメータ φ から作られた統計モデル $\{f(y, x \mid \varphi)\}_\varphi$ を考える (9.1 節 ● p. 264)。このとき，$\varepsilon_\varphi = Y - \varphi(X)$ の p.d.f. は

$$f_\varepsilon(e \mid \varphi) = \int_{-\infty}^{\infty} f(e + \varphi(x), x \mid \varphi) \, \mathrm{d}x$$

と表せる。*2 ここでは $\sigma_\varphi^2 = \mathbf{E}[(Y - \varphi(X))^2]$ を φ に関して最小化することを考えよう。これは次のように計算することができる。

$$\sigma_\varphi^2 = \mathbf{E}[\varepsilon_\varphi^2] = \int_{-\infty}^{\infty} e^2 \cdot f_\varepsilon(e \mid \varphi) \, \mathrm{d}e$$

$$= (2\sigma^2) \left\{ -\int_{-\infty}^{\infty} f_\varepsilon(e \mid \varphi) \log \frac{\exp\left(-\frac{e^2}{2\sigma^2}\right)}{\sqrt{2\pi\sigma^2}} \, \mathrm{d}e - \frac{1}{2} \log(2\pi\sigma^2) \right\}$$

$$= (2\sigma^2) \left\{ G\big(f_{\varepsilon|\varphi} \| \mathrm{N}(0, \sigma^2)\big) - \frac{1}{2} \log(2\pi\sigma^2) \right\}$$

ゆえに σ_φ^2 を最小化することは汎化損失 $G\big(f_{\varepsilon|\varphi} \| \mathrm{N}(0, \sigma^2)\big)$ を最小化することに同値である。また公式 7.26 (● p. 204) より上式は次のように書き直すことができる。

$$\mathbf{E}[(Y - \varphi(X))^2 \mid \varphi] = (2\sigma^2) \left\{ D_{\mathrm{KL}}\big(f_{\varepsilon|\varphi} \| \mathrm{N}(0, \sigma^2)\big) + \mathrm{Ent}(f_{\varepsilon|\varphi}) - \frac{1}{2} \log(2\pi\sigma^2) \right\}$$

ここで $f_{\varepsilon|\varphi}(e) = f_\varepsilon(e \mid \varphi)$ は平均 0，分散 σ_φ^2 をもつ $\mathbb{R}$ 上の p.d.f. であるから，

$$\underset{\substack{\text{問 7.28}\\(\text{● p. 205})}}{\mathrm{Ent}(f_{\varepsilon|\varphi})} \quad \leqq \quad \mathrm{Ent}(\mathrm{N}(0, \sigma_\varphi^2)) \underset{\substack{\text{練習問題 7.27}\\(\text{● p. 205})}}{=} \frac{1}{2} + \frac{1}{2} \log(2\pi\sigma_\varphi^2) \tag{9.2.1}$$

となることがわかる。したがって

$$\sigma_\varphi^2 = \mathbf{E}[(Y - \varphi(X))^2 \mid \varphi] \leqq 2\sigma^2 \left(D_{\mathrm{KL}}\big(f_{\varepsilon|\varphi} \| \mathrm{N}(0, \sigma^2)\big) + \frac{1}{2} + \frac{1}{2} \log \frac{\sigma_\varphi^2}{\sigma^2} \right)$$

σ_φ^2 のある項をすべて左辺に移項して整理すると

$$\underbrace{\sigma_\varphi^2 - \sigma^2 \log \sigma_\varphi^2}_{= h(\sigma_\varphi^2)} \leqq 2\sigma^2 \cdot D_{\mathrm{KL}}\big(f_{\varepsilon|\varphi} \| \mathrm{N}(0, \sigma^2)\big) + \underbrace{\sigma^2 - \sigma^2 \log \sigma^2}_{= h(\sigma^2)}。 \tag{9.2.2}$$

関数 $h(x) = x - \sigma^2 \log x \ (x > 0)$ は $x = \sigma^2$ において最小値をとり，$x \geqq \sigma^2$ の範囲では単調増大となる。考えているパラメータ φ が動く範囲において $\sigma_\varphi^2 \geqq \sigma^2$ が成り立つ (式 (9.1.1) ● p. 265) から，$D_{\mathrm{KL}}\big(f_{\varepsilon|\varphi} \| \mathrm{N}(0, \sigma^2)\big)$ を最小化することは σ_φ^2 の値を小さくコントロールするこ

---

*2 これを用いて $\{f_\varepsilon(e \mid \varphi)\}_\varphi$ を誤差 ε に関する統計モデルと捉えることができると考えるかもしれないが，本来「真の関数」あるいは「最適な関数」φ_0 に関する偶然誤差は直接観測できず，ゆえに観測データが得られないために $\{f_\varepsilon(e \mid \varphi)\}_\varphi$ は統計モデルのコンセプトにそぐわない。

とに繋がるのである。(しかし逆に，最小 2 乗法が必ずしも KL divergence 最小化に繋がることを意味する不等式にはなっておらず，最小 2 乗法と KL divergence 最小化が完全に同値となることを意味しているわけではない。この違いに隠れているものは何であろうか。)

特に 7.3 節 (**◯p. 211**) で示唆されるように，$\{f_\varepsilon(e \mid \varphi)\}_\varphi$ が正規分布モデル $\{\mathrm{N}(0, \sigma_\varphi^2)\}_\varphi$ であることを仮定すると，式 (9.2.1) における不等号は等号となるから，次のように式 (9.2.2) もまた等号として成り立つ。

$$\sigma_\varphi^2 - \sigma^2 \log \sigma_\varphi^2 = 2\sigma^2 \cdot D_{\mathrm{KL}}\big(f_{\varepsilon|\varphi} \| \mathrm{N}(0, \sigma^2)\big) + \sigma^2 - \sigma^2 \log \sigma^2$$

この場合は，考えている φ の範囲において $\sigma_\varphi^2 = \mathbf{E}[(Y - \varphi(X))^2]$ の最小化と $D_{\mathrm{KL}}(f_{\varepsilon|\varphi} \| \mathrm{N}(0, \sigma^2))$ の最小化が同値となるのである。

いまの $\varepsilon \sim \mathrm{N}(0, \sigma^2)$ の場合，$\widehat{Y} = \varphi(X) + \varepsilon$ より $(\widehat{Y} \mid X) \sim \mathrm{N}(\varphi(X), \sigma^2)$ である。したがって $f_{\widehat{Y}|X}(y \mid X, \varphi)$ は正規分布 $\mathrm{N}(\varphi(X), \sigma^2)$ の p.d.f. であり，ゆえに統計モデル $\{f(y, x \mid \varphi)\}_\varphi$ は次で与えられる。

$$f(y, x \mid \varphi) = f_{\widehat{Y}|X}(y \mid x, \varphi) \cdot f_X(x) = \frac{\exp\left(-\dfrac{(y - \varphi(x))^2}{2\sigma^2}\right)}{\sqrt{2\pi\sigma^2}} f_X(x)$$

この統計モデル $\{f(y, x \mid \varphi)\}_\varphi$ において観測データ $\mathbf{y}^{\mathrm{obs}} = (y_1^{\mathrm{obs}}, y_2^{\mathrm{obs}}, \ldots, y_n^{\mathrm{obs}})$ と $\mathbf{x}^{\mathrm{obs}} = (x_1^{\mathrm{obs}}, x_2^{\mathrm{obs}}, \ldots, x_n^{\mathrm{obs}})$ が与えられたとき，対数尤度関数は次のようになる。

$$\begin{aligned}
&\ell_n(\varphi; \mathbf{y}^{\mathrm{obs}}, \mathbf{x}^{\mathrm{obs}}) \\
&= \log \prod_{i=1}^n f(y_i^{\mathrm{obs}}, x_i^{\mathrm{obs}} \mid \varphi) \\
&= \log \prod_{i=1}^n \frac{\exp\left(-\dfrac{(y_i^{\mathrm{obs}} - \varphi(x_i^{\mathrm{obs}}))^2}{2\sigma^2}\right)}{\sqrt{2\pi\sigma^2}} f_X(x_i^{\mathrm{obs}}) \\
&= -\frac{n}{2\sigma^2} \frac{1}{n} \sum_{i=1}^n (y_i^{\mathrm{obs}} - \varphi(x_i^{\mathrm{obs}}))^2 - \frac{n}{2} \log(2\pi\sigma^2) + \sum_{i=1}^n \log f_X(x_i^{\mathrm{obs}})
\end{aligned}$$

したがって統計モデル $\{f(y, x \mid \varphi)\}_\varphi$ における最尤推定は

$$\frac{1}{n} \sum_{i=1}^n (y_i^{\mathrm{obs}} - \varphi(x_i^{\mathrm{obs}}))^2$$

の最小化，つまり最小 2 乗法に一致するのである。

9.3 ダイバージェンス最小化としてのエントロピー最大化

7.4 節 (➡ p. 213) で見たように d 個の関数 $t_1(y), t_2(y), \ldots, t_d(y)$ に対して

$$f(y \mid \theta) = \exp\left(\sum_{k=1}^{d} \theta^k \cdot t_i(y) - \psi(\theta)\right), \quad y \in \mathbb{R}, \ \theta = (\theta^1, \theta^2, \ldots, \theta^d)$$

により定まる指数型分布族 $\{f(y \mid \theta)\}_\theta$ は，$\eta(\theta) = (\eta_1(\theta), \eta_2(\theta), \ldots, \eta_d(\theta)) = \nabla \psi(\theta)$ とおくとき期待値に関する拘束条件付きのエントロピー最大化問題

$$\underset{p:\mathbb{R}\to\mathbb{R}}{\text{maximize}} \quad -\int_{-\infty}^{\infty} p(y) \log |p(y)| \, \mathrm{d}y$$

$$\text{subject to} \begin{cases} -p(y) \leqq 0, \quad y \in \mathbb{R}, \\ \displaystyle\int_{-\infty}^{\infty} p(y) \, \mathrm{d}y = 1, \\ \displaystyle\int_{-\infty}^{\infty} t_i(y)p(y) \, \mathrm{d}y = \eta_i(\theta), \quad i = 1, 2, \ldots, d \end{cases}$$

の解として現れるのであった。ここで θ の値を $\theta_0 = (\theta_0^1, \theta_0^2, \ldots, \theta_0^d)$ に固定してエントロピー最大化問題 ❓$_{\eta(\theta_0)}$ を考えるとしよう。

公式 7.26 (➡ p. 204) より p.d.f. $p(y)$ に対して $\mathrm{Ent}(p) = G(p\|f_{|\theta_0}) - D_{\mathrm{KL}}(p\|f_{|\theta_0})$ であるが，ここに現れた汎化損失 $G(p\|f_{|\theta_0})$ について，p.d.f. $p(y)$ が

$$\int_{-\infty}^{\infty} t_i(y)p(y) \, \mathrm{d}y = \eta_i(\theta_0), \quad i = 1, 2, \ldots, d$$

をみたすように動くとき，

$$G(p\|f_{|\theta_0}) = -\int_{-\infty}^{\infty} p(y) \underbrace{\log f(y \mid \theta_0)}_{\substack{\| \\ \sum_{i=1}^{d} \theta_0^i t_i(y) - \psi(\theta_0)}} \, \mathrm{d}y$$

$$= \psi(\theta_0) - \sum_{i=1}^{d} \theta_0^i \underbrace{\int_{-\infty}^{\infty} t_i(y)p(y) \, \mathrm{d}y}_{= \eta_i(\theta_0)} = -\psi^*(\eta(\theta_0))$$

は p.d.f. $p(y)$ によらない数となる。ここで，$\psi^*(\eta) = \max_\theta \left(\langle \eta, \theta \rangle - \psi(\theta)\right)$ は $\psi(\theta)$ の Legendre 双対である。ゆえに p.d.f. $p(y)$ が $\displaystyle\int_{-\infty}^{\infty} t_i(y)p(y) \, \mathrm{d}y = \eta_i(\theta_0), \ i = 1, 2, \ldots, d$ をみたすように動くとき，

$$\mathrm{Ent}(p) = -\psi^*(\eta(\theta_0)) - D_{\mathrm{KL}}(p\|f_{|\theta_0})$$

となり，この p が動く範囲において，エントロピー最大化は (「正解」 $f(y \mid \theta_0)$ が与えられている状況の下での) KL divergence 最小化と同値となるのである。

9.4 赤池情報量基準

真の分布 $q(y)$ をターゲットに d 次元統計モデル $(\{\mathbf{P}(\bullet \mid \theta)\}_\theta, \mathbf{Y}, \{f(y \mid \theta)\}_\theta)$ を考える。無作為標本 $\mathbf{Y}$ は大きさ n であるとし，これに基づく最尤推定量を $\widehat{\Theta}_n$ とする。このモデルには d 個のパラメータが用意されているが，モデルの一般的な傾向として次の事情がある。

✚ (**Bias-Variance Tradeoff**) $D_{\mathrm{KL}}(q \| f_{|\widehat{\Theta}_n})$ を小さくするにあたり，モデル内のパラメータの数が大きいほどより少ないバイアスを実現する傾向にあるが，すると同時により高い分散をもつ予測を導き，我々は両者のバランスをとる必要がある。

$$\mathbf{E}\big[\big(D_{\mathrm{KL}}(q \| f_{|\widehat{\Theta}_n})\big)^2 \mid \theta\big] = \underbrace{\mathrm{Var}\big(G(q \| f_{|\widehat{\Theta}_n}) \mid \theta\big)}_{\text{variance}} + \underbrace{\big(\mathbf{E}[G(q \| f_{|\widehat{\Theta}_n}) \mid \theta] - \mathrm{Ent}(q)\big)^2}_{\text{bias}}$$

ただし，$f_{|\widehat{\Theta}_n}(y) = f(y \mid \widehat{\Theta}_n)$ である。

✚ 大量のパラメータ $\theta = (\theta_1, \theta_2, \ldots, \theta_d)$ により表される関数 $\varphi(x) = \varphi(\theta; x)$ を用いた確率モデル $Y = \varphi(X) + \varepsilon$ において，データ $\mathbf{y}^{\mathrm{obs}}$ から推定したパラメータ $\hat{\theta}_{\mathrm{obs}} = \hat{\theta}(\mathbf{y}^{\mathrm{obs}})$ を用いた真の関数 $\varphi_0(x)$ の推定 $\hat{\varphi}_{\mathrm{obs}}(x) = \varphi(\hat{\theta}_{\mathrm{obs}}; x)$ について，点 x における Y の予測値 $\hat{\varphi}_{\mathrm{obs}}(x)$ はデータの小さな変化に対してより敏感になることがある。

$$\underbrace{\frac{\partial}{\partial y_i}\bigg|_{\mathbf{y}=\mathbf{y}^{\mathrm{obs}}} \varphi(\hat{\theta}(\mathbf{y}); x)}_{\substack{②\ \text{この部分の絶対値が大きく}\\ \text{なってしまうかもしれない。}}} = \sum_{k=1}^{d} \underbrace{\bigg(\frac{\partial \varphi(\theta; x)}{\partial \theta_k}\bigg|_{\theta=\hat{\theta}_{\mathrm{obs}}}\bigg)}_{\substack{①\ \text{モデルによってはこの部分が}\\ d\ \text{個分足し合わされて…}}} \cdot \frac{\partial \hat{\theta}_k}{\partial y_i}(\mathbf{y}^{\mathrm{obs}}), \quad i = 1, 2, \ldots, n$$

そこで，パラメータの個数 d を抑えつつ，標本の大きさ n とパラメータの個数 d の間のバランスの取れた統計モデルを設計したい。このために次のことを紹介する。

定理 9.3 （証明 ➡ 付録）d 次元正則統計モデル $(\{\mathbf{P}(\bullet \mid \theta)\}_\theta, \mathbf{Y}, \{f(y \mid \theta)\}_\theta)$ において無作為標本 $\mathbf{Y} = (Y_1, Y_2, \ldots, Y_n)$ の大きさを n とし，$Y_1, Y_2, \ldots, Y_n$ を代表して Y と表す。$\mathbf{Y}$ に基づく最尤推定量を $\widehat{\Theta}_n$ とする。真の分布 $q(y)$ がある θ_0 を用いて $q(y) = f(y \mid \theta_0)$ と表せるとすると，$n \to \infty$ のとき次が成り立つ。

(1) $\mathbf{E}\big[G(q \| f_{|\widehat{\Theta}_n}) \mid \theta_0\big] = \dfrac{1}{n}\Big(\mathbf{E}\big[-\log f_n(\mathbf{Y} \mid \widehat{\Theta}_n) \mid \theta_0\big] + d\Big) + o\left(\dfrac{1}{n}\right)$

(2) $\mathrm{Var}\big(G(q \| f_{|\widehat{\Theta}_n}) \mid \theta_0\big) = \dfrac{d}{2n} + o\left(\dfrac{1}{n}\right)$

上の (1) より，n が大きい場合にバイアスを小さく抑えるためには $-\log f_n(\mathbf{Y} \mid \widehat{\Theta}_n) + d$ を小さくすれば，自動的にパラメータの個数 d の大きさを抑えることができ，同時に分散を小さく抑えることにも役立ちそうである。このことからも Kullback–Leibler divergence を最小にするという基準はバランスの良いものと期待できる。

定義 9.4　赤池情報量基準

---

d 次元正則統計モデル $(\{\mathbf{P}(\bullet \mid \theta)\}_\theta, \mathbf{Y}, \{f(y \mid \theta)\}_\theta)$ において無作為標本 $\mathbf{Y}$ の大きさを n とするとき，次の量を**赤池情報量基準** (Akaike's information criterion, **AIC**) という。

$$\mathrm{AIC} = -2(\text{最大対数尤度}) + 2(\text{パラメータの個数})$$
$$= -2\log f_n(\mathbf{Y} \mid \widehat{\Theta}_n) + 2d$$

「AIC を最小にするとよい」とする考えの拠り所は定理 9.3 であったが，これは**真の分布がモデル内に含まれる**場合を扱うものである。これが成り立たない場合には，AIC を最小にすればよいという考えを支持する理論的な理由があるとは限らない。

また統計モデルが真の分布を含む場合であっても，定理 9.3 は $n \to \infty$ のときの挙動を表しているため，試行回数 n が小さい場合には AIC を最小化するような d を選んだからといって，上の目論見が達成されることは保証されない。そして n を大きくするにつれ，AIC 最小化基準により真の分布を選択する確率が 100％ に近づくとも限らない。

練習問題 9.5　データに関する鋭敏性

関数 $\varphi(x)$ を用いた確率モデル $Y = \log|\varphi(X)| + \varepsilon$ を考える。ただし $(\varepsilon \mid X) \sim \mathrm{N}(0,1)$ とする。共変量 X として $(2n+1)$ 点 $x_{-n}, x_{-(n-1)}, \ldots, x_{-1}, x_0, x_1, \ldots, x_{n-1}, x_n$ が選ばれ，各 x_i について Y の観測値 y_i^{obs} が得られたとし，$\mathbf{x} = (x_i)_{-n \le i \le n}$，$\mathbf{y}^{\mathrm{obs}} = (y_i^{\mathrm{obs}})_{-n \le i \le n}$ とおく。

$\mathbf{P}(Y \in \mathrm{d}y \mid X = x, \varphi) = f(y \mid x, \varphi)\mathrm{d}y$ とおき，統計モデル $\{f(y \mid x, \varphi)\}_\varphi$ を考える。ここで，φ は $\varphi(x) = \varphi(\theta; x) = \theta_0 + \theta_1 x + \cdots + \theta_{2n-1}x^{2n-1} + \theta_{2n}x^{2n}$ の形の高々 $2n$ 次多項式関数の全体を動くパラメータとする。これは $(2n+1)$ 次元パラメータ $\theta = (\theta_0, \theta_1, \ldots, \theta_{2n})$ をもつ一種の統計モデルと考えることができる。

(1) $f(y \mid x, \varphi) = (2\pi)^{-\frac{1}{2}} \exp\left(-\dfrac{(y - \log|\varphi(x)|)^2}{2}\right)$ であることを示せ。

各 $\mathbf{y} = (y_i)_{-n \le i \le n} \in \mathbb{R}^{2n+1}$ に対して $f_n(\mathbf{y} \mid \mathbf{x}, \varphi) = \displaystyle\prod_{-n \le i \le n} f(y_i \mid x_i, \varphi)$ と定め，これを最大化する関数 $\varphi(x)$ を $\hat{\varphi}(x) = \hat{\varphi}(\mathbf{y}; x)$ とおき，$\hat{\varphi}_{\mathrm{obs}}(x) = \hat{\varphi}(\mathbf{y}^{\mathrm{obs}}; x)$ と表す。(対応するパラメータ θ を $\hat{\theta}_{\mathrm{obs}}$ により表す)。

(2) 点 x における Y の予測値 $\log|\hat{\varphi}_{\mathrm{obs}}(x)|$ の y_0^{obs} からの鋭敏性 (y_0^{obs} の微小な変化により予測 $\log|\hat{\varphi}(x)|$ がどれくらい変化するか) を表す $\left.\dfrac{\partial \log|\hat{\varphi}(x)|}{\partial y_0}\right|_{\mathbf{y}=\mathbf{y}^{\mathrm{obs}}}$ を計算せよ。

解答例　(1) $(Y \mid X = x, \varphi) = (\log|\varphi(x)| + \varepsilon \mid X = x, \varphi) \sim \mathrm{N}(\log|\varphi(x)|, 1)$ であるから，この p.d.f. は $f(y \mid x, \varphi) = (2\pi)^{-\frac{1}{2}} \exp\left(-\dfrac{(y - \log|\varphi(x)|)^2}{2}\right)$ により与えられる。

(2) 尤度関数 $f_n(\mathbf{y} \mid \mathbf{x}, \varphi)$ は次のように計算できる。

$$f_n(\mathbf{y} \mid \mathbf{x}, \varphi) = \prod_{-n \leqq i \leqq n} f(y_i \mid x_i, \varphi)$$

$$= (2\pi)^{-\frac{2n+1}{2}} \exp\left(-\frac{1}{2} \sum_{-n \leqq i \leqq n} (y_i - \log|\varphi(x_i)|)^2\right)$$

$$= (2\pi)^{-\frac{2n+1}{2}} \exp\left(-\frac{1}{2} \sum_{-n \leqq i \leqq n} \left(\log\left|\frac{\exp(y_i)}{\varphi(x_i)}\right|\right)^2\right)$$

これを最大にする $\varphi(x)$ は $\varphi(x_i) = \exp(y_i),\ -n \leqq i \leqq n$ をみたすときであり，この $\varphi(x)$ を $\hat{\varphi}(x) = \hat{\varphi}(\mathbf{y}; x)$ により表すと，高々 $2n$ 次の多項式関数の中で，これは Lagrange の補間多項式により与えられる。

$$\hat{\varphi}(x) = \sum_{-n \leqq i \leqq n} \exp(y_i) \prod_{\substack{-n \leqq j \leqq n: \\ j \neq i}} \frac{x - x_j}{x_i - x_j}$$

ゆえに

$$\left.\frac{\partial \log|\hat{\varphi}(x)|}{\partial y_0}\right|_{\mathbf{y} = \mathbf{y}^{\mathrm{obs}}} = \frac{1}{\hat{\varphi}_{\mathrm{obs}}(x)} \frac{\partial}{\partial y_0} \sum_{-n \leqq i \leqq n} \exp(y_i) \prod_{\substack{-n \leqq j \leqq n: \\ j \neq i}} \frac{x - x_j}{x_i - x_j}$$

$$= \frac{1}{\hat{\varphi}_{\mathrm{obs}}(x)} \exp(y_0^{\mathrm{obs}}) \prod_{\substack{-n \leqq j \leqq n: \\ j \neq 0}} \frac{x - x_j}{x_0 - x_j}$$

コメント　例えば，共変量が $x_i = i\ (-n \leqq i \leqq n)$ と選ばれ，観測値が $y_i^{\mathrm{obs}} = 0\ (-n \leqq i \leqq n)$ であったとき，$\hat{\varphi}_{\mathrm{obs}}(x) = 1$ となる。このとき，点 $x = n+1$ における Y の予測値 $\hat{\varphi}_{\mathrm{obs}}(x)$ の鋭敏性は次のように計算できる。

$$\left.\frac{\partial \log|\hat{\varphi}(x)|}{\partial y_0}\right|_{\mathbf{y}^{\mathrm{obs}} = \mathbf{0}} = \prod_{\substack{-n \leqq j \leqq n: \\ j \neq 0}} \frac{x - x_j}{x_0 - x_j} = \prod_{\substack{-n \leqq j \leqq n: \\ j \neq 0}} \frac{(n+1) - j}{0 - j} = \frac{(2n+1)!/(n+1)}{(-1)^n (n!)^2}$$

$n \to \infty$ のとき，Stirling の公式 $n! \approx (2\pi n)^{\frac{1}{2}} \left(\frac{n}{\mathrm{e}}\right)^n$ を用いると，

$$\left.\frac{\partial \log|\hat{\varphi}(x)|}{\partial y_0}\right|_{\mathbf{y}^{\mathrm{obs}} = \mathbf{0}} \approx (-1)^n \frac{(2\pi(2n+1))^{\frac{1}{2}} \left(\frac{2n+1}{\mathrm{e}}\right)^{2n+1}}{2\pi n \left(\frac{n}{\mathrm{e}}\right)^{2n} (n+1)} \approx \frac{(-1)^n 2^{2n+1}}{\sqrt{\pi \mathrm{e}^2 (n+1)}}.$$

ゆえに，パラメータ数 $(2n+1)$ が大きくなるにつれ，鋭敏性の絶対値も大きくなり，データ値からの頑健性に欠ける不安定な予測となる。

練習問題 9.6　正規分布モデルに対する AIC

母分散 σ^2 の値が既知の 1 次元正規分布モデル $\{N(\theta, \sigma^2)\}_\theta$ が真の分布を含むとし，パラメータの真値を θ_0 により表す。またこのうちパラメータを θ_0 に固定した「0 次元」正規分布モデル $\{N(\theta, \sigma^2)\}_{\theta=\theta_0}$ を考える。無作為標本を $\mathbf{Y} = (Y_1, Y_2, \ldots, Y_n)$ により表し，この観測値を $\mathbf{y}^{\mathrm{obs}} = (y_1^{\mathrm{obs}}, y_2^{\mathrm{obs}}, \ldots, y_n^{\mathrm{obs}})$ により表す。

パラメータの真値 θ_{true} について，モデル $\{N(\theta, 1)\}_\theta$ では最尤推定値 $\hat{\theta}_{\mathrm{obs}}$ により点推定し，「0 次元」モデル $\{N(\theta, 1)\}_{\theta=\theta_0}$ では θ_0 として点推定することとなる。これら二つの推定手法のうち，好ましい方を与えるモデルはどちらなのかを考えたい。

この二つの統計モデルにおいて，AIC 最小化基準によりモデル $\{N(\theta, 1)\}_{\theta=\theta_0}$ の方が選択される必要十分条件は $\left(\dfrac{\overline{y}_{\mathrm{obs}} - \theta_0}{\sigma}\right)^2 < 2$ であることを示せ。

解答例　観測値 $\mathbf{y}^{\mathrm{obs}}$ の下で，$\{N(\theta, \sigma^2)\}_{\theta=\theta_0}$ と $\{N(\theta, \sigma^2)\}_\theta$ の赤池情報量基準をそれぞれ AIC_0，AIC_1 とおく。まず AIC_0 は次のように計算される。

$$\mathrm{AIC}_0 = -2\log f_n(\mathbf{y}^{\mathrm{obs}} \mid \theta_0) + 2 \cdot 0$$
$$= \frac{n}{\sigma^2}\left(\frac{1}{n}\sum_{i=1}^n (y_i^{\mathrm{obs}})^2 - 2\theta_0 \cdot \overline{y}_{\mathrm{obs}} + (\theta_0)^2\right) - n\log(2\pi\sigma^2)$$

またモデル $\{N(\theta, \sigma^2)\}_\theta$ において最尤推定値は $\hat{\theta}_{\mathrm{obs}} = \overline{y}_{\mathrm{obs}}$ であるから，AIC_1 は次のように計算される。

$$\mathrm{AIC}_1 = -2\max_\theta \log f_n(\mathbf{y}^{\mathrm{obs}} \mid \theta) + 2 \cdot 1$$
$$= -2\log f_n(\mathbf{y}^{\mathrm{obs}} \mid \overline{y}_{\mathrm{obs}}) + 2 \cdot 1$$
$$= \frac{n}{\sigma^2}\left(\frac{1}{n}\sum_{i=1}^n (y_i^{\mathrm{obs}})^2 - (\overline{y}_{\mathrm{obs}})^2\right) - n\log(2\pi\sigma^2) + 2$$

であるから，$\mathrm{AIC}_0 < \mathrm{AIC}_1 \Leftrightarrow \left(\dfrac{\overline{y}_{\mathrm{obs}} - \theta_0}{\sqrt{\sigma^2/n}}\right)^2 < 2$。

コメント　仮に $\theta_0 = \theta_{\mathrm{true}}$ であるとき，$\left(\dfrac{\overline{Y}_n - \theta_0}{\sqrt{\sigma^2/n}}\right)^2 \sim (N(0,1))^2 = \chi_1^2$ となり，分布は標本の大きさ n に依らない。ゆえに，AIC 最小化基準に基づいて真の分布を与えるモデル $\{N(\theta, \sigma^2)\}_{\theta=\theta_0}$ が選択される確率も n によらず，これは次式により与えられる。

$$\mathbf{P}\left(\left(\frac{\overline{Y}_n - \theta_0}{\sqrt{\sigma^2/n}}\right)^2 < 2\right) = \mathbf{P}\left(-\sqrt{2} < \frac{\overline{Y}_n - \theta_0}{\sqrt{\sigma^2/n}} < \sqrt{2}\right) \fallingdotseq 84\,\%$$

高い確率で正解が選択されるものの，n を大きくして物事の「解像度」が高くなっても，AIC 最小化基準により正解が選択される確率が限りなく 100 % に近づくわけではない。

█ **9.5 さいころ振りのタイプ理論と大偏差理論**

本節の目標はSanovの定理 (❯ p. 278) を紹介して，KL divergence のもつ新たな意味を発見することにある。この節では，KL divergence (定義 7.10 ❯ p. 203)，エントロピー (定義 7.11 ❯ p. 204) の定義に現れる対数 log の底を 2 に変更した $\log_2$ で考える。

$$D_{\mathrm{KL}}(q\|p) = -\sum_{l=1}^{d} q_l \log_2 \frac{p_l}{q_l}, \quad \mathrm{Ent}(p) = -\sum_{l=1}^{d} p_l \log_2 p_l \qquad (9.5.1)$$

9.5.1 **タイプ理論**

d 面体のさいころ $\mathcal{X} = \{a_1, a_2, \ldots, a_d\}$ に対して，$x = (x_1, x_2, \ldots, x_n) \in \mathcal{X}^n$ を考える。これは，a_1 から a_d まで刻印された d 面体のさいころを n 回振った試行の結果に対応する。

━━━ **定義 9.7　確率質量関数の集合 $\mathcal{P}$** ━━━━━━━━━━━━━━━━━━

集合 $\mathcal{X} = \{a_1, a_2, \ldots, a_d\}$ 上の p.m.f. の全体を次で表す。

$$\mathcal{P} = \{f = (f_1, f_2, \ldots, f_d) : f_1, f_2, \ldots, f_d \geqq 0, \ f_1 + f_2 + \cdots + f_d = 1\}$$

━━━

今後 n が非常に大きい状況を考えるため，1 次元データ $x = (x_1, x_2, \ldots, x_n)$ を直接扱うことを避けて各刻印 a_i の相対度数に注目する。このためにタイプという考え方を導入する。

━━━ **定義 9.8　タイプ・タイプ集合** ━━━━━━━━━━━━━━━━━━━━━━

1 次元データ $x = (x_1, x_2, \ldots, x_n)$ における各刻印 a_i の相対度数の列

$$\hat{q}(x) = \left(\frac{\#\{i : x_i = a_1\}}{n}, \frac{\#\{i : x_i = a_2\}}{n}, \ldots, \frac{\#\{i : x_i = a_d\}}{n} \right)$$

を x の**タイプ** (type)，n-**タイプ**または**経験分布** (empirical distribution) とよぶ。考えうる n-タイプのすべてからなる集合を $\mathcal{P}_n$ により表す。また大きさ n の無作為標本 $\mathbf{X} = (X_1, X_2, \ldots, X_n)$ のタイプ $\hat{q}(\mathbf{X})$ を $\widehat{Q}^{(n)} = (\widehat{Q}_1, \widehat{Q}_2, \ldots, \widehat{Q}_d)$ により表す。

━━━

n-タイプの各項には $\dfrac{0}{n}, \dfrac{1}{n}, \ldots, \dfrac{n}{n}$ の $(n+1)$ 通りのものしか並ばないから $\#\mathcal{P}_n \leqq (n+1)^d$ である。また n-タイプの各項は有理数でなければならないが，$\mathcal{P}$ の要素である p.m.f. はそうとは限らない。つまり $\mathcal{P} \supsetneq \cup_{n=1}^{\infty} \mathcal{P}_n$ となる。さらに $\dfrac{k}{n} = \dfrac{kn}{n^2} = \dfrac{kn^2}{n^3} = \cdots$ であることから，$\mathcal{P}_n \subset \mathcal{P}_{n^2} \subset \mathcal{P}_{n^3} \subset \cdots$ が成り立つ。ゆえに，ある n-タイプ p が与えられたとき，好きなだけ大きい数を考えても，それ以上のある m について p を m-タイプだと考えることができる。

━━━ **定義 9.9　タイプクラス** ━━━━━━━━━━━━━━━━━━━━━━━━

n-タイプ $p = (p_1, p_2, \ldots, p_d) \in \mathcal{P}_n$ を与える試行結果 $x = (x_1, x_2, \ldots, x_n)$ の集合を次式により表す。

$$T_n(p) = \left\{ x = (x_1, x_2, \ldots, x_n) \in \mathcal{X}^n : \hat{q}(x) = p \right\}$$

━━━

n-タイプ $p = (p_1, p_2, \ldots, p_d)$ において，n 回のさいころ振りの中で刻印 k が np_k 回現れたことを意味する。つまり，この n-タイプ p を与える 1 次元データは np_1 個の a_1，np_2 個の a_2，…，np_d 個の a_d を並び替えて得られる列の全体であり，このような列の総数は $\#T_n(p) = \dfrac{n!}{(np_1)!(np_2)! \cdots (np_d)!}$ により与えられる。

$d = 2$ のとき，d 面体のさいころ振りはコイン投げを考えることと同等である。コインの表を 0，裏を 1 に対応させると，コインは $\mathcal{X} = \{0, 1\}$ と表現できる。コインを 3 回投げるとき，現れ得る 1 次元データは $(\#\mathcal{X})^3 = 2^3 = 8$ 通りあり，そのタイプは次の表にまとめられる。

1 次元データ $x = (x_1, x_2, x_3)$	x のタイプ $\hat{q}(x) = (\hat{q}_0, \hat{q}_1)$	左の欄にあるタイプ q の タイプクラス $T_3(q)$
$(0, 0, 0)$	$\left(\dfrac{3}{3}, \dfrac{0}{3}\right)$	$\{(0, 0, 0)\}$
$(1, 0, 0),\ (0, 1, 0),\ (0, 0, 1)$	$\left(\dfrac{2}{3}, \dfrac{1}{3}\right)$	$\{(1, 0, 0),\ (0, 1, 0),\ (0, 0, 1)\}$
$(0, 1, 1),\ (1, 0, 1),\ (0, 1, 1)$	$\left(\dfrac{1}{3}, \dfrac{2}{3}\right)$	$\{(0, 1, 1),\ (1, 0, 1),\ (0, 1, 1)\}$
$(1, 1, 1)$	$\left(\dfrac{0}{3}, \dfrac{3}{3}\right)$	$\{(1, 1, 1)\}$

一般の d 面体の場合に戻り，このさいころ振りにおいてそれぞれの刻印が現れる真の確率を並べた p.m.f. を $q = (q_1, q_2, \ldots, q_d)$ により表す。大数の法則より，$n \to \infty$ のとき $\widehat{Q}^{(n)}$ は q に収束するが，その途中で q が $\widehat{Q}_n$ からどれくらい逸脱するかを表す $D_{\mathrm{KL}}(\widehat{Q}^{(n)} \| q)$ の挙動を紹介する。いま KL divergence を式 (9.5.1) のように変更していることに注意せよ。

命題 9.10 (証明⇒付録) d 面体 $\mathcal{X} = \{a_1, a_2, \ldots, a_d\}$ の真の p.m.f. を q とする。このさいころを n 回振り大きさ n の無作為標本 $X_1, X_2, \ldots, X_n$ を抽出するとき，任意の n-タイプ $p \in \mathcal{P}_n$ に対して次が成り立つ。

(1) $q \in \mathcal{P}_n \Longrightarrow \mathbf{P}(\widehat{Q}^{(n)} = q) \geqq \mathbf{P}(\widehat{Q}^{(n)} = p)$

　⇒ 真の p.m.f. q が n-タイプであるとき，q は他のどのタイプよりも経験分布として得られる確率が大きいということ。

(2) 各 $x = (x_1, x_2, \ldots, x_n) \in \mathcal{X}^n$ に対して，

$$\mathbf{P}(X_1 = x_1; X_2 = x_2; \cdots; X_n = x_n) = 2^{-n\{\mathrm{Ent}(\hat{q}(x)) + D_{\mathrm{KL}}(\hat{q}(x) \| q)\}}$$

(3) (**タイプクラスの大きさ**)　$(\#\mathcal{P}_n)^{-1} \cdot 2^{n \cdot \mathrm{Ent}(p)} \leqq \#(T_n(p)) \leqq 2^{n \cdot \mathrm{Ent}(p)}$

(4)　$(\#\mathcal{P}_n)^{-1} \cdot 2^{-nD_{\mathrm{KL}}(p\|q)} \leqq \mathbf{P}(\widehat{Q}^{(n)} = p) \leqq 2^{-nD_{\mathrm{KL}}(p\|q)}$

(5) (**経験分布と真の分布のダイバージェンス**) 任意の $\varepsilon > 0$ に対して，

$$\mathbf{P}(D_{\mathrm{KL}}(\widehat{Q}^{(n)} \| q) > \varepsilon) \leqq \#\mathcal{P}_n \cdot 2^{-n\varepsilon} \leqq 2^{-n\left(\varepsilon - \frac{d}{n}\log_2(n+1)\right)}$$

9.5.2　大偏差理論

大偏差理論とは何かを簡単に説明するために，次のことから始める。

命題 9.11　確率変数 X と正数 $a > 0$ に対して次が成り立つ。

(1) (**Markov の不等式**) X が非負ならば，$\mathbf{P}(X \geqq a) \leqq \dfrac{\mathbf{E}[X]}{a}$

   ➜ これにより，$a \to \infty$ のとき $\mathbf{P}(X \geqq a) \to 0$ となるから，大きな a の値については，X の分布は裾部分をなすことがわかる。

(2) (**Chebyshev の不等式**) $\mu = \mathbf{E}[X]$ とおくと，$\mathbf{P}(|X - \mu| \geqq a) \leqq \dfrac{\mathrm{Var}(X)}{a^2}$

   ➜ これにより，$a \to \infty$ のとき $\mathbf{P}(|X - \mu| \geqq a) \to 0$ となるから，X がその平均 μ から大きく離れている部分 (大偏差) では，X の分布は裾部分をなすことがわかる。

証明. (1) $\Omega = \{X \geqq a\} \cup \{X < a\}$ より $1 = \mathbf{1}_\Omega = \mathbf{1}_{\{X \geqq a\}} + \mathbf{1}_{\{X < a\}}$。よって $X = X \cdot \mathbf{1}_{\{X \geqq a\}} + X \cdot \mathbf{1}_{\{X < a\}} \geqq \varepsilon \mathbf{1}_{\{X \geqq a\}}$ であり，期待値をとると $\mathbf{E}[X] \geqq \mathbf{E}[a \, \mathbf{1}_{\{X \geqq a\}}] = a \, \mathbf{E}[\mathbf{1}_{\{X \geqq a\}}] = a \, \mathbf{P}(X \geqq a)$。

(2) $|X - \mu| > a \Leftrightarrow |X - \mu|^2 > a^2$ であることに注意し，Markov の不等式中の X と a に改めてそれぞれ $(X - \mu)^2$ と a^2 を代入すると $\mathbf{P}(|X - \mu| \geqq a) = \mathbf{P}(|X - \mu|^2 \geqq a^2) \leqq \dfrac{\mathbf{E}[(X - \mu)^2]}{a^2} = \dfrac{\mathrm{Var}[X]}{a^2}$。　□

命題 9.12　(**大数の弱法則** (Weak Law of Large Numbers))

平均 μ，分散 $\sigma^2 < \infty$ の独立同分布列 $X_1, X_2, \ldots, X_n$ と正数 $a > 0$ について，

$$\lim_{n \to \infty} \mathbf{P}(|\overline{X}_n - \mu| \geqq a) = 0。$$

証明. $\mathbf{E}[\overline{X}_n] = \mu$，$\mathrm{Var}(\overline{X}_n) = \dfrac{1}{n^2} \mathrm{Var}(X_1 + X_2 + \cdots + X_n) = \dfrac{\sigma^2}{n}$ であるから，Chebyshev の不等式を用いると $\mathbf{P}(|\overline{X}_n - \mu| \geqq a) \leqq \dfrac{\mathrm{Var}(\overline{X}_n)}{a^2} = \dfrac{\sigma^2}{na^2} \overset{n \to \infty}{\longrightarrow} 0$。　□

中心極限定理 vs. 大数の弱法則

中心極限定理 (**CLT**) と大数の弱法則 (**WLLN**) の視点の違いを，これらの主張と共に見直してみよう。平均 μ，分散 $\sigma^2 < \infty$ の独立同分布列 $X_1, X_2, \ldots, X_n$ と $a > 0$ に対して，次が成り立つのであった。

☞ (**CLT**):「 $\mathbf{P}\left(\overline{X}_n - \mu \in \left(-\dfrac{a}{\sqrt{n}}, \dfrac{a}{\sqrt{n}}\right)\right) \overset{n \to \infty}{\longrightarrow} \dfrac{1}{\sqrt{2\pi\sigma^2}} \displaystyle\int_{-a}^{a} \mathrm{e}^{-\frac{x^2}{2\sigma^2}} \, \mathrm{d}x$ 」

   ➜ 区間 $\left(-\dfrac{a}{\sqrt{n}}, \dfrac{a}{\sqrt{n}}\right)$ の長さは $n \to \infty$ のとき潰れてしまうから，$\overline{X}_n$ が小さい偏差をもつ場合に注目していることになる。

☞ (**WLLN**):「 $\mathbf{P}(\overline{X}_n - \mu \notin (-a, a)) \overset{n \to \infty}{\longrightarrow} 0$ 」

   ➜ 区間 $(-a, a)$ は $n \to \infty$ のときも潰れず，この意味で $\overline{X}_n$ が **CLT** のときよりも大きな偏差をもつ場合に注目していることになり，かつこの確率は $n \to \infty$ のとき 0 に収束する。

後者の大数の弱法則において「確率はどの程度速やかに 0 に近づくのか？」「偏差の程度を表す a は，その速さにどのように反映されるのか？」この二つの問いかけに答えるのが，以降で紹介

する**大偏差原理** (**Large Deviation Principle, LDP**) である。大数の弱法則の証明によれば，この収束速度は**遅くても** $\frac{(定数)}{na^2}$ であることが保証されているが，より精密な収束速度を突きつめることができる。一般論は次項に譲るとして，ここではまず Chernoff の不等式を紹介する。

命題 9.13 (**Chernoff** の不等式)

確率変数 X と任意の $a \in \mathbb{R}$ に対して，次が成り立つ。

$$\mathbf{P}(X \geqq a) \leqq \min_{t>0}\big\{\mathrm{e}^{-ta}\,\mathbf{E}[\mathrm{e}^{tX}]\big\}, \quad \mathbf{P}(X \leqq a) \leqq \min_{t>0}\big\{\mathrm{e}^{ta}\,\mathbf{E}[\mathrm{e}^{-tX}]\big\}$$

練習問題 9.14 $\mathrm{N}(\mu, \sigma^2)$ の標本平均に対する大偏差理論

独立同分布列 $X_1, X_2, \ldots, X_n \sim \mathrm{N}(\mu, \sigma^2)$ と正数 $a > 0$ に対して次式を示せ。

$$\mathbf{P}(|\overline{X}_n - \mu| \geqq a) \leqq 2\exp\left(-n\frac{a^2}{2\sigma^2}\right), \quad a > 0 \tag{9.5.2}$$

略解 $\overline{X}_n - \mu \sim \mathrm{N}(0, \frac{\sigma^2}{n})$ である。このとき実数 t に対して $\mathbf{E}[\mathrm{e}^{t(\overline{X}_n - \mu)}] = \exp\left(\frac{(t\sigma)^2}{2n}\right)$ であり，また正規分布 $\mathrm{N}(0, \frac{\sigma^2}{n})$ 原点を中心に対称性をもつから，

$$\mathbf{P}(|\overline{X}_n - \mu| \geqq a) = 2\,\mathbf{P}(\overline{X}_n - \mu \geqq a)$$

$$\overset{\substack{\text{Chernoff の}\\\text{不等式}}}{\leqq} 2\min_{t>0}\big\{\mathrm{e}^{-ta}\,\mathbf{E}[\mathrm{e}^{t(\overline{X}_n - \mu)}]\big\} = 2\min_{t>0}\left\{\mathrm{e}^{-ta}\exp\left(\frac{(t\sigma)^2}{2n}\right)\right\}$$

この指数に現れる t の二次関数 $\frac{(t\sigma)^2}{2n} - ta = \frac{\sigma^2}{2n}\left(t - \frac{na}{\sigma^2}\right)^2 - \frac{na^2}{2\sigma^2}$ $(t > 0)$ は $t = \frac{na}{\sigma^2}$ のとき最小値 $-\frac{na^2}{2\sigma^2}$ をとるから，式 (9.5.2) が成り立つ。

コメント 確率 $\mathbf{P}(|\overline{X}_n - \mu| \geqq a)$ の 0 への収束速度を司る部分は式 (9.5.2) の右辺の指数にある $-n$ の係数部分，つまり $\frac{a^2}{2\sigma^2} = -\frac{1}{n}\log\frac{((9.5.2)\ \text{の右辺})}{2}$ であるといえる。ゆえに偏差の程度を表す a の値が大きいほど収束は速くなるのである。この左辺は n によらないから，この両辺を $n \to \infty$ として，次の量が収束速度を司ると考えても同じことである。

$$\frac{a^2}{2\sigma^2} = \lim_{n\to\infty} -\frac{1}{n}\log\frac{((9.5.2)\ \text{の右辺})}{2} = \lim_{n\to\infty} -\frac{1}{n}\log((9.5.2)\ \text{の右辺})$$

問 9.15 $\mathrm{Bernoulli}(p)$ の標本平均に対する大偏差理論 (解答 ➔ 付録)

独立同分布列 $X_1, X_2, \ldots, X_n \sim \mathrm{Bernoulli}(p)$ と $a \in (0, p)$ に対して次式を示せ。

$$\mathbf{P}(|\overline{X}_n - p| \geqq a) \leqq 2\exp\left(-n\frac{a^2}{3p}\right)$$

上の練習問題 9.14 と問 9.15 から，大数の弱法則 $\mathbf{P}(|\overline{X}_n - \mu| > a) \to 0$ の収束速度を捉えるにあたり $\lim_{n\to\infty} -\frac{1}{n}\mathbf{P}(|\overline{X}_n - \mu| > a)$ を計算する動機が得られる。しかしこれらの例では，

$\mathbf{E}[e^{t\overline{X}_n}]$ を具体的に計算できることが肝であった。より一般的な状況ではこれが望めないため少し戦略を練る必要がある。次項では有限個の値をとる無作為標本の場合に限って，これまで考えていた標本平均の偏差の振る舞いを「経験分布」の振る舞いへと話を広げて考える。

9.5.3　Sanov の定理: 偏差の振る舞いから経験分布の振る舞いへ

d 面体のさいころ $\mathcal{X} = \{a_1, a_2, \ldots, a_d\}$ の各目の出る確率 $\mathbf{P}(a_l \text{ の目が出る}) = q_l$ からなる p.m.f. を $q = (q_1, q_2, \ldots, q_d)$ と表す。このさいころを n 回振って大きさ n の無作為標本 $\mathbf{X} = (X_1, X_2, \ldots, X_n)$ を抽出し，$\mathbf{X}$ のタイプ (経験分布 ● p. 274) を $\widehat{Q}^{(n)} = (\widehat{Q}_1, \widehat{Q}_2, \ldots, \widehat{Q}_d)$ と表す。また関数 $g : \mathcal{X} \to \mathbb{R}$ と $c \in \mathbb{R}$ に対して $\Gamma(g, c)$ を次のように定める。

$$\Gamma(g, c) = \left\{ p = (p_1, p_2, \ldots, p_d) \in \mathcal{P} : \sum_{i=1}^{d} g(a_i)\, p_i \geqq c \right\}$$

このとき $\frac{1}{n} \sum_{i=1}^{n} g(X_i) = \sum_{l=1}^{d} g(a_l)\widehat{Q}_l$ より，$\left\{ \frac{1}{n} \sum_{i=1}^{n} g(X_i) \geqq c \right\} = \{\widehat{Q}^{(n)} \in \Gamma(g, c)\}$，つまり統計量 $\frac{1}{n} \sum_{i=1}^{n} g(X_i)$ の挙動に関する事象は経験分布 $\widehat{Q}^{(n)}$ の振る舞いに関する事象へと書き直すことができる。より一般に p.m.f. からなる集合 $\Gamma\ (\subset \mathcal{P})$ について，事象 $\{\widehat{Q}^{(n)} \in \Gamma\}$ の確率の挙動を記述することができれば，特定の統計量 $\frac{1}{n} \sum_{i=1}^{n} g(X_i)$ に限らず，$\mathbf{X}$ から派生するすべての統計量の確率的挙動を統一的な立場から記述できる。視野を広げたこの観点は問 9.18 (● p. 281) において，もとの大偏差の問題へと還元される。

いま，KL divergence を (9.5.1) (● p. 274) のように変更していることに注意せよ。

> ### 定理 9.16　(Sanovの定理)
>
> 独立同分布列 $X_1, X_2, \ldots, X_n \sim q = (q_1, q_2, \ldots, q_d)$ のタイプを $\widehat{Q}^{(n)}$ と表す。このとき，$\mathcal{X}$ 上の確率分布からなる任意の集合 $\Gamma \subset \mathcal{P}$ に対して，次が成り立つ。
>
> $$\mathbf{P}(\widehat{Q}^{(n)} \in \Gamma) \leqq \#\mathcal{P}_n \cdot 2^{-n \inf_{p \in \Gamma} D_{\mathrm{KL}}(p\|q)} \tag{9.5.3}$$
>
> さらに，ある $\Gamma_1, \Gamma_2, \Gamma_3, \ldots \subset \mathcal{P}$ が
>
> $$\lim_{n \to \infty} \min_{p \in \Gamma_n \cap \mathcal{P}_n} D_{\mathrm{KL}}(p\|q) = \inf_{p \in \Gamma} D_{\mathrm{KL}}(p\|q) \tag{9.5.4}$$
>
> をみたすならば，レート関数は次の式で与えられる:
>
> $$\lim_{n \to \infty} \left\{ -\frac{1}{n} \log_2 \mathbf{P}(\widehat{Q}^{(n)} \in \Gamma_n) \right\} = \inf_{p \in \Gamma} D_{\mathrm{KL}}(p\|q) \tag{9.5.5}$$

Sanov の定理に見る KL divergence の役割

> 真の分布 q から大きさ n の無作為標本が得られたとき，経験分布 $\widehat{Q}_n$ が指定の p.m.f. のクラスに含まれる確率は指数関数的に小さくなる。このとき，小さくなる「速度」を測る量が **KL divergence** なのである。

条件式 (9.5.4) がいつみたされるかを一般的に記述することは少々面倒であるが，本書で Sanov の定理を用いる際に扱う Γ や Γ_n は，どれも次のような形をしている。

$$
\Gamma = \Big\{ p \in \mathcal{P} : D_{\mathrm{KL}}(p\|q) - b \cdot D_{\mathrm{KL}}(p\|r) \geqq c \Big\},
$$

$$
\Gamma_n = \Big\{ p \in \mathcal{P} : D_{\mathrm{KL}}(p\|q) - b \cdot D_{\mathrm{KL}}(p\|r) \geqq c_n \Big\}
$$

ただし $q, r \in \mathcal{P}$ は任意であり，b, c は任意の実数，$\{c_n\}$ は c に収束する数列である。このような場合には (9.5.4) がみたされ，Sanov の定理を適用することができる。上の Γ や Γ_n の形において「$\geqq$」を共に「$>$」「$\leqq$」「$<$」に変更した場合も同様に適用できる。

証明 まず式 (9.5.3) (❷ p. 278) は，次のように示される。

$$
\mathbf{P}(\widehat{Q}^{(n)} \in \Gamma) = \mathbf{P}(\widehat{Q}^{(n)} \in \Gamma \cap \mathcal{P}_n) = \sum_{p \in \Gamma \cap \mathcal{P}_n} \mathbf{P}(\widehat{Q}^{(n)} = p)
$$

$$
\underset{\substack{\text{命題 9.10–(4)} \\ (\text{❷ p. 275})}}{\leqq} \sum_{p \in \Gamma \cap \mathcal{P}_n} 2^{-n D_{\mathrm{KL}}(p\|q)} \leqq \#(\Gamma \cap \mathcal{P}_n) \cdot 2^{-n \inf_{p \in \Gamma} D_{\mathrm{KL}}(p\|q)} \leqq \#\mathcal{P}_n \cdot 2^{-n \inf_{p \in \Gamma} D_{\mathrm{KL}}(p\|q)}
$$

次に式 (9.5.5) を示す。各 n につき $D_{\mathrm{KL}}(p^{(n)}\|q) = \min_{p \in \Gamma_n \cap \mathcal{P}_n} D_{\mathrm{KL}}(p\|q)$ をみたすタイプの列 $p^{(n)} \in \Gamma_n \cap \mathcal{P}_n \ (n = 1, 2, 3, \dots)$ を一つ固定する。このとき仮定より $\lim_{n \to \infty} D_{\mathrm{KL}}(p^{(n)}\|q) = \lim_{n \to \infty} \min_{p \in \Gamma_n \cap \mathcal{P}_n} D_{\mathrm{KL}}(p\|q) = \inf_{p \in \Gamma} D_{\mathrm{KL}}(p\|q)$ が成り立つ。これを用いて次が得られる。

$$
\mathbf{P}(\widehat{Q}_n \in \Gamma_n) = \sum_{p \in \Gamma_n \cap \mathcal{P}_n} \mathbf{P}(\widehat{Q}^{(n)} = p) \geqq \mathbf{P}(\widehat{Q}^{(n)} = p^{(n)})
$$

$$
\underset{\substack{\text{命題 9.10–(4)} \\ (\text{❷ p. 275})}}{\geqq} (\#\mathcal{P}_n)^{-1} \cdot 2^{-n D_{\mathrm{KL}}(p^{(n)}\|q)} \geqq (n+1)^{-d} \cdot 2^{-n D_{\mathrm{KL}}(p^{(n)}\|q)}
$$

これと，式 (9.5.3) (❷ p. 278) における Γ として $\Gamma_n \cap \mathcal{P}_n$ を選ぶことで

$$
(n+1)^{-d} 2^{-n D_{\mathrm{KL}}(p^{(n)}\|q)} \leqq \mathbf{P}(\widehat{Q}^{(n)} \in \Gamma_n) = \mathbf{P}(\widehat{Q}^{(n)} \in \Gamma_n \cap \mathcal{P}_n)
$$

$$
\underset{(9.5.3)}{\leqq} (\#\mathcal{P}_n) \cdot 2^{-n \inf_{p \in \Gamma_n \cap \mathcal{P}_n} D_{\mathrm{KL}}(p\|q)}
$$

$$
= (\#\mathcal{P}_n) \cdot 2^{-n \min_{p \in \Gamma_n \cap \mathcal{P}_n} D_{\mathrm{KL}}(p\|q)} = (\#\mathcal{P}_n) \cdot 2^{-n D_{\mathrm{KL}}(p^{(n)}\|q)}。
$$

これに $-\frac{1}{n} \log_2$ をつけて整理すると次が得られる。

$$
-\frac{\log_2(\#\mathcal{P}_n)}{n} + D_{\mathrm{KL}}(p^{(n)}\|q) \leqq -\frac{1}{n} \log_2 \mathbf{P}(\widehat{Q}^{(n)} \in \Gamma_n) \leqq -\frac{\log_2(n+1)^{-d}}{n} + D_{\mathrm{KL}}(p^{(n)}\|q)
$$

$n \to \infty$ のとき，この左辺と右辺は共に $\inf_{p \in \Gamma} D_{\mathrm{KL}}(p\|q)$ に収束するから，中辺にも極限が存在し，

$$
\lim_{n \to \infty} -\frac{1}{n} \log_2 \mathbf{P}(\widehat{Q}^{(n)} \in \Gamma_n) = \inf_{p \in \Gamma} D_{\mathrm{KL}}(p\|q) \text{ が成り立つ。} \qquad \square
$$

以下二つの問では，KL divergence に現れる対数関数は自然対数とする．上述の Sanov の定理に現れる KL divergence は $(\log_2 \mathrm{e}) \cdot D_{\mathrm{KL}}(p\|q)$ に置き換えて考えればよい．

問 9.17　Sanov の定理の応用 (解答 ◉ 付録)

Sanov の定理 (◉ p. 278) の設定において，m 個の関数 $g_1, g_2, \ldots, g_m : \mathcal{X} \to \mathbb{R}$ を用いて $\Gamma \in \mathcal{P}$ を次で定める．

$$\Gamma = \left\{ \begin{matrix} \mathcal{X} \text{ 上の p.m.f.} \\ p = (p_1, p_2, \ldots, p_d) \end{matrix} : \sum_{l=1}^{d} g_j(a_k) p_l \geqq c_j, \quad j = 1, 2, \ldots, m \right\}$$

このとき式 (9.5.3) (◉ p. 278) の右辺について，$\inf_{p \in \Gamma} D_{\mathrm{KL}}(p\|q) = D_{\mathrm{KL}}(p^*\|q)$ なる $p^* \in \Gamma$ を求めよう．このために，次の最小化問題を解く必要がある．

$$\operatorname*{minimize}_{(p_1, p_2, \ldots, p_d) \in \mathbb{R}^d} \sum_{l=1}^{d} p_l \log \left| \frac{p_l}{q_l} \right|$$

$$\text{subject to} \begin{cases} c_j - \sum_{l=1}^{d} g_j(a_l) p_l \leqq 0, \quad j = 1, 2, \ldots, m, \\ -p_l \leqq 0, \quad l = 1, 2, \ldots, d, \\ p_1 + p_2 + \cdots + p_d - 1 = 0 \end{cases}$$

そこで，関数 $L = L(p, \lambda_1, \ldots, \lambda_d, \mu_1, \ldots, \mu_m, \nu)$ を次のように導入する．

$$L = \sum_{l=1}^{d} p_l \log \left| \frac{p_l}{q_l} \right| - \sum_{l=1}^{d} \lambda_l p_l + \sum_{j=1}^{m} \mu_j \left(c_j - \sum_{l=1}^{d} g_j(a_l) p_l \right) + \nu \left(\sum_{l=1}^{d} p_l - 1 \right)$$

上の最小化問題の解を $p^* = (p_1^*, p_2^*, \ldots, p_d^*)$ とおく．このとき，次を確かめよ．

(1) p^* に対する KKT 条件は，ある非負の $\lambda_1^*, \ldots, \lambda_d^*, \mu_1^*, \ldots, \mu_m^*, \nu^*$ を用いて次で与えられる．

$$\begin{cases} \sum_{l=1}^{d} g_j(a_l) p_l^* \geqq c_j, \quad \mu_j^* \left(\sum_{l=1}^{d} g_j(a_l) p_l^* - c_j \right) = 0, \quad j = 1, 2, \ldots, m, \\ \lambda_l^* p_l^* = 0, \quad \log p_l^* = \log q_l + \lambda_l^* + \sum_{j=1}^{m} \mu_j^* g_j(a_l) - 1 - \nu^*, \quad l = 1, 2, \ldots, d, \\ \sum_{l=1}^{d} p_l^* - 1 = 0 \end{cases}$$

(2) $\mathrm{e}^{1+\nu^*} = \sum_{l=1}^{d} q_l \exp \left(\sum_{j=1}^{m} \mu_j^* g_j(a_l) \right)$ かつ

$$p_l^* = \frac{q_l \exp \left(\sum_{j=1}^{m} \mu_j^* g_j(a_l) \right)}{\sum_{k=1}^{d} q_k \exp \left(\sum_{j=1}^{m} \mu_j^* g_j(a_k) \right)}, \quad l = 1, 2, \ldots, d$$

問 9.18　Sanov の定理の応用: 大偏差原理 (解答 ➡ 付録)

　ここでは d 面体のさいころ $\mathcal{X} = \{a_1, a_2, \ldots, a_d\}$ に刻まれた刻印は相異なる数とする。このさいころの各目の出る確率からなる p.m.f. を $q = (q_1, q_2, \ldots, q_d)$ とする。このさいころを n 回振って得られる無作為標本 $X_1, X_2, \ldots, X_n$ について確率 $\mathbf{P}(\overline{X}_n \geqq a)$ の大きさが，$n \to \infty$ のときにどの程度小さくなるかを調べてみよう。そこで $\Gamma \in \mathcal{P}$ を次のように定める。

$$\Gamma = \left\{ \mathcal{X} \text{ 上の p.m.f. } p = (p_1, p_2, \ldots, p_d) : \sum_{l=1}^{d} a_l p_l \geqq a \right\}$$

(1) $\inf_{p \in \Gamma} D_{\mathrm{KL}}(p\|q) = D_{\mathrm{KL}}(p^*\|q)$ であるような $p^* = (p_1^*, p_2^*, \ldots, p_d^*) \in \Gamma$ は

$\mu^*\left(\sum_{l=1}^{d} a_l p_l^* - a\right) = 0$ なる $\mu^* \geqq 0$ を用いて次のように表されることを示せ。

$$p_l^* = \frac{q_l \cdot \mathrm{e}^{\mu^* a_l}}{\sum_{k=1}^{d} q_k \cdot \mathrm{e}^{\mu^* a_k}}, \quad l = 1, 2, \ldots, d$$

(2) $\mu^* > 0$ であるとする。このとき $\inf_{p \in \Gamma} D_{\mathrm{KL}}(p\|q) = \inf_{x \geqq a} \Lambda(x)$ であることを示せ。ただし，$\Lambda(x)$ は次で定義される関数である。

$$\Lambda(x) = \sup_{\mu \in \mathbb{R}} \left\{ \mu x - \log \sum_{l=1}^{d} q_l \cdot \mathrm{e}^{\mu a_l} \right\}, \quad x \in \mathbb{R}$$

　証明と詳細な説明は与えないが，この問の結果は，以下のようにより一般の状況においても成立することが知られている。

定理 9.19 (Cramér の定理, 大偏差原理 (Large Deviation Principle))

　$X_1, X_2, \ldots, X_n$ を独立同分布列とし，これを代表して X と表すとき，ある正数 λ_0 について $\mathbf{E}[\mathrm{e}^{\lambda_0 |X|}] < \infty$ であるとし，$\Lambda(\lambda) = \log \mathbf{E}[\mathrm{e}^{\lambda X}]$ とおく。このとき任意の $A \subset \mathbb{R}$ に対して次が成り立つ。

$$\inf_{x \in A} \Lambda^*(x) \underset{\substack{A \text{ が閉集合} \\ \text{のとき}}}{\leqq} \liminf_{n \to \infty} \left\{ -\frac{1}{n} \log \mathbf{P}(\overline{X}_n \in A) \right\}$$

$$\leqq \limsup_{n \to \infty} \left\{ -\frac{1}{n} \log \mathbf{P}(\overline{X}_n \in A) \right\} \underset{\substack{A \text{ が開集合} \\ \text{のとき}}}{\leqq} \inf_{x \in A} \Lambda^*(x)$$

ただし，$\Lambda^*(x) = \sup_{\lambda \in \mathbb{R}} \left\{ \lambda x - \Lambda(\lambda) \right\}$ である。

9.6 仮説検定と推定

統計モデル $(\{\mathbf{P}(\bullet \mid \theta)\}_\theta, \mathbf{Y}, \{f(y \mid \theta)\}_\theta)$ (定義 7.1 ○ p. 188) が与えられたとする。ただし $\mathbf{Y} = (Y_1, Y_2, \ldots, Y_n)$ とする。このパラメータ θ のいくつかからなる二つの互いに素な集合 B_0 と B_1 が与えられたとき，特定のパラメータ θ_0 について次の二つの仮説を考える。

$$\mathrm{H}_0\colon \theta_0 \in B_0, \quad \mathrm{H}_1\colon \theta_0 \in B_1$$

「H_0 はかなり強い証拠がある場合にのみ棄却するであろう帰無仮説であり，これを棄却したときに我々がどの方向に向かうのか示すのが対立仮説 H_1 である」ことを想定している。**常に H_0 と H_1 のどちらかが真である必要はない！** H_0 が正しいとする立場から，実際に得られたデータが H_1 に比べて H_0 が真理に近いと主張する内容に十分に適合するかを見守るだけなのである。

　我々は基本的に帰無仮説 H_0 に寄り添う。正義は帰無仮説 H_0 にあるかのように振る舞うのである。これを棄却するときでさえ，我々はそれに非常に公正な審理を与えていなければならない。ここまで我々が H_0 を擁護しても，データがこの擁護内容に十分に適合しない場合にのみ H_0 を棄却するのである。しかし，H_0 と H_1 のどちらか一方が必ず真であることを想定しているわけでもないこともあり，H_0 を棄却することが H_1 を積極的に受け入れることを意味するわけではない。あくまで，二つの仮説 H_0 と H_1 でいえば，データがどちらによく適合するかを，H_0 を贔屓目に見て比べるだけなのである。当然，H_1 の選択は我々が H_0 をどの程度の強さで擁護するかにも影響してくる。

　裁判の形式で考えてみるとわかりやすいかもしれない。被告人 θ が無罪/有罪であるという仮説をそれぞれ $\mathrm{H}_0/\mathrm{H}_1$ として，裁判は被告人は無罪だという立場からスタートし，被告人には弁護人までつき，被告人を擁護する (このシステムこそが仮説検定の枠組みである)。どんなに弁護して被告人の無罪を訴えても，裁判の進行に伴い証言や証拠品 (データ) などが出てきて「どう擁護しても，どう考えてもその擁護内容にそぐわない」と判断せざるを得ないときに無罪を却下して有罪とする，というわけである。

　仮説検定では上のように帰無仮説と対立仮説が対等でないことを意識することが重要である。H_0 と H_1 のそれぞれに対する我々の立場の非対称性は，モデル選択などの多くの実用的な状況では不適切かもしれないが，製薬会社や医療機関など Yes/No の決断を迫られる現場などからの根強い需要がある。とはいえ，B_0 が $B_0 = \{\varphi\}$ のように 1 点集合の場合の「鋭い」帰無仮説 H_0 を立てるとき，連続的に数あるパラメータの候補からたった 1 点 φ を選んだところで，対応する帰無仮説「$\mathrm{H}_0\colon \theta_0 = \varphi$」は基本的に間違いのはずだ，という「普通の」感覚をもつことが大事である。(極端な例を挙げれば，Newton力学も厳密には間違っていると考えるのである。そしてこれを帰無仮説においた仮説検定を何度行っても却下されないくらいに，Newton 力学は真理に近いと考える。) このように鋭い仮説の場合には，無作為標本の大きさ n が大きくなって物事の**「解像度」**が高くなると，得てして H_0 が棄却されるはずであることは目に見えており，ゆえに「鋭い」仮説検定の結論に大した意味はない。このような「鋭い」仮説検定よりも区間推定の方がよっぽど多くの情報を提供してくれるのである。

9.6.1 尤度比検定

統計モデル $(\{\mathbf{P}(\bullet \mid \theta)\}_\theta, \mathbf{Y}, \{f(y \mid \theta)\}_\theta)$ のうち,現実に最も適合するものを $f(y \mid \theta_0)$ と表す。具体的な数値としては不明のこの θ_0 について次の形の二つの仮説が与えられたとする。

$$\mathrm{H}_0 \colon \theta_0 \in B_0, \quad \mathrm{H}_1 \colon \theta_0 \in B_1$$

▸ 定義 9.20 尤度比

上の設定の下で $\mathbf{Y} = (Y_1, Y_2, \ldots, Y_n)$ の観測値 $\mathbf{y}^{\mathrm{obs}} = (y_1^{\mathrm{obs}}, y_2^{\mathrm{obs}}, \ldots, y_n^{\mathrm{obs}})$ が与えられたとき,次で定義される量 $\mathrm{lr}(\mathbf{y}^{\mathrm{obs}})$ を**尤度比** (likelihood-ratio) という。

$$\mathrm{lr}(\mathbf{y}^{\mathrm{obs}}) = \frac{\sup_{\theta \in B_1} f_n(\mathbf{y}^{\mathrm{obs}} \mid \theta)}{\sup_{\theta \in B_0} f_n(\mathbf{y}^{\mathrm{obs}} \mid \theta)} = \frac{\left(\begin{array}{c} \text{モデル } \{f(y \mid \theta)\}_{\theta \in B_1} \text{ への} \\ \text{データ } \mathbf{y}^{\mathrm{obs}} \text{ の適合度の「最大値」} \end{array} \right)}{\left(\begin{array}{c} \text{モデル } \{f(y \mid \theta)\}_{\theta \in B_0} \text{ への} \\ \text{データ } \mathbf{y}^{\mathrm{obs}} \text{ の適合度の「最大値」} \end{array} \right)}$$

← データ $\mathbf{y}^{\mathrm{obs}}$ の H_0 への適合度に占める,H_1 への適合度の割合。これが小さいほど,データ $\mathbf{y}^{\mathrm{obs}}$ が H_1 に比べて H_0 に適合していると考える。

また $\mathrm{lr}(\mathbf{Y})$ を LR により表す。

尤度比検定 (likelihood-ratio test) とは,$\kappa > 0$ を選んだとき,$\mathbf{Y}$ の観測データ $\mathbf{y}^{\mathrm{obs}}$ について $\mathrm{lr}(\mathbf{y}^{\mathrm{obs}}) \geqq \kappa$ (すなわち,データ $\mathbf{y}^{\mathrm{obs}}$ の H_1 への適合度が,H_0 への適合度の κ 倍だったということ) のときに H_0 を棄却する手続きをいう。別の言い方をすれば,関数 $\phi_\kappa \colon \mathbb{R}^n \to \{0, 1\}$ を

$$\phi_\kappa(\mathbf{y}) = \mathbf{1}_{[\kappa, \infty)}(\mathrm{lr}(\mathbf{y})), \quad \mathbf{y} \in \mathbb{R}^n$$

により定めるとき「H_0 を棄却する $\Leftrightarrow \phi_\kappa(\mathbf{y}^{\mathrm{obs}}) = 1$」と表すことができる。尤度比検定より一般の手続きとして,関数 $\phi \colon \mathbb{R}^n \to \{0, 1\}$ が与えられたとき,次の手続きが考えられる。

関数 ϕ による検定

➜ $\phi(\mathbf{y}^{\mathrm{obs}}) = 1$ ならば H_0 を棄却し,$\phi(\mathbf{y}^{\mathrm{obs}}) = 0$ ならば H_0 の棄却を保留する。

この文脈で関数 ϕ を**検定関数** (test function) とよぶ。仮説選択アルゴリズムを関数化したものである。尤度比検定は ϕ_κ を検定関数とする検定である。以上の記号の下で,次の概念を定める。

▸ 定義 9.21 第 1 種・第 2 種の誤り確率

検定関数 ϕ による検定を考えるとき,次の用語を定める。

(1) $\alpha(\phi) = \sup\limits_{\theta \in B_0} \mathbf{P}(\underbrace{\mathrm{H}_0 \text{ を棄却する}}_{\Leftrightarrow \phi(\mathbf{Y})=1} \mid \theta)$ を**第 1 種の誤り確率**という。

(2) $\beta(\phi) = \sup\limits_{\theta \in B_1} \mathbf{P}(\underbrace{\mathrm{H}_0 \text{ を棄却しない}}_{\Leftrightarrow \phi(\mathbf{Y})=0} \mid \theta)$ を**第 2 種の誤り確率**という。

ここから次項 (◐ p. 285) にわたる目標は,上の $\alpha(\phi)$ や $\beta(\phi)$ を仮説から見た一種の損失と

考え，このような量を最小化するような検定関数 ϕ を構成することである。

上と重複を含むが，尤度比検定の場合に次の定義を与えておく。

◤ **定義 9.22　有意水準・p-値・検出力関数** ◢

尤度比検定 ϕ_κ を考えるとき，

(1) $\alpha(\phi_\kappa) = \sup_{\theta \in B_0} \mathbf{P}(\mathrm{LR} \geq \kappa \mid \theta)$ を **有意水準** (significance level, size) という。

    ← 現実に最も適合する世界 $\mathbf{P}(\bullet \mid \theta_0)$ で H_0 を棄却する確率が $\mathbf{P}(\mathrm{LR} \geq \kappa \mid \theta_0)$ である。H_0 が真であった場合，$\alpha(\phi_\kappa)$ はこの確率を同等以上に見積もるから，$\alpha(\phi_\kappa)$ が小さくなるように κ を設定しておくことで H_0 を擁護できる。

(2) $\mathrm{p\text{-}value}(\mathbf{y}^{\mathrm{obs}}) = \sup_{\theta \in B_0} \mathbf{P}(\mathrm{LR} \geq \mathrm{lr}(\mathbf{y}^{\mathrm{obs}}) \mid \theta)$ を **p-値** (ピー ち) という。

    ← 今回得られた $\mathbf{y}^{\mathrm{obs}}$ と同等以上に H_1 への適合度が大きなデータが得られる確率。「データ $\mathbf{y}^{\mathrm{obs}}$ の有意水準」とも。「H_0 を棄却する $\Leftrightarrow$ $\mathrm{p\text{-}value}(\mathbf{y}^{\mathrm{obs}}) \leqq \alpha(\phi_\kappa)$」。

(3) $\mathrm{power}(\theta) = \mathbf{P}(\underbrace{\mathrm{H}_0 \text{ は棄却される}}_{\Leftrightarrow \mathrm{LR} \geq \kappa} \mid \theta)$ を **検出力関数** という。

    → **(1)** と比べると「$\alpha(\phi_\kappa) = \sup_{\theta \in B_0} \mathrm{power}(\theta)$」。$\alpha(\phi_\kappa)$ は H_0 が正しいのにこれを棄却する（「被告人 θ_0 に冤罪をかける」）確率であるから，これを小さくするのが望ましい。

(4) $\beta(\phi_\kappa) = \sup_{\theta \in B_1} \mathbf{P}(\mathrm{H}_0 \text{ を棄却しない} \mid \theta) = 1 - \inf_{\theta \in B_1} \mathrm{power}(\theta)$ と定める。

    ← H_1 が正しいのに H_0 を棄却しない（「本当は罪を犯した被告人 θ_0 が完全犯罪を成し遂げる」）確率であるから，これもまた小さくすることが望ましい。

上の (1) と (2) は H_0 が真である世界で計算されたものであるから，H_0 が真であることを前提とする立場で大きな意味をもつ量である。尤度比検定を実行するためには，あらかじめ決めた $\alpha(\phi_\kappa)$ の値を実現する κ の値を特定しておく必要があるが，LR の分布が明らかでない場合もある。このとき $\{\mathrm{LR} \geqq \kappa\} = \{T \geqq c\}$ となるような，計算が簡単な統計量 T と数値 c を探したり，あるいは無作為標本の大きさ n が十分に大きければ，**逸脱度** (deviance) とよばれる $2\log \mathrm{LR}$ が近似的に（一種の）χ^2 分布に従うという事実を用いることもできる。

以上より，$\alpha(\phi_\kappa)$ や $\beta(\phi_\kappa)$ を最小化する尤度比検定が望ましい。しかし，これらは仮説が単純（B_0 と B_1 が共に 1 点集合であるということ）なときでさえ，次のトレードオフの関係にある。

補題 9.23 （**Neyman–Pearson の補題**（ネイマン ピアソン），証明 ◗ 付録）

統計モデル $(\{\mathbf{P}(\bullet \mid \theta)\}_\theta, \mathbf{Y}, \{f(y \mid \theta)\}_\theta)$ において二つの仮説 $\mathrm{H}_0\colon \theta_0 = \varphi_0$, $\mathrm{H}_1\colon \theta_0 = \varphi_1$ を考える。このとき，任意の尤度比検定 ϕ_κ と検定関数 ϕ に対して次が成り立つ。

$$\underbrace{\alpha(\phi) \leqq \alpha(\phi_\kappa)}_{\substack{\text{うまく } \phi \text{ を選んで } \phi_\kappa \text{ よりも} \\ \text{第 1 種の誤りを抑えようとすると…}}} \qquad \Longrightarrow \qquad \underbrace{\beta(\phi) \geqq \beta(\phi_\kappa)}_{\substack{\text{… 今度は } \phi_\kappa \text{ よりも第 2 種の誤りを} \\ \text{見逃しやすくなってしまう！}}}$$

上のように二つの仮説が単純なとき，$\mathbf{P}(\bullet \mid \varphi_0)$ と $\mathbf{P}(\bullet \mid \varphi_1)$ をそれぞれ $\mathbf{P}(\bullet \mid \mathrm{H}_0)$, $\mathbf{P}(\bullet \mid \mathrm{H}_1)$ により表す。Neyman–Pearson の補題 9.23 を踏まえると「最適なトレードオフを達成するような検定はどのようなものだろうか」というような疑問が浮かぶ。

9.6.2 ランダム検定

検定関数の終域 $\{0,1\}$ を区間 $[0,1]$ に広げた関数 $\phi : \mathbb{R}^n \to [0,1]$ を,以降では**確率化検定関数**とよぶ。確率化検定関数 $\phi : \mathbb{R}^n \to [0,1]$ と無作為標本 $\mathbf{Y}$ の観測データ $\mathbf{y}^{\mathrm{obs}}$ が与えられたとき,確率 $\phi(\mathbf{y}^{\mathrm{obs}})$ で H_0 を棄却し,確率 $1 - \phi(\mathbf{y}^{\mathrm{obs}})$ で H_0 の棄却を保留する手続きを**ランダム検定**という。これと区別することを意図して,尤度比検定のような検定関数 $\phi_\kappa : \mathbb{R}^n \to \{0,1\}$ に基づく検定を**決定論的検定**とよぶこともある。

ランダム検定は決定論的検定と同様に確率化検定関数 ϕ によって特徴付けられており,特殊な場合として決定論的検定を含んでいる。前項の最後の問題に答えるために,より広い仮説選択アルゴリズムとして**ランダム尤度比検定**を導入する。これは定数 $\tau > 0$ と $\gamma \in (0,1)$ により定められる次のような確率化検定関数 $\phi_{\tau,\gamma}$ による手続きとして定義する。

$$\phi_{\tau,\gamma}(\mathbf{y}) = \begin{cases} 1 & (\mathrm{lr}(\mathbf{y}) > \tau \text{ のとき}), \\ \gamma & (\mathrm{lr}(\mathbf{y}) = \tau \text{ のとき}), \\ 0 & (\mathrm{lr}(\mathbf{y}) < \tau \text{ のとき}) \end{cases}$$
$$= \mathbf{1}_{(\tau,\infty)}(\mathrm{lr}(\mathbf{y})) + \gamma \cdot \mathbf{1}_{\{\tau\}}(\mathrm{lr}(\mathbf{y})), \quad \mathbf{y} \in \mathbb{R}^n$$

この確率化検定関数 $\phi_{\tau,\gamma}$ について次が成り立つ。

$$\phi_{\tau,\gamma}(\mathbf{Y}) = \mathbf{1}_{\{\mathrm{LR} > \tau\}} + \gamma \cdot \mathbf{1}_{\{\mathrm{LR} = \tau\}}$$

さて,検定においては $\alpha(\phi_\kappa)$ や $\beta(\phi_\kappa)$ を最小化する手続きが望ましいのであった。しかし,尤度比検定においては Neyman–Pearson の補題 9.23 に示されるようなトレードオフがある。ここでは第 1 種の誤り確率を抑えることを優先して,つまり $\alpha(\phi)$ をあらかじめ決めた一定の値 $\alpha^* \in (0,1)$ 以下となるように抑えつつ,その中でも第 2 種の誤り確率 $\beta(\phi)$ が最小となるような確率化検定関数 ϕ を探す次の問題の答えを紹介しよう。

Neyman–Pearson の最適化問題: $\displaystyle \operatorname*{minimize}_{\phi : \mathbb{R}^n \to [0,1]} \beta(\phi) \quad \text{subject to} \quad \alpha(\phi) \leqq \alpha^*$

定理 9.24（**Neyman–Pearson の定理**, 証明 ➲ 付録）

統計モデル $(\{\mathbf{P}(\bullet \mid \theta)\}_\theta, \mathbf{Y}, \{f(y \mid \theta)\}_\theta)$ において二つの仮説を考える。

$$H_0: \theta_0 = \varphi_0, \quad H_1: \theta_0 = \varphi_1$$

正数 $\tau^* > 0$ と $\gamma^* \in [0,1]$ が $\alpha^* = \alpha(\phi_{\tau^*,\gamma^*})$ をみたすとき,確率化検定関数 ϕ_{τ^*,γ^*} に基づくランダム尤度比検定は上の最適化問題の解となる。

9.6.3 Bayes 仮説検定

(狭義) Bayes 統計モデル (**◉ p. 218**) $(\mathbf{P}, \Theta, \mathbf{Y}, \mathbf{y}^{\mathrm{obs}})$ において，次の二つの仮説を考える。

$$\mathrm{H}_0\colon \Theta = \varphi_0, \quad \mathrm{H}_1\colon \Theta = \varphi_1$$

事前分布は p.m.f. $\pi = (\pi_0, \pi_1)$ として次のように与えたとする。

$$\pi_0 = \underbrace{\mathbf{P}(\Theta = \varphi_0)}, \qquad \pi_1 = \underbrace{\mathbf{P}(\Theta = \varphi_1)}, \qquad \pi_0 + \pi_1 = 1$$

はじめに自分が考える，　　　　　はじめに自分が考える，
仮説 H_0 が真である確率　　　　仮説 H_1 が真である確率

このように Bayes 統計モデルにおいては，仮説を「事象」として扱うことができ，それぞれの仮説が真である確率について考えることができる。そこで，$\mathbf{P}(\bullet \mid \Theta = \varphi_0)$, $\mathbf{P}(\bullet \mid \Theta = \varphi_1)$ をそれぞれ $\mathbf{P}(\bullet \mid \mathrm{H}_0)$, $\mathbf{P}(\bullet \mid \mathrm{H}_1)$ により表す。以上の設定の下で次の定義を導入する。

▮ **定義 9.25　事後オッズ**

観測データ $\mathbf{y}^{\mathrm{obs}}$ に基づく仮説 H_1 の**事後オッズ** (**posterior odds**) を次式により定める。

$$\mathrm{odds}(\mathbf{y}^{\mathrm{obs}}) = \frac{\mathbf{P}(\mathrm{H}_1 \text{ が真である} \mid \mathbf{Y} = \mathbf{y}^{\mathrm{obs}})}{\mathbf{P}(\mathrm{H}_0 \text{ が真である} \mid \mathbf{Y} = \mathbf{y}^{\mathrm{obs}})}$$

また $\mathrm{odds}(\mathbf{Y}) = \dfrac{\mathbf{P}(\mathrm{H}_1 \text{ が真である} \mid \mathbf{Y})}{\mathbf{P}(\mathrm{H}_0 \text{ が真である} \mid \mathbf{Y})}$ を Odds により表す。

Bayes 統計モデルにおける二つの仮説の検定として，例えば以下のような手続きがある。

○ **事後確率最大化検定** (maximum a posteriori hypothesis testing, MAP 検定)

事後確率の下で H_1 が H_0 より同等以上に起こりやすい，つまり

$$\mathbf{P}(\mathrm{H}_1 \text{ が真である} \mid \mathbf{Y} = \mathbf{y}^{\mathrm{obs}}) \geqq \mathbf{P}(\mathrm{H}_0 \text{ が真である} \mid \mathbf{Y} = \mathbf{y}^{\mathrm{obs}})$$

ならば H_0 を棄却する。検定関数 ϕ_{MAP} を $\phi_{\mathrm{MAP}}(\mathbf{y}) = \mathbf{1}_{[1, \infty)}(\mathrm{odds}(\mathbf{y}))$ により定めると「H_0 を棄却 $\Leftrightarrow \phi_{\mathrm{MAP}}(\mathbf{y}^{\mathrm{obs}}) = 1$」。

○ **事後オッズによる Bayes 仮説検定**

あらかじめ $\kappa > 0$ を決めておき，$\mathrm{odds}(\mathbf{y}^{\mathrm{obs}}) \geqq \kappa$ ならば H_0 を棄却する。検定関数 ψ_κ を $\psi_\kappa(\mathbf{y}) = \mathbf{1}_{[\kappa, \infty)}(\mathrm{odds}(\mathbf{y}))$ により定めると「H_0 を棄却 $\Leftrightarrow \psi_\kappa(\mathbf{y}^{\mathrm{obs}}) = 1$」。特に $\psi_1 = \phi_{\mathrm{MAP}}$, つまり $\kappa = 1$ の場合は MAP 検定と同じ。

また $\mathbf{P}(\mathrm{H}_i \text{ が真である} \mid \mathbf{Y} = \mathbf{y}^{\mathrm{obs}}) = \dfrac{f(\mathbf{y}^{\mathrm{obs}} \mid \varphi_i)\pi_i}{f(\mathbf{y}^{\mathrm{obs}} \mid \varphi_0)\pi_0 + f(\mathbf{y}^{\mathrm{obs}} \mid \varphi_1)\pi_1}, i = 0, 1$
であるから，事後オッズは次のように書き換えることができる。

$$\mathrm{odds}(\mathbf{y}^{\mathrm{obs}}) = \frac{f(\mathbf{y}^{\mathrm{obs}} \mid \varphi_1)}{f(\mathbf{y}^{\mathrm{obs}} \mid \varphi_0)} \cdot \frac{\pi_1}{\pi_0} = \mathrm{lr}(\mathbf{y}^{\mathrm{obs}}) \cdot \frac{\pi_1}{\pi_0}$$

ここで $\mathrm{lr}(\mathbf{y})$ は仮説検定「$\mathrm{H}_0\colon \theta_0 = \varphi_0$ vs. $\mathrm{H}_1\colon \theta_0 = \varphi_1$」$\{f(y \mid \theta)\}_\theta$ の尤度比。

この事後オッズによる Bayes 仮説検定の手続きを表す検定関数 ψ_κ は，次の計算により尤度比検定における検定関数 $\phi_{\kappa\pi_0/\pi_1}$ に同じである。

$$\psi_\kappa(\mathbf{y}) = \mathbf{1}_{\{\mathrm{odds}(\mathbf{y}) \geq \kappa\}} = \mathbf{1}_{\{\mathrm{lr}(\mathbf{y}) \cdot \frac{\pi_1}{\pi_0} \geq \kappa\}} = \mathbf{1}_{\{\mathrm{lr}(\mathbf{y}) \geq \frac{\pi_0}{\pi_1}\kappa\}} = \phi_{\kappa\pi_0/\pi_1}(\mathbf{y})$$

○ 検定関数による Bayes 仮説検定

より一般には，検定関数 $\phi : \mathbb{R}^n \to \{0,1\}$ が与えられたとき，$\phi(\mathbf{y}^{\mathrm{obs}}) = 1$ のときに H_1 を選択するという手続きを考えることができる。上の MAP 検定と事後オッズによる検定は，それぞれ検定関数 ϕ_{MAP} と ψ_κ による Bayes 仮説検定である。

検定関数 $\phi : \mathbb{R}^n \to \{0,1\}$ に対して $\Phi(\phi) = \varphi_{\phi(\mathbf{Y})}$ とおくと，この ϕ による Bayes 仮説検定により選ばれる仮説は「$\mathrm{H}_{\phi(\mathbf{Y})} : \Theta = \Phi(\phi)$」である。これが当初の自分の考えと異なる，つまり $\Theta \neq \Phi(\phi)$ である確率は次のように表せる。

$$\mathbf{P}(\Phi(\phi) \neq \Theta) = \underbrace{\mathbf{P}(\Phi(\phi) \neq \varphi_0 \mid \mathrm{H}_0)}_{\substack{\text{始めに真と信じていた} \\ \mathrm{H}_0 \text{ を棄却する確率} \\ (\text{第 1 種の誤り確率})} } \cdot \pi_0 + \underbrace{\mathbf{P}(\Phi(\phi) \neq \varphi_1 \mid \mathrm{H}_1)}_{\substack{\text{始めに偽と信じていた} \\ \mathrm{H}_0 \text{ を選んでしまう確率} \\ (\text{第 2 種の誤り確率})} } \cdot \pi_1$$

$$= \pi_0 \cdot \alpha(\phi) + \pi_1 \cdot \beta(\phi)$$

自分の考えに一貫性をもたせるには，この確率が小さくなることが望ましい。この考え方を一般化するために，この確率が $\mathbf{P}(\Phi(\phi) \neq \Theta) = \mathbf{E}[\mathbf{1}_{\{\Phi(\phi) \neq \Theta\}}]$ と表せることに注意しよう。そこで，$r(\theta, \varphi) = \mathbf{1}_{\{\theta \neq \varphi\}}$ とおき，これを「θ と φ が異なるリスク」と考える。このとき，当初に真と信じていた仮説 H_Θ を検定結果として選び損ねるリスク $r(\Theta, \Phi(\phi))$ の平均 $R(\phi) = \mathbf{E}[r(\Theta, \Phi(\phi))]$ を最小にする検定関数 ϕ とは何か，つまり次の問題を考えよう。

Bayes リスク最小化問題:　$\displaystyle \min_{\phi : \mathbb{R}^n \to \{0,1\}} R(\phi)$　given $\pi = (\pi_0, \pi_1)$ and $r(\theta, \varphi)$

定理 9.26（**Bayes リスク最小化問題の解**, 証明 ➡ 付録）

上の問題の解は次の閾値 κ^* についての，事後オッズによる Bayes 仮説検定 $\phi = \psi_{\kappa^*}$ により与えられる。(実際は $r(\theta, \varphi) = \mathbf{1}_{\{\theta \neq \varphi\}}$ より κ^* は 1 に等しい。)

$$\kappa^* = \frac{r(\varphi_0, \varphi_1) - r(\varphi_0, \varphi_0)}{r(\varphi_1, \varphi_0) - r(\varphi_1, \varphi_1)}$$

「$\mathrm{odds}(\mathbf{y}^{\mathrm{obd}}) \geq 1$ なら H_0 を棄却する」MAP 検定は，検定により自分の考えを棄却されるリスクが一番小さいということ。ただし，事後オッズ $\mathrm{odds}(\mathbf{y}^{\mathrm{obs}}) = \mathrm{lr}(\mathbf{y}^{\mathrm{obs}})\frac{\pi_1}{\pi_0}$ は選んだ事前分布 $\pi = (\pi_0, \pi_1)$ に依存することを忘れてはならない。たとえリスクを最小化する MAP 検定を採用したとしても，そもそも選んだ π_0 が 1 に近すぎる場合は $\mathrm{odds}(\mathbf{y}^{\mathrm{obs}})$ の値が小さすぎて H_0 を狂気的に擁護しすぎる事態となってしまう (8.5.5 項 ➡ p. 255)。

9.6.4　尤度比検定の漸近挙動

9.6.1 項 (⊙ p. 283) のときのように統計モデル $(\{\mathbf{P}(\bullet \mid \theta)\}_\theta, \mathbf{Y}, \{f(y \mid \theta)\}_\theta)$ を考える。本項では，9.5.1 項 (⊙ p. 274) のときのように $\mathbf{Y} = (Y_1, Y_2, \ldots, Y_n)$ のそれぞれはアルファベットからなる集合 $\mathcal{X} = \{a_1, a_2, \ldots, a_d\}$ に値をとるものとする。

この統計モデル $\{f(y \mid \theta)\}_\theta$ のうち，現実に最も適合するものが $f(y \mid \theta_0)$ であったとする。この θ_0 の具体的な値は我々にはわからず，この値について次の二つの仮説を考える。

$$\mathrm{H}_0\colon \theta_0 = \varphi_0, \quad \mathrm{H}_1\colon \theta_0 = \varphi_1$$

各 Y_i は離散型確率変数であるから，$f_{|\theta}$ は p.m.f. $(f(a_1 \mid \theta), f(a_2 \mid \theta), \ldots, f(a_d \mid \theta))$ であり，$\theta = \varphi_0, \varphi_1$ の場合，これをそれぞれ次により表す。

$$f_{|\mathrm{H}_0} = (f_{1|\mathrm{H}_0}, f_{2|\mathrm{H}_0}, \ldots, f_{d|\mathrm{H}_0}), \quad (\text{つまり } f_{l|\mathrm{H}_0} = f(a_l \mid \varphi_0))$$
$$f_{|\mathrm{H}_1} = (f_{1|\mathrm{H}_1}, f_{2|\mathrm{H}_1}, \ldots, f_{d|\mathrm{H}_1}) \quad (\text{つまり } f_{l|\mathrm{H}_1} = f(a_l \mid \varphi_1))$$

本項では，無作為標本 $\mathbf{Y}$ の大きさ n について $n \to \infty$ における誤り確率の挙動を調べることを目標とする。これを Sanov の定理 9.16 (⊙ p. 278) の枠組みに落とし込むために，検定において誤りを犯す事象を，経験分布に関する事象へと書き直すことを試みる。検定関数 $\phi\colon \mathcal{X}^n \to \{0, 1\}$ による誤り確率は，第 1 種，第 2 種のそれぞれについて次のように表されることを思い出そう。

$$\alpha^{(n)}(\phi) = \mathbf{P}(\mathrm{H}_0 \text{ が棄却される} \mid \mathrm{H}_0), \quad \beta^{(n)}(\phi) = \mathbf{P}(\mathrm{H}_0 \text{ が棄却されない} \mid \mathrm{H}_1)$$

1 次元データ $\mathbf{y} = (y_1, y_2, \ldots, y_n) \in \mathcal{X}^n$ のタイプ (⊙ p. 274) を $\hat{q}(\mathbf{y})$ とおくと $\#\{i : y_i = a_l\} = n \cdot \hat{q}_l(\mathbf{y})$ であるから，$\mathbf{y}$ の尤度比は次のように表すことができる。

$$\mathrm{lr}(\mathbf{y}) = \frac{f_n(\mathbf{y} \mid \varphi_1)}{f_n(\mathbf{y} \mid \varphi_0)} = \prod_{i=1}^n \frac{f_n(\mathbf{y} \mid \varphi_1)}{f_n(\mathbf{y} \mid \varphi_0)} = \prod_{l=1}^d \prod_{\substack{1 \leq i \leq n: \\ y_i = a_l}} \frac{f(y_i \mid \varphi_1)}{f(y_i \mid \varphi_0)} = \prod_{l=1}^d \left(\frac{f_{l|\mathrm{H}_1}}{f_{l|\mathrm{H}_0}}\right)^{n \cdot \hat{q}_l(\mathbf{y})}$$

これにより対数尤度比は次のように計算できる。

$$\log_2 \mathrm{lr}(\mathbf{y}) = \log_2 \prod_{l=1}^d \left(\frac{f_{l|\mathrm{H}_1}}{f_{l|\mathrm{H}_0}}\right)^{n \cdot \hat{q}_l(\mathbf{y})} = n \sum_{l=1}^d \hat{q}_l(\mathbf{y}) \log_2 \left(\frac{\hat{q}_l(\mathbf{y})}{f_{l|\mathrm{H}_0}} \frac{f_{l|\mathrm{H}_1}}{\hat{q}_l(\mathbf{y})}\right)$$
$$= n \Big\{ \underbrace{\sum_{l=1}^d \hat{q}_l(\mathbf{y}) \log_2 \frac{\hat{q}_l(\mathbf{y})}{f_{l|\mathrm{H}_0}}}_{= D_{\mathrm{KL}}(\hat{q}(\mathbf{y}) \| f_{|\mathrm{H}_0})} - \underbrace{\sum_{l=1}^d \hat{q}_l(\mathbf{y}) \log_2 \frac{\hat{q}_l(\mathbf{y})}{f_{l|\mathrm{H}_1}}}_{= D_{\mathrm{KL}}(\hat{q}(\mathbf{y}) \| f_{|\mathrm{H}_1})} \Big\}$$
$$= n \big\{ D_{\mathrm{KL}}(\hat{q}(\mathbf{y}) \| f_{|\mathrm{H}_0}) - D_{\mathrm{KL}}(\hat{q}(\mathbf{y}) \| f_{|\mathrm{H}_1}) \big\}$$

したがって，任意の $\kappa > 0$ に対して次の同値性が成り立つ。

$$\mathrm{lr}(\mathbf{y}) \geqq \kappa \iff D_{\mathrm{KL}}(\hat{q}(\mathbf{y}) \| f_{|\mathrm{H}_0}) - D_{\mathrm{KL}}(\hat{q}(\mathbf{y}) \| f_{|\mathrm{H}_1}) \geqq \frac{1}{n} \log_2 \kappa$$

ゆえに H_0 を棄却する事象は，次のように経験分布 $\widehat{Q}^{(n)} = \hat{q}(\mathbf{Y})$ に関する直接的な条件へと表せる。

$$H_0 \text{ を棄却する} \iff \mathrm{lr}(\mathbf{Y}) \geqq \kappa$$

$$\iff D_{\mathrm{KL}}(\widehat{Q}^{(n)} \| f_{|H_0}) - D_{\mathrm{KL}}(\widehat{Q}^{(n)} \| f_{|H_1}) \geqq \frac{1}{n} \log_2 \kappa$$

$$\iff \hat{q}(\mathbf{y}) \in \left\{ p \in \mathcal{P}(\mathcal{X}) : D_{\mathrm{KL}}(p \| f_{|H_0}) - D_{\mathrm{KL}}(p \| f_{|H_1}) \geqq \frac{1}{n} \log_2 \kappa \right\} (= \Gamma_n \text{ とおく。})$$

この Γ_n の定義において「$\geqq \frac{1}{n} \log_2 \kappa$」を「$\geqq 0$」に置き換えたものを Γ とおく。いま検定関数 $\phi_\kappa(\mathbf{y}) = \mathbf{1}_{[\kappa, \infty)}(\mathrm{lr}(\mathbf{y}))$ とおくと，Sanov の定理 (⊙ p. 278) より，誤り確率は $n \to \infty$ のとき次の挙動をすることがわかる。

$$\alpha^{(n)}(\phi_\kappa) = \mathbf{P}(\widehat{Q}^{(n)} \in \Gamma_n \mid H_0) \approx 2^{-n \inf_{p \in \Gamma} D_{\mathrm{KL}}(p \| f_{|H_0})},$$

$$\beta^{(n)}(\phi_\kappa) = \mathbf{P}(\widehat{Q}^{(n)} \notin \Gamma_n \mid H_1) \approx 2^{-n \inf_{p \notin \Gamma} D_{\mathrm{KL}}(p \| f_{|H_1})},$$

さて，Neyman–Pearson の立場から漸近挙動を評価する次の定理を紹介する。

定理 9.27（**Chernoff–Stein の定理**, 証明 ⊙ 付録）

任意の $\varepsilon \in (0, 1)$ に対して，次が成り立つ。

$$\lim_{n \to \infty} \left\{ -\frac{1}{n} \log_2 \min_{\substack{\phi : \mathcal{X}^n \to \{0,1\}, \\ \alpha^{(n)}(\phi) \leqq \varepsilon}} \mathbf{P} \left(\begin{array}{c} \text{検定 } \phi \text{ により} \\ H_0 \text{ は棄却されない} \end{array} \middle| H_1 \right) \right\}$$

$$\underbrace{}$$
第 1 種の誤り確率を高々 ε に抑える検定の中での，
第 2 種の誤り確率の最小値が 0 に収束する速さは... ... 二つの仮説間の
KL divergence となる！

$$= \overbrace{D_{\mathrm{KL}}(f_{|H_0} \| f_{|H_1})}$$

KL divergence $D_{\mathrm{KL}}(f_{|H_0} \| f_{|H_1})$ が $f_{|H_0}$ と $f_{|H_1}$ に関して対称でないことから，この定理は仮説検定が H_0 と H_1 を対等に扱わないことを象徴していると考えることができる。定理内に現れた確率 $\mathbf{P}(\text{検定 } \phi \text{ により } H_0 \text{ は棄却されない} \mid H_1)$ は，検定関数 ϕ の下での第 2 種の誤り確率 $\beta^{(n)}(\phi)$ に他ならないことを注意しておく。

9.6.5　Bayes 仮説検定の漸近挙動

9.6.3 項 (⊙ p. 286) のときのように，(狭義) Bayes 統計モデル (⊙ p. 218) $(\mathbf{P}, \Theta, \mathbf{Y}, \mathbf{y}^{\mathrm{obs}})$ において次の二つの仮説を考える。

$$H_0: \Theta = \varphi_0, \quad H_1: \Theta = \varphi_1$$

事前分布 π は $\pi_0 = \mathbf{P}(\Theta = \varphi_0)$，$\pi_1 = \mathbf{P}(\Theta = \varphi_1)$，$\pi_0 + \pi_1 = 1$ により p.m.f. $\pi = (\pi_0, \pi_1)$ として与え，前 9.6.4 項 (⊙ p. 288) と同様に $\mathbf{Y} = (Y_1, Y_2, \ldots, Y_n)$ のそれぞれはアルファベットからなる集合 $\mathcal{X} = \{a_1, a_2, \ldots, a_d\}$ に値をとるものとする。つまり，各 $Y_1, Y_2, \ldots, Y_n$ は離散型確率変数であるから，$f_{|\theta}$ は p.m.f. $(f(a_1 \mid \theta), f(a_2 \mid \theta), \ldots, f(a_d \mid \theta))$ であり，$\theta = \varphi_0$,

φ_1 の場合をそれぞれ次のように表す。

$$f_{|\mathrm{H}_0} = (f_{1|\mathrm{H}_0}, f_{2|\mathrm{H}_0}, \ldots, f_{d|\mathrm{H}_0}), \quad (\text{つまり } f_{l|\mathrm{H}_0} = f(a_l \mid \varphi_0))$$
$$f_{|\mathrm{H}_1} = (f_{1|\mathrm{H}_1}, f_{2|\mathrm{H}_1}, \ldots, f_{d|\mathrm{H}_1}) \quad (\text{つまり } f_{l|\mathrm{H}_1} = f(a_l \mid \varphi_1))$$

定理 9.28 (**Chernoffの定理**, 証明 ◎ 付録)

$f_{|\mathrm{H}_0} \neq f_{|\mathrm{H}_1}$ とする。各 $\lambda \in [0,1]$ に対して,集合 $\mathcal{X} = \{a_1, a_2, \ldots, a_d\}$ 上の p.m.f. $p(\lambda) = (p_1(\lambda), p_2(\lambda), \ldots, p_d(\lambda))$ を次で定める。

$$p_l(\lambda) = \frac{(f_{l|\mathrm{H}_0})^\lambda (f_{l|\mathrm{H}_1})^{1-\lambda}}{\sum_{k=1}^d (f_{k|\mathrm{H}_0})^\lambda (f_{k|\mathrm{H}_1})^{1-\lambda}}, \quad l = 1, 2, \ldots, d$$

また $\lambda^* \in (0,1)$ を $D_{\mathrm{KL}}(p(\lambda^*) \| f_{|\mathrm{H}_0}) = D_{\mathrm{KL}}(p(\lambda^*) \| f_{|\mathrm{H}_1})$ をみたすものとして定めるとき,次が成り立つ。

$$\lim_{n \to \infty} \left\{ -\frac{1}{n} \log_2 \min_{\phi: \mathcal{X}^n \to \{0,1\}} \mathbf{P}(\text{検定 } \phi \text{ により選択された仮説は誤り}) \right\}$$

$$= D_{\mathrm{KL}}(p(\lambda^*) \| f_{|\mathrm{H}_0}) = D_{\mathrm{KL}}(p(\lambda^*) \| f_{|\mathrm{H}_1}) = -\min_{0 \leqq \lambda \leqq 1} \log_2 \sum_{k=1}^d (f_{k|\mathrm{H}_0})^\lambda (f_{k|\mathrm{H}_1})^{1-\lambda}$$

$$(9.6.1)$$

式 (9.6.1) の最右辺に現れた量 $\mathrm{CI}(f_{|\mathrm{H}_0}, f_{|\mathrm{H}_1}) = -\min_{0 \leqq \lambda \leqq 1} \log_2 \sum_{k=1}^d (f_{k|\mathrm{H}_0})^\lambda (f_{k|\mathrm{H}_1})^{1-\lambda}$ は **Chernoff 情報量** (**Chernoff information**) とよばれる。式 (9.6.1) の左辺に現れる誤り確率を最小化する最適な Bayes 検定は,定理 9.26 (◎ p. 287) より次の検定関数 ϕ_{MAP} に関する MAP 検定により与えられるのであった。

$$\phi_{\mathrm{MAP}}(\mathbf{y}) = \mathbf{1}_{\{\mathrm{odds}(\mathbf{y}) \geqq 1\}} = \mathbf{1}_{\{\pi_1 f_n(\mathbf{y}|\varphi_1) \geqq \pi_0 f_n(\mathbf{y}|\varphi_0)\}}, \quad \mathbf{y} \in \mathcal{X}^n$$

Chernoff の定理の証明 (◎ 付録 p. 33) は,この MAP 検定に大偏差理論を適用することで行われ,Chernoff 情報量に関わるいくつかのエッセンスが詰まっている。

ちなみに本書で紹介することの叶わなかった情報幾何の言葉を借りれば,次の等式により,$p(\lambda)$ は二つの p.m.f. $f_{|\mathrm{H}_0}$ と $f_{|\mathrm{H}_1}$ を結ぶ「e-測地線」上の点として定義されている。

$$\log p_l(\lambda) = \lambda \log f_{l|\mathrm{H}_0} + (1-\lambda) \log f_{l|\mathrm{H}_1} - \log \sum_{k=1}^d (f_{k|\mathrm{H}_0})^\lambda (f_{k|\mathrm{H}_1})^{1-\lambda}, \quad l = 1, 2, \ldots, d$$

本章を通して,KL divergence の最小化という視点が統計学においていかに基本的かつ原理的な役割を果たすのかについて,その動機付けから紹介した。

最後に,本書の内容が後に読者に役立つ機会が訪れることがあれば,著者一同のこの上ない喜びである。

索引

※ 括弧付きの数字は本書サポートページにある「付録　行列代数」のページ番号を表す.

著者紹介

田中　勝　福岡大学理学部教授

藤木　淳　福岡大学理学部教授

青山崇洋　岡山理科大学理学部教授

天羽隆史　福岡大学理学部准教授

統計学とデータ解析の基礎

2022 年 4 月 1 日	第 1 版	第 1 刷	発行
2023 年 4 月 1 日	第 2 版	第 1 刷	発行
2024 年 3 月 20 日	第 3 版	第 1 刷	印刷
2024 年 4 月 1 日	第 3 版	第 1 刷	発行

著　者　　田　中　　勝
　　　　　藤　木　　淳
　　　　　青　山　崇　洋
　　　　　天　羽　隆　史

発行者　　発　田　和　子

発行所　　株式会社　学術図書出版社

〒113-0033　東京都文京区本郷 5 丁目 4 の 6
TEL 03-3811-0889　振替 00110-4-28454
印刷　三和印刷（株）

定価はカバーに表示してあります.

改訂
第2版

職場で行う
安全の基本

労働災害防止のための実践ノウハウ

中村 昌弘　著

労働新聞社

はじめに

　職場の安全を確保するための基本は、労働安全衛生法と、この法律に基づく労働安全衛生規則などを守ることです。

　しかし近年は、安全確保に対する管理者や監督者の責任が強調されたり、小集団活動を普及させて、いろいろな安全活動に取り組んでいるものの、現業部門の管理者や監督者が、この法律で定められた事柄を正しく認識していないといった実態が多いのが現実です。

　労働安全衛生法第2条で、事業者とは「事業を行う者で、労働者を使用するもの」と定義されており、現場担当の管理者とともに監督者も、事業者責任を果たすべき実行行為者としての責任は重いので、法律の定めを知って実践しなければなりません。

　この本は、安全を確保するために職場で実施しなければならない基本である労働安全衛生法とその規則などについて、長年に亘る筆者の実務体験に基づいて、一般事業場で心掛けたい事柄を取り上げ、近年の現場の実態を念頭に置いて、改めて加筆修正を加えて具体的に解説し、さらに関係すると思われる法律の定めの要旨をご紹介しました。

　この要旨は、できるだけ法律用語を避けて平易な表現で短くまとめてご紹介していますので、法律で求められている事柄が十分表現できませんでした。そのため、法律の定めの要点については知って頂けるものと思いますが、法の何条で定められているかについては本書に付記していますので、法律の詳しい内容を確認して頂ければ幸いです。

　付記した法律については、労働安全衛生法は安衛法、労働安全衛生規則は安衛則、労働安全衛生法施行令は施行令、クレーン等安全規則はクレーン則と略しています。

　この法律は労働災害を防止するために、事業者責任を果たすべき立場である、管理者や監督者が守らなければならない最低基準を定めたものですから、より安全で快適な職場づくりに努めなければなりません。

　本書を教材として、各職場で毎月1回みんなで勉強会をし、3〜5項目を取り上げ解説内容を自職場の実態と比較して、改善に役立てていただければ幸いです。

　なお、かつて筆者が大規模の製鉄所や製鉄会社全体の安全管理で、施策に工夫を凝らして長期無災害を成した実務体験と、全国の多くの事業所へ安全診断や講演に伺って得た見聞から、長期に災害ゼロを続けるために、現業部門の管理者や監督者の方々が毎日の業務の中で心がけたい事柄を次頁に紹介しました。

　本書の改訂出版に際して、労働新聞社出版事業局の小倉啓示様には、内容を詳細にチェックして頂きましたことに厚くお礼を申し上げます。

　それぞれの事業場で、管理者や監督者のための教材として、労働災害の防止に役立てて頂ければ幸いです。

　ご安全に！

令和4年2月

中村　昌弘

災害ゼロを続ける安全管理手法の決め手

～管理・監督者が心がけたい実践ノウハウ～

① 職場で求める安全な職場とは

辞書によると、安全とは「事故や災害がなく、危害を受ける恐れがないこと」です。

しかし私生活でも仕事でも、このような安全な生活環境や職場はありません。

現実に私たちが職場で求める安全な職場とは、

> ケガや事故がなく常に危険要因を排除して作業している職場

です。

だから、法律の定めを守ると共に、KY（危険予知）やRA（リスクアセスメント）などによる安全を先取りする活動が大切です。

② 隠れた危険要因を洞察する

多くの職場では、作業前のKYで「研削作業で手袋禁止」や「高所ではフルハーネスを使用」など、守るべき当り前のことだけ決めています。これらは法の定めで、安全に作業するための常識なので、KYの前に確認すればよいのです。RAも詳細な実施記録を作成していますが、決め事は記録を残すのが目的ではなく、着実に改善することが大切です。

KYもRAも、現地で現物を見ながら、下表の項目について、みんなの思考を深めて危険・有害要因を摘出することが大切です。

> A. 設備や機器はどのような動きをするか？
> B. その動きの中で、人はどのような不安な行動をしそうか？
> C. 危険物や化学物質は、どのような状態のときにどのような異常反応が起こって、どのような事故になりそうか？
> D. 屋外工事では、自然環境の変化によりどのような異常が生じそうか？

このときリーダーが「落ちる危険は？」などと、生じそうな危険の型を問い掛けると、みんなの思考が深まって、潜在する危険要因にハッと気付きます。

③ 3ナイ管理を

管理者や監督者は、日々現場に赴いた都度、気付いた不安全な状態や行動を、その場で問いかけて改善する3ナイ管理が大切です。

> A. 不安全を黙認シナイ
> （不安行動の黙認は認めたことになる）
> B. 不安全に対する言い訳に妥協シナイ
> （言い訳に安易な妥協は自分に指導力がない証拠→代案を示す）
> C. 不安全を放置シナイ
> （不安全と感じたときが改善するとき）

④ 不安全に一声掛けと感謝の一声を

多くの作業者は、現場巡視などで不安全を指摘されると、「すみません」と謝ります。ケガをするのは自分であり上司のための安全行動ではないので、謝る必要はなく、うっかりしていた気持ちで「ありがとう」の言葉を返す職場風土にしたいものです。

⑤ 「継続は力なり」から「継続的改善」を

古くから「継続は力なり」と言われてきましたが、どのようなよい施策や安全活動でも、月日が経ち手法に慣れるとマンネリ化して、形骸化しやすいのです。

どのような業種の仕事でも、仕事の進め方などについて、日々小さな改善を積み重ねているから仕事はマンネリ化しないのです。

取り組んでいる安全活動についても同様に、みんなの工夫によって小さな改善を積み重ねる、継続的改善が大切なのです。

目 次

●特殊車両による災害を防ごう

●電動機器具による感電災害を防ごう

整理・整頓をして通路を確保しよう

1. 職場はいつも整理・整頓を

(1) 整理・整頓はすべての基本

昔から、「安全は整理・整頓に始まり、整理・整頓に終わる」といわれるくらい、多くの事業場で整理・整頓が重要視されてきました。

作業場に、いろいろなものを不用意に放置しておくと、つまずいたりするし、乱雑に積んであるものや、立てかけているものが崩れたりして、ケガをする原因になります。

整理・整頓がよくないと、危ない箇所に気がつきにくくなって、設備や機械などの危険な状態を放置してしまうことになります。

道工具や部品など、いろいろなものを乱雑に積み上げていると、作業がしにくかったり、作業に必要なものをすぐ取り出せなかったりして、作業能率が上がりません。

乱雑な状態の作業場で働いていると、気持ちよく働けないばかりでなく、規律をよくすることができず、粗雑な作業になってしまいやすいのです。

職場はいつもスッキリとした状態にしておけば、自然とキチッとした仕事をするようになり、仕事の出来栄えがよくなって業績の向上にも役立ちます。

整理・整頓は、安全だけでなく生産や品質をも含めた、すべての基本でもあるのです。

整理整頓がよくないと・・・

○ 不要品が多くなる

○ 危ない個所に気がつきにくい

○ 作業がしにくく能率があがらない

○ 気持よく働けない

○ 整理整頓が悪いことに対する注意が必要

○ 要るモノがすぐ取り出せない

○ つい雑な仕事をしてしまい、できばえが悪くなる

かたづけなくては・・・

(2) まず整理と整頓を

　日常使用しないものは、作業場に置かないようにしておくことが大切です。

　作業場に置いてあるすべてのものを、要るものと要らないものに分けて、要らないものを処分しましょう。これを整理といいます。

　さらに使用頻度が低いものは、作業場に置かずに倉庫などに入れておくと、作業場に置くものが少なくなって整頓がしやすくなります。

　次に整頓ですが、品種と寸法ごとに仕分けて、取り出しやすいように、置き場と置き方を決めて表示しましょう。

(3) 次いで清掃・清潔を

　整理整頓ができたら清掃しましょう。

　作業場だけでなく、機械の裏側や柱の根元なども掃除し、職場のどこにもゴミが落ちてない状態にしておきましょう。

　そして、食事の前に手を洗うことや、いろいろなマスクやメガネなどの保護具を清潔にしておくことと、炊事場や食堂・トイレなども含めて、衛生面でも問題のないように清潔を心掛けましょう。

(4) 事務所や現場の休憩所なども

　整理・整頓・清掃・清潔は、４Ｓと名付けられています。４Ｓは作業現場だけでなく、事務所や休憩所・更衣室なども対象にして、スッキリした状態を維持することが大切です。

　そして部屋には１輪の花でも生けるといった、心配りによって潤いを感じるようにしたいものです。

> **法律の要旨**（安衛則619条、620条）
>
> ○日常清掃のほか、ねずみ・こん虫等の防除を、半年ごとに一斉に行うこと。
> ○作業者は作業場の清潔に注意し、みだりにゴミを捨てないこと。

職場はいつも4Sを

2. 安全通路・作業通路を確保する

(1) 通路を表示する

作業場には、安全に通れる通路を設けておかなければなりません。

安全通路の表示は、通路の両側にペンキで白線を引くのが一般的ですが、点線でもよいでしょう。通路の全面に、グリーン色のペンキを塗装している職場もよく見かけます。

注意して通ることが必要な作業専用の通路は、黄線で表示するのが一般的です。

屋内の作業場だけでなく、屋外の通路についても、一般車両などの通行帯と区分して、作業者が安全に通行できる通路を決めて、白線などで表示しておきましょう。

できれば、歩行通路と車両通行帯の区分けのために段差を付けたり、柵などを設けておいた方がより安全です。

キレイに引いた通路の白線に足跡がついていたり、多くの人が踏んで汚れてしまった状態もよく見かけます。

白線を踏まないのがマナーの基本です。白線は常に綺麗な状態を保ちましょう。

法律の要旨 (安衛則 540 条)

○作業場に通ずる場所及び作業場内には、作業者が使用するための安全な通路を設けて、これを常に有効に保つこと。

○主要な通路には、通路であることを示す表示をすること。

安全通路

通路を確保して表示しなければならない

安全通路は白線が一般的

(2) 通路の幅は 80cm 以上が基本

通路の幅は、少なくても作業者がすれ違うときに、通路からはみ出ない程度の幅を設けておくことが必要です。

作業者だけが通る通路の幅は、少なくても80cm は確保しましょう。

手押し台車なども通る通路は、人と台車が安全にすれ違えるよう、台車の幅に応じて、さらに広い幅を確保しておくことが必要です。

通路の幅は職場ごとに決めると、職場ごとにまちまちの幅になって、見かけもよくありませんから、工場や事業場全体として幅を統一しておくことが大切です。

私たちは普通に歩いているときに、曲り角を直角に曲がることはできません。

ゲシュタルトの法則によってカーブを描いて曲がることになりますから、コーナー部を直角に引いている白線の内角部を、どうしても踏んでしまいます。

従って、曲り角の内角部の角を取っておくことが大切です。安全通路を通っている作業者が、通路のごく近くに置いている金属製の仕掛品などに触れて、ケガをすることがありますから、通路の両側の表示から、さらに 20 〜 30 ㎝離して品物を置くようにし、置場の表示をしておくことも大切です。

建設作業における足場板の緊結作業では作業床を設けなければなりません。

法律の要旨（安衛則 542 条、543 条ほか）

○屋内に設ける通路については、用途に応じた幅を有し、機械間又は機械と他の設備との間に設ける通路については、幅 80 ㎝以上とすること。

○建設工事の足場固定時の通路は幅 40 ㎝以上とする。

(3) 通路上部の障害物をなくす

通路を歩行中に、上部の架台や配管などに頭をぶっつけて、頭部を打撲したり首の骨を痛めることがよくあります。

とりわけ首の骨の負傷は、頸椎の圧迫骨折といって、長期に療養しなければならない大きいケガですから油断できません。

筆者もかつて、製鉄所の安全衛生管理をしていた頃、作業者が 18 m くらいの高さに設けていた配管に頭部をぶっつけて、頸椎を圧迫骨折したことがあります。

近年は多くの職場で、ヘルメットをかぶることが常識になっていますから、このような場合に、頭部の打撲傷よりも頸部を負傷することが多いのです。

近頃は日本人の身長が伸びていることと、外国人労働者も働いている職場もありますから、新設備を導入する場合だけでなく、通路の上部に配管を増設したり、渡りデッキや設備を増設したりする場合は余裕をもたせて、高さ 2 m 以内には障害物をなくすようにしておくことが大切です。

この上部の障害物は、床面の作業通路だけでなく、作業場や機械の上を渡るためのデッキと、その階段部分についても、同じように対応しておきましょう。地下の作業場所や通路についても同様です。

どうしても 2 m 以上の高さを確保できない場合は、危険部分をクッション材で保護して、万一頭をぶっつけてもショックを和らげるようにし、トラマークで表示して、注意を促すようにしておくことが大切です。

> **法律の要旨（安衛則 542 条）**
>
> ○通路から高さ 1.8 m 以内に障害物がないこと。

<法律は最低基準を示している>

上部の障害物

2m以上

トラマーク
クッション材

気づき易いようにプラスチック製チェーン下げる

15

(4) 床面は安全な状態を保つ

　作業場や通路で転んで、思わぬ大きいケガをすることがあります。

　つまずいたり、滑ったりして転ばないように、床面の段差やデコボコを直したり、油などがこぼれていれば、すぐ拭き取っておくことが大切です。

　床面に敷いている鉄板や階段のステップが、長年の使用ですり減って、滑りやすくなっている状態もよく見受けます。滑り止め塗料を塗布するなど、こまめな対策が必要です。

　また、デッキなどの床に用いている鉄板が腐食して、踏み抜くような危険箇所も補修しておかなければなりません。

　通路に、物を置いたり、はみ出して置くようなことをしてはなりません。一時的に通路に物を仮置きする場合は、置く理由や期限、注意事項など、安全確保のための注意表示をしておくことが大切です。

　ホースや配管などを、通路を横断するために這わせたままにしておくと、つまずいたり、身体のバランスをくずして、ころぶなどの危険が生じますから、ピット内に入れたり埋め込むのが常識です。

　通路上に這わせるときは、保護覆いを被せておきましょう。

　作業場の通路では、走らないことやポケットハンドの禁止などを定めている職場も多くなっていますが、これらも転倒によるケガを防ぐために大切なことです。

> **法律の要旨（安衛則542条、544条）**
>
> ○通路面と共に作業場の床面についても、つまずき、滑り、踏抜などの危険のないようにしておくこと。

(5) 緊急時に配慮した通路を

通路は、緊急事態が発生したときにも、スムーズに対処できるよう配慮しておかなければなりません。

不幸にして、救急車を呼ばなければならないような災害が起こったときは、直ちに被災者を救急車が入ってくる出入口まで運べる通路を、日頃から確保しておくことが必要です。

担架置場の近辺に、担架を取り出しにくくするような物を、不用意に置いておくことは禁物です。

火災の場合にも、一刻も早く処置しなければなりませんから、消火器や消火栓と消火ホースの置場の周囲に物を置いてはいけません。

担架や空気マスク、消火器などの置場や消火栓の位置は、工場内のどこからでも容易にわかるよう、置場の上部に、それぞれの表示をしておくことが必要です。

(6) 小部屋も出入口は2カ所以上に

火災や爆発など万一の事故や、大地震などによる緊急事態を想定して、作業者が緊急避難しやすいように、通路は職場の両端の2カ所以上の出入りが容易な入口に通じるようにして、表示しておきましょう。

法律の要旨（安衛則546条、549条）

○危険物や爆発性・発火性の物を製造したり取り扱う作業場には、非常の場合に、容易に地上の安全な場所に避難できる出入口を、2カ所以上設けること。
○避難用の出入口の戸は、引戸か外開戸にしておくこと。
○常時使用しない避難用の出入口や通路と、避難用器具については、避難用である旨の表示をし、容易に利用できるようにしておくこと。

建家の両端に出入りが容易な出入口を！

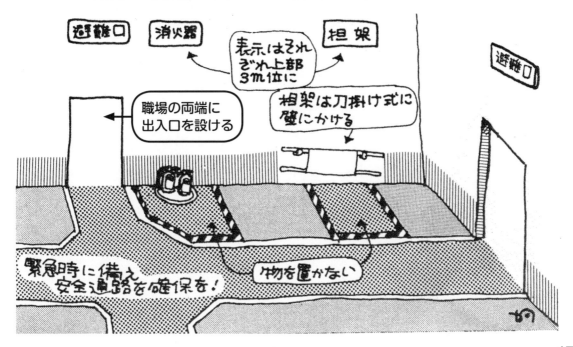

保護具を正しく着用しよう

1. サッパリとした安全服装で

(1) 作業服装は心構えをあらわす

日常の服装を見ると、その人の生活態度が分かるように、作業服装はその人の仕事に対する心構えをあらわしています。

服装の乱れは、仕事に対する心構えができていない証拠なのです。

作業服装は、事業場で定められたものを正しく着用し、いつも身だしなみを整えて、サッパリとした服装で、ボタンなどもきちんととめておきましょう。

キチンとした服装は、自然に気持ちが引きしまり、規律のよい行動にも役立ちます。

(2) 職場では安全服装を

腕に切傷や火傷・薬傷などのケガをする危険がある作業では、長袖の服を着ましょう。

特に、夏場は暑いからといって袖をまくり上げるようなことをしてはいけません。

長い頭髪や服の袖口や裾などが機械に巻き込まれたら、大きなケガになります。

服装についても危険を予知して、事業場で決められた安全な服装を心掛けましょう。

法律の要旨（安衛則 110 条）

○駆動されている機械に、頭髪や被服が巻き込まれないよう、適当な作業帽や作業服を着用させること。

安全優良人はいっも安全服装

高所作業では　保護帽

サッパリと洗ってある作業服

ポケットには危険な物を入れない

ボタンはキチンとかける

袖口やズボンのすそはきっちりと

腰手ぬぐいはダメ

墜落制止用器具

2. 作業に適した保護帽を

腹部のケガと共に、頭のケガも命にかかわりますから油断できません。

ハシゴ上での作業と共に、墜落の危険のある高所で作業する場合や玉掛作業などでは、ヘルメットをかぶるのが常識です。

ヘルメットは転落や墜落したときだけでなく、物の飛来や落下による危険の防止や、作業中や歩行中に、比較的低いところにある配管や構築物などに頭をぶつけたときのケガの防止にも役立つのです。

事業場にて、ヘルメットの使用を義務付けられた職場で作業をするときは、ヘルメットを正しく使用しましょう。

ヘルメットのアゴ紐がゆるんでいる人や、アゴの部分に締めている人を見受けます。

アゴ紐がゆるんでいたり、アゴにかけているだけでは、事故のときヘルメットが頭から外れて、頭のケガの防止に役立ちません。

アゴ紐は、ノドの部分にゆるみなくかけることを習慣にしましょう。特に、夏場は汗をかきやすいのでアゴ紐をゆるめてしまいやすいのですが、安全を確保できなければ意味がありません。キチンとかけることに慣れれば、全く気にならなくなります。

頭をケガする危険の少ない職場では、布製の帽子をかぶっていますが、ヘルメットも布帽子もアミダかぶりはよくありません。長い頭髪は、機械に巻き込まれないよう、布で覆っておくことも必要です。

法律の要旨（安衛則435条、464条、539条）

○高さが2m以上のはい上での作業、港湾荷役作業をするとき、物体の飛来や落下による危険がある所では、保護帽を着用させること。

3. 足先のケガ防止に安全靴を

事業場ごとに、作業の内容に応じた履物が定められているでしょう。

重い物を取り扱う作業現場では、安全靴を履くように定められているのが普通です。

安全靴は、足先の上部を金属板によって保護していますから、安全靴を使用している事業場では足先のケガが激減しています。

安全靴が重いなどと毛嫌いしやすいのですが、軽くて履きやすい安全靴も開発されています。

事務作業で、女性のハイヒールや中ヒールの靴も、安全面から好ましくありませんし、突っ掛けを履いているのも、いかがなものでしょうか。そろいの運動靴にしたいものです。

法律の要旨（安衛則558条）

○通路の構造や作業の状態に応じて、安全靴その他の適当な履物を定めて、使用させること。

4. 作業に応じた保護メガネを

有害光線や粉じん、ゴミなどの飛散、有害な液の飛散などから目を保護するために、それぞれの目的に応じた保護メガネを使用しなければなりません。

ちょっとの作業だからといって、遮光メガネをかけずにガスによる溶接や溶断をしたり、保護メガネをかけずにグラインダーによる研磨作業をしたりしてはいけません。

グラインダーごとに、誰でも使えるような防じんメガネを常備しておきましょう。

特に、目に入った鉄粉やゴミなどが簡単に取れない場合は、こすったりしないで早く専門医に洗浄してもらうことが大切です。

法律の要旨（安衛則325条、593条）

○アーク溶接のアークなどの有害な光線にさらされたり、蒸気、粉じんなどの発散、その他有害な場所では、保護メガネなど適当な保護具を備えること。

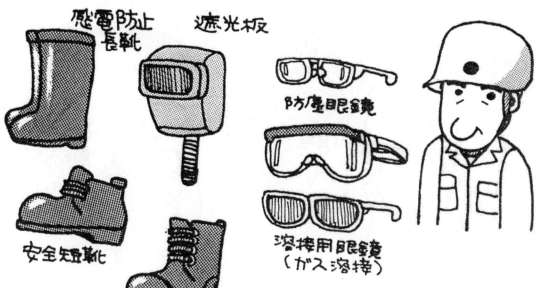

感電防止長靴　遮光板　防塵眼鏡　安全短靴　溶接用眼鏡（ガス溶接）　安全鋼上靴

5. 騒音職場では耳栓を

難聴を予防するために、85 デシベル以上の騒音職場では耳栓を着用しましょう。

工場で使用する耳栓には鉄アレイタイプやスポンジタイプ、粘土タイプなどがありますが、耳孔の入口に置いているだけでは遮音しないので、正しく装着して、耳の孔にきちんと合わせなければ効果はありません。

耳栓を装着したら、低く小さい声で「ウー」とうなってみます。頭の真ん中で声が響けば正しく装着できています。例えば、頭の右側でよく響くと左側の耳栓が正しく装着されていないのです。

> ― 法律の要旨（安衛則 595 条）―
> ○強烈な騒音を発する場所で作業する人に使用させるために、耳栓などの保護具を備えること。

6. 防じんマスクや防毒マスクも

防じんマスクや、有機溶剤や酸などの有害ガスの種類に応じた防毒マスクについても、適切に使用させなければなりません。

汗を吸収するため、顔面にタオルを巻いた上にマスクをしても効果はありません。

マスクのフィルターや吸収缶は、種類によって交換するタイミングが異なりますから、交換時期を誤らないようにしましょう。

7. 手袋の使用禁止作業もある

アセチレンによる溶接などの作業や、皮膚に障害を与える物を取り扱う作業をする場合は、作業に応じた適切な保護手袋を使用させなければなりません。

一方、ボール盤や面取り盤などの、回転する刃物に巻き込まれる恐れのある場合は、手袋の使用を禁止しなければなりません。

無資格で作業しない・させない

1. 無資格の違反には厳しい罰則

危険性や有害性のある作業に応じて、

〇作業主任者を選任しなければならない作業

〇免許を持っている人や技能講習を修了した人でなければ、させてはいけない作業

〇特別教育をした人でなければ、させてはいけない作業

などが、労働安全衛生法で定められています。

仕事を早く進めようとして、無資格者が安易な気持ちで、見よう見まねの作業をすることがまれにあります。

ごく短時間で終わるどんな簡単な作業でも、無資格者が小型フォークリフトやペンダント

クレーンの運転をしたり、特別教育を受けていない人が1人で玉掛け作業をしたり、アーク溶接をしたりなど、違反行為を絶対にさせてはいけません。

法律で定められた資格者を選任しなかったり、無資格者に作業させると厳しい罰則が適用されます。日々の作業に必要な資格者を配置するのは、監督者の大切な仕事です。

資格者などを配置しなければならない作業がいろいろありますから、監督者は自分が担当している職場で行う作業に対して、どんな資格が必要かをよく知って、違反しないようにしなければなりません。

製造業などで、必要と思われる資格者などの一部を次に示しますので、法律の内容をよく確認しておきましょう。

2. 作業に必要な資格などの種類

(1) 作業主任者の選任が必要な作業は

○ボイラーの取り扱い（小型ボイラーを除く）

○×線などの業務

○足場の組立て

○５台以上使用する動力プレス

○高さが２ｍ以上のはい付けやはいくずし

○第一種圧力容器の取り扱い

○船内荷役

○特定化学物質の製造や取り扱い

○屋内での有機溶剤の製造や取り扱い

○酸素欠乏の危険がある場所

○鉛業務

などの作業をする場合は、それぞれの作業の免許取得者か、作業主任者の技能講習を修了した人から作業主任者を選任し、作業主任者の氏名と法律で定められた業務を作業場に掲示して、周知しなければなりません。

作業主任者を選任しておくだけでなく、選任した人に、法律で定められた業務を行わせなければなりません。

法律の要旨（安衛法14条、施行令6条、安衛則18条ほか）

○政令で定められた作業については、法定の資格者から作業主任者を選任して、作業の指揮その他、厚生労働省令で定められた職務を行わせること。

○選任した作業主任者の氏名と、作業主任者に行わせる事項を、作業場の見やすいところに掲示すること。

(2) 資格などが必要な作業は

○ボイラーの取扱い（小型ボイラーを除く）

○つり上げ荷重が５トン以上のクレーン（床上操作式を含む）とデリックの運転

○つり上げ荷重が１トン以上の移動式クレーンの運転

○可燃性ガスによる金属の溶接・溶断など

○最大荷重が１トン以上のフォークリフトの運転

○高さが10ｍ以上の高所作業車の操作

○つり上げ荷重が１トン以上のクレーンや移動式クレーン・デリックの玉掛け

などは、それぞれの免許証を持った人か、技能講習の修了者でなければ作業させてはいけません。

○政令で定めた作業は、法定の資格者でなければ、作業させてはいけない。

○作業者は無資格で作業してはいけない。

(3) 特別教育が必要な作業は

○研削といしの取り替えと試運転

○動力プレスの金型などの取り付け・取り外し・調整など

○アーク溶接

○高圧電気の取り扱い

○最大荷重1トン未満のフォークリフトなどの運転

○小型ボイラーの取り扱い

○高さが10m未満の高所作業車の操作

○つり上げ荷重が5トン未満のクレーンとデリックの運転

○つり上げ荷重が1トン未満の移動式クレーンの運転

○つり上げ荷重が1トン未満のクレーンや移動式クレーン・デリックの玉掛け

○酸素欠乏の危険がある場所

○特殊化学設備の取り扱いなど

○特定粉じんが発生する場所

○産業用ロボットの検査など

○自動車タイヤの組立業務で、空気圧縮機によるタイヤへの空気の充填

　など41項目の作業が指定されています。職場ごとに該当する作業の有無を確認して違反のないよう、該当する作業に対する教育をして記録を残しておきましょう。

○厚生労働省令で定める作業をさせる者には、当該作業についての、安全衛生教育をすること。

みんなで作業に必要な法律（資格）を勉強

職場の作業に必要な作業主任者は資格者はどんな特別教育がいるか

労働安全衛生法！

3. 資格者の管理を適切に

　作業主任者に必要な免許や資格、作業に必要な技能講習などは、外部の災害防止団体などで行われる免許試験や技能講習を受けて、資格を取得しなければなりません。

　職場ごとに作業に必要な資格名と資格者の一覧表を作っておいて、休暇や人事異動によって日々の作業に必要な資格者が不足しないよう、外部で行われる講習会などの時期に合わせて計画的に資格の取得を進めておくことが大切です。

　特別教育は外部の団体でも行っていますが、それぞれの企業で行うのが基本です。計画的に教育しておかなければ、必要なときに特別教育をした人がいないということになりかねません。

　なお資格者証は、作業中に各人が携帯しておくのが基本です。

4. 指揮者や誘導者などの配置も

　資格はいりませんが、指揮者や誘導者などを配置しなければならない作業についても、法律で定められています。

○フォークリフトなど車両系荷役運搬機械による作業や、1つの荷が100kg以上のものを構内運搬車や貨物自動車・貨車などに2人以上で積み卸しする作業、高所作業車を使って行う作業、危険物を製造したり取り扱うなどの作業をするときは、指揮者を配置しなければなりません。

○フォークリフトなど車両系荷役運搬機械に作業者が接触する恐れがある作業では、誘導者を配置しなければなりません。

○3m以上の高さから物を投下するときや酸素欠乏の危険がある場所での作業、同一のランウェイ上に併置したクレーンの修理作業などで走行による危険がある場合は、監視人を配置しなければなりません。

安全衛生教育や健康診断を充実しよう

1. 雇入れ時などの教育を

新たに雇い入れた従業員には、事業場として集合教育を行った後、配属した課としての教育を行うのが普通です。

新たに雇い入れる従業員が少ない小規模の事業場では、各地の労働基準協会など、災害防止団体が行う安全衛生教育に派遣して、教育を受けさせています。

いずれにしても大切なのは、それぞれ配属された従業員を受け入れた職場で、監督者が責任を持って、従事させる作業のやり方や守るべきことなど、職場固有の安全衛生教育を行うことなのです。

一方、経験のない作業に配置換えする場合や、設備や作業方法が大幅に変更されたときにも、関係の作業者に対して作業内容変更時の安全衛生教育を行わなければなりません。

これらの雇入時や作業内容変更時の教育では、労働安全衛生規則で定められた事柄について教えることが必要です。

但し、作業者が必要な知識と技能を持っている項目については、教育を省いてもよいことになっています。

なお、教育記録は3年間保存しておかなければなりません。

これらの教育をキチンと実施しておかなければ、罰則を適用されることがありますから、教育をしないで作業につかせてはいけません。

法律の要旨（安衛法59条、安衛則35条）

○作業者を雇い入れたときや、作業内容を変更したときは、遅滞なく作業者が従事する業務に関する安全衛生教育を行うこと。

今日はうちの職場の安全衛生を指導しますヨロシク

宜しくお願いします

2. 職場の責任者には職長教育を

(1) 職長教育を行う対象者は

　職場にはグループごとの責任者として、職長や班長・区長などと名付けた監督者を配置しています。

　これらの監督者に対して、法律で定められた職長教育という、安全衛生教育をしておかなければなりません。

　小企業では、これらのような職名をつけないで、責任者と位置付けている場合があります。職長など役職名をつけていなくても、作業者に対して指揮・監督する立場になった人についても、職長教育をしておかなければならないのです。

　但し、作業主任者の講習を修了した人には、この教育を受けさせなくても法違反にはなりませんが、能力をいっそう高めるために、できるだけ職長教育を受けさせたいものです。

(2) 職長教育の内容は

　この教育は、作業手順の定め方と作業者の配置や指導・監督の方法、危険有害性の調査方法と対策、設備と作業場所の保守管理の方法、異常時の措置方法など、教えなければならない事柄が法律で定められており、合計12時間かけて行わなければなりません。

　但し、受講者が十分な知識と技能を持っている事柄については、省略してもかまいません。

(3) 教育の方法は

　職長教育は、1回当たり15人以内の受講者として、原則として討議方式で行い、教育する事柄について、知識と経験を持った人が教えるように定められています。

　この教育は、安全衛生教育センターが行っているRST（労働省方式現場監督者安全衛生教育トレーナー）の養成講座を修了した自社の人が行えばよく、自社に適任者がいない

場合は外部の講師に頼めばよいでしょう。

法律の要旨 （安衛法60条、施行令19条、安衛則40条）

○建設業や製造業・機械修理業・自動車整備業など政令で定められた業種では、職長や労働者を直接指揮・監督する者に対して、厚生労働省令で定める事柄について安全衛生教育を行うこと。

3. 安全衛生推進者などにも教育を

製造業や建設業・林業・運送業・清掃業などの業種では、従業員が常時50人以上の規模の事業場ごとに、安全管理者を選任しなければなりません。

常時10〜49人の従業員が働く事業場では、安全衛生推進者（但し、事務作業だけの事業場では衛生推進者）を選任して、氏名を作業場の見やすいところに掲示するなどにより、みんなに知らせなければなりません。

これらの安全管理者や安全衛生推進者などは、法律で定められた要件を備えている人で、それぞれの業務を適切に行う能力を高めるために、法律で定められた研修や講習を受けた人を選任しなければなりません。

安全管理者に対する研修は9時間、安全衛生推進者に対する講習は10時間で行うのが基本で、カリキュラムも示されています。

安全管理者や安全衛生推進者を選任するための研修や講習を行う講師は、定められた要件を満たす人が行うこととなっていますが、外部講師に依頼したり、労働災害防止団体が行っている講習会に参加させる方法もあります。

これらの選任後は、その後も定期的に能力向上教育を行うことが大切です。

法律の要旨（安衛法 19 条の 2、基発 39 号別添ほか）

○安全管理者や安全衛生推進者など、労働災害の防止のための業務に従事する者に対して、能力向上のための教育や講習を行い、又は、これらを受けさせるよう努めること。

○能力向上教育を受ける時期は、最初の選任後 3 カ月以内に行い、その後は 5 年ごとに行うことが望ましい。

4. 定期健康診断は全員が対象

業種にかかわらず、新たに従業員を雇い入れたときに医師による健康診断を行い、その後は、すべての従業員に対して、1 年以内ごとに 1 回の定期健康診断を受けさせなければなりません。

それぞれの健康診断で実施しなければならない項目については、法律で定められていま

すから、キチンと実施してもらいましょう。

これらの健康診断のほかに、有機溶剤や特定化学物質・放射線などの取り扱いなど、有害な業務に従事する人については、それぞれの業務についたときと、その後は 6 カ月ごとに、特殊健康診断を受けさせなければなりません。

このほかにも、塩酸や硫酸などを取り扱う人については、6 カ月ごとに歯科医による健康診断を受けさせなければなりません。産業医とよく相談して、法違反にならないようにしましょう。

法律の要旨（安衛法 66 条、安衛則 43 条、44 条ほか）

○従業員を雇入れたときと、1 年以内ごとの定期に、医師による健康診断を行うこと。

○取り扱う物質などに応じた健康診断を、6 カ月以内ごとに行うこと。

墜落・転落災害を防ごう

1. 墜落災害は重大災害になりやすい

　全国で発生している労働災害の中でも、墜落や転落による災害は命にかかわる大きい災害になりやすいので、災害防止対策には万全を期さなければなりません。

　だれでも高所では怖さを感じて緊張しますが、高所作業を続けていると、慣れによって緊張感が乏しくなってしまいやすいのです。

　高所からの墜落だけでなく「1mは1命を取る」と言われているように、2m以下の低いところから落ちても大きい災害になることがよくありますから、油断せずに高所と同じような足場や柵など設備面の対策を実施することが必要です。

2. 高所には作業床と柵が基本

　高さ2m以上の箇所については、墜落災害防止のための安全対策として実施しなければならないことが、労働安全衛生規則にいろいろ定められています。

　高所で作業する箇所には、安全に作業できるように、作業床を設けると共に、囲いや手すりなども設けておくのが基本的な対策です。

　多くの職場では、定常作業だけでなく非定常や緊急に行う高所作業もあります。それぞれの作業に対して、どのような安全対策が必要かをよく知って、設備面の対策を優先して実施しておきましょう。

(1) 高所作業箇所には作業床を

工場などの日常作業の中で、設備や機械の点検や操作などのために設備の高い所に上がることがよくあり、このような作業箇所には、作業が容易にできるように作業床を設けているのが普通です。

しかし、1年間に1～2回程度の頻度で行う、建屋の上部に設置している配管のバルブの操作箇所に、垂直ハシゴだけしか設けていなかったり、天井走行クレーンの横行クラブの下部シーブの点検箇所など、作業頻度がかなり低い箇所に、作業床を設けていないことがよくあります。

作業頻度が低いからといって作業足場を設けておかなければ、つい危険な行動をしてしまいやすいのです。

近年、多くの工場で発生している墜落災害を見ると、機械の点検や修理・設備の改造などの、非定常作業時に発生しているのです。

市中で電線の修理や配線などの工事でよく見かける高所作業車が、一般の工場の屋外作業や建設工事などでも、大変よく利用されており、高所の安全作業に欠かせなくなっています。

今では、高所作業に欠かせない高所作業車ですが、多くの工場の建屋の中では、使用できるスペースや作業がないために、従来の安全対策に頼らざるを得ません。

作業の頻度が低くても、定期的に機械の操作や点検などの作業をしなければならない高所にも、作業床を設けておくことが大切です。

法律の要旨（安衛則518条、563条）

○高さが2m以上の箇所で、墜落の危険がある作業をする場合は、作業床を設けること。
○足場として設けた作業床の、床材間のすき間は3cm以下にすること。

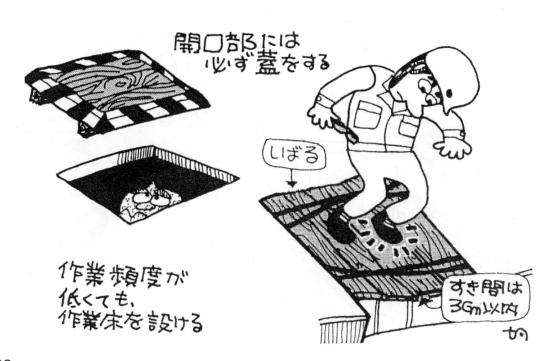

開口部には必ず蓋をする

しばる

すき間は3㎝以内

作業頻度が低くても、作業床を設ける

(2) 開口部には柵をせよ

建設工事や修理作業などのとき、クレーンなどによって資材や機械の部品などを高所や地下の作業床へ取り込むため、一時的に設けた作業床の開口部に、丈夫な安全柵を設けていない現場もまれに見られます。

安全柵は丈夫なものでなければなりません。

近年、日本人の身長が高くなっているので、安全柵は 90cm の高さを確保しておきましょう。

国際規格で定めている 110cm にして中さんを２本にしている事業場も多くなっています。

固定の柵を設けられない箇所には作業床の端に内開きの柵を取り付けておき、柵を開けて作業するときにフルハーネスを使用しましょう。

法律の要旨（安衛則 519 条）

○高さが２ｍ以上の作業床の端や開口部で墜落の危険がある箇所には、囲いまたは手すりなどを設けること。

---

(3) 柵には中さんとつま先板も

安全柵の高さの中央に中さんを入れ、柵の下部につま先板を設けるのが常識です。

作業床に置いているものが転がったり、不用意に当たって落とすなどによる危険を防止するためにつま先板は大変重要で、建設現場では常識になっていますが、工場内でも高所の作業床や通路にも、高さが5～10cm 程度のつま先板を設けておくことが大切です。

(4) 手すりは構築物から離す

工場の昇降階段や高所の歩道などの安全柵の手すりと建物の柱などとの間隔が２cm 程度の箇所がよく見られます。

手すりを持った手を滑らしながらおりるときに、手を挟んでケガをすることがあります。

手すりを溶接などによって、取り付けている場合はよいのですが、手すりと構築物との間隔は、少なくとも５cm 以上あけておきましょう。

高さ90cmに！　幅木　中さん

開口部には柵を！

3. フルハーネス型の使用が義務化

2018 年に労働安全衛生規則が改正されて、従来の安全帯に代えて「フルハーネス型墜落制止用器具」（法律の条文では「要求性能墜落制止用器具」と名付けている）の使用が義務付けされました。

―― 法律の要旨 (安衛則 519 条) ――
〇高さが 2 m 以上の作業床の端や開口部で、囲いなどの設置が困難な場合や臨時に取り外すときは防網を張り、要求性能墜落制止用器具を使用させること。

(1) 墜落時の人体損傷が少ない

従来の、ベルト 1 本で身体を保持する「胴ベルト型」は、墜落時の衝撃による内蔵の損傷や、宙吊り状態での胸部圧迫等による重篤な危害が指摘されています。

そのために、着用者の身体を肩、腰部、腿などの複数箇所で保持するフルハーネス型の墜落制止用器具（以下「フルハーネス」と表示）に変更されました。

(2) 6.75 m 以下では胴ベルト型の使用を

フルハーネスは下図のように、ランヤード（吊りひも）にショックアブソーバが組み込まれているために、墜落時の落下距離が胴ベルト型より長くなるので、一定以上の高さがなければ、制止される前に人が地面に達してしまいます。従って、高さが概ね 6.75 m（建設作業では 5 m）以下の場所では、従来から使用している胴ベルト型（一本づり）を使用することとされています。

(3) 特別教育の受講も

フルハーネスを用いて作業する人は、実技訓練も入れた 6 時間の特別教育を受けなければなりません。

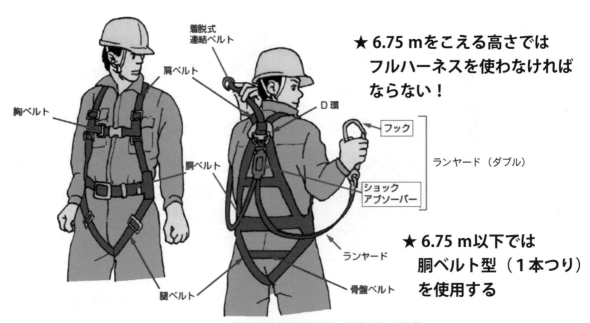

★ 6.75 mをこえる高さでは
フルハーネスを使わなければ
ならない！

★ 6.75 m以下では
胴ベルト型（1本つり）
を使用する

着脱式連結ベルト　肩ベルト　胸ベルト　胴ベルト　腿ベルト　D環　フック　ランヤード（ダブル）　ショックアブソーバー　ランヤード　骨盤ベルト

厚生労働省発表資料を一部加工して作成

4. フルハーネスを取り付ける 設備も

作業床や手すりなどの安全対策が不十分な箇所で作業するときは、フルハーネスのフックを取り付ける設備を設けなければなりません。

このフックを取り付ける設備は、鋼管や形鋼など剛性の高い材料で作っておくのが基本ですが、工事現場や建屋の天井走行クレーンの走行レール横に設けた歩道に沿って、建屋のそれぞれの柱に通しの親ロープを張ってあるのが一般的です。

法律の要旨（安衛則521条）

○高所で使用する要求性能墜落制止用器具を、安全に取り付けられる設備を設けること。
○要求性能墜落制止用器具を取り付ける設備についても、異常の有無を随時に点検すること。

親ロープ方式では、墜落した人が親ロープにぶら下がったときに、親ロープが下に大きくたわむので、同じスパン内の親ロープにフルハーネスを取り付けている他の作業者も、次々に引っ張られてぶら下がることになります。

だから、親ロープを保持するスパンはできるだけ短くし、スパンごとの各柱に親ロープを固定し、1スパン内にフルハーネスをかける作業者は、1人にすることも大切です。

フルハーネスのフックを構築物にかける位置が低ければ、墜落時の落下距離が長くなり、構造物などに身体が当たる危険が生じるために、フルハーネスのフックは、できるだけ胸より高い所にかけることが大切です。

法律の要旨（安衛則142条、518条、519条、532条の2、533条）

○2m以上の高所での作業や、粉砕機・混合機、ホッパー、煮沸槽などの内部で、墜落する危険のある作業をする場合は、作業床や安全柵を設けなければならないが、設けることが困難な場合は、要求性能墜落制止用器具を使用させること。

親綱のスパンは短かく…

1人が落ちると、次々に！

5. 安全な昇降設備を設ける

工場では、高所の作業箇所やピットの中・地下室などへ昇降するための階段を設置しているでしょうが、高さが1m以下の比較的低い作業箇所に、階段を設けていない状態をよく見かけます。

1m以下の高さから飛びおりて、大きいケガをした例はたくさんあります。

機械の調整などのために、60〜70cmの高さへ昇降するための階段を設けていなかったり、設けていても手すりを設けていない職場をよく見かけますが、安全面だけでなく作業性も悪くしています。

低い箇所でも油断せずに、手すりのついた安全な昇降設備を設けておきましょう。

= 法律の要旨 (安衛則 526 条) =

○高さ又は深さが15mをこえる作業箇所には、安全な昇降設備を設けること。

6. 移動ハシゴは正しく使おう

(1) ハシゴは転位しないように

移動ハシゴは日常よく使用されます。かつて、木の角材2本に、踏み桟として板を釘で打ちつけた手製のものを使っている例もまれに見られましたが、破損しやすく危険が伴います。

近年は、アルミ製などの軽量で安全なハシゴが安価に手に入りますから、必ず正規のものを使いましょう。

移動ハシゴは、下部に滑り止めのついたものを使用したり、上部をしばるか、他の人が下を支えるなどによって、転位することを防止しなければなりません。できるだけ、上部を構築物にしばるようにしましょう。

= 法律の要旨 (安衛則 527 条) =

○移動ハシゴを使用するときは、転位を防止すること。

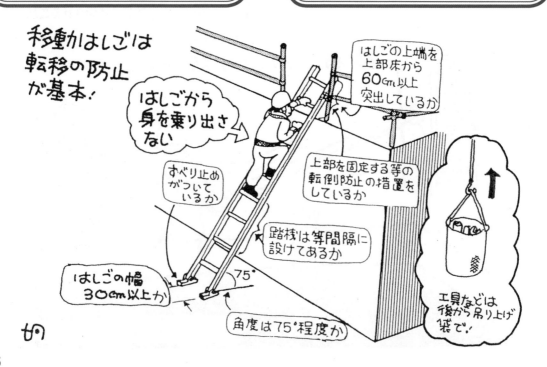

(2) ハシゴの2本継ぎをしない

　移動ハシゴの角度は 75° にし、ハシゴの上部は上部の作業床から上に 60cm 以上突き出して使用しましょう。

　ハシゴから身を乗り出して作業すると大変危険ですから、身を乗り出さなければならない場合は、こまめにハシゴを移動させることが大切です。

　ハシゴの長さが足らないからといって安易に考えて2本のハシゴを継いで使用することは、大変危険ですからやめましょう。

　このような、2本の移動ハシゴを継がなければならないような高所で臨時に行う作業では、アルミ製の2連ハシゴがありますから利用しましょう。

　2連ハシゴは下部のハシゴを外側にして、踏み面が水平になる角度で使用するのが常識です。

7. ハシゴ道にはバスケットを

　昇降頻度が低い箇所には、いわゆる垂直ハシゴといわれる、固定のハシゴ道を設けているのをよく見掛けます。

　ハシゴの上部は、少なくても1m以上突き出して先端を内側に曲げておくとより安全です。

　ハシゴ道には、背囲いや猿カゴなどと呼ばれているバスケットを設けておくことが望ましいのです。下部は2mの高さから、上部の作業床より少なくても 90 ㎝高い所まで、バスケットを設けましょう。

　踏み桟は、足の踏み外しを防止するために壁から 15cm 以上離しておきましょう。

┌─── 法律の要旨 (安衛則 556 条) ───┐
○ハシゴ道の踏み桟と壁との隙間は適当な間隔を保ち、ハシゴの上端を床から 60cm 以上突き出しておくこと。

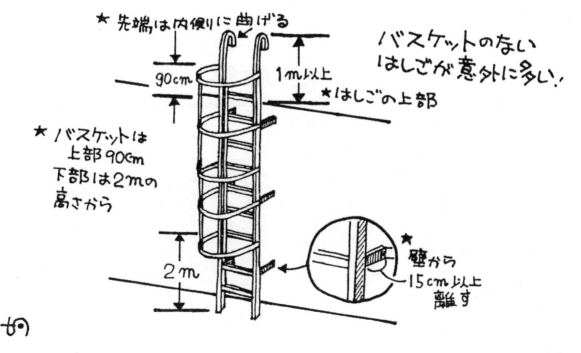

★先端は内側に曲げる
90cm
1m以上
★はしごの上部

バスケットのないはしごが意外に多い！

★バスケットは上部90㎝下部は2mの高さから

2m

★壁から15cm以上離す

8. 脚立は開き止めを使用して

　近年は、持ち運びが便利なように、折りたたみ式の脚立がよく使用されています。

　作業中に脚立がぐらついて転落したり、脚立の足が開いてしまってケガをすることも珍しくありません。

　使用前に点検して、脚の滑り止めや開き止めなどに異常がないか確認しましょう。

　開き止めは必ず使用し、作業中は身を乗り出さないようにすることも大切です。

　なお、脚立の天板に乗ると不安定ですから、1 m程度以上の高さでは両側の踏み桟にまたがって作業するように心掛けましょう。

┌─── 法律の要旨（安衛則528条）───┐
│ ○折りたたみ式の脚立は、脚と水平
│ 　面との角度を保つ金具などを備え
│ 　なければならない。
│ ○踏み面は、作業を安全に行うため
│ 　に必要な面積を有すること。
└──────────────────────┘

9. ウマ足場は正しく組んで

　建設現場に限らず一般の工場内でも、機械などの修理のために鋼製のウマやアルミ製の脚立に足場板をかけた、仮設の足場を使用することがよくあります。

　ウマは足場板をかけるためのもので、脚立として使用してはいけません。

　足場板はウマにかけるのが基本ですが、脚立を使用してもかまいません。

　ウマにかけた足場をウマ足場といい、脚立にかけた足場を脚立足場といっています。

　足場板は3カ所で支え、はね出し長さは10〜20cmとし、両端の重ね長さは20cm以上にして、3カ所共しばっておくことが大切です。

　作業時の安全をよくするために、足場板をウマや脚立の天板にかけるのではなく、上部から2段目にかけましょう。

　仮設のウマ足場の高さが2m以上になれば、高所作業の対策が必要になります。

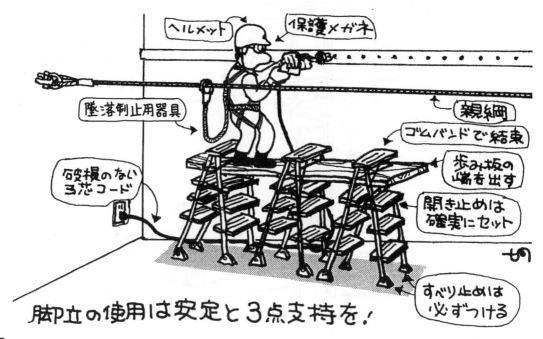

脚立の使用は安定と3点支持を！

転倒災害を防ごう

1. 災害統計より

　転倒による災害は他の原因による災害と違って、死亡事故になることは比較的少ないものの、災害の発生は意外に多いのです。

　近年、全国の転倒による休業災害は全体の20％以上も占めており、不休災害を含めるとかなり多くの人が痛みを伴う不自由な生活をしていると推測されます。

　私たちは日頃、転倒についてはほとんど意識せずに行動しています。

　転倒災害の防止についても油断することなく、職場レベルでも日頃から安全意識を高めると共に、安全対策をこまめに実施しておきましょう。

2. 転倒災害を防ぐために

（1）床面の段差などをなくす

　作業場の床面の段差でつまずいて転んだり、床面にこぼれた油類によって滑って転ぶこともあります。近年は高年齢化が進んでいますから、転んだだけでも骨折などの大きい災害になることがよくあります。作業場の床面についても凹凸をなくし、滑りやすい床面に滑り止め剤の塗布や滑り止めテーピングなどの対策をしている事業場がたくさんあります。常に安全な状態に維持しておきましょう。

法律の要旨（安衛則544条）

〇作業場の床面は、つまずきや滑り等の危険をなくしておくこと。

(2) 階段の角度とピッチを揃える

私達は、歩いたり走ったりするときの歩幅や、足を上げる高さはほぼ一定です。

このように人間は、身についた一定のリズムを持って行動するので、職場でもこのことに配慮することが大切です。

職場内の階段の角度や蹴上げの寸法が、階段ごとに違っている場合があります。

また、床面との取り合いの関係で、階段の最下段や最上段の蹴上げの寸法が小さかったり、大きくなっている階段をよく見掛けます。

これらは、つまずきやすい原因になりますから、職場内のすべての階段の角度を揃えると共に、蹴上げの寸法を最下段から最上段まで揃えて踏面に滑り止めを施しておくことが大切です。

(3) 階段は手すりを持って1段ずつ

階段をかけあがったり2段飛びをしながら昇降したりして、足を踏み外すことがよくあります。

階段は、手すりを持って1段ずつ昇降するのが基本です。

(4) 作業場では走らない

仕事を早く済ませなければならないときについ走って、床面に放置していたり置いてある物につまずいたり当たったり、作業者同士が衝突したりなどによって転んで思わぬケガをすることがあります。

緊急時を除いて、日頃は「作業場では走らない」を決めて徹底することも大切です。

(5) ハンドポケットはケガのもと

寒くなれば、ついポケットに手を入れたくなります。ハンドポケットが習慣になっている人をよく見掛けます。

ハンドポケットは歩行中の体のバランスを取りにくくし、転んだときに両手で支えることができないために、大きいケガになってしまいます。

ハンドポケットをやめて、両手を出して胸を張って歩く習慣を身に付けましょう。

(6) 作業場には不用意に物を置かない

3S（整理・整頓・清掃）がよくないために、置いている物に接触したり、つまずいたりして転倒することがよくあります。

作業床に放置している道工具や不用品など

の小物も、つまずきによる転倒の原因になります。

まれにしか使わない物や当面使う見込みのない物も、作業場に置いておくと整頓をしにくくしてしまうので、このような物は職場の片隅にまとめて置きましょう。

そして作業がしやすくて安全なように、それぞれの物の置き場を決めて、品種と寸法ごとに置き場を表示するのが大切です。

作業するときの合理的な歩行経路を考えて、歩行しやすいように適当なスペースを確保した物の置き場を決めましょう。

いろいろな物の置き方は、直角・平行に置くように心掛けると、職場がすっきりして歩行スペースも取りやすくなります。

そして、作業場の清掃をしてつまずくような物を床に放置しないよう心掛けましょう。

飛来・落下・崩壊災害を防ごう

1. 意外にこわい飛来・落下

研削といしの使用方法を誤ると、とんでもない事故を引き起こしかねませんから油断は禁物です。

高速回転している部品などが飛んできたり、高所から落ちてきた物は、軽い物であっても当たったときの衝撃が大きいので大変危険です。

(1) 研削といしなどに安全カバーを

近年は、固定式やポータブルなどの研削といしが、多くの事業場で日常的に使われているので、いいかげんな取り扱いになりやすいのです。

取り扱いの基本を再認識して、安全な作業を心掛けましょう。

研削といしに、覆いを設けたり、研削といしを取り替えたときや、毎日の作業を始めるときに、試運転をして安全を確認しなければなりません。

万一、といしが割れたときの安全のために、試運転中は、といしの回転方向の正面に立たないことが大切です。

バフ盤を使用する場合も、バフに覆いを設けなければなりません。

法律の要旨 (安衛則 117条、118条、121条)

〇バフ盤のバフや、直径が 50mm 以上の研削といしには、覆いを設けること。
〇研削といしを取り替えたときは、3分間以上、毎日の作業を開始する前に1分間以上、試運転をすること。

シマッタ！

バキ

"シマッタ"では手遅れだ

(2) ハンマーなどのカエリに要注意

かつて筆者が製鉄所の安全管理をしていた頃、ある職場で思いがけない大ケガをしました。

機械の軸を抜くために、大ハンマーを打ちおろしたときの衝撃で、ハンマーのカエリが欠けて飛んで、ひざまずいて片手ハンマーを当てがっていた作業者のノドの部分から、飛んだカエリが突き刺さって肺まで達するといった大ケガをしたのです。

突き刺さったカエリは、縫い針のような細さで、長さは1cmにも満たないものでした。

たかがカエリと思っての油断が、大変な災害を招いたのです。

そこで早速、すべての事業場のすべての職場で、ハンマーやタガネなどの打撃面に3mm以上の面取りを実施し、その後は定期的に点検をしてカエリの防止に努めたのです。

鋳鉄の鋳物のような、脆い物を旋盤などで切削しているとき、削り屑が飛ぶことがよくあります。

いろいろな機械で加工するときに、切削屑が飛んだり、加工する物が切断したり欠けて飛ぶようなことがある場合は、飛散しないように、周囲に覆いなどを設けておくことが必要です。

安全には、この程度と思う油断は禁物です。

> **法律の要旨**（安衛則105条、106条、538条ほか）
>
> ○切削屑が飛来したり、加工物が切断したり欠損して、飛来による危険が生じる場合は、覆いや囲いを設けること。
> ○物体が飛来することによる危険がある場合は、飛来防止の設備を設け、保護帽を使用させること。

(3) 安易に放り投げるな

　高所から不用意に物を放り投げたとき、たまたま下を通りかかった人に当たって、大ケガをさせてしまうことがあります。

　とりわけ数m程度の高さから、作業に使った残材の屑などを地上におろすとき、つい放り投げてしまいやすいのです。

　高所から物を放り投げるときは、落ちたときに物が飛び散らないよう囲いをしたり、監視人を配置して立ち入りを禁止するなどの対策を実施しなければ、絶対に放り投げさせてはいけません。

法律の要旨（安衛則536条）

○3m以上の高さから物を投下するときは、適当な投下設備を設け、監視人を置くなどの、危険防止対策を実施すること。

(4) 物を落とさない対策も怠りなく

　作業中に、工具などを落とすことがよくあります。高所の作業床や通路に置いている部品や道具などを、ついうっかり、けったりして落としてしまうこともあります。

　高所に設けた作業床の端や通路の柵の下部には、つま先板を取り付けるのが基本です。物を落とす危険がある所には、立入禁止区域を設定しておくことが大切です。

法律の要旨（安衛則537条、539条）

○作業のために、物が落ちることによって危険が生じる場合は、防網の設備を設けて、立入区域を設定しなければならない。
○上方で、他の作業者が作業をしている所で作業するときは、保護帽を着用させなければならない。

2. 崩壊災害を防ぐために

(1) 崩壊災害とは

　土砂が崩壊したり仮設足場が倒壊すると、何人も同時に被災することになり、しかも死亡災害になりやすいのです。

　ごく小規模の建設工事や製造業などの多くの現場で行う、簡単な修理作業などで用いる仮設足場などの崩壊防止対策についても油断はできません。更に崩壊すると大変こわい「はい」についても油断禁物です。

　はい作業での崩壊防止対策と、いろいろな物の形状に応じた安全な置き方についていくつか解説します。

　はいとは、倉庫、上屋、土場に積み重ねた荷（小麦や大豆、鉱石などのばら物の荷を除く）の集団をいいます。

(2) はい作業には作業主任者を

　床面からの高さが2m以上のはいの、はい付けやはいくずしの作業（はい作業）を行うときは、はい作業主任者を選任して、直接指揮（作業中は作業主任者が作業場を離れてはいけない）をさせなければなりません。

法律の要旨（安衛則428条、429条、施行令6条12号）

〇高さ2m以上のはい作業を行う場合は、はい作業の技能講習修了者から、はい作業主任者を選任すること。

〇はい作業主任者には、作業の方法と順序を決めさせたりなど、作業の直接指揮によって、安衛則で定められた業務を行わせること。

〇はいくずしの作業は、はいが崩壊する危険がないことを確認しなければ、作業をさせてはいけない。

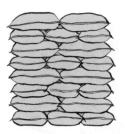

※一般的なはい

(3) はい作業を安全に行うために

　はいの上で作業する場合は昇降設備を設け、ヘルメットを被らせなければなりません。

　はいくずしで中抜きをしてはいけません。

　はいが、崩壊したり荷が落ちる危険がある場合は、ロープでしばるなどの対策を実施しておくことが必要です。

法律の要旨（安衛則 427 条, 431 条〜 435 条）

○はいの高さが 1.5 m をこえるはいの上で作業する場合は、安全に昇降できる設備を設けること。

○高さが 2 m 以上のはいくずしを行う場合は、中抜きをしてはならない。

○高さが 2 m 以上のはい上での作業者には、保護帽を着用させること。

○崩壊や荷の落下の危険がある場合は、関係者以外の立入を禁止し、ロープでしばり、網を張り、くい止め、はい替えなどを行うこと。

---

(4) 物の置き方の基本

　作業場に置いてあるいろいろな物が倒れたり崩れたりしないよう、形状に応じて次のような安定した置き方をすることが大切です。

①積み重ねる場合は、大きい物や重い物を下に積み、箱物は、できるだけヒナ段方式にキチンと積む。

②鉄板などの薄い板物はラック方式にするか、床に枕木を並べて平置きにする。

③長い物を横置きする場合は、床置きのラック方式か刀掛け方式にし、立て掛ける場合は倒れ止めをしておく。

④ボンベは、保管中のものだけでなく、使用中のものにも倒れ止めをしておく。

⑤転がりやすい物には歯止めをする。

⑥形状が不安定なものは、倒れないよう専用の置き台を工夫する。

品物の形状に応じた安全な置き方をする。

板は寸法別にラックへ

立てかける時は倒れ止めを

丸い物には端止めを

巻き込まれ・挟まれ災害を防ごう

1. 多い巻き込まれや挟まれ災害

　製造業では、古くから巻き込まれや挟まれによる労働災害の割合が大変多く、近年も巻き込まれや挟まれによる死傷者が製造業全体の４分の１を占め、死亡者も３割を越しています。

　このように、特に製造業では挟まれや巻き込まれによる災害が発生しやすく、しかも被災すれば死亡災害になりやすいという現実をよく認識して、きめ細かな災害防止対策を実施することが大切です。

　巻き込まれや挟まれによる災害をみると、次のような原因によるものが目立っています。

①トッサに回転中の機械に手を出した。

②機械に衣服などが巻き込まれた。

③運転中の機械や装置を停止せずに、手入れなどを行った。

④機械や装置を修理中に他の人が動かした。

⑤起動装置を誤操作した。

⑥機械の横を通り抜けようとして機械に挟まれた。

⑦吊り荷と機械との間に挟まれた。

⑧リフトやエレベーターと床との間に挟まれた。

　これらのように、巻き込まれや挟まれの原因は随所にあります。ここでは多くの職場に共通する基本的なものだけを取り上げて解説します。

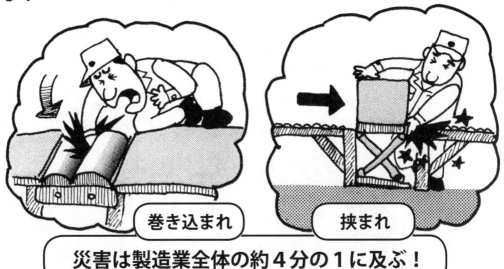

軽んずるなかれ！

巻き込まれ　　　挟まれ

災害は製造業全体の約４分の１に及ぶ！

2. 回転体の突起をなくす

多くの職場には、大小の各種ロールや機械を駆動するためのスピンドル、カップリング、ギヤー、ベルト、チェーンなどの回転体が沢山あります。

とりわけ近年は、どこの職場でも監督者の目がとどかない1人作業が多くなっていますから、設備面の安全対策が大変重要になってきています。

機械の点検や給油中に、回転している軸やカップリングなどに接触しても衣服などが引っ掛からないよう、キーやセットボルトなどの突起物をなくしておかなければなりません。

━━ 法律の要旨（安衛則101条）━━

○回転軸や歯車、プーリー、フライホイル等の止め具は、埋没型とするか覆いを設けること。

3. 回転体には安全カバーを

ロールに材料を送り込むときに手を巻き込まれたり、ロールの表面にキズや汚れが発生したときに、修正しようとしてトッサに手を出して巻き込まれることが大変多いのです。

機械の駆動部分や送風機などの給油など作業頻度が少ない箇所や、ごく低速の回転体に、つい油断して巻き込まれ、大ケガをすることがよくあります。

紙など板状のものや、ワイヤロープなど線状のものの、巻き取り部分も大変危険です。

ごく小径のものも含めて、すべての回転体には、手や体の一部が入らないように、回転体の全体に安全カバーを設けるか、囲いを設けるなどの対策が必要です。

━━ 法律の要旨（安衛則101条、109条、144条）━━

○機械の原動機、回転軸、歯車、プーリー、ベルト、ロール機、巻取りロールなどの危険部分には、覆い、囲い、スリーブ、踏切橋等を設けること。

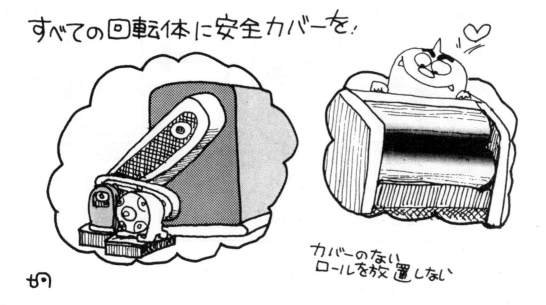

すべての回転体に安全カバーを!

カバーのない
ロールを放置しない

4. 回転体に手を出すな

すべての回転体には、安全カバーなど設備面の安全対策と共に行動面の安全対策も欠かすことができません。

作業者には、回転体に手を出さないことを習慣として徹底するよう、根気よく指導しなければなりません。

回転体の手入れなどは停止して行うのが基本ですが、回転体や刃物に手を出さなければ作業できない箇所には、回転方向の出側から治具を使用するなどの工夫をこらしましょう。

> 法律の要旨（安衛則 108 条、111 条）
>
> ○機械の刃物の切粉払いや切削剤を使用するときは、ブラシなど適当な用具を用いること。
> ○ボール盤などの作業では、手袋の使用を禁止すること。

5. 玉掛作業はノータッチで

重量物を扱う職場ではクレーンやテルハなどによる運搬作業が大変多く、玉掛者が吊り荷とワイヤの間に指を挟まれたり、吊り荷が振れて近くの設備や機器・品物などとの間で挟まれて、大ケガをすることがよくあります。

そこでノータッチ運動などと名付けて、荷にワイヤをかけた後、ワイヤを張るときから本巻きするまでの、ワイヤ位置の修正や吊り荷の方向決めなどの介添えをするときに、吊り荷やワイヤに手を触れなくてもよいよう、手カギを使うように決めている職場が沢山あります。吊り荷をおろすときも、荷崩れによる挟まれ災害を防止するために、手カギを使うように決めています。

巻き込まれや挟まれの危険のある作業では、ノータッチ作業を工夫することが大切です。

6. プレス等の安全対策を万全に

(1) 金型の間に手が入らないように

プレス作業で上下の金型に挟まれて指を落としたり、大型プレスの金型を調整しているときに、身体を挟まれることもまれではありません。シヤーの刃物で、指を切断するといった災害もあります。

シヤーによる指の切断や、プレス機械による挟まれ災害は残存傷害になるので、ケガをした人は一生残存傷害による不自由に、耐えてゆかなければならなくなります。

このような人を絶対に出さないよう、設備面の安全対策を優先して行い、作業性がよくないからなどといった理由で、安全装置をはずして作業するようなことは、絶対にさせてはいけません。

作業中に上下の金型の間に手が入らないよう、安全なガイドを設けたり、両手操作式にしておくことが大切です。

このガイドについては、工夫すればあまり費用を掛けなくても改善でき、作業の精度がよくなると共に、材料を挿入しやすくなって、能率を上げることにも大変役立ちます。

またシヤーについても、刃物間に手が入らないようなガイドを設けることが大切です。

法律の要旨（安衛則131条）

○プレス機械やシヤーについては、安全囲いを設けるなどにより、身体の一部が危険な所に入らないようにすること。

(2) 金型調整時等の安全対策も

金型を取り付けたり、取り外したり調整をするときは、上下の金型の間に入って作業することが多いので、もしスライドが下降したりして金型に挟まれると、命取りになります。

スライドが不意に下降しないよう、必ず安全ブロックを使用しましょう。

シヤーの刃物を取り替えるときも、刃物間に安全ブロックをかませて作業しましょう。

法律の要旨（安衛則131条の2、131条の3）

○動力プレスの金型の取り付けや取り外し、調整をするときは、安全ブロックを使用するなどの安全対策を実施すること。
○金型の調整をするためにスライドさせるときは、寸動か手回しによって行うこと。

(3) 作業主任者の選任を

動力プレスを5台以上使う場合に、プレス機械作業主任者の資格を持っている人の中から、作業主任者を選任して次のような事柄を行わせなければなりません。

①プレス機械の本体と安全装置の点検をし、異常がある場合は、すみやかに修理するなどの安全対策を実施する。

②プレス機械の本体と安全装置の、切替えキースイッチがあれば保管する。
③金型の取り付けや取り外し調整の作業をするときに直接指揮をする。この直接指揮において、作業中は指揮者が作業場を離れてはいけない。

動力プレスが5台未満の職場でも、プレス作業の責任者や作業者に、プレス機械作業主任者の技能講習を受けさせて、安全に取り扱うための、知識と技能を高めておくようにしたいものです。

法律の要旨（安衛則133条、134条、施行令6条7号）

○動力によって駆動されるプレス機械を、5台以上使って作業する場合は、プレス機械の作業主任者を選任して、安全装置の点検など法律で定められた事柄を行わせること。

7. 危険箇所に防護措置を

　多くの職場に導入されている産業用のロボットも大変危険ですから、挟まれの危険防止対策を実施しておくことが大変重要です。

　職場にあるいろいろな機械についても挟まれる危険が随所にあるのが普通で、往復運動をしている機械部分や旋回している部分、チャック部分など、挟まれる危険箇所はたくさんあります。

　とりわけ間欠運転によって一定の時間ごとに作動する箇所は、停まっていると錯覚しやすいので、ついうっかり立ち入ったり手を出してケガをしやすいのです。

　小さい機械についても挟まれる危険がある箇所には安全カバーや安全柵などを設けたり、網や透明の防護板などによって指や体が入らないように、設備安全対策を実施しておくことが大切です。

　まさか、このような所に入ったり手を入れることはなかろうと考えることが、間違いのもとになるのです。

8. 動力源には操作禁止札を

　機械を修理中に、他の作業者が間違って機械を動かすことがあってはなりません。

　そのために、機械を止めて修理などを行うときは機械の元スイッチを切ったり圧縮空気などの動力源をとめて、操作禁止札をかけることが多くの事業場で制度化されています。

　この操作禁止札は、掛けた人でなければ絶対に外させないことが大切です。

　また、機械の運転を開始するときの連絡ミスを防ぐために、お互いの合図方法と合図者を決めて周知しなければなりません。

法律の要旨（安衛則104条、107条、108条）

○機械の運転を開始する場合の、合図と合図者を決めて合図を行わせること。
○機械や機械の刃物の修理や取換え、給油、掃除などの作業を行う場合は、機械を停止し起動装置に施錠して表示板を取り付けること。

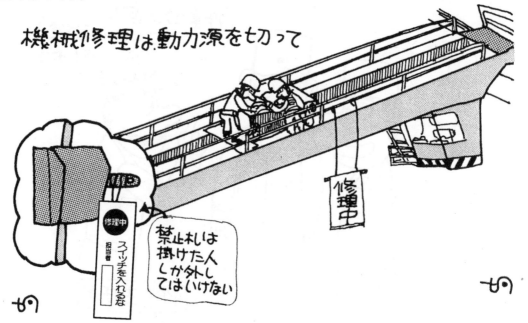

取扱・運搬災害を防ごう

1. 合理的に運搬するための着眼点

　職場でも、いろいろな物が効率的に流れるようにしておくことが、生産性を高めると共に安全面でも極めて大切です。

　物の運搬経路は、工程の流れに逆流しないようにして運搬距離をできるだけ短くし、人力による運搬の単純なものは台車やコンベヤー、移載装置、揚重機、重力を利用したシューターなどの採用によって、できるだけ機械化することが大切です。

　運搬経路については、運搬するものに応じた幅を確保し、通路には物を置かないようにしなければなりません。

　そして、作業手順書をつくって実践することが大切です。

2. 人力運搬は腰をいたわって

　重い物を人力で不用意に運んで、腰を痛めることがよくあります。

　腰痛は長期にわたって不自由を伴い、苦しい思いをしなければなりません。

　デリック型は、腰に大きな負担がかかって腰痛になりやすいので、荷物に近寄って腰を落として首筋を伸ばして、ヒザ型で荷を体に引き寄せて持ち上げましょう。

　そして荷物をゆっくりと持ち上げて、腰をひねらないようにすることも大切です。

　1人で運ぶ目安は、体重の 35 〜 40％までが適当と言われています。男性の場合は 30kg 以内とし、連続して運ぶ重さは男性で 20 〜 25kg、女性は 15kg を目安にしましょう。

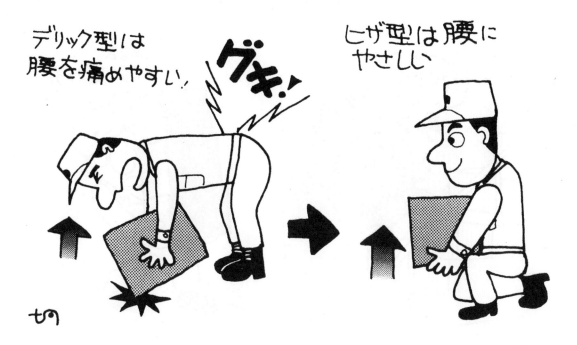

デリック型は腰を痛めやすい！　グキ！

ヒザ型は腰にやさしい

3. 抱えたときは足元・前方 要注意

職場では、かさの高い物を両手で抱えて運ぶのは危険です。

いろいろな物が入ったダンボール箱など、比較的軽い箱類を２つ３つ積み重ねて、両手で抱えて運ぶようなことがよくあります。

このような運搬は前方が見にくいので、ダンボールの横から斜め前方を見ながら運ぶことになり、足元もよく見えません。

軽いので体には負担がかかりませんし、日頃仕事をしている職場なので、危険だと感じないまま、ついこのような運搬をしてしまいやすいのです。

つまずいて思わぬケガをすることもありますし、他の作業者とぶっつかるといった危険も生じます。

まして両手で抱えたままでの階段の昇降は、手すりを持てませんから足を踏み外して、大変大きいケガをしてしまいやすいのです。

箱類を幾つも積み上げて運ぶのではなく、紐をかけて両手にそれぞれぶら下げて、運ぶようにすることが大切です。

そして階段では、面倒でも両手に物を持たず、片手は手すりを持って昇降するように心掛けたいものです。

4. ２人での運搬は声を掛け 合って

１人で運ぶには重すぎる物は２人で運ぶことになりますが、この場合に２人の呼吸が合わないで不用意に持ち上げると、腰に負担がかかって腰痛を起こしかねません。

人力による持ち上げ方の基本動作によって、掛け声を掛け合いながら、２人のタイミングを合わせて、ゆっくり持ち上げましょう。

そして持ち上げた状態で、腰をねじらないように心掛けることも、腰痛防止のために大切です。

早くおいで…

転倒

このまま２階へ運ぼう

5. 台車上の積荷は安定させて

　重いために人力で運べないとか数が多い場合は、手押し台車か動力によって駆動する台車を使用するのが普通です。

　台車に載せて運んでいる途中、台車の荷が崩れたり落ちたりしないように、台車の端に積まない、不安定になるほど高く積まない、転がる物に歯止めをしたりロープなどでしばるなど、運搬する品物の形状や大きさに応じて、安全な荷の積み方に心掛けなければなりません。

6. 機器の運搬にも工夫を

　多くの職場でよく使われている、溶接や溶断用のガスボンベセットやアーク溶接機などは、作業現場に運んで作業することが大変多いのです。

　ですから、これらについても安全と共に作業能率を高めるためにも、運びやすいように

しておくことが大切です。

　酸素ボンベと可燃ガスボンベのガス溶接セットは、手押しの専用台車に載せてチェーンなどで台車に固定しておき、台車のハンドル部分にホースを巻き付けて運びます。

　電気溶接機は天井クレーンなどで運びますが、溶接機の上部にケーブルを載せるカゴを取り付けておき、吊るためのワイヤロープも備え付けておくとよいでしょう。

　その他の機器についても同様の配慮が必要です。

7. 高所への上げ卸しも要注意

　修理のために、道工具などを高所へ上げ卸しする場合はロープに吊して行い、重量物の場合はクレーンなどによるのが基本です。

　ロープで上げ卸しするときも、吊っている荷の下に入ってはいけません。特にハシゴを昇降するときは、転落防止のために手に物を持たないよう指導しましょう。

高所に物を上げ卸しするときはロープで！

ヒモで吊るして（工具類は袋に入れて）

特殊車両による災害を防ごう

1. 特殊車両は大災害を招く

製造業のほか流通関係などの第三次産業や建設現場など多くの事業場において、フォークリフトや貨物自動車がよく使われており、その他にも事業場によっては、ショベルローダー、フォークローダー、ストラドルキャリヤー、不整地運搬車、構内運搬車など車両系荷役運搬機械や、移動式クレーンなども使われています。

とりわけ、これらの特殊車両は構造上、運転席から車両の側面や後方に対する視界が悪いのです。歩行者や、作業中の人と接触するなどによって災害が起こりやすく、このような特殊車両による災害は大きい災害になりやすいので、安全対策には万全を期しておかなければなりません。

2. 機械に応じた安全対策を

(1) 作業計画をつくる

車両系荷役運搬機械を用いて作業するときは、あらかじめ運行の経路や作業の方法などを決めた作業計画をつくって、作業者に教えて守らせなければなりません。

さらに、作業指揮者を定めて作業の指揮をさせ、走行時の制限速度も決めて守らせなければなりません。

法律の要旨（安衛則151条の3、4、5）

○車両系荷役運搬機械を使って作業するときは、運行経路と作業方法を示した作業計画を定め、作業指揮者を指名して指揮させること。
○制限速度を決めて守らせること。

シマッタ！
では遅い

特車による災害は重大災害になる！

みんなで考えよう安全対策を

(2) 接触防止対策を

　作業者が、馴れによってフォークリフトなど特殊車両に接近しても怖さを感じなくなって、つい接近してひかれたり接触することがよくあります。

　フォークリフトや貨物自動車など荷役運搬機械の運行経路や積み卸しする場所に、作業者を立ち入らせてはいけません。

　フォークリフトなどの運行場所と作業者の通路が混在しないよう、柵などで区画しておくのが理想です。柵を設けられない場合は、床面に区画表示をしておきましょう。

法律の要旨（安衛則 151 条の 7、8）

○運転中の車両系荷役運搬機械や荷に作業者が接触する危険箇所に立ち入らせないこと。
○立ち入らせる場合は誘導者を配置し合図を定めて合図させること。

(3) 荷役運搬機械の運転は慎重に

　特殊車両の運転者も馴れによって、不安全な行動をすることがあります。

　フォークリフトのエンジンをかけたまま運転席から立ち上がって、バックレストと本体の間に体を入れて手を伸ばして荷を調整しているときに、膝が操作レバーに当たりバックレストが動いて挟まれた災害もありました。フォークの下に入ったり、フォークにワイヤロープを掛けて荷を吊るなどの危険な行動をさせてはいけません。

法律の要旨（安衛則 151 条の 9、11、13、14）

○フォークなどで支持されている荷の下に、作業者を入らせてはいけないこと。
○運転位置を離れるときは、フォークなどの荷役装置を最低降下位置まで下げ、原動機を止め、ブレーキを確実にかけること。
○乗車席以外の箇所に作業者を乗せないこと。
○主たる用途以外の用途に使用しないこと。

(4) 貨物自動車の安全対策も油断なく

事業場では半製品を運搬したり修理部品を運んだりなど、さまざまな目的に貨物自動車がよく使用されていますが、貨物自動車からの転落などによる災害防止対策も怠らないようにしなければなりません。

法律の要旨（安衛則151条の70、72、73、74）

○ 100kg以上の荷を積み卸しする場合は、作業指揮者を定めて指揮させること。

○ 荷台のあおりのない貨物自動車を走行中は、荷台に人を乗せないこと。

○ あおりのある貨物自動車の荷台に人を乗せる場合は、荷の歯止めや滑り止めを確実に行い、あおりを確実に閉じ、人は墜落するような箇所に乗ったり運転席の屋根の高さをこえて乗らないこと。

○ 積載量が5トン以上の貨物自動車へ、荷を積み卸しする作業者には保護帽をかぶらせること。
---

(5) 積荷の荷崩れ防止対策を

貨物自動車に積んだ荷が片寄っていると、貨物自動車が傾いて運転しにくいだけでなく、荷崩れや横転する危険が生じます。

運搬中に荷崩れを起こして積荷が落ちると、歩行者をケガさせたり、後続車の事故を招いたり、荷物を損傷したりなど後始末が大変です。だから、安定した積み方をし、ロープやシートによって荷崩れが起こらないようにしなければなりません。

長尺物の束などを積む場合は、あらかじめ束ごとに結束しておくことが大切です。

荷物の転倒防止にも心掛けましょう。

また段ボールやプラスチック箱のような軽い物は歩行中に風で飛ばないよう、シート掛けをしておくことも大切です。

法律の要旨（安衛則151条の10）

○ 偏過重が生じないように積載し、ロープやシートによって荷崩れが生じないようにすること。

貨物自動車も安全な積み方を

5トン以上の貨物自動車へ荷の積卸し時は安全帽を！

(6) 荷台への安全な昇降設備を

貨物自動車の荷台から転落して、大ケガをしたり死亡するといった災害は珍しくありません。

貨物自動車の荷台への荷の積み卸しは日常的に行われる作業なので、馴れによってつい不安全な行動をしやすいのです。

油断せず、安全な行動を心掛けることが大切です。

運送会社の集荷場などのように、いつも同じ場所で貨物自動車に荷を積み卸しする場所には、安全に昇降するためのプラットホームを設けるのが一般的です。

プラットホームを設けることができない場合は、移動式の昇降階段を準備しておくことが大切です。

積み卸しをする場所が定まらない場合は、貨物自動車に脚立かハシゴを常備しておくとよいでしょう。

貨物自動車には、いろいろな荷を積むことが多いので積荷の上にあがることがよくあり

ますが、荷の形状などによって、安全な昇降設備を設けることは大変難しいのが現実です。

できるだけ、荷の上にあがらなくてもよいような積み方を、工夫することが大切です。

━━ 法律の要旨（安衛則151条の67）━━

○積載量が5トン以上の貨物自動車に、荷を積み卸しする作業をするときは、墜落による危険を防ぐために、床面から荷台と荷台に積んだ荷の上まで、安全に昇降できる設備を設けること。

(7) 作業中は保護帽の着用を

転落でこわいのは頭部のケガです。

貨物自動車の運転手が、荷台上で玉掛け作業を手伝うこともありましょう。

貨物自動車の運転手に保護帽を携帯させて、荷の積み卸し作業をするときにかぶらせましょう。

5トン未満の貨物自動車でも、クレーンなどによって積み卸しをしなければならない重い荷も取り扱いますから、すべての貨物自動車に保護帽を常備しておいて、かぶらせることが望まれます。

保護帽のアゴ紐を、アゴにかけていなかったり、ゆるんだ状態では、転落したときに保護帽が外れてしまって、頭部を保護してくれなくなります。

アゴ紐は、アゴの奥の方にきちんと締めておく習慣を、日頃から身につけさせておくことが大切です。

法律の要旨（安衛則151条の74）

〇積載量が5トン以上の貨物自動車に、荷を積み卸しする作業者に、保護帽をかぶらせること。

(8) 誘導は運転手が見える位置で

荷を積み卸しする所まで貨物自動車をバックさせるのが一般的で、大規模の工事現場では、このバックするときに誘導者をつけるのが常識になっています。

このとき、誘導者が車両の後方に立って誘導しているのをよく見かけますが、車両の運転手は、窓から顔を出したり、両側のバックミラーによって後方を確認しますが、車の幅より内側の後方は見えないから確認できません。

しかし誘導者は、つい運転手が見えない位置に入ってしまいやすいのです。

誘導者がつまずいて転んだりして、車両にひかれる事故も珍しくありません。

誘導者は、車両の幅より外側の斜め後方の運転手が見える位置で誘導し、バスガイドの人が行っているように、笛を使って合図方法を決めて合図するようにすれば、安全に誘導できます。

3. クレーン作業を安全に

(1) クレーン作業の基本を守る

　クレーンのフックから玉掛用のワイヤロープなどが外れて、吊り荷が落ちて大ケガをすることがよくあるので、外れ止め装置は点検して常に整備しておかなければなりません。

　クレーン運転者は、荷を吊ったままで運転席から離れたり、ペンダント操作のペンダントから離れてはいけません。

　玉掛者は決められた玉掛合図によって主玉掛者が1人で合図し、クレーン運転者との馴れ合いで作業してはいけません。

法律の要旨 (クレーン則20条の2、23条、24条の2、32条)

○クレーンのフックには外れ止め装置を備えて使用し、定格荷重を表示すると共に過荷重をかけないこと。
○荷を吊ったままで運転席を離れないこと。

(2) 移動式クレーンの周囲に柵を

　製造業などでも設備や機械の修理などに、移動式クレーンをよく使っています。

　移動式クレーンはリースしていることが多いので、特にクレーン運転者と玉掛者の合図を決めて正しく行うことが大切です。

　移動式クレーンは、転倒防止のためにアウトリガーをいっぱいに出して丈夫な敷板を敷くことと、不用意に移動式クレーンに近づいてカウンターウエイトと車体の間で挟まれないように、周囲をカラーコーンとバーで囲ったり、下図のようなロープを張るなどして立ち入れないようにしておくことが大切です。

法律の要旨 (クレーン則66条の2、70条の3〜5、71条、74条)

○移動式クレーンによる作業方法などを、あらかじめ決めると共に、アウトリガーを最大限に張り出し、軟弱な地盤では鉄板を敷くなどによって、横転を防止すること。
○旋回体と接触する危険箇所に立ち入らせないこと。

自分たちで簡単にできる旋回部への接近防止対策を

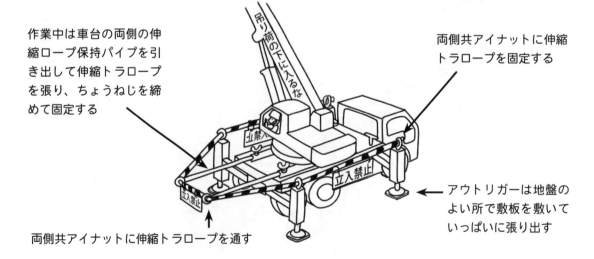

作業中は車台の両側の伸縮ロープ保持パイプを引き出して伸縮トラロープを張り、ちょうねじを締めて固定する

両側共アイナットに伸縮トラロープを固定する

両側共アイナットに伸縮トラロープを通す

アウトリガーは地盤のよい所で敷板を敷いていっぱいに張り出す

4. 高所作業車にも油断禁物

(1) こわい日常的使用による馴れ

近年は、屋外で行う多くの高所作業での、高所作業車の使用が普及しています。

高所作業車のバケット内でのレバー操作が簡単なために、つい安易な気持ちで操作して、構築物とバケット間で挟まれたり、高所作業車が横転するなどの大事故を起こすことがあります。

1カ所で長期間にわたって高所作業をする場合は、仮設の作業床や安全柵などを設けるなどの安全対策を実施しますが、比較的短時間で行う高所作業には高所作業車を使うので、高所作業車を使って行う作業現場は作業の都度変わるのが普通です。

作業現場の状況に応じた高所作業車の正しい使用方法を守って、常に安全な作業に努めることが大切です。

(2) 作業計画をつくる

高所作業車を用いて行う作業についても、作業の種類と現場の状況や高所作業車の種類や能力に応じて、安全に作業するための作業計画をあらかじめ作って、作業者に守らせなければなりません。

高所作業車を用いて行う作業をするときは、作業指揮者を定めて指揮をさせなければなりません。

作業指揮者は誘導者と違います。周囲を通る人の誘導をするだけでなく、作業計画に基づいた作業をさせるように、指図をする権限を与えることが大切です。

> **法律の要旨（安衛則194条の9、10）**
>
> ○高所作業車を使って高所作業を行うときは、現場の状況と高所作業車の種類などに応じて、作業方法を示した作業計画を定め、作業指揮者を指名して指揮させること。

65

(3) アウトリガーを効果的に使う

　一般道路上だけでなく事業場内の道路上でも、高所作業車を使用する場合に、アウトリガーをいっぱいに張り出さないで、作業している状態をよく見掛けます。

　通行の妨げにならないようにとの配慮だけでなく、道路幅に余裕があるのにもかかわらず、高所作業車を道路幅の端に近付け過ぎて停止したために、作業側のアウトリガーをいっぱいに出せないといった状態が意外に多いのです。道路幅に対する停止位置も決めておき、作業側のアウトリガーを最大限まで張り出しておくことが大切です。

法律の要旨（安衛則 194 条の 11）

○高所作業車を使用するときは、地盤が沈下したり路肩が崩れるようなことのないようにし、アウトリガーを張り出すこと。

(4) バケット内で墜落制止用器具の使用を

　高所作業車の作業床であるバケットは比較的深いので、墜落する危険を感じにくいのです。不用意に身を乗り出して作業することがよくあります。

　高所作業車を使って作業する場合のバケットの高さは、数メートル以上になります。高いものは 10 メートル以上にもなるので、墜落すれば命取りになります。

　墜落制止用器具のフックを、バケットの手すりにかけて作業しましょう。

　バケットから身を乗り出してはいけません。

法律の要旨（安衛則 194 条の 22）

○高所作業車の作業床上では、要求性能墜落制止用器具を使用させること。
○作業者は要求性能墜落制止用器具を使用すること。

(5) バケットのレバー操作を誤るな

バケット内で操作するときに、バケットのレバー操作を誤って、バケットを降下させるつもりが上昇したために、上部の構築物との間で挟まれる災害も発生しています。

水平方向の操作レバーで、レバーを上げればバケットが上昇し、下げれば下降するといった方式なら安全ですが、垂直型の操作レバーの場合に、誤操作によって構築物との間でレバーと共に挟まれると、押しているレバーを起伏して手前に引くことができないため、バケットはますます上昇しようとするので大変危険です。バケット上下用の操作レバーを水平式にするのが望ましいのですが、操作を間違えないよう慎重な操作が必要です。

操作レバーの周囲にガイドを設けるなどにより、作業中、操作レバーに接触しないようにしておくことも大切です。

ブームの操作レバーは、旋回位置によって

表示と逆の動きになるために、車体の方向を確認した上で旋回させることが必要です。

高所作業車をクレーンの代わりにして、荷を吊り上げたりしてはいけません。

作業のために必要な器材などを、バケット内に積み込むことがよくあります。

作業性をよくするために、いろいろの物を沢山積み込もうとしやすいのです。

それぞれの高所作業車の能力に応じて、バケット内に積載できる重量が決められていますから、作業者の体重も含めて、重量オーバーにならないようにしなければなりません。

法律の要旨（安衛則194の16、17）

○高所作業車で荷を吊り上げるなど、主たる用途外の用途に使用しないこと。
○作業床の積載能力をこえて使用しないこと。

操作をまちがえた

67

電動機器具による感電災害を防ごう

1. 電動機器具による感電の原因

　電動機器具は低電圧のために感電に対して油断しやすいのです。

　絶縁不良のために感電して、命を落とすこともあります。ショートしたアークによって火傷することもあります。

　電動機器具の充電部を絶縁したりケースで覆うなど、人が充電部に触れないようにするのが基本です。また、万一絶縁不良になった場合のために、漏電遮断器を設けたり接地（アース）しておくなどの対策も必要です。

```
法律の要旨（安衛則 329 条）
○電気機械器具の充電部分は感電防
　止のために囲いや絶縁覆いを設ける
　こと。
```

2. 人体に流れる電流と感電

　一般の電動器具などには、110 Ｖの電源がよく使われています。

　人体の乾いた手や足の抵抗は 2,500 オーム（Ω）で、湿っているときは 1,000 〜 2,000 Ωに低下するといわれています。

　感電による被災の程度は人体に流れる電流の大きさによります。人体に 50 ミリアンペア（mA）以上の電流が流れると失神し、人命にかかわると言われていますから、汗をかいているときは 50mA × 1,000 Ω =50 Ｖで、50 Ｖの電圧でも致命的な災害になることがあります。

　昔から 42V がシニ（死に）ボルトといわれているように、低い電圧でも油断は禁物です。

69

3. 配線や電灯の保護を

　電動機器具の配線を通路などに這わしておくと、車両などの通過により配線がつぶされて芯線が露出すると大変危険です。

　配線はできるだけ上部を通し、通路などに這わせる場合は保護覆いをするなど、配線の損傷防止対策をしなければなりません。

　ハンドランプは、破損防止のために、ガード付きとしなければなりません。

法律の要旨（安衛則 330 条、338 条ほか）

○手持型電灯や仮設の配線などに吊り下げた電灯には、丈夫なガードを設けること。
○仮設の配線や移動電線を、通路に這わしてはいけない。通路に這わす場合は、車両その他の物の通過によって損傷しないよう対策を実施すること。

4. 検電して安全確認を

　電圧が低いからといって、見よう見まねで安易に配電盤や電気回路に手を出すと、思わぬ災害を招くことになります。低圧でも電気回路の修理や結線などの作業は、教育を受けた専門知識を持った人が行うのが基本です。

　修理や結線などは元電源を切って行うのが常識ですが、さらに念のため低電圧でも検電して確認することを習慣にしましょう。

　また水中ポンプを吊り下げて水中におろしているときに、水中に入って玉掛作業をしている作業者が、漏電によって感電死することがよくあります。

　水中ポンプの元電源回路に漏電遮断器を接続したり、アースを設置しておくなどが必要ですが、漏電遮断器を上げおろしするときは電源を切っておくことが鉄則です。

絶縁処理を万全に！電灯にはガードを！！

吊り下げ電灯はガード付き

手持型電灯もガード付き

通路上では電線の養生を

5. 配線の損傷防止対策を

被覆が破れていたり、老化によって被覆に細かいヒビ割れが、たくさん入っている配線に気付かないまま、使用していることがよくあります。

電気は目に見えませんから、絶縁被覆の状態をよくチェックして、テーピングなどによって修理をしたり配線を取り替えるなど、早目に処置しておくことが望まれます。

降雨時や雨水が溜まった所には、できるだけ配線を這わさないようにしなければなりません。

このような場所に配線を這わしている場合は、被覆の破損状態を入念にチェックすることが大切です。

事業場によっては、仮配線のままで何年も使用しているといった状態を見かけます。

仮配線のままにしておくと、いろいろな物を当てたり引っ掛けたりして被覆を損傷しやすく、職場環境も雑然とした感じになります。

仮配線を長期に使用する場合は、正規の配線にしておくことが大切です。

また仮配線の上に、重い部品などを置いたり、機械などの下敷きになっているといったことにならないように、注意しなければなりません。

法律の要旨（安衛則336条、337条）

○配線の絶縁被覆が損傷や老化して、感電する危険が生じないようにすること。
○水中だけでなく、水などの導電性の高い液体によって湿っている所で使用する配線や配線の接続金具は、絶縁性の高いものを使用すること。

早く だれか さわらない かな…♥

感電

溶接・溶断作業の災害を防ごう

1. 火災の防止対策を

ガス溶接や溶断作業と共に、アークによる溶接や溶断作業についても、火花による火災の防止対策について十分配慮しなければなりません。

可燃物は事前に除去し、除去できない場合は不燃シートや衝立などによって養生しておきましょう。

ガス溶断のときは火花が10m近く飛散することがありますから、引火性の油脂類などの危険物や可燃性ガスなどからは、少なくとも10m以上の保安距離を保つことが必要です。

配管や配線用の溝蓋の隙間から火花が入って、溝の中に溜っているほこりや油脂分が燃え出すことがありますから、溝の中に火花が入らないように養生しておきましょう。

溝の中に入った火の粉が消えていないのに気付かないで、作業を終えて帰宅してから燃え出した例もよくあります。

作業終了後は、これらのような目に付きにくい所もよく点検しておくことが大切です。

火気を使用して作業する手元に、消火器や水バケツを常備しておくのが常識です。ガス溶接セットやアーク溶接機ごとに、小型の消火器を常備しておきましょう。

法律の要旨（安衛則279条）

○多量の燃えやすいものや危険物があって火災の発生する危険がある場所では、火気を使用しないこと。

飛び散る火花に油断は禁物!

パチパチ

おいおい燃えているぞ!!

2. 火傷などの防止対策を

　可燃物だけでなく、人がいる方向にも火花が飛ばないようにしなければなりません。

　高所で溶接や溶断作業をする場合は、火花の落下防止のための養生をしておくことが大切です。

　養生の範囲は高さに応じて広げることが必要で、高さが10m以上の箇所でガス溶断作業をする場合は半径10m以上の範囲を養生しておくことが必要です。

　溶接や溶断をする作業者自身の火傷防止にも、留意しなければなりません。

　皮手袋など難燃性の長手袋を使用し、衣服は難燃性の生地で夏期でも長袖とし、足元などに火花が入らないようにしましょう。

　目の保護も大切です。作業に応じて定められた遮光度のもので、ガスによる作業では遮光メガネを、アークによる作業では遮光保護面を使用しなければなりません。

3. ガス溶接・溶断作業を安全に

(1) ガスボンベの正しい取扱いを

　ボンベを運ぶときは弁を締めてキャップをしておき、容器を引きずったり落としたり、互いに激突させたりしてはいけません。

　ボンベの保管時や使用時に立てて置くのが基本です。特に、可燃性ガスボンベを寝かした状態で使用してはいけません。作業場に立てて置く場合は、構築物にヒモでくくるなどによって、必ず倒れ止めをしておかなければなりません。

　夏場に直射日光のもとでの作業やボンベを仮置きしておく場合は、風通しのよい覆いをかけるなどによりボンベの表面温度が40℃以上に上昇しないようにしなければなりません。

　作業場では、ボンベセットの運搬台車がよく使われていますが、酸素と可燃性ガスのボンベの間に鉄板の仕切り板を設けておくのが基本です。

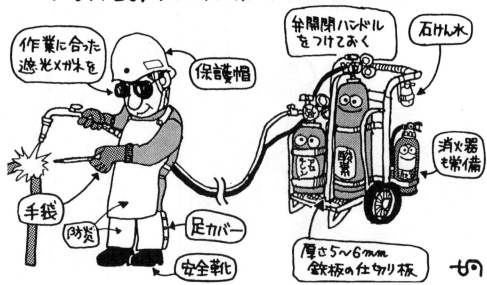

ボンベセットには作業前に点検を

作業に合った遮光メガネを　保護帽　手袋　防炎　足カバー　安全靴　弁開閉ハンドルをつけておく　石けん水　消火器も常備　厚さ5〜6mm鉄板の仕切り板

法律の要旨（安衛則263条）

○容器の温度を40℃以下に保つこと。
○転倒しないように保持しておくこと。
○衝撃を与えないこと。
○運搬するときはキャップを施しておくこと。
○溶解アセチレンの容器は立てて置くこと。
○充ビンと空ビンを明らかにしておくこと。

(2) 使用時にガスもれチェックを

　減圧弁やホースなどから酸素や可燃性ガスが、もれていると大変危険です。ボンベセットには石鹸水を常備しておいて、使用前に必ずもれチェックをしましょう。

　使用時は、緊急時に備えてボンベの弁開閉用のハンドルを取り付けたままにしておき、作業を中断したり終了したときはボンベの弁を閉めて、ホース内の残圧を抜いておきましょう。

4. アーク溶接機も点検整備を

　多くの職場で使用しているアーク溶接機は、二次側に80〜90ボルトの無負荷電圧がかかっていますから、すでに解説したように100ボルト以下でも感電すると危険です。アーク溶接機の一次側だけでなく二次側についても、端子部分のカバーやテーピングなどの絶縁対策や、ケーブルなどの破損防止が大切です。

　作業前に、溶接ホルダーやケーブル、接続器具などの損傷の有無と共に、自動電撃防止装置や漏電遮断機、アースなどについても当日の使用前に点検して、常に安全な状態で作業しましょう。

法律の要旨（安衛則352条）

○溶接ホルダー、自動電撃防止装置、漏電しゃ断装置、移動電線、接続器具などは、その日の使用開始前に点検すること。

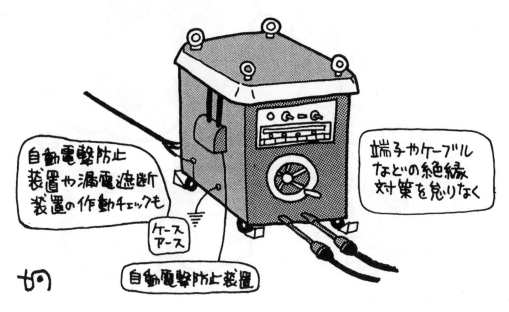

アーク溶接機の二次側も危険

自動電撃防止装置や漏電遮断装置の作動チェックも

端子やケーブルなどの絶縁対策を怠りなく

ケースアース

自動電撃防止装置

5. 容器内部の付着油は洗浄して

　可燃性の油などが入ったタンクや配管など
を修理したり固定するなどのために、不用意
に溶接や溶断などすると、もれ出した内容物
に引火して大火災になる危険があります。

　内容物が充満していなくても、可燃性の油
などが内部に付着している場合に、揮発した
ガスが爆発限界に達していることがあります
から大変危険です。

　可燃性の油などが入っていたタンクや配管、
ドラム缶などをガス溶接や溶断する場合は、
内部を洗浄してから行うことが大切です。

　　　　法律の要旨 (安衛則 285 条)

　○配管やタンク、ドラム缶などを溶
　　接や溶断する場合は、内部に残っ
　　ている引火性の油など、可燃性の
　　危険物を除去しておくこと。

6. 火気厳禁も具体的に表示を

　油置場やガスボンベの置場、可燃性の油を
取り扱って作業する場所などには、「火気厳
禁」の表示をしています。

　しかし作業者は、火気厳禁の範囲について
の認識に個人差が生じますから、火気厳禁の
表示の近くで溶接などをして、火災を起こす
といったことになりかねないのです。

　「周囲 10 m 以内」や「室内」などと、火気
厳禁に書き添えて具体的に表示しておけば、
誰が作業しても範囲を正しく認識できます。

　　　　法律の要旨 (安衛則 288 条)

　○火災や爆発の危険がある場所には、
　　火気の使用を禁止するための適当
　　な表示をし、特に危険な箇所には、
　　必要でない人の立入りを禁止する
　　こと。

7. 火気の使用箇所にも気配りを

今日では禁煙意識が広まって、くわえタバコ作業はなくなり、多くの職場では喫煙場所を決めています。

タバコは思いがけなく大火災を起こすことになりかねないので、職場のルールを守ることが大切です。

建設現場などでは、冬季になると現場ハウス内にストーブを置いて、採暖しているのが一般的です。

小規模の建設現場などでは、現場ハウス内に机や椅子などを置いて、その横にストーブを置いている状態や、ハウス内には誰もいないのに、ストーブをつけたままになっている状態が見られます。

ストーブによって火災の危険が生じないよう、気配りをしましょう。

ストーブ用の灯油容器を、現場ハウスに持ち込んだまま置いていたり、道具置場で他の可燃物などと一緒に置いている現場もよく見かけます。

屋外に油脂置場を設けて、油脂類をまとめて保管しておくことが大切です。

現場ハウスなどでも、消火器と消火用水を入り口に常備しておきましょう。

作業現場では、作業場所の要所要所にこれらの配置と共に、油脂類の消火のための乾燥砂を準備しておくことも必要です。

法律の要旨（安衛則291条）

○喫煙所やストーブその他、火気を使用する場所には、火災予防のために必要な設備を設けること。
○作業者は、みだりに喫煙や採暖などをしないこと。
○火気を使用した者は、確実に残り火の始末をすること。

安全用語の基礎知識

1. 労働災害の用語

(1) 労働災害

　労働災害とは、業務に起因して負傷したり、疾病にかかったり、死亡したりすることをいいます。

　だから労働災害は、業務に起因しているかどうかが、決め手になります。

　この業務起因性には、設備や機器・環境などの不安全な状態によるものや、作業者の不安全な行動によるものが含まれます。

　従って勤務時間内であっても、業務に全く関係のない行動をしているときのケガや、業務に関係のない病気の場合は労働災害になりません。

(2) 休業災害

　業務によって引き起こされたケガまたは病気の療養のために、次の日から休業しなければならなくなった労働災害をいいます。

　わが国では、労災保険による休業補償給付が休業4日以上の場合に支給され、厚生労働省の統計では休業4日以上を取り上げています。

(3) 不休災害

　労働災害によるケガや病気の療養のために、1日も休む必要がなかったものをいいます。不休災害は、たまたま軽度ですんだもので、運が悪ければ大きい災害になっていたかもしれませんから、不休災害だからといって軽視して、再発防止対策をおろそかにしてはいけません。

(4) 重大災害

死亡災害や休業災害だけでなく不休災害であっても、一時に３人以上の労働者が業務上のケガや病気にかかった災害を、厚生労働省では重大災害といっています。

かねてから、作業現場へ移動するマイクロバスなどの交通災害によって、一度に多くの人が負傷する重大災害が目立ってきており問題になっています。

(5) 通勤災害

労働者が就業するために、住居と就業する場所との間を、合理的な経路と方法で往復する途中で、負傷や疾病・障害・死亡した場合に、通勤災害として労災保険が適用されます。

但し、日用品の購入など、日常生活上のやむを得ない事由がある場合を除いて、往復の経路を逸脱したり中断した場合は、労災保険適用の対象外になります。

(6) 労働者死傷病報告

労働災害が発生したときや、業務上の災害でなくても就業中または事業場内などで、負傷などによって死亡したり休業したときに、所轄の労働基準監督署へ報告しなければなりません。休業４日以上のものは１件ごとに速やかに報告し、４日未満のものについては３カ月ごとにまとめて報告しなければなりません。

ケガをかくしたり虚偽の報告をすると罰せられますから、災害の発生場所や発生状況などは、事実を正直に報告しましょう。

法律の要旨（安衛則 97 条）

○就業中や事業場で、負傷や窒息・中毒などによって死亡や休業したときは、遅滞なく労働者死傷病報告書によって所轄の労働基準監督署へ報告すること。

(7) 残存障害

　労働災害によって被災したケガや疾病に対する治療が終わったとき、身体に障害が残っている場合には、残存している障害の程度に応じて、使用者が障害補償をしなければならないのです。

　但し、労働者災害補償保険法によって、使用者は、定められた額の労災保険をかけなければなりませんが、障害補償についても労災保険から支払われます。

　この残存している障害の程度の認定は、所轄の労働基準監督署で行われます。

　残存障害の程度は、第1級から第14級に分けられており、それぞれの等級に応じた障害補償金が支給されます。

　この他に、企業に対して多額の慰謝料などの損害賠償を請求されるケースが目立っていますから、災害や疾病の防止には万全を期すことが必要です。

(8) 事故報告

　ケガや疾病などが発生しなくても、事業場や事業場に付属している建物で事故が発生した場合に、法律で定められた様式の事故報告書に記入して、所轄の労働基準監督署へ報告しなければなりません。

　これは行政機関が事故の内容を把握して、他の企業や事業場でも、同じような事故が発生しないよう、適切な指導をすることにも活かすためで、報告しなければ罰せられることがあります。

> **法律の要旨（安衛則 96 条）**
>
> ○次の事故については、遅滞なく労働基準監督署に報告すること
> ・火災や爆発
> ・研削と石など高速回転体の破裂
> ・機械集材装置や巻上げ機械などの鎖やロープの切断
> ・建設物、煙突などの倒壊
> ・移動式クレーンの転倒　　　など

2. 災害統計の用語

(1) 災害発生率

　労働災害の発生件数だけで、事業場別の安全成績を比較するのは不公平なので、災害発生率で比較するのが一般的です。度数率や年千人率による比較がよく行われています。また発生した災害の大きさの比較には、強度率が用いられています。

(2) 度数率

　延100万労働時間あたりの被災者数を表す指標で、死亡災害と休業災害を取り上げた休業度数率や、不休災害だけを取り上げた不休度数率などによって比較されています。

　同じ労働者数の事業場でも、労働日数や労働時間が異なりますから、この度数率がよく用いられます。

(3) 年千人率

　事業場の1年間の平均労働者1,000人あたりの1年間に発生する死傷者数を示します。度数率に比べて延労働時間を計算しなくてもよいため、正確ではないけれども算出が容易なのが特徴で、比較の簡便法として用いられています。

(4) 強度率

　延1,000労働時間あたりの、労働災害によって失われた損失日数で表します。

　休業災害の損失日数は、暦日の休業日数に300／365を掛けたもので表し、死亡や障害等級が1〜3級の残存障害が残る災害の損失日数は7,500日と定められており、4〜14級までは、身体障害等級に応じて、それぞれの損失日数が定められています。

$$度　数　率＝\frac{死傷者数}{延労働時間数}× 100万$$

●休業度数率の場合は、死亡と休業災害の被災人数を入れる
●不休度数率の場合は不休災害の被災人数を入れる

$$年千人率＝\frac{1年間の死傷者数}{1年間の平均労働者数}× 1,000$$

$$強　度　率＝\frac{労働損失日数}{延労働時間数}× 1,000$$

労働損失日数の求め方
●身体障害を伴うものは等級によって決められている
●身体障害を伴わないものは休業日数×$\frac{300}{365}$で計算する

ケガの件数は度数率に

休んだ日数は強度率に！

3. 安全活動用語

(1) ツールボックス・ミーティング（TBM）

ツールボックス（工具箱）の付近、すなわち現場で話し合うという意味で、始業時や昼食後、作業の段取りを変えるときなどに、作業現場で作業者が職長を囲んで集まって、短時間に話し合うことです。

作業の指示をしたり連絡事項を伝えたり、作業方法や安全について話し合ったりしますが、近年は多くの職場で危険予知活動も行われています。

(2) 危険予知訓練（KYT）

昭和49年に住友金属工業㈱〈現・日本製鉄（株）〉で創出した、全員参加によって安全を先取りする画期的な活動手法で、中災防のゼロ災運動にも取り入れられ、我が国内外の各企業に普及し、さらに筆者が、KYTを作業現場で活かすために苦悩しながら開発した、各種KY活動手法の基本は、適切作業指示や個別KY、健康問いかけKY、問いかけKY、新指差し呼称などの名称で普及して、安全先取りの職場活動に欠かせない活動となってきました。

(3) ハインリッヒの法則

アメリカの安全技師ハインリッヒが、多くの事故や災害の分析から提唱した法則で、災害強度の確率は1:29:300であり、1件の重傷があれば、29件の軽傷が起こっており、さらに無傷事故が300件もあるというのです。

従って、300件の無傷事故をなくさなければ、災害をなくすことができないと警告しています。

この他にもハインリッヒは、災害は5つの駒が連続的に作用した場合に発生するので、この内の1つの駒を取り除けば災害は防止できると提唱し、不安全な状態や不安全な行動を取り除くことが、大切だと主張しています。

(4) ヒヤリ・ハット報告活動

ハインリッヒの法則で示されたように、体験したり感じた無傷事故を積極的に報告して、同じような事故が起こらないように、設備面や行動面の対策を、

(5) ゲシュタルトの法則

ゲシュタルトの法則とは「簡潔化の法則」ともいわれており、人は常に最小のエネルギーで最大の効果をあげようとするために、誰でも省略行為をしやすいということです。

例えば、どんな立派な道路ができていても、それが迂回していれば通らないで最短距離を行くのが一般的で、疲労していたり、めいていしているとき、心配ごとがあったり、興奮しているとき、病気のときなどに、この省略行為がよく行われるといわれています。

(6) ロールプレーイング

研修会などの演練でよく行われる訓練方法で、チーム員が同じ役割を順番に行う方法で、チームの全員が体験できる効果があります。

(7) ブレーンストーミング

ブレーンストーミングは頭脳の嵐という意味で、集団によってアイデアを開発するときに、みんなの頭脳を嵐のように回転させながら、アイデアを引き出す手法です。

この手法は、「①批判を禁ず ②自由奔放に ③結合と発展 ④量を求む」の、4つのルールを守って進めるのが特徴です。

毎日の作業前の危険予知活動に、ブレーンストーミングにより、危険を摘出する手法を取り入れて成果をあげています。

4. 安全対策用語

(1) ヒューマンエラー

　近年は多くの事業場で、ヒューマンエラーによる災害が大変目立っているために、このヒューマンエラー防止対策に対する関心が、大変高まっています。

　安全に作業する方法を、知っている・できる・ケガをしてはいけないと思っているが、つい不安全な行動をするのがヒューマンエラーで、これは人間の弱い特性なのです。

(2) 本質安全

　人間は誰でも、不注意などによってエラーをすることがありますし、機械設備も長年使用しているうちに、摩耗や故障などによって危険な状態になることがあります。

　本質安全は、このような不安全な行動をしてもケガをしないように、また設備の異常が

発生しても危険が生じないように安全確認型の対策のほか、フールプルーフやフェールセーフなどの対策がよく知られています。

(3) フールプルーフ

　扇風機の羽根の部分に指が入らないよう網を設けたり、回転部分に手などが入らないようカバーをしておくなどのように、操作を間違えたり不安全な行動をしても、ケガにならないような対策を施しておくことをいいます。

(4) フェールセーフ

　エレベーターのワイヤが切断したときにエレベーターの急降下を自動的に停止する機構や、プレス機械の故障が起こるとスライドが急停止する機構などのように、機械設備が故障したりした場合に、暴走などによって事故や災害に結びつくことのないように、安全対策を組み込んでおくことをいいます。

人間.誰でもエラーする。
（だからフールプルーフが必要）

(5) 快適職場

20世紀は、わが国のすべての業種で技術革新が進み、高い生産性と品質の向上などによって、物質的に豊かな社会をつくりだしました。

このような中で、国民の意識は物質的な豊かさから、心の豊かさを強く求めるようになってきました。

職場でも、環境や作業形態の変化が急速に進むと共に、中高年齢者の割合が高まり、また女性のさまざまな職場進出も進んでいるなどによって、職場をめぐる環境も大きく変化しています。

このような職場環境が変化する中で、仕事による精神的な疲労やストレスが、大きな問題になりつつあります。

職場のすべての人が疲労やストレスを感じることが少ない、快適な職場環境をつくることが企業として避けて通れなくなっています。

(6) 労働安全衛生マネジメントシステム

労働災害を防ぐには、それぞれの事業場ごとに事業者と従業員が協力し合って、自主的な安全活動を、計画的に継続して進めなければ効果が上がりません。

そこで、平成18年3月に厚生労働省から次のような骨子の「労働安全衛生マネジメントシステムに関する指針」の改正が示され、すでに多くの事業場で取り組んでいます。

このシステムは経営者と従業員が一体となって、職場の危険要因を低減して、本質安全化を進める活動です。

<指針の骨子>

①安全衛生方針を表明する
②危険性や有害性を調査し、その結果に基づく措置を実施する
③安全衛生目標を達成する
④安全衛生に関する計画を作成して実施し、評価および改善する

職場に安全文化を定着させよう

1. 安全管理を進める基本

(1) 安全管理体制をつくる

安全管理を効果的に進めるには、経営者や職制の各責任者だけでなく作業者に至るまで、それぞれの安全に対する役割を明らかにして、役割を果たさなければなりません。

安全管理を組織的に進めるために、事業場ごとに業種と規模に応じて、安全管理者や安全推進者などを選任して、安全管理組織をつくることが法律で求められています。

そして、法律で定められた業種と規模の事業場ごとに、毎月、安全委員会や衛生委員会を開催しなければなりません。

安全管理体制については、安衛法の10条から19条に示されていますから、違反のないようにしましょう。

しかし、小規模の事業場でも法律に準じた体制をつくって、安全管理の水準を高めることが大切です。

職場でも、毎月みんなで安全衛生の話し合いをする機会を持って、安全意識を高めると共に、いろいろな問題について話し合って、より安全な職場づくりに努めることが大切です。

(2) 設備の安全対策を優先する

私たちは誰でも、うっかりやぼんやりなどによってエラーをします。

だから職場の安全対策は、エラーをしても

ケガをしないように、設備や環境面の安全対策を優先して実施しなければなりません。

(3) 不安全行動をなくす

近年発生している災害の多くは不安全な行動によるもので、とりわけヒューマンエラーによるものが目立っています。

設備や環境の安全対策を進めると共に、管理者や監督者だけでなく作業者についても、安全意識を高めなければなりません。そして、作業方法の標準化を進めて教育や訓練を根気よく行い、日々の実践に結びつけることが大切です。

管理者や監督者は日頃の実態に目を向けて、不安全な状態があれば直ちに改善し、不安全な行動についても黙認することなく、その場で適切な指導をしなければなりません。

そのためにも管理者や監督者は、安全の基本を知りさらに洞察力を高めて、自ら率先実行しながら指導することが欠かせません。

2. 安全活動の基本

(1) 災害の再発防止対策を

多くの職場では、過去に起こった災害と同じような「くり返し型災害」があとを絶ちません。

過去に起こった災害は、痛みを伴ったかけがえのない教訓です。災害の教訓を活かして、同じような災害をくり返さないようにすることが何よりも大切です。

発生した災害の再発防止対策や類似災害の防止対策は、いろいろと決めるよりも、最も効果のあるものを1つか2つ取り上げて、日々の実践を継続することが大切です。

(2) 事故についても再発防止対策を

ハインリッヒの法則で示されているように、災害をなくすには無傷事故をなくさなければなりません。

近年は、危なかったと感じたり体験したことを積極的に報告して、同じようなことが起こらないようにする、「無災害事故報告制度」や「ヒヤリ・ハット報告活動」に対する関心が、改めて高まっています。

(3) 安全の先取り活動を

災害の再発防止対策やヒヤリハット報告活動は、発生した災害や事故に対する対策として、優先して取り組まなければなりませんが、安全な職場づくりのためには、安全を先取りする活動が欠かせません。

そのための活動として、安全点検や作業手順づくりに加えて、危険予知活動や指差し呼称などが多くの職場に導入されており、さらに、リスクアセスメントの導入も義務付けられて広く定着しています。

作業に伴って生じるかも知れない危険要因を予知して、常に安全な状態で安全な行動を実践する人づくりが求められます。

(4) スッキリ職場・生き生き職場を

安全活動は、みんなが協力して取り組まなければ成果をあげられません。

職場の4S（整理・整頓・清掃・清潔）を進めて、スッキリとした環境をつくると共に、「明るく元気に相手の目を見て」行う挨拶運動などによって、お互いの人間関係をよくし、生き生きとした風土を作ることが大切です。

3. 職場に安全文化の定着を

(1) 安全な作業は品質を高める

筆者は、災害のない安全な職場づくりが、品質もよくなって不良の減少にも大変役立った実務体験をしました。

安全な作業をするということは、設備や機器などを正しい状態で使用すると共に、1人ひとりが常にルールや決めたことを守り、ダラリ（ムダ・ムラ・ムリ）をなくして正し

い行動をすることなのです。

このことは安全だけでなく、生産品質面でもよい仕事をすることにも役立つからです。

(2) 職場に定着させよう安全文化を

①改善は安全配慮に欠けやすい

経営環境が厳しくなれば、生産コストを一層切り下げなければならず、経費も節約しなければならなくなります。

職場レベルでも、生産コストを下げるために、みんなが知恵を出し合って、設備面や作業方法の改善に取り組むことになります。

そこで注意しなければならないことは、つい安全に対する意識が乏しくなって、安全配慮に欠けた改善をしてしまうといったことになりやすいということなのです。

②常に安全配慮を最優先する

安全を軽視したり無視した改善をしてしまって、災害が発生してから反省するといったことでは手遅れです。下手をすると企業を危機におとし入れかねません。常に安全配慮を組み込んだ設備や作業方法の改善を心がけることが大切です。

作業をしやすくする改善は、安全性だけでなく能率や品質を高めることにも役立つのです。いろいろな改善事例から、このような安全と生産を両立させる改善は、工夫すれば可能なのです。安全活動は、品質を高めることにも役立っているのだということを、認識することが必要です。

安全についても効率的な取組みが大切ですが、どのような厳しい状況になっても、安全をおろそかにするようなことは絶対に避けて、常に安全を最優先する風土を、安全文化として職場に定着させることが大切です。

中村　昌弘（なかむら　まさひろ）
災害予防研究所 所長

　ＫＹＴを創出した住友金属工業（株）〔現・日本製鉄（株）〕で、鉄鋼生産現場管理の後、同社の製鉄所や本社で安全衛生課長、安全管理室長などを務め、鉄鋼製造や建設工事の長期無災害の実績を上げた。この間、各種の安全管理活動手法とともに各種KY活動手法を開発した。労働大臣安全衛生推進賞受賞。実務体験に基づく実践的安全管理活動手法には定評があり、全国の各企業や団体での講演・研修・安全診断などの要請が多く、この20年余の間に800回を数える。

　著書は「危険感受性をみがく」「安全衛生計画のたて方と活かし方」「基礎からわかる作業手順書」（中央労働災害防止協会刊）「職長・安全衛生責任者の役割と責任」「職場安全活動の勘どころ」「職場安全活動の決め手」（清文社刊）ほか多数。

職場で行う安全の基本　改訂第2版
（労働災害防止のための実践ノウハウ）

平成13年 1 月 1 日 初版
令和 4 年 2 月22日 改訂第2版第2刷

著　　　者　　中村　昌弘

発 行 所　　株式会社労働新聞社
　　　　　　〒173-0022　東京都板橋区仲町29-9
　　　　　　TEL：03-5926-6888（出版）　03-3956-3151（代表）
　　　　　　FAX：03-5926-3180（出版）　03-3956-1611（代表）
　　　　　　https://www.rodo.co.jp　　　　pub@rodo.co.jp
表　　　紙　　豊田 秀夫
印　　　刷　　株式会社ビーワイエス

ISBN 978-4-89761-829-6